“十四五”时期国家重点出版物出版专项规划项目
航天先进技术研究与应用系列
工业和信息化部“十四五”规划教材

航天器姿态动力学与控制

（第2版）

Attitude Dynamics and Control of Spacecraft (2nd Edition)

荣思远　白瑜亮　李立涛　编著

哈爾濱工業大學出版社
HARBIN INSTITUTE OF TECHNOLOGY PRESS

内 容 简 介

本书以航天器的姿态动力学与控制为研究内容，系统地阐述了各种典型航天器姿态动力学的基本理论以及姿态控制系统的基本工作原理和设计方法。本书共15章，分别介绍航天器姿态运动学，航天器姿态动力学基础，空间环境力矩，单自旋航天器姿态动力学，双自旋航天器姿态动力学，重力梯度稳定航天器姿态动力学，三轴稳定航天器姿态动力学，航天器姿态确定基础，自旋、双自旋稳定航天器的姿态确定，三轴稳定航天器的姿态确定，航天器姿态控制及姿态控制系统概述，自旋、双自旋稳定航天器的姿态控制，零动量三轴稳定航天器的姿态稳定控制，偏置动量轮控系统的姿态稳定控制，三轴稳定航天器的姿态捕获和姿态机动控制。

本书可作为飞行力学、飞行器控制和飞行器设计等专业的研究生或本科生教材，也可作为研究生的参考教材，对从事航天器研究与设计的专业人员也有一定的参考价值。

图书在版编目(CIP)数据

航天器姿态动力学与控制/荣思远，白瑜亮，李立涛编著. 2版. —哈尔滨：哈尔滨工业大学出版社，2023.11

ISBN 978-7-5767-0846-2

Ⅰ.①航… Ⅱ.①荣…②白…③李… Ⅲ.①航天器—姿态运动—动力学 Ⅳ.①V412.4

中国国家版本馆CIP数据核字(2023)第110297号

策划编辑 丁桂焱 杜 燕
责任编辑 付中英 刘 瑶
封面设计 刘长友
出版发行 哈尔滨工业大学出版社
社 址 哈尔滨市南岗区复华四道街10号 邮编 150006
传 真 0451-86414749
网 址 http://hitpress.hit.edu.cn
印 刷 哈尔滨博奇印刷有限公司
开 本 710mm×1000mm 1/16 印张 28 字数 548千字
版 次 2019年1月第1版 2023年11月第2版
2023年11月第1次印刷
书 号 ISBN 978-7-5767-0846-2
定 价 128.00元

第2版前言

本书以航天器的姿态动力学与控制为研究内容,系统地阐述了各种典型航天器姿态动力学的基本理论以及姿态控制系统的基本工作原理和方法。

航天器姿态动力学是航天动力学的一个重要分支,研究航天器在内、外力矩的作用下,绕其质量中心的转动运动。在内容上,姿态动力学既研究航天器整体的姿态运动,即刚体的转动,也研究航天器各部分之间的相对运动,如绕轴承或铰链的相对转动、结构的弹性振动等。航天器的姿态控制则是一门工程技术,主要研究航天器的姿态确定和控制。姿态确定是利用姿态敏感器的测量数据根据姿态确定模型计算运行航天器相对于某个基准或目标的方位,姿态控制是把航天器的姿态保持在给定方向或从原方向机动到另一要求方向的过程,包括姿态稳定控制和姿态机动控制。

在轨运行的航天器都承担了特定的探测、开发和利用空间的任务,为完成这些任务,对航天器的姿态控制提出了各种要求。典型的航天器姿态控制系统由姿态敏感器、控制器、执行机构与航天器动力学一起构成闭环控制回路。高性能的航天器姿态控制系统是在姿态动力学、姿态确定和姿态控制建模基础上运用经典或现代控制理论和方法实现的。

本书共15章,分别介绍航天器姿态运动学,航天器姿态动力学基础,空间环境力矩,单自旋航天器姿态动力学,双自旋航天器姿态动力学,重力梯度稳定航天器姿态动力学,三轴稳定航天器姿态动力学,航天器姿态确定基础,自旋、双自旋稳定航天器的姿态确定,三轴稳定航天器的姿态确定,航天器姿态控制及姿态控制系统概述,自旋、双自旋稳定航天器的姿态控制,零动量三轴稳定航天器的姿态稳定控制，偏置动量轮控系统的姿态稳定控制，三轴稳定航天器的姿态捕获和姿态机动控制。

本书可作为高等学校飞行力学、飞行器控制和飞行器设计等专业的研究生和本科生教材，也可供从事航天器与设计的专业人员参考。

限于作者学识水平，书中难免有不妥之处，承请读者不吝指正。

作者

2023年8月

目 录

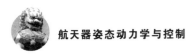

第 1 章

航天器姿态运动学

航天器的姿态是指航天器相对空间的方位或指向，是航天器绕质心旋转运动的参量。用于描述航天器姿态的物理量称为姿态参数。而姿态运动学则是一门研究物体绕其质心旋转运动变量（即姿态参数）自身性质的学科，并不涉及产生运动的原因。

本章首先介绍与航天器相关的常用坐标系及其相互之间的关系，然后讲述了用于描述航天器姿态信息的参数形式，最后讲解姿态运动学的一般理论基础知识。

1.1　航天器常用坐标系

在讨论航天器的姿态时，首先要定义空间参考坐标系，否则就无法描述航天器的姿态。为确定航天器的姿态，至少需要建立两个坐标系，一个是空间参考坐标系，另一个是固联于航天器的星体坐标系。这两个坐标系的坐标轴之间的角度关系描述了航天器姿态状况。在实际使用中，仅有这两个坐标系还不够，有时某些姿态敏感器的测量轴并不总是和选定的星体坐标系一致，需要通过坐标变换才能使星体坐标和空间参考坐标联系起来。另外，为了获得参考天体在某空间参考坐标系中的方向，还要引用一些辅助坐标系。为此，本节介绍几种常用的坐标系。对于其他相对特殊的坐标系，则在后面的相关章节单独介绍。

定义一个空间坐标系应包含 3 个要素，即坐标原点、参考平面和参考平面上的主方向。对于研究航天器姿态动力学与控制的工作而言，所涉及的主要是日心坐标系、地心坐标系和星体坐标系，它们的坐标原点分别为日心、地心和星体上的参考点。

1.1.1　日心坐标系

日心坐标系的原点取在太阳的质量中心 O_s。在研究各大行星以及小行星的运动规律以及航天器在行星际飞行时的观测，常基于日心黄道坐标系。

日心黄道坐标系（$O_s x_s y_s z_s$）的原点在日心上，参考平面为黄道面，即地球绕太阳运行的轨道平面，黄道面与地球赤道面（与地球自转轴垂直的平面）的交线，确定了主方向 x_s 轴的方向，如图 1.1 所示。在春季的第一天（春分点），日心和地心的连线的指向为 x_s 轴的正向，此方向称为春分点方向，目前指向白羊座方向。

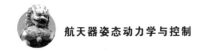

由于地球在缓慢地晃动，其自旋轴的方向存在缓慢地漂移，这种现象称为进动（即岁差运动），这导致地球赤道平面和黄道面交线在惯性空间的位置并不固定，而是做缓慢漂移运动。因此，日心黄道坐标系实际上并不是一个惯性参考系。若需要特别精确，则应注明所用的坐标系是根据哪一特定年份的（或称“历

元”真正的）春分点方向建立的。

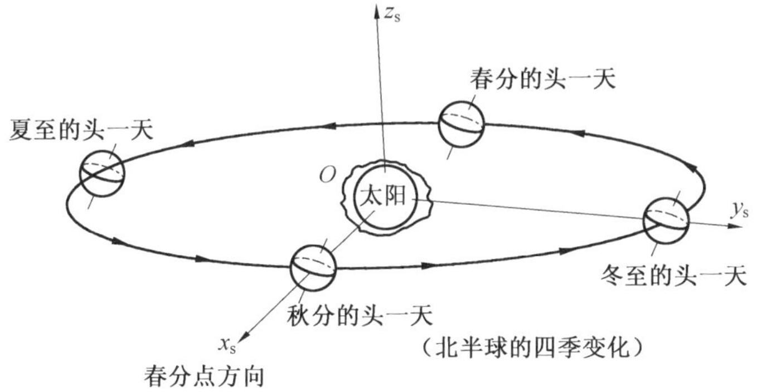

图 1.1　日心黄道坐标系

1.1.2　地心坐标系

地心坐标系的原点取在地球的质量中心 O_e。自然天体和人造卫星的观测以及运动规律的研究，常常基于地心坐标系。

1. 地心赤道惯性坐标系

地心赤道惯性坐标系（Geocentric Equatorial Inertial Frame）$O_e x_i y_i z_i$，也称为地心第一赤道坐标系，通常简称为惯性坐标系，如图 1.2 所示。

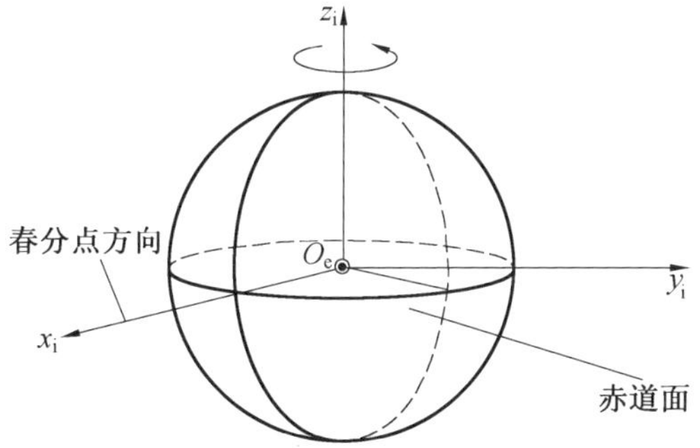

图 1.2　地心赤道惯性坐标系

坐标系 z_i 轴垂直于地球赤道平面，与地球自转角速度矢量方向一致。x_i 轴在赤道平面内，指向春分点方向。由于春分点和赤道平面有不同的定义（真春分点、平春分点，真赤道、平赤道等），且与时间有关，故在应用时应说明它们的定义和历元时刻。本书中若未加说明，均是指历元 J2000.0 时的地心平赤道、平春分点对应的地心赤道坐标系。

说明：本坐标系不是一个惯性系，从动力学角度来看，主要是由于其原点（地心）相对于日心做非匀速直线运动。由于地球绕太阳运动而引起的惯性力极其微小，在很多实际应用中，如航天器姿态运动研究等，往往可以把它当成惯性系。

2. 地心赤道旋转坐标系

地心赤道旋转坐标系(Geocentric Equatorial Rotating Frame)$O_e x_e y_e z_e$，也称为地心第四赤道坐标系，又称为中心地球固联坐标系(Central Earth-fixed Frame)，或称为地球坐标系，如图 1.3 所示。图中，z_e 轴垂直于地球赤道平面，指向北极；x_e 轴在地球赤道平面内，沿赤道平面与子午面的相交线。

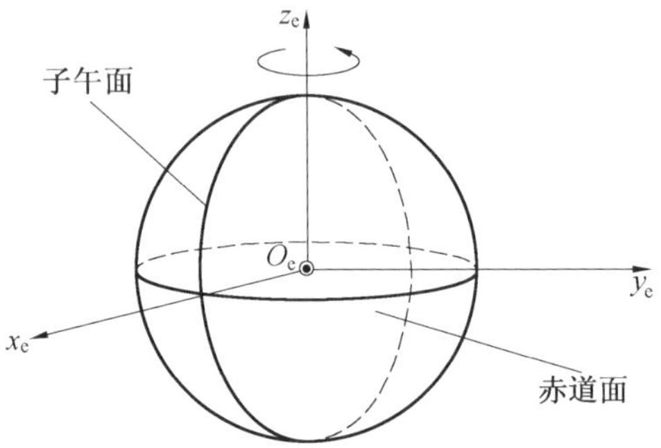

图 1.3　地心赤道旋转坐标系

该坐标系是一个与地球固联的坐标系，因此不能当作惯性系使用。此坐标系具有同地球一样的自旋角速度($\omega_e = 7.292\,115 \times 10^{-5}$ rad/s)。

3. 地心球面坐标系

地心球面坐标系(r,α,δ)，又称为地心赤经赤纬坐标系，如图 1.4 所示。该坐标系是地心赤道惯性坐标系的球面坐标系。其中，$\boldsymbol{r}$ 为空间某参考点对应的矢径；r 为矢径$\boldsymbol{r}$ 的长度；α 为赤经，即从春分点向东到矢径 $\boldsymbol{r}$ 在赤道面上的投影所转过的角度；δ 是赤纬，即从赤道面向北转到矢径 $\boldsymbol{r}$ 的角度。

4. 地心球面固联坐标系

地心球面固联坐标系(r,λ,φ) 是地心赤道旋转坐标系的球面坐标系，如图 1.5 所示。其中，$\boldsymbol{r}$ 为空间某参考点对应的矢径；λ 为地心经度，在赤道面内从子午线向东至矢径 $\boldsymbol{r}$ 在赤道面上的投影的角度；φ 为地心纬度，即矢径 $\boldsymbol{r}$ 与赤道平面的夹角。

1.1.3　星体坐标系

星体坐标系的原点取在星体内(大多数取星体质心)。

1. 质心轨道坐标系

轨道坐标系 $Ox_o y_o z_o$ 的原点为航天器质心，z_o 轴从原点指向地心，x_o 轴在轨道面内与z_o 轴垂直，y_o 轴与轨道平面负法线方向一致，x_o 轴与y_o 轴、z_o 轴成右

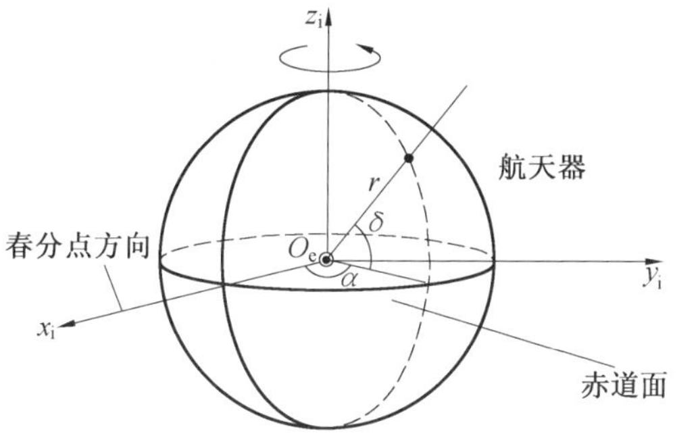

图 1.4　地心球面坐标系

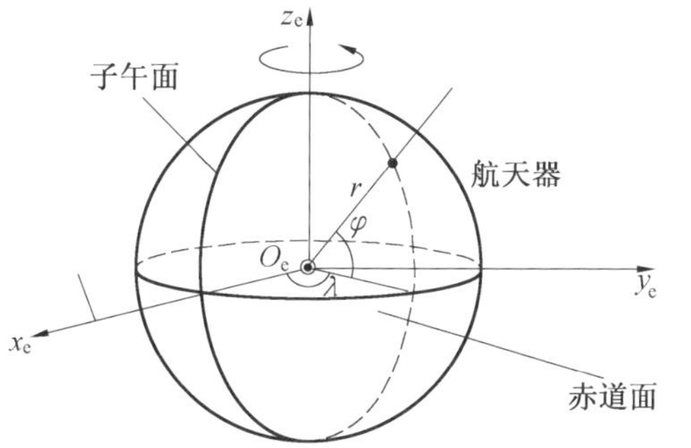

图 1.5　地心球面固联坐标系

手正交坐标系，指向航天器速度方向，如图 1.6 所示。

轨道坐标系在惯性空间以轨道角速度ω_o旋转。轨道坐标系是对地定向航天器姿态确定最常用的参考坐标系。

2. 航天器本体坐标系

航天器本体坐标系 $Ox_b y_b z_b$ 是星体固联坐标系。坐标系原点 O 为星体内某特征点(通常取星体质心)，x_b 轴沿星体某特征轴方向，y_b 轴和z_b 轴也为星体内某特征轴方向。如对地定向航天器而言，坐标系原点 O 通常取在航天器的质心上，若星体坐标系与轨道坐标系的姿态偏差为零时，星体坐标系的 3 个坐标轴分别与轨道坐标系的坐标轴重合，称x_b 轴为滚动轴(指向航天器飞行方向)，y_b 轴为俯仰轴，z_b 轴为偏航轴(指向地心) 如图 1.6 所示。

对于结构布局复杂的航天器，本体坐标系的原点可不取在整体质心。实际上，本体坐标系 $Ox_b y_b z_b$ 是星上仪器设备安装的基准参考坐标系。

3. 自旋本体坐标系

自旋本体坐标系 $Ox_r y_r z_r$ 的原点取为航天器质心，z_r 轴指向自旋轴方向，x_r 轴指向星体某特征点，y_r 轴与x_r 轴、z_r 轴成右手正交坐标系，如图 1.7 所示。

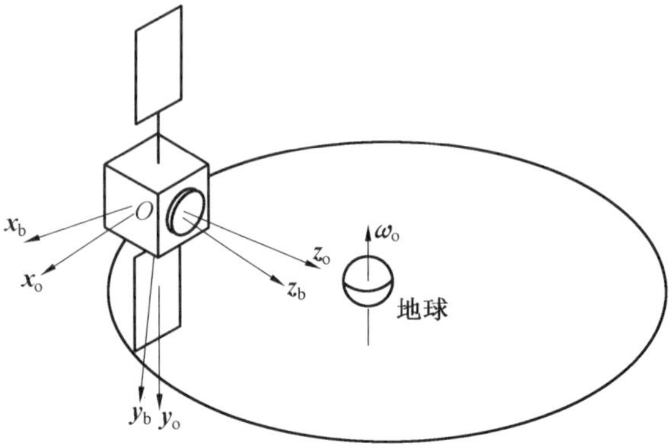

图 1.6　航天器质心轨道坐标系和本体坐标系

自旋和双自旋航天器经常采用此坐标系来描述姿态。

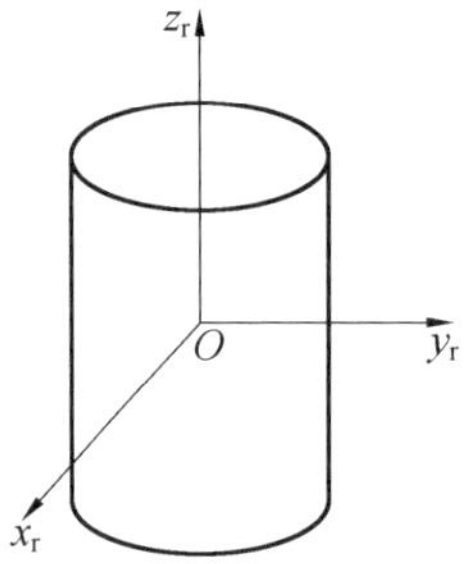

图 1.7　自旋本体坐标系

4. 惯性主轴坐标系

惯性主轴坐标系的原点取为航天器质心，x_j 轴沿航天器的某个惯性主轴方向，y_j 轴和 z_j 轴沿航天器另外两个惯性主轴方向。在姿态动力学研究中用此坐标系会带来一定的方便。

分析航天器姿态运动时，本体坐标系与参考坐标系的旋转关系与航天器质心到地心的相对位置无关，通常把参考系的原点移到体坐标系的质心上，会带来许多方便。

1.2　姿态参数

航天器本体坐标系相对空间参考坐标系的方向确定了航天器的姿态情况。航天器的姿态描述体现在这两个坐标系坐标轴之间相对方向的物理量，称为姿态参数。

姿态参数有多种描述形式，包括方向余弦矩阵、欧拉轴/角、欧拉四元数和欧拉角等，下面将对这些常用的姿态描述方法进行详细介绍。

1.2.1　方向余弦矩阵

设坐标系 S_a 表示空间参考坐标系，其坐标基（见附录 3 中矢量基定义）为 $\underline{\boldsymbol{e}}_a = [\boldsymbol{a}_1 \quad \boldsymbol{a}_2 \quad \boldsymbol{a}_3]^T$；坐标系 S_b 代表星体固联坐标系，其坐标基为 $\underline{\boldsymbol{e}}_b = [\boldsymbol{b}_1 \quad \boldsymbol{b}_2 \quad \boldsymbol{b}_3]^T$。由于坐标系 S_b 相对坐标系 S_a 的指向与两者之间的坐标原点的相对位置无关，因此假设两个坐标系的原点重合。

坐标系 S_b 中的基矢量 $\boldsymbol{b}_i\ (i=1,2,3)$ 可以采用坐标系 S_a 的基矢量，表示为

$$\begin{cases} \boldsymbol{b}_1 = C_{11}\,\boldsymbol{a}_1 + C_{12}\,\boldsymbol{a}_2 + C_{13}\,\boldsymbol{a}_3 \\ \boldsymbol{b}_2 = C_{21}\,\boldsymbol{a}_1 + C_{22}\,\boldsymbol{a}_2 + C_{23}\,\boldsymbol{a}_3 \\ \boldsymbol{b}_3 = C_{31}\,\boldsymbol{a}_1 + C_{32}\,\boldsymbol{a}_2 + C_{33}\,\boldsymbol{a}_3 \end{cases} \tag{1.1}$$

式中，C_{ij} 为矢量 $\boldsymbol{b}_i$ 和 $\boldsymbol{a}_j$ 的夹角的余弦值，$C_{ij} \equiv \boldsymbol{b}_i \cdot \boldsymbol{a}_j$，称为方向余弦。

为方便起见，将式(1.1)表达为矩阵形式，即

$$\begin{bmatrix} \boldsymbol{b}_1 \\ \boldsymbol{b}_2 \\ \boldsymbol{b}_3 \end{bmatrix} = \begin{bmatrix} C_{11} & C_{12} & C_{13} \\ C_{21} & C_{22} & C_{23} \\ C_{31} & C_{32} & C_{33} \end{bmatrix} \begin{bmatrix} \boldsymbol{a}_1 \\ \boldsymbol{a}_2 \\ \boldsymbol{a}_3 \end{bmatrix} = \underline{\boldsymbol{C}}_{ba} \begin{bmatrix} \boldsymbol{a}_1 \\ \boldsymbol{a}_2 \\ \boldsymbol{a}_3 \end{bmatrix} \tag{1.2}$$

式中，$\underline{\boldsymbol{C}}_{ba}$ 称为方向余弦矩阵，$\underline{\boldsymbol{C}}_{ba} \equiv [C_{ij}]$，用于描述坐标系 S_b 相对坐标系 S_a 的方位或指向，有时又被称为旋转矩阵或坐标变换矩阵。该矩阵可以用两个坐标系的矢量基表示为

$$\underline{\boldsymbol{C}}_{ba} = \underline{\boldsymbol{e}}_b \cdot \underline{\boldsymbol{e}}_a^T = \begin{bmatrix} \boldsymbol{b}_1 \cdot \boldsymbol{a}_1 & \boldsymbol{b}_1 \cdot \boldsymbol{a}_2 & \boldsymbol{b}_1 \cdot \boldsymbol{a}_3 \\ \boldsymbol{b}_2 \cdot \boldsymbol{a}_1 & \boldsymbol{b}_2 \cdot \boldsymbol{a}_2 & \boldsymbol{b}_2 \cdot \boldsymbol{a}_3 \\ \boldsymbol{b}_3 \cdot \boldsymbol{a}_1 & \boldsymbol{b}_3 \cdot \boldsymbol{a}_2 & \boldsymbol{b}_3 \cdot \boldsymbol{a}_3 \end{bmatrix} \tag{1.3}$$

由于方向余弦矩阵 $\underline{\boldsymbol{C}}_{ba}$ 完全确定了坐标系 S_b（或者说星体）相对参考坐标系 S_a 的方位，具有唯一性，因此可作为姿态参数来描述星体相对参考坐标系的姿态，故又称姿态矩阵。

方向余弦矩阵具有如下 3 个性质：

(1) 只有 3 个元素是独立的；

(2) 为正交矩阵，$\underline{\boldsymbol{C}}_{ba}^{-1} = \underline{\boldsymbol{C}}_{ba}^T = \underline{\boldsymbol{C}}_{ab}$ 成立；

(3) 其行列式的值为 $+1$。

方向余弦矩阵主要用于矢量（或并矢）在不同坐标系中分量阵的坐标变换。例如，对于两组坐标系 S_a 和 S_b，任意一个矢量 $\boldsymbol{u}$ 可表示为

$$\boldsymbol{u} = \underline{\boldsymbol{e}}_a^T \underline{\boldsymbol{u}}_a = \underline{\boldsymbol{e}}_b^T \underline{\boldsymbol{u}}_b \tag{1.4}$$

式中，$\underline{\boldsymbol{u}}_a$ 和 $\underline{\boldsymbol{u}}_b$ 分别为矢量 $\boldsymbol{u}$ 在这两个坐标系中的分量列阵。将式(1.4)两端各用

$\underline{e}_b$ 点乘，再利用式(1.2)以及$\underline{e}_b \cdot \underline{e}_b^{T} = \underline{E}_3$，可以得到

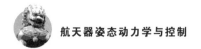

$$\underline{u}_b = \underline{C}_{ba}\underline{u}_a \tag{1.5}$$

当使用方向余弦矩阵作为姿态参数时，其优点是在进行坐标变换时，计算比较简单，不涉及三角函数计算，其导数矩阵具有紧凑的形式。但方向余弦矩阵作为姿态参数也有不便之处，如需要处理6个约束方程条件下的9个参数求解问题，使用起来不太方便，即使给定了其中3个独立参数，也不能唯一确定方向余弦矩阵，即存在多组解；另外，其几何直观性差，不能直接看出坐标系之间转动的几何关系。

设有坐标系A，B和C，从坐标系A到坐标系B以及从坐标系B到坐标系C的坐标变换矩阵分别为$\underline{C}_{ba}$ 和 $\underline{C}_{cb}$，即

$$\underline{e}_b \cdot \underline{e}_a^{T} = \underline{C}_{ba}, \quad \underline{e}_c \cdot \underline{e}_b^{T} = \underline{C}_{cb} \tag{1.6}$$

依据式(1.5)，可推导出

$$\underline{e}_c = \underline{C}_{ca}\ \underline{e}_a \tag{1.7}$$

或

$$\underline{e}_c = \underline{C}_{cb}\ \underline{e}_b = \underline{C}_{cb}\underline{C}_{ba}\ \underline{e}_a \tag{1.8}$$

对比可得出从坐标系 A 到坐标系 C 的坐标变换矩阵$\underline{C}_{ca}$，即

$$\underline{C}_{ca} = \underline{C}_{cb}\underline{C}_{ba} \tag{1.9}$$

1.2.2 欧拉角

如果坐标系 S_b 是坐标系 S_a 绕其某个坐标轴旋转一个角所形成的，则称这样的旋转过程为基元旋转。图1.8表示基元旋转的3种情况，即绕x轴、绕y轴、绕z轴的基元旋转。此时形成的坐标系 S_b 相对原坐标系 S_a 的坐标变换矩阵称为基元旋转矩阵，或称为主旋转矩阵。

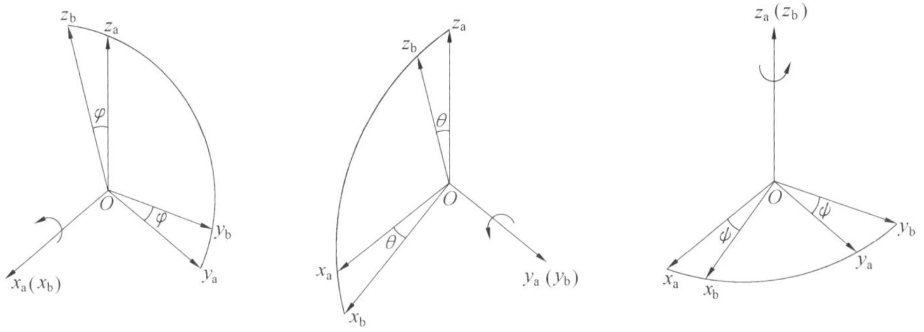

图1.8 坐标系的基元旋转

根据坐标变换矩阵的定义，坐标系 S_a 绕 x_a 轴转过角 φ 成为坐标系 S_b，则对应的基元旋转矩阵为

$$\underline{C}_x(\varphi)=\begin{bmatrix}1 & 0 & 0\\ 0 & \cos\varphi & \sin\varphi\\ 0 & -\sin\varphi & \cos\varphi\end{bmatrix} \tag{1.10}$$

同样，绕 y_a 轴转过 θ 角以及绕 z_a 轴转过 ψ 角的基元旋转矩阵分别是

$$\underline{C}_y(\theta)=\begin{bmatrix}\cos\theta & 0 & -\sin\theta\\ 0 & 1 & 0\\ \sin\theta & 0 & \cos\theta\end{bmatrix} \tag{1.11}$$

$$\underline{C}_z(\psi)=\begin{bmatrix}\cos\psi & \sin\psi & 0\\ -\sin\psi & \cos\psi & 0\\ 0 & 0 & 1\end{bmatrix} \tag{1.12}$$

根据欧拉有限转动定理，任何两个坐标系之间的关系可以通过若干次基元旋转来实现。最典型的是通过 3 次基元旋转来实现，此时称每次转过的角度为 Euler（欧拉）角。注意：这 3 次旋转过程中每次的转动轴均为被转动坐标系的某一坐标轴。根据相继运动的方向余弦矩阵表示，用欧拉角确定的方向余弦矩阵（即姿态矩阵）是 3 次基元旋转矩阵的次序乘积。

显然，姿态矩阵不仅与这 3 次转动角度的大小有关，还与转动的顺序有关。这些转动顺序可分为两类：

第一类：第一次和第三次转动是绕同类坐标轴进行的，而第二次转动是绕另外两个坐标轴的某一个轴进行的。这一类转动顺序共有 6 种，包括 xyx，xzx，yxy，yzy，zxz，zyz。

第二类：每次转动绕不同类别的坐标轴进行。这一类转动顺序也有 6 种，包括 xyz，xzy，yxz，yzx，zxy，zyx。

如何选择旋转顺序，这不仅是一个理论问题，而且是一个工程问题。应当遵循以下原则：第一，使得欧拉角有明显的物理意义，有时人们首先定义有明显物理意义的角（如攻角、侧滑角、经度、纬度等），然后来寻找从一个坐标系到另一个坐标系的旋转顺序；第二，使得欧拉角是可以测量的，或者是可以计算的；第三，遵循工程界的传统习惯。

对于航天器，最常用的欧拉角是按 zxz 和 zxy（或 zyx）顺序给出的。

1. 按 zxz 顺序旋转的欧拉角

按 zxz 转动顺序的欧拉角常用于描述自旋航天器的姿态，图 1.9 给出了坐标变换情况。

坐标系 S_a 的 3 个坐标轴分别为 x_a，y_a，z_a，按第一类的 zxz 旋转顺序得到坐标系 S_b（坐标轴为 x_b，y_b，z_b）。其旋转过程为：先绕 z_a 轴逆时针转 θ_1 角得到坐标系 $x_1\ y_1\ z_1$，其中 z_1 和 z_a 一致，主旋转矩阵为 $\underline{C}_z(\theta_1)$；再绕 x_1 轴逆时针旋转 θ_2 角，得

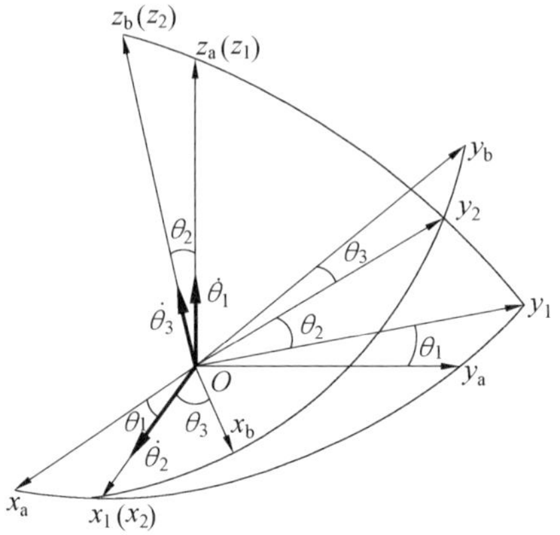

图 1.9　坐标系间的 zxz 欧拉角旋转变换

到$x_2y_2z_2$，其中x_2与x_1轴一致，主旋转矩阵为$\underline{\boldsymbol{C}}_x(\theta_2)$；最后，绕$z_2$轴逆时针转$\theta_3$角，得到坐标系 S_b，其中z_b与z_2一致，主旋转矩阵为$\underline{\boldsymbol{C}}_z(\theta_3)$。

按照主旋转矩阵的标准式以及相继角位移的方向余弦矩阵表达式，可得到 zxz 欧拉转动顺序表示的方向余弦矩阵为

$$\underline{\boldsymbol{C}}_{ba}=\underline{\boldsymbol{C}}_z(\theta_3)\underline{\boldsymbol{C}}_x(\theta_2)\underline{\boldsymbol{C}}_z(\theta_1)=\begin{bmatrix} C_1C_3-S_1C_2S_3 & S_1C_3+C_1C_2S_3 & S_2S_3 \\ -C_1S_3-S_1C_2C_3 & -S_1S_3+C_1C_2C_3 & S_2C_3 \\ S_1S_2 & -C_1S_2 & C_2 \end{bmatrix} \tag{1.13}$$

其中，简记 $S_i=\sin\theta_i$，$C_i=\cos\theta_i(i=1,2,3)$。对照方向余弦矩阵的元素，有

$$\begin{cases} \theta_1=-\arctan\dfrac{C_{31}}{C_{32}} \\ \theta_2=\arccos C_{33} \\ \theta_3=\arctan\dfrac{C_{13}}{C_{23}} \end{cases} \tag{1.14}$$

由式(1.14)可以看到，若欧拉角$\theta_2=0$，则欧拉转动处于奇异状况，θ_1和θ_3不能唯一确定。为避免求取θ_2的双重性，θ_2通常限制在$0°\sim180°$。

2. 按 zxy 顺序旋转的情况

按 zxy 得到的欧拉角用于描述三轴稳定航天器的姿态，图 1.10 给出了按 zxy 转动顺序下的坐标系变换情况，各次旋转角为 $\theta_1,\theta_2,\theta_3$，相应姿态矩阵为 $\underline{\boldsymbol{C}}_z(\theta_1)$，$\underline{\boldsymbol{C}}_x(\theta_2)$，$\underline{\boldsymbol{C}}_y(\theta_3)$ 的情况。

由此得到坐标系 S_b 相对 S_a 的方向余弦矩阵为

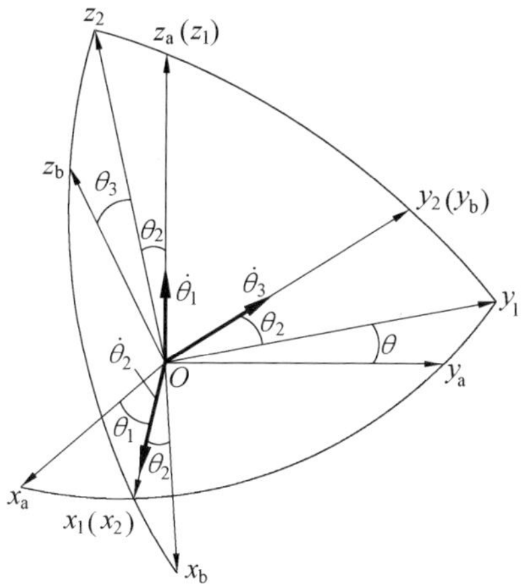

图 1.10　坐标系间的 zxy 欧拉角旋转变换

$$\underline{\boldsymbol{C}}_{ba}=\underline{\boldsymbol{C}}_y(\theta_3)\underline{\boldsymbol{C}}_x(\theta_2)\underline{\boldsymbol{C}}_z(\theta_1)=\begin{bmatrix} C_1C_3-S_1S_2S_3 & S_1C_3+C_1S_2S_3 & -C_2S_3 \\ -S_1C_2 & C_1C_2 & S_2 \\ C_1S_3+S_1S_2C_3 & S_1S_3-C_1S_2C_3 & C_2C_3 \end{bmatrix} \tag{1.15}$$

方向余弦矩阵元素和欧拉角对照关系为

$$\begin{cases} \theta_1=-\arctan\dfrac{C_{21}}{C_{22}} \\ \theta_2=\arcsin C_{23} \\ \theta_3=-\arctan\dfrac{C_{13}}{C_{33}} \end{cases} \tag{1.16}$$

此类欧拉转动的奇异点为：当 $\theta_2=\pm 90°$ 时，θ_1 和 θ_2 在同一平面转动，不能唯一确定。

按此转动顺序的欧拉角常用来描述三轴稳定航天器的姿态运动。例如，对地定向卫星，其参考坐标系为航天器的轨道坐标系 S_o，航天器体坐标系的 3 个坐标轴称为滚动轴 x_b、俯仰轴 y_b 和偏航轴 z_b。3 个主旋转的欧拉角具有明显的几何意义：

①θ_1（记为 ψ）为偏航角，航天器滚动轴 x_b（指向速度方向）在当地水平面上的投影与轨道坐标系 x_o 轴的夹角。

②θ_3（记为 θ）为俯仰角，航天器滚动轴 x_b 与其在当地水平面投影的夹角。

③θ_2（记为 φ）为滚动角，航天器俯仰轴 y_b 与其在当地水平面投影的夹角。

3. 按 zyx 顺序旋转的情况

在有些文献中，也常使用转动顺序为 zyx 的欧拉角来描述三轴稳定航天器的姿态，各次旋转角为(ψ,θ,φ)，则坐标系 S_b 相对坐标系 S_a 的方向余弦矩阵为

$$\underline{C}_{ba}=\underline{C}_x(\psi)\underline{C}_y(\theta)\underline{C}_z(\varphi)=\begin{bmatrix} C_1C_2 & S_1C_2 & -S_2 \\ -S_1C_3+C_1S_2S_3 & C_1C_3+S_1S_2S_3 & C_2S_3 \\ S_1S_3+C_1S_2C_3 & -C_1S_3+S_1S_2C_3 & C_2C_3 \end{bmatrix} \tag{1.17}$$

方向余弦矩阵元素与欧拉角对应关系为

$$\begin{cases} \varphi=\arctan\dfrac{C_{12}}{C_{11}} \\ \theta=\arcsin(-C_{13}) \\ \psi=\arctan\dfrac{C_{23}}{C_{33}} \end{cases} \tag{1.18}$$

欧拉角 ψ,θ,φ 也分别称为偏航角、俯仰角和滚动角。显然，当俯仰角 $\theta=\pm 90°$ 时，会出现奇异问题。

1.2.3 欧拉轴/角

用方向余弦矩阵来描述坐标系间的姿态运动关系，需要处理 6 个约束方程条件下的 9 个参数求解问题，使用起来很不方便，而且也不直观。采用欧拉角则需要进行多次三角运算，并有奇异问题。而采用欧拉轴/角作为姿态参数则具有其独特的优点。

1. 欧拉轴/角参数的定义

根据欧拉有限转动定理：刚体绕固定点的任意角位移，可由绕通过该点的某个轴转过一个角度而得到。

此定理来源于正交矩阵的一个性质：一个常实正交矩阵至少有一个特征值为 1 的特征矢量，即存在一个满足下面等式的单位矢量 $\boldsymbol{e}$ 分量列阵 $\underline{\boldsymbol{e}}$：

$$\underline{\boldsymbol{e}}=\underline{\boldsymbol{A}}\underline{\boldsymbol{e}}$$

由于方向余弦矩阵为正交阵，若将式中的 $\underline{\boldsymbol{A}}$ 阵换作从坐标系 S_a 到坐标系 S_b 的方向余弦矩阵 $\underline{\boldsymbol{C}}_{ba}$，则上式表明矢量 $\boldsymbol{e}$ 在坐标系 S_a 和坐标系 S_b 中的分量列阵相同，即 $\boldsymbol{e}$ 代表刚体转轴方向的矢量。

这样，坐标系 S_b 相对坐标系 S_a 的姿态参数可用单位矢量 $\boldsymbol{e}$ 在参考坐标系 S_a 中的 3 个分量 e_x,e_y,e_z 以及绕此转轴的转角 Φ 这 4 个参数来描述，这就是欧拉轴/角参数。矢量 $\boldsymbol{e}$ 称为欧拉轴，Φ 称为欧拉转角。

2. 由欧拉轴/角参数求方向余弦矩阵

方向余弦矩阵 $\underline{\boldsymbol{C}}_{ba}$ 可由欧拉轴/角参数 $\underline{\boldsymbol{e}}$ 和 Φ 得到，即

$$\underline{C}_{ba}=\cos\Phi\underline{E}_3+(1-\cos\Phi)\underline{ee}^{T}-\sin\Phi\underline{e}^{\times}=$$
$$\begin{bmatrix}\cos\Phi+e_x^2(1-\cos\Phi) & e_xe_y(1-\cos\Phi)+e_z\sin\Phi & e_xe_z(1-\cos\Phi)-e_y\sin\Phi\\ e_xe_y(1-\cos\Phi)-e_z\sin\Phi & \cos\Phi+e_y^2(1-\cos\Phi) & e_ye_z(1-\cos\Phi)+e_x\sin\Phi\\ e_xe_z(1-\cos\Phi)+e_y\sin\Phi & e_ye_z(1-\cos\Phi)-e_x\sin\Phi & \cos\Phi+e_z^2(1-\cos\Phi)\end{bmatrix} \tag{1.19}$$

式中，$\underline{E}_3$ 为 3×3 单位矩阵；$\underline{e}^{\times}$ 为 $\underline{e}$ 的叉乘矩阵。证明过程如下。

如图 1.11 所示，设矢量 $\boldsymbol{a}$ 是固定在坐标系 S_a 的任意矢量，矢量 $\boldsymbol{b}$ 是固定于坐标系 S_b 中的矢量。在绕欧拉轴 $\boldsymbol{e}$ 旋转前，坐标系 S_a 和 S_b 重合，此时矢量 $\boldsymbol{a}=\boldsymbol{b}$。设矢量 $\boldsymbol{a}$ 与欧拉轴 $\boldsymbol{e}$ 成 θ 角，当绕 $\boldsymbol{e}$ 轴旋转 Φ 角时，矢量 $\boldsymbol{b}$ 在轴线为 $\boldsymbol{e}$ 的圆锥面上扫过，且与 $\boldsymbol{e}$ 的夹角不变。

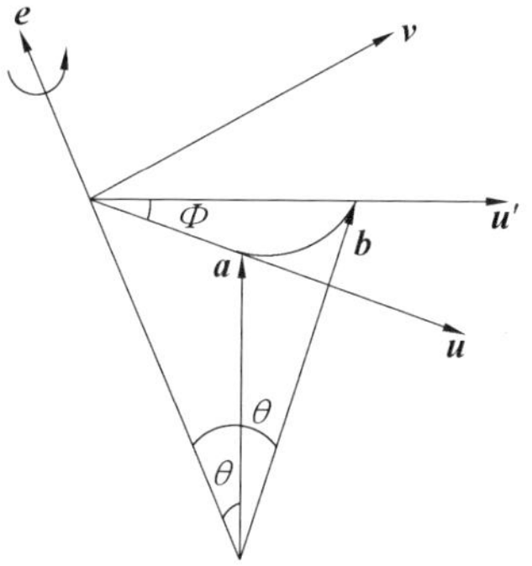

图 1.11　欧拉轴 / 角的坐标变换示意图

在垂直于 $\boldsymbol{e}$ 的圆锥底面上定义矢量 $\boldsymbol{u}$，$\boldsymbol{v}$

$$\boldsymbol{v}=\frac{\boldsymbol{e}\times\boldsymbol{a}}{|\boldsymbol{e}\times\boldsymbol{a}|}=\frac{1}{a\sin\theta}(\boldsymbol{e}\times\boldsymbol{a})$$

$$\boldsymbol{u}=\boldsymbol{v}\times\boldsymbol{e}=\frac{1}{a\sin\theta}(\boldsymbol{e}\times\boldsymbol{a})\times\boldsymbol{e}=\frac{1}{a\sin\theta}[\boldsymbol{a}-(\boldsymbol{e}\cdot\boldsymbol{a})\boldsymbol{e}]$$

过矢量 $\boldsymbol{b}$ 的端点，作矢量 $\boldsymbol{u}'$，即

$$\boldsymbol{u}'=\cos\Phi\boldsymbol{u}+\sin\Phi\boldsymbol{v}$$

利用上述矢量，可将矢量 $\boldsymbol{a}$ 和 $\boldsymbol{b}$ 表示为

$$\boldsymbol{a}=a(\cos\theta\boldsymbol{e}+\sin\theta\boldsymbol{u}) \tag{1.20a}$$

$$\boldsymbol{b}=a(\cos\theta\boldsymbol{e}+\sin\theta\boldsymbol{u}') \tag{1.20b}$$

将前述矢量 $\boldsymbol{u}'$ 和 $\boldsymbol{u}$，$\boldsymbol{v}$ 的表达式代入式(1.20b)，有

$$\boldsymbol{b}=\cos\Phi\boldsymbol{a}+(1-\cos\Phi)(\boldsymbol{e}\cdot\boldsymbol{a})\boldsymbol{e}+\sin\Phi(\boldsymbol{e}\times\boldsymbol{a}) \tag{1.21}$$

式(1.21)中矢量 $\boldsymbol{a}$ 为任意矢量，对坐标系 S_a 中的其他矢量同样适用。将矢量 $\boldsymbol{a}$ 换成 S_a 系的 3 个基矢量 $\boldsymbol{i}_a$，$\boldsymbol{j}_a$，$\boldsymbol{k}_a$，则绕欧拉轴旋转后得到 S_b 系的 3 个基矢量 $\boldsymbol{i}_b$，$\boldsymbol{j}_b$，$\boldsymbol{k}_b$ 的表达式为

$$\begin{cases} \boldsymbol{i}_{\mathrm{b}} = \cos\Phi \boldsymbol{i}_{\mathrm{a}} + (1-\cos\Phi)(\boldsymbol{e}\cdot\boldsymbol{i}_{\mathrm{a}})\boldsymbol{e} + \sin\Phi(\boldsymbol{e}\times\boldsymbol{i}_{\mathrm{a}}) \\ \boldsymbol{j}_{\mathrm{b}} = \cos\Phi \boldsymbol{j}_{\mathrm{a}} + (1-\cos\Phi)(\boldsymbol{e}\cdot\boldsymbol{j}_{\mathrm{a}})\boldsymbol{e} + \sin\Phi(\boldsymbol{e}\times\boldsymbol{j}_{\mathrm{a}}) \\ \boldsymbol{k}_{\mathrm{b}} = \cos\Phi \boldsymbol{k}_{\mathrm{a}} + (1-\cos\Phi)(\boldsymbol{e}\cdot\boldsymbol{k}_{\mathrm{a}})\boldsymbol{e} + \sin\Phi(\boldsymbol{e}\times\boldsymbol{k}_{\mathrm{a}}) \end{cases} \tag{1.22}$$

令欧拉轴 $\boldsymbol{e}$ 在参考坐标系 S_{a} 中的矢量式为 $\boldsymbol{e}=e_x\boldsymbol{i}_{\mathrm{a}}+e_y\boldsymbol{j}_{\mathrm{a}}+e_z\boldsymbol{k}_{\mathrm{a}}$，将此矢量表达式代入式(1.22)，再根据方向余弦矩阵的定义，并进行合并，可以得到如式(1.19)的用(e_x, e_y, e_z, Φ)4 个姿态参数表述的方向余弦矩阵。证明过程完毕。

3. 由方向余弦矩阵确定欧拉轴/角参数

若已知方向余弦矩阵 $\underline{\boldsymbol{C}}_{\mathrm{ba}}$，由式(1.19)可计算欧拉轴/角参数，得

$$\cos\Phi = \frac{\mathrm{tr}\underline{\boldsymbol{C}}_{\mathrm{ba}} - 1}{2} \tag{1.23a}$$

$$\underline{\boldsymbol{e}} = \frac{1}{2\sin\Phi}\begin{bmatrix} C_{23}-C_{32} \\ C_{31}-C_{13} \\ C_{12}-C_{21} \end{bmatrix} \tag{1.23b}$$

式中，$\mathrm{tr}\underline{\boldsymbol{C}}_{\mathrm{ba}}$ 是姿态矩阵 $\underline{\boldsymbol{C}}_{\mathrm{ba}}$ 的迹，$\mathrm{tr}\underline{\boldsymbol{C}}_{\mathrm{ba}}=C_{11}+C_{22}+C_{33}$。绕任意转轴转动相同的 Φ 角，其姿态矩阵的迹不变。将式(1.23a)展开，对应以下 3 组解：

(1) 当 $\mathrm{tr}\underline{\boldsymbol{C}}_{\mathrm{ba}} \neq 3, -1$ 时，可直接按式(1.23b)计算分量列阵元素 e_x, e_y, e_z。

(2) 当 $\mathrm{tr}\underline{\boldsymbol{C}}_{\mathrm{ba}}=3$ 时，此时对应转角 $\Phi=0, \pm 2\pi, \pm 4\pi$ 等，姿态矩阵 $\underline{\boldsymbol{C}}_{\mathrm{ba}}$ 为单位矩阵，e_x, e_y, e_z 无法确定。这种情况相当于没有发生转动。

(3) 当 $\mathrm{tr}\underline{\boldsymbol{C}}_{\mathrm{ba}}=-1$ 时，对应转角 $\Phi=\pm\pi, \pm 3\pi, \pm 5\pi$ 等，此时 $\underline{\boldsymbol{C}}_{\mathrm{ba}}=2\underline{\boldsymbol{e}}\underline{\boldsymbol{e}}^{\mathrm{T}}-\boldsymbol{E}_3$，则有

$$\begin{cases} e_x = \pm\sqrt{\dfrac{1+C_{11}}{2}}, \quad e_y = \pm\sqrt{\dfrac{1+C_{22}}{2}}, \quad e_z = \pm\sqrt{\dfrac{1+C_{33}}{2}} \\ e_x e_y = \dfrac{1}{2}C_{12}, \quad e_y e_z = \dfrac{1}{2}C_{23}, \quad e_z e_x = \dfrac{1}{2}C_{31} \end{cases} \tag{1.24}$$

式中，使用后 3 个方程来区分前 3 个方程的符号双重性。

还需说明，由已知的方向余弦矩阵 $\underline{\boldsymbol{C}}_{\mathrm{ba}}$ 确定 $\underline{\boldsymbol{e}}$ 和 Φ 并非唯一，这是由于绕 e 轴把坐标系转动 Φ 角与绕 $-e$ 轴把坐标系转动 $2\pi-\Phi$ 角可到达同一位置，再加上三角函数的周期性。使用时应注意这个特点。

欧拉转角 Φ 反映了两个坐标系的坐标轴之间的几何关系，如图 1.12 所示。

令 $\varphi_x, \varphi_y, \varphi_z$ 是参考系和星体坐标系中对应坐标轴之间的夹角，显然，姿态矩阵中对角线上的元素即为这几个角的余弦值，由式(1.23a)有

$$2\cos\Phi = \cos\varphi_x + \cos\varphi_y + \cos\varphi_z - 1 \tag{1.25}$$

利用半角公式 $\cos\alpha = 1-2\sin^2\dfrac{\alpha}{2}$，则式(1.25)可写为

$$\sin^2\frac{\Phi}{2} = \frac{1}{2}\left(\sin^2\frac{\varphi_x}{2} + \sin^2\frac{\varphi_y}{2} + \sin^2\frac{\varphi_z}{2}\right) \tag{1.26}$$

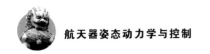

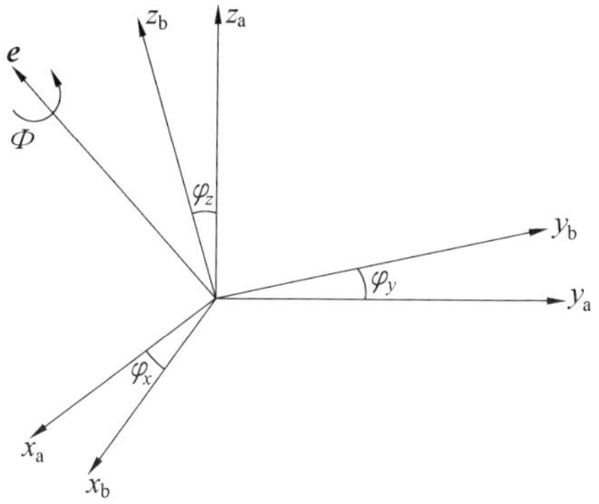

图 1.12　欧拉转角与两个坐标系之间的几何关系

此式给出了对应坐标轴的偏离角与欧拉转角之间的关系。当偏角较小时，有

$$\Phi \approx \frac{\sqrt{2}}{2}\sqrt{\varphi_x^2+\varphi_y^2+\varphi_z^2}$$

这个公式对于评价姿态确定误差是很有用的。

4. 相继角位移对应的欧拉轴 / 角

下面直接给出相继角运动时的欧拉轴 / 角参数计算公式。设坐标系 S_b 相对坐标系 S_a 对应的欧拉轴 / 角式为 $(\Phi_1, \underline{e}_1)$，坐标系 S_c 相对坐标系 S_b 对应的欧拉轴 / 角式为 $(\Phi_2, \underline{e}_2)$，则坐标系 S_c 相对坐标系 S_a 的欧拉轴 / 角式 $(\Phi_3, \underline{e}_3)$ 为

$$\cos\frac{\Phi_3}{2}=\cos\frac{\Phi_1}{2}\cos\frac{\Phi_2}{2}-\sin\frac{\Phi_1}{2}\sin\frac{\Phi_2}{2}\cos\gamma \tag{1.27}$$

$$\underline{e}_3=\frac{1}{\sin\frac{\Phi_3}{2}}\left[\underline{e}_1\sin\frac{\Phi_1}{2}\cos\frac{\Phi_2}{2}+\underline{e}_2\cos\frac{\Phi_1}{2}\sin\frac{\Phi_2}{2}+\underline{e}_1^{\times}\underline{e}_2\sin\frac{\Phi_1}{2}\sin\frac{\Phi_2}{2}\right] \tag{1.28}$$

式中，$\cos\gamma$ 为旋转轴 $\underline{e}_1$ 和 $\underline{e}_2$ 之间的方向余弦。

1.2.4　欧拉参数

采用欧拉角来描述航天器姿态虽然比较直观，但不适宜于大幅度的姿态运动，在特殊情况下会出现奇异性。采用欧拉轴 / 角描述姿态虽然可以避免出现奇异问题，但进行相继角位移运动运算时既有矩阵运算，又包含三角函数运算，应用起来不太方便。为便于运算，由欧拉轴 / 角参数可演化成另外一种有用的姿态参数，即欧拉参数。

1. 欧拉参数的定义

欧拉参数 $\underline{Q}$ 由 4 个元素组成，这 4 个元素与欧拉轴 / 角参数的关系为

$$\begin{cases}\underline{\boldsymbol{Q}}=\begin{bmatrix}q_0\\\boldsymbol{q}\end{bmatrix}=[q_0\quad q_1\quad q_2\quad q_3]^{\mathrm{T}}\\q_0=\cos\dfrac{\Phi}{2},\quad q_1=e_x\sin\dfrac{\Phi}{2}\\q_2=e_y\sin\dfrac{\Phi}{2},\quad q_3=e_z\sin\dfrac{\Phi}{2}\end{cases}\tag{1.29}$$

欧拉参数的 4 个元素并不是独立的，满足约束条件

$$q_0^2+q_1^2+q_2^2+q_3^2=1\tag{1.30}$$

2. 欧拉参数与方向余弦矩阵之间的转换

利用三角半角公式 $\cos\Phi=2\cos^2\dfrac{\Phi}{2}-1$，$\sin\Phi=2\sin\dfrac{\Phi}{2}\cos\dfrac{\Phi}{2}$，可将以欧拉轴 / 角表示的姿态矩阵[式(1.19)]，转换为用欧拉参数表示的方向余弦矩阵，即

$$\begin{aligned}\underline{\boldsymbol{C}}_{\mathrm{ba}}(\underline{\boldsymbol{Q}})&=(q_0^2-\boldsymbol{q}^{\mathrm{T}}\boldsymbol{q})\underline{\boldsymbol{E}}_3+2\boldsymbol{q}\boldsymbol{q}^{\mathrm{T}}-2q_0\boldsymbol{q}^{\times}\\&=\begin{bmatrix}q_0^2+q_1^2-q_2^2-q_3^2&2(q_1q_2+q_3q_0)&2(q_1q_3-q_2q_0)\\2(q_1q_2-q_3q_0)&q_0^2-q_1^2+q_2^2-q_3^2&2(q_2q_3+q_1q_0)\\2(q_1q_3+q_2q_0)&2(q_2q_3-q_1q_0)&q_0^2-q_1^2-q_2^2+q_3^2\end{bmatrix}\end{aligned}\tag{1.31}$$

当方向余弦矩阵的各元素已知时，可按方程

$$\begin{cases}q_0=\pm\dfrac{1}{2}\sqrt{1+C_{11}+C_{22}+C_{33}}\\q_1=\dfrac{1}{4q_0}(C_{23}-C_{32})\\q_2=\dfrac{1}{4q_0}(C_{31}-C_{13})\\q_3=\dfrac{1}{4q_0}(C_{12}-C_{21})\end{cases}\tag{1.32}$$

计算欧拉参数。

观察式(1.32)可发现，当 $q_0=0$ 时，无法根据式(1.32)的后 3 个方程求出 q_1，q_2 和 q_3。下面给出了解决此问题的方法。

根据式(1.31)还可得到 3 组计算公式：

$$\begin{cases}q_1=\pm\dfrac{1}{2}\sqrt{1+C_{11}-C_{22}-C_{33}}\\q_2=\dfrac{1}{4q_1}(C_{12}+C_{21})\\q_3=\dfrac{1}{4q_1}(C_{13}+C_{31})\\q_0=\dfrac{1}{4q_1}(C_{23}-C_{32})\end{cases}\tag{1.33}$$

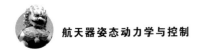

$$
\begin{cases}
q_2 = \pm \dfrac{1}{2}\sqrt{1 - C_{11} + C_{22} - C_{33}} \\
q_3 = \dfrac{1}{4q_2}(C_{23} + C_{32}) \\
q_0 = \dfrac{1}{4q_2}(C_{31} - C_{13}) \\
q_1 = \dfrac{1}{4q_2}(C_{12} + C_{21})
\end{cases} \tag{1.34}
$$

$$
\begin{cases}
q_3 = \pm \dfrac{1}{2}\sqrt{1 - C_{11} - C_{22} + C_{33}} \\
q_0 = \dfrac{1}{4q_3}(C_{12} - C_{21}) \\
q_1 = \dfrac{1}{4q_3}(C_{13} + C_{31}) \\
q_2 = \dfrac{1}{4q_3}(C_{23} + C_{32})
\end{cases} \tag{1.35}
$$

首先连同式(1.32)，利用这 4 组公式的第一行计算 q_0，q_1，q_2，q_3，选择给出绝对值最大的那一组作为计算公式。例如，若 q_2 的绝对值最大，则选择式(1.34)进行计算。

上述欧拉参数称为从坐标系 S_a 到坐标系 S_b 的欧拉参数，或者坐标系 S_b 相对于坐标系 S_a 的欧拉参数。为更加明确起见，把它写成 $\underline{\boldsymbol{Q}}_{ba}$。

3. 相继转动的欧拉参数表示

设从坐标系 S_a 到坐标系 S_b 对应的欧拉参数为 $\underline{\boldsymbol{Q}}_{ba}$，从坐标系 S_b 到坐标系 S_c 对应的欧拉参数为 $\underline{\boldsymbol{Q}}_{bc}$，对应的姿态矩阵分别为 $\underline{\boldsymbol{C}}_{ba}$ 和 $\underline{\boldsymbol{C}}_{bc}$，则从坐标系 S_a 到坐标系 S_c 的姿态矩阵可表示为

$$
\underline{\boldsymbol{C}}_{ca}(\underline{\boldsymbol{Q}}_{ca}) = \underline{\boldsymbol{C}}_{cb}(\underline{\boldsymbol{Q}}_{cb})\,\underline{\boldsymbol{C}}_{ba}(\underline{\boldsymbol{Q}}_{ba}) \tag{1.36}
$$

将式(1.36)按式(1.31)展开，可归纳得到相继转动的欧拉参数矩阵关系式，即

$$
\underline{\boldsymbol{Q}}_{ca} = \mathrm{mat}(\underline{\boldsymbol{Q}}_{ba})\,\underline{\boldsymbol{Q}}_{cb} \tag{1.37}
$$

或

$$
\underline{\boldsymbol{Q}}_{ca} = \mathrm{mati}(\underline{\boldsymbol{Q}}_{cb})\,\underline{\boldsymbol{Q}}_{ba} \tag{1.38}
$$

其中，$\mathrm{mat}(\underline{\boldsymbol{Q}}_{ba})$，$\mathrm{mati}(\underline{\boldsymbol{Q}}_{cb})$ 分别表示以欧拉参数 $\underline{\boldsymbol{Q}}$ 的 4 个分量组成的矩阵，其定义是

$$
\mathrm{mat}(\underline{\boldsymbol{Q}}_{ba}) = \begin{bmatrix} q_0 & -q_1 & -q_2 & -q_3 \\ q_1 & q_0 & -q_3 & q_2 \\ q_2 & q_3 & q_0 & -q_1 \\ q_3 & -q_2 & q_1 & q_0 \end{bmatrix}, \quad \mathrm{mati}(\underline{\boldsymbol{Q}}_{cb}) = \begin{bmatrix} q_0 & -q_1 & -q_2 & -q_3 \\ q_1 & q_0 & q_3 & -q_2 \\ q_2 & -q_3 & q_0 & q_1 \\ q_3 & q_2 & -q_1 & q_0 \end{bmatrix}
$$

运用上述规则可列出欧拉参数与欧拉角的关系式。以旋转顺序 zyx 为例，3次转动对应的欧拉参数分别为

$$\underline{Q}_z = \begin{bmatrix} \cos\frac{\psi}{2} & 0 & 0 & \sin\frac{\psi}{2} \end{bmatrix}^{\mathrm{T}}$$

$$\underline{Q}_y = \begin{bmatrix} \cos\frac{\theta}{2} & 0 & \sin\frac{\theta}{2} & 0 \end{bmatrix}^{\mathrm{T}}$$

$$\underline{Q}_x = \begin{bmatrix} \cos\frac{\varphi}{2} & \sin\frac{\varphi}{2} & 0 & 0 \end{bmatrix}^{\mathrm{T}}$$

最终按 zyx 顺序转动得出的欧拉参数可由式(1.38)顺序给出，即

$$\underline{Q}_{\mathrm{ba}} = \mathrm{mati}(\underline{Q}_x)\,\mathrm{mati}(\underline{Q}_y)\underline{Q}_z$$

4. 欧拉参数的姿态四元数表示

欧拉参数也可用归一化的四元数来表示，因此又称为姿态四元数(Quternions)。根据四元数代数表达方法，将欧拉参数表示为姿态四元数，即

$$\boldsymbol{Q} = q_0 + \boldsymbol{q} = q_0 + q_1\boldsymbol{i} + q_2\boldsymbol{j} + q_3\boldsymbol{k}$$

式中，$\boldsymbol{q} = q_1\boldsymbol{i} + q_2\boldsymbol{j} + q_3\boldsymbol{k}$ 称为姿态四元数 $\boldsymbol{Q}$ 的矢部；q_0 为姿态四元数 $\boldsymbol{Q}$ 的标部。

引用姿态四元数的表示方法，可以简化欧拉参数各种运算的表达形式。设 $\boldsymbol{Q}_{\mathrm{ba}}$ 表示从坐标系 S_{a} 到坐标系 S_{b} 的姿态四元数(以 $\underline{Q}_{\mathrm{ba}}$ 的元素和通用坐标基 $[\boldsymbol{i} \quad \boldsymbol{j} \quad \boldsymbol{k}]^{\mathrm{T}}$ 所构成)。相类似地，$\boldsymbol{Q}_{\mathrm{cb}}$ 和 $\boldsymbol{Q}_{\mathrm{ca}}$ 分别表示从坐标系 S_{b} 到坐标系 S_{c} 及从坐标系 S_{a} 到坐标系 S_{c} 的姿态四元数。则坐标系相继转动的姿态四元数表示为

$$\boldsymbol{Q}_{\mathrm{ca}} = \boldsymbol{Q}_{\mathrm{ba}} \otimes \boldsymbol{Q}_{\mathrm{cb}} \tag{1.39}$$

若已知 $\boldsymbol{Q}_{\mathrm{ca}}$ 和 $\boldsymbol{Q}_{\mathrm{ba}}$，则根据式(1.39)及共轭四元数的概念，将该式两边各左乘 $\boldsymbol{Q}_{\mathrm{ba}}$ 的共轭四元数，则可求得 $\boldsymbol{Q}_{\mathrm{cb}}$ 为

$$\boldsymbol{Q}_{\mathrm{cb}} = \boldsymbol{Q}_{\mathrm{ba}}^{*} \otimes \boldsymbol{Q}_{\mathrm{ca}} \tag{1.40}$$

式中，$\boldsymbol{Q}_{\mathrm{ba}}^{*}$ 为 $\boldsymbol{Q}_{\mathrm{ba}}$ 的共轭四元数。

1.2.5 其他类型的姿态参数

除上述4种类型的姿态参数可用于描述姿态运动外，还有其他几种类型的姿态参数。

1. 罗德里格(Rodrigues)参数

罗德里格参数(又称Gibbs参数)是3个标量，也是从欧拉轴/角参数演化过来的，其定义是

$$\underline{\boldsymbol{\rho}} \triangleq \underline{e}\tan\frac{\Phi}{2} = \frac{1}{q_0}\underline{\boldsymbol{q}} \tag{1.41}$$

可以看到，罗德里格参数与欧拉参数相比，其优点是参数少；缺点是在某些

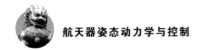

时候(如当Φ接近$\pm\pi$时),参数会接近无限大,而欧拉参数的绝对值不会超过1。

利用罗德里格参数,方向余弦矩阵可表示为

$$\underline{C}_{ba}=\frac{1}{1+\rho_1^2+\rho_2^2+\rho_3^2}\begin{bmatrix}1+\rho_1^2-\rho_2^2-\rho_3^2 & 2(\rho_1\rho_2-p_3) & 2(\rho_3\rho_1+p_2)\\ 2(\rho_1\rho_2+p_3) & 1+\rho_2^2-\rho_1^2-\rho_3^2 & 2(\rho_2\rho_3-p_1)\\ 2(\rho_3\rho_1-p_2) & 2(\rho_2\rho_3+p_1) & 1+\rho_3^2-\rho_1^2-\rho_2^2\end{bmatrix} \tag{1.42}$$

2. 修正的罗德里格参数

基于罗德里格参数在Φ接近$\pm\pi$时,参数会接近无限大的缺点,又提出了一种修正的罗德里格参数(Modified Rodrigues Parameters, MRPs),其定义为

$$\underline{\boldsymbol{\rho}}^*\triangleq\underline{e}\tan\frac{\Phi}{4}=\frac{\sin(\Phi/2)}{1+\cos(\Phi/2)}\underline{e}=\frac{1}{1+q_0}\underline{\boldsymbol{q}} \tag{1.43}$$

根据定义可知,修正的罗德里格参数只有在欧拉轴转角为$\pm 2\pi$时才会变为奇异点,而实际应用中航天器相对参考坐标系的欧拉轴转角不需要表示到$\pm 2\pi$。

1.2.6　无穷小角位移的姿态矩阵

当坐标系S_b相对坐标系S_a的姿态运动仅限于小角位移时,其对应的姿态矩阵$\underline{C}_{ba}$将是单位阵与一无穷小量反对称矩阵的代数和。这个特点在线性分析时有着重要的用途。

1. 用欧拉轴/角表示的姿态矩阵

对于欧拉轴/角,在姿态运动为小角度位移时,旋转轴$\boldsymbol{e}$本身在任何意义下都不是小量,仍为单位值,而仅仅是绕$\boldsymbol{e}$轴旋转的Φ角为小量。此时有$\cos\Phi\approx 1$,$\sin\Phi\approx\Phi$,将这两个关系式代入式(1.19),则有

$$\underline{C}_{ba}\approx\underline{E}_3-\Phi\underline{e}^{\times} \tag{1.44}$$

在无穷小角位移情况下,姿态矩阵的乘法是可以交换的,即当$\underline{C}_{ba}=\underline{C}_{ba}(\underline{e}_1,\Phi_1)$以及$\underline{C}_{cb}=\underline{C}_{cb}(\underline{e}_2,\Phi_2)$时,有

$$\underline{C}_{ca}=\underline{C}_{ba}\underline{C}_{cb}=\underline{C}_{cb}\underline{C}_{ba}=\underline{E}_3-\Phi_1\underline{e}_1^{\times}-\Phi_2\underline{e}_2^{\times} \tag{1.45}$$

2. 用欧拉参数表示的姿态矩阵

对于欧拉参数式,在姿态运动为小角度位移时,$q_0\approx 1$,q_1,q_2,q_3均为小量,在式(1.31)中略去二阶以上小量,有

$$\underline{C}_{ba}=\begin{bmatrix}1 & 2q_3 & -2q_2\\ -2q_3 & 1 & 2q_1\\ 2q_2 & -2q_1 & 1\end{bmatrix}=\underline{E}_3-2\underline{\boldsymbol{q}}^{\times} \tag{1.46}$$

3. 用欧拉角表示的姿态矩阵

在用欧拉角描述姿态运动，当欧拉角均为小量角位移时，有 $\sin\alpha \approx \alpha$，$\cos\alpha \approx 1$。对于 zxz 顺序转动，则对应的方向余弦矩阵可简化为

$$\underline{C}_{ba} = \begin{bmatrix} 1 & \psi+\varphi & 0 \\ -\psi-\varphi & 1 & \theta \\ 0 & -\theta & 1 \end{bmatrix} = \underline{E}_3 - \begin{bmatrix} \theta \\ 0 \\ \psi+\varphi \end{bmatrix}^{\times} \tag{1.47}$$

从式(1.47)可以看到，采用 zxz 旋转顺序时，在小角度情况下将会丢失一个自由度，应用时应注意。

对于 zxy 顺序转动，对应的方向余弦矩阵可简化为

$$\underline{C}_{ba} = \begin{bmatrix} 1 & \psi & -\theta \\ -\psi & 1 & \varphi \\ \theta & -\varphi & 1 \end{bmatrix} = \underline{E}_3 - \begin{bmatrix} \varphi \\ \theta \\ \psi \end{bmatrix}^{\times} \tag{1.48}$$

同理可得到对 zyx 顺序转动时，无穷小角位移情况下的方向余弦矩阵与式(1.48)相同。

对比式(1.46)和式(1.48)，可近似得

$$\varphi \approx 2q_1,\quad \theta \approx 2q_2,\quad \psi \approx 2q_3 \tag{1.49}$$

1.3 姿态运动学方程

设坐标系 S_a 为空间参考坐标系，当坐标系 S_b 为固联在航天器上的一个坐标系时，坐标系 S_b 相对坐标系 S_a 以角速度 $\boldsymbol{\omega}_{ba}$ 转动。当 $\boldsymbol{\omega}_{ba}=\mathbf{0}$ 时，则坐标系 S_b 相对坐标系 S_a 的指向或方位为固定值，即坐标系 S_b 相对坐标系 S_a 的姿态参数为定值；当 $\boldsymbol{\omega}_{ba}\neq\mathbf{0}$ 时，则坐标系 S_b 相对坐标系 S_a 有相对运动，坐标系 S_b 相对坐标系 S_a 的姿态参数随时间变化，即姿态参数为时间的函数。研究各种姿态参数的变化与角速度矢量 $\boldsymbol{\omega}_{ba}$ 的关系的学科称为姿态运动学。

实际上，$\boldsymbol{\omega}_{ba}$ 的方向即是前面所述的欧拉轴/角姿态参数表示法中坐标系 S_b 相对于参考坐标系 S_a 的瞬时转动轴 $\boldsymbol{e}$ 的方向，$\boldsymbol{\omega}_{ba}$ 的数值大小即为 $\mathrm{d}\Phi/\mathrm{d}t$。

下面研究各种姿态参数随时间的变化率与姿态角速度 $\boldsymbol{\omega}_{ba}$ 的关系，即姿态运动学方程。

1.3.1 方向余弦矩阵的微分方程及角速度

根据坐标系 S_b 与坐标系 S_a 矢量基的关系式，有

$$\underline{\boldsymbol{e}}_a^{\mathrm{T}} = \underline{\boldsymbol{e}}_b^{\mathrm{T}}\underline{C}_{ba} \tag{1.50}$$

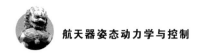

用“·”表示矢量在 S_a 中的时间导数，则有 $\dot{\underline{\boldsymbol{e}}}_a=\mathbf{0}$。

根据矢量的时间导数表达式，可得

$$\dot{\underline{\boldsymbol{e}}}_b^{T}=\boldsymbol{\omega}_{ba}\times\underline{\boldsymbol{e}}_b^{T} \tag{1.51}$$

现将 $\boldsymbol{\omega}_{ba}$ 在坐标系 S_b 中展开，有

$$\boldsymbol{\omega}_{ba}=\underline{\boldsymbol{\omega}}_{ba}^{T}\underline{\boldsymbol{e}}_b \tag{1.52}$$

式中，$\underline{\boldsymbol{\omega}}_{ba}$ 为 3×1 维列向量，由 $\boldsymbol{\omega}_{ba}$ 在坐标系 S_b 3 个坐标轴上的坐标分量构成。

在坐标系 S_a 中对式(1.50)取时间导数，得

$$\begin{aligned}\mathbf{0}^{T}&=\dot{\underline{\boldsymbol{e}}}_b^{T}\underline{\boldsymbol{C}}_{ba}+\underline{\boldsymbol{e}}_b^{T}\dot{\underline{\boldsymbol{C}}}_{ba}\\&=\boldsymbol{\omega}_{ba}\times\underline{\boldsymbol{e}}_b^{T}\underline{\boldsymbol{C}}_{ba}+\underline{\boldsymbol{e}}_b^{T}\dot{\underline{\boldsymbol{C}}}_{ba}=\underline{\boldsymbol{\omega}}_{ba}^{T}\underline{\boldsymbol{e}}_b\times\underline{\boldsymbol{e}}_b^{T}\underline{\boldsymbol{C}}_{ba}+\underline{\boldsymbol{e}}_b^{T}\dot{\underline{\boldsymbol{C}}}_{ba}\\&=\underline{\boldsymbol{e}}_b^{T}\underline{\boldsymbol{\omega}}_{ba}^{\times}\underline{\boldsymbol{C}}_{ba}+\underline{\boldsymbol{e}}_b^{T}\dot{\underline{\boldsymbol{C}}}_{ba}\\&=\underline{\boldsymbol{e}}_b^{T}(\underline{\boldsymbol{\omega}}_{ba}^{\times}\underline{\boldsymbol{C}}_{ba}+\dot{\underline{\boldsymbol{C}}}_{ba})\end{aligned} \tag{1.53}$$

于是得到方向余弦矩阵 $\underline{\boldsymbol{C}}_{ba}$ 的微分方程式为

$$\dot{\underline{\boldsymbol{C}}}_{ba}=-\underline{\boldsymbol{\omega}}_{ba}^{\times}\underline{\boldsymbol{C}}_{ba} \tag{1.54}$$

该式说明，若已知 $\underline{\boldsymbol{\omega}}_{ba}(t)$，可以通过积分法求得方向余弦阵 $\underline{\boldsymbol{C}}_{ba}(t)$ 的时间函数表达式。反之，若已知 $\underline{\boldsymbol{C}}_{ba}(t)$，则 $\underline{\boldsymbol{\omega}}_{ba}(t)$ 的表达式为

$$\underline{\boldsymbol{\omega}}_{ba}^{\times}(t)=-\dot{\underline{\boldsymbol{C}}}_{ba}\underline{\boldsymbol{C}}_{ba}^{T}=-\dot{\underline{\boldsymbol{C}}}_{ba}\underline{\boldsymbol{C}}_{ab}=\underline{\boldsymbol{C}}_{ba}\dot{\underline{\boldsymbol{C}}}_{ab} \tag{1.55}$$

式中，后两式的恒等关系是利用 $\underline{\boldsymbol{C}}_{ba}\underline{\boldsymbol{C}}_{ba}^{T}=\underline{\boldsymbol{C}}_{ba}\underline{\boldsymbol{C}}_{ab}=\underline{\boldsymbol{E}}_3$ 经微分得到的。

利用方向余弦阵微分方程和姿态角速度的关系，可以得到相继运动角速度的关系。

设 $\boldsymbol{\omega}_{ba}$ 为坐标系 S_b 相对坐标系 S_a 的角速度矢量，$\boldsymbol{\omega}_{cb}$ 为坐标系 S_c 相对坐标系 S_b 的角速度矢量，$\boldsymbol{\omega}_{ca}$ 为坐标系 S_c 相对坐标系 S_a 的角速度矢量。利用式(1.55)，有

$$\underline{\boldsymbol{\omega}}_{ba}^{\times}=-\dot{\underline{\boldsymbol{C}}}_{ba}\underline{\boldsymbol{C}}_{ab},\quad \underline{\boldsymbol{\omega}}_{cb}^{\times}=-\dot{\underline{\boldsymbol{C}}}_{cb}\underline{\boldsymbol{C}}_{bc},\quad \underline{\boldsymbol{\omega}}_{ca}^{\times}=-\dot{\underline{\boldsymbol{C}}}_{ca}\underline{\boldsymbol{C}}_{ac} \tag{1.56}$$

式中 $\underline{\boldsymbol{\omega}}_{ba}=\underline{\boldsymbol{e}}_b\cdot\boldsymbol{\omega}_{ba}$，　$\underline{\boldsymbol{\omega}}_{cb}=\underline{\boldsymbol{e}}_c\cdot\boldsymbol{\omega}_{cb}$，　$\underline{\boldsymbol{\omega}}_{ca}=\underline{\boldsymbol{e}}_c\cdot\boldsymbol{\omega}_{ca}$。

将 $\underline{\boldsymbol{C}}_{ca}=\underline{\boldsymbol{C}}_{cb}\underline{\boldsymbol{C}}_{ba}$ 求导后代入式(1.56)的第三式，有

$$\begin{aligned}\underline{\boldsymbol{\omega}}_{ca}^{\times}&=-(\dot{\underline{\boldsymbol{C}}}_{cb}\underline{\boldsymbol{C}}_{ba}+\underline{\boldsymbol{C}}_{cb}\dot{\underline{\boldsymbol{C}}}_{ba})\underline{\boldsymbol{C}}_{ac}=-\dot{\underline{\boldsymbol{C}}}_{cb}\underline{\boldsymbol{C}}_{bc}-\underline{\boldsymbol{C}}_{cb}\dot{\underline{\boldsymbol{C}}}_{ba}\underline{\boldsymbol{C}}_{ab}\underline{\boldsymbol{C}}_{bc}\\&=\underline{\boldsymbol{\omega}}_{cb}^{\times}+\underline{\boldsymbol{C}}_{cb}\underline{\boldsymbol{\omega}}_{ba}^{\times}\underline{\boldsymbol{C}}_{bc}\\&=\underline{\boldsymbol{\omega}}_{cb}^{\times}+(\underline{\boldsymbol{C}}_{cb}\underline{\boldsymbol{\omega}}_{ba})^{\times}\end{aligned} \tag{1.57}$$

式中，利用了 $(\underline{\boldsymbol{C}}\underline{\boldsymbol{v}})^{\times}=\underline{\boldsymbol{C}}\underline{\boldsymbol{v}}^{\times}\underline{\boldsymbol{C}}^{T}$ 恒等式，将式(1.57)还原成

$$\underline{\boldsymbol{\omega}}_{ca}=\underline{\boldsymbol{\omega}}_{cb}+\underline{\boldsymbol{C}}_{cb}\underline{\boldsymbol{\omega}}_{ba} \tag{1.58}$$

两边左乘 $\underline{\boldsymbol{e}}_c^{T}$ 变为矢量方程式为

$$\underline{\boldsymbol{e}}_c^{T}\underline{\boldsymbol{\omega}}_{ca}=\underline{\boldsymbol{e}}_c^{T}\underline{\boldsymbol{\omega}}_{cb}+\underline{\boldsymbol{e}}_c^{T}\underline{\boldsymbol{C}}_{cb}\underline{\boldsymbol{\omega}}_{ba}=$$

$$\underline{e}_c^T \underline{\omega}_{cb} + \underline{e}_b^T \underline{\omega}_{ba}$$

即

$$\boldsymbol{\omega}_{ca} = \boldsymbol{\omega}_{cb} + \boldsymbol{\omega}_{ba} \tag{1.59}$$

这证明了角速度矢量的可叠加性。注意，角位移并非矢量，不能进行矢量的叠加。

1.3.2 欧拉角参数的微分方程及角速度

对于 zxz 的旋转顺序，坐标系 S_b 与坐标系 S_a 之间的方向余弦矩阵可表示为

$$\underline{C}_{ba} = \underline{C}_z(\varphi)\underline{C}_x(\theta)\underline{C}_z(\psi) \triangleq \underline{C}_3\underline{C}_2\underline{C}_1$$

转动过程中形成的坐标系对应的坐标基分别为 $\underline{e}_a \to \underline{e}_1 \to \underline{e}_2 \to \underline{e}_b$。

根据式(1.52)，3 次主旋转对应的角速度矢量可分别表示为

$$\boldsymbol{\omega}_1 = \underline{e}_1^T \begin{bmatrix} 0 \\ 0 \\ \dot{\psi} \end{bmatrix}, \quad \boldsymbol{\omega}_2 = \underline{e}_2^T \begin{bmatrix} \dot{\theta} \\ 0 \\ 0 \end{bmatrix}, \quad \boldsymbol{\omega}_3 = \underline{e}_b^T \begin{bmatrix} 0 \\ 0 \\ \dot{\varphi} \end{bmatrix} \tag{1.60}$$

根据角速度矢量叠加原理，角速度矢量可由三次旋转对应的角速度矢量叠加而成，即

$$\boldsymbol{\omega}_{ba} = \boldsymbol{\omega}_1 + \boldsymbol{\omega}_2 + \boldsymbol{\omega}_3 \tag{1.61}$$

对式(1.61)两边各点乘矢阵 $\underline{e}_b$，变为坐标系 S_b 下的分量列阵，有

$$\begin{aligned}
\underline{e}_b \cdot \boldsymbol{\omega}_{ba} &= \underline{e}_b \cdot \underline{e}_1^T \begin{bmatrix} 0 \\ 0 \\ \dot{\psi} \end{bmatrix} + \underline{e}_b \cdot \underline{e}_2^T \begin{bmatrix} \dot{\theta} \\ 0 \\ 0 \end{bmatrix} + \underline{e}_b \cdot \underline{e}_b^T \begin{bmatrix} 0 \\ 0 \\ \dot{\varphi} \end{bmatrix} \\
&= \underline{C}_3\underline{C}_2\,\underline{e}_1 \cdot \underline{e}_1^T \begin{bmatrix} 0 \\ 0 \\ \dot{\psi} \end{bmatrix} + \underline{C}_3\,\underline{e}_2 \cdot \underline{e}_2^T \begin{bmatrix} \dot{\theta} \\ 0 \\ 0 \end{bmatrix} + \underline{e}_b \cdot \underline{e}_b^T \begin{bmatrix} 0 \\ 0 \\ \dot{\varphi} \end{bmatrix} \\
&= \begin{bmatrix} C\varphi & S\varphi & 0 \\ -S\varphi & C\varphi & 0 \\ 0 & 0 & 1 \end{bmatrix} \begin{bmatrix} 1 & 0 & 0 \\ 0 & C\theta & S\theta \\ 0 & -S\theta & C\theta \end{bmatrix} \begin{bmatrix} 0 \\ 0 \\ \dot{\psi} \end{bmatrix} + \begin{bmatrix} C\varphi & S\varphi & 0 \\ -S\varphi & C\varphi & 0 \\ 0 & 0 & 1 \end{bmatrix} \begin{bmatrix} \dot{\theta} \\ 0 \\ 0 \end{bmatrix} + \begin{bmatrix} 0 \\ 0 \\ \dot{\varphi} \end{bmatrix} \\
&= \begin{bmatrix} S\varphi S\theta & C\varphi & 0 \\ C\varphi S\theta & -S\varphi & 0 \\ C\theta & 0 & 1 \end{bmatrix} \begin{bmatrix} \dot{\psi} \\ \dot{\theta} \\ \dot{\varphi} \end{bmatrix}
\end{aligned} \tag{1.62}$$

式中利用了 $\underline{e}_b = \underline{C}_3\,\underline{e}_2 = \underline{C}_3\underline{C}_2\,\underline{e}_1$ 和 $\underline{e}_b \cdot \underline{e}_b^T = \boldsymbol{E}_3$。

由式(1.62)进一步可求出欧拉角的微分方程，即

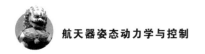

$$\begin{bmatrix}\dot{\psi}\\ \dot{\theta}\\ \dot{\varphi}\end{bmatrix}=\begin{bmatrix}S\varphi S\theta & C\varphi & 0\\ C\varphi S\theta & -S\varphi & 0\\ C\theta & 0 & 1\end{bmatrix}^{-1}\underline{\boldsymbol{\omega}}_{ba}=\frac{1}{S\theta}\begin{bmatrix}S\varphi & C\varphi & 0\\ C\varphi S\theta & -S\varphi S\theta & 0\\ -S\varphi C\theta & -C\varphi C\theta & S\theta\end{bmatrix}\underline{\boldsymbol{\omega}}_{ba}\quad(1.63)$$

同样根据角速度矢量叠加原理，可以得到 zxy 转动顺序下角速度列阵的表达式，即

$$\underline{\boldsymbol{\omega}}_{ba}=\begin{bmatrix}C\theta & 0 & -C\varphi S\theta\\ 0 & 1 & S\varphi\\ S\theta & 0 & C\varphi C\theta\end{bmatrix}\begin{bmatrix}\dot{\varphi}\\ \dot{\theta}\\ \dot{\psi}\end{bmatrix}\quad(1.64)$$

式中，φ，θ，ψ 分别为滚动角、俯仰角和偏航角。

由式(1.64) 进一步可求出欧拉角参数的微分方程表达式，即

$$\begin{bmatrix}\dot{\varphi}\\ \dot{\theta}\\ \dot{\psi}\end{bmatrix}=\begin{bmatrix}C\theta & 0 & -C\varphi S\theta\\ 0 & 1 & S\varphi\\ S\theta & 0 & C\varphi C\theta\end{bmatrix}^{-1}\underline{\boldsymbol{\omega}}_{ba}=\frac{1}{C\varphi}\begin{bmatrix}C\varphi C\theta & 0 & C\varphi S\theta\\ S\varphi S\theta & C\varphi & -S\varphi C\theta\\ -S\theta & 0 & C\theta\end{bmatrix}\underline{\boldsymbol{\omega}}_{ba}\quad(1.65)$$

对于 zyx 转动顺序，姿态角速度列阵的表达式为

$$\underline{\boldsymbol{\omega}}_{ba}=\begin{bmatrix}1 & 0 & -S\theta\\ 0 & C\varphi & S\varphi C\theta\\ 0 & -S\varphi & C\varphi C\theta\end{bmatrix}\begin{bmatrix}\dot{\varphi}\\ \dot{\theta}\\ \dot{\psi}\end{bmatrix}\quad(1.66)$$

由式(1.66) 进一步可求出欧拉角的微分方程，即

$$\begin{bmatrix}\dot{\varphi}\\ \dot{\theta}\\ \dot{\psi}\end{bmatrix}=\begin{bmatrix}1 & 0 & -S\theta\\ 0 & C\varphi & S\varphi C\theta\\ 0 & -S\varphi & C\varphi C\theta\end{bmatrix}^{-1}\underline{\boldsymbol{\omega}}_{ba}=\frac{1}{C\theta}\begin{bmatrix}C\theta & S\varphi S\theta & C\varphi S\theta\\ 0 & C\varphi C\theta & -S\varphi C\theta\\ 0 & S\varphi & C\varphi\end{bmatrix}\underline{\boldsymbol{\omega}}_{ba}\quad(1.67)$$

应注意到，采用欧拉角描述航天器姿态运动时，在大角度姿态变化过程中，可能会出现方程奇异的问题。由式(1.65) 和式(1.67) 可见，对于 zxy 顺序的情况，滚动角 φ 接近 $\pm\pi/2$ 时，以及对于 zyx 顺序的情况，俯仰角 θ 接近 $\pm\pi/2$ 时，会出现计算时姿态角速率出现无穷大的问题，即姿态运动方程奇异。在应用时应注意这个问题。

1.3.3　欧拉轴 / 角参数的微分方程及角速度

将式(1.19) 代入式(1.54)，有

$$\underline{\boldsymbol{\omega}}_{ba}^{\times}=-\underline{\dot{\boldsymbol{C}}}_{ba}\underline{\boldsymbol{C}}_{ba}^{\mathrm{T}}$$

$$= -\frac{d}{dt}[\cos\Phi \underline{E}_3 + (1-\cos\Phi)\underline{e}\underline{e}^T - \sin\Phi \underline{e}^\times][\cos\Phi \underline{E}_3 + (1-\cos\Phi)\underline{e}\underline{e}^T - \sin\Phi \underline{e}^\times]^T$$

$$= \dot{\Phi}\underline{e}^\times - (1-\cos\Phi)(\underline{e}^\times \dot{\underline{e}})^\times + \sin\Phi \dot{\underline{e}}^\times \tag{1.68}$$

式(1.68)利用了恒等式

$$\begin{cases} \underline{e}^T\underline{e} = 1, \quad \underline{e}^\times \underline{e} = 0, \quad \dot{\underline{e}}^\times \underline{e} = -\underline{e}^\times \dot{\underline{e}}, \quad \dot{\underline{e}}^\times \underline{e}^\times = \underline{e}\dot{\underline{e}}^T \\ \underline{e}\dot{\underline{e}}^T\underline{e}^\times + \underline{e}^\times \underline{e}\dot{\underline{e}}^T = -\dot{\underline{e}}^\times, \quad \dot{\underline{e}}\underline{e}^T - \underline{e}\dot{\underline{e}}^T = (\underline{e}^\times \dot{\underline{e}})^\times \end{cases} \tag{1.69}$$

式(1.68)可还原为

$$\underline{\omega}_{ba} = \dot{\Phi}\underline{e} - (1-\cos\Phi)\underline{e}^\times \dot{\underline{e}} + \sin\Phi \dot{\underline{e}} \tag{1.70}$$

当绕固定轴旋转时(即$\dot{\underline{e}} = \mathbf{0}$),则式(1.70)化简为

$$\underline{\omega}_{ba} = \dot{\Phi}\underline{e} \tag{1.71}$$

现在寻求式(1.70)的逆关系式,即由$\underline{\omega}_{ba}$得到$\underline{e}$和Φ的微分方程式,式(1.70)左乘以$\underline{e}^T$并利用式(1.69)恒等式进行化简,得

$$\dot{\Phi} = \underline{e}^T\underline{\omega}_{ba} \tag{1.72}$$

将式(1.70)左乘以$\underline{e}^\times$得

$$\underline{e}^\times \underline{\omega}_{ba} = (1-\cos\Phi)\dot{\underline{e}} + \sin\Phi \underline{e}^\times \dot{\underline{e}} \tag{1.73}$$

其中,利用了式(1.69)中恒等式$\underline{e}^T\underline{e} = 1$,并化简$\underline{e}^\times \underline{e}^\times \dot{\underline{e}} = -\dot{\underline{e}}$,即

$$\begin{aligned} \underline{e}^\times \underline{e}^\times \dot{\underline{e}} &= \underline{e}^\times(-\dot{\underline{e}}^\times \underline{e}) = -(\underline{e}^\times \dot{\underline{e}}^\times)\underline{e} = -[(\underline{e}^\times \dot{\underline{e}}^\times)^T]^T\underline{e} = -[(\dot{\underline{e}}^\times)^T(\underline{e}^\times)^T]^T\underline{e} \\ &= -[(-\dot{\underline{e}}^\times)(-\underline{e}^\times)]^T\underline{e} = -[\dot{\underline{e}}^\times \underline{e}^\times]^T\underline{e} \\ &= -[\underline{e}\dot{\underline{e}}^T]^T = -\dot{\underline{e}}\underline{e}^T\underline{e} = -\dot{\underline{e}} \end{aligned} \tag{1.74}$$

式(1.73)再左乘以$\underline{e}^\times$并利用式(1.74)得

$$\underline{e}^\times \underline{e}^\times \underline{\omega}_{ba} = (1-\cos\Phi)\underline{e}^\times \dot{\underline{e}} - \sin\Phi \dot{\underline{e}} \tag{1.75}$$

以$\dot{\underline{e}}$和$\underline{e}^\times \dot{\underline{e}}$为未知数,解式(1.73)和式(1.75),联立方程

$$\begin{bmatrix} 1-\cos\Phi & \sin\Phi \\ -\sin\Phi & 1-\cos\Phi \end{bmatrix} \begin{bmatrix} \dot{\underline{e}} \\ \underline{e}^\times \dot{\underline{e}} \end{bmatrix} = \begin{bmatrix} \underline{e}^\times \\ \underline{e}^\times \underline{e}^\times \end{bmatrix} \underline{\omega}_{ba}$$

得

$$\dot{\underline{e}} = \frac{1}{2}\left(\underline{e}^\times - \cot\frac{\Phi}{2}\underline{e}^\times \underline{e}^\times\right)\underline{\omega}_{ba} \tag{1.76}$$

式(1.72)和式(1.76)即是Φ和$\underline{e}$的微分方程式,利用数值积分法就可得到以后各时刻的欧拉轴/角参数。

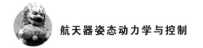

1.3.4　欧拉参数的微分方程及角速度

对于欧拉参数的微分方程，可以由欧拉参数的定义式(1.29)求导，并利用式(1.72)和式(1.76)推导得出。

若已知 $\underline{\boldsymbol{\omega}}_{ba}(t)$ 和当前欧拉参数 $\underline{\boldsymbol{Q}}(t)$，则可以得到欧拉参数的微分方程

$$\begin{cases}\dot{\underline{\boldsymbol{q}}}=\dfrac{1}{2}(\underline{\boldsymbol{q}}^{\times}+q_0\boldsymbol{E}_3)\underline{\boldsymbol{\omega}}_{ba} & (1.77\text{a})\\ \dot{q}_0=-\dfrac{1}{2}\underline{\boldsymbol{q}}^{T}\underline{\boldsymbol{\omega}}_{ba} & (1.77\text{b})\end{cases}$$

写成矩阵分量形式为

$$\begin{bmatrix}\dot{q}_0\\ \dot{q}_1\\ \dot{q}_2\\ \dot{q}_3\end{bmatrix}=\frac{1}{2}\begin{bmatrix}q_0 & -q_1 & -q_2 & -q_3\\ q_1 & q_0 & -q_3 & q_2\\ q_2 & q_3 & q_0 & -q_1\\ q_3 & -q_2 & q_1 & q_0\end{bmatrix}\begin{bmatrix}0\\ \omega_{bx}\\ \omega_{by}\\ \omega_{bz}\end{bmatrix} \tag{1.78}$$

若已知 $\underline{\boldsymbol{q}}(t)$ 和 $\dot{\underline{\boldsymbol{q}}}(t)$，根据式(1.77a)，则 $\underline{\boldsymbol{\omega}}_{ba}(t)$ 的表达式为

$$\underline{\boldsymbol{\omega}}_{ba}=2(\underline{\boldsymbol{q}}^{\times}+q_0\underline{\boldsymbol{E}}_3)^{-1}\dot{\underline{\boldsymbol{q}}}=2\left(\frac{q_0^2\boldsymbol{E}_3-q_0\underline{\boldsymbol{q}}^{\times}+\underline{\boldsymbol{q}}\underline{\boldsymbol{q}}^{T}}{q_0}\right)\dot{\underline{\boldsymbol{q}}} \tag{1.79}$$

式中的后面式子可由矩阵求逆定义再加整理得到。

另外一种方法是利用四元数的原始定义和运算法则，重新进行推导。采用姿态四元数的乘法形式，则可得到形式简洁的表达式。

设$\boldsymbol{Q}_{ba}=q_0+q_1\boldsymbol{i}_a+q_2\boldsymbol{j}_a+q_3\boldsymbol{k}_a$，定义其导数为

$$\frac{d\boldsymbol{Q}_{ba}}{dt}=\dot{q}_0+\dot{q}_1\boldsymbol{i}_a+\dot{q}_2\boldsymbol{j}_a+\dot{q}_3\boldsymbol{k}_a$$

利用姿态角速度矢量$\boldsymbol{\omega}_{ba}$ 在坐标系 S_b 下的分量$[\omega_{bx}\quad\omega_{by}\quad\omega_{bz}]^T$，构造一个共用基底的零标量四元数(其模不为 1)，即

$$\boldsymbol{\Omega}_{b/a}=\omega_{bx}\boldsymbol{i}_a+\omega_{by}\boldsymbol{j}_a+\omega_{bz}\boldsymbol{k}_a \tag{1.80}$$

则坐标系 S_b 相对坐标系 S_a 的共用基底姿态四元数$\boldsymbol{Q}_{ba\#}$ 的微分方程为

$$\frac{d\boldsymbol{Q}_{ba}}{dt}=\frac{1}{2}\boldsymbol{Q}_{ba}\otimes\boldsymbol{\Omega}_{b/a} \tag{1.81}$$

其中，$\boldsymbol{Q}_{ba}=q_0+q_1\boldsymbol{i}+q_2\boldsymbol{j}+q_3\boldsymbol{k}$，$q_0,q_1,q_2,q_3$ 为坐标系 S_b 相对坐标系 S_a 的欧拉参数。

1.3.5　无穷小角位移运动的角速度

在无穷小角位移运动的条件下，角速度矢量$\boldsymbol{\omega}_{ba}$ 在坐标系 S_b 下的分量列阵$\underline{\boldsymbol{\omega}}_{ba}$ 的各元素视为一阶小量，可导出非常简洁的结果。

1. 方向余弦矩阵

对于方向余弦矩阵，则在无穷小角位移的假设下，有 $C_{ii}\approx 1, i=1,2,3, C_{ij}(i\neq j,$

$i,j=1,2,3$) 为一阶小量，由式(1.54)，可得

$$\begin{cases}\dot{C}_{11}=\omega_z C_{21}-\omega_y C_{31}\approx 0\\ \dot{C}_{22}=\omega_x C_{32}-\omega_z C_{12}\approx 0\\ \dot{C}_{33}=\omega_y C_{13}-\omega_x C_{23}\approx 0\end{cases}\tag{1.82}$$

以及

$$\begin{cases}\left.\begin{aligned}\dot{C}_{21}&=\omega_x C_{31}-\omega_z C_{11}\approx-\omega_z\\ \dot{C}_{12}&=\omega_z C_{22}-\omega_y C_{32}\approx\omega_z\end{aligned}\right\}\Rightarrow\omega_z\approx-\dot{C}_{21}=\dot{C}_{12}\\ \left.\begin{aligned}\dot{C}_{31}&=\omega_y C_{11}-\omega_x C_{21}\approx\omega_y\\ \dot{C}_{13}&=\omega_x C_{23}-\omega_y C_{33}\approx-\omega_y\end{aligned}\right\}\Rightarrow\omega_y\approx-\dot{C}_{13}=\dot{C}_{31}\\ \left.\begin{aligned}\dot{C}_{32}&=\omega_y C_{12}-\omega_x C_{22}\approx-\omega_x\\ \dot{C}_{23}&=\omega_x C_{33}-\omega_y C_{13}\approx\omega_x\end{aligned}\right\}\Rightarrow\omega_x\approx-\dot{C}_{32}=\dot{C}_{23}\end{cases}\tag{1.83}$$

2. 欧拉轴 / 角

在欧拉轴 / 角参数的无穷小角位移运动情况下，有 $\cos\Phi\approx 1,\sin\Phi\approx\Phi$。可令 $\underline{\boldsymbol{\Phi}}=\Phi\underline{\boldsymbol{e}}$，由式(1.70) 可得

$$\underline{\boldsymbol{\omega}}_{\mathrm{ba}}\approx\dot{\Phi}\underline{\boldsymbol{e}}+\Phi\underline{\dot{\boldsymbol{e}}}=\underline{\dot{\boldsymbol{\Phi}}}\tag{1.84}$$

3. 欧拉参数

在欧拉参数的无穷小角位移运动情况下，由式(1.77) 有 $q_0\approx 1,q_1,q_2,q_3$ 为一阶小量。把式(1.77) 保留到一阶，得

$$\underline{\dot{\boldsymbol{q}}}=\frac{1}{2}(\underline{\boldsymbol{q}}^{\times}+q_0\underline{\boldsymbol{E}}_3)\underline{\boldsymbol{\omega}}_{\mathrm{ba}}\approx\frac{1}{2}\underline{\boldsymbol{\omega}}_{\mathrm{ba}}\tag{1.85}$$

4. 欧拉角

在欧拉角参数的无穷小角位移运动情况下，对于 zxy 和 zyx 两种转动顺序的情况，当欧拉角满足无穷小角位移假设时，有 $\cos\alpha\approx 1,\sin\alpha\approx\alpha,\alpha=\varphi,\theta,\psi$。则式(1.64) 和式(1.66) 可以简化为

$$\underline{\boldsymbol{\omega}}_{\mathrm{ba}}\approx\begin{bmatrix}\dot{\varphi}\\ \dot{\theta}\\ \dot{\psi}\end{bmatrix}\tag{1.86}$$

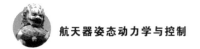

即在无穷小角位移假设下，采用 zxy 和 zyx 两种转动顺序欧拉角描述姿态运动，则 $\underline{\boldsymbol{\omega}}_{\mathrm{ba}}$ 近似等于姿态角速率列阵。对比式(1.85)和式(1.86)，有

$$\dot{\varphi} \approx 2\dot{q}_1,\quad \dot{\theta} \approx 2\dot{q}_2,\quad \dot{\psi} \approx 2\dot{q}_3 \tag{1.87}$$

第2章

航天器姿态动力学基础

航天器姿态动力学是研究航天器在内、外力矩的作用下，绕其质量中心的转动运动的学科。姿态动力学既研究航天器整体的姿态运动，如刚体的转动，也研究航天器各部分之间的相对运动，如绕轴承或铰链的相对转动、结构的弹性振动等。

2.1　航天器姿态动力学概述

姿态运动的研究最早可追溯到对自然天体（如地球、月球等）姿态运动的研究。人造卫星上天后，提出了一系列新课题。为完成飞行任务，一般都要求对航天器的姿态进行控制，这就要求设计人员掌握被控对象姿态运动的规律，于是航天器姿态动力学得到了迅速的发展。

早期航天器的星体结构比较简单，在动力学上把它当作刚体处理。人们很快发现这样的假设不够准确，不完全符合实际情况。例如，美国的探险者－1 卫星设计成绕最小惯量主轴自旋，以获得姿态稳定，但卫星入轨后不久就发生星体翻滚运动，最后变成绕最大惯量主轴稳定旋转。后经分析表明，问题在于卫星具有挠性天线，其振动运动引起卫星能量损耗。放弃卫星理想刚体的假设，取而代之以内部有能量耗散的“准刚体”模型，就能解释所观察到的现象。进一步的研究提出了自旋及双自旋航天器运动稳定性的设计准则。随着航天技术的发展，航天器上携带的太阳帆板和天线尺寸越来越大，使得这些部件的挠性振动必须作为姿态控制系统受控对象特性的一部分来处理，而不能简单地当作干扰来对待。到 20 世纪 70 年代末期，以刚体为主体的航天器姿态动力学问题已基本得到解决。至 20 世纪 80 年代末，针对大型空间站的计划，提出了在空间组装巨大而复杂的挠性结构体的设想（如直径为百米数量级的天线系统，面积为平方千米数量级的太阳电池阵），使得大型挠性航天器的姿态动力学成为本学科的研究主题。

姿态动力学和姿态控制有着极为密切的关系。姿态动力学提供被控对象的数学模型，直接影响控制系统的设计及其性能。姿态控制系统在设计或飞行试验中发现的问题则成为姿态动力学发展的动力。姿态动力学和星体结构也有着极为密切的联系，航天器的力学特性，如惯量分布、挠性振型、液体燃料贮箱的尺寸和安装位置等都直接影响其姿态动力学的特性。

姿态动力学的研究方法通常是先对航天器及其环境做出简化假设，建立动力学模型，根据力学原理列写描述姿态运动的微分方程，即数学模型，然后用分析方法或计算机仿真来研究运动方程解的性质，从中得出有意义的结论。在计算技术高度发展的今天，可以对复杂的数学模型进行求解，因而数学仿真计算变得极为有用和重要。这样建立的航天器精确动力学模型也有着重要意义。根据力学理论及试验数据建立数学模型也是重要的研究领域。实际飞行试验数据是姿态动力学建模和验证的宝贵来源。

常用的航天器姿态动力学模型包括刚体、准刚体、多刚体、刚体－挠性体混合系统、刚体－挠性体－液体混合系统等，选用哪一种模型要根据实际情况而定。

建立航天器动力学方程的基本原理主要有矢量力学法、分析力学法以及这两种方法的变形方法（如凯恩（Kane）方法、R/W 方法、旋量方法等）。

矢量力学法，又称为牛顿－欧拉法，采用动力学基本定理（即牛顿运动方程的直接推论）给出系统动力学量与作用于该系统的力之间的关系。该方法具有重大的实用意义，姿态动力学中极为广泛的一类问题的运动方程都可用该方法列写出来。由于动量及角动量等具有鲜明的物理意义，容易写成坐标和广义坐标的函数，因此应用起来比较方便。应用该方法时，常把一个复杂的系统看作由多个子系统构成，并分别对子系统和整个系统应用动量与动量矩定理。此时需要考虑各子系统之间的相互作用力，因此引入约束力和约束反力并将其作为未知量进行求解。约束越多，问题就变得越复杂（未知量和方程个数均要增加）。

与矢量力学法不同，分析力学法从系统能量观点出发，运用现代力学的拉格朗日法或哈密顿方法导出系统的动力学方程。这类方法的优点是概念清晰，能够自动消除两体间的约束力和约束反力（即方程中不出现约束力和约束反力），因而方程个数只与系统自由度有关；缺点是对于复杂结构，推导起来工作量大。

本书主要采用矢量力学法对航天器的姿态动力学进行建模，其他建模方法请参考相关书籍。

2.2 航天器姿态动力学建模原理

在研究质点动力学和刚体动力学时，**动量矩**（或称**角动量**）是一个重要的概念。

1. 单质点的动量矩定理

如图 2.1 所示，坐标系 $O'XYZ$ 为一个惯性坐标系，O 为该坐标系中的一个动参考点，以 O 为原点建立一个动坐标系 $Oxyz$。

考虑一个质量为 m 的质点，其线动量 $\boldsymbol{p}$ 为

$$\boldsymbol{p}=m\dot{\boldsymbol{R}}$$

式中，$\boldsymbol{R}$ 为质点相对惯性系的位置矢量。

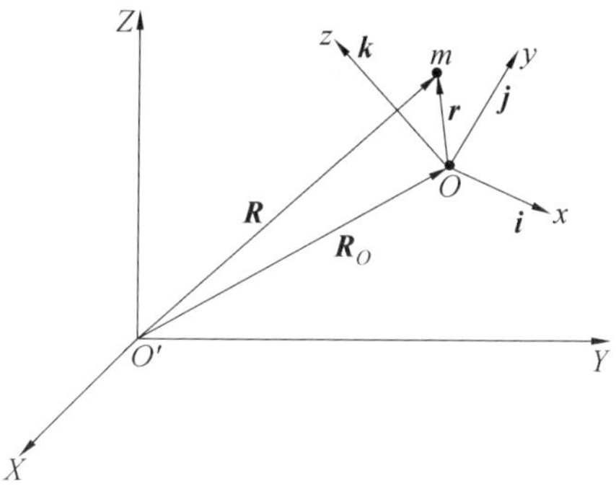

图 2.1　质点 m 关于任意参考点的角动量

质点 m 的动量 $\boldsymbol{p}$ 关于参考点 O 的角动量(或动量矩) 定义则为

$$\boldsymbol{H}^O = \boldsymbol{r} \times m\dot{\boldsymbol{R}} \tag{2.1}$$

式中,$\boldsymbol{r}$ 为质点 m 相对于参考点 O 的位置矢量,即 $\boldsymbol{R} = \boldsymbol{R}_O + \boldsymbol{r}$,则有 $\dot{\boldsymbol{R}} = \dot{\boldsymbol{R}}_O + \dot{\boldsymbol{r}}$,式(2.1) 变为

$$\boldsymbol{H}^O = \boldsymbol{r} \times m\dot{\boldsymbol{r}} + \boldsymbol{r} \times m\dot{\boldsymbol{R}}_O \tag{2.2}$$

式(2.2) 的右边第一项是 $Oxyz$ 动坐标系中的**视角动量**,用$\boldsymbol{H}^{\underline{O}}$ 表示;而另一项是因 O 点运动而带来的修正项。

质点 P 关于参考点的角动量$\boldsymbol{H}^O$ 的时间导数(相对惯性系) 具有形式

$$\dot{\boldsymbol{H}}^O = \frac{\mathrm{d}_\mathrm{I}}{\mathrm{d}t}(\boldsymbol{r} \times m\dot{\boldsymbol{r}}) - \ddot{\boldsymbol{R}}_O \times m\boldsymbol{r} - \dot{\boldsymbol{R}}_O \times m\dot{\boldsymbol{r}} \tag{2.3}$$

其中,“$\frac{\mathrm{d}_\mathrm{I}}{\mathrm{d}t}$”或“·”代表惯性系下的时间导数(绝对导数)。第一项是关于 $Oxyz$ 坐标系的视角动量的变化率;第二项表示由于点 O 加速度带来的影响项;最后一项表示由于点 O 的速度项带来的影响项。

角动量$\boldsymbol{H}^O$ 的变化率可以与关于参考点 O 的外加力矩$\boldsymbol{T}^O$ 联系起来。作用在 m 上的力关于参考点 O 的力矩定义为

$$\boldsymbol{T}^O = \boldsymbol{r} \times \boldsymbol{F} \tag{2.4}$$

此时有 $\boldsymbol{F} = m\ddot{\boldsymbol{R}}$,因此$\boldsymbol{T}^O$ 变为

$$\boldsymbol{T}^O = \boldsymbol{r} \times m\ddot{\boldsymbol{R}} = \boldsymbol{r} \times m(\ddot{\boldsymbol{R}}_O + \ddot{\boldsymbol{r}}) \tag{2.5}$$

由于 $\dot{\boldsymbol{r}} \times \dot{\boldsymbol{r}} \equiv \boldsymbol{0}$,因此式(2.5) 变为

$$\boldsymbol{T}^O = \frac{\mathrm{d}_\mathrm{I}}{\mathrm{d}t}(\boldsymbol{r} \times m\dot{\boldsymbol{r}}) - \ddot{\boldsymbol{R}}_O \times m\boldsymbol{r} \tag{2.6}$$

将式(2.6) 与式(2.3) 做比较,即得

$$\dot{\boldsymbol{H}}^O = \boldsymbol{T}^O - \dot{\boldsymbol{R}}_O \times m\dot{\boldsymbol{r}} \tag{2.7}$$

由此可得到一个重要结论：如果参考点 O 固定在惯性空间（即 $\boldsymbol{R}_O$ 为常量），或者 $\boldsymbol{r}$ 为一个常量，则有

$$\dot{\boldsymbol{H}}^O = \boldsymbol{T}^O \tag{2.8}$$

在讨论航天器姿态运动时，式(2.8)是极为重要的。如果外加力矩为零，则式(2.8)就表明 $\boldsymbol{H}^O$ = 常量，也就是说，在外力矩为零的条件下，质点的角动量是守恒的。

2. 多质点系统的动量矩定理

设参考坐标系 $O'XYZ$ 为一个惯性坐标系，O 为惯性坐标系中的一个动参考点，仍以 O 为原点建立一个动坐标系 $Oxyz$，并记参考系原点 O' 至参考点 O 的矢径为 $\boldsymbol{R}_O$，其速度矢量为 $\boldsymbol{V}_O$。

假设在此参考坐标系中有一个多质点系统 A，该质点系统由 N 个质点组成，记第 i 个质点的质量为 m_i，参考系原点 O' 至该质点的矢径记为 $\boldsymbol{R}_i$，其绝对速度矢量为 $\boldsymbol{V}_i$。设动参考点 O 至质点 i 的相对矢径为 $\boldsymbol{r}_i$，则有 $\boldsymbol{R}_i = \boldsymbol{R}_O + \boldsymbol{r}_i$。

设作用在质点 i 上的合外力为 $\boldsymbol{F}_i$，则 $\boldsymbol{F}_i$ 关于参考点 O 的力矩为 $\boldsymbol{T}_i^O = \boldsymbol{r}_i \times \boldsymbol{F}_i$，设作用在整个质点系上的外力关于参考点 O 的合力矩为

$$\boldsymbol{T}^O = \sum \boldsymbol{T}_i^O = \sum \boldsymbol{r}_i \times \boldsymbol{F}_i$$

另记，多质点系统的总质量为 $m = \sum m_i$，记 $\boldsymbol{p} = \sum m_i \boldsymbol{V}_i$ 为系统的总动量。设质点系的质心记为 C，参考系原点 O' 至系统质心 C 的矢径为 $\boldsymbol{R}_C$，质心 C 的速度为 $\boldsymbol{V}_C$。

根据单质点关于动参考点的动量矩表达式(2.2)，则质点 i 关于参考点 O 的动量矩为

$$\boldsymbol{H}_i^O = \boldsymbol{r}_i \times m_i \dot{\boldsymbol{r}}_i - \boldsymbol{V}_O \times m_i \boldsymbol{r}_i \tag{2.9}$$

则整个多质点系统关于参考点 O 的总动量矩为

$$\boldsymbol{H}^O = \sum \boldsymbol{H}_i^O = \sum \boldsymbol{r}_i \times m_i \dot{\boldsymbol{r}}_i - \boldsymbol{V}_O \times \sum m_i \boldsymbol{r}_i \tag{2.10}$$

与单质点关于动参考点的动量矩定理形式类似，多质点系统关于参考点 O 的动量矩定理可描述为

$$\begin{aligned}\dot{\boldsymbol{H}}^O &= \sum \boldsymbol{T}_i^O - \boldsymbol{V}_O \times \sum m_i \dot{\boldsymbol{r}}_i \\ &= \boldsymbol{T}^O - \boldsymbol{V}_O \times \sum m_i (\dot{\boldsymbol{r}}_i - \boldsymbol{V}_O) \\ &= \boldsymbol{T}^O - \boldsymbol{V}_O \times \sum m_i \boldsymbol{V}_i \\ &= \boldsymbol{T}^O - \boldsymbol{V}_O \times \boldsymbol{p}\end{aligned} \tag{2.11}$$

由式(2.11)可见，多质点系统关于动参考点的动量矩的时间导数不仅与外力矩有关，还与动参考点的平移运动以及系统的线动量有关，即多质点系统的姿

态运动和平移运动耦合，这一点对于建立和研究系统的姿态动力学方程非常不方便。

当参考点 O 取为系统的质心 C 时，在实际应用中具有特别重要的意义。根据牛顿运动定理，系统的动量对时间的导数等于作用于系统的外力和，即系统质心的加速度等于外力合力除以系统的总质量，用公式表示为

$$\dot{\boldsymbol{p}} = \sum \boldsymbol{F}_i = m\dot{\boldsymbol{V}}_C \tag{2.12}$$

对式(2.12)进行积分，有系统动量 $\boldsymbol{p} = m\boldsymbol{V}_C$。由于 $\boldsymbol{V}_C \times \boldsymbol{p} = \boldsymbol{V}_C \times m\boldsymbol{V}_C = \boldsymbol{0}$，则式(2.11)变为

$$\dot{\boldsymbol{H}}^C = \boldsymbol{T}^C \tag{2.13}$$

式(2.13)表明，当取系统质心 C 为参考点时，其动量矩定理具有和参考点取为固定点时一样的简单形式，即姿态运动和平移运动解耦。这就是为什么研究物体转动运动时常常取质心坐标系的原因。

2.3　刚体姿态动力学与欧拉方程

如果被研究对象的结构材料内部只有力的联系而无任何相对运动，换而言之，即结构在外力作用下只产生整体运动，而没有弹性或塑性变形，因此也不会给运动带来能量耗损，由这种结构材料组成的物体，被称为刚体的或刚性的，简称为**刚体**。

2.3.1　刚体的角动量

考虑如图 2.2 所示的情况，刚体 B 在惯性空间 $O'XYZ$ 中以角速度矢量 $\boldsymbol{\omega}$ 运动，O 是刚体内任意一点，相对惯性参考点 O' 的矢量为 $\boldsymbol{R}_O$，其上固联一个基矢 $\underline{\boldsymbol{e}} = [\boldsymbol{i} \quad \boldsymbol{j} \quad \boldsymbol{k}]^{\mathrm{T}}$，$\mathrm{d}m$ 是刚体 B 上的任意微元质量，它相对 O 点的矢径是 $\boldsymbol{r}$，相对参考系原点的矢径是 $\boldsymbol{R} = \boldsymbol{R}_O + \boldsymbol{r}$。

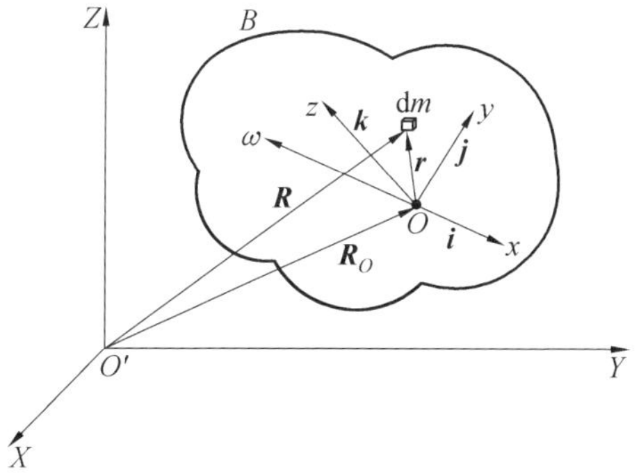

图 2.2　刚体的角动量

dm 的绝对速度是 $\boldsymbol{V}=\dot{\boldsymbol{R}}=\dot{\boldsymbol{R}}_O+\dot{\boldsymbol{r}}$，其中 $\dot{\boldsymbol{R}}_O$ 是参考点 O 点相对于惯性空间的速度，$\dot{\boldsymbol{r}}$ 是 dm 相对 O 点在惯性空间的速度，它还可分解为对 O 点的相对速度和随刚体 B 一起转动形成的速度，则有 $\dot{\boldsymbol{r}}=\mathring{\boldsymbol{r}}+\boldsymbol{\omega}\times\boldsymbol{r}$。由于 d$m$ 相对 O 是不运动的（B 为刚体），有 $\mathring{\boldsymbol{r}}=\boldsymbol{0}$。因而 d$m$ 微元体的速度为

$$\boldsymbol{V}=\dot{\boldsymbol{R}}_O+\boldsymbol{\omega}\times\boldsymbol{r} \tag{2.14}$$

则微元体 dm 的动量为 $\boldsymbol{V}\mathrm{d}m$，其相对于参考点 O 的动量矩为 $\boldsymbol{r}\times\boldsymbol{V}\mathrm{d}m$，整个刚体关于参考点 O 的角动量（或动量矩）为

$$\boldsymbol{H}^O=\int_B\boldsymbol{r}\times\boldsymbol{V}\mathrm{d}m$$

式中，$\int_B$ 表示积分遍于整个刚体 B。把式(2.14)代入上式，可写成

$$\boldsymbol{H}^O=\int_B\boldsymbol{r}\times(\boldsymbol{\omega}\times\boldsymbol{r})\,\mathrm{d}m-\boldsymbol{V}_o\times\int_B\boldsymbol{r}\,\mathrm{d}m \tag{2.15}$$

当参考点 O 与刚体质心 C 重合时，则根据质心定义，满足 $\int_B\boldsymbol{r}\,\mathrm{d}m=\boldsymbol{0}$，则有

$$\boldsymbol{H}^C=\int_B\boldsymbol{r}\times(\boldsymbol{\omega}\times\boldsymbol{r})\,\mathrm{d}m \tag{2.16}$$

考虑到 $\dot{\boldsymbol{r}}=\boldsymbol{\omega}\times\boldsymbol{r}$，则有 $\boldsymbol{H}^C=\int_B\boldsymbol{r}\times(\boldsymbol{\omega}\times\boldsymbol{r})\,\mathrm{d}m=\int_B\boldsymbol{r}\times\dot{\boldsymbol{r}}\mathrm{d}m=\boldsymbol{H}^C$，即刚体关于其自身质心的动量矩与其在质心固联坐标系下的视角动量相等。

利用矢量双重积公式有

$$\boldsymbol{a}\times(\boldsymbol{b}\times\boldsymbol{c})=(\boldsymbol{a}\cdot\boldsymbol{c})\boldsymbol{b}-(\boldsymbol{a}\cdot\boldsymbol{b})\boldsymbol{c}=(\boldsymbol{a}\cdot\boldsymbol{c})\mathbb{E}\cdot\boldsymbol{b}-\boldsymbol{c}\boldsymbol{a}\cdot\boldsymbol{b}$$

式中，$\mathbb{E}$ 为单位并矢。可得

$$\int_B\boldsymbol{r}\times(\boldsymbol{\omega}\times\boldsymbol{r})\,\mathrm{d}m=\int_B(\boldsymbol{r}\cdot\boldsymbol{r}-\boldsymbol{r}\boldsymbol{r})\,\mathrm{d}m\cdot\boldsymbol{\omega} \tag{2.17}$$

其中积分式为一个并矢。定义惯性并矢 $\mathbb{I}$ 为

$$\mathbb{I}=\int_B(\boldsymbol{r}\cdot\boldsymbol{r}\mathbb{E}-\boldsymbol{r}\boldsymbol{r})\,\mathrm{d}m \tag{2.18}$$

则式(2.17)可简写为

$$\boldsymbol{H}^C=\mathbb{I}\cdot\boldsymbol{\omega} \tag{2.19}$$

惯性并矢 $\mathbb{I}$ 可用并矢相关公式改写为

$$\begin{aligned}\mathbb{I}&=\int_B(\boldsymbol{r}\cdot\boldsymbol{r}\mathbb{E}-\boldsymbol{r}\boldsymbol{r})\,\mathrm{d}m=\underline{\boldsymbol{e}}^{\mathrm{T}}\int_B(\underline{\boldsymbol{r}}^{\mathrm{T}}\underline{\boldsymbol{r}\boldsymbol{E}_3}-\underline{\boldsymbol{r}\boldsymbol{r}^{\mathrm{T}}})\,\mathrm{d}m\underline{\boldsymbol{e}}\\&=\underline{\boldsymbol{e}}^{\mathrm{T}}\underline{\boldsymbol{I}\boldsymbol{e}}\end{aligned} \tag{2.20}$$

式中，$\underline{\boldsymbol{r}}$ 为矢量 $\boldsymbol{r}$ 在本体固联坐标系 S_b 中的分量列阵，$\underline{\boldsymbol{r}}=[r_x\quad r_y\quad r_z]^{\mathrm{T}}$；$\underline{\boldsymbol{I}}$ 为惯性并矢 $\mathbb{I}$ 在固联坐标系 S_b 的坐标阵，则 $\underline{\boldsymbol{I}}$ 可表示为

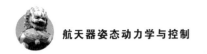

$$\underline{I}=\int_B(\underline{r}^{\mathrm{T}}\underline{r}\underline{E}_3-\underline{r}\underline{r}^{\mathrm{T}})\,\mathrm{d}m=\int_B\begin{bmatrix}r_y^2+r_z^2 & -r_xr_y & -r_xr_z\\ -r_yr_x & r_x^2+r_z^2 & -r_yr_z\\ -r_zr_x & -r_zr_y & r_x^2+r_y^2\end{bmatrix}\mathrm{d}m$$

$$=\begin{bmatrix}I_x & -I_{xy} & -I_{xz}\\ -I_{xy} & I_y & -I_{yz}\\ -I_{xz} & -I_{yz} & I_z\end{bmatrix} \tag{2.21}$$

称 $\underline{I}$ 为惯性并矢$\mathbb{I}$ 在固联坐标系 S_b 下的转动惯量矩阵。其各分量为

$$I_x=\int_B(r_y^2+r_z^2)\,\mathrm{d}m,\quad I_y=\int_B(r_z^2+r_x^2)\,\mathrm{d}m,\quad I_z=\int_B(r_x^2+r_y^2)\,\mathrm{d}m$$

$$I_{xy}=I_{yx}=\int_B r_xr_y\mathrm{d}m,\quad I_{xz}=I_{zx}=\int_B r_xr_z\mathrm{d}m,\quad I_{yz}=I_{zy}=\int_B r_yr_z\mathrm{d}m$$

式中，I_x，I_y 和 I_z 分别为刚体绕坐标轴 x，y，z 的转动惯量，其他元素称为惯量积。

将$\boldsymbol{H}^C$ 用刚体固联坐标系的矢量基及其分量式来表示，有

$$\boldsymbol{H}^C=(I_x\omega_x-I_{xy}\omega_y-I_{xz}\omega_z)\boldsymbol{i}+(-I_{xy}\omega_x+I_y\omega_y-I_{yz}\omega_z)\boldsymbol{j}+(-I_{xz}\omega_x-I_{yz}\omega_y+I_z\omega_z)\boldsymbol{k} \tag{2.22}$$

可见，刚体关于其自身质心的角动量只与旋转运动有关，但因为基矢方向未与主惯量轴重合，某一方向的角动量与另外两方向的角速度有关，即角速度有耦合。同时式(2.22) 表明，一般情况下角动量$\boldsymbol{H}^C$ 与角速度$\boldsymbol{\omega}$ 的方向是不一致的。

为简便起见，在以后的章节中，除非特别声明，总假定 $\boldsymbol{H}$ 是关于质心的角动量，而省略上角标“C”。

2.3.2　刚体的动能

如图 2.2 所示，当参考点 O 与刚体质心 C 重合时，微元体 $\mathrm{d}m$ 的绝对速度是

$$\boldsymbol{V}=\dot{\boldsymbol{R}}=\dot{\boldsymbol{R}}_C+\dot{\boldsymbol{r}}$$

式中，$\dot{\boldsymbol{R}}_C$ 是质心 C 相对于惯性空间的速度；$\dot{\boldsymbol{r}}$ 是 $\mathrm{d}m$ 相对质心 C 在惯性空间的速度。将式(2.14) 重写为

$$\boldsymbol{V}=\dot{\boldsymbol{R}}_C+\boldsymbol{\omega}\times\boldsymbol{r}=\boldsymbol{V}_C+\boldsymbol{\omega}\times\boldsymbol{r} \tag{2.23}$$

微元体 $\mathrm{d}m$ 的动能是 $\mathrm{d}T=\frac{1}{2}\boldsymbol{V}\cdot\boldsymbol{V}\mathrm{d}m$，而整个刚体的动能是

$$T=\frac{1}{2}\int_B\boldsymbol{V}\cdot\boldsymbol{V}\mathrm{d}m$$

式中，$\int_B$ 表示积分遍于整个刚体 B。把式(2.23) 代入上式，化简后得

$$T=\frac{1}{2}\boldsymbol{V}_C\cdot\boldsymbol{V}_Cm+\boldsymbol{V}_C\cdot\left(\boldsymbol{\omega}\times\int_B\boldsymbol{r}\mathrm{d}m\right)+\frac{1}{2}\int_B(\boldsymbol{\omega}\times\boldsymbol{r})\cdot(\boldsymbol{\omega}\times\boldsymbol{r})\,\mathrm{d}m$$

式中，$\int_B \boldsymbol{r}\mathrm{d}m$ 是刚体相对点 C 的一次静矩，可写成 C 点到质心的矢径$\boldsymbol{r}_C$ 与刚体质量 m 的乘积。由于 C 即为刚体质心，则$\int_B \boldsymbol{r}\mathrm{d}m=\boldsymbol{0}$。而右侧第三项可利用矢量分析的关系式，将被积函数改写为

$$(\boldsymbol{\omega}\times\boldsymbol{r})\cdot(\boldsymbol{\omega}\times\boldsymbol{r})=\boldsymbol{\omega}\cdot[\boldsymbol{r}\times(\boldsymbol{\omega}\times\boldsymbol{r})]$$

带回原式，并利用式(2.19)就可得到第三项为

$$T_{\mathrm{rot}}=\frac{1}{2}\int_B(\boldsymbol{\omega}\times\boldsymbol{r})\cdot(\boldsymbol{\omega}\times\boldsymbol{r})\,\mathrm{d}m=\frac{1}{2}\boldsymbol{\omega}\cdot\mathbb{I}\cdot\boldsymbol{\omega}\tag{2.24}$$

则刚体的动能为

$$T=\frac{1}{2}\boldsymbol{V}_C\cdot\boldsymbol{V}_C m+\frac{1}{2}\boldsymbol{\omega}\cdot\mathbb{I}\cdot\boldsymbol{\omega}\tag{2.25}$$

式中，$\mathbb{I}$ 是刚体 B 相对质心 C 点的惯性并矢。右端第一项表示刚体 B 的平移运动动能，第二项是刚体绕质心旋转的动能，称为**旋转动能**，用 T_{rot} 表示。

将刚体的动能写成刚体固联坐标系 $\underline{\boldsymbol{e}}$ 下的分量形式

$$T=\frac{1}{2}mV_C^2+\frac{1}{2}\underline{\boldsymbol{\omega}}^{\mathrm{T}}\underline{\boldsymbol{I}\boldsymbol{\omega}}\tag{2.26}$$

式中，$\underline{\boldsymbol{\omega}}$ 和 $\underline{\boldsymbol{I}}$ 分别为角速度 $\boldsymbol{\omega}$ 和惯性并矢$\mathbb{I}$ 在 $\underline{\boldsymbol{e}}$ 下的分量阵。利用式(2.21)的表示方法，可求得刚体旋转动能 T_{rot} 在本体固联坐标系中的表达式

$$T_{\mathrm{rot}}=\frac{1}{2}(I_x\omega_x^2+I_y\omega_y^2+I_z\omega_z^2)-I_{xy}\omega_x\omega_y-I_{xz}\omega_x\omega_z-I_{yz}\omega_y\omega_z\tag{2.27}$$

2.3.3 主轴和主转动惯量

2.3.1 节给出了惯性并矢$\mathbb{I}$ 的定义，即

$$\mathbb{I}=\int_B(\boldsymbol{r}\cdot\boldsymbol{r}\mathbb{E}-\boldsymbol{r}\boldsymbol{r})\,\mathrm{d}m$$

惯性并矢$\mathbb{I}$ 在星体固联坐标系下的坐标阵称为转动惯量矩阵。当选择不同的星体固联坐标系时，会得到不同的转动惯量矩阵。当矢量基取某一方向时，转动惯量矩阵的非对角线元素变为零，此时的矢量基的 3 个方向称为主轴方向，矢量基的 3 个坐标轴称为主轴，该矢量基对应的坐标系即为惯性主轴坐标系。此时转动惯量矩阵中的对角线元素称为**主转动惯量**或**主惯量**。

设 $\underline{\boldsymbol{I}}_j$ 为主转动惯量矩阵，$\underline{\boldsymbol{I}}_r$ 为某一非主转动惯量矩阵，则有

$$\underline{\boldsymbol{C}}_{rj}\underline{\boldsymbol{I}}_j=\underline{\boldsymbol{I}}_r\underline{\boldsymbol{C}}_{rj}\tag{2.28}$$

其中，$\underline{\boldsymbol{C}}_{rj}$ 为从惯性主轴坐标系 S_j 到坐标系 S_r 的方向余弦矩阵。

若设 $\underline{\boldsymbol{I}}_j=\mathrm{diag}([I_1\quad I_2\quad I_3])$，且记 $\underline{\boldsymbol{C}}_{rj}^i\,(i=1,2,3)$ 表示 $\underline{\boldsymbol{C}}_{rj}$ 的第 i 列。由式(2.28)可得

$$\boldsymbol{I}_i\underline{\boldsymbol{C}}_{rj}^i=\underline{\boldsymbol{I}}_r\underline{\boldsymbol{C}}_{rj}^i,\quad i=1,2,3$$

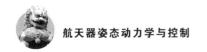

对该式的形式进行变换，可写为

$$(\underline{I}_r - I_i \underline{E}_3)\underline{C}_{rj}^i = \underline{0}, \quad i=1,2,3 \tag{2.29}$$

这是一个典型的 3×3 维特征值问题，即 I_i 是式(2.29)的特征值，其特征矢量为 $\underline{C}_{rj}^i$。由于 $\underline{I}_r$ 为实对称阵，所以式(2.29)的特征值和特征向量也是实的，且特征向量是正交的。

当 $I_i(i=1,2,3)$ 互异时，对于第 i 个特征值 I_i，由式(2.29)能求出两个相互独立的方程式，考虑方向余弦应满足 $\sum_{k=1}^{3}(\underline{C}_{ik})^2=1$，即可得到 $\underline{C}_{rj}^i$ 中的 3 个元素；取不同的 i 值时，就可求出全部方向余弦，即得到 $\underline{C}_{rj}$。当 $I_1=I_2\neq I_3$ 时，用上述方法能求出 I_3 主轴方向的 $\underline{C}_{rj}^3$，而对于 I_1 或 I_2 的系数矩阵（如 $\underline{I}_r - I_1\underline{E}_3$）只有一行是独立的，表明与 I_3 主轴垂直的平面中，任何两相互正交的轴都是主轴。对于 $I_1=I_2=I_3$ 的情况，$\underline{I}_r$ 本身也是对角阵，说明过 O 点的任何三正交轴都是主轴。

若选择惯性主轴坐标系为星体固联坐标系，则绕质心的角动量和转动动能（见式(2.22)和式(2.27)）可简化为

$$\boldsymbol{H} = \underline{\boldsymbol{e}}^{\mathrm{T}}\,\underline{\boldsymbol{I}\boldsymbol{\omega}} = I_x\omega_x\boldsymbol{i} + I_y\omega_y\boldsymbol{j} + I_z\omega_z\boldsymbol{k} \tag{2.30}$$

和

$$T_{\mathrm{rot}} = \frac{1}{2}(I_x\omega_x^2 + I_y\omega_y^2 + I_z\omega_z^2) \tag{2.31}$$

2.3.4　欧拉方程

根据多质点系统的动量矩定理（式(2.13)），当取刚体质心 C 为参考点时，则刚体关于质心的角动量 $\boldsymbol{H}$ 随时间的导数等于作用在刚体质心上的外力矩 $\boldsymbol{T}$。根据矢量在不同坐标系下的时间导数关系式，有

$$\frac{\mathrm{d_I}}{\mathrm{d}t}\boldsymbol{H} = \frac{\mathrm{d_B}}{\mathrm{d}t}\boldsymbol{H} + \boldsymbol{\omega}\times\boldsymbol{H} = \boldsymbol{T} \tag{2.32}$$

式中，“$\mathrm{d_I}$”代表惯性系下的时间导数；“$\mathrm{d_B}$”代表刚体固联坐标系下的时间导数。其中 $\frac{\mathrm{d_B}}{\mathrm{d}t}\boldsymbol{H}$ 可展开为

$$\frac{\mathrm{d_B}}{\mathrm{d}t}\boldsymbol{H} = \underline{\boldsymbol{e}}_{\mathrm{b}}^{\mathrm{T}}\left[\frac{\mathrm{d}}{\mathrm{d}t}(\underline{\boldsymbol{I}\boldsymbol{\omega}})\right] = \underline{\boldsymbol{e}}_{\mathrm{b}}^{\mathrm{T}}[\underline{\dot{\boldsymbol{I}}\boldsymbol{\omega}} + \underline{\boldsymbol{I}}\,\underline{\dot{\boldsymbol{\omega}}}]$$

对于刚体而言，转动惯量矩阵 $\underline{\boldsymbol{I}}$ 在刚体固联坐标系下是不变的，则有 $\underline{\dot{\boldsymbol{I}}}=\underline{\boldsymbol{0}}$，式(2.32)还可写为

$$\begin{aligned}\frac{\mathrm{d_I}}{\mathrm{d}t}\boldsymbol{H} &= \underline{\boldsymbol{e}}_{\mathrm{b}}^{\mathrm{T}}\underline{\boldsymbol{I}}\,\underline{\dot{\boldsymbol{\omega}}} + \boldsymbol{\omega}\times\mathbb{I}\cdot\boldsymbol{\omega} = \underline{\boldsymbol{e}}_{\mathrm{b}}^{\mathrm{T}}\underline{\boldsymbol{I}}\,\underline{\boldsymbol{e}}_{\mathrm{b}}\cdot\underline{\boldsymbol{e}}_{\mathrm{b}}^{\mathrm{T}}\,\underline{\dot{\boldsymbol{\omega}}} + \boldsymbol{\omega}\times\mathbb{I}\cdot\boldsymbol{\omega} = \\ &\mathbb{I}\cdot\dot{\boldsymbol{\omega}} + \boldsymbol{\omega}\times\mathbb{I}\cdot\boldsymbol{\omega} = \boldsymbol{T}\end{aligned} \tag{2.33}$$

式(2.33)利用了 $\underline{\boldsymbol{e}}_{\mathrm{b}}^{\mathrm{T}}\,\underline{\dot{\boldsymbol{\omega}}} = \dot{\boldsymbol{\omega}}$。式(2.33)即为著名的“欧拉方程”。

式(2.33)在刚体固联坐标系的分量式为

$$\underline{I}\dot{\underline{\omega}}+\underline{\omega}^{\times}\underline{I}\dot{\underline{\omega}}=\underline{T} \tag{2.34}$$

应注意,在欧拉方程中 $\boldsymbol{\omega}$ 为刚体相对惯性系的角速度矢量,$\underline{\boldsymbol{\omega}}$ 为 $\boldsymbol{\omega}$ 在星体坐标系下的分量列阵。

当刚体固联坐标系$\underline{\boldsymbol{e}}_b$ 与其惯性主轴坐标系重合时,式(2.34)的展开式为

$$\begin{cases}I_x\dot{\omega}_x-(I_y-I_z)\omega_y\omega_z=T_x\\I_y\dot{\omega}_y-(I_z-I_x)\omega_x\omega_z=T_y\\I_z\dot{\omega}_z-(I_x-I_y)\omega_x\omega_y=T_z\end{cases} \tag{2.35}$$

可见,在一般情况下,刚体绕坐标轴3个方向的转动运动还是相互耦合的,即使在惯性积为零时也是如此。

2.4 三轴稳定航天器的简化姿态动力学方程

前面给出了刚体的姿态动力学方程,该方程描述了刚体姿态角速度矢量与刚体所受外力矩的关系。但从控制角度讲,由于被控的量通常是星体坐标系相对参考坐标系的姿态参数(如姿态角等)及其变化率,而不是姿态角速度矢量 $\boldsymbol{\omega}$,因此往往希望给出以刚体的姿态参数为随变量的姿态动力学方程,以便进行姿态控制规律的设计。

下面以对地定向三轴稳定的航天器为例,推导以欧拉角表示的航天器姿态动力学方程。

对于工作姿态为对地定向的三轴稳定航天器(假设其数学模型为刚体),通常是以轨道坐标系为参考坐标系,而轨道坐标系又绕地心以轨道角速度$\boldsymbol{\omega}_o$运动,则航天器的绝对角速度矢量 $\boldsymbol{\omega}$ 由星体坐标系相对轨道坐标系的角速度矢量$\boldsymbol{\omega}_{bo}$和轨道角速度矢量$\boldsymbol{\omega}_{bo}$两部分叠加而成,即

$$\boldsymbol{\omega}=\boldsymbol{\omega}_{bo}+\boldsymbol{\omega}_o \tag{2.36}$$

若航天器采用 zyx 顺序旋转的欧拉角参数来描述星体坐标系相对轨道坐标系的姿态,则星体姿态角速度矢量 $\boldsymbol{\omega}$ 在星体坐标系下的分量列阵$\underline{\boldsymbol{\omega}}$ 可写为

$$\begin{aligned}\underline{\boldsymbol{\omega}}=\begin{bmatrix}\omega_x\\\omega_y\\\omega_z\end{bmatrix}&=\begin{bmatrix}\dot{\varphi}\\0\\0\end{bmatrix}+\underline{\boldsymbol{C}}_x(\varphi)\begin{bmatrix}0\\\dot{\theta}\\0\end{bmatrix}+\underline{\boldsymbol{C}}_x(\varphi)\underline{\boldsymbol{C}}_y(\theta)\begin{bmatrix}0\\0\\\dot{\psi}\end{bmatrix}+\underline{\boldsymbol{C}}_{bo}(\psi,\theta,\varphi)\begin{bmatrix}0\\-\omega_o\\0\end{bmatrix}\\&=\begin{bmatrix}1&0&-\sin\theta\\0&\cos\varphi&\cos\theta\sin\varphi\\0&-\sin\varphi&\cos\theta\cos\varphi\end{bmatrix}\begin{bmatrix}\dot{\varphi}\\\dot{\theta}\\\dot{\psi}\end{bmatrix}-\begin{bmatrix}\cos\theta\sin\psi\\\cos\varphi\cos\psi+\sin\varphi\sin\theta\sin\psi\\-\sin\varphi\cos\psi+\cos\varphi\sin\theta\sin\psi\end{bmatrix}\omega_o\end{aligned} \tag{2.37}$$

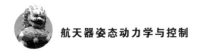

式中，ω_o 为航天器质心绕地心的轨道角速度，有

$$\omega_o=\dot{\vartheta}=\sqrt{\frac{\mu}{p^3}}\,(1+e\cos\vartheta)^2 \tag{2.38}$$

式中，ϑ 为真近点角；p 为轨道半正焦弦；μ 为中心天体引力常数。若轨道为圆形，则轨道半径 R 与半正焦弦 p 相等，则有

$$\omega_o=\sqrt{\frac{\mu}{R^3}} \tag{2.39}$$

若航天器的轨道偏心率接近于零，则可求得轨道角速度的近似式为

$$\omega_o\approx\sqrt{\frac{\mu}{R^3}}\,(1+2e\cos\vartheta) \tag{2.40}$$

将式(2.37)及其导数表达式代入式(2.34)就可得到对地定向的简单刚体航天器的姿态运动方程式。由于有姿态角的三角函数，所得到的姿态运动方程是非线性变系数的，多数情况下还是各轴相互耦合的。一般来说，这个方程式只能借助计算机进行数值求解。

考虑到姿态运动方程过于复杂，在进行姿态动力学分析、姿态确定和控制律设计时，通常需要对姿态运动方程进行线性化。在正常姿态控制下，航天器体坐标系相对于轨道坐标系的偏差很小，使得姿态角和姿态角速度均为小量，可以只保留这些角度和角速度的一次项，而略去其二次以上各项。在轨道为近似圆轨道的情况下对式(2.37)进行简化，得

$$\underline{\boldsymbol{\omega}}=\begin{bmatrix}\dot{\varphi}\\ \dot{\theta}\\ \dot{\psi}\end{bmatrix}-\begin{bmatrix}\psi\\ 1\\ -\varphi\end{bmatrix}\omega_o \tag{2.41}$$

然后对式(2.41)求时间导数，连同式(2.41)代入欧拉方程，即可得到简化的姿态运动方程。为简化起见，设航天器体坐标系与其惯性主轴坐标系重合，可得

$$\begin{cases}I_x\ddot{\varphi}+(I_y-I_z-I_x)\omega_o\dot{\psi}+(I_y-I_z)\omega_o^2\varphi=T_x\\ I_y\ddot{\theta}=T_y\\ I_z\ddot{\psi}-(I_y-I_z-I_x)\omega_o\dot{\varphi}+(I_y-I_x)\omega_o^2\psi=T_z\end{cases} \tag{2.42}$$

由式(2.42)可以看到，对于按 zyx 变换顺序的姿态运动方程式，其俯仰轴运动和另外两个轴是解耦的，而滚转和偏航两个轴则是互相耦合的。

另外，采用同样的方法可以得到以 zxy 顺序姿态角描述的简化姿态运动方程，可知与式(2.42)是相同的。

2.5 广义欧拉方程

在 2.3.4 节中给出的欧拉方程是在刚体固联坐标系原点(即基准点)为质心前提基础上推导的,而实际上只需要在欧拉方程中增加一项,该基准点就可以是任意的,并且允许该基准点做任意的运动。

2.5.1 刚体关于任意一点的视角动量

下面推导以任意一点为刚体固联坐标系原点的广义欧拉方程。先要给出刚体关于非质心参考点的视角动量的计算公式。如图 2.3 所示,点 C 为刚体的质心,A 为任意一个不与质心 C 重合的参考点(基准点)。$\boldsymbol{r}_A$ 为从基准点 A 至质心 C 的位置矢量,从基准点 A 到质量微元 $\mathrm{d}m$ 的位置矢量为 $\boldsymbol{r}'$,从质心 C 至微元 $\mathrm{d}m$ 的位置矢量为 $\boldsymbol{r}$。

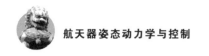

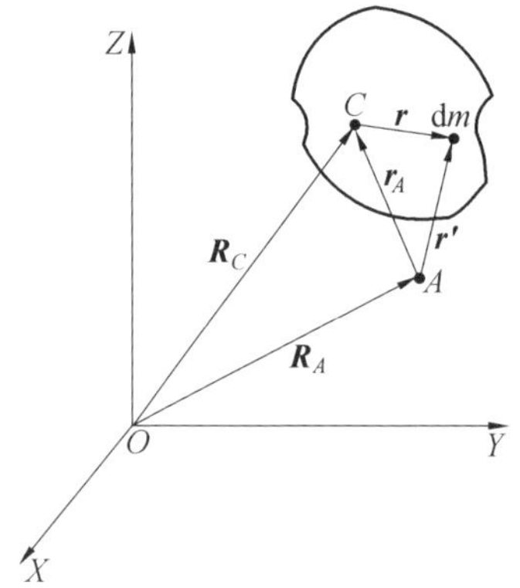

图 2.3 以任意一点为参考的刚体角动量

根据矢量几何关系,有

$$\boldsymbol{r}' = \boldsymbol{r} + \boldsymbol{r}_A \tag{2.43}$$

刚体关于质心 C 的视角动量为

$$\boldsymbol{H}^C = \int_B \boldsymbol{r} \times \dot{\boldsymbol{r}} \mathrm{d}m = \int_B \boldsymbol{r} \times (\boldsymbol{\omega} \times \boldsymbol{r})\,\mathrm{d}m$$

刚体关于基准点 A 的视角动量 $\boldsymbol{H}^A$(注意与刚体关于参考点 A 的角动量之间的区别)为

$$\boldsymbol{H}^A = \int_B \boldsymbol{r}' \times \dot{\boldsymbol{r}}' \mathrm{d}m$$

将式(2.43)代入上式,可得

$$
\begin{aligned}
\boldsymbol{H}^{A} &= \int_B \boldsymbol{r}' \times \dot{\boldsymbol{r}}' \mathrm{d}m \\
&= \int_B \boldsymbol{r} \times \dot{\boldsymbol{r}} \mathrm{d}m + \int_B \boldsymbol{r} \mathrm{d}m \times \dot{\boldsymbol{r}}_A + \boldsymbol{r}_A \times \int_B \dot{\boldsymbol{r}} \mathrm{d}m + \boldsymbol{r}_A \times \dot{\boldsymbol{r}}_A \int_B \mathrm{d}m \\
&= \boldsymbol{H}^{C} + \int_B \boldsymbol{r} \mathrm{d}m \times \dot{\boldsymbol{r}}_A + \boldsymbol{r}_A \times \int_B \dot{\boldsymbol{r}} \mathrm{d}m + m \boldsymbol{r}_A \times \dot{\boldsymbol{r}}_A
\end{aligned} \tag{2.44}
$$

由于 C 点为质心，则 $\int_B \boldsymbol{r} \mathrm{d}m = \boldsymbol{0}$，可知第二项为零矢量。对于刚体中的位置矢量 $\boldsymbol{r}$，有 $\dot{\boldsymbol{r}} = \boldsymbol{\omega} \times \boldsymbol{r}$，则第三项为 $\boldsymbol{r}_A \times \int_B \dot{\boldsymbol{r}} \mathrm{d}m = \boldsymbol{r}_A \times \left(\boldsymbol{\omega} \times \int_B \boldsymbol{r} \mathrm{d}m\right) = \boldsymbol{0}$，这样式(2.44)变为

$$
H^{A} = \boldsymbol{H}^{C} + m \boldsymbol{r}_A \times \dot{\boldsymbol{r}}_A \tag{2.45}
$$

即刚体关于任意基准点的视角动量，等于刚体关于自身质心的视角动量与一个位于刚体质心上且质量为刚体质量的质点关于此参考点的视角动量之和。

实际上，式(2.45)同样适用于多质点系统，这一点请读者自行证明。

2.5.2 广义欧拉方程

首先推导以任意一点为基准的多质点系统动量矩方程。前面给出以质心为基准点的多质点系统动量矩方程如下

$$
\frac{\mathrm{d}_\mathrm{I}}{\mathrm{d}t} \boldsymbol{H}^{C} = \boldsymbol{T}^{C} \tag{2.46}
$$

再引入一个平移运动方程

$$
\boldsymbol{F} = m \boldsymbol{a}_C \tag{2.47}
$$

其中，$\boldsymbol{F}$ 是作用在系统上的外力；m 是整个系统的质量；$\boldsymbol{a}_C$ 是系统质心的平移绝对加速度，即 $\boldsymbol{a}_C = \ddot{\boldsymbol{R}}_C$。若考虑一个做任意运动的点 A，则关于点 A 和系统质心 C 的动量以及力矩关系式为

$$
\boldsymbol{H}^{C} = \boldsymbol{H}^{C} = \boldsymbol{H}^{A} - m \boldsymbol{r}_A \times \dot{\boldsymbol{r}}_A \tag{2.48}
$$

$$
\boldsymbol{T}^{C} = \boldsymbol{T}^{A} - \boldsymbol{r}_A \times \boldsymbol{F} \tag{2.49}
$$

$$
\boldsymbol{a}_C = \boldsymbol{a}_A + \ddot{\boldsymbol{r}}_A \tag{2.50}
$$

式中，$\boldsymbol{a}_A$ 是点 A 的绝对加速度。将此 3 个方程代入式(2.46)，并结合式(2.47)，可得

$$
\frac{\mathrm{d}_\mathrm{I}}{\mathrm{d}t}(\boldsymbol{H}^{A} - m \boldsymbol{r}_A \times \dot{\boldsymbol{r}}_A) = \boldsymbol{T}^{A} - \boldsymbol{r}_A \times m(\boldsymbol{a}_A + \ddot{\boldsymbol{r}}_A) \tag{2.51}
$$

或

$$
\dot{\boldsymbol{H}}^{A} + \boldsymbol{S}_A \times \boldsymbol{a}_A = \boldsymbol{T}^{A} \tag{2.52}
$$

式中，$\boldsymbol{S}_A$ 是物体关于任意点 A 的静矩，$\boldsymbol{S}_A = m \boldsymbol{r}_A$。式(2.52)就是以任意点为基准

点的广义动量矩方程。

式(2.52)需要计算基准点 A 的绝对加速度 $\boldsymbol{a}_A$，因此是轨道和姿态运动的耦合方程，应用起来不太方便。若可计算外力关于系统质心 O 的力矩 $\boldsymbol{T}^C$，则由上述方程又可得到一个方程式

$$\dot{\boldsymbol{H}}^A - \boldsymbol{S}_A \times \ddot{\boldsymbol{r}}_A = \boldsymbol{T}^C \tag{2.53}$$

在实际应用时，读者应注意式(2.52)和式(2.53)的区别。

若考虑图2.3中的单个刚体，利用式(2.52)就可得到以任意点为刚体固联坐标系原点的广义欧拉方程为

$$\mathbb{I}^A \cdot \dot{\boldsymbol{\omega}} + \boldsymbol{\omega} \times \mathbb{I}^A \cdot \boldsymbol{\omega} + \boldsymbol{S}_A \times \boldsymbol{a}_A = \boldsymbol{T}^A \tag{2.54}$$

式中，$\mathbb{I}^A$ 为刚体相对基准点 A 的惯性并矢。若此刚体固联坐标系恰为惯性主轴坐标系，则式(2.54)的矩阵式为

$$\left.\begin{aligned} I_x\dot{\omega}_x - (I_y - I_z)\omega_y\omega_z + (S_y a_z - S_z a_y) = T_x \\ I_y\dot{\omega}_y - (I_z - I_x)\omega_x\omega_z + (S_z a_1 - S_1 a_z) = T_y \\ I_z\dot{\omega}_z - (I_x - I_y)\omega_x\omega_y + (S_x a_y - S_y a_x) = T_z \end{aligned}\right\} \tag{2.55}$$

注意，T_x, T_y, T_z 是外力关于基准点 A 的力矩 $\boldsymbol{T}^A$ 在星体坐标系中的3个分量。

2.6 多刚体航天器的姿态动力学建模

在通常情况下，典型的航天器是多体系统，即航天器由若干个部分组成，这些部分之间存在相对运动(受运动副约束)，这些组成部分可能是刚体，也可能是柔性体。其中一类航天器为多刚体系统，即由若干个刚体组成的系统，其中一个为主体(或称为基座、平台)，其他为子体(或附件)。另外一类具有内部活动质点的航天器，其主体为刚性的平台，内部含有一个或多个质量块或质量球(质量和体积较小，通常被视为质点)，可相对平台做一定的相对运动。一般对这一类航天器进行姿态运动建模时，将其视作一种特殊类型的多刚体航天器进行数学建模。

下面针对不同情况下的多刚体航天器，给出了两种不同的多刚体航天器姿态动力学建模方法。

2.6.1 以复合质心为基准点的姿态动力学建模方法

应该说明的是，经典动量矩方程(见式(2.32))同样适用于多刚体系统，与单刚体姿态动力学方程的区别在于，式(2.32)中 $\boldsymbol{H}$ 应改为多刚体系统关于系统复合质心的视角动量。

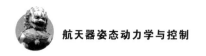

基于此思想的多刚体系统姿态动力学建模的原理是：以系统复合质心为基准点建立系统质心坐标系，然后列写整个系统的各组成部分关于系统质心的视角动量表达式之和，将此表达式代入经典的动量矩方程，经过推导后就可得到多刚体系统的姿态动力学方程。

假定某一多刚体航天器由一个本体 B_0 以及 N 个活动部件（刚体）$B_n(n=1,\cdots,N)$ 组成，如图 2.4 所示。在每个活动部件上定义一个与其固联的坐标系 $O_n x_n y_n z_n$，其原点 O_n 为第 n 个刚体 B_n 的质心，此坐标系各轴的单位矢量是 $\boldsymbol{i}_n$，$\boldsymbol{j}_n$，$\boldsymbol{k}_n$。整个刚体系统的坐标系 $Oxyz$（系统质心坐标系）的原点设在系统复合质心 O 上。通常系统质心坐标系 $Oxyz$ 各坐标轴的取向与航天器主体坐标系 $O_0 x_0 y_0 z_0$ 一致，则多刚体系统关于系统质心坐标系原点（即复合质心）的视角动量为

$$\boldsymbol{H}_{\Sigma}^{O}=\boldsymbol{H}_{0}^{O}+\sum_{n=1}^{N}\boldsymbol{H}_{n}^{O} \tag{2.56}$$

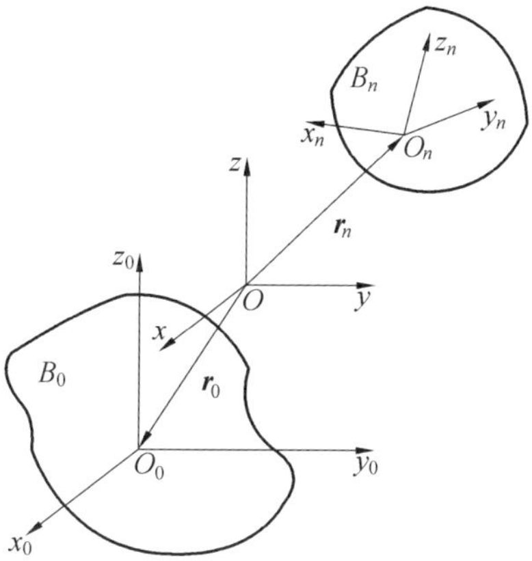

图 2.4　多刚体系统的系统质心坐标系定义

应注意，式中 $\boldsymbol{H}_0^O$ 和 $\boldsymbol{H}_n^O$ 都是各刚体相对基准点 O 的视角动量。根据式(2.45)，本体和各活动部件相对系统质心的视角动量为

$$\boldsymbol{H}_0^O=\boldsymbol{H}_0^C+m_0\,\boldsymbol{r}_0\times\dot{\boldsymbol{r}}_0=\mathbb{I}_0^C\cdot\boldsymbol{\omega}_0+m_0\,\boldsymbol{r}_0\times\dot{\boldsymbol{r}}_0$$

及

$$\boldsymbol{H}_n^O=\boldsymbol{H}_n^C+m_n\,\boldsymbol{r}_n\times\dot{\boldsymbol{r}}_n=\mathbb{I}_n^C\cdot\boldsymbol{\omega}_n+m_n\,\boldsymbol{r}_n\times\dot{\boldsymbol{r}}_n$$

式中，$\mathbb{I}_0^C$和$\mathbb{I}_n^C$分别为航天器主体和各子刚体相对自身质心的惯性并矢；$\boldsymbol{\omega}_0$ 和$\boldsymbol{\omega}_n$ 分别为主体和各子体固联坐标系相对惯性空间的角速度矢量；$\boldsymbol{H}_0^C$ 和$\boldsymbol{H}_n^C$ 分别为航天器主体和第 n 个子刚体关于其自身质心的视角动量（各子刚体固联坐标系 $O_n x_n y_n z_n$ 下的视角动量）；m_n 为第n 个刚体的质量；$\boldsymbol{r}_n$ 为第 n 个刚体的质心O_n 相对于系统质心的位置矢量；$\dot{\boldsymbol{r}}_n$ 为$\boldsymbol{r}_n$ 的时间导数。

注意，若航天器内含有活动质点，上面的公式同样成立，只不过对应于该质点的角动量为$\boldsymbol{H}_n^O = m_n \boldsymbol{r}_n \times \dot{\boldsymbol{r}}_n$。

将式(2.56)代入经典的动量矩方程(2.32)，并经过合并同类项后即可得到多刚体系统的姿态动力学方程，即

$$\boldsymbol{T}_\Sigma^O = \frac{\mathrm{d}_O}{\mathrm{d}t}\boldsymbol{H}_\Sigma^O + \boldsymbol{\omega} \times \boldsymbol{H}_\Sigma^O \tag{2.57}$$

式中，$\frac{\mathrm{d}_O}{\mathrm{d}t}$表示相对系统质心坐标系的时间导数。需要说明的是，方程里的力矩$\boldsymbol{T}_\Sigma^O$应是关于系统质心的，在列写分量式时应特别注意。

2.6.2 以平台某固定点为基准点的姿态动力学建模方法

2.6.1 节给出了以系统质心为基准点的多刚体姿态动力学建模方法，其优点是多刚体系统的姿态动力学方程(2.57)中姿态运动与轨道运动是解耦的；缺点是当刚性主体的质心以及内部活动部件的质心相对系统质心坐标系变化时，将导致在对姿态动力学方程进行解算时，需要实时计算这些位置矢量及其导数，比较烦琐；同时，整个系统相对系统质心坐标系的转动惯量也可能是变化的，因此这种方法更适合系统质心相对刚性主体坐标系不变的情况，如陀螺体的姿态运动建模。

对于内部活动部件运动时，导致刚性主体的质心以及内部活动部件的质心相对系统质心坐标系变化的情况，采用以平台上的某个固定点为基准点(通常选择平台质心作为基准点)，就可避免这种复杂性。这样，航天器主体的转动惯量在此固联坐标系中是常数，另外内部质量的运动可以简单地用相对于航天器轴的运动来表示。

采用上述思想的多刚体系统姿态动力学建模的原理是：以平台某固定点为基准点建立系统坐标系，然后列写整个系统的各组成部分关于系统原点的视角动量表达式之和，将此表达式代入广义的动量矩方程(2.52)或方程(2.53)，经过推导后就可得到多刚体系统的姿态动力学方程。

假定多刚体航天器由一个本体B_0以及N个活动部件(刚体)$B_n(n=1,\cdots,N)$组成。同样在每个活动部件上定义一个与其固联的坐标系$O_n x_n y_n z_n$，其原点O_n为第n个刚体B_n的质心，此坐标系各轴的单位矢量是$\boldsymbol{i}_n$，$\boldsymbol{j}_n$，$\boldsymbol{k}_n$。整个刚体系统的坐标系$Oxyz$的原点设在选定的平台某固定点O上。系统坐标系$Oxyz$各坐标轴的取向与航天器主体坐标系$O_0x_0y_0z_0$一致，则多刚体系统关于系统坐标系原点O(即平台上某固定点)的视角动量为

$$\boldsymbol{H}_\Sigma^O = \boldsymbol{H}_0^O + \sum_{n=1}^{N}\boldsymbol{H}_n^O \tag{2.58}$$

应注意，式中$\boldsymbol{H}_0^O$和$\boldsymbol{H}_n^O$都是各刚体相对基准点O的视角动量。根据式

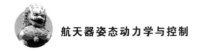

(2.45)，本体部分相对系统原点的视角动量为

$$\boldsymbol{H}_0^O=\boldsymbol{H}_0^C+m_0\boldsymbol{r}_0\times\dot{\boldsymbol{r}}_0=\mathbb{I}_0^C\cdot\boldsymbol{\omega}_0+m_0\boldsymbol{r}_0\times\dot{\boldsymbol{r}}_0 \tag{2.59}$$

式中，$\mathbb{I}_0^C$ 为航天器主体相对自身质心的惯性并矢；$\boldsymbol{\omega}_0$ 为主体相对惯性空间的角速度矢量；$\boldsymbol{H}_0^C$ 为航天器主体关于其自身质心的视角动量；m_0 为主体的质量；$\boldsymbol{r}_0$ 为主体质心 O_0 相对于原点的位置矢量；$\dot{\boldsymbol{r}}_0$ 为 $\boldsymbol{r}_0$ 的时间导数。

由于系统原点设在平台上的某固定点，则 $\boldsymbol{r}_0$ 在系统坐标系中的分量列阵为常矩阵，则有

$$\dot{\boldsymbol{r}}_0=\mathring{\boldsymbol{r}}_0+\boldsymbol{\omega}_0\times\boldsymbol{r}_0=\boldsymbol{\omega}_0\times\boldsymbol{r}_0$$

因此，式(2.59)可简化为

$$\boldsymbol{H}_0^O=[\mathbb{I}_0^C+m_0(\boldsymbol{r}_0\cdot\boldsymbol{r}_0\mathbb{E}-\boldsymbol{r}_0\cdot\boldsymbol{r}_0)]\cdot\boldsymbol{\omega}_0 \tag{2.60}$$

特殊的，当系统坐标系原点 O 取为平台质心时，则有

$$\boldsymbol{H}_0^O=\mathbb{I}_0^C\cdot\boldsymbol{\omega}_0 \tag{2.61}$$

同理，各活动部件相对系统坐标系原点 O 的视角动量为

$$\boldsymbol{H}_n^O=\boldsymbol{H}_n^C+m_n\boldsymbol{r}_n\times\dot{\boldsymbol{r}}_n=\mathbb{I}_n^C\cdot\boldsymbol{\omega}_n+m_n\boldsymbol{r}_n\times\dot{\boldsymbol{r}}_n \tag{2.62}$$

式中，$\mathbb{I}_n^C$ 为航天器各子刚体相对自身质心的惯性并矢；$\boldsymbol{\omega}_n$ 为各子体固联坐标系相对惯性空间的角速度矢量；$\boldsymbol{H}_n^C$ 为第 n 个子刚体关于其自身质心的视角动量(各子刚体固联坐标系 $O_nx_ny_nz_n$ 下的视角动量)；m_n 为第 n 个刚体的质量；$\boldsymbol{r}_n$ 为第 n 个刚体的质心 O_n 相对于系统原点的位置矢量；$\dot{\boldsymbol{r}}_n$ 为 $\boldsymbol{r}_n$ 的时间导数。

注意，若航天器内含有活动质点，上面的公式同样成立。只不过对应于该质点的角动量为 $\boldsymbol{H}_n^O=m_n\boldsymbol{r}_n\times\dot{\boldsymbol{r}}_n$。

若可计算系统外力关于系统质心 C 的合力矩 $\boldsymbol{T}_\Sigma^C$，则将表达式(2.58)代入广义动量矩方程(2.53)，并经过合并同类项后即可得到多刚体系统的姿态动力学方程，即

$$\boldsymbol{T}_\Sigma^C=\frac{\mathrm{d}_O}{\mathrm{d}t}\boldsymbol{H}_\Sigma^O+\boldsymbol{\omega}\times\boldsymbol{H}_\Sigma^O-m_\Sigma\boldsymbol{r}_C\times\ddot{\boldsymbol{r}}_C \tag{2.63}$$

式中，$\frac{\mathrm{d}_O}{\mathrm{d}t}$ 表示相对系统坐标系的时间导数；m_Σ 为系统总质量；$\boldsymbol{r}_C$ 为系统质心相对基准点的位移。

第3章

空间环境力矩

要进行航天器姿态控制系统设计不仅要透彻地了解受控对象的动力学特性，还要知道航天器所处的工作环境与外扰动情况。了解航天器所处环境以及环境作用，不但对控制规律的选取，而且对采用执行机构的类型与容量等都有重要意义，同时还可以充分利用环境因素来实现被动与半主动的姿态控制设计。

空间环境力矩一般都比较小，其量级为 10^{-4} N・m。但即使如此小的力矩，对航天器的姿态稳定与控制也十分重要。举例来说，若对地定向的卫星在俯仰轴方向作用 10^{-4} N・m 的常值力矩，设绕该轴转动惯量的典型值取为 1 000 kg・m^2，轨道运行周期为 6 000 s，如果对卫星不加控制，经过一圈的轨道运行，卫星在俯仰轴方向的角动量累计值为 0.6 N・m・s。在零初始条件下，俯仰角将转动1.8 rad，根本谈不上对地定向。

空间环境力矩主要有 4 种，即重力梯度力矩、太阳辐射力矩、气动力矩及地磁力矩。这些力矩的大小主要取决于航天器运行的轨道高度、质量分布、几何形状、表面特性、太阳活动情况、大气密度、星上磁体及姿态运动等因素。

3.1　重力梯度力矩

重力梯度力矩对航天器姿态运动的影响十分重要。例如，哑铃形卫星的最小惯量轴指向地垂线方向，从而实现重力梯度稳定，月球的一面总是朝着地球，天平动等也是众所周知的，是由于重力梯度原因所导致的现象。

在与距离平方成反比律的引力场中做轨道运动的任意物体，只要其质量分布非对称，都将受到重力梯度力矩的作用。卫星飞行经验表明，重力梯度力矩是影响姿态运动的重要因素。早期阿吉纳航天器以及加拿大的百灵鸟－1 卫星的自旋轴产生相当快的进动，其原因就在于其质量分布不对称产生的重力梯度力矩。

3.1.1　一般算式

如设航天器 A 在天体 B 的引力场的作用下运行，如图 3.1 所示。其中 $\boldsymbol{\rho}$ 表示航天器 A 的某微元 dm 相对吸引体微元 dm_{B} 的矢径，则航天器 A 上的微元 dm 受引力体 B 的合引力 d$\boldsymbol{f}_{\mathrm{g}}$ 为

$$\mathrm{d}\boldsymbol{f}_{\mathrm{g}}=-G\mathrm{d}m\int_{B}\frac{\boldsymbol{\rho}\,\mathrm{d}m_{\mathrm{B}}}{\rho^{3}} \tag{3.1}$$

式中，G 为万有引力常数。则航天器 A 所受引力体 B 的总引力 $\boldsymbol{F}_{\mathrm{g}}$ 以及对参考点 O 的总力矩 $\boldsymbol{M}_{\mathrm{g}}^{O}$ 分别为

$$\boldsymbol{F}_{\mathrm{g}}=\int_{A}\mathrm{d}\boldsymbol{f}_{\mathrm{g}}=-G\int_{B}\int_{A}\frac{\boldsymbol{\rho}\,\mathrm{d}m_{\mathrm{B}}\mathrm{d}m}{\rho^{3}} \tag{3.2}$$

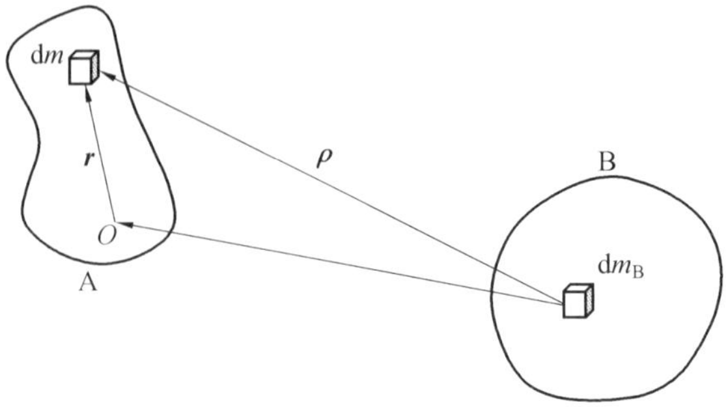

图 3.1 航天器在吸引体场中的受力情况

$$\boldsymbol{M}_g^O=\int_A \boldsymbol{r}\times \mathrm{d}\,\boldsymbol{f}_g=-G\int_B\int_A \frac{\boldsymbol{r}\times\boldsymbol{\rho}}{\rho^3}\mathrm{d}m_B\mathrm{d}m \tag{3.3}$$

式中，$\boldsymbol{r}$ 为参考点到微元 dm 的矢径。

可见，重力和重力矩的计算相当复杂，与航天器和引力体的质量分布、航天器位置与姿态均有关。为了得到工程上实用且足够精确的算式，下面做出合理的假设并给出简化公式。

3.1.2 简化算式

为了得到工程上实用的重力梯度力矩的简化算式，假设条件如下：

(1) 只有一个引力体。

(2) 引力体质量分布呈球对称，这里假设为地球。

(3) 航天器尺寸要比引力体质心至航天器质心距离相比小得多。

(4) 航天器本身为单刚体。

航天器在该假设条件下的计算重力梯度力矩的简化示意图如图 3.2 所示。图中，$\boldsymbol{R}_C$ 为引力体质心至航天器 A 质心的矢径；$\boldsymbol{R}$ 为引力体质心至航天器某微元 dm 的矢径；$\boldsymbol{r}$ 为航天器质心 C 到微元 dm 的矢径。

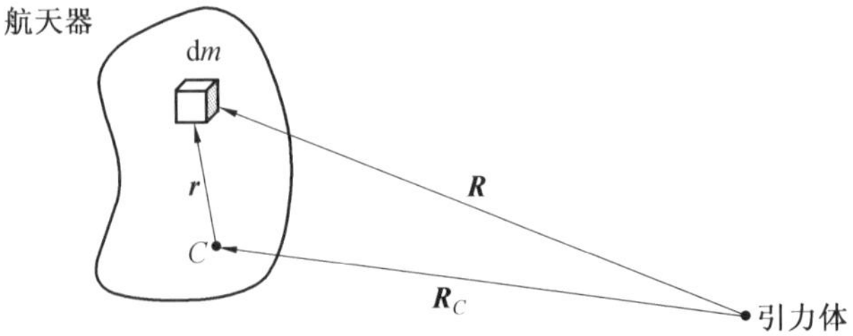

图 3.2 计算重力梯度力矩的简化示意图

由假设(2) 可知，引力体可看成是一个质点；由假设(3) 可知，r/R_C 为微量，可略去二阶以上微量；由假设(4) 可知，参考点取航天器质心 C 最为方便。

根据上述假设，式(3.2)和式(3.3)可分别简化为

$$\boldsymbol{F}=-\mu\int_A \frac{\boldsymbol{R}\,\mathrm{d}m}{R^3} \tag{3.4}$$

$$\boldsymbol{T}_g^C=-\mu\int_A \frac{\boldsymbol{r}\times\boldsymbol{R}}{R^3}\mathrm{d}m \tag{3.5}$$

式中，μ 为地球的万有引力常数，$\mu=GM_E$。

由 $\boldsymbol{R}=\boldsymbol{R}_C+\boldsymbol{r}$，并注意到共面3个矢量混合积为零的情况，可知

$$\boldsymbol{T}_g^C\cdot\boldsymbol{R}_C=0$$

即重力梯度力矩在 $\boldsymbol{R}_C$ 方向(即地垂线方向)的投影为零，因此重力梯度力矩只作用在航天器的当地水平面内。

由假设(3)可得

$$\begin{aligned}R^{-3}&=|\boldsymbol{R}_C+\boldsymbol{r}|^{-3}=R_C^{-3}\left\{1-\frac{3(\boldsymbol{r}\cdot\boldsymbol{R}_C)}{R_C^2}+O\left(\frac{r}{R_C}\right)^2\right\}\\&\approx R_C^{-3}\left[1-\frac{3(\boldsymbol{r}\cdot\boldsymbol{R}_C)}{R_C^2}\right]\end{aligned} \tag{3.6}$$

式(3.6)的近似式是由一阶泰勒级数展开式得到的。将式(3.6)代入式(3.5)，得到重力梯度力矩的表达式

$$\begin{aligned}\boldsymbol{T}_g^C&=-\frac{\mu}{R_C^3}\int_A\left[1-\frac{3(\boldsymbol{r}\cdot\boldsymbol{R}_C)}{R_C^2}\right]\boldsymbol{r}\times(\boldsymbol{R}_C+\boldsymbol{r})\,\mathrm{d}m\\&=\frac{\mu}{R_C^3}\boldsymbol{R}_C\times\int_A\boldsymbol{r}\,\mathrm{d}m-\frac{3\mu}{R_C^5}\boldsymbol{R}_C\times\int_A(\boldsymbol{r}\cdot\boldsymbol{R}_C)\boldsymbol{r}\,\mathrm{d}m\end{aligned} \tag{3.7}$$

考虑到 C 为质心，则有 $\int_A\boldsymbol{r}\,\mathrm{d}m=0$，因此式(3.7)的第一项为零矢量，式(3.7)变为

$$\begin{aligned}\boldsymbol{T}_g^C&=-\frac{3\mu}{R_C^5}\boldsymbol{R}_C\times\int_A\boldsymbol{rr}\,\mathrm{d}m\cdot\boldsymbol{R}_C=\frac{3\mu}{R_C^5}\boldsymbol{R}_C\times\int_A(r^2\,\mathbb{E}-\boldsymbol{rr})\,\mathrm{d}m\cdot\boldsymbol{R}_C\\&=\frac{3\mu}{R_C^3}\boldsymbol{i}_C\times(\mathbb{I}_C\cdot\boldsymbol{i}_C)\end{aligned} \tag{3.8}$$

式中，$\boldsymbol{i}_C=\boldsymbol{R}_C/R_C$，为地心至航天器质心的单位矢量；$\mathbb{E}$ 为单位并矢；$\mathbb{I}_C=\int_A(r^2\,\mathbb{E}-\boldsymbol{rr})\,\mathrm{d}m$，是航天器对其质心惯性并矢的表达式。式(3.8)就是单刚体重力梯度力矩的基本公式。

当航天器运行于圆轨道时，则有

$$\omega_o^2=\frac{\mu}{R_C^3} \tag{3.9}$$

式中，ω_o 是航天器的轨道角速度。此时式(3.8)可写成

$$\boldsymbol{T}_g^C=3\omega_o^2\,\boldsymbol{i}_C\times(\mathbb{I}_C\cdot\boldsymbol{i}_C) \tag{3.10}$$

上述公式是重力梯度力矩的矢量表达式，航天器的姿态动力学方程通常用体坐标系来描述，为此要推导重力梯度力矩在体坐标系中的表达式。

设航天器对其质心惯性张量在体坐标系下的惯量矩阵 $\underline{\boldsymbol{I}}_C$ 为

$$\underline{\boldsymbol{I}}_C=\begin{bmatrix} I_x & -I_{xy} & -I_{xz} \\ -I_{xy} & I_y & -I_{yz} \\ -I_{xz} & -I_{yz} & I_z \end{bmatrix}$$

当姿态角转序为 zyx 时，矢量$\boldsymbol{i}_C$ 在体坐标系的分量列阵的计算公式为

$$(\boldsymbol{i}_C)_{\mathrm{b}}=\underline{\boldsymbol{C}}_x(\varphi)\underline{\boldsymbol{C}}_y(\theta)\underline{\boldsymbol{C}}_z(\psi)\begin{bmatrix} 0 \\ 0 \\ -1 \end{bmatrix}=\begin{bmatrix} \sin\theta \\ -\sin\varphi\cos\theta \\ -\cos\varphi\cos\theta \end{bmatrix} \tag{3.11}$$

式中，φ,θ,ψ 分别为星体坐标系相对轨道系的滚动角、俯仰角和偏航角。

将式(3.11)代入式(3.10)的分量矩阵表达式，就可得到重力梯度力矩的体系分量表达式，即

$$\begin{cases} T_{gx}=3\omega_o^2[(I_z-I_y)\cos^2\theta\sin\varphi\cos\varphi-I_{yz}\cos^2\theta(\sin^2\varphi-\cos^2\varphi)+ \\ \qquad I_{xz}\sin\varphi\cos\theta\sin\theta-I_{xy}\sin\theta\cos\theta\cos\varphi] \\ T_{gy}=3\omega_o^2[(I_z-I_x)\cos\varphi\sin\theta\cos\theta-I_{xz}(\cos^2\varphi\cos^2\theta-\sin^2\theta)- \\ \qquad I_{xy}\cos^2\theta\sin\varphi\cos\varphi-I_{yz}\sin\theta\cos\theta\sin\varphi] \\ T_{gz}=3\omega_o^2[(I_x-I_y)\sin\theta\cos\theta\sin\varphi-I_{xz}(\sin^2\theta-\sin^2\varphi\cos^2\theta)+ \\ \qquad I_{yz}\cos\varphi\cos\theta\sin\theta+I_{xz}\sin\varphi\cos\varphi\cos^2\theta] \end{cases} \tag{3.12}$$

当姿态角为小量，且星体坐标系与其惯性主轴坐标系重合时，则可得到下面熟知的简化表达式

$$\begin{cases} T_{gx}=3\omega_o^2(I_z-I_y)\varphi \\ T_{gy}=3\omega_o^2(I_z-I_x)\theta \\ T_{gz}=0 \end{cases} \tag{3.13}$$

可见，重力梯度力矩与主惯量差成正比。只有当 $I_z \ll I_y, I_z \ll I_x$ 时，才能得到姿态稳定所需的恢复力矩，这就是重力梯度卫星采用哑铃形状的原因。同时，重力梯度力矩与轨道角速度平方成正比，与姿态角成正比(在小角度假设下)。

3.2 太阳辐射力矩

航天器在轨道运动时，会受到各种辐射源的照射，光子流对航天器表面的碰撞产生辐射压力。若辐射压力的合力方向不穿过航天器的质心，则将产生辐射

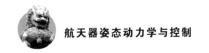

压力矩。航天器所受的辐射压力矩主要因太阳光压造成，地球反照及大气红外辐射是次要的辐射源。

太阳辐射强度与星－日距离的平方成反比，从近地轨道到同步静止轨道的变化范围与太阳至地球的距离相比是微不足道的，所以对地球卫星而言，辐射力矩基本上与轨道高度无关，近似为常数。由于其他扰动力矩随轨道高度增加而减少，因此在 1 000 km 以上的轨道高度，辐射力矩成为主要环境力矩，特别是采用单翼太阳帆板时更是如此。

3.2.1 一般性质

辐射力矩的物理机制是辐射粒子与航天器表面的动量交换。光量子不但具有能量，而且具有动量。根据爱因斯坦能质量等效原理，通过单位面积单位时间内的辐射能为 $S=mc^2$，单位面积单位时间的动量为 $p=mc=S/c$（其中 m 为光量子的质量，c 为光量子速度）。光量子与航天器表面的作用按 3 种方式进行，即吸收、反射和透射，对涂有保护涂层的航天器表面，一般不会发生透射。因而动量交换主要以吸收和反射两种形式进行。根据表面材料的特征，反射又分为镜面反射和漫反射。而通常的实际情况既不是镜面反射也不是漫反射，而是部分镜面反射，部分漫反射。反射的类型如图 3.3 所示。

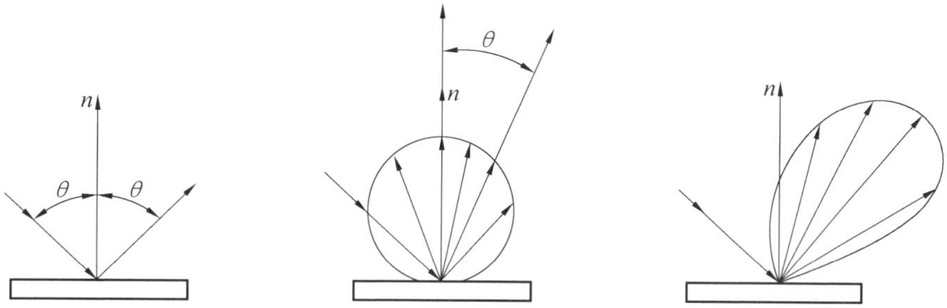

图 3.3 反射的类型

3.2.2 简化假设及基本公式

下面分析表面微元 dA 通过上述 3 种动量交换形式，产生的作用在微元 dA 上的作用力。设太阳光照在面积为 dA 的航天器表面的微元上，如图 3.4 所示。

（1）完全吸收的情况。

若微元 dA 完全吸收入射辐射，则受力为

$$\mathrm{d}\boldsymbol{f}_a = pH(\cos\theta)\cos\theta\boldsymbol{s}\,\mathrm{d}A \tag{3.14}$$

受力方向为入射流方向。式中，$\boldsymbol{s}$ 为该方向的单位矢量；p 为辐射压强；$H(x)$ 为赫维赛德（Heaviside）函数，定义为

$$H(x)=\begin{cases}1, & x\geqslant 0\\ 0, & x<0\end{cases}$$

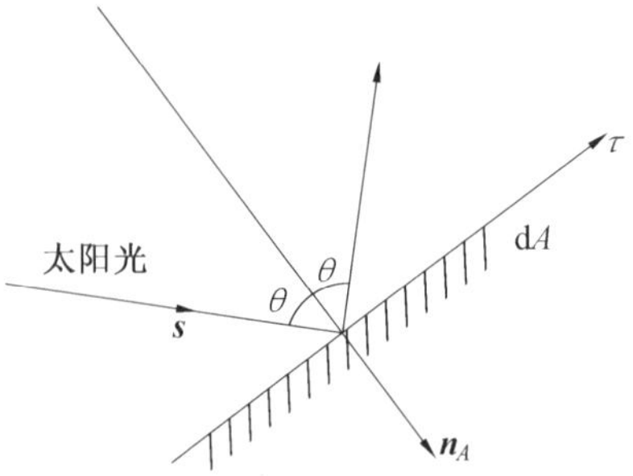

图 3.4　照在星体表面微元 dA 上的太阳光示意图

(2) 完全漫反射情况。

若微元 dA 的表面特性是完全漫反射，则其受力为

$$\mathrm{d}\boldsymbol{f}_{\mathrm{rs}}=pH(\cos\theta)\cos\theta\left(\boldsymbol{s}+\frac{2}{3}\boldsymbol{n}_A\right)\mathrm{d}A \tag{3.15}$$

其中，$\boldsymbol{n}_A$ 为微元 dA 的内法向单位矢量。

(3) 完全镜面反射情况。

若微元 dA 的表面特性是完全镜面反射，则其受力为

$$\mathrm{d}\boldsymbol{f}_{\mathrm{rd}}=2pH(\cos\theta)\cos^2\theta\,\boldsymbol{n}_A\mathrm{d}A \tag{3.16}$$

在工程实用中，为保守起见，一般按完全镜面反射进行计算。当受晒表面符合全镜面假设时，若航天器整体有 N 个受晒面(已考虑航天器各表面互相遮挡的情况)，各面的面积为 A_i，入射角为 θ_i，内法向单位矢量为$\boldsymbol{n}_i$，而航天器整体质心 C 到各受晒面的辐射压力中心的矢径为$\boldsymbol{l}_{\mathrm{p}i}$，则航天器整体所受的太阳辐射力矩为

$$\boldsymbol{T}_{\mathrm{s}}^{C}=\sum_{i=1}^{N}\boldsymbol{l}_{\mathrm{p}i}\times(2p\cos^2\theta_i A_i\boldsymbol{n}_i) \tag{3.17}$$

由式(3.17)可见，只要求得受晒面内法向矢量$\boldsymbol{n}_i$ 及相应的该面辐射压心与航天器整体质心之间的矢径在本体坐标系中的分量，就可得到辐射力矩在本体坐标系的分量式。

3.2.3　普通情况

实际上，航天器表面材料特征比较复杂。照到表面上的辐射其中有一部分被吸收(吸收率为 α)，一部分被反射(反射系数 $\rho=1-\alpha$)。而反射部分中又有一部分属于漫反射(漫反射系数 $C_{\mathrm{rd}}=\sigma\rho$)，另一部分为镜面反射(镜面反射系数为 $C_{\mathrm{rs}}=(1-\sigma)\rho$)。可用 α，C_{rd} 与 C_{rs} 分别表示吸收、漫反射与镜面发射 3 种不同的动量交换所占的比例。

此时微元 dA 上所受的辐射力 $d\boldsymbol{f}_s$ 为

$$d\boldsymbol{f}_s = pH(\cos\theta)\cos\theta\left\{\left[(1+C_{rs})\cos\theta+\frac{2}{3}C_{rd}\right]\boldsymbol{n}_A+\sin\theta\cdot(1-C_{rs})\boldsymbol{\tau}\right\}dA \tag{3.18}$$

式(3.18)中等号右侧第一项为法向压力，第二项为切向压力。

对整个航天器表面积微元进行积分，可得到航天器受到总的光压和光压力矩的表达式，即

$$\boldsymbol{F}_s = \oint_A d\boldsymbol{f}_s \tag{3.19}$$

$$\boldsymbol{T}_s^C = \oint_A \boldsymbol{r}\times d\boldsymbol{f}_s \tag{3.20}$$

式中，$\boldsymbol{r}$ 为航天器质心到微元 dA 处的矢径。

对于近地轨道卫星，光压强度 $p\approx 4.5\times10^{-6}\ \mathrm{N/m^2}$，其数量变化范围约为 0.1%，不过由于季节的变化可能为 6%，这在精确计算中必须加以考虑。

精确计算航天器上的辐射力矩有很多困难。影响微元辐射力 $d\boldsymbol{f}_s$ 的因素包括表面光学特性的变化、几何形状的变化（如杆的弯曲、太阳帆板的转动等）、表面的局部阴影等。航天器质心的位移也将引起各微元的矢径的变化。

对于长寿命卫星而言，通常采用具有跟踪功能的太阳帆板为其供电，帆板上的太阳能电池贴片要指向并跟踪太阳。太阳矢量在惯性空间的方向在短期内几乎不变，因此太阳帆板相对惯性空间的定向也不变。太阳辐射压力矩在惯性空间固定方向将不断积累，在设计轮控姿态控制系统时要充分考虑这一点。

除了太阳直接辐射外，地球反射及地球本身的辐射在精确计算中也应加以考虑。大略地说，地球反照约占入射的 30%，而地球辐射约占反射的 1/3。

3.3　气动力矩

航天器运行轨道的高度绝大多数都在 120 km 以上，大气很稀薄。在航天器发展的早期阶段，人们对气动力矩对航天器姿态运动的影响不甚重视。羚羊－2 卫星因气动力矩作用，自旋速度很快衰减，引起严重的姿态漂移，以致无法正常工作，使许多试验项目搁浅，从而引起人们的关注。对于轨道高度在 500 km 以下的航天器，气动力矩是主要的空间环境干扰力矩。

3.3.1　气动力矩影响的一般性质

在高度为 120 km 以上的大气运动可以看成自由分子流，即大气分子的平均自由程远大于航天器的特征尺寸。此时航天器所受的气动力与力矩依赖于多种

因素，即大气密度、航天器的大小和外形、表面材料特性、来流速度及航天器姿态等。

从物理机制上看，气动力矩是由大气分子撞击航天器表面进行动量交换产生的。撞击到航天器表面上的气体分子被二次发射出去，但在自由分子流的情况下，二次发射分子与入射的大气分子不发生互相作用。因而在计算总动量交换时，可以对入射流与二次发射流的动量交换进行独立计算，然后再相加即可。同时，自由分子流的情况允许把复杂气动外形的航天器分解为几个简单外形的叠加，使得计算工作得以简化。

动量交换的两种极端情况是：

(1) 镜面反射。其特征是反射分子不损失能量且反射角等于入射角。

(2) 完全散射。其特征是入射分子经表面调制，二次发射分子在能量和速度方向两方面不再保留入射分子的特征。其动能与表面温度有关，按确定概率分布；其方向则按余弦定律分布。

实际发生的情况都是介乎两者之间的，即部分入射分子被镜面反射出来，而部分入射分子经表面调制后再散射出来，期间的比例与表面的温度、材料特性等有关。

3.3.2 简化假设与基本计算公式

为了得到计算气动力矩的实用公式，作如下简化假设：

(1) 达到表面的大气分子，把动量完全交给航天器表面。

(2) 大气热平均运动的速度用麦克斯韦概率最大速度计算约 1 km/s 量级，这小于航天器的速度。

(3) 从表面离开的大气分子所产生的动量交换可以略去不计。

由假设(2)知，大气来流可看作是平行分子束。设 ρ 为航天器所在的大气密度，V_R 为大气对航天器表面微元 dA 的速度矢量，$\boldsymbol{n}_A$ 为 dA 的内法线单位矢量，来流方向上的单位矢量为 $\boldsymbol{v}=\boldsymbol{V}_R/|\boldsymbol{V}_R|$，$\boldsymbol{v}$ 与 $\boldsymbol{n}_A$ 的夹角为 α，如图 3.5 所示。

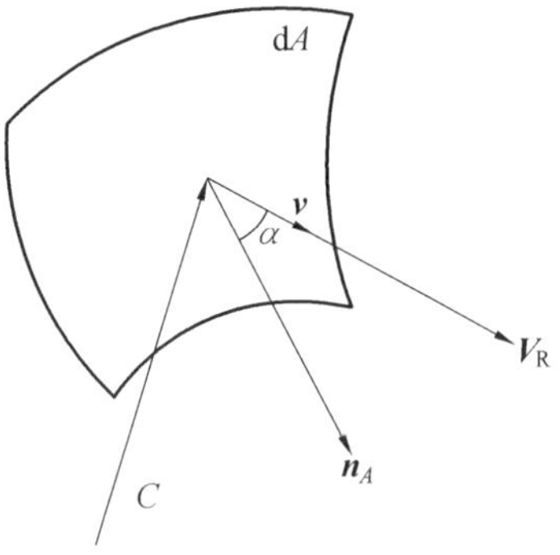

图 3.5 航天器表面所受气动力示意图

此时作用在 dA 上的气动力表达式为

$$\mathrm{d}\boldsymbol{f}_a=\rho V_R^2 H(\cos\alpha)\cos\alpha\,\mathrm{d}A\boldsymbol{v} \tag{3.21}$$

式中，$H(x)$ 为赫维赛德函数。

用式(3.21)对整个航天器表面进行积分，可得到总的气动力与力矩(对质心)的表达式为

$$\boldsymbol{F}_{\mathrm{a}}=\oint_{A}[H(\cos\alpha)\rho V_{\mathrm{R}}^{2}\cos\alpha\mathrm{d}A]\boldsymbol{v} \tag{3.22}$$

$$\boldsymbol{T}_{\mathrm{a}}^{C}=[\oint_{A}H(\cos\alpha)\rho V_{\mathrm{R}}^{2}\cos\alpha\boldsymbol{r}\mathrm{d}A]\times\boldsymbol{v} \tag{3.23}$$

式中，$\boldsymbol{r}$ 为航天器质心 C 到微元 $\mathrm{d}A$ 的矢径。

若令

$$\begin{cases}A_{\mathrm{p}}\triangleq\oint_{A}H(\cos\alpha)\cos\alpha\mathrm{d}A\\A_{\mathrm{p}}\boldsymbol{r}_{\mathrm{p}}^{C}\triangleq\oint_{A}H(\cos\alpha)\cos\alpha\boldsymbol{r}\mathrm{d}A\end{cases} \tag{3.24}$$

则气动力与力矩可表示为

$$\boldsymbol{F}_{\mathrm{a}}=(\rho V_{\mathrm{R}}^{2}A_{\mathrm{p}})\boldsymbol{v} \tag{3.25}$$

$$\boldsymbol{T}_{\mathrm{a}}^{C}=\boldsymbol{r}_{\mathrm{p}}^{C}\times\boldsymbol{F}_{\mathrm{a}} \tag{3.26}$$

需要注意的是，式(3.24)仅与表面的几何形状及来流方向有关。实际上，A_{p} 就是垂直来流方向上的航天器横截面积，称为迎流面面积，而 $\boldsymbol{r}_{\mathrm{p}}^{C}$ 就是航天器质心至压心的矢径。$\boldsymbol{r}_{p}^{C}$ 的计算公式为

$$\boldsymbol{r}_{\mathrm{p}}^{C}=\frac{\oint_{A}H(\cos\alpha)\cos\alpha\boldsymbol{r}\mathrm{d}A}{\oint_{A}H(\cos\alpha)\cos\alpha\mathrm{d}A} \tag{3.27}$$

把式(3.25)与工程上常用的近似式

$$\boldsymbol{F}_{\mathrm{a}}=\frac{C_{\mathrm{D}}}{2}(\rho V_{\mathrm{R}}^{2}A_{\mathrm{p}})\boldsymbol{v} \tag{3.28}$$

比较，可知式(3.25)中对应的阻力系数 $C_{\mathrm{D}}=2$。实际上，阻力系数通常取值范围为 2.2 ～ 2.6，这与假设(1)的不合理性有关，即大气分子还有一部分是被反射与散射出去的。

3.3.3　简化算式

如上所述，对自由分子流，常用式(3.28)计算气动力，相应的气动力矩为

$$\boldsymbol{T}_{\mathrm{a}}^{C}=\frac{\rho V_{\mathrm{R}}^{2}}{2}C_{\mathrm{D}}A_{\mathrm{p}}\boldsymbol{r}_{\mathrm{p}}^{C}\times\boldsymbol{v} \tag{3.29}$$

式中，$\frac{\rho V_{\mathrm{R}}^{2}}{2}$ 为动压头；C_{D} 为阻力系数，取值范围为 2.2 ～ 2.6；A_{p} 为迎流面面积；$\boldsymbol{r}_{\mathrm{p}}^{C}$ 为航天器质心至压心的矢径；$\boldsymbol{v}$ 为来流方向上的单位矢量。

气动力矩的计算过程是相当复杂的，一般是分为两步进行：

(1) 首先计算动压头，其中大气密度 ρ 受多种因素的影响，如太阳活动峰年与谷年(其周期为 11 年)及地球磁场活动等。大气密度随轨道高度急剧变化，在近似计算时可参照大气模型进行估算，较精确的计算则需查表，即使在同一轨道

高度上，大气密度也随太阳活动的峰、谷年及昼夜不同而变化。有关大气模型的情况可参阅相关文献。

大气相对航天器的速度为$\boldsymbol{V}_R=\boldsymbol{V}_A-\boldsymbol{V}_S$。其中，$\boldsymbol{V}_S$是航天器相对惯性空间的运动速度；$\boldsymbol{V}_A$是大气对惯性空间的速度。由于地球自转运动，上层大气也随之旋转。一般认为，上层大气是以1～1.5倍的地球自转角速度相对惯性空间转动，角速度的方向平行于地轴。

(2) 其次是计算迎流面。面积大小和压心矢径，涉及复杂的积分运算并与航天器姿态有关。

3.4　地磁力矩

地磁力矩的物理机制是航天器的有效偶极子磁矩与当地地磁场相互作用而产生的。航天器所在位置的地磁场(大小与方向)与其轨道高度、经纬度、航天器姿态及太阳活动情况等因素有关。航天器偶极子磁矩是由回路电流(包括涡流)、磁性材料的永磁和剩磁等产生的。

地磁力矩作为干扰力矩，对航天器姿态产生不好的作用。例如，泰罗斯－1号卫星就是因磁扰动力矩导致自旋轴进动，使云图照相机偏离预定的对地定向。但作为环境场力矩也可加以利用，如用于章动阻尼、消旋、进动控制和角动量管理等。

若航天器的等效磁矩为$\boldsymbol{m}$，则作用于航天器上的地磁力矩为

$$\boldsymbol{T}_m=\boldsymbol{m}\times\boldsymbol{B} \tag{3.30}$$

式中，$\boldsymbol{B}$为航天器所处位置的地磁场强度矢量(又称为地磁场磁感应强度矢量)，单位是T(特斯拉)。由式(3.30)可知，航天器的磁矩无法产生沿地磁场磁感应磁感应强度矢量$\boldsymbol{B}$方向的力矩分量。

如果航天器体内的等效磁矩为1 A·m²，而卫星所处磁场$\boldsymbol{B}$的值为5×10^{-5} T(近地轨道)，则当磁矩$\boldsymbol{m}$与$\boldsymbol{B}$垂直时，产生的最大磁力矩为5×10^{-5} N·m。

为计算地磁力矩，需要了解地磁场的性质并建立地磁场的数学模型。

地磁场按其起源可分为内源场和外源场。内源场是由地球内部结构产生的，而外源场则起源于地球附近电流体系的磁场，如电离层电流、环电流、磁层顶电流等产生的磁场，受多种因素影响而不断变化，如太阳活动、磁暴等。

内源场包括基本磁场和感应磁场，基本磁场是由地球内核熔岩电流产生的磁场，十分稳定，可用调和函数模型描述。感应磁场是由外源场变化在地壳内感生的磁场。

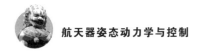

轨道高度在 1 000 km 以内，外源场强度很小，强扰动时的外源场也仅是内源场的 1% 以下。同时，内源场中的感应磁场强度也很小，因此作为环境力矩，从工程实用观点看，其影响可以忽略不计，一般情况下仅考虑基本磁场即可。

基本磁场在地球以外的空间是位势场，磁位势满足拉普拉斯方程，可在球坐标系中用球谐函数表达，即

$$V = R_e \sum_{n=1}^{\infty}\sum_{m=0}^{n}\left(\frac{R_e}{R}\right)^{n+1} \mathrm{P}_n^m(\cos\theta)\left(g_n^m\cos(m\lambda) + h_n^m\sin(m\lambda)\right) \tag{3.31}$$

式中，R_e 为地球半径，$R_e = 6\ 371.2$ km；R 为航天器的地心距；θ 为地心余纬；λ 为地理经度，从格林尼治子午线算起；g_n^m，h_n^m 分别为基本磁场高斯系数；$\mathrm{P}_n^m(\cos\theta)$ 为 n 次 m 阶缔合勒让德函数。

地磁场磁感应强度矢量 $\boldsymbol{B}$ 可通过对磁位势进行梯度运算得到，即

$$\underline{\boldsymbol{B}} = -\nabla V \tag{3.32}$$

工程实用中常见的简化模型有以下 3 种：① 当 $n=1$ 时，称为偶极子模型，其中当 $m=0$ 时，称为自旋轴偶极子模型，当 $m=1$ 时，称为倾斜偶极子模型；② 当 $n=2$ 时，称为四极子模型，共由 8 项组成；③ 当 $n=3$ 时，称为八极子模型，共由 15 项组成。

第4章

单自旋航天器姿态动力学

当物体绕自身的惯性主轴旋转时，其旋转轴在惯性空间具有某种程度的定向性。许多早期的人造卫星都采用这种简单而可靠的被动姿态稳定方式，即自旋稳定。采用自旋稳定方式的航天器称为自旋航天器，其旋转轴称为自旋轴。

装在自旋航天器上的有效载荷，如天线或观测仪器，随着星体自旋，无法实现对某个天体或固定方向定向的目的。为实现航天器上的通信天线或观测仪器定向，在自旋航天器基础上发展了双自旋航天器。双自旋航天器主体是旋转的（称为转子），绕自旋轴旋转，使星体获得必要的单轴姿态稳定性。天线或观测仪器安放在消旋体（常称为平台）上，对地球或惯性空间三轴稳定，转子与平台之间用消旋轴承来连接，消旋轴承轴与自旋轴一致。由于双自旋航天器兼有自旋稳定和三轴稳定的优点，在航天领域尤其是商用卫星或科学探测器中长期得到广泛的应用。

4.1　轴对称刚体航天器的自由转动特性

由于空间干扰力矩比较微弱，刚体在不受外力矩作用时的自由姿态运动就代表了自旋航天器的短期运动特性。若刚体有两个主惯量相等，则称此刚体是动力学轴对称的。许多自旋卫星可近似为动力学轴对称刚体。设某航天器为动力学轴对称刚体，坐标系 $Ox_by_bz_b$ 为其刚体固联坐标系，同时也为其惯性主轴坐标系，设航天器主转动惯量为 I_x, I_y, I_z，如图 4.1 所示。

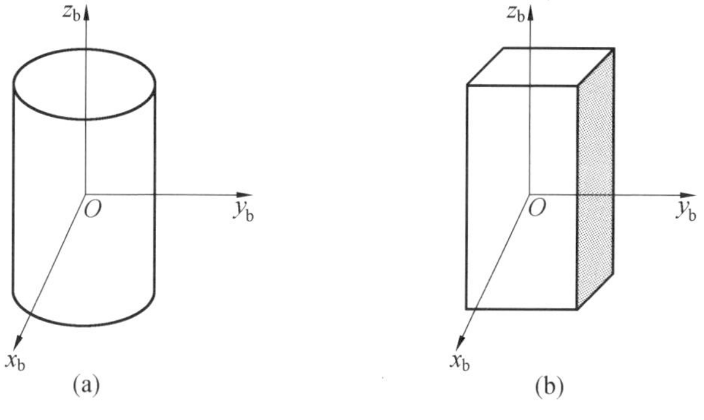

图 4.1　轴对称的航天器

由于航天器为动力学轴对称体，因此有 $I_x = I_y = I_t, I_z = I$。绕自旋轴的转动惯量 I 与横向转动惯量 I_t 之比 λ 称为惯量比，当 $\lambda > 1$ 时，称为短粗体，当 $\lambda < 1$ 时，称为细长体。

根据欧拉方程可得到轴对称自旋航天器在自由转动时的姿态动力学方程为

$$\begin{cases} I_t\dot{\omega}_x - (I_t - I)\omega_y\omega_z = 0 \\ I_t\dot{\omega}_y - (I - I_t)\omega_x\omega_z = 0 \\ I\dot{\omega}_z = 0 \end{cases} \tag{4.1}$$

式中，ω_x，ω_y，ω_z 是航天器相对惯性空间的角速度矢量$\boldsymbol{\omega}_b$ 在本体坐标系 $Ox_by_bz_b$ 中的分量。

要分析单自旋刚体自由运动的性质，并定量地描述星体的运动参数，必须从动力学方程(4.1)中解出星体的角速率 ω_x，ω_y，ω_z。

姿态动力学方程(4.1)有3个常数特解，分别对应于刚体绕3个主惯量轴的旋转运动，称为纯自旋运动或永久运动。例如，$\omega_x=\omega_y=0$，ω_z 为常数，代表绕主轴$\boldsymbol{k}_b$ 的纯自旋。本节主要研究除常数特解以外的情况。

由式(4.1)的第三式可以得

$$\omega_z = \Omega = \mathrm{const} \tag{4.2}$$

即轴对称自旋航天器的自旋运动是独立的，与横向运动之间没有耦合作用。这样其他两个方程变为线性化的方程为

$$\left.\begin{aligned} \dot{\omega}_x + \Omega_b\omega_y = 0 \\ \dot{\omega}_y - \Omega_b\omega_x = 0 \end{aligned}\right\} \tag{4.3}$$

其中 Ω_b 定义为

$$\Omega_b = \left(\frac{I - I_t}{I_t}\right)\Omega = (\lambda - 1)\Omega$$

用 ω_x 乘以第一个方程，用 ω_y 乘以第二个方程，然后相加可得

$$\omega_x\dot{\omega}_x + \omega_y\dot{\omega}_y = 0$$

该式很容易积分，得

$$\omega_x^2 + \omega_y^2 = \mathrm{const} \tag{4.4}$$

设$\boldsymbol{\omega}_t$ 为角速度矢量 $\boldsymbol{\omega}$ 在 x_by_b 平面中的分量，称为横向角速度矢量，其大小 ω_t 为

$$\omega_t^2 = \omega_x^2 + \omega_y^2$$

将该式与(4.2)结合起来，得

$$\omega^2 = \omega_t^2 + \Omega^2 = \mathrm{const} \tag{4.5}$$

从式(4.3)的两式分别求得 ω_x 和 ω_y，再代入另一式，得

$$\begin{cases} \ddot{\omega}_x + \Omega_b^2\omega_x = 0 \\ \ddot{\omega}_y + \Omega_b^2\omega_y = 0 \end{cases} \tag{4.6}$$

这是关于 ω_x 和 ω_y 的二阶常系数微分方程，其解为

$$\omega_x = A\cos(\Omega_b t) + B\sin(\Omega_b t)$$

$$\omega_y = C\cos(\Omega_b t) + D\sin(\Omega_b t)$$

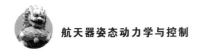

式中，A,B,C,D 均为积分常数，由初始条件确定。设当 $t=0$ 时，$\omega_x=\omega_{x0}$，$\omega_y=\omega_{y0}$，可得

$$A=\omega_{x0},\quad C=\omega_{y0}$$

把它们代入上述解，再利用式(4.3)，经过推导，可求得

$$B=-\omega_{y0},\quad D=\omega_{x0}$$

则有

$$\begin{cases}\omega_x=\omega_{x0}\cos(\Omega_b t)-\omega_{y0}\sin(\Omega_b t)=\omega_{t0}\cos(\Omega_b t+\alpha)\\ \omega_y=\omega_{y0}\cos(\Omega_b t)+\omega_{x0}\sin(\Omega_b t)=\omega_{t0}\sin(\Omega_b t+\alpha)\end{cases}\tag{4.7}$$

式中，$\omega_{t0}=\sqrt{\omega_{x0}^2+\omega_{y0}^2}$，$\alpha=\arctan\dfrac{\omega_{y0}}{\omega_{x0}}$。

若把 $Ox_b y_b$ 视为复平面，并令 Oy_b 为虚轴，$\mathrm{j}=\sqrt{-1}$，设 $\bar{\omega}_t=\omega_x+\mathrm{j}\omega_y$，则将式(4.7)代入之后得

$$\bar{\omega}_t=(\omega_{x0}+\mathrm{j}\omega_{y0})(\cos\Omega_b t+\mathrm{j}\sin\Omega_b t)=\bar{\omega}_{t0}\mathrm{e}^{\mathrm{j}\Omega_b t}\tag{4.8}$$

从式(4.7)或式(4.8)可以看到星体姿态运动的特点：在星体坐标系中，角速度分量 ω_x，ω_y 做周期性变化，周期为 $2\pi/\Omega_b$，而自旋转速始终为常数 Ω。在此坐标系中，星体的姿态角速度矢量 $\boldsymbol{\omega}$ 可以表示为

$$\begin{aligned}\boldsymbol{\omega}&=\omega_x\boldsymbol{i}_b+\omega_y\boldsymbol{j}_b+\omega_z\boldsymbol{k}_b=\\&\omega_t\cos(\Omega_b t+\alpha)\boldsymbol{i}_b+\omega_t\sin(\Omega_b t+\alpha)\boldsymbol{j}_b+\omega_z\boldsymbol{k}_b=\\&\boldsymbol{\omega}_t+\Omega\boldsymbol{k}_b=\boldsymbol{\omega}_t+\boldsymbol{\Omega}\end{aligned}\tag{4.9}$$

式中，$\boldsymbol{\omega}_t$ 处于与自旋轴垂直的平面内，称为**横向角速度矢量**；$\boldsymbol{\Omega}$ 为自旋角速度矢量。

由于 ω_x，ω_y 是周期性变化的，在星体坐标系的 $x_b y_b$ 平面内，横向角速度矢量 $\boldsymbol{\omega}_t$ 绕 z_b 轴旋转，转速为 Ω_b。因此，星体瞬时角速度矢量 $\boldsymbol{\omega}$ 绕自旋轴做圆锥运动，如图 4.2 所示，可看成一种相对于刚体航天器的相对运动，因此 Ω_b 又称为**本体章动频率**。

对扁粗形的自旋航天器，其自旋轴惯量 I 大于横向轴惯量 I_t（惯量比 $\lambda>1$），可知 $\Omega_b>0$，此时星体的角速度矢量 $\boldsymbol{\omega}$ 绕自旋轴做圆锥运动的方向和自旋轴转速方向相同。而对于细长形的自旋航天器，因为 $I_t>I$（惯量比 $\lambda<1$），有 $\Omega_b<0$，则星体的角速度矢量 $\boldsymbol{\omega}$ 绕自旋轴做圆锥运动的方向和自旋轴转速方向相反。

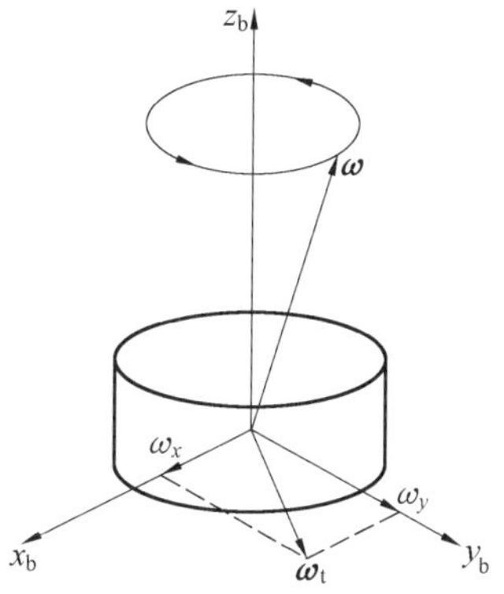

图 4.2　自旋体的本体锥

显然，$\boldsymbol{\omega}_t$，$\boldsymbol{\omega}$ 和 $\boldsymbol{\Omega}$（即 z_b 轴）是共面的，该平面称为纵向平面。该纵向平面以角速率 Ω_b 绕 z_b 轴对刚体航天器做相对旋转，在转动过程中，$\boldsymbol{\omega}$ 形成一个绕 z_b 轴

的锥面(又称为**本体锥**),其锥顶角 ζ 满足

$$\tan\zeta=\frac{\omega_t}{\Omega}=\frac{[\omega_x^2(0)+\omega_y^2(0)]^{1/2}}{\Omega}=\text{const} \tag{4.10}$$

由于航天器所受外力矩 $\boldsymbol{T}$ 为零(即为自由运动),则角动量 $\boldsymbol{H}$ 为常矢量,由 $H_x=I_t\omega_x$,$H_y=I_t\omega_y$,$H_z=I\omega_z=I\Omega$,有 $\boldsymbol{H}$ 在 x_by_b 平面内的分量为

$$\boldsymbol{H}_t=I_t(\omega_x\boldsymbol{i}_b+\omega_y\boldsymbol{j}_b)=I_t\boldsymbol{\omega}_t$$

因此$\boldsymbol{H}_t$ 又称为横向角动量分量。则 $\boldsymbol{H}$ 变为

$$\boldsymbol{H}=I_t\boldsymbol{\omega}_t+I\Omega\boldsymbol{k}_b \tag{4.11}$$

比较式(4.9)和式(4.11),可将瞬时角速度矢量 $\boldsymbol{\omega}$ 表示为

$$\boldsymbol{\omega}=\frac{1}{I_t}\boldsymbol{H}+\left(1-\frac{I}{I_t}\right)\Omega\boldsymbol{k}_b=\frac{h}{I_t}\boldsymbol{e}_H-\Omega_b\boldsymbol{k}_b \tag{4.12}$$

式中,$\boldsymbol{e}_H$ 为沿角动量方向的单位矢量。从式(4.12)可以得出一个重要结论:角动量 $\boldsymbol{H}$、角速度矢量 $\boldsymbol{\omega}$ 和自旋轴 z_b 必定在一个平面内,这个平面就是前面提到的纵向平面。

由于 $\boldsymbol{H}$ 在惯性空间固定,因此 $\boldsymbol{H}$,$\boldsymbol{\omega}$ 和$\boldsymbol{k}_b$ 组成的纵向平面必然只能绕 $\boldsymbol{H}$ 旋转。其结果是:角速度矢量 $\boldsymbol{\omega}$ 绕角动量 $\boldsymbol{H}$ 将构成一个锥体,称为**空间锥**。由于 $\boldsymbol{H}$ 在惯性空间是固定的,则空间锥在惯性空间也是固定的。记纵向平面绕 $\boldsymbol{H}$ 的旋转角速率为 Ω_s,称 Ω_s 为**空间章动频率**。

很容易得出,在几何上本体锥和空间锥是相切的,切线就是角速度矢量 $\boldsymbol{\omega}$ 的方向。对于轴对称自旋航天器,在无力矩情况下的姿态运动可看作本体锥无滑动地相对空间锥进行转动。由于本体锥在空间锥上滚动,星体自旋轴z_b 也绕角动量 $\boldsymbol{H}$ 做圆锥运动,根据 $\boldsymbol{H}$,$\boldsymbol{\omega}$ 和$\boldsymbol{k}_b$ 共面的特性,$\boldsymbol{k}_b$ 绕 $\boldsymbol{H}$ 做圆锥运动的速度就等于空间章动速率Ω_s。角动量矢量 $\boldsymbol{H}$ 与$\boldsymbol{k}_b$ 的夹角 θ 称为章动角,其大小为

$$\tan\theta=\frac{I_t\omega_t}{I\Omega}=\frac{I_t\,(\omega_{x0}^2+\omega_{y0}^2)^{1/2}}{I\Omega}=\text{const} \tag{4.13}$$

矢量 $\boldsymbol{H}$,$\boldsymbol{\omega}$ 和$\boldsymbol{k}_b$ 之间的几何关系与星体的惯量比 λ 有关。角动量 $\boldsymbol{H}$ 由轴向角动量分量 $I\boldsymbol{\Omega}$ 和横向角动量分量 $I_t\boldsymbol{\omega}_t$ 两部分组成,其比值等于章动角 θ 的正切值。角速度也由自旋角速度 $\boldsymbol{\Omega}$ 和横向角速度$\boldsymbol{\omega}_t$ 组成,其比值为 $\boldsymbol{\omega}$ 和$\boldsymbol{k}_b$ 轴之间的夹角 ζ 的正切值,因此有

$$\tan\theta=\frac{I_t}{I}\tan\zeta=\frac{1}{\lambda}\tan\zeta$$

若星体为扁粗体,其惯量比 $\lambda>1$,则 $\theta<\zeta$,角动量 $\boldsymbol{H}$ 在$\boldsymbol{\omega}$ 与 z_b 轴之间,空间锥在本体锥之内,如图 4.3 所示。此时本体章动速率 Ω_b 与自旋方向同向。

若星体为细长体,其惯量比 $\lambda<1$,则 $\theta>\zeta$,角速度矢量 $\boldsymbol{\omega}$ 在$\boldsymbol{H}$ 与$\boldsymbol{k}_b$ 轴之间,空间锥在本体锥之外,如图 4.4 所示。此时本体章动速率 Ω_b 与自旋方向反向。

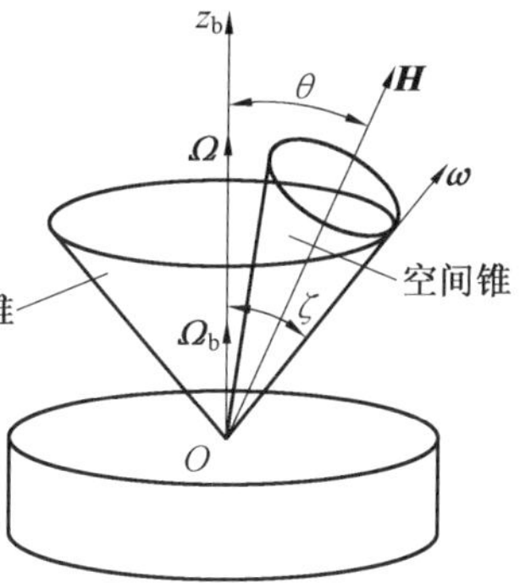

图 4.3　扁粗体航天器的空间锥和本体锥

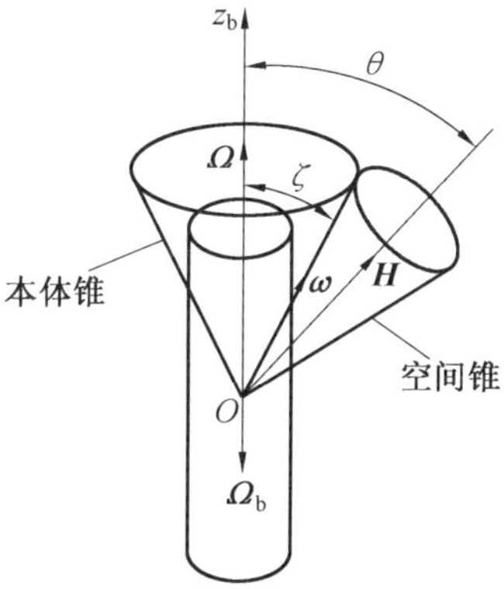

图 4.4　细长体航天器的空间锥和本体锥

让航天器绕对称轴 z_b 旋转，依靠陀螺转子的定向性来保持航天器在空间中的指向稳定，这是自旋航天器设计的初衷。然而，通过上述分析发现，只要存在着横向的初始干扰 ω_{x0} 和 ω_{y0} 或其他扰动，上面描述的两个圆锥的运动就不可避免。

下面讨论如何计算空间章动频率 Ω_s 的数值大小。

根据角速度叠加原理，刚体相对惯性空间的转动运动可分解为刚体相对纵向平面的运动和纵向平面相对惯性空间的运动(即空间锥的运动)。根据前面内容所述，纵向平面相对刚体以 Ω_b 转动，则刚体相对纵向平面的角速度就是 $-\Omega_b$，若设纵向平面相对惯性空间的角速度为 $\boldsymbol{\Omega}_s$(即空间章动角速度)，显然应有

$$\boldsymbol{\omega} = -\boldsymbol{\Omega}_b + \boldsymbol{\Omega}_s \tag{4.14}$$

对比式(4.12)和式(4.14)，显然有 $\boldsymbol{\Omega}_s = \boldsymbol{H}/I_t$，即角速度 $\boldsymbol{\Omega}_s$ 与动量矩 $\boldsymbol{H}$ 同向。其模 Ω_s(即空间章动频率)的大小为 H/I_t。

考虑到 $H=\sqrt{(I_t\omega_t)^2+(I\Omega)^2}=I\Omega\sqrt{1+\tan^2\theta}$ (θ 为章动角)，则空间章动频率 Ω_s 可表示为

$$\Omega_s = \frac{I\Omega}{I_t}\sqrt{1+\tan^2\theta} = \frac{I\Omega}{I_t\cos\theta} \tag{4.15}$$

当章动角 θ 很小时，有 $\tan\theta \approx 0$，则空间章动频率为

$$\Omega_s \approx \frac{I\Omega}{I_t} = \left(\frac{I}{I_t} - 1\right)\Omega + \Omega = \Omega + \Omega_b \tag{4.16}$$

即空间章动频率近似等于星体自旋速率和本体章动频率之和。注意，这里的本体章动频率 Ω_b 有正负之分，当星体是扁粗体时，$\Omega_b > 0$；当星体是细长体时，$\Omega_b < 0$。

下面引用欧拉角和欧拉角运动方程说明自旋航天器在惯性空间的姿态运动。

考虑 $I > I_t$ 的情况，为方便起见，令惯性参考坐标系的 Z 轴与角动量矢量 $\boldsymbol{H}$ 平行。用 zxz 转动顺序的欧拉角(ψ,θ,φ) 描述星体的姿态，则星体在惯性空间中的运动如图4.5所示。其中，ψ 为进动角，θ 为章动角，φ 为自旋角。与此相对应，$\dot{\psi}$ 为进动速率，$\dot{\theta}$ 为章动速率，$\dot{\varphi}$ 为自旋速率。这里欧拉角 θ 为角速度矢量 $\boldsymbol{H}$ 与自旋轴 z_b 之间的夹角，即章动角。根据前面的论述可知，轴对称刚体无力矩运动情况下章动角为常数，有 $\dot{\theta} = 0$。

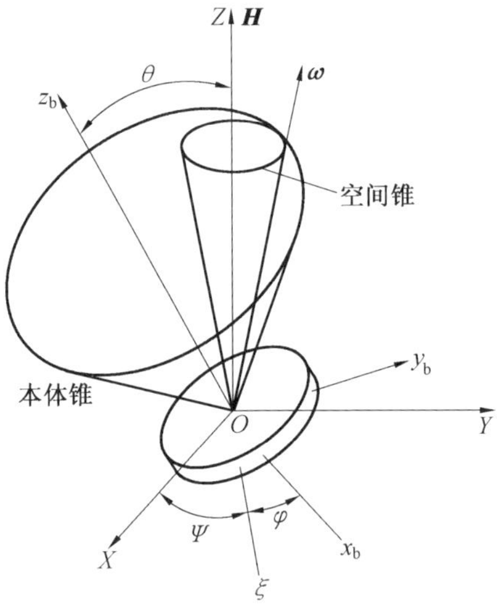

图 4.5　扁粗体自旋航天器在惯性空间的运动

根据姿态运动方程，可求得

$$\begin{cases}\omega_x = \dot{\psi}\sin\varphi\sin\theta + \dot{\theta}\cos\varphi \\ \omega_y = \dot{\psi}\cos\varphi\sin\theta - \dot{\theta}\sin\varphi \\ \omega_z = \dot{\psi}\cos\theta + \dot{\varphi}\end{cases} \tag{4.17}$$

由于章动角的变化率为零，即$\dot{\theta}=0$。则式(4.17)变为

$$\begin{cases}\omega_x = \dot{\psi}\sin\varphi\sin\theta \\ \omega_y = \dot{\psi}\cos\varphi\sin\theta \\ \omega_z = \dot{\psi}\cos\theta + \dot{\varphi}\end{cases} \tag{4.18}$$

对式(4.18)进行微分，得

$$\begin{cases}\dot{\omega}_x = \dot{\psi}\dot{\varphi}\cos\varphi\sin\theta + \ddot{\psi}\sin\varphi\sin\theta \\ \dot{\omega}_y = -\dot{\psi}\dot{\varphi}\sin\varphi\sin\theta + \ddot{\psi}\cos\varphi\sin\theta \\ \dot{\omega}_z = \cos\theta\ddot{\psi} + \ddot{\varphi}\end{cases} \tag{4.19}$$

由式(4.5)可知

$$\omega\dot{\omega} = \omega_x\dot{\omega}_x + \omega_y\dot{\omega}_y + \omega_z\dot{\omega}_z = 0 \tag{4.20}$$

由此可得

$$\begin{aligned}\omega\dot{\omega} = {} & \dot{\psi}\sin\theta\sin\varphi(\dot{\psi}\dot{\varphi}\sin\theta\cos\varphi + \ddot{\psi}\sin\theta\sin\varphi) + \\ & \dot{\psi}\sin\theta\cos\varphi(-\dot{\psi}\dot{\varphi}\sin\theta\sin\varphi + \ddot{\psi}\sin\theta\cos\varphi) = 0\end{aligned} \tag{4.21}$$

简化为

$$\dot{\psi}\ddot{\psi}\sin^2\theta = 0$$

由于θ一般不为零，因此必须有

$$\dot{\psi}\ddot{\psi} = 0$$

即

$$\dot{\psi} = \mathrm{const}$$

$\dot{\psi}$称为进动速率，也就图 4.5 中ξ轴在惯性空间的旋转速率。于是方程组(4.19)变为

$$\begin{cases}\dot{\omega}_x = \dot{\psi}\dot{\varphi}\cos\varphi\sin\theta \\ \dot{\omega}_y = -\dot{\psi}\dot{\varphi}\sin\varphi\sin\theta \\ \dot{\omega}_z = 0\end{cases} \tag{4.22}$$

由于绕星体x轴和y轴的运动是耦合的，因此方程(4.1)中的前两式中的任何一式都能描述惯性运动。考虑第一式，使用方程(4.22)，结果为

$$I_t\dot{\varphi} + (I - I_t)(\dot{\varphi} + \dot{\psi}\cos\theta) = 0$$

由此可给出常数进动速率为

$$\dot{\psi}=\frac{I\dot{\varphi}}{(I_{\mathrm{t}}-I)\cos\theta} \tag{4.23}$$

由此引出一个结论：若 $I>I_{\mathrm{t}}$（扁粗体的情况），则 $\dot{\psi}$ 与 $\dot{\varphi}$ 的方向相反，称为逆进动；类似地，若 $I<I_{\mathrm{t}}$（细长体的情况），则 $\dot{\psi}$ 与 $\dot{\varphi}$ 的方向相同，称为顺进动。

4.2 非轴对称刚体航天器的自由转动特性

对于轴对称自旋刚体航天器，其在无力矩情况下的姿态运动可用本体锥和空间锥来描述。而一般刚体的3个主惯量彼此并不相等，其在无力矩情况下的运动则要更复杂一些。若仍设 $Ox_{\mathrm{b}}y_{\mathrm{b}}z_{\mathrm{b}}$ 为其惯性主轴坐标系，$i_{\mathrm{b}}, j_{\mathrm{b}}, k_{\mathrm{b}}$ 为惯性主轴，则自由转动的欧拉方程为

$$\begin{cases}I_x\dot{\omega}_x-(I_y-I_z)\omega_y\omega_z=0\\I_y\dot{\omega}_y-(I_z-I_x)\omega_z\omega_x=0\\I_z\dot{\omega}_z-(I_x-I_y)\omega_x\omega_y=0\end{cases} \tag{4.24}$$

该方程具有解析解，需要用到雅可比椭圆积分函数，在实际问题中意义不大。为了从物理上认清这种运动，这里给出了 Poinsot 提出的几何方法解。

将式(4.24)中的第一式乘以 ω_x，第二式乘以 ω_y，而第三式乘以 ω_z 后再相加，积分后可求得

$$I_x\omega_x^2+I_y\omega_y^2+I_z\omega_z^2=\mathrm{const}$$

可知这个常数是主惯量轴坐标系的转动动能的两倍，即

$$I_x\omega_x^2+I_y\omega_y^2+I_z\omega_z^2=2T_{\mathrm{rot}} \tag{4.25}$$

再把式(4.24)中的3个方程分别乘以 $I_x\omega_x$，$I_y\omega_y$ 和 $I_z\omega_z$ 后相加并积分，所得结果与式(2.30)进行比较后，可得

$$I_x^2\omega_x^2+I_y^2\omega_y^2+I_z^2\omega_z^2=H^2 \tag{4.26}$$

即当惯性积为零时总角动量 H 的平方。

对于所有的自旋刚体航天器，在无力矩情况下，旋转动能 T_{rot} 和角动量 $\boldsymbol{H}$ 都应守恒，其模的数值大小取决于 ω_x，ω_y 和 ω_z 的初始条件。式(4.25)和式(4.26)表明刚体的自由转动应服从这两式所要求的角速度之间的关系。

若以 ω_x，ω_y 和 ω_z 分别为空间直角坐标系的坐标轴，可将式(4.25)和式(4.26)改写为

$$\frac{\omega_x^2}{(\sqrt{2T_{\mathrm{rot}}/I_x})^2}+\frac{\omega_y^2}{(\sqrt{2T_{\mathrm{rot}}/I_y})^2}+\frac{\omega_z^2}{(\sqrt{2T_{\mathrm{rot}}/I_z})^2}=1 \tag{4.27}$$

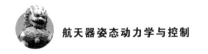

和

$$\frac{\omega_x^2}{(H/I_x)^2}+\frac{\omega_y^2}{(H/I_y)^2}+\frac{\omega_z^2}{(H/I_z)^2}=1 \tag{4.28}$$

式(4.27)和式(4.28)表示的是旋转动能椭球(能量椭球)和动量矩椭球,它们在 ω_x 轴、ω_y 轴和 ω_z 轴上的截距分别是

$$\sqrt{\frac{2T_{\text{rot}}}{I_x}},\quad \sqrt{\frac{2T_{\text{rot}}}{I_y}},\quad \sqrt{\frac{2T_{\text{rot}}}{I_z}}\quad 和\quad \frac{H}{I_x},\quad \frac{H}{I_y},\quad \frac{H}{I_z}$$

它们分别与对应轴的转动惯量的 1/2 次方和转动惯量成反比。其中能量椭球又称为 Poinsot 球。

由于一般自旋刚体的自由转动的解需要同时满足式(4.27)和式(4.28),其解应是这两个椭球表面的交线,如图 4.6 所示。这条交线又称为本体极迹,以坐标原点为开始端至本体极迹上任意一点的矢量表示刚体自由转动角速度矢量 $\boldsymbol{\omega}(t)$,其坐标是 ω_x,ω_y 和 ω_z,该矢量随着时间沿本体极迹运动。

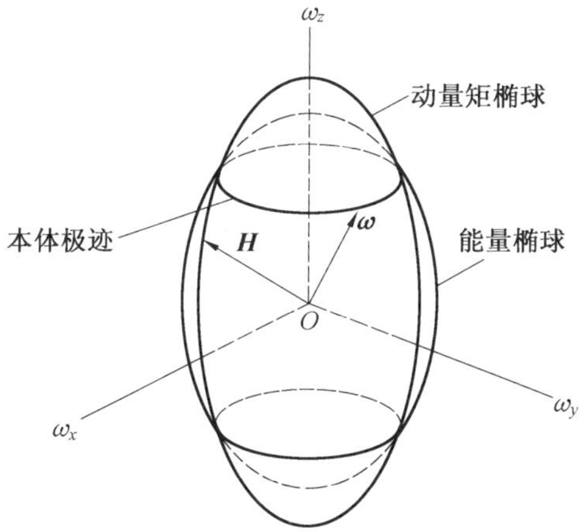

图 4.6　能量椭球和角动量椭球的交线(本体极迹)

令式(4.27)与式(4.28)相等,并进行改写,即可得到本体极迹曲线的一个方程为

$$I_x\left(I_x-\frac{H^2}{2T_{\text{rot}}}\right)\omega_x^2+I_y\left(I_y-\frac{H^2}{2T_{\text{rot}}}\right)\omega_y^2+I_z\left(I_z-\frac{H^2}{2T_{\text{rot}}}\right)\omega_z^2=0 \tag{4.29}$$

为得到满足式(4.29)的 ω_x,ω_y,ω_z 的实值,式中至少要有一个系数取负值。因此 $H^2/2T_{\text{rot}}$ 的值必须落在最大转动惯量与最小转动惯量之间。不失一般性地假定 $I_x>I_y>I_z$,对于实际情况来说,动量与能量的组合 $\frac{H^2}{2T_{\text{rot}}}$ 必须满足 $I_x \geqslant \frac{H^2}{2T_{\text{rot}}} \geqslant I_z$。

从数学上消去一个坐标,然后研究两维的形状,就可清楚本体极迹的情况。

将式(4.27)代入式(4.29)，消去 ω_z，有

$$I_x(I_x-I_z)\omega_x^2+I_y(I_y-I_z)\omega_y^2=2T_{\text{rot}}\left(\frac{H^2}{2T_{\text{rot}}}-I_z\right) \tag{4.30}$$

这是本体极迹在 $x_b\ y_b$ 平面上的投影。由于式(4.30)的等号右边是正常数，因此式(4.30)是一个椭圆方程。类似地，消去 ω_x，得

$$I_y(I_x-I_y)\omega_y^2+I_z(I_x-I_z)\omega_z^2=2T_{\text{rot}}\left(I_x-\frac{H^2}{2T_{\text{rot}}}\right) \tag{4.31}$$

这也是一个椭圆方程。但是消去 ω_y 得到的是

$$I_x(I_x-I_y)\omega_x^2-I_z(I_y-I_z)\omega_z^2=2T_{\text{rot}}\left(\frac{H^2}{2T_{\text{rot}}}-I_y\right) \tag{4.32}$$

这是一条双曲线方程。注意式(4.32)等号右边可正可负，它标明了分支的方位，即标明了分支是从 $i_b(\omega_x)$ 轴分开还是从 $k_b(\omega_z)$ 轴分开。

图4.7是一个满足上述情况的典型本体极迹复合草图，$\dfrac{H^2}{2T_{\text{rot}}}$ 的值确定了实际的本体极迹。

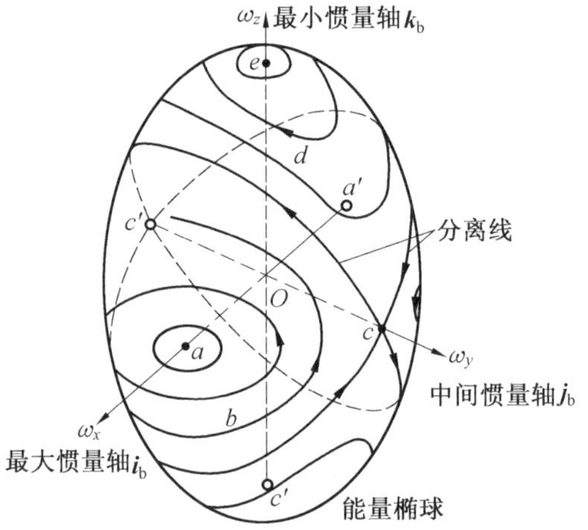

图4.7　一般刚体自由姿态运动的本体极迹

图4.7中示出了以下5种情况：

(1) 若 $\dfrac{H^2}{2T_{\text{rot}}}=I_x$，必有 $\omega_y\equiv\omega_z\equiv 0$，此时本体极迹只有椭球短轴上的两个点 a 和 a'，代表刚体以恒定角速度绕最大惯量轴转动。这是绕 i_b 轴的纯自旋运动。

(2) 若 $I_x>\dfrac{H^2}{2T_{\text{rot}}}>I_y$，此时本体极迹 b 环绕最大惯量轴而封闭。

(3) 若 $\dfrac{H^2}{2T_{\text{rot}}}=I_y$，此时本体极迹为垂直于中间惯量轴的平面内的渐近线，其斜率为

$$\frac{\omega_z}{\omega_x}=\pm\sqrt{\frac{I_x(I_x-I_y)}{I_z(I_y-I_z)}}$$

这两条本体极迹称为边界极迹或(分离线)。分离线把绕大惯量轴和绕小惯量轴的运动分开了。分离线的交点 c 和 c' 是两个不稳定的平衡点。

(4) 若 $I_y>\dfrac{H^2}{2T_{\text{rot}}}>I_z$,与(2)类似,本体极迹 d 环绕最小惯量轴而封闭。

(5) 若 $\dfrac{H^2}{2T_{\text{rot}}}=I_z$,与(1)类似,本体极迹只有椭球长轴上的两个点 e 和 e',代表刚体以恒定角速度绕最小惯量轴转动。

1834 年,Poinsot 对刚体的自由转动做出了几何解释。其结论是:刚体的自由转动可以看成是中心被固定的能量椭球对另一固定平面的无滑动的滚动过程。下面对该结论进行解释。

对于一般刚体的自由运动的情况,设固联体坐标系 $Ox_by_bz_b$ 为惯性主轴坐标系,有

$$\boldsymbol{\omega}=\omega_x\boldsymbol{i}_b+\omega_y\boldsymbol{j}_b+\omega_z\boldsymbol{k}_b$$

$$\boldsymbol{H}=I_x\omega_x\boldsymbol{i}_b+I_y\omega_y\boldsymbol{j}_b+I_z\omega_z\boldsymbol{k}_b$$

这两个矢量的点积为

$$\boldsymbol{\omega}\cdot\boldsymbol{H}=I_x\omega_x^2+I_y\omega_y^2+I_z\omega_z^2=2T_{\text{rot}} \tag{4.33}$$

除以 H 得 $\boldsymbol{\omega}$ 沿 $\boldsymbol{H}$ 的分量为

$$\boldsymbol{\omega}\cdot\frac{\boldsymbol{H}}{H}=\frac{2T_{\text{rot}}}{H}=\text{const}$$

这个常数就是图 4.8 中的长度 d(线段 ON 的长度)。

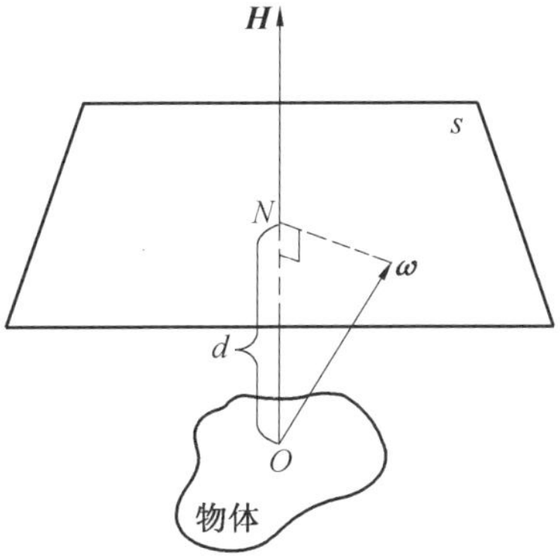

图 4.8　不变平面和不变线的定义

由于 d 是常数,因此可以通过 N 作一个垂直于 $\boldsymbol{H}$ 的平面 s。这是一个不变平面,O 和 N 之间的连线是不变线,这是因为点 O 和 N 都是在空间中固定不变的。所有满足动量条件的 $\boldsymbol{\omega}$ 的轨迹都应在不变平面 s 上。

图 4.7 和式(4.27) 表示的 Poinsot 椭球是满足能量条件的所有 $\boldsymbol{\omega}$ 的轨迹。因此满足刚体自由转动条件的 $\boldsymbol{\omega}$ 轨迹应是:$\boldsymbol{\omega}$ 轨迹应在 Poinsot 椭球上,也在不变平面内。

图 4.9 表明了这种情况,刚体自由运动被描述为 Poinsot 椭球在不变平面上的无滑动滚动。刚体转动中心 O 与不变平面仍保持不变距离 d。

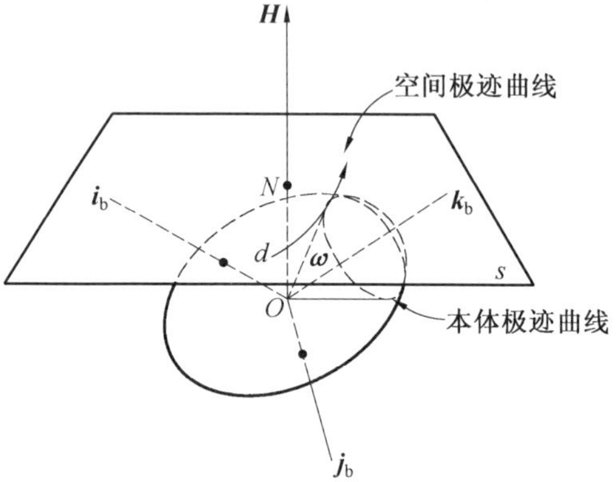

图 4.9　Poinsot 椭球在不变平面上的无滑动滚动

为说明 Poinsot 椭球在不变平面 s 上的滚动,求方程(4.33) 的微分,得

$$d(2T_{rot}) = d\boldsymbol{\omega} \cdot \boldsymbol{H} = 0$$

换句话说,$d\boldsymbol{\omega}$ 垂直于 $\boldsymbol{H}$。由于 $d\boldsymbol{\omega}$ 固联在不变平面 s 内的 $\boldsymbol{\omega}$ 上,因此 $d\boldsymbol{\omega}$ 必须落在平面 s 上。另外,$\boldsymbol{\omega}$ 也必须在椭球表面上变动,这就要求 $d\boldsymbol{\omega}$ 与这个椭球面相切。只有当 Poinsot 椭球总是与不变平面 s 相切时才能同时满足上述两个要求。滑动是不允许的,这时 $\boldsymbol{\omega}$ 在 s 上的任何运动都对应于角速度矢量在刚体坐标系中的方位变化,以保证能量和动量为常数。$\boldsymbol{\omega}$ 在 s 上的路径是这个矢量的惯性运动轨迹,称为空间极迹曲线。切点在 Poinsot 椭球上形成的轨迹就是前面讲到的本体极迹曲线。

考虑到 ω_x,ω_y 和 ω_z 的方向实际上就是刚体固联坐标系 $Ox_by_bz_b$ 3 个基矢量的方向,就不难理解本体极迹和空间极迹实际上描述了刚体自由旋转运动在 $Ox_by_bz_b$ 坐标系和惯性坐标系中的运动规律。

一般刚体的空间极迹曲线是不封闭的,因为 Poinsot 椭球在 s 上的部分一般不是封闭回路,但是本体极迹曲线必须是封闭的,因为角速度矢量 $\boldsymbol{\omega}$ 绕本体极迹一圈回到其初始位置时,$\boldsymbol{\omega}$ 也只能回到其初始值。

对于轴对称刚体,本体极迹曲线则退化为本体锥上底面的圆,而空间极迹曲线退化为空间锥上底面的圆,此时空间极迹曲线为封闭的曲线。

4.3　绕惯性主轴旋转的稳定性

在无外力矩的情况下，一般刚体的姿态动力学方程(4.24)具有 3 个常数特解，分别对应于刚体绕 3 个主轴的纯自旋。每一特解都对应于一种可能的航天器姿态运动状态，但每一状态能否在工程上被选作航天器的标称运行状态，则需要考察这 3 种姿态运动状态的稳定性。

这里所说的稳定性，用来描述自由转动的刚体受干扰而偏离定常自旋的运动。如果刚体在受扰后的姿态运动相对标称纯自旋状态的幅度受初始值的限制，则运动是稳定的。

研究是否存在稳定运动的方法有很多，其中一种方法是对已知的定常状态进行摄动，得到线性化的摄动方程，然后利用线性系统稳定性判断准则分析其稳定性。考虑 $\boldsymbol{\omega}=\omega_0\,\boldsymbol{i}_b$ 的情况，这时的解是 $\omega_x=\omega_0$，$\omega_y\equiv\omega_z\equiv 0$。这里没有规定 I_x，I_y，I_z 的相对值，因此表示的是一般情况。如果初始定常运动受到摄动，则 $\omega_x=\omega_0+\varepsilon$，而 ω_y，ω_z 均像 ε 一样为一阶小量，而 ω_0 假定为常数。运动方程变为

$$\begin{cases} I_x\dot{\varepsilon}=(I_y-I_z)\omega_y\omega_z \\ I_y\dot{\omega}_y=(I_z-I_x)(\omega_0+\varepsilon)\omega_z \\ I_z\dot{\omega}_z=(I_x-I_y)(\omega_0+\varepsilon)\omega_y \end{cases} \tag{4.34}$$

ε^2 量级的项以及更高阶的项可以忽略。这样式(4.34)中的第一式的等号右边设为零，这意味着 $\varepsilon\approx$ 常数。其他两个方程也可以分别改写为

$$\dot{\omega}_y=\frac{I_z-I_x}{I_y}\omega_0\omega_z$$

$$\dot{\omega}_z=\frac{I_x-I_y}{I_z}\omega_0\omega_y$$

对第一式进行微分，并用第二式消去 $\dot{\omega}_z$，得

$$\ddot{\omega}_y+\left[\frac{(I_x-I_y)(I_x-I_z)}{I_yI_z}\omega_0^2\right]\omega_y=0$$

类似地有

$$\ddot{\omega}_z+\left[\frac{(I_x-I_y)(I_x-I_z)}{I_yI_z}\omega_0^2\right]\omega_z=0 \tag{4.35}$$

这两个方程表示简谐振荡，其一般解为

$$\omega_j=\Omega_{j1}\mathrm{e}^{\mathrm{i}\lambda t}+\Omega_{j2}\mathrm{e}^{-\mathrm{i}\lambda t}\quad(j=y,z) \tag{4.36}$$

式中

$$\lambda=\sqrt{\frac{(I_x-I_y)(I_x-I_z)}{I_yI_z}\omega_0^2} \tag{4.37}$$

如果λ是虚数，则ω_y或ω_z将发散，运动就是不稳定的。因此，对于稳定情况，λ必须是实数，ω_y或ω_z将在定常状态附近振荡。这就要求乘积$(I_x - I_y)(I_x - I_z) > 0$，即$I_x > I_y$且$I_x > I_z$，或者$I_x < I_y$且$I_x < I_z$，则绕$x_b$轴的运动是稳定的。换句话说，对于一般刚体而言，绕最大惯量轴或最小惯量轴的自旋运动是稳定的，但绕中间轴的自旋运动是不稳定的。

其实这个结论从图 4.7 中也可得到。图 4.7 中是I_y为中间轴的情况。在最大轴和最小轴附近的本体极迹曲线是封闭的。当运动受到小干扰，即当$\boldsymbol{H}$和T_{rot}稍有改变时，绕最大轴或最小轴的运动只能变到其附近的封闭本体极迹曲线上，因而运动是稳定的。而中间惯量轴附近的本体极迹曲线绕中间惯量轴不封闭，因而绕中间轴的转动是不稳定的。对于轴对称刚体的情况，扁粗体和细长体都是稳定的。

这里的稳定是相对于角速度在本体坐标系的分量来说的。由于自由运动中角动量矢量在惯性空间固定不变，绕最大或最小惯量主轴的纯自旋意味着最大或最小惯量轴与角动量矢量平行。绕最大或最小惯量轴的纯自旋运动在受到扰动后，如果扰动量充分小，使扰动前后角动量变化和章动角足够小，则可保证自旋轴方向与它原来的方向任意接近，这就是自旋轴在惯性空间的方向稳定性，或称为定轴性。

4.4 准刚体自旋航天器绕主轴旋转的姿态稳定性

4.4.1 能量损耗对自旋航天器姿态稳定性的影响

根据 4.3 节可知，自旋的刚体绕其最大惯量轴和最小惯量轴旋转时的运动都是稳定的，而绕中间惯量轴的旋转是不稳定的。但实际上，所有的航天器都至少存在一些非刚性，当航天器做姿态运动时，其内部各部分之间存在相对运动，如结构的变形和液体的流动等。在相对运动中，由于摩擦、黏性阻尼或涡流阻尼等原因引起总机械能减少（转变为热能）的过程，称为能量耗损。这些因素导致的能量耗损将使自旋航天器的姿态运动特性不同于刚体自旋航大器的姿态运动。

下面以美国第一颗卫星 —— 探险者 1 号（图 4.10）为例，说明能量耗损对自旋航天器姿态运动稳定性的影响。

探险者 1 号是一颗细长圆柱体形卫星，中部有 4 根向外伸出的鞭状天线。按照自旋刚体设计，卫星绕其对称轴（最小惯量主轴）自旋稳定，使该轴线在惯性空间的方向保持不变，自旋角速度也保持不变。但当卫星进入飞行后仅仅几个小时，无线电信号就显示卫星发生了翻滚运动，而章动角的幅度按不稳定的方式增

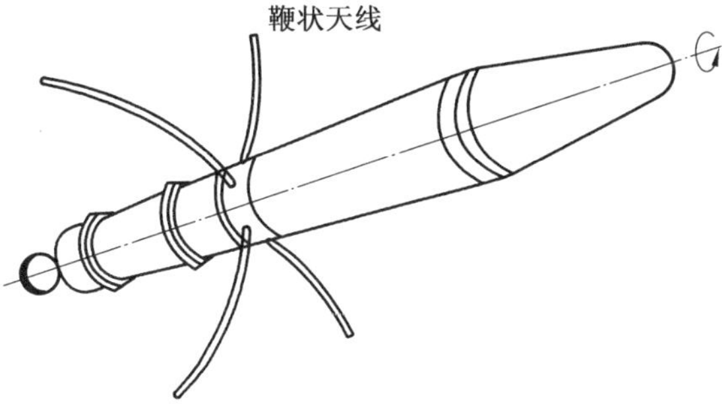

图 4.10　探险者－1号卫星

加。事后分析的结论是:探险者 1 号的 4 根鞭状天线是耗能的,能量耗损导致星体自旋轴转到了横向的最大惯量轴。这个解释是由 Stanford 大学的 R. N. Bracewell 和 O. K. Garriott 提出的,并独立推导出最大轴原理。Garriott 后来成为天空实验室飞行任务中的科学家和宇航员,在天空实验室飞行中他做了一个简单的实验验证了这种现象。由此可见,能量耗损对自旋航天器姿态运动是有影响的。

若想研究能量耗损的影响,需要建立带有能量耗损效应的自旋航天器姿态动力学模型。建立考虑能量耗损影响的数学模型的方法可以分为 3 类:第一类是以刚体航天器模型为基础的能沉法(或称能汇法);第二类是将航天器看作由刚性主体和几个点质量连接而成,其模型涉及阻尼器或其他耗损器的解析数学模型,称为离散参数法;第三种则采用有限元法,用带有柔性变形的阻尼结构单元的正则振型来描述姿态运动。

4.4.2　能沉法及准刚体模型

对于实际物体内部能量耗散的影响,人们早已有所认识,并形成了能沉(Energy Sink)或能汇的概念。这是一种工程近似分析方法,实际的航天器可能接近于刚体但并非是真正的刚体。如果在某种研究中,能量耗散对航天器的长时间运动特性起着重要作用而不可忽略,但航天器的短期运动仍然接近于刚体运动,就可以使用能沉法分析。

采用能沉法分析时要有以下两条假设:

(1) 航天器内部各部分间的相对运动对其整体的影响足够小,以至于在一定时间内可以忽略这些相对运动,从而可以用刚体运动来近似描述真实航天器的整体运动。

(2) 在航天器内部不存在能源(驱动) 部件,却存在着由内部各部分间的相对运动形成的能沉(能量耗散),使得总机械能在纯自旋外的姿态运动过程中逐渐缓慢地减少。

假设(1)称为准刚体假设，假设(2)称为能沉假设。这两条假设所产生的航天器姿态动力学模型称为**准刚体模型**。准刚体模型和刚体模型一样，是真实航天器姿态动力学特性的一种物理抽象。

能沉法先利用假设(1)，将航天器姿态运动当作刚体运动，求出运动状态量对系统机械能的依赖关系；再利用假设(2)，由机械能变化趋势估计状态量的变化趋势，从而对系统运动特性得出定性或定量的结论。

显然，为了用能沉法获得定量结果，需要先弄清能量耗散规律。如果能量耗散机构有具体的数学模型(如管球型章动阻尼器)，则可先求解当航天器刚体运动时耗能机构的受迫运动，从而估算出能量耗散规律。也可对安装在模拟刚体运动转台上的实际耗能机构(如充液的贮箱等)实测其能量耗散速率，从而确定其耗散规律。

准刚体的概念也可以推广到由准刚体构成的陀螺体或多体系统。

4.4.3 最大轴原理

考虑一个准刚性的航天器，它没有运动部件，但能量有耗损。根据稳定性准则和能量状态，可以分析航天器运动的趋势，定性地得出具有普遍意义的稳定性条件。航天器在未到达最小能量状态以前，能量一直是被耗损的，即 $\dot{T}_{\text{rot}} < 0$。其最后的状态必定是稳定的平衡点位置，即绕最小或最大惯量主轴运动。但是核对这两种可能状态，有

$$2T_{\text{rot}} = \frac{H^2}{I_{\max}} \text{（最大惯量轴）}$$

$$2T_{\text{rot}} = \frac{H^2}{I_{\min}} \text{（最小惯量轴）}$$

由于角动量必须守恒，绕大惯量轴运动对应于最小能量状态。因此，带有能量耗损的航天器只有绕其最大惯量轴旋转才是稳定的，这就是**最大轴原理**。

可以根据能量椭球上的本体极迹曲线来说明该问题。图4.11是有能量损耗时(假定 $I_x > I_y > I_z$)的本体极迹曲线。图中每条封闭的本体极迹都对应着一定的能量 T_{rot}，而以与 ω_x 轴重合的极迹曲线(退化成 x 轴上的点)的能量最小 $\left(T_{\text{rot}} = \dfrac{H^2}{2I_x}\right)$，与 ω_z 轴重合的极迹曲线(退化成 z 轴上的点)的能量最大 $\left(T_{\text{rot}} = \dfrac{H^2}{2I_z}\right)$。

如果最初时刻本体极迹恰好在 ω_z 轴上，并且具有一定的能量耗损，则工作点将逐渐离开 ω_z 轴进入在 ω_z 轴附近的极迹曲线，因能量不断变小，故极迹曲线不封闭，而是离 ω_z 轴越来越远。当极迹曲线与边界极迹相交后，便进入绕 ω_x 轴的

极迹线区域,并最终以螺旋线形式达到与 ω_x 轴重合。当工作点到达 ω_x 轴后,能量已降至给定 H 值允许的最小量,能量不再减少。

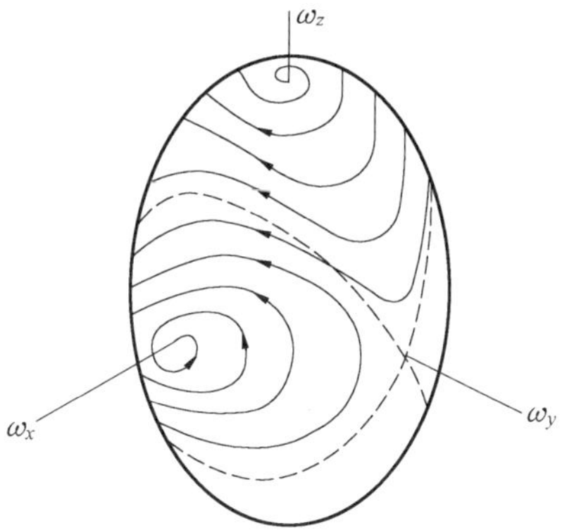

图 4.11 有能量损耗时的准刚体自由旋转

4.4.4 关于能沉法的说明

作为一种近似的动力学分析方法,能沉法的严格性往往受到怀疑。其原因主要是能沉法假设超出了经典力学的范围,它不符合刚体力学定律(但符合热力学定律)。其次,能沉法必须在它的两条基本假设成立的前提下才有意义。如果非刚性因素的影响不是很小,能量耗损的速率较快,或者在系统中存在“能源”(如驱动电机),则能沉法可能导致错误的结论。

在工程设计中,能沉法常用于初步设计阶段,在星体动力学模型尚未很好确定的条件下,对系统稳定性和性能进行定性地或近似地估计。在姿态稳定系统的详细设计阶段,应该尽可能采用逼真的动力学模型,通过数学仿真对能沉法的初步结果进行验证,以获得更可靠的结果。

4.5 单自旋稳定航天器的被动章动阻尼

由 4.1 节至 4.3 节可知,对于自旋稳定的刚体航天器,绕最大惯量轴和最小惯量轴的自旋运动是稳定的。而实际的自旋航天器总是存在能量损耗,在设计中都是按照准刚体最大轴原理进行设计的,因此自旋刚体航天器的稳定性准则仅具有理论价值。

对于实际的自旋稳定航天器,尽管内部存在一定的能量损耗,其章动运动的衰减速度可能过慢,导致在较长时间内自旋航天器的有效载荷无法满足工作要求。因此在实际应用中,对于绕最大惯量主轴旋转的航天器,为了有效地消除章动角，通常都特意安装能量耗散装置(阻尼器)来加快能量的耗散，包括主动和被动两种。由于主动章动阻尼与控制系统有关，因此本节只研究被动章动阻尼。

本节用经典方法(即离散参数法)研究一种带有具体耗能结构的自旋卫星，并与能沉法的结果进行比较。自旋卫星带有一类称为管球型章动阻尼器，如图4.12所示。此卫星可看作由星本体b(设质量为m_b)和质量球P(或称阻尼块，设质量为m)组成的多刚体系统，其中质量球可沿星体内中的一根“圆管”做相对运动，由于管壁摩擦力或者由于管内气体黏性而耗散能量。

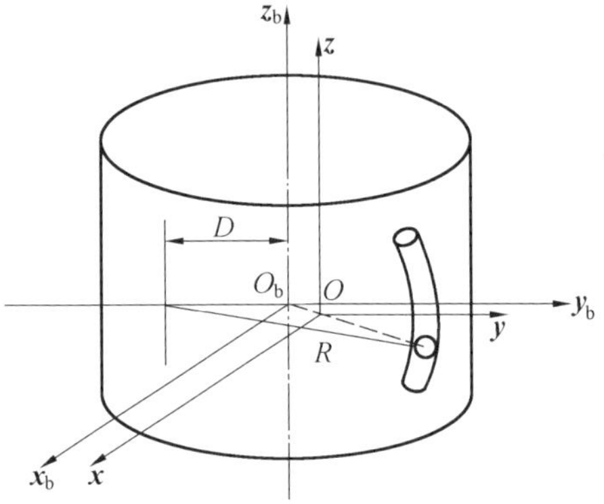

图 4.12　带有管球型章动阻尼器的自旋卫星

下面采用以复合质心为基准点的多刚体系统建模方法对该卫星的姿态动力学进行建模。

设$O_bx_by_bz_b$为星本体的惯性主轴坐标系，圆管的曲率半径为R，固联于y_bz_b平面内；曲率中心在y_b轴上，距O_b点的距离为D。考虑质量球P的质量和半径均很小，因此忽略其转动惯量，将其视为一个质点。设$Oxyz$为整个自旋卫星的系统质心坐标系，O为系统质心，其中3个坐标轴的方向与$O_bx_by_bz_b$的坐标轴方向一致。当质量球P沿圆管移动时，系统质心O在星本体的y_bz_b平面内移动，其在$O_bx_by_bz_b$系下的坐标分量列阵为

$$\begin{bmatrix} 0 \\ (R\cos\alpha - D)\bar{\mu} \\ R\sin\alpha\bar{\mu} \end{bmatrix}$$

式中，$\bar{\mu}=m/(m_b+m)$。设星本体质心O_b和质量球P在系统质心坐标系$Oxyz$中的位置矢量分别为$\boldsymbol{r}_b$及$\boldsymbol{r}_P$，则有

$$\begin{aligned} \boldsymbol{r}_b &= -\bar{\mu}(R\cos\alpha - D)\boldsymbol{j} - R\bar{\mu}\sin\alpha\boldsymbol{k} \\ \boldsymbol{r}_P &= (1-\bar{\mu})(R\cos\alpha - D)\boldsymbol{j} + (1-\bar{\mu})R\sin\alpha\boldsymbol{k} \end{aligned} \tag{4.38}$$

由式(2.45)，可得到整个系统关于系统质心O的视角动量$\boldsymbol{H}^O$为

$$\boldsymbol{H}^O = \mathbb{I}_b \cdot \boldsymbol{\omega} + m_b\boldsymbol{r}_b \times \dot{\boldsymbol{r}}_b + m\boldsymbol{r}_P \times \dot{\boldsymbol{r}}_P \tag{4.39}$$

式中，$\mathbb{I}_b$ 为星本体关于自身质心的惯性并矢；$\boldsymbol{\omega}$ 为星本体坐标系 $O_b x_b y_b z_b$ 相对惯性空间的角速度矢量。根据欧拉方程，当外力矩为零时，有

$$\dot{\boldsymbol{H}}^O = \mathbb{I} \cdot \dot{\boldsymbol{\omega}} + \boldsymbol{\omega} \times \mathbb{I} \cdot \boldsymbol{\omega} + m_b \boldsymbol{r}_b \times \ddot{\boldsymbol{r}}_b + m \boldsymbol{r}_P \times \ddot{\boldsymbol{r}}_P = \boldsymbol{0} \tag{4.40}$$

考虑到 $\boldsymbol{r}_b$ 及 $\boldsymbol{r}_P$ 分别为星本体质心和质量球相对系统质心的位置矢量，因此有 $m_b \boldsymbol{r}_b + m \boldsymbol{r}_P = \boldsymbol{0}$，则式(4.40)可写为

$$\dot{\boldsymbol{H}}^O = \mathbb{I} \cdot \dot{\boldsymbol{\omega}} + \boldsymbol{\omega} \times \mathbb{I} \cdot \boldsymbol{\omega} + m\left(1 + \frac{m}{m_b}\right) \boldsymbol{r}_P \times \ddot{\boldsymbol{r}}_P = \boldsymbol{0} \tag{4.41}$$

根据相对加速度公式，有

$$\ddot{\boldsymbol{r}}_P = \frac{\mathrm{d}_S{}^2 \boldsymbol{r}_P}{\mathrm{d}t^2} + 2\boldsymbol{\omega} \times \frac{\mathrm{d}_S \boldsymbol{r}_P}{\mathrm{d}t} + \dot{\boldsymbol{\omega}} \times \boldsymbol{r}_P + \boldsymbol{\omega} \times (\boldsymbol{\omega} \times \boldsymbol{r}_P) \tag{4.42}$$

将式(4.38)和式(4.42)代入式(4.41)，即可得到其在系统质心坐标系 $Oxyz$ 中的分量列阵形式。这个分量式过于冗长，这里没有列出。但可以推知，这 3 个分量式是关于 $\omega_x, \omega_y, \omega_z, \alpha$(及其导数)的关系式，从系统自由度角度讲，该自旋卫星是一个四自由度系统，这 3 个方程只给出了 3 个约束方程，不够充分。为求解方程，必须再增加一个约束方程，这个方程可以从质量球的受力情况得到。

质量球 P 在管内运动时，在切线方向受到的力的大小(即由圆管施加的阻尼力，与其在管内的速度成正比，其方向与运动方向相反)可表示为

$$F_\alpha = -kR\dot{\alpha} = m(\ddot{\boldsymbol{r}}_P \cdot \boldsymbol{\tau}) \tag{4.43}$$

式中，k 为阻尼系数；$\boldsymbol{\tau}$ 为小球运动的切线方向；$\ddot{\boldsymbol{r}}_P \cdot \boldsymbol{\tau}$ 为质量球的线加速度在切线方向上的分量。将式(4.38)代入式(4.43)，可得到第四个约束方程为

$$\begin{aligned} &\ddot{\alpha} + \frac{R - D\cos\alpha}{R}\dot{\omega}_x + \frac{k\dot{\alpha}}{m(1-\bar{\mu})} - \sin 2\alpha(\omega_x^2 + \omega_y^2) + \\ &\frac{R\cos\alpha - D}{R}(\cos\alpha\omega_y + \sin\alpha\omega_z)\omega_z = 0 \end{aligned} \tag{4.44}$$

结合式(4.41)的 3 个分量式，这 4 个方程就是此自旋卫星的姿态动力学方程。

容易证明，绕 z_b 轴的纯自旋运动为

$$\underline{\boldsymbol{\omega}} = [0 \quad 0 \quad \omega_{z0}]^{\mathrm{T}}, \quad \alpha = 0$$

满足式(4.41)和式(4.44)，因而是系统的一个可能运动(平衡位置)，这也是自旋卫星期望的工作状态。下面考察自旋卫星在此平衡位置附近的稳定性，仍然采用扰动分析方法。

假设自旋卫星在平衡点附近进行扰动运动时，$\underline{\boldsymbol{\omega}} = [\omega_x \quad \omega_y \quad \omega_{z0} + \Delta\omega_z]^{\mathrm{T}}$，$\alpha \neq 0$，其中 $\omega_x, \omega_y, \Delta\omega_z$ 和 α 均为小量。若忽略式(4.41)的分量式以及式(4.44)中有关 $\omega_x, \omega_y, \Delta\omega_z$ 和 α 的高阶小量，即可得到线性化的姿态动力学方程。由于

本节只讨论关于 ω_x,ω_y 和 α 的稳定性,则相关的3个运动方程为

$$\begin{cases} I_{bx}\dot{\omega}_x+(I_{bz}-I_{by})\omega_{z0}\omega_y+m(1-\bar{\mu})(R-D)^2(\omega_{z0}\omega_y+\dot{\omega}_x)+ \\ m(1-\bar{\mu})R(R-D)[\omega_{z0}^2\alpha+\ddot{\alpha}]=0 \\ I_{by}\dot{\omega}_y+(I_{bx}-I_{bz})\omega_{z0}\omega_x=0 \\ \ddot{\alpha}+\dfrac{k}{m(1-\bar{\mu})}\dot{\alpha}+\dfrac{R-D}{R}(\omega_{z0}^2\alpha+\dot{\omega}_x+\omega_y\omega_{z0})=0 \end{cases} \tag{4.45}$$

式中,I_{bx},I_{by},I_{bz} 为星本体关于自身质心的主转动惯量。为简化起见,设当 $\alpha=0$ 时,系统相对系统质心的主转动惯量记为 I_x,I_y,I_z,则有

$$\begin{cases} I_x=I_{bx}+m(1-\bar{\mu})(R-D)^2 \\ I_y=I_{by} \\ I_z=I_{bz}+m(1-\bar{\mu})(R-D)^2 \end{cases} \tag{4.46}$$

式(4.45)可改写为

$$\begin{cases} I_x\dot{\omega}_x+(I_z-I_y)\omega_{z0}\omega_y+m(1-\bar{\mu})R(R-D)[\omega_{z0}^2\alpha+\ddot{\alpha}]=0 \\ I_y\dot{\omega}_y+(I_x-I_z)\omega_{z0}\omega_x=0 \\ \ddot{\alpha}+\dfrac{k}{m(1-\bar{\mu})}\dot{\alpha}+\dfrac{R-D}{R}(\omega_{z0}^2\alpha+\dot{\omega}_x+\omega_y\omega_{z0})=0 \end{cases} \tag{4.47}$$

为判断式(4.47)的稳定性,将其进行拉氏变换,得

$$\begin{bmatrix} s & -K_x\omega_{z0} & \bar{k}(1-\bar{\mu})(s^2+\omega_{z0}^2)/f \\ -K_y\omega_{z0} & s & 0 \\ fs & f\omega_{z0} & s^2+2\xi s+f\omega_{z0}^2 \end{bmatrix}\begin{bmatrix} \omega_x(s) \\ \omega_y(s) \\ \alpha(s) \end{bmatrix}=\begin{bmatrix} 0 \\ 0 \\ 0 \end{bmatrix} \tag{4.48}$$

式中,$\bar{k}=\dfrac{m(R-D)^2}{I_x}$,$f=\dfrac{R-D}{R}$,$2\xi=\dfrac{k}{m(1-\bar{\mu})}$,$K_x=\dfrac{I_y-I_z}{I_x}$,$K_y=\dfrac{I_z-I_x}{I_y}$。其特征方程即为式(4.48)系数矩阵的行列式,可写为

$$a_4s^4+a_3s^3+a_2s^2+a_1s+a_0=0 \tag{4.49}$$

式中

$$a_4=1-\bar{k}(1-\bar{\mu})$$

$$a_3=2\xi$$

$$a_2=[f-K_xK_y-\bar{k}(1-\bar{\mu})(1+K_y)]\omega_{z0}^2$$

$$a_1=-2\xi K_xK_y\omega_{z0}^2$$

$$a_0=-K_y[K_xf+\bar{k}(1-\bar{\mu})]\omega_{z0}^4$$

根据霍尔维茨判据,式(4.47)关于 ω_x,ω_y 和 α 为渐进稳定的充分必要条件,使下面5个不等式同时成立。

(1)$a_4=1-\bar{k}(1-\bar{\mu})>0$;

(2)$a_3=2\xi>0$;

(3)$a_1>0$;

(4)$a_0 > 0$；

(5)$\Delta_3 = a_1(a_2a_3 - a_1a_4) - a_0a_3^2 > 0$。

下面分别推导同时满足上述 5 个不等式的条件。

由式(4.46)的第一式,可得

$$I_x = I_{bx} + m_P(1-\bar{\mu})(R-D)^2 >$$
$$m_P(1-\bar{\mu})(R-D)^2 - I_x\bar{k}(1-\bar{\mu})$$

对上式两边各除以 I_x,由此可得 $1 > \bar{k}(1-\bar{\mu})$,故条件(1)满足。

由于小球受到阻尼力,$k > 0$,故条件(2)必然满足。要满足条件(3),等价于满足$K_xK_y < 0$,即 Oz 轴是当系统在纯自旋状态时的最大惯量主轴或最小惯量主轴。

根据条件(5),可得到 $\Delta_3 = 4\xi^2\omega_{z0}^4\bar{k}(1-\bar{\mu})K_y(1+K_x)(1+K_xK_y) > 0$。利用惯量矩的定义,不难证明$|K_x| < 1$,$|K_y| < 1$,故条件(5)意味着 $K_y > 0$,再由 $K_xK_y < 0$,知 $K_x < 0$,所以 I_z 必为最大惯量主轴。

最后,条件(4)等价于 $K_xf + \bar{k}(1-\bar{\mu}) < 0$,又等价于 $f > 0$ 和 $-K_x > \bar{k}(1-\bar{\mu})/f$。利用式(4.48)后面 K_x,$\bar{k}$,f 的定义,它们又等价于以下两个条件:

$$R - D > 0 \tag{4.50}$$

$$I_z > I_y + mR(R-D)(1-\bar{\mu}) \tag{4.51}$$

这里,条件式(4.50)保证在平衡状态附近小球的微小位移将导致恢复力。这是保证内部相对运动不会越来越大,从而使系统解体的必要条件,因此又称为整体性条件。条件式(4.51)表明,为了使绕 Oz 轴的旋转运动是渐进稳定的,仅仅要求 I_z 大于 I_x,I_y 还不够,还必须保证差值 $I_z - I_y$ 大于正数 $mR(R-D)(1-\bar{\mu})$。

可以看到,用经典的方法所得到的稳定条件比用能沉法得到的条件要苛刻一些。但是能沉法的基本假设是内部运动的影响足够小,如果令式(4.51)中的 m 无限趋近于零,则所得到的结果与能沉法相同。另外,可以认为能沉法的基本假设中已隐含了整体性条件,这样当航天器内部可动部件比较小,其能量又随着运动逐渐缓慢耗散时,能沉法不失为一个合理的近似方法。

4.6　单自旋航天器在外力矩作用下的姿态运动

本节以单自旋刚体航天器为例,分析其在外力矩作用下的姿态运动。

4.6.1　单自旋航天器角动量矢量在外力矩作用下的进动

根据动量矩定理,角动量矢量 $\boldsymbol{H}$ 在惯性空间的改变量等于外力矩 $\boldsymbol{M}$ 的冲量。如果事先已知 $\boldsymbol{H}$ 的初始值 $\boldsymbol{H}(t_0)$ 和力矩 $\boldsymbol{T}(t)$ 的特性，则可预报出未来时刻 t 时的角动量矢量 $\boldsymbol{H}(t)$。其公式为

$$\boldsymbol{H}(t)=\boldsymbol{H}(t_0)+\int_{t_0}^{t}\boldsymbol{T}(t)\,\mathrm{d}t \tag{4.52}$$

如果初始时航天器做纯自旋运动，而且外力矩比较小，则运动中自旋轴方向偏离角动量矢量 $\boldsymbol{H}$ 不会太大。因此，工程上对自旋航天器的转速 Ω 和自旋轴方向进行控制时，或估计它们在环境力矩作用下的漂移时，常忽略章动，将角动量 $\boldsymbol{H}$ 与自旋轴方向视为同一方向。

4.6.2 单自旋航天器在脉冲式外力矩作用下的姿态运动

自旋航天器的姿态控制常使用喷气执行机构的脉冲式控制，控制力矩大但作用时间短。如果控制力矩的脉冲宽度 Δt 比航天器自旋周期 $\dfrac{2\pi}{\Omega}$ 短得多，可认为它给出的瞬时冲量矩约为 $\boldsymbol{T}\Delta t$，其中 $\boldsymbol{T}$ 为力矩矢量的瞬时值。由动量矩定理，航天器的角动量瞬时改变量等于所受力矩的瞬时冲量矩，因而可确定脉冲作用后的角动量矢量。在脉冲作用的瞬间，航天器的姿态来不及变化，所以由作用瞬间的姿态和作用后的角动量可以确定以后的自由姿态运动。

下面以轴对称自旋航天器为例，分析其在脉冲力矩作用下的姿态运动。由于与自旋轴方向一致的脉冲力矩分量只会使其自旋转速发生变化，如果自旋角速度较大，则这个分量对姿态影响不大。这里主要分析垂直于自旋轴方向的脉冲力矩分量对星体姿态的影响。

设当 $t=t_0^-$ 时，星体的横向角速度分量和自旋角速度分别为

$$\omega_x(t_0^-)=\omega_{x0},\quad \omega_y(t_0^-)=\omega_{y0},\quad \omega_z(t_0^-)=\Omega$$

此时星体的角动量矢量和章动角分别为

$$\boldsymbol{H}(t_0^-)=I_{\mathrm{t}}(\omega_{x0}\boldsymbol{i}_{\mathrm{b}}+\omega_{y0}\boldsymbol{j}_{\mathrm{b}})+I\Omega\boldsymbol{k}_{\mathrm{b}} \tag{4.53}$$

$$\theta(t_0^-)=\arctan\left[\sqrt{I_{\mathrm{t}}[\omega_{x0}^2+\omega_{y0}^2]}/(I\Omega)\right] \tag{4.54}$$

当 $t=t_0^+$ 时，作用在星体上的横向脉冲力矩冲量 $(T_x\Delta t, T_y\Delta t)$，等效于赋予星体一个新的初始角速度，即

$$\begin{cases}\omega_x(t_0^+)=\omega_{x0}+\dfrac{T_x\Delta t}{I_{\mathrm{t}}}-\omega_{x0}+\dfrac{\Delta H_r}{I_{\mathrm{t}}}\\[2ex]\omega_y(t_0^+)=\omega_{y0}+\dfrac{T_y\Delta t}{I_{\mathrm{t}}}=\omega_{y0}+\dfrac{\Delta H_y}{I_{\mathrm{t}}}\end{cases} \tag{4.55}$$

式中，ΔH_x，ΔH_y 分别为横向脉冲力矩 (T_x, T_y) 产生的力矩冲量。而自旋角速度 ω_z 保持不变。星体在受到脉冲力矩作用后，其角动量矢量和章动角分别变为

$$\boldsymbol{H}(t_0^+)=I_{\mathrm{t}}\left[\left(\omega_{x0}+\frac{\Delta H_x}{I_{\mathrm{t}}}\right)\boldsymbol{i}_{\mathrm{b}}+\left(\omega_{y0}+\frac{\Delta H_y}{I_{\mathrm{t}}}\right)\boldsymbol{j}_{\mathrm{b}}\right]+I\Omega\boldsymbol{k}_{\mathrm{b}} \tag{4.56}$$

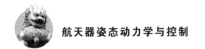

$$\theta(t_0^+) = \arctan\left[\sqrt{I_t[\omega_x^2(t_0^+)+\omega_y^2(t_0^+)]}/(I\Omega)\right] \tag{4.57}$$

在脉冲作用的瞬间，星体姿态来不及变化，则星体的自旋轴 $\boldsymbol{k}_b$ 将绕新的角动量 $\boldsymbol{H}(t_0^+)$，以新的章动角 $\theta(t_0^+)$ 和章动速率 $\Omega_s = \dfrac{H(t_0^+)}{I_t}$ 在空间做圆锥运动。

4.6.3　轴对称刚体航天器在本体固联常值力矩作用下的响应

自旋航天器所受的外力矩既包括沿自旋轴方向的分量，也含有垂直于自旋轴方向的分量。其中前者将使航天器的自旋角速度增大或减小，若航天器自旋角速度较大，则姿态变化可在短时间内忽略。

现考虑动力学轴对称航天器($I_x = I_y = I_t$)在垂直于自旋轴的外力矩作用下姿态运动的情况。对于自旋航天器，受到与自旋轴方向垂直的本体固联常值力矩作用的情况很具有代表性。造成自旋航天器受到本体固联常值力矩的作用，主要包括以下两种典型情况：

(1) 自旋航天器安装了轨控发动机，但其推力方向没有穿过系统质心，即推力偏斜，导致轨控发动机工作时产生额外的垂直于自旋轴方向的本体固联常值力矩，如图 4.13 所示。

(2) 为调整航天器自旋轴的方向，安装了能产生垂直于自旋轴方向控制力矩的姿控推力器，姿控发动机工作时即产生垂直于自旋轴方向的本体固联常值力矩，如图 4.14 所示。

下面分析本体角速度矢量以及自旋轴矢量相对于惯性空间的运动。

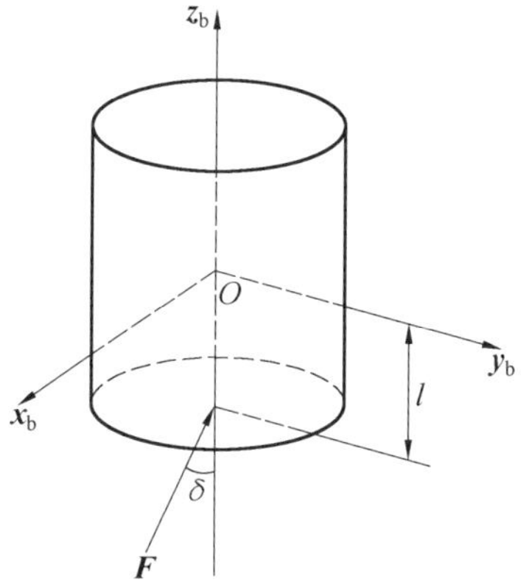

图 4.13　推力倾斜的自旋航天器

1. 动力学方程的解

此时轴对称自旋航天器的姿态动力学方程可化为

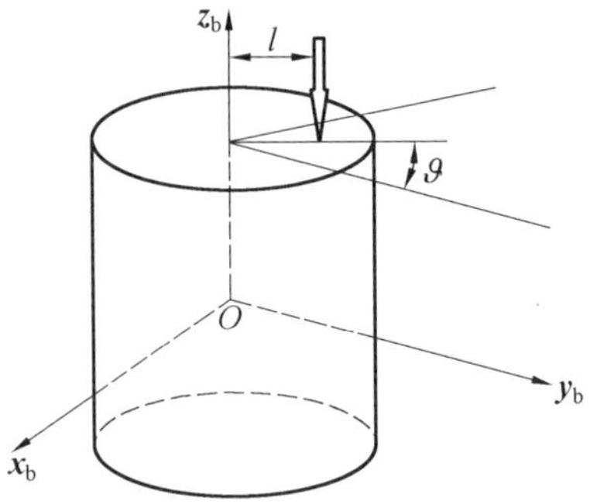

图 4.14 带有姿控推力器的自旋航天器

$$\begin{cases}\dot{\omega}_x+\Omega_b\omega_y=\varepsilon_x\\ \dot{\omega}_y-\Omega_b\omega_x=\varepsilon_y\\ \dot{\omega}_z=0\end{cases} \tag{4.58}$$

式中，$\Omega_b=\dfrac{I_z-I_t}{I_t}\Omega$，$\varepsilon_x=\dfrac{T_x}{I_t}$，$\varepsilon_y=\dfrac{T_y}{I_t}$。

为简化方程推导，定义复变量

$$\bar{\omega}_t=\omega_x+j\omega_y$$

$$\bar{\varepsilon}_t=\varepsilon_x+j\varepsilon_y$$

式中，j 为纯虚数单位，$j=\sqrt{-1}$。采用上述复变量，则式(4.58)的前两式可简写为

$$\dot{\bar{\omega}}_t-j\Omega_b\bar{\omega}_t=\bar{\varepsilon}_t \tag{4.59}$$

考虑到外力矩为本体固联常值力矩，即$\bar{\varepsilon}_t$为常值，因此这个$\bar{\omega}_t$的微分方程的解为

$$\bar{\omega}_t=\bar{\omega}_t(0)e^{j\Omega_b t}-\frac{\bar{\varepsilon}_t}{j\Omega_b}(1-e^{j\Omega_b t}) \tag{4.60}$$

式中，$\bar{\omega}_t(0)$是$\bar{\omega}_t$的初值。

下面研究角速度矢量相对本体坐标系$Ox_by_bz_b$的运动。根据式(4.60)以及$\omega_z=\Omega$可知，角速度矢量$\boldsymbol{\omega}$在本体坐标系中沿一个斜向锥体的母线运动，如图4.15所示。斜锥的底圆平行于x_by_b平面，并且离开x_by_b平面的距离为ω_z。底圆的中心P的位置由复变量$j\bar{\varepsilon}_t/\Omega_b$确定，其相位超前$\bar{\varepsilon}$的相位90°，$P$点距离星体$z_b$轴的距离为

$$d=\frac{|\bar{\varepsilon}|}{\Omega_b}=\frac{\sqrt{T_x^2+T_y^2}}{(I_z-I_t)\Omega}$$

此距离与所受力矩大小、自旋速度和惯量比有关。

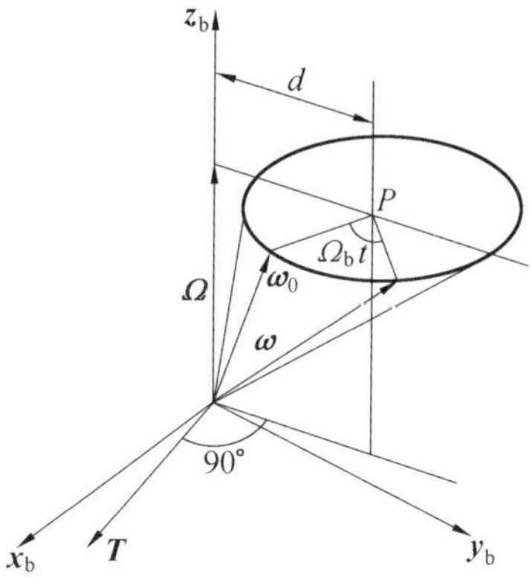

图 4.15　本体固联常值力矩下轴对称体的角速度矢量运动

2. 姿态运动

为便于描述自旋航天器在受外力矩情况下的姿态运动，此处采用绕本体 xyz 顺序的姿态角 φ,θ,ψ 描述航天器在惯性空间的姿态，如图 4.16 所示。

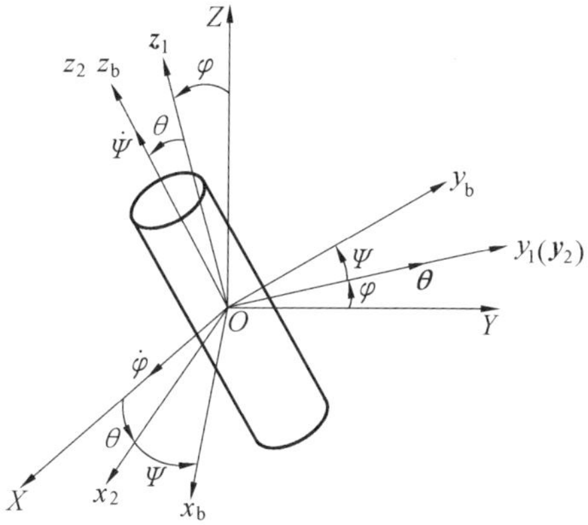

图 4.16　自旋航天器在本体固联常值力矩作用下的姿态运动

如果自旋轴 z_b 偏离惯性空间参考方向 Z 的偏离角 φ,θ 都很小，则沿本体系的角速率分量与欧拉角角速率之间的近似关系为

$$\begin{cases}\omega_x \approx \dot{\varphi}\cos\psi + \dot{\theta}\sin\psi \\ \omega_y \approx -\dot{\varphi}\sin\psi + \dot{\theta}\cos\psi \\ \omega_z = \dot{\psi}\end{cases} \tag{4.61}$$

由方程(4.58)和方程(4.61)可得 $\omega_z=\dot{\psi}=\Omega,\psi=\Omega t$。由式(4.61)可解得

$$\begin{cases}\dot{\varphi} \approx \omega_x\cos\psi - \omega_y\sin\psi \\ \dot{\theta} \approx \omega_x\sin\psi + \omega_y\cos\psi\end{cases} \tag{4.62}$$

定义复变量 $\bar{\varphi}=\varphi+\mathrm{j}\theta$，由式(4.62)可得

$$\dot{\bar{\varphi}}=\bar{\omega}_t(\cos\psi+\mathrm{j}\sin\psi)=\bar{\omega}_t \mathrm{e}^{\mathrm{j}\psi} \tag{4.63}$$

设发动机点火前($t<t_0$)，没有外力矩作用($\bar{\varepsilon}_t=0$)，自旋轴的运动为

$$\dot{\bar{\varphi}}=\bar{\omega}_t \mathrm{e}^{\mathrm{j}\psi}=\bar{\omega}_t(0)\mathrm{e}^{\mathrm{j}\Omega_b t}\cdot \mathrm{e}^{\mathrm{j}\Omega t}=\bar{\omega}_t(0)\mathrm{e}^{\mathrm{j}(\Omega_b+\Omega)t}=\bar{\omega}_t(0)\mathrm{e}^{\mathrm{j}\lambda\Omega t} \tag{4.64}$$

式中，$\lambda=I_z/I_t$，即惯量比。对式(4.64)进行积分，得

$$\bar{\varphi}=\frac{\mathrm{j}\bar{\omega}_t(0)\mathrm{e}^{\mathrm{j}\lambda\Omega t}}{\lambda\Omega}=\bar{\varphi}_0 \mathrm{e}^{\mathrm{j}\lambda\Omega t} \tag{4.65}$$

式中，$\bar{\varphi}_0=\dfrac{\mathrm{j}\bar{\omega}_t(0)}{\lambda\Omega}$，为初始章动角(是一个复变量)。可见，在无力矩的情况下，星体的章动具有恒定的章动半锥角 $\bar{\varphi}_0$(复数)，其角频率为 $\lambda\Omega$。

假定在时刻 $t=0$ 时给星体施加一个阶跃横向恒定力矩 $\boldsymbol{T}_t$，根据式(4.60)，式(4.63)可变为

$$\begin{aligned}\dot{\bar{\varphi}}&=\bar{\omega}_t \mathrm{e}^{\mathrm{j}\Omega t}=\left[\bar{\omega}_t(0)\mathrm{e}^{\mathrm{j}\Omega_b t}-\frac{\bar{\varepsilon}_t}{\mathrm{j}\Omega_b}(1-\mathrm{e}^{\mathrm{j}\Omega_b t})\right]\mathrm{e}^{\mathrm{j}\Omega t}\\&=\bar{\omega}_t(0)\mathrm{e}^{\mathrm{j}\lambda\Omega t}-\frac{\bar{\varepsilon}_t}{\mathrm{j}\Omega_b}(\mathrm{e}^{\mathrm{j}\Omega t}-\mathrm{e}^{\mathrm{j}\lambda\Omega t})\end{aligned} \tag{4.66}$$

对其进行积分，得

$$\bar{\varphi}=-\bar{\varphi}_0 \mathrm{e}^{\mathrm{j}\lambda\Omega t}-\bar{\varphi}^*\left(1+\frac{\lambda}{1-\lambda}\mathrm{e}^{\mathrm{j}\Omega t}-\frac{\mathrm{e}^{\mathrm{j}\lambda\Omega t}}{1-\lambda}\right) \tag{4.67}$$

式中，$\bar{\varphi}^*=\dfrac{\bar{\varepsilon}_t}{\Omega^2\lambda}$。由式(4.60)和式(4.67)描述的物体运动可以表示为

$$\bar{\omega}_t=\omega_A \mathrm{e}^{\mathrm{j}(\Omega_b t-\xi_D)}+\omega_B \mathrm{e}^{\mathrm{j}\xi_E} \tag{4.68}$$

$$\bar{\varphi}=\varphi_A \mathrm{e}^{\mathrm{j}(\lambda\Omega t-\xi_A)}+\varphi_B \mathrm{e}^{\mathrm{j}(\Omega t-\xi_B)}+\varphi_C \mathrm{e}^{\mathrm{j}\xi_C} \tag{4.69}$$

式中

$$\omega_A=\lambda\Omega\varphi_A,\quad \omega_b=\Omega\varphi_B$$

$$\varphi_A=\left|\bar{\varphi}_0-\frac{\bar{\varphi}^*}{1-\lambda}\right|$$

$$\varphi_B=\left|-\frac{\lambda\bar{\varphi}^*}{1-\lambda}\right|$$

$$\varphi_C=\left|-\bar{\varphi}^*\right|$$

式中，φ_A 是频率为 $\lambda\Omega$ 的最终章动运动幅值，由式(4.16)可知，在小章动角的情况下，$\lambda\Omega$ 与空间章动频率 Ω_s 近似相当，即为空间章动运动；φ_B 为频率为 Ω 的最终摇摆运动幅值；φ_C 为自旋轴偏斜角；相位角 ξ_A，ξ_B，ξ_C，ξ_D，ξ_E 一般是任意的。

式(4.68)和式(4.69)的物理意义解释如下：

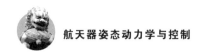

(1) 在 $t=0$ 时刻施加一个阶跃的本体固联常值力矩后，将产生恒定的横向角速度 ω_B。

(2) 本体角速度的章动频率分量幅值（在 $t=0$ 瞬间）由 $\lambda\Omega\bar{\varphi}_0$ 变为 ω_A。

(3) 自旋轴在惯性空间的运动发生改变：原来章动运动的幅值由 $\bar{\varphi}_0$ 变为 φ_A；出现了一个幅值为 Ω 的新的摇摆运动，摇摆运动的幅值 φ_B 通常很小，并产生自旋轴偏置角 φ_C。

为简化说明起见，设所有的相位角为零，并且设初始章动角为零（即纯自旋状态，此时有 $\bar{\varphi}_0=0$），由于 $\bar{\varphi}=\varphi+\mathrm{j}\theta$，由式(4.69)可得自旋轴倾斜角 φ,θ 的规范化形式为

$$\begin{cases}\widehat{\varphi}=\dfrac{\varphi}{\varphi_B}=\dfrac{\cos(\lambda\Omega t)}{\lambda}+\cos(\Omega t)+\dfrac{1-\lambda}{\lambda}\\ \widehat{\theta}=\dfrac{\theta}{\varphi_B}=\dfrac{\sin(\lambda\Omega t)}{\lambda}+\sin(\Omega t)\end{cases}\tag{4.70}$$

对于 $\lambda=0.2$ 和 $\lambda=2$（分别对应于细长体和短粗体）的情况，用式(4.70)作图可得到图 4.17 和图 4.18 所示的相平面曲线图（$\widehat{\varphi}-\widehat{\theta}$）。

在图 4.17 和图 4.18 中，圆圈代表时间为 $t=0$ 时的相点（即起始点），箭头代表相曲线运动的方向。由图中曲线可知，自旋轴倾斜角具有周期性，经过周期 $\dfrac{2\pi}{\lambda\Omega}$ 后，相轨迹又回到起始点。

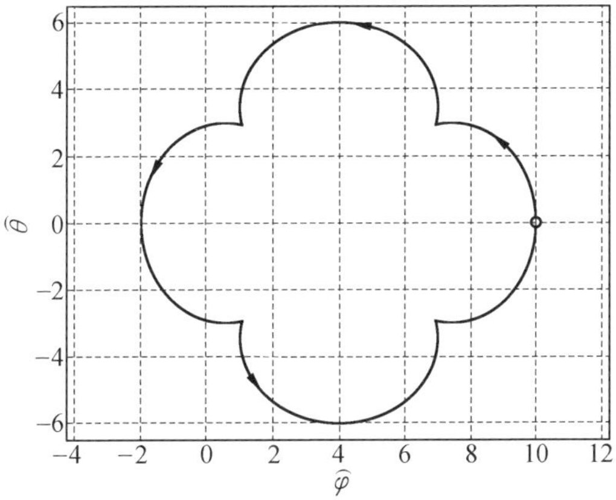

图 4.17　规范化的自旋轴倾斜角相轨迹($\lambda=0.2$)

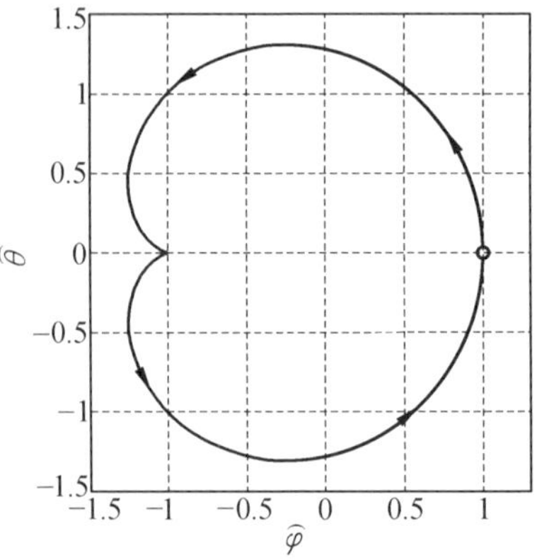

图 4.18　规范化的自旋轴倾斜角相轨迹($\lambda=2$)

第5章

双自旋航天器姿态动力学

单自旋航天器的优点是其旋转轴在惯性空间中具有定向性;缺点是装在自旋航天器的有效载荷,如天线或观测仪器等,随着星体自旋,无法实现对某个天体或固定方向定向的目的。

为了充分利用单自旋航天器的优点,同时实现航天器上的通信天线或观测仪器对天体(主要是地球)进行定向,在自旋航天器基础上又发展了双自旋航天器。双自旋航天器是在同一旋转轴上安装两个以不同转速转动的部分,其主体部分是旋转的(称为转子),主要作用是使星体获得必要的单轴姿态稳定性;另一部分称为消旋平台,用于安装天线或观测仪器等有效载荷,作用是对地球或惯性空间固定定向。转子与平台之间用消旋轴承来连接,消旋轴承轴与自旋轴一致。

由于双自旋航天器兼有自旋稳定和三轴稳定的优点,在航天领域尤其是商用卫星或科学探测器中长期得到广泛的应用。下面以陀螺体为动力学模型为例介绍双自旋航天器姿态动力学的内容。

5.1 陀螺体双自旋航天器的姿态动力学

所谓陀螺体是由一个刚体(平台)和转轴固定在这个刚体上且关于转轴动力学对称的另一个或若干个刚体(转子)所组成的系统,是一类特殊的多刚体系统。理想的双自旋航天器是最简单的陀螺体,由一个平台和一个转子组成。

对于理想的轴对称双自旋航天器(惯性主轴与转轴方向一致),由于转子的对称性,在转子相对平台进行相对转动时,整个陀螺体系统的质心和惯性并矢是不变的,这为推导双自旋航天器的姿态动力学方程提供了方便。

对于陀螺体,可按照 2.6 节给出的"以复合质心为基准点的多刚体姿态动力学建模方法"进行建模。其思路是:首先建立系统质心坐标系,给出整个陀螺体的关于系统质心的视角动量$\boldsymbol{H}_{\Sigma}^{O}$,将其代入经典欧拉方程,即可求得其姿态动力学方程。

下面利用此原理来推导理想轴对称双自旋航天器的姿态动力学方程。轴对称双自旋航天器如图 5.1 所示,其中转子和平台都是轴对称的刚体,消旋轴承轴就是它们共同的对称轴。其中$O_P x_P y_P z_P$为固联于平台的坐标系,$O_R x_R y_R z_R$为固联于转子的坐标系,O_P和O_R分别为平台和转子的质心。设系统质心坐标系$Oxyz$的原点O取为系统复合质心,其 3 个坐标轴与平台坐标系$O_P x_P y_P z_P$的 3 个坐标轴方向一致,z_b轴即为消旋轴承轴的方向。

设系统质心坐标系$Oxyz$相对惯性坐标系的角速度矢量为$\boldsymbol{\omega}$,此也为平台质心固联坐标系$O_P x_P y_P z_P$相对惯性坐标系的角速度矢量。设转子质心固联坐标

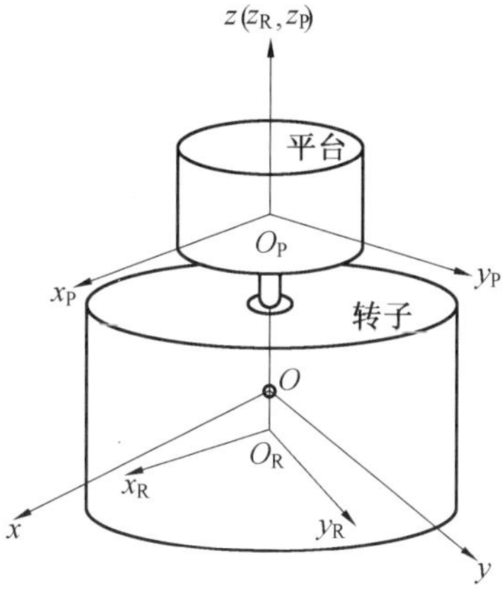

图 5.1　轴对称双自旋航天器

系$O_R x_R y_R z_R$相对平台固联坐标系$O_P x_P y_P z_P$的角速度矢量为$\boldsymbol{\Omega}$，则转子质心固联坐标系$O_R x_R y_R z_R$相对惯性坐标系的角速度矢量为$\boldsymbol{\omega}+\boldsymbol{\Omega}$。

则根据式(2.45)，可得平台和转子关于系统质心O的视角动量分别为

$$\boldsymbol{H}_P^O = \boldsymbol{H}_P^C + m_P \boldsymbol{r}_P \times \dot{\boldsymbol{r}}_P = \mathbb{I}_P^C \cdot \boldsymbol{\omega} + m_P \boldsymbol{r}_P \times \dot{\boldsymbol{r}}_P \tag{5.1}$$

和

$$\boldsymbol{H}_R^O = \boldsymbol{H}_R^C + m_R \boldsymbol{r}_R \times \dot{\boldsymbol{r}}_R = \mathbb{I}_R^C \cdot (\boldsymbol{\omega}+\boldsymbol{\Omega}) + m_R \boldsymbol{r}_R \times \dot{\boldsymbol{r}}_R \tag{5.2}$$

式中，$\mathbb{I}_P^C$和$\mathbb{I}_R^C$分别为平台和转子关于其自身质心的惯性并矢；$\boldsymbol{r}_P$和$\boldsymbol{r}_R$分别为从系统质心O到平台质心O_P及转子质心O_R的位置矢量。考虑到转子转轴方向相对平台坐标系是不变的，因此平台质心O_P、转子质心O_R在系统质心坐标系中的坐标是不变的，即$\boldsymbol{r}_P$和$\boldsymbol{r}_R$为固联在系统质心坐标系中的矢量，随系统质心坐标系的旋转而变化，因此有

$$\dot{\boldsymbol{r}}_P = \mathring{\boldsymbol{r}}_P + \boldsymbol{\omega} \times \boldsymbol{r}_P = \boldsymbol{\omega} \times \boldsymbol{r}_P, \quad \dot{\boldsymbol{r}}_R = \mathring{\boldsymbol{r}}_R + \boldsymbol{\omega} \times \boldsymbol{r}_R = \boldsymbol{\omega} \times \boldsymbol{r}_R \tag{5.3}$$

由式(5.1)～(5.3)，轴对称双自旋航天器关于系统质心的视角动量为

$$\boldsymbol{H}_\Sigma^O = \mathbb{I}_P^C \cdot \boldsymbol{\omega} + m_P \boldsymbol{r}_P \times (\boldsymbol{\omega} \times \boldsymbol{r}_P) + \mathbb{I}_R^C \cdot \boldsymbol{\omega} + m_R \boldsymbol{r}_R \times (\boldsymbol{\omega} \times \boldsymbol{r}_R) + \mathbb{I}_R^C \cdot \boldsymbol{\Omega} \tag{5.4}$$

式(5.4)可写为

$$\boldsymbol{H}_\Sigma^O = [(\mathbb{I}_P^C + \mathbb{I}_R^C) + (\boldsymbol{r}_P \cdot \boldsymbol{r}_P \mathbb{E} - \boldsymbol{r}_P \boldsymbol{r}_P) m_P + (\boldsymbol{r}_R \cdot \boldsymbol{r}_R \mathbb{E} - \boldsymbol{r}_R \boldsymbol{r}_R) m_R] \cdot \boldsymbol{\omega} + \mathbb{I}_R^C \cdot \boldsymbol{\Omega} \tag{5.5}$$

若定义$\mathbb{I} = (\mathbb{I}_P^C + \mathbb{I}_R^C) + m_P(\boldsymbol{r}_P \cdot \boldsymbol{r}_P \mathbb{E} - \boldsymbol{r}_P \boldsymbol{r}_P) + m_R(\boldsymbol{r}_R \cdot \boldsymbol{r}_R \mathbb{E} - \boldsymbol{r}_R \boldsymbol{r}_R)$，该并矢同刚体的惯性并矢一样，是一个常量，利用该定义，式(5.5)可改写为

$$\boldsymbol{H}_\Sigma^O = \mathbb{I} \cdot \boldsymbol{\omega} + \mathbb{I}_R^C \cdot \boldsymbol{\Omega} \tag{5.6}$$

下面给出$\mathbb{I}_R^C \cdot \boldsymbol{\Omega}$用矢量基$\underline{\boldsymbol{f}}$表示的表达式，首先考虑$\mathbb{I}_R^C \cdot \boldsymbol{\Omega}$在转子坐标系$O_R x_R y_R z_R$中的坐标阵，有

$$(\mathbb{I}_{\mathrm{R}}^{C}\cdot\boldsymbol{\Omega})_{\mathrm{R}}=\underline{\boldsymbol{I}}_{\mathrm{R}}\underline{\boldsymbol{\Omega}}=\begin{bmatrix}I_{\mathrm{Rt}}&0&0\\0&I_{\mathrm{Rt}}&0\\0&0&I_{\mathrm{R}}\end{bmatrix}\begin{bmatrix}\mathbf{0}\\\mathbf{0}\\\boldsymbol{\Omega}\end{bmatrix}=\begin{bmatrix}\mathbf{0}\\\mathbf{0}\\I_{\mathrm{R}}\boldsymbol{\Omega}\end{bmatrix}\tag{5.7}$$

则根据坐标变换原理，$\mathbb{I}_{\mathrm{R}}^{C}\cdot\boldsymbol{\Omega}$ 可以表示为

$$\begin{aligned}\mathbb{I}_{\mathrm{R}}^{C}\cdot\boldsymbol{\Omega}&=\underline{\boldsymbol{f}}^{\mathrm{T}}\left[\underline{\boldsymbol{C}}_{\mathrm{SR}}\ (\mathbb{I}_{\mathrm{R}}^{C}\cdot\boldsymbol{\Omega})_{\mathrm{R}}\right]\\&=\underline{\boldsymbol{f}}^{\mathrm{T}}\left[\underline{\boldsymbol{C}}_{z}^{\mathrm{T}}(\Omega t)\ (\mathbb{I}_{\mathrm{R}}^{C}\cdot\boldsymbol{\Omega})_{\mathrm{R}}\right]=\underline{\boldsymbol{f}}^{\mathrm{T}}\ (\mathbb{I}_{\mathrm{R}}^{C}\cdot\boldsymbol{\Omega})_{\mathrm{R}}\\&=I_{\mathrm{R}}\Omega\,\boldsymbol{k}\end{aligned}\tag{5.8}$$

将其代入方程(5.6)，有

$$\boldsymbol{H}_{\Sigma}^{O}=\mathbb{I}_{\mathrm{S}}\cdot\boldsymbol{\omega}+I_{\mathrm{R}}\Omega\boldsymbol{k}\tag{5.9}$$

将式(5.9)代入欧拉方程，得

$$\mathbb{I}\cdot\dot{\boldsymbol{\omega}}+I_{\mathrm{R}}\dot{\Omega}\boldsymbol{k}+\boldsymbol{\omega}\times(\mathbb{I}\cdot\boldsymbol{\omega}+I_{\mathrm{R}}\Omega\boldsymbol{k})=\boldsymbol{T}_{\Sigma}^{O}\tag{5.10}$$

式中，$\boldsymbol{T}_{\Sigma}^{O}$ 为作用在双自旋航天器系统上的力关于系统质心 O 的合力矩。其矩阵式为

$$\underline{\boldsymbol{I}}\,\underline{\dot{\boldsymbol{\omega}}}+\underline{\boldsymbol{I}}_{\mathrm{R}}\,\underline{\dot{\boldsymbol{\Omega}}}+\underline{\boldsymbol{\omega}}^{\times}\ (\underline{\boldsymbol{I}\boldsymbol{\omega}}+\underline{\boldsymbol{I}}_{\mathrm{R}}\underline{\boldsymbol{\Omega}})=\underline{\boldsymbol{T}}_{\Sigma}\tag{5.11}$$

考虑一般性情况，假设消旋平台并不是一个旋转体，但其惯性主轴方向与系统质心坐标系一致，则双自旋航天器的系统转动惯量可写为

$$\underline{\boldsymbol{I}}_{\mathrm{S}}=\begin{bmatrix}I_x&0&0\\0&I_y&0\\0&0&I_z\end{bmatrix}\tag{5.12}$$

式中，$I_{\mathrm{P}x}$，$I_{\mathrm{P}y}$，$I_{\mathrm{P}z}$ 分别为消旋平台的 3 个主转动惯量，即

$$I_x=I_{\mathrm{P}x}+I_{\mathrm{Rt}}+r_{\mathrm{P}}^2m_{\mathrm{P}}+r_{\mathrm{R}}^2m_{\mathrm{R}}$$
$$I_y=I_{\mathrm{P}y}+I_{\mathrm{Rt}}+r_{\mathrm{P}}^2m_{\mathrm{P}}+r_{\mathrm{R}}^2m_{\mathrm{R}}$$
$$I_z=I_{\mathrm{P}z}+I_{\mathrm{R}}$$

I_{Rt} 和 I_{R} 分别为转子的横向转动惯量和纵向转动惯量。则式(5.11)的分量式为

$$\begin{cases}I_x\dot{\omega}_x-(I_y-I_z)\omega_y\omega_z+\omega_yI_{\mathrm{R}}\Omega=T_x\\I_y\dot{\omega}_y-(I_z-I_x)\omega_x\omega_z-\omega_xI_{\mathrm{R}}\Omega=T_y\\I_z\dot{\omega}_z-(I_x-I_y)\omega_x\omega_y=T_z-I_{\mathrm{R}}\dot{\Omega}\end{cases}\tag{5.13}$$

式中，$I_{\mathrm{R}}\dot{\Omega}$ 是由于消旋轴承中的电机对转子施加的力矩；T_x，T_y，T_z 分别是外力矩$\boldsymbol{T}_{\Sigma}^{O}$ 在系统质心坐标系中的分量。

当 $\omega_x=\omega_y=0$，$\omega_z=$常数，$\dot{\Omega}=0$ 时，式(5.13)为双自旋航天器的姿态运动的一个特解，或者说平衡位置。此时，当 $\omega_z=0$ 时，平台对惯性空间定向，当 $\omega_z=\omega_{\mathrm{o}}$(轨道角速度)时，平台对中心天体定向。

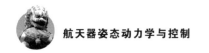

5.2　轴对称双自旋航天器的章动运动

对于轴对称双自旋刚体航天器有 $I_x=I_y=I_t$，$I_z=I$，并假设外力矩为零以及转子相对平台的旋转角速度不变，则式(5.13)变成

$$\begin{cases}I_x\dot{\omega}_x-(I_y-I_z)\omega_y\omega_z+\omega_y I_R\Omega=0\\I_y\dot{\omega}_y-(I_z-I_x)\omega_x\omega_z-\omega_x I_R\Omega=0\\I_z\dot{\omega}_z=0\end{cases}\tag{5.14}$$

由式(5.14)中的第三式可求得 $\omega_z=\text{const}$。将其代入前两式，可得

$$\begin{cases}\dot{\omega}_x-\Omega'_b\omega_y=0\\\dot{\omega}_y+\Omega'_b\omega_x=0\end{cases}\tag{5.15}$$

式中

$$\Omega'_b=\left(\frac{I-I_t}{I_t}+\frac{I_R\Omega}{I_t\omega_z}\right)\omega_z\tag{5.16}$$

该式与式(4.3)，除 Ω'_b 定义不同外，其形式完全一样。由此可推论，轴对称双自旋航天器是以式(5.16)的 Ω'_b 绕自旋轴 O_sz_s 做章动运动的。同样定义横向角速度矢量 $\boldsymbol{\omega}_t=\omega_x\boldsymbol{i}_s+\omega_y\boldsymbol{j}_s$，按照 4.1 节的结论，其幅值为常值，即

$$\omega_{t0}=\sqrt{\omega_x^2(0)+\omega_y^2(0)}$$

横向角速度 ω_t 以 Ω'_b 的速率绕自旋轴 O_sz_s 转动。考虑双自旋航天器的系统坐标系 $O_sx_sy_sz_s$，其绕 O_sz_s 的角速度为 ω_z，而 ω_x 和 ω_y 可以合成横向角速度，所以系统坐标系总的角速度是这三者的矢量和，即

$$\boldsymbol{\omega}=\boldsymbol{\omega}_t+\omega_z\boldsymbol{k}_s\tag{5.17}$$

这 3 个角速度所在的平面称为纵向平面(与 4.1 节相同)。

考察整个双自旋航天器的动量矩 $\boldsymbol{H}$，可列写为

$$\boldsymbol{H}=I_t(\omega_x\boldsymbol{i}_s+\omega_y\boldsymbol{j}_s)+(I\omega_z+I_R\Omega)\boldsymbol{k}_s=I_t\boldsymbol{\omega}_t+(I\omega_z+I_R\Omega)\boldsymbol{k}_s\tag{5.18}$$

令横向动量矩为 $\boldsymbol{H}_t=I_t\boldsymbol{\omega}_t$，纵向动量矩为 $\boldsymbol{H}_a=(I\omega_z+I_R\Omega)\boldsymbol{k}_s$，则有

$$\boldsymbol{H}=\boldsymbol{H}_t+\boldsymbol{H}_a\tag{5.19}$$

按照章动角 φ 的定义，有

$$\tan\varphi=\frac{H_t}{H_a}=\frac{I_t\omega_t}{I\omega_z+I_R\Omega}\tag{5.20}$$

在 4.1 节中，对于单自旋刚体航天器还给出了空间和本体章动角速度的概念，并指出单自旋刚体航天器的章动运动可视为本体锥对空间锥的无滑动滚动，还可看作是航天器相对纵向平面以角速度 $-\boldsymbol{\Omega}_b$ 转动，同时纵向平面以角速度 $\boldsymbol{\Omega}_s$

相对惯性空间转动($\boldsymbol{\Omega}_s$ 的方向与角动量方向一致)。$\boldsymbol{\Omega}_b$ 称为单自旋航天器的本体章动角速度,而$\boldsymbol{\Omega}_s$ 称为空间章动角速度。对于双自旋航天器,可以得到相似的结果,其中$\boldsymbol{\Omega}'_b = \Omega'_b \boldsymbol{k}_s$ 称为双自旋航天器的本体章动角速度,空间章动角速度为$\boldsymbol{\Omega}'_s$,不难证明,$\boldsymbol{\Omega}'_s$ 的大小为

$$\Omega'_s = \frac{H}{I_t} \tag{5.21}$$

以上考虑的是整个双自旋航天器的章动运动,除此以外,还可以研究消旋平台或转子单独的章动运动。由于纵向平面是唯一的,因此对于转子和消旋平台来讲,其纵向平面均以$\boldsymbol{\Omega}'_s$ 旋转,故空间章动角速度和系统是一样的。对于消旋平台来说,其本体坐标系的坐标轴与系统坐标系一致,两者的角速度大小相同,因此其本体章动角速度$\boldsymbol{\Omega}'_{Pb}$ 与系统本体章动角速度$\boldsymbol{\Omega}'_b$ 相同。

而对于转子,其本体坐标系绕航天器自旋轴 $O_s z_s$ 相对惯性空间的角速度为$(\omega_z + \Omega)\boldsymbol{k}_s$,横向角速度为$\boldsymbol{\omega}_t$,其合成角速度为$\boldsymbol{\omega}_R$。这个角速度还可以按 4.1 节的原理分解为惯性章动角速度$\boldsymbol{\Omega}'_s$ 和本体章动角速度$\boldsymbol{\Omega}'_{Rb}$。根据矢量合成原理,不难求得$\boldsymbol{\Omega}'_{Rb}$ 为

$$\boldsymbol{\Omega}'_{Rb} = \boldsymbol{\Omega}'_b - \boldsymbol{\Omega} \tag{5.22}$$

5.3 双自旋刚体航天器的运动稳定性

下面从式(5.14)入手,研究双自旋刚体航天器的运动稳定性。根据分析可知,式(5.14)的稳态解为 $\omega_x = \omega_y = 0$,$\omega_z = \text{const}$,$\Omega = \text{const}$。在此稳态情况下,如果出现小扰动,则有

$$\omega_x = \delta\omega_x, \quad \omega_y = \delta\omega_y, \quad \omega_z = \omega_{z0} + \delta\omega_z$$

将上式代入式(5.14),并略去二阶小量,可以得到无外力矩的扰动方程式为

$$\begin{cases} I_x \delta\dot{\omega}_x - [(I_y - I_z)\omega_{z0} - I_R\Omega]\delta\omega_y = 0 \\ I_y \delta\dot{\omega}_y + [(I_x - I_z)\omega_{z0} - I_R\Omega]\delta\omega_x = 0 \\ I_z \delta\dot{\omega}_z = 0 \end{cases} \tag{5.23}$$

式(5.23)中给出 $\delta\omega_z = \text{const}$,说明叠加在航天器自旋速率 ω_z 上的扰动是一个常值,并不影响 z_s 轴的指向稳定。设航天器 z_s 轴的等效转动惯量为

$$I_z^* = \frac{h_a}{\omega_z} = I_y + I_R \frac{\Omega}{\omega_z} \tag{5.24}$$

I_z^* 具有和转动惯量相同的因次,表示若航天器单纯以 ω_z 旋转,其动量矩与 h_a 相等时的转动惯量。引入 I_z^* 之后,则式(5.23)中的系数项为

$$\begin{cases} (I_y - I_z)\omega_{z0} - I_R\Omega = I_y\omega_{z0} - h_a = (I_y - I_z^*)\omega_{z0} \\ (I_x - I_z)\omega_{z0} - I_R\Omega = I_x\omega_{z0} - h_a = (I_x - I_z^*)\omega_{z0} \end{cases} \tag{5.25}$$

将式(5.25)代入式(5.23)的前两式，经推导得

$$\begin{cases}\delta\ddot{\omega}_x+\dfrac{(I_z^*-I_x)(I_z^*-I_y)}{I_x}\omega_{z0}^2\delta\omega_x=0\\ \delta\ddot{\omega}_y+\dfrac{(I_z^*-I_x)(I_z^*-I_y)}{I_y}\omega_{z0}^2\delta\omega_y=0\end{cases}\tag{5.26}$$

由式(5.26)可知，系统的稳定性条件是式中 $\delta\omega_x$ 和 $\delta\omega_y$ 的系数为正，即

$$I_z^*>I_x,\quad I_z^*>I_y$$

$$I_z^*<I_x,\quad I_z^*<I_y$$

这说明当自旋轴的等效转动惯量为最大值或最小值时，双自旋航天器绕自旋轴的运动是稳定的。这一点和单自旋刚体航天器的自由运动稳定性准则一致，即绕最大和最小惯量轴旋转是稳定的，而绕中间轴的旋转是不稳定的。需要注意的是，在判断双自旋航天器的稳定性时，使用的是等效转动惯量 I_z^*。

若定义惯量比系数 k_x 和 k_y 分别为

$$k_x=\frac{I_z-I_y}{I_x},\quad k_y=\frac{I_z-I_x}{I_y}$$

则还可以求得等价的稳定条件，即

$$k_x+\frac{I_R\Omega}{I_x\omega_{z0}}>0,\quad k_y+\frac{I_R\Omega}{I_y\omega_{z0}}>0\tag{5.27}$$

或

$$k_x+\frac{I_R\Omega}{I_x\omega_{z0}}<0,\quad k_y+\frac{I_R\Omega}{I_y\omega_{z0}}<0\tag{5.28}$$

式(5.27)和式(5.28)中包含两个参变量，判断稳定性时不太方便，为此将参变量改造为

$$\frac{I_R\Omega}{I_x\omega_{z0}}=\frac{I_R\Omega}{\sqrt{I_xI_y}\omega_{z0}}\left(\frac{I_y}{I_x}\right)^{1/2},\quad \frac{I_R\Omega}{I_y\omega_{z0}}=\frac{I_R\Omega}{\sqrt{I_xI_y}\omega_{z0}}\left(\frac{I_x}{I_y}\right)^{1/2}$$

同时由惯量比系数 k_x 和 k_y 的定义可知

$$I_x=\frac{I_x+I_y-I_z}{1-k_x},\quad I_y=\frac{I_x+I_y-I_z}{1-k_y}$$

则上两式变为

$$k_x+\frac{I_R\Omega}{\sqrt{I_xI_y}\omega_{z0}}\left(\frac{1-k_x}{1-k_y}\right)^{1/2}>0,\quad k_y+\frac{I_R\Omega}{\sqrt{I_xI_y}\omega_{z0}}\left(\frac{1-k_y}{1-k_x}\right)^{1/2}>0\tag{5.29}$$

和

$$k_x+\frac{I_R\Omega}{\sqrt{I_xI_y}\omega_{z0}}\left(\frac{1-k_x}{1-k_y}\right)^{1/2}<0,\quad k_y+\frac{I_R\Omega}{\sqrt{I_xI_y}\omega_{z0}}\left(\frac{1-k_y}{1-k_x}\right)^{1/2}<0\tag{5.30}$$

式(5.29)和式(5.30)可作为判断双自旋航天器稳定性的最终条件，其中只有一个参变量 $\dfrac{I_R\Omega}{\sqrt{I_xI_y}\omega_{z0}}$ 了。

根据双自旋航天器的稳定性条件可知，当参数选择得当时，双自旋航天器的旋转轴不仅可以是最大惯量轴或最小惯量轴，还可以是中间轴。

5.4 准刚体双自旋航天器绕主轴旋转的稳定性

在双自旋航天器技术发展初期，消旋体(平台)部分比较小，仍然可以按单自旋准刚体航天器的最大轴原理来设计航天器，即设计航天器的自旋转动惯量大于横向惯量(短粗型航天器)以保持自旋的稳定性。例如，20 世纪 70 年代初典型的 Intelsat－Ⅲ号卫星就是一个短粗形的双自旋航天器。

随着对通信容量要求的提高，对航天器的质量和体积的要求也随之增加。短粗形双自旋航天器由于受运载火箭直径的限制而无法满足要求，需要发展一种细长形双自旋航天器。因此在 20 世纪 60 年代中期对双自旋航天器的稳定性进行了研究，提出了在消旋平台安转阻尼器，从而实现细长体航天器双自旋稳定的方案。1969 年美国 TACSAT 卫星的飞行试验证实了这一方案的正确性。随后又在国际通信卫星－Ⅳ得到应用，产生了巨大的社会效益和经济效益。

下面用能沉法导出轴对称双自旋航天器的稳定准则。

首先在 5.1 节理想轴对称双自旋航天器假设的基础上，进一步假设平台与转子之间沿轴承轴的相应作用力矩 $I_R\dot{\boldsymbol{\Omega}}$ 为零，即星体为自由陀螺体，然后研究在无外力矩干扰情况下(即$\boldsymbol{T}_{\Sigma}^{O}=\boldsymbol{0}$)双自旋航天器绕自旋轴的稳定性。

整个系统的角动量$\boldsymbol{H}_{\Sigma}^{O}$在星体消旋轴方向上的分量为 $I_z\omega_z+I_R\Omega$，为方便起见，将其换个表达形式。设 $I_P=I_z-I_R$，$\omega_P=\omega_z$，$\omega_R=\omega_z+\Omega$，即

$$I_z\omega_z+I_R\Omega=I_P\omega_P+I_R\omega_R \tag{5.31}$$

式中，ω_P 可看成是平台相对惯性空间的角速度矢量在$\boldsymbol{k}_b$ 上的分量；ω_R 可看成是转子相对惯性空间的角速度矢量在$\boldsymbol{k}_b$ 上的分量。由式(5.6)和式(5.31)，有

$$\begin{aligned}H^2&=I_t^2\omega_x^2+I_t^2\omega_y^2+(I_P\omega_P+I_R\omega_R)^2\\&=I_t^2\omega_t^2+(I_P\omega_P+I_R\omega_R)^2\end{aligned} \tag{5.32}$$

式中，H 为系统角动量$\boldsymbol{H}_{\Sigma}^{O}$的大小；$\omega_t$ 为横向角速率，$\omega_t=\sqrt{\omega_x^2+\omega_y^2}$。系统的旋转动能为

$$T_{rot}=\frac{1}{2}(I_t\omega_t^2+I_P\omega_P^2+I_R\omega_R^2) \tag{5.33}$$

则对式(5.32)求时间的导数，得

$$2\dot{H}H=2(I_P\omega_P+I_R\omega_R)(I_P\dot{\omega}_P+I_R\dot{\omega}_R)+2I_t^2\omega_t\dot{\omega}_t \tag{5.34}$$

设外力矩为零，则有 $\dot{H}=0$，由式(5.34)进一步可得

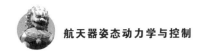

$$I_t\omega_t\dot{\omega}_t = -\frac{I_P\omega_P + I_R\omega_R}{I_t}(I_P\dot{\omega}_P + I_R\dot{\omega}_R) = -\omega_n(I_P\dot{\omega}_P + I_R\dot{\omega}_R) \tag{5.35}$$

式中，$\omega_n = \dfrac{I_P\omega_P + I_R\omega_R}{I_t}$。

对式(5.33)求时间的导数得

$$\dot{T}_{rot} = I_t\omega_t\dot{\omega}_t + I_R\omega_R\dot{\omega}_R + I_P\omega_P\dot{\omega}_P = \dot{T}_R + \dot{T}_P \tag{5.36}$$

式中，$\dot{T}_R$ 为转子部分旋转动能的损耗速率；$\dot{T}_P$ 为平台部分旋转动能的损耗速率。将式(5.35)代入式(5.36)，得

$$\begin{aligned}\dot{T}_{rot} &= -I_P(\omega_n - \omega_P)\dot{\omega}_P - I_R(\omega_n - \omega_R)\dot{\omega}_R \\ &= -I_P\lambda_P\dot{\omega}_P - I_R\lambda_R\dot{\omega}_R\end{aligned} \tag{5.37}$$

根据式(5.36)和式(5.37)，有

$$I_P\dot{\omega}_P = -\dot{T}_P/\lambda_P, \quad I_R\dot{\omega}_R = -\dot{T}_R/\lambda_R$$

及

$$I_t\omega_t\dot{\omega}_t = \omega_n\left(\frac{\dot{T}_P}{\lambda_P} + \frac{\dot{T}_R}{\lambda_R}\right) \tag{5.38}$$

式中，ω_n 为空间章动频率，$\omega_n = \dfrac{I_P\omega_P + I_R\omega_R}{I_t}$；$\lambda_P$ 为平台章动频率，$\lambda_P = \omega_n - \omega_P$；$\lambda_R$ 为转子章动频率，$\lambda_R = \omega_n - \omega_R$。

与刚体章动角的定义相同(角动量矢量和自旋轴之间的夹角)，双自旋航天器的章动角 θ 的正弦值可表示为

$$\sin\theta = \frac{I_t\omega_t}{H}$$

则

$$\dot{\theta}\cos\theta = \frac{I_t\dot{\omega}_t}{H} \tag{5.39}$$

利用式(5.38)，得

$$\dot{\theta} = \frac{I_t\omega_t\dot{\omega}_t}{H\cos\theta\omega_t} = \frac{I_t\omega_t\dot{\omega}_t}{H\cos\theta\dfrac{H\sin\theta}{I_t}} = \frac{2I_t}{H^2\sin2\theta}\omega_n\left(\frac{\dot{T}_P}{\lambda_P} + \frac{\dot{T}_R}{\lambda_R}\right) \tag{5.40}$$

要使航天器稳定，要求章动角 θ 随能量消耗变小，即要求 $\dot{\theta} < 0$，即

$$\omega_n\left(\frac{\dot{T}_P}{\lambda_P} + \frac{\dot{T}_R}{\lambda_R}\right) < 0 \tag{5.41}$$

下面对式(5.41)进行讨论：

(1) 当 ω_n，λ_P，λ_R 同号时，则必有 $\dot{\theta} < 0$，系统稳定。

(2) 若 λ_P,λ_R 符号相反,只要与 ω_n 同号者所对应的部分的能量损耗的速率足够大,则系统稳定。

(3) 当平台消旋时,通常有

$$I_R\omega_R \gg I_P\omega_P$$

则

$$\omega_n = \frac{I_P\omega_P + I_R\omega_R}{I_t} \approx \frac{I_R\omega_R}{I_t}, \quad \lambda_P = \omega_n - \omega_P \approx \frac{I_R\omega_R}{I_t}, \quad \lambda_R = \omega_n - \omega_R \approx \left(\frac{I_R}{I_t} - 1\right)\omega_R$$

式(5.41)变为

$$\omega_n\left(\frac{\dot{T}_P}{\lambda_P} + \frac{\dot{T}_R}{\lambda_R}\right) \approx \frac{I_R}{I_t}\left(\frac{\dot{T}_P}{I_R/I_t} + \frac{\dot{T}_R}{I_R/I_t - 1}\right) < 0 \tag{5.42}$$

当 $I_R > I_t$ 时(即航天器为扁粗体),则系统一定是稳定的。

当 $I_R < I_t$ 时(即航天器为细长体),式(5.42)中第二项为正,为使系统稳定,要求 $|\dot{T}_P|$ 足够大,且满足

$$|\dot{T}_P| > \left|\frac{I_R/I_t}{I_R/I_t - 1}\dot{T}_R\right|$$

即为使系统稳定,只要平台部分能量耗损速率充分大,系统就是稳定的。这一点为利用平台章动阻尼器实现细长体双自旋航天器的稳定提供了依据。

(4) 若平台完全消旋,即 $\omega_P=0$,则有 $\omega_n=\lambda_P$。若同时假设转子无能量损耗平台有能量损耗,即 $\dot{T}_R=0$,则根据式(5.41)有

$$\omega_n\left(\frac{\dot{T}_P}{\lambda_P} + \frac{\dot{T}_R}{\lambda_R}\right) = \dot{T}_P < 0 \tag{5.43}$$

说明系统总是稳定的。这种情况对应于轴对称偏置动量三轴稳定卫星,其内部安装了一个飞轮,其转轴与星体对称轴重合,当飞轮无能量损耗而平台有能量损耗时,系统稳定,即卫星的对称轴在惯性空间的指向稳定不变。

需要说明的是,上述方法是用能沉法分析的,结论并不严格。实际上应该用经典力学方法对双自旋航天器进行建模(包括能量耗损的部分)。

5.5 双自旋航天器的被动章动阻尼

与单自旋航天器一样,为保证有效载荷的指向精度,双自旋航天器的章动运动也应被阻尼掉。由于主动章动阻尼器属于姿态控制的内容,本节只讨论双自旋航天器的被动章动阻尼。

考虑图 5.2 所示的双自旋航天器,不对称的平台 P 安装在轴对称的转子 R

上。假定平台上安装了一个章动阻尼器，该阻尼器具有弹簧－质量－阻尼件的形式。转子以 Oz 轴为中心，只允许绕该轴旋转。假设平台阻尼器的中心位于星体 Ox 轴上，活动质量的运动轨迹平行于 Oz 轴，并且与 Oz 轴的距离为 b。弹簧具有弹簧系数 k，阻尼件的阻尼常数为 c。当活动质量的位移 $\eta=0$ 时，整个航天器（包括转子和平台）的质心位于 O 点上，此时整个航天器的主转动惯量为 I_x，I_y，I_z。

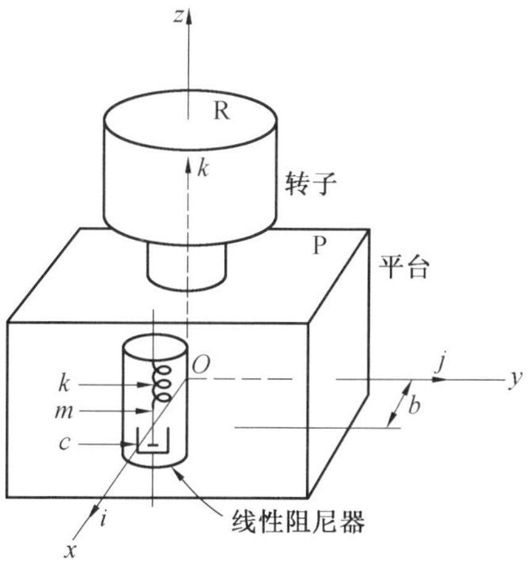

图 5.2　具有平台阻尼器的双自旋航天器

在一般情况下，活动质量的位移 $\eta\neq 0$，则此时整个航天器的转动惯量矩阵为

$$\boldsymbol{I}=\begin{bmatrix} I_x+m\eta^2 & 0 & -mb\eta \\ 0 & I_y+m\eta^2 & 0 \\ -mb\eta & 0 & I_z \end{bmatrix} \tag{5.44}$$

下面对此双自旋航天器建立姿态动力学方程。该航天器可看成是一个变质心的多刚体模型，采用 2.6.2 节给出的以平台某固定点为基准点的多刚体建模方法比较方便。

选择 O 点（即活动质量位移 $\eta=0$ 时的航天器质心）为基准点，则关于此基准点的航天器整体视角动量可表示为

$$\boldsymbol{H}^O=\mathbb{I}\cdot\boldsymbol{\omega}-mb\dot{\eta}\boldsymbol{j}+I_R\Omega\boldsymbol{k} \tag{5.45}$$

式中，I_R 为转子绕转轴的转动惯量；Ω 为转子相对于平台的角速率。

当 $\eta\neq 0$ 时，航天器系统质心相对基准点 O 的位移为

$$\boldsymbol{r}_O=\bar{\mu}\eta\boldsymbol{k}$$

式中，μ 定义为

$$\bar{\mu}=\frac{m}{m+m_P+m_R}$$

则航天器关于基准点 O 的静矩为

$$\boldsymbol{S}_O=(m+m_{\mathrm{P}}+m_{\mathrm{R}})\boldsymbol{r}_O=m\eta\boldsymbol{k} \tag{5.46}$$

系统质心相对基准点 O 的绝对加速度为 $\ddot{\boldsymbol{r}}_O$，因此有

$$\begin{aligned}\ddot{\boldsymbol{r}}_O&=\bar{\mu}\frac{\mathrm{d}^2}{\mathrm{d}t^2}(\eta\boldsymbol{k})\\&=\bar{\mu}[(2\omega_y\dot{\eta}+\dot{\omega}_y\eta+\omega_x\omega_z\eta)\boldsymbol{i}-(2\omega_x\dot{\eta}+\dot{\omega}_x\eta-\omega_y\omega_z\eta)\boldsymbol{j}+\\&\quad(\ddot{\eta}-\omega_y^2\eta-\omega_x^2\eta)\boldsymbol{k}]\end{aligned} \tag{5.47}$$

当考虑航天器为自由运动时，有 $\boldsymbol{T}^C=\boldsymbol{0}$，则基于基准点 O 的广义欧拉方程为

$$\boldsymbol{T}^C=\dot{\boldsymbol{H}}^O-\boldsymbol{S}_O\times\ddot{\boldsymbol{r}}_O=\boldsymbol{0} \tag{5.48}$$

其分量式为

$$\begin{aligned}&I_x\dot{\omega}_x-\omega_y\omega_z(I_y-I_z)+I_{\mathrm{R}}\Omega\omega_y+m(1-\bar{\mu})\dot{\omega}_x\eta^2-m(1-\bar{\mu})\omega_y\omega_z\eta^2+\\&2m(1-\bar{\mu})\omega_x\eta\dot{\eta}-mb\dot{\omega}_z\eta-mb\omega_x\omega_y\eta=0\end{aligned} \tag{5.49}$$

$$\begin{aligned}&I_y\dot{\omega}_y-\omega_x\omega_z(I_z-I_x)-I_{\mathrm{R}}\Omega\omega_x+m(1-\bar{\mu})\dot{\omega}_y\eta^2+m(1-\bar{\mu})\omega_x\omega_z\eta^2+\\&2m(1-\bar{\mu})\omega_y\eta\dot{\eta}-mb\ddot{\eta}+mb\omega_x^2\eta-mb\omega_z^2\eta=0\end{aligned} \tag{5.50}$$

$$I_z\dot{\omega}_z-\omega_x\omega_y(I_x-I_y)+I_{\mathrm{R}}\dot{\Omega}+mb\omega_x\omega_y\eta-2mb\omega_x\dot{\eta}-mb\dot{\omega}_x\eta=0 \tag{5.51}$$

这 3 个方程具有 5 个未知数，即 ω_x，ω_y，ω_z，Ω 和 η。为求解方程，需要再增加两个有关飞轮力矩及阻尼器力平衡的关系式。

若忽略转子轴承摩擦，根据转子动力学可得到转子力矩平衡关系式，即

$$I_{\mathrm{R}}(\dot{\omega}_z+\dot{\Omega})=T_{\mathrm{R}} \tag{5.52}$$

式中，T_{R} 为关于转子轴的外力矩。

根据阻尼器质量块在其运动方向的加速度－力平衡关系，可得

$$m(1-\bar{\mu})\ddot{\eta}+c\dot{\eta}+k\eta-m(1-\bar{\mu})(\omega_x^2+\omega_y^2)\eta+mb\omega_x\omega_z-mb\dot{\omega}_y=0 \tag{5.53}$$

该方程式是在以基准点 A 的动坐标系中得到的。

方程(5.49)～(5.53)完整地描述了这类双自旋航天器的姿态运动。对于典型的双自旋航天器，考虑到其在轨道上的标准指向和运行情况，存在一个具有实际应用意义的特解，即

$$\begin{cases}\omega_z=\omega_{\mathrm{P}}=\mathrm{const}\\\Omega=\mathrm{const}\\\omega_x=\omega_y=\eta=0\\T_{\mathrm{R}}=0\end{cases} \tag{5.54}$$

当 ω_{P} 等于圆轨道的轨道角速度或平均运动时，在此特解情况下，双自旋航天器的平台部分可实现持续地对地定向。

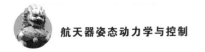

下面分析此标称解下的运动稳定性，这里仍然采用扰动分析方法。首先在此特解附近对上述方程组进行线性化，然后用线性系统的稳定性判断准则对其运动稳定性进行分析，从而找到此类双自旋航天器的稳定性条件。

设在标称解附近，该双自旋航天器的姿态运动变量可表示为

$$\begin{aligned} &\omega_x = \delta\omega_x \\ &\omega_y = \delta\omega_y \\ &\omega_z = \omega_{\mathrm{P}} + \delta\omega_{\mathrm{P}} \\ &\eta = \delta\eta \\ &\Omega = \Omega_{\mathrm{R}} + \delta\Omega \end{aligned}$$

式中，ω_P 和 Ω_{R} 是常数，$\delta\omega_x$，$\delta\omega_y$，$\delta\omega_{\mathrm{P}}$，$\delta\eta$ 和 $\delta\Omega$ 为一阶无穷小量。将其代入上述方程组，略去二阶小量，可得到一组关于受摄变量的线性方程组，即

$$\begin{cases} I_x\delta\dot{\omega}_x + [(I_z - I_y)\omega_{\mathrm{P}} + I_{\mathrm{R}}\Omega_{\mathrm{R}}]\delta\omega_y = 0 \\ I_y\delta\dot{\omega}_y - [(I_z - I_y)\omega_{\mathrm{P}} + I_{\mathrm{R}}\Omega_{\mathrm{R}}]\delta\omega_x - mb\delta\ddot{\eta} - mb\omega_{\mathrm{P}}^2\delta\eta = 0 \\ I_z\delta\dot{\omega}_{\mathrm{P}} + I_{\mathrm{R}}\delta\dot{\Omega}_{\mathrm{R}} = 0 \\ I_{\mathrm{R}}(\delta\dot{\omega}_{\mathrm{P}} + \delta\dot{\Omega}_{\mathrm{R}}) = 0 \\ m(1-\bar{\mu})\delta\ddot{\eta} + c\delta\dot{\eta} + k\delta\eta + mb\omega_{\mathrm{P}}\delta\omega_x - mb\delta\dot{\omega}_y = 0 \end{cases} \tag{5.55}$$

在分析双自旋航天器姿态运动稳定性时，主要关心横向的运动，因此式(5.55)中的第三个和第四个方程式可略去。为简化方程表达式，定义

$$\lambda_1 = \frac{(I_z - I_y)\omega_{\mathrm{P}} + I_{\mathrm{R}}\Omega_{\mathrm{R}}}{I_x} = \frac{I_z^{\mathrm{P}}\omega_{\mathrm{P}} + I_z^{\mathrm{R}}\omega_{\mathrm{R}} - I_y\omega_{\mathrm{P}}}{I_x}$$

$$\lambda_2 = \frac{(I_z - I_x)\omega_{\mathrm{P}} + I_{\mathrm{R}}\Omega_{\mathrm{R}}}{I_y} = \frac{I_z^{\mathrm{P}}\omega_{\mathrm{P}} + I_z^{\mathrm{R}}\omega_{\mathrm{R}} - I_x\omega_{\mathrm{P}}}{I_y}$$

式中，ω_{R} 为 ω_z^{R} 的常数部分，$\omega_{\mathrm{R}} = \Omega_{\mathrm{R}} + \omega_{\mathrm{P}}$；$I_z^{\mathrm{P}}$ 为平台绕转子轴的转动惯量。

设航天器在转轴方向的角动量标称值为 H，则有 $H = I_z^{\mathrm{P}}\omega_{\mathrm{P}} + I_z^{\mathrm{R}}\omega_{\mathrm{R}}$。同时为方便起见，定义

$$p = \sqrt{\frac{k}{m}},\quad \beta = \frac{c}{m},\quad \zeta = \frac{\eta}{b},\quad \zeta = \frac{mb^2}{I_y}$$

将其代入线性化后的方程组(5.55)中的第一式、第二式和最后一个公式，则有

$$\begin{cases} \delta\dot{\omega}_x + \lambda_1\delta\omega_y = 0 \\ \delta\dot{\omega}_y - \lambda_2\delta\omega_x - \zeta\ddot{\zeta} - \zeta\omega_{\mathrm{P}}^2\zeta = 0 \\ (1-\bar{\mu})\ddot{\zeta} + \beta\dot{\zeta} + p^2\zeta + \omega_{\mathrm{P}}\delta\omega_x - \delta\dot{\omega}_y = 0 \end{cases} \tag{5.56}$$

下面就可使用判断线性系统稳定性的 Routh 判据来分析此类双自旋航天器的运动稳定性。为应用 Routh 方法，首先需要对式(5.56)进行拉氏变换，可得

$$\begin{bmatrix} s & \lambda_1 & 0 \\ -\lambda_2 & s & (-\zeta s^2-\zeta\omega_P^2) \\ \omega_P & -s & [(1-\mu)s^2+\beta s+p^2] \end{bmatrix}\begin{bmatrix}\delta\omega_x(s)\\ \delta\omega_y(s)\\ \delta\zeta(s)\end{bmatrix}=\begin{bmatrix}0\\0\\0\end{bmatrix} \tag{5.57}$$

对于多变量线性系统，可通过求取拉式变换后系数矩阵的行列式得到其特征方程。则根据式(5.57)，上述线性系统的特征方程为

$$\begin{aligned} &s^4(1-\mu-\zeta)+s^3\beta+s^2[p^2-\zeta\omega_P^2+\lambda_1\lambda_2(1-\mu)-\lambda_1\zeta\omega_P]+ \\ &s\beta\lambda_1\lambda_2+(\lambda_1\lambda_2p^2-\lambda_1\zeta\omega_P^3)=0 \end{aligned} \tag{5.58}$$

采用 Routh 判据对式(5.58)进行稳定性分析，可得到此类双自旋航天器渐近稳定的充分必要条件为

$$\begin{cases} \lambda_1\lambda_2>0 \\ 1-\mu-\zeta>0 \\ \beta>0 \\ p^2-(\zeta\omega_P^2+\omega_P\lambda_1-\lambda_1\lambda_2)>0 \\ \lambda_1(\omega_P-\lambda_2)(\omega_P^2-\lambda_1\lambda_2)>0 \\ \lambda_1(\lambda_2p^2-\zeta\omega_P^3)>0 \end{cases} \tag{5.59}$$

当 $m\to0$ 时，有 $\zeta\ll1,\mu\ll1$。因此式(5.59)中除第一式和第五式外，都能得到满足。因此当 m 非常小时，则稳定的充要条件变为

$$\begin{cases} \lambda_1\lambda_2>0 \\ \lambda_1(\omega_P-\lambda_2)(\omega_P^2-\lambda_1\lambda_2)>0 \end{cases} \tag{5.60}$$

由 λ_1,λ_2,H_0 的定义，式(5.60)中的第二式可写为

$$\frac{\lambda_1H[\omega_P(I_x+I_y)-H]^2}{I_xI_y^2}>0 \tag{5.61}$$

由于 $I_xI_y^2>0$，式(5.61)中分子的平方项也大于零，则式(5.60)可简化为 $\lambda_1H>0$。

根据上述分析可知，使系统方程组(5.56)渐近稳定，或者说使此类双自旋航天器稳定的充分必要条件是 λ_1,λ_2,H 同号。

下面对几种情况进行讨论：

① 对于平台完全消旋的情况，即 $\omega_P=0$，则 λ_1,λ_2,H 三者符号相同，故系统总是稳定的。注意，这个结论没有规定任何惯量关系。这样对于所讨论的具体系统，严格证明了其稳定性。

② 对于转子完全消旋的情况，即 $\omega_R=0$，则稳定性条件为

$$I_z^P>I_y,\quad I_z^P>I_x \tag{5.62}$$

这个条件表示的是双自旋卫星的最大轴原理与单自旋航天器的最大轴原理近似，不同之处在于 I_z^P 是平台部分纵向惯量矩(转动部分)，而 I_x,I_y 则是航天器整体的横向惯量矩。

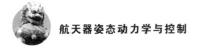

③ 如果转子和平台以不同的速率旋转，则稳定条件变为

$$\begin{cases} I_z^{R}\omega_{R} + \omega_{P}(I_z^{P} - I_y) > 0 \\ I_z^{R}\omega_{R} + \omega_{P}(I_z^{P} - I_x) > 0 \end{cases} \tag{5.63}$$

这说明，只要转子转速(ω_R)足够大，总能使 λ_1，λ_2，H 三者同号。在此情况下，即使满足式(5.62)所示的最大轴条件，但若转子和平台的旋转方向不一致，则也可能是不稳定的。当不满足式(5.62)的条件时，则要求转子和平台的旋转方向相同，且转子的转速比平台更快。根据这一原理实现的姿态稳定称为超自旋稳定，这个原理在国际通信卫星－Ⅵ的转移轨道飞行控制中得到了实际应用。

第 6 章

重力梯度稳定航天器姿态动力学

重力梯度稳定是自然天体或航天器在中心天体的引力场作用下具有稳定的平衡姿态，能够保证对中心天体定向的性质。在自然界中，月球有一面总是朝着地球，就是因为月球在地球的重力梯度力矩作用下获得了重力梯度稳定。利用重力梯度力矩这一环境力矩来实现被动稳定，无疑是最经济的三轴姿态控制方法。

在本章中，重力场特指与距离平方成反比律的中心力场，中心天体的非球形和遥远天体的影响以及其他环境力矩均忽略不计。同时，航天器以刚体为动力学模型。对于目前重力梯度稳定技术所能达到的稳定精度来说，这两个假设是合理的。

6.1　重力场中刚体航天器的姿态运动方程

6.1.1　运动微分方程

设刚体航天器的质心为 O，质量为 m，关于质心的惯性并矢为 $\mathbb{I}$。又设中心天体的引力常数为 μ，引力中心至 O 的矢量为 $\boldsymbol{R}$。根据 3.1 节，当刚体的特征尺寸 l 比 O 至引力中心的距离 R 小得多时，作用在刚体航天器各部分重力的合力及对 O 点的合力矩分别为

$$\boldsymbol{F}_{\mathrm{g}}=-\frac{\mu m}{R^{3}}\boldsymbol{R} \tag{6.1}$$

和

$$\boldsymbol{T}_{\mathrm{g}}=\frac{3\mu}{R^{5}}\boldsymbol{R}\times\mathbb{I}\cdot\boldsymbol{R} \tag{6.2}$$

注意，式(6.1)和式(6.2)都忽略了 l/R 的二阶以上小量。

根据刚体动力学的质心运动定理，质心 O 的运动等同于刚体质量集中于 O 点，并将作用于刚体的外力合力作用于 O 点的情况下的运动。由式(6.1)可知，质心运动就是将航天器看成质点时在重力场中的轨道运动。这说明在只受中心引力场作用且 $l/R\ll 1$ 的条件下，轨道运动不受姿态运动的耦合影响。

因此，质心的运动可由航天器轨道动力学确定，这里假定其运动规律是已知的。设航天器轨道坐标系 $Ox_{\mathrm{o}}y_{\mathrm{o}}z_{\mathrm{o}}$ 的原点为 O，坐标轴单位矢量 $\boldsymbol{k}_{\mathrm{o}}$ 指向引力中心，$\boldsymbol{j}_{\mathrm{o}}$ 沿轨道面负法向，$\boldsymbol{i}_{\mathrm{o}}$ 大致为运动方向。轨道坐标系 $Ox_{\mathrm{o}}y_{\mathrm{o}}z_{\mathrm{o}}$ 的平动和转动运动规律都是已知的，其轨道角速度 $\boldsymbol{\omega}_{\mathrm{o}}=-\omega_{\mathrm{o}}\boldsymbol{j}_{\mathrm{o}}$ 也是已知的。

取本体坐标系 $Ox_{\mathrm{b}}y_{\mathrm{b}}z_{\mathrm{b}}$，其原点 O 和坐标轴单位矢量 $\boldsymbol{i}_{\mathrm{b}}$，$\boldsymbol{j}_{\mathrm{b}}$，$\boldsymbol{k}_{\mathrm{b}}$ 均固联于刚体，该坐标系相对惯性系的角速度矢量为 $\boldsymbol{\omega}$。矢量 $\boldsymbol{\omega}$，$\boldsymbol{i}_{\mathrm{o}}$，$\boldsymbol{j}_{\mathrm{o}}$，$\boldsymbol{k}_{\mathrm{o}}$ 在本体坐标系

$Ox_b y_b z_b$ 中的分量列阵分别记为 $\underline{\boldsymbol{\omega}}$,$\underline{\boldsymbol{C}}_1$,$\underline{\boldsymbol{C}}_2$,$\underline{\boldsymbol{C}}_3$。转动惯量矩阵 $\underline{\boldsymbol{I}}$ 是惯性并矢$\mathbb{I}$ 的分量阵。根据欧拉方程,若刚体只受重力梯度力矩作用,由式(6.2)可知,其姿态动力学方程在本体坐标系下的矩阵式为

$$\underline{\boldsymbol{I}}\,\underline{\dot{\boldsymbol{\omega}}} + \underline{\boldsymbol{\omega}}^{\times}\,\underline{\boldsymbol{I}\boldsymbol{\omega}} = \frac{3\mu}{R^3}\underline{\boldsymbol{C}}_3^{\times}\,\underline{\boldsymbol{I}\boldsymbol{C}}_3 \tag{6.3}$$

为写出运动学方程,采用本体坐标系 $Ox_b y_b z_b$ 相对于轨道坐标系 $Ox_o y_o z_o$ 的方向余弦矩阵 $\underline{\boldsymbol{C}}_{bo}$ 作为描述姿态的参数。根据前面给出 $\underline{\boldsymbol{C}}_1$,$\underline{\boldsymbol{C}}_2$,$\underline{\boldsymbol{C}}_3$ 的定义,有

$$\underline{\boldsymbol{C}}_{bo} = [\underline{\boldsymbol{C}}_1 \quad \underline{\boldsymbol{C}}_2 \quad \underline{\boldsymbol{C}}_3]$$

由于刚体相对于轨道坐标系 $Ox_o y_o z_o$ 的角速度矢量为$\boldsymbol{\omega}_{bo} = \boldsymbol{\omega} - \boldsymbol{\omega}_o$,$\boldsymbol{\omega}_{bo}$ 在本体坐标系中的分量列阵为 $\underline{\boldsymbol{\omega}}_{bo}$,$\boldsymbol{\omega}_o$ 为轨道坐标系旋转角度矢量。由姿态运动学方程可知

$$\dot{\underline{\boldsymbol{C}}}_{bo} = -\underline{\boldsymbol{\omega}}_{bo}^{\times}\underline{\boldsymbol{C}}_{bo} = (\underline{\boldsymbol{C}}_{bo}^{\mathrm{T}}\underline{\boldsymbol{\omega}}_{bo}^{\times})^{\mathrm{T}} \tag{6.4}$$

动力学方程(6.3)和运动学方程(6.4)组成了刚体在中心引力场中相对于其质心的姿态运动微分方程式。由于方向余弦矩阵的 9 个元素只有 3 个是独立变量,加上姿态角速度矢量$\boldsymbol{\omega}_{bo}$ 的分量列阵 $\underline{\boldsymbol{\omega}}_{bo}$,实际上有 6 个未知变量。

注意,方程中$\boldsymbol{\omega}_o$,R 是给定的时间函数。

6.1.2　圆轨道情况下的第一积分

当刚体质心在中心引力场中做圆轨道运动时,R 和 ω_o 均为常数,其中 $\omega_o = \sqrt{\mu/R^3}$。此时动力学方程(6.3)变为

$$\underline{\boldsymbol{I}}\,\underline{\dot{\boldsymbol{\omega}}} + \underline{\boldsymbol{\omega}}^{\times}\,\underline{\boldsymbol{I}\boldsymbol{\omega}} = 3\omega_o^2\underline{\boldsymbol{C}}_3^{\times}\,\underline{\boldsymbol{I}\boldsymbol{C}}_3 \tag{6.5}$$

而运动学方程可化为

$$\dot{\underline{\boldsymbol{C}}}_2^{\mathrm{T}} = \underline{\boldsymbol{C}}_2^{\mathrm{T}}\underline{\boldsymbol{\omega}}_{bo}^{\times} = -\underline{\boldsymbol{\omega}}_{bo}^{\mathrm{T}}\underline{\boldsymbol{C}}_2^{\times} \tag{6.6}$$

$$\dot{\underline{\boldsymbol{C}}}_3^{\mathrm{T}} = \underline{\boldsymbol{C}}_3^{\mathrm{T}}\underline{\boldsymbol{\omega}}_{bo}^{\times} = -\underline{\boldsymbol{\omega}}_{bo}^{\mathrm{T}}\underline{\boldsymbol{C}}_3^{\times} \tag{6.7}$$

用 $\underline{\boldsymbol{\omega}}_{bo}^{\mathrm{T}}$ 左乘式(6.5)的两边,用 $\omega_o\underline{\boldsymbol{I}\omega}$ 右乘式(6.6)的两边,用 $3\omega_o^2\underline{\boldsymbol{I}\boldsymbol{C}}_3$ 右乘式(6.7)的两边,然后将所得到的 3 个方程相加,经过整理并利用关系式 $\underline{\boldsymbol{\omega}} = \underline{\boldsymbol{\omega}}_{bo} - \omega_o\underline{\boldsymbol{C}}_2$ 可得

$$\underline{\boldsymbol{\omega}}_{bo}^{\mathrm{T}}\underline{\boldsymbol{I}}\,\underline{\dot{\boldsymbol{\omega}}}_{bo} + 3\omega_o^2\underline{\boldsymbol{C}}_3^{\mathrm{T}}\,\underline{\boldsymbol{I}}\,\dot{\underline{\boldsymbol{C}}}_3 - \omega_o^2\underline{\boldsymbol{C}}_2^{\mathrm{T}}\,\underline{\boldsymbol{I}}\,\dot{\underline{\boldsymbol{C}}}_2 = 0$$

积分可得

$$\frac{1}{2}\underline{\boldsymbol{\omega}}_{bo}^{\mathrm{T}}\underline{\boldsymbol{I}\boldsymbol{\omega}}_{bo} + \frac{3}{2}\omega_o^2\underline{\boldsymbol{C}}_3^{\mathrm{T}}\underline{\boldsymbol{I}\boldsymbol{C}}_3 - \frac{1}{2}\omega_o^2\underline{\boldsymbol{C}}_2^{\mathrm{T}}\underline{\boldsymbol{I}\boldsymbol{C}}_2 = H(\text{常数}) \tag{6.8}$$

这个第一积分式在分析力学上称为雅可比积分,等号左边是系统的雅可比函数。下面说明其中各项的物理意义。

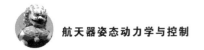

第一项$\frac{1}{2}\underline{\boldsymbol{\omega}}_{\mathrm{bo}}^{\mathrm{T}}\underline{\boldsymbol{I}\boldsymbol{\omega}}_{\mathrm{bo}}$是刚体相对于轨道坐标系$Ox_{\mathrm{o}}y_{\mathrm{o}}z_{\mathrm{o}}$运动的动能。第二项是刚体质心固定时由于在重力场中的某种姿态而具有的重力势能，也就是说，它的变化率与单位时间内重力梯度力矩所做功的大小相等，符号相反。事实上有

$$\frac{\mathrm{d}}{\mathrm{d}t}\left(\frac{3}{2}\omega_{\mathrm{o}}^{2}\underline{\boldsymbol{C}}_{3}^{\mathrm{T}}\underline{\boldsymbol{I}\boldsymbol{C}}_{3}\right)=3\omega_{\mathrm{o}}^{2}\dot{\underline{\boldsymbol{C}}}_{3}^{\mathrm{T}}\underline{\boldsymbol{I}\boldsymbol{C}}_{3}=-\underline{\boldsymbol{\omega}}_{\mathrm{bo}}^{\mathrm{T}}(3\omega_{\mathrm{o}}^{2}\underline{\boldsymbol{C}}_{3}^{\times}\underline{\boldsymbol{I}\boldsymbol{C}}_{3})$$

这里用到等式(6.7)，而且力矩所做的功是相对于轨道坐标系计算的。第三项是在轨道运动的离心力场中由于刚体的某种姿态而具有的势能。事实上有

$$\frac{\mathrm{d}}{\mathrm{d}t}\left(-\frac{1}{2}\omega_{\mathrm{o}}^{2}\underline{\boldsymbol{C}}_{2}^{\mathrm{T}}\underline{\boldsymbol{I}\boldsymbol{C}}_{2}\right)=-\underline{\boldsymbol{\omega}}_{\mathrm{bo}}^{\mathrm{T}}(-\omega_{\mathrm{o}}^{2}\underline{\boldsymbol{C}}_{2}^{\times}\underline{\boldsymbol{I}\boldsymbol{C}}_{2})$$

而$-\omega_{\mathrm{o}}^{2}\underline{\boldsymbol{C}}_{2}^{\times}\underline{\boldsymbol{I}\boldsymbol{C}}_{2}$是刚体相对于轨道系固定不动时的牵连惯性力矩，即离心力矩。

雅可比积分式(6.8)可用于运动微分方程(6.5)～(6.7)数值积分精确度的检验；又可用于重力梯度稳定航天器天平动（即相对天底或天顶方向做无阻尼摆动）的估计，还可用于平衡位置稳定性的分析。

6.2　圆轨道下航天器在重力梯度作用下的俯仰运动

设坐标系$Ox_{\mathrm{b}}y_{\mathrm{b}}z_{\mathrm{b}}$为刚体的惯性主轴坐标系，$O$为质心。不难验证运动微分方程(6.3)和方程(6.4)有一类特解，满足

$$\omega_x=\omega_z=0$$

$$\underline{\boldsymbol{C}}_{\mathrm{bo}}=\begin{bmatrix}\cos\theta & 0 & -\sin\theta\\ 0 & 1 & 0\\ \sin\theta & 0 & \cos\theta\end{bmatrix}$$

$$I_y\dot{\omega}_y=-\frac{3\mu}{R^3}(I_x-I_z)\cos\theta\sin\theta$$

$$\dot{\theta}=\omega_y+\omega_{\mathrm{o}}(t)$$

这类特解所描述的运动是，主轴$\boldsymbol{j}_{\mathrm{b}}$与轨道系坐标轴$\boldsymbol{j}_{\mathrm{o}}$重合，星体绕该轴转动，转动角（即俯仰角）为$\theta$。将上式中的$\omega_y$消去得

$$I_y\ddot{\theta}+\frac{3\mu}{R^3}(I_x-I_z)\cos\theta\sin\theta=I_y\dot{\omega}_{\mathrm{o}}(t)\tag{6.9}$$

这是一个非线性、具有变系数和非齐次项的二阶微分方程，一般没有解析解。假定刚体质心在中心引力场中做圆轨道运动，因而上面的方程可化为

$$I_y\ddot{\theta}+3\omega_{\mathrm{o}}^{2}(I_x-I_z)\cos\theta\sin\theta=0\tag{6.10}$$

如果用2θ作为未知函数，此方程与单摆的运动微分方程相同。其雅可比积

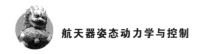

分为

$$\frac{1}{2}I_y\dot{\theta}^2+\frac{3}{2}\omega_o^2(I_x-I_z)\sin^2\theta=E_n \tag{6.11}$$

式中,E_n 为常数。此式给出了在相平面 $\theta-\dot{\theta}$ 上的相轨迹,如图 6.1 所示。

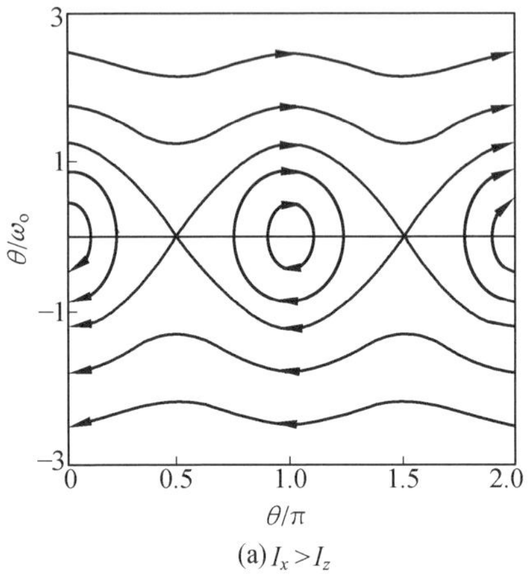

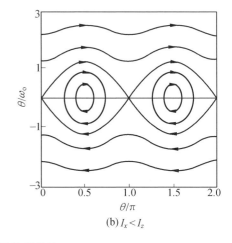

(a) $I_x>I_z$　　(b) $I_x<I_z$

图 6.1　平面运动的相轨迹

平面运动有 4 个平衡位置(奇点),位于 $\theta=0,\pi/2,\pi,3\pi/2$。当 $I_x>I_z$ 时,$\theta=0,\pi$ 是稳定平衡位置(中心),如图 6.1(a) 所示,而 $\theta=\pi/2,3\pi/2$ 是不稳定平衡位置(鞍点);反之,当 $I_x<I_z$ 时,$\theta=0,\pi$ 是不稳定平衡位置(鞍点),如图 6.1(b) 所示,而 $\theta=\pi/2,3\pi/2$ 是稳定平衡位置。总之,惯量较小的轴与当地垂线平行时是稳定的,两者相互垂直时是不稳定的。

如果已知初始条件 θ_0 和 $\dot{\theta}_0$,那么由式(6.11) 可确定常数 E_n。知道了常数 E_n,在式(6.11) 中令 $\dot{\theta}=0$,即可确定 θ 的幅值。例如,设 $I_x>I_z$,则有

$$\theta_{\max}=\arcsin\sqrt{\frac{E_n}{\frac{3}{2}\omega_o^2(I_x-I_z)}} \tag{6.12}$$

当然,此式只有在稳定平衡位置附近才有意义。如果初始条件偏离稳定平衡位置较远,则可能使

$$E_n>\frac{3}{2}\omega_o^2(I_x-I_z)=E_{n0} \tag{6.13}$$

从而使 θ 最大值不存在,此时刚体将绕 j_b 轴做连续的翻滚运动。在图 6.1 上,这种情况对应于相图上方和下方的不封闭轨线。

如果 $E_n<E_{n0}$,当 θ 和 $\dot{\theta}$ 很接近于稳定平衡位置时,有 $\sin\theta\approx\theta$,式(6.10) 的近似解为

$$\theta(t) = A\cos \omega_n t + B\sin \omega_n t$$

式中，$\omega_n = \sqrt{\dfrac{3(I_x - I_z)}{I_y}}\omega_o$。

即当 θ 和 $\dot{\theta}$ 很接近于稳定平衡位置时，系统做简谐运动。显然，姿态运动角频率 ω_n 与轨道角频率 ω_o 为同一量级。

这表明，在重力梯度力矩作用下，重力梯度稳定航天器的偏航轴相对天底或天顶方向做无阻尼摆动。仿照天文学名词，称此摆动为天平动。

6.3 刚体航天器在重力梯度力矩作用下的运动稳定性

运动稳定性是指物体或系统在外干扰的作用下偏离其运动后返回该运动的性质。若逐渐返回原运动，则称此运动是稳定的，否则称为不稳定的。对任何运动，外干扰都是经常存在的，因此可以说，物体或系统的某一运动的稳定性就是它的存在性，只有稳定的运动才能存在。在工程技术上，要使设计对象的某些运动能够实现，那些运动必须是稳定的。本节对刚体航天器在重力梯度力矩作用下的运动稳定性进行分析。

6.3.1 圆轨道情况下的平衡位置

根据式(6.3)，对于在圆轨道上运行的刚体航天器，其姿态运动满足方程

$$\underline{\boldsymbol{I}}\,\dot{\underline{\boldsymbol{\omega}}} + \underline{\boldsymbol{\omega}}^{\times}\,\underline{\boldsymbol{I}}\underline{\boldsymbol{\omega}} = 3\omega_o^2 \underline{\boldsymbol{C}}_3^{\times}\,\underline{\boldsymbol{I}}\underline{\boldsymbol{C}}_3 \tag{6.14}$$

式中，ω_o 为轨道角速度，在圆轨道情况下为常数值。

所谓平衡位置是指该航天器对于运动微分方程的特解，该特解对应的姿态相对于轨道坐标系静止，即当航天器处于平衡位置时，有

$$\underline{\boldsymbol{\omega}} = -\omega_o \underline{\boldsymbol{C}}_2 \tag{6.15}$$

由于航天器相对轨道坐标系静止，则方向余弦矩阵 $\underline{\boldsymbol{C}}_{bo}$ 为常数矩阵，其 3 个列阵 $\underline{\boldsymbol{C}}_1$，$\underline{\boldsymbol{C}}_2$，$\underline{\boldsymbol{C}}_3$ 也为常值列阵。将式(6.15)代入式(6.14)中，即可得到平衡位置需满足的代数方程

$$\underline{\boldsymbol{C}}_2^{\times}\,\underline{\boldsymbol{I}}\underline{\boldsymbol{C}}_2 = 3\underline{\boldsymbol{C}}_3^{\times}\,\underline{\boldsymbol{I}}\underline{\boldsymbol{C}}_3 \tag{6.16}$$

同样，由于航天器相对轨道系静止，因此轨道坐标系的 3 个坐标轴 $\boldsymbol{i}_o$，$\boldsymbol{j}_o$，$\boldsymbol{k}_o$ 相对星体坐标系为不变的矢量，这 3 个单位矢量在星体坐标系下的分量列阵为 $\underline{\boldsymbol{C}}_1$，$\underline{\boldsymbol{C}}_2$，$\underline{\boldsymbol{C}}_3$。下面对平衡位置的情况进行讨论：

(1) 若 $\boldsymbol{i}_o$，$\boldsymbol{j}_o$，$\boldsymbol{k}_o$ 分别沿星体的 3 个惯性主轴，即轨道系与航天器惯性主轴坐标系一致时，则有 $\underline{\boldsymbol{I}}\underline{\boldsymbol{C}}_2 = \lambda_2 \underline{\boldsymbol{C}}_2$，$\underline{\boldsymbol{I}}\underline{\boldsymbol{C}}_3 = \lambda_3 \underline{\boldsymbol{C}}_3$，此时很容易验证 $\underline{\boldsymbol{C}}_2$，$\underline{\boldsymbol{C}}_3$ 满足式(6.16)。

(2) 下面用反证法证明。当满足式(6.16)时，轨道坐标系必与惯性主轴坐标

系一致。若 $\underline{C}_2$,$\underline{C}_3$ 满足式(6.16),对该式两边左乘 $\underline{C}_1^{\mathrm{T}}$,由于 $\underline{C}_1^{\mathrm{T}}\underline{C}_2^{\times}=\underline{C}_3^{\mathrm{T}}$,$\underline{C}_1^{\mathrm{T}}\underline{C}_3^{\times}=-\underline{C}_2^{\mathrm{T}}$,$\underline{I}=\underline{I}^{\mathrm{T}}$,得

$$\underline{C}_3^{\mathrm{T}}\underline{I}\underline{C}_2=\underline{C}_2^{\mathrm{T}}\underline{I}\underline{C}_3=0$$

将式(6.16)两边左乘 $\underline{C}_2^{\mathrm{T}}$,由于 $\underline{C}_2^{\mathrm{T}}\underline{C}_2^{\times}=[0\quad 0\quad 0]^{\mathrm{T}}$,$\underline{C}_2^{\mathrm{T}}\underline{C}_3^{\times}=\underline{C}_1^{\mathrm{T}}$,得

$$\underline{C}_1^{\mathrm{T}}\underline{I}\underline{C}_3=0$$

同理,将式(6.16)两边左乘 $\underline{C}_3^{\mathrm{T}}$,得

$$\underline{C}_3^{\mathrm{T}}\underline{I}\underline{C}_2=0$$

由于 $\underline{C}_1$,$\underline{C}_2$,$\underline{C}_3$ 是两两彼此正交的列阵,故上面 4 个等式意味着 $\underline{I}\underline{C}_2=\lambda_2\underline{C}_2$,$\underline{I}\underline{C}_3=\lambda_3\underline{C}_3$,即 $\boldsymbol{j}_{\mathrm{o}}$,$\boldsymbol{k}_{\mathrm{o}}$ 为航天器的两个惯性主轴。

由情况(1)和情况(2)可知,当航天器处于平衡位置时,其惯性主轴必然与轨道坐标系的 3 个坐标轴重合;反之亦然。

假设航天器体坐标系 $Ox_{\mathrm{b}}y_{\mathrm{b}}z_{\mathrm{b}}$ 与其惯性主轴坐标系重合,根据上述分析,第一惯性主轴 $\boldsymbol{i}_{\mathrm{b}}$ 轨道系坐标轴重合,有 $\pm\boldsymbol{i}_{\mathrm{o}}$,$\pm\boldsymbol{j}_{\mathrm{o}}$,$\pm\boldsymbol{k}_{\mathrm{o}}$ 6 种可能性;当 $\boldsymbol{i}_{\mathrm{b}}$ 确定后,第二惯性主轴 $\boldsymbol{j}_{\mathrm{b}}$ 的方向有 4 种可能性;当 $\boldsymbol{i}_{\mathrm{b}}$,$\boldsymbol{j}_{\mathrm{b}}$ 确定后,姿态就确定了。所以,当刚体航天器在中心引力场中做圆轨道运动时,其姿态方位相对于轨道坐标系共有 24 个平衡位置。这些平衡位置有些是稳定的,有些是不稳定的,只有稳定的平衡位置才能用于航天器的被动姿态控制。因此需要对各平衡位置的稳定性进行讨论。

在没有规定质量分布特性 I_x,I_y,I_z 之前,所有 24 个平衡位置具有完全平等的地位,只需要讨论其中一个就足够了。对于对地定向航天器,在标称工作姿态时,通常要求其本体固联坐标系 $Ox_{\mathrm{b}}y_{\mathrm{b}}z_{\mathrm{b}}$ 与轨道坐标系 $Ox_{\mathrm{o}}y_{\mathrm{o}}z_{\mathrm{o}}$ 一致,即平衡位置为 $\underline{C}_{\mathrm{bo}}=\underline{E}_3$ 的情况。以下的分析均以此平衡位置为基础。

6.3.2 刚体航天器在重力梯度力矩作用下的运动稳定性

本小节仍采用扰动分析法对刚体航天器在平衡位置附近运动时的稳定性进行分析。为简化分析,假设航天器的本体固联坐标系 $Ox_{\mathrm{b}}y_{\mathrm{b}}z_{\mathrm{b}}$ 与其惯性主轴坐标系重合,且运行在圆轨道上,所受外力矩只有重力梯度力矩。

取 zyx 或 zxy 顺序的姿态角(ψ,θ,φ)作为姿态参数来描述航天器本体固联坐标系相对轨道坐标系之间的姿态,并假设在平衡位置附近满足小角度假设,则有

$$\underline{C}_3\approx[-\theta\quad\varphi\quad 1]^{\mathrm{T}}\tag{6.17}$$

星体相对惯性系的姿态角速度分量列阵 $\underline{\boldsymbol{\omega}}$ 可简化为

$$\underline{\boldsymbol{\omega}}\approx\begin{bmatrix}\dot{\varphi}-\omega_{\mathrm{o}}\psi\\ \dot{\theta}-\omega_{\mathrm{o}}\\ \dot{\psi}+\omega_{\mathrm{o}}\varphi\end{bmatrix}\tag{6.18}$$

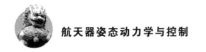

将式(6.17) 和式(6.18) 代入方程(6.14),并略去二阶小量,经合并同类项后,可得到刚体航天器在圆轨道情况下的姿态运动方程为

$$\begin{cases} I_x\ddot{\varphi} + (I_y - I_z - I_x)\omega_o\dot{\psi} + 4(I_y - I_z)\omega_o^2\varphi = 0 \\ I_y\ddot{\theta} + 3\omega_o^2(I_x - I_z)\theta = 0 \\ I_z\ddot{\psi} - (I_y - I_z - I_x)\omega_o\dot{\varphi} + (I_y - I_x)\omega_o^2\psi = 0 \end{cases} \tag{6.19}$$

在式(6.19) 中,第二个方程式(俯仰通道) 是独立的,方程的解为

$$\theta = Ae^{\sqrt{\frac{3(I_z - I_x)}{I_y}}\omega_o t} \tag{6.20}$$

这说明,俯仰运动稳定的条件是

$$I_x > I_z \tag{6.21}$$

对于式(6.19) 中第一式和第三式,两者相互耦合,可归纳为双输入 / 双输出的多变量线性系统,为分析其稳定性,取拉氏变换,得

$$\begin{bmatrix} s^2 + 4K_x\omega_o^2 & (K_x - 1)\omega_o s \\ (1 - K_x)\omega_o s & s^2 + K_z\omega_o^2 \end{bmatrix}\begin{bmatrix} \varphi(s) \\ \psi(s) \end{bmatrix} = \begin{bmatrix} 0 \\ 0 \end{bmatrix} \tag{6.22}$$

式中,K_x 和 K_z 分别定义为

$$K_x = \frac{I_y - I_z}{I_x}, \quad K_z = \frac{I_y - I_x}{I_z} \tag{6.23}$$

式(6.22) 的特征方程式为

$$s^4 + (1 + 3K_x + K_xK_z)\omega_o^2 s^2 + 4K_xK_z\omega_o^4 = 0 \tag{6.24}$$

此特征方程式为四阶,但缺少 s 的一次项和三次项,如果以 $f(s)$ 表示式(6.24) 的左侧多项式,再令

$$s = -s^*$$

代入式(6.24),显然有

$$f(s) = f(s^*)$$

即特征方程式(6.24) 的根是关于虚轴对称的,说明其根是成对出现的,因此要使系统稳定,特征方程式(6.24) 的根只能取虚数,即 $s = j\omega$。为求式(6.24) 的根,令 $\lambda = s^2$,则有

$$\lambda^2 + (1 + 3K_x + K_xK_z)\omega_o^2\lambda + 4K_xK_z\omega_o^4 = 0$$

s 为纯虚数的条件是 λ 为负,由霍尔维茨判据可知,只有下面不等式成立系统才能稳定:

$$\begin{cases} 1 + 3K_x + K_xK_z > 0 \\ K_xK_z > 0 \\ 1 + 3K_x + K_xK_z > 4\sqrt{K_xK_z} \end{cases} \tag{6.25}$$

对式(6.25) 进行分析可知,满足第三式必然满足第一式,所以只要有第二式

和第三式就可推论系统的稳定性。由第二式知，K_x 和 K_z 必须同号，系统才有可能稳定。这又可分为两种情况。

若 $K_x > 0, K_z > 0$，由俯仰运动的稳定条件($I_x > I_z$)，则必有

$$I_y > I_x > I_z$$

而当 $K_x < 0, K_z < 0$，则必有

$$I_x > I_z > I_y$$

如果把式(6.21)和式(6.25)结合起来，绘在以惯量比 K_x 为横轴，K_z 为纵轴的图中，并将不稳定区域以斜线阴影区标出，就可得到刚体航天器姿态稳定区域图，使用该图比较形象且便于分析。根据上述分析结果，可得到如图 6.2 所示的结果。

利用刚体惯量矩的定义可知，任何方向的主转动惯量必小于另两方向主转动惯量之和，不难证明图 6.2 中的 K_x 和 K_z 取值范围为[−1，+1]。

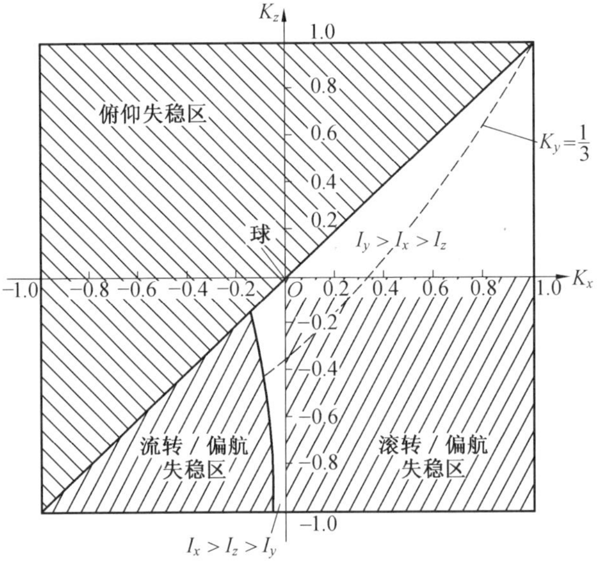

图 6.2　重力梯度的稳定性区域

其中第二象限和第四象限不稳定是因为 K_x 和 K_z 异号，第三象限中的曲线是式(6.25)中第三式确定的稳定边界；斜线下方稳定是由 $I_x > I_z$ 这一条件得到的。

后一结果可反证如下：在图 6.2 中斜线下方有 $K_x > K_z$，即 $\frac{I_y - I_z}{I_x} > \frac{I_y - I_x}{I_z}$，移项整理后得 $I_y(I_z - I_x) > (I_z + I_x)(I_z - I_x)$。由于任意坐标轴的转动惯量小于另两轴的惯量和，因此应有$(I_z - I_x) < 0$，这恰是俯仰运动的稳定

条件。反证成立。

上述分析结果是在圆形轨道为前提求得的，然而在实际飞行情况下，很难得到纯粹的圆形轨道，而是接近圆形的小偏心率椭圆轨道。在此情况下，轨道角速度 ω_o 的近似式为

$$\omega_o = \dot{\vartheta} \approx n(1 + 2e\cos\vartheta) \tag{6.26}$$

式中，$n = \sqrt{\mu/p^3}$，其中 p 为轨道半焦弦；ϑ 为轨道的真近点角。

由式(6.26) 可得到轨道角加速度为

$$\dot{\omega}_0 \approx -2n^2 e\sin\vartheta$$

将上述各式代入方程(6.3)，忽略小量的高阶项及合并同类项后有

$$\begin{cases} I_x\ddot{\varphi} + (I_y - I_z - I_x)n\dot{\psi} + 4(I_y - I_z)n^2\varphi = 0 \\ I_y\ddot{\theta} + 3n^2(I_x - I_z)\theta = -I_y 2n^2 e\sin nt_{\mathrm{P}} \\ I_z\ddot{\psi} - (I_y - I_z - I_x)n\dot{\varphi} + (I_y - I_x)n^2\psi = 0 \end{cases} \tag{6.27}$$

在推导上述方程时，用到了如下假设：

$$\frac{\mu}{R^3} \approx \frac{\mu}{p^3} = n^2$$

及

$$\vartheta \approx nt_{\mathrm{P}}$$

式中，t_{P} 是从近拱点算起的时间。

式(6.27) 与圆形轨道情况下的简化运动方程式(6.19) 相比，只是在俯仰运动方程多了右侧项，其余则相同。可见，在小偏心率椭圆轨道的情况下，航天器在重力梯度作用下滚动－偏航稳定的条件仍然与圆轨道情况相同。

对于小偏心率椭圆轨道的情况，根据式(6.27) 的第二个方程式(俯仰通道)，只要 $I_x > I_z$，俯仰运动就是稳定的。假定俯仰运动是稳定的，这时其运动是自然振荡和由轨道偏心率引起的强迫运动的合运动，方程的通解为

$$\theta = \frac{2e\sin nt_{\mathrm{P}}}{3\left(\dfrac{I_x - I_z}{I_y}\right) - 1} + A\cos\left(nt_{\mathrm{P}}\sqrt{3\left(\dfrac{I_x - I_z}{I_y}\right)} + \alpha\right) \tag{6.28}$$

K_y 定义为

$$K_y = \frac{I_x - I_z}{I_y}$$

在 $K_y = 1/3$ 时发生俯仰共振，此时俯仰角 θ 变为无穷大，俯仰运动不稳定。所以在选择 K_y 值时，应注意勿使其在 1/3 附近。将此条件绘在稳定区域图中，如图 6.2 中的虚线。为保证航天器的稳定性，在选择惯量分布时，应避开此虚线。

6.4 能量损耗对重力梯度稳定航天器的影响

6.3 节给出的稳定性条件是在航天器为刚体的假设下给出的，而实际上航天器通常总是存在弹性变形。例如，为提高重力梯度稳定的效果，航天器通常会伸出一个结构较轻的长杆，在轨道飞行时发生一些弹性变形，结构内部的晶格之间因摩擦造成能量的损耗。

当有能量损耗时，航天器的姿态稳定条件将发生一些变化。为方便分析和展示能量损耗对重力梯度稳定航天器的影响，暂假设航天器能量的损耗与姿态角速度成正比。在式(6.19)中分别加入 $C_\varphi\dot{\varphi}$，$C_\theta\dot{\theta}$，$C_\psi\dot{\psi}$，对应的简化姿态运动方程变为

$$\begin{cases}I_x\ddot{\varphi}+C_\varphi\dot{\varphi}+(I_y-I_z-I_x)\omega_o\dot{\psi}+4(I_y-I_z)\omega_o^2\varphi=0\\ I_y\ddot{\theta}+C_\theta\dot{\theta}+3\omega_o^2(I_x-I_z)\theta=0\\ I_z\ddot{\psi}+C_\psi\dot{\psi}-(I_y-I_z-I_x)\omega_o\dot{\varphi}+(I_y-I_x)\omega_o^2\psi=0\end{cases} \tag{6.29}$$

可见，俯仰运动仍独立于滚动和偏航运动，而后两者依然相互耦合。

下面对其姿态运动的稳定条件进行分析。俯仰运动稳定的条件仍与式(6.21)相同，即

$$I_x>I_z \tag{6.30}$$

但区别是：在有能量损耗的情况下，其运动是渐进稳定的；而对于纯刚体情况，其俯仰运动是等幅振荡的，而不是衰减的。

而对于滚动和偏航运动，取拉氏变换，对应的特征方程式为

$$s^4+a_3s^3+a_2s^2+a_1s+a_0=0$$

式中

$$a_3=\frac{C_\varphi}{I_x}+\frac{C_\psi}{I_z}$$

$$a_2=(1+3K_x+K_xK_z)\omega_o^2+\frac{C_\varphi C_\psi}{I_xI_z}$$

$$a_1=\left(\frac{C_\varphi}{I_x}K_z+4\frac{C_\psi}{I_z}K_x\right)\omega_o^2$$

$$a_0=4K_xK_z\omega_o^4$$

根据霍尔维茨稳定性判据，该系统稳定的充要条件是

$$\frac{C_\varphi}{I_x}+\frac{C_\psi}{I_z}>0 \tag{6.31}$$

$$\frac{C_\varphi}{I_x}K_z + 4\frac{C_\psi}{I_z}K_x > 0 \tag{6.32}$$

$$K_x K_z > 0 \tag{6.33}$$

$$a_1 a_2 a_3 - a_0 a_3^2 - a_1^2 a_4 > 0 \tag{6.34}$$

上面4式中,式(6.31)自然满足,而由式(6.32)和式(6.33)可知,应有

$$K_x > 0, \quad K_z > 0 \tag{6.35}$$

即

$$I_y > I_x, \quad I_y > I_z \tag{6.36}$$

由式(6.30)和式(6.36)的条件可绘制系统稳定区域划分图,如图6.3所示。该图表示,在有能量损耗时,只有当俯仰轴的转动惯量最大、偏航轴转动惯量最小时,航天器才有可能稳定。当然,若要求航天器真正稳定,还需满足式(6.34)的要求。

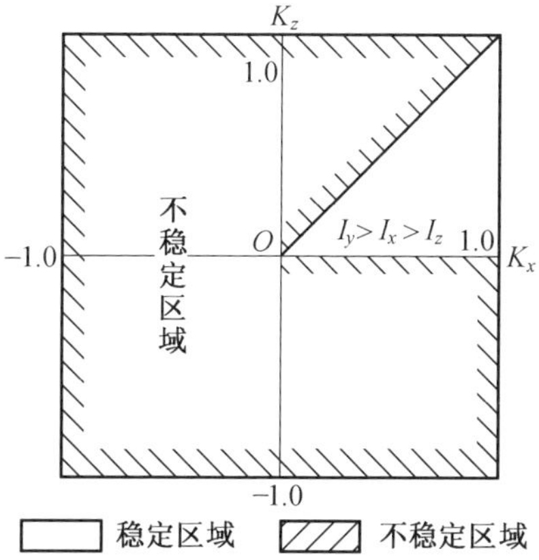

图6.3　有能量损耗时的重力梯度稳定航天器的稳定区域

与6.3节相比较,在重力梯度力矩作用下,刚体航天器的俯仰轴具有最大或最小转动惯量时,都有可能是稳定的;而带有能量损耗的航天器,则只有当俯仰轴具有最大转动惯量时,才有可能是稳定的。

尽管通常的航天器都是带有能量损耗的,在重力梯度力矩作用下,其姿态运动是渐进稳定的,但通常天平动运动(主要指滚动和俯仰运动)的阻尼效果很差,让航天器运动振幅衰减到能接受的程度,需要很长的时间,因而无法满足工程要求。为了有效地减少重力梯度稳定航天器的天平动幅度,工程上需要在航天器上安装天平动阻尼器。阻尼器一般有被动和半被动两种类型,其基本原理都是消耗天平动的动能,有关天平动阻尼器的分类和工作原理可参阅附录4.4.2。

下面以在圆轨道上运行且安装了机械能耗弹簧阻尼器的重力梯度稳定航天器为例,具体分析阻尼对其稳定性的影响。

如图6.4所示,坐标系 $Oxyz$ 为固联在航天器上的一个坐标系。阻尼器 D 由

弹簧支撑的活塞和阻尼阀组成，活塞被安装在星体的 Ox 轴上，距点 O 的距离为 l，活塞沿 Oy 方向运动，位移为 η，其平衡位置在 Ox 轴上($\eta=0$)。B 是航天器，当活塞处于 Ox 轴上时，航天器质心在 O 点，假设此时航天器整体相对 O 点的转动惯量矩阵 $\underline{\boldsymbol{I}}_0$ 为对角阵，m_s 为航天器本体质量。

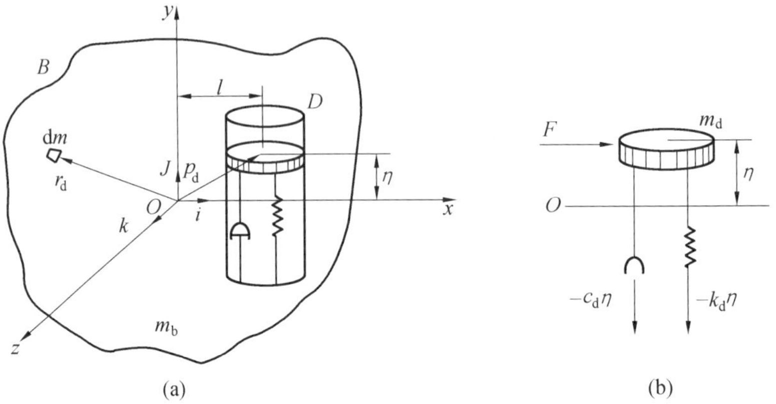

图 6.4　带有机械能耗弹簧阻尼器的重力梯度稳定航天器

在一般情况下($\eta\neq0$)，航天器整体关于 O 点的转动惯量矩阵为

$$\underline{\boldsymbol{I}}=\begin{bmatrix} I_x+m_d\eta^2 & -m_d\eta l & 0 \\ -m_d\eta l & I_y & 0 \\ 0 & 0 & I_z+m_d\eta^2 \end{bmatrix} \tag{6.37}$$

取 O 点作为基准点，则关于此基准点的航天器整体视角动量 $\boldsymbol{H}^O$ 为

$$\boldsymbol{H}^O=\mathbb{I}\cdot\boldsymbol{\omega}-m_d l\dot{\eta}\boldsymbol{k} \tag{6.38}$$

另外，当 $\eta\neq0$ 时，航天器整体质心相对基准点 O 的位移为

$$\boldsymbol{r}_O=\mu\eta\boldsymbol{j} \tag{6.39}$$

式中，$\mu=m_d/(m_d+m_b)$。则航天器整体关于基准点的静矩为

$$\boldsymbol{S}=(m_d+m_b)\boldsymbol{r}_O=m_d\eta\boldsymbol{j} \tag{6.40}$$

而航天器整体质心相对基准点的绝对加速度为

$$\begin{aligned}\ddot{\boldsymbol{r}}_o&=\mu\frac{d^2}{dt^2}(\eta\boldsymbol{j})\\&-\mu\{\ddot{\eta}\boldsymbol{j}+2\dot{\eta}(\boldsymbol{\omega}\times\boldsymbol{j})+\eta(\dot{\boldsymbol{\omega}}\times\boldsymbol{j})+\eta[\boldsymbol{\omega}\times(\boldsymbol{\omega}\times\boldsymbol{j})]\}\end{aligned} \tag{6.41}$$

将该式与式(6.38)和式(6.40)代入下面的广义欧拉方程中

$$\mathbb{I}\cdot\dot{\boldsymbol{\omega}}+\boldsymbol{\omega}\times\mathbb{I}\cdot\boldsymbol{\omega}+\boldsymbol{S}\times\boldsymbol{a}=\boldsymbol{T} \tag{6.42}$$

得到姿态运动方程的矩阵式为

$$\begin{cases}I_x\dot{\omega}_x-(I_y-I_z)\omega_y\omega_z+m_d(1-\bar{\mu})\eta^2\dot{\omega}_x+m_d(1-\bar{\mu})\omega_y\omega_z\eta^2- \\ m_dl\dot{\omega}_y\eta+2m_d(1-\bar{\mu})\omega_x\eta\dot{\eta}-2m_d\omega_y\eta\dot{\eta}+m_dl\omega_x\omega_y\eta=T_x \\ I_y\dot{\omega}_y-(I_z-I_x)\omega_x\omega_z-m_dl\dot{\omega}_x\eta-2m_dl\omega_x\dot{\eta}-m_dl\omega_y\omega_z\eta=T_y \\ I_z\dot{\omega}_z-(I_x-I_y)\omega_x\omega_y+m_d(1-\bar{\mu})\dot{\omega}_z\eta^2-m_d(1-\bar{\mu})\omega_x\omega_y\eta^2- \\ ml\ddot{\eta}+2m_d(1-\bar{\mu})\omega_z\eta\dot{\eta}+m_dl\omega_y^2\eta-m_dl\omega_x^2\eta=T_z\end{cases} \tag{6.43}$$

式(6.42)中有 4 个未知数，即 $\omega_x,\omega_y,\omega_z$ 和 η，为求解方程，需要再增加一个有关阻尼器力平衡的关系式。作用在活塞上的力包括弹簧力 $-k_d\eta$、阻尼阀阻力 $-C_d\dot{\eta}$ 以及航天器通过油缸壁传给活塞的力 $\boldsymbol{F}$。这里 k_d 是弹簧的刚度；C_d 是阻尼器黏性系数；$\boldsymbol{F}$ 为与活塞运动方向垂直的约束力。根据力平衡条件，有

$$m_d\ddot{\boldsymbol{\rho}}_d=-C_d\dot{\eta}\boldsymbol{j}-k_d\eta\boldsymbol{j}+\boldsymbol{F} \tag{6.44}$$

式中，$\boldsymbol{\rho}_d$ 为活塞相对系统质心的位移，$\boldsymbol{\rho}_d=l\boldsymbol{i}+(1-\mu)\eta\boldsymbol{j}$。求取其二阶绝对导数，有

$$\ddot{\boldsymbol{\rho}}_d=\ddot{\eta}\boldsymbol{j}+2\dot{\eta}\boldsymbol{\omega}\times\boldsymbol{j}+\dot{\boldsymbol{\omega}}\times\boldsymbol{\rho}_d+\boldsymbol{\omega}\times(\boldsymbol{\omega}\times\boldsymbol{\rho}_d) \tag{6.45}$$

将该式结合式(6.43)，有

$$m_d[\ddot{\eta}\boldsymbol{j}+2\dot{\eta}\boldsymbol{\omega}\times\boldsymbol{j}+\dot{\boldsymbol{\omega}}\times\boldsymbol{\rho}_d+\boldsymbol{\omega}\times(\boldsymbol{\omega}\times\boldsymbol{\rho}_d)]+C_d\dot{\eta}\boldsymbol{j}+k_d\eta\boldsymbol{j}=\boldsymbol{F} \tag{6.46}$$

矢量式(6.45)在 Oy 方向的分量式为

$$m_d(1-\mu)\ddot{\eta}+C_d\dot{\eta}+k_d\eta-m_d(1-\mu)(\omega_x^2+\omega_z^2)\eta+m_d\omega_x\omega_yl+m_dl\dot{\omega}_z=0 \tag{6.47}$$

式(6.43)和(6.47)就构成了完整的姿态动力学方程组。

下面分析该航天器运动稳定性，这里仍然采用摄动分析方法。首先在对地定向标称状态(即平衡位置)附近对上述方程组进行线性化，然后用线性系统稳定性判断准则对其运动稳定性进行分析，从而找到此航天器的稳定性条件。

与 6.3.2 节对刚体航天器姿态运动方程的处理方法相同，选取 zyx 或 zxy 顺序的姿态角(ψ,θ,φ)作为姿态参数，认为此姿态角、姿态角速率、姿态角加速度、活塞位移 η 及其一、二阶导数均为小量，并假设质量比 μ 也为小量，代入式(6.42)并忽略二阶小量，得到如下简化运动方程：

$$\begin{cases}I_x\ddot{\varphi}+(I_y-I_z-I_x)\omega_o\dot{\psi}+4(I_y-I_z)\omega_o^2\varphi=0 \\ I_y\ddot{\theta}+3\omega_o^2(I_x-I_z)\theta=0 \\ I_z\ddot{\psi}-(I_y-I_z-I_x)\omega_o\dot{\varphi}+(I_y-I_x)\omega_o^2\psi+m_dl(\ddot{\eta}+\omega_o^2\eta)=0\end{cases} \tag{6.48}$$

同样，式(6.46)也可简化为

$$m_d\ddot{\eta}+C_d\dot{\eta}+k_d\eta+m_dl(\ddot{\psi}+\omega_o^2\psi)=0 \tag{6.49}$$

式(6.49)中第二个式子只与俯仰运动有关，可知稳定条件为

$$I_x>I_z \tag{6.50}$$

考虑式(6.48)的另外两个式子以及式(6.49),可以改写为

$$\begin{bmatrix} I_x & 0 & 0 \\ 0 & I_z & m_d l \\ 0 & m_d l & m_d \end{bmatrix}\begin{bmatrix} \ddot{\varphi} \\ \ddot{\psi} \\ \ddot{\eta} \end{bmatrix}+\begin{bmatrix} 0 & (I_y-I_z-I_x)\omega_o & 0 \\ -(I_y-I_z-I_x) & 0 & 0 \\ 0 & 0 & C_d \end{bmatrix}\begin{bmatrix} \dot{\varphi} \\ \dot{\psi} \\ \dot{\eta} \end{bmatrix}+$$

$$\begin{bmatrix} 4(I_y-I_z)\omega_o^2 & 0 & 0 \\ 0 & (I_y-I_x)\omega_o^2 & m_d l\omega_o^2 \\ 0 & m_d l\omega_o^2 & k_d \end{bmatrix}\begin{bmatrix} \varphi \\ \psi \\ \eta \end{bmatrix}=\begin{bmatrix} 0 \\ 0 \\ 0 \end{bmatrix} \tag{6.51}$$

对式(6.51)进行拉氏变换,得

$$\begin{bmatrix} s^2+4K_x\omega_o^2 & -(1-K_z)\omega_o s & 0 \\ (1-K_z)\omega_o s & s^2+K_z\omega_o^2 & \dfrac{m_d}{I_z}(s^2+\omega_o^2) \\ 0 & l(s^2+\omega_o^2) & s^2+2\omega_d\zeta s+\omega_d^2 \end{bmatrix}\begin{bmatrix} \varphi(s) \\ \psi(s) \\ \eta(s) \end{bmatrix}=\begin{bmatrix} 0 \\ 0 \\ 0 \end{bmatrix} \tag{6.52}$$

式中,ω_d 为活塞的自振频率,$\omega_d=\left(\dfrac{k_d}{m_d}\right)^{1/2}$;$\zeta$ 为阻尼器的阻尼比,$\zeta=\dfrac{C_d}{2\omega_d m_d}$,

从式(6.52)可求得系统的特征方程式为

$$a_6 s^6+a_5 s^5+a_4 s^4+a_3 s^3+a_2 s^2+a_1 s+a_0=0$$

式中的系数为

$$a_6=1-\hat{I}_d$$

$$a_5=2\omega_o\hat{\omega}_d\zeta$$

$$a_4=\omega_o^2[1+3K_x+K_xK_z+\hat{\omega}_d^2-2(2K_x+1)\hat{I}_d]$$

$$a_3=2\omega_o^3\hat{\omega}_d\zeta(1+3K_x+K_xK_z)$$

$$a_2=\omega_o^4[(1+3K_x+K_xK_z)\hat{\omega}_d^2+4K_xK_z-(1+8K_x)\hat{I}_d]$$

$$a_1=8K_xK_z\omega_o^5\hat{\omega}_d\zeta$$

$$a_0=4\omega_o^6(K_z\hat{\omega}_d^2-\hat{I}_d)K_x$$

式中,$\hat{\omega}_d=\dfrac{\omega_d}{\omega_o}$,$\hat{I}_d=\dfrac{m_d l^2}{I_z}$。

根据霍尔维茨稳定性判据,对于6阶系统,稳定条件为

$$a_5,a_3,a_1,a_0,\Delta_3,\Delta_5>0$$

式中,$a_5>0$ 是自然满足的。计算 Δ_3 的表达式,可得

$$\Delta_3=4\hat{I}_d\zeta^2K_x(K_x-1)[K_x(3+K_z)-4]\omega_o^6\hat{\omega}_d^2 \tag{6.53}$$

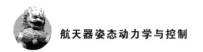

由于 $|K_x| \leqslant 1$ 和 $|K_z| \leqslant 1$，若要求 $\Delta_3 > 0$，则必有

$$K_x > 0 \tag{6.54}$$

再由 $a_3, a_1 > 0$，有

$$1 + 3K_x + K_x K_z > 0 \tag{6.55}$$

$$K_x K_z > 0 \tag{6.56}$$

由式(6.56)和式(6.54)可知，只有

$$K_x > 0, \quad K_z > 0$$

成立，此时式(6.55)才能被自然满足。最后由 $a_0 > 0$，得

$$K_z \hat{\omega}_d^2 - \hat{I}_d > 4 \tag{6.57}$$

考虑上述稳定条件，可以绘出该航天器的稳定域，如图 6.5 所示。

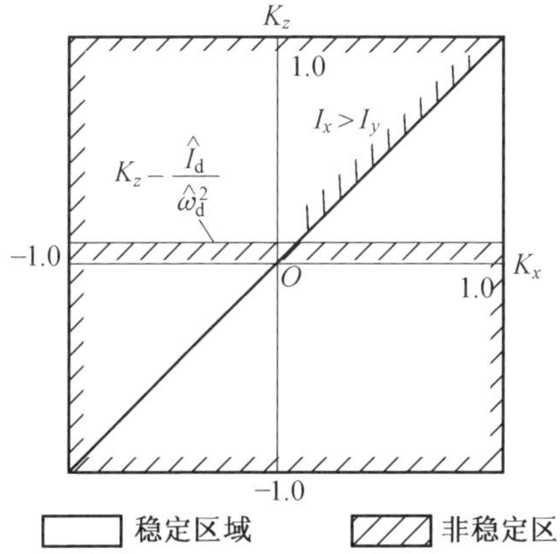

图 6.5　带有阻尼器的重力梯度稳定航天器的稳定域

图 6.5 与图 6.2 和图 6.3 相比，稳定域又缩小了一些。但此时还有一个稳定条件尚未分析，即 $\Delta_5 > 0$。经展开和化简后，Δ_5 的表达式为

$$\Delta_5 = 288 \hat{I}_d \zeta^3 K_x^3 (K_x - 1)(K_z - 1)^3 \omega_0^{15} \hat{\omega}_d^3 \tag{6.58}$$

根据式(6.54)以及 K_x, K_z 的定义，可知 $\Delta_5 > 0$ 自然成立。因此图 6.5 是判断该类型航天器稳定与否的最终区域划分图。

可见，增加了阻尼器后，航天器的稳定区域反而变窄了，使稳定条件变得苛刻了，但好处是阻尼器的设置使重力梯度稳定航天器的稳定过程成为渐进型，大大改善了航天器的工作条件，这就是必须安装阻尼器的原因。

6.5 重力梯度捕获以及伸杆过程的动力学分析

为实现航天器姿态的重力梯度稳定，常常需要在航天器入轨后伸展重力梯度杆，以获得所要求的星体质量分布特性。由6.3节刚体航天器在重力梯度力矩作用下的平衡位置稳定性分析可知，重力梯度稳定航天器各轴在本质上都具有双稳定状态，对于航天器特定面必须朝向地球的那些飞行任务来说，必须完成正确指向的姿态捕获，这就是重力梯度捕获。

同时，为正确地完成重力梯度捕获，要求伸杆后天平动摆角不能太大；而伸杆后的天平动又与伸杆前姿态和角速度初始值及伸杆速度等因素有关。研究伸杆过程姿态动力学的目的，就是要弄清这些因素的影响，正确设计有关参数，保证重力梯度捕获成功。对于许多空间应用而言，重力捕获的要求可能是确定伸展后系统转动惯量参数的最主要因素之一。

在伸杆过程中，星体质量不变但质量分布不断变化，应看作变质量体。可列写对应于式(6.3)或式(6.5)的伸杆过程中变质量体运动方程为

$$\dot{\underline{\boldsymbol{I}}}(t)\underline{\boldsymbol{\omega}}+\underline{\boldsymbol{I}}(t)\dot{\underline{\boldsymbol{\omega}}}+\underline{\boldsymbol{\omega}}^{\times}\underline{\boldsymbol{I}}(t)\underline{\boldsymbol{\omega}}=3\omega_0^2\underline{\boldsymbol{a}}_3^{\times}\underline{\boldsymbol{I}}(t)\underline{\boldsymbol{a}}_3 \tag{6.59}$$

式中，$\underline{I}(t)$ 为变质量体对其质心的惯量矩阵。

考虑如图6.6所示的哑铃形重力梯度航天器，它由中心体、重力杆和杆端质量3部分组成。假设航天器中心体为刚体，质量为 m_b，质心为 O，$Ox_by_bz_b$ 是固联在中心体上的坐标系，中心体对质心 O 的惯量矩阵为 $\underline{\boldsymbol{I}}_b$。

又设 O 点至重力杆根部矢量为 $l_0\boldsymbol{k}_b$，重力杆沿 $\boldsymbol{k}_b$ 方向伸展，伸杆速度为 v，重力杆质量可忽略，杆端质量为 m_p，到 t_1 时刻重力杆已全部伸展完毕。仍设系统质心在半径为 R 的圆轨道上运动，则有

$$\underline{\boldsymbol{I}}(t)=\underline{\boldsymbol{I}}_b+m_e[l(t)]^2\cdot\mathrm{diag}(1\quad 1\quad 0)$$

式中，m_e 为等效质量，$m_e=m_bm_p/(m_b+m_p)$；

$$l(t)=\begin{cases}l_0+vt & (t_0\leqslant t\leqslant t_1)\\ l_0+vt_1 & (t_1\leqslant t)\end{cases}$$

$$l_0=l(t_0)$$

考虑俯仰平面内的特殊情况，有

$$\dot{I}_y(\dot{\theta}-\omega_o)+I_y\ddot{\theta}+3\omega_o^2(I_x-I_z)\cos\theta\sin\theta=0 \tag{6.60}$$

式中，$I_y=I_{by}+m_e[l(t)]^2$，I_{by} 是中心体绕 Oy_b 轴的惯量矩，$\dot{I}_{by}=2m_el(t)v$。

如果伸杆所花时间比天平动周期短得多，在伸杆过程中重力梯度力矩可忽略不计，则由式(6.60)解得

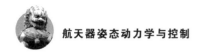

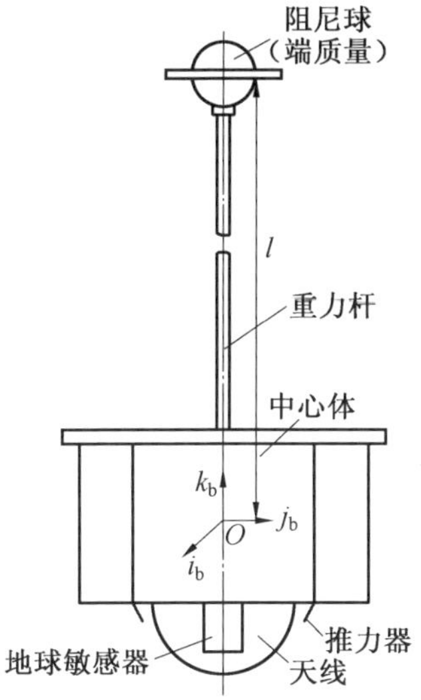

图 6.6　哑铃形重力梯度卫星

$$\theta=\theta_0+\omega_o t+\frac{\dot{\theta}_0-\omega_o}{v}\frac{I_{y0}}{I_{by}}\sqrt{\frac{I_{by}}{m_e}}\left[\arctan\sqrt{\frac{m_e}{I_{by}}}l(t)-\arctan\sqrt{\frac{m_e}{I_{by}}}l_0\right] \tag{6.61}$$

$$\dot{\theta}=\omega_o+\frac{I_{y0}}{I_{by}+m_e(l_0+vt)^2}(\dot{\theta}_0-\omega_o) \tag{6.62}$$

式中，$I_{y0}=I_{by}+m_e l_0^2$，$\theta_0=\theta(t_0)$，$\dot{\theta}_0=\dot{\theta}(t_0)$。

设在 t 时刻停止伸杆，由式(6.11)可算出常数 E_n。如果式(6.13)满足，则停止伸杆后航天器天平动幅度 θ_{max} 可由式(6.12)求得，即

$$\theta_{max}=\arcsin\sqrt{\frac{I_y\dot{\theta}^2}{\frac{3}{2}\omega_o^2(I_x-I_z)}+\sin^2\theta} \tag{6.63}$$

用以上 3 式就可求得伸杆前姿态角 θ_0 和角速度 $\dot{\theta}_0$ 估算出伸杆后天平动的幅度；反之，利用此式也可提出为保证重力梯度捕获成功所要求的姿态运动初始条件 θ_0 和 $\dot{\theta}_0$。

若伸杆前星体 z_b 轴理想地指向引力中心，即 $\theta_0=\dot{\theta}_0=0$，且伸杆停止时 θ 很小，则

$$\theta_{max}=\arcsin\sqrt{\frac{(I_y-I_{y0})^2}{\frac{3}{2}I_y(I_x-I_z)}} \tag{6.64}$$

所以，伸杆前、后航天器惯量矩的改变越大，天平动幅度就越大。

以上讨论对于情形$v<0, I_y<I_{y0}$也是对的，这时重力杆被收到星体内。

下面讨论伸杆前俯仰角和角速度均为零，伸杆后航天器姿态翻滚的条件，它的一个充分条件是式(6.64)的根号表达式的绝对值大于1。此条件可化为(假设$I_x=I_z$)

$$I_y<\frac{3I_z-2I_{y0}+\sqrt{(3I_z-2I_{y0})^2+8I_{y0}^2}}{4} \tag{6.65}$$

容易看出，这对应于收杆的情况。也就是说，如果重力梯度杆伸出后还可以收回，则有可能使姿态发生翻滚，从而改变姿态指向。万一发生重力梯度捕获失误，航天器姿态上下倒向($\theta=\pi$)时，可以将重力梯度杆收回，使杆收回后航天器惯量矩满足式(6.65)，引起姿态翻滚，直至达到0附近时，再将重力梯度杆重新伸出，以获得正确的姿态指向。这种重力梯度再捕获的方法，也称为二次伸杆方法。

对于伸收杆速度较慢的情形，必须考虑伸收过程中重力梯度力矩的作用。此时为保证捕获或再捕获的成功，所需满足的初始条件更加严格，对伸收杆控制规律也提出了更高的要求，有兴趣的读者可参见相关文献。

6.6 重力梯度力矩作用下陀螺体的姿态运动

根据重力梯度稳定航天器的简化姿态运动方程(式(6.19))，在航天器处于对地定向的平衡位置附近时，重力梯度力矩主要作用在滚动和俯仰方向，而偏航方向的稳定主要依赖耦合项$(I_y-I_x)\omega_0^2\psi$。为提高偏航方向的稳定性，应使惯量差(I_y-I_x)尽可能增大。但为使航天器具有较大的重力梯度恢复力矩，工程上通常会采用可伸展的长杆结构，这样不可能惯量差(I_y-I_x)大到一定的量级，导致偏航方向的稳定性较差，偏航摆角较大甚至失控。再加上重力杆的热变形等因素，导致传统的重力梯度稳定航天器的姿态指向精度较差，即使采用主动磁控技术，仅能做到滚动和俯仰角的控制精度为2°，偏航角的精度为4°～5°。

一种有效提高重力梯度稳定航天器姿态控制精度的方法是采用半被动重力梯度稳定方式，即使用带有端质量的短重力杆并在俯仰方向配置一个偏置动量轮的方案，可以将控制精度提高一个量级。此时，整个航天器可视为一个三轴姿态稳定的陀螺体。因此研究在重力梯度力矩作用下陀螺体的姿态运动是十分必要的。

本节重点研究重力场对单转子陀螺体姿态运动的影响，假设重力场为中心引力场，陀螺体质心在绕引力中心的圆轨道上运动。

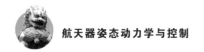

6.6.1　运动微分方程

设陀螺体由刚性载体 B 和轴对称转子 R 组成，设陀螺体的质心为 O，总质量为 m，对质心的惯性并矢为。取陀螺体的质心轨道坐标系 $Ox_Oy_Oz_O$ 为参考系，另取固联在 B 上的本体坐标系 $Ox_\mathrm{b}y_\mathrm{b}z_\mathrm{b}$。根据陀螺体动力学方程和重力梯度力矩表达式(6.2)，可以得到该陀螺体在中心引力场圆轨道上的姿态动力学方程为

$$\underline{\boldsymbol{I}}\,\dot{\underline{\boldsymbol{\omega}}}+\dot{\underline{\boldsymbol{h}}}+\underline{\boldsymbol{\omega}}^{\times}(\underline{\boldsymbol{I}}\underline{\boldsymbol{\omega}}+\underline{\boldsymbol{h}})=\frac{3\mu}{R^{3}}\underline{\boldsymbol{C}}_{3}^{\times}\underline{\boldsymbol{I}}\underline{\boldsymbol{C}}_{3} \tag{6.66}$$

式中，$\underline{\boldsymbol{I}}$ 为惯性并矢在本体固联坐标系中的分量矩阵；$\underline{\boldsymbol{\omega}}$ 为刚性载体B的绝对角速度矢量在本体坐标系 $Ox_\mathrm{b}y_\mathrm{b}z_\mathrm{b}$ 中的分量列阵；$\underline{\boldsymbol{h}}$ 为转子 R 相对载体 B 的角动量矢量的分量列阵；$\underline{\boldsymbol{C}}_3$ 为 Oz_O 轴(指向引力中心) 在 $Ox_\mathrm{b}y_\mathrm{b}z_\mathrm{b}$ 中的分量列。

考虑转子R以恒定的转速相对载体B转动，因此陀螺体是一种约束系统的陀螺体。对于这种系统，姿态动力学方程(6.66) 可简化为

$$\underline{\boldsymbol{I}}\,\dot{\underline{\boldsymbol{\omega}}}+\underline{\boldsymbol{\omega}}^{\times}(\underline{\boldsymbol{I}}\underline{\boldsymbol{\omega}}+\underline{\boldsymbol{h}})=3\boldsymbol{\omega}_{\mathrm{o}}^{2}\underline{\boldsymbol{C}}_{3}^{\times}\underline{\boldsymbol{I}}\underline{\boldsymbol{C}}_{3} \tag{6.67}$$

式中，$\underline{\boldsymbol{h}}$ 是常值列阵；$\boldsymbol{\omega}_\mathrm{o}$ 为轨道角速度大小。

在这种情况下可得到第一积分式。仍采用运动方程(6.6) 和方程(6.7)，用 $\underline{\boldsymbol{\omega}}_{\mathrm{bo}}^{\mathrm{T}}$ 左乘式(6.67)，用 $-\boldsymbol{\omega}_\mathrm{o}(\underline{\boldsymbol{I}}\underline{\boldsymbol{\omega}}+\underline{\boldsymbol{h}})$ 右乘式(6.6)，用 $3\boldsymbol{\omega}_\mathrm{o}^2\underline{\boldsymbol{I}}\underline{\boldsymbol{C}}_3$ 右乘式(6.7)，然后将 3 式相加，经整理可得

$$\underline{\boldsymbol{\omega}}_{\mathrm{bo}}^{\mathrm{T}}\underline{\boldsymbol{I}}\,\dot{\underline{\boldsymbol{\omega}}}_{\mathrm{bo}}+3\boldsymbol{\omega}_{\mathrm{o}}^{2}\underline{\boldsymbol{C}}_{3}^{\mathrm{T}}\underline{\boldsymbol{I}}\,\dot{\underline{\boldsymbol{C}}}_{3}-\boldsymbol{\omega}_{\mathrm{o}}^{2}\underline{\boldsymbol{C}}_{2}^{\mathrm{T}}\underline{\boldsymbol{I}}\,\dot{\underline{\boldsymbol{C}}}_{2}-\boldsymbol{\omega}_{\mathrm{o}}\underline{\boldsymbol{h}}^{\mathrm{T}}\dot{\underline{\boldsymbol{C}}}_{2}=0 \tag{6.68}$$

积分得

$$\frac{1}{2}\underline{\boldsymbol{\omega}}_{\mathrm{bo}}^{\mathrm{T}}\underline{\boldsymbol{I}}\underline{\boldsymbol{\omega}}_{\mathrm{bo}}+\frac{3}{2}\boldsymbol{\omega}_{\mathrm{o}}^{2}\underline{\boldsymbol{C}}_{3}^{\mathrm{T}}\underline{\boldsymbol{I}}\underline{\boldsymbol{C}}_{3}-\frac{1}{2}\boldsymbol{\omega}_{\mathrm{o}}^{2}\underline{\boldsymbol{C}}_{2}^{\mathrm{T}}\underline{\boldsymbol{I}}\underline{\boldsymbol{C}}_{2}-\boldsymbol{\omega}_{\mathrm{o}}\underline{\boldsymbol{h}}^{\mathrm{T}}\underline{\boldsymbol{C}}_{2}=H(\text{常数}) \tag{6.69}$$

这个等式左边称为重力场中陀螺系统的哈密尔顿函数。式中第一项是陀螺体作为刚体的相对运动动能，第二项是重力势能，第三项是离心力势能。这 3 项与式(6.8) 中的 3 项相同。第四项是转子角动量 $\underline{\boldsymbol{h}}$ 在轨道坐标系中的惯性力矩的势能，这是因为

$$\frac{\mathrm{d}}{\mathrm{d}t}(-\boldsymbol{\omega}_{\mathrm{o}}\underline{\boldsymbol{h}}^{\mathrm{T}}\underline{\boldsymbol{C}}_{2})=\boldsymbol{\omega}_{\mathrm{o}}\underline{\boldsymbol{h}}^{\mathrm{T}}\underline{\boldsymbol{C}}_{2}^{\times}\underline{\boldsymbol{\omega}}_{\mathrm{bo}}=-\underline{\boldsymbol{\omega}}_{\mathrm{bo}}^{\mathrm{T}}\boldsymbol{\omega}_{\mathrm{o}}\underline{\boldsymbol{C}}_{2}^{\times}\underline{\boldsymbol{h}}$$

而 $-\boldsymbol{\omega}_\mathrm{o}\underline{\boldsymbol{C}}_2^{\times}\underline{\boldsymbol{h}}$ 是由于角动量 $\underline{\boldsymbol{h}}$ 使载体 B 受到的牵连惯性力矩。

6.6.2　平衡位置及姿态稳定性

为了得到确定平衡位置的方程，在姿态动力学方程(6.67) 中令 $\underline{\boldsymbol{C}}_1$，$\underline{\boldsymbol{C}}_2$，$\underline{\boldsymbol{C}}_3$ 为常值列阵，$\underline{\boldsymbol{\omega}}=-\omega_\mathrm{o}\underline{\boldsymbol{C}}_2$，得

$$\underline{\boldsymbol{C}}_{2}^{\times}(\underline{\boldsymbol{I}}\underline{\boldsymbol{C}}_{2}-\underline{\boldsymbol{h}})=3\underline{\boldsymbol{C}}_{3}^{\times}\underline{\boldsymbol{I}}\underline{\boldsymbol{C}}_{3} \tag{6.70}$$

将此式两边分别左乘 $\underline{\boldsymbol{C}}_2^{\mathrm{T}}$，$\underline{\boldsymbol{C}}_3^{\mathrm{T}}$，$\underline{\boldsymbol{C}}_1^{\mathrm{T}}$，也就是取此式在轨道坐标系中的 3 个分量，

可得

$$
\begin{cases}
\underline{C}_1^{\mathrm{T}}\underline{I}\underline{C}_3 = 0 \\
\underline{C}_1^{\mathrm{T}}\underline{I}\underline{C}_2 = \underline{h}^{\mathrm{T}}\underline{C}_1/\boldsymbol{\omega}_{\mathrm{o}} \\
\underline{C}_2^{\mathrm{T}}\underline{I}\underline{C}_3 = \underline{h}^{\mathrm{T}}\underline{C}_3/(4\boldsymbol{\omega}_{\mathrm{o}})
\end{cases}
\tag{6.71}
$$

从式(6.71)可见,如果对转子的大小、转速和转轴方向没有限制,则总可以选择适当的 $\underline{h}$ 来满足式(6.71)的后两式,因此陀螺体的平衡位置仅由式(6.71)的第一式确定。也就是说,凡满足式(6.71)第一式的姿态,都可以通过适当选择转子角动量 $\boldsymbol{h}$ 的大小和方向,使其成为一个平衡位置。

以一种典型的带有偏置动量轮的重力梯度稳定航天器构型为例,说明重力梯度力矩下陀螺体航天器的姿态稳定性。设航天器的转子角动量与其主轴 $\boldsymbol{j}_{\mathrm{b}}$ 平行,且星体坐标系与其惯性主轴坐标系重合,即

$$
\underline{I} = \begin{bmatrix} I_x & 0 & 0 \\ 0 & I_y & 0 \\ 0 & 0 & I_z \end{bmatrix}
$$

当星体坐标系与轨道坐标系重合时,则有

$$
\underline{h} = \begin{bmatrix} 0 \\ J\omega_{\mathrm{o}} \\ 0 \end{bmatrix}, \quad \underline{C}_2 = \begin{bmatrix} 0 \\ 1 \\ 0 \end{bmatrix}, \quad \underline{C}_3 = \begin{bmatrix} 0 \\ 0 \\ 1 \end{bmatrix}
$$

式中,J 为常数。

容易验证以上条件满足式(6.71),因此这种情况下对应着一组平衡位置。显然,这是期望的重力梯度稳定航天器对地定向的工作姿态(各惯性主轴与轨道坐标轴重合)。

同样采用摄动法分析该航天器在此平衡位置处的稳定性。选取 zyx 或 zxy 顺序的姿态角 (ψ,θ,φ) 作为姿态参数,认为姿态角、姿态角速率为小量,代入式(6.67)并忽略二阶小量,得到简化运动方程为

$$
\begin{cases}
\ddot{\varphi} - \left(1 - K_x + \dfrac{h}{I_x\omega_{\mathrm{o}}}\right)\omega_{\mathrm{o}}\dot{\psi} + \left(4K_x - \dfrac{h}{I_x\omega_{\mathrm{o}}}\right)\omega_{\mathrm{o}}^2\varphi = 0 \\
\ddot{\theta} + 3\omega_{\mathrm{o}}^2\left(\dfrac{I_x - I_z}{I_y}\right)\theta = 0 \\
\ddot{\psi} + \left(1 - K_x + \dfrac{h}{I_z\omega_{\mathrm{o}}}\right)\omega_{\mathrm{o}}\dot{\varphi} + \left(K_z - \dfrac{h}{I_z\omega_{\mathrm{o}}}\right)\omega_{\mathrm{o}}^2\psi = 0
\end{cases}
\tag{6.72}
$$

式中,K_x 和 K_z 的定义参见式(6.23);$h = J\omega_{\mathrm{o}}$。

可见,俯仰运动仍然是独立的,由式(6.72)的第二式可求俯仰稳定的条件是 $I_x > I_z$,即

$$
K_x > K_z \tag{6.73}
$$

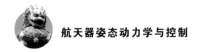

对于滚动和偏航两方向的运动方程，仍用拉式变换，改写为

$$\begin{bmatrix} s^2+\left(4K_x-\dfrac{h}{I_x\omega_o}\right)\omega_o^2 & -\left(1-K_x+\dfrac{h}{I_x\omega_o}\right)\omega_o s \\ \left(1-K_x+\dfrac{h}{I_z\omega_o}\right)\omega_o s & s^2+\left(K_z-\dfrac{h}{I_z\omega_o}\right)\omega_o^2 \end{bmatrix}\begin{bmatrix}\varphi(s)\\ \psi(s)\end{bmatrix}=\begin{bmatrix}0\\0\end{bmatrix}$$

其特征方程式为

$$s^4+a_2s^2+a_0=0$$

其中

$$\begin{cases} a_2=\left[4K_x-\dfrac{h}{I_x\omega_o}+K_z-\dfrac{h}{I_z\omega_o}+\left(1-K_x+\dfrac{h}{I_x\omega_o}\right)\left(1-K_z+\dfrac{h}{I_x\omega_o}\right)\right]\omega_o^2 \\ a_0=\left(4K_x-\dfrac{h}{I_x\omega_o}\right)\left(K_z-\dfrac{h}{I_z\omega_o}\right)\omega_o^4 \end{cases} \tag{6.74}$$

若改写式(6.74)中的有关项如下

$$\begin{cases} \dfrac{h}{I_x\omega_o}=\dfrac{h}{I_y\omega_o}\dfrac{I_y(I_x-I_y+I_z)}{I_x(I_x-I_y+I_z)}=\dfrac{h}{I_y\omega_o}\beta_2=\dfrac{J}{I_y}\beta_2 \\ \dfrac{h}{I_z\omega_o}=\dfrac{h}{I_y\omega_o}\dfrac{I_y(I_x-I_y+I_z)}{I_z(I_x-I_y+I_z)}=\dfrac{h}{I_y\omega_o}\beta_1=\dfrac{J}{I_y}\beta_1 \end{cases} \tag{6.75}$$

式中

$$\beta_1=\frac{1-K_xK_z}{1-K_x},\quad \beta_1=\frac{1-K_xK_z}{1-K_z}$$

将式(6.75)代入式(6.74)，应用稳定条件 $a_2>0,a_0>0$ 和 $a_2^2-4a_0>0$，则可求得

$$\begin{cases} a_2^*=1+3K_x+K_xK_z-(K_x\beta_1+K_z\beta_2)\dfrac{J}{I_y}+\beta_1\beta_2\left(\dfrac{J}{I_y}\right)^2>0 \\ a_0^*=\left(4K_x-\beta_2\dfrac{J}{I_y}\right)\left(K_z-\beta_1\dfrac{J}{I_y}\right)>0 \\ (a_2^*)^2-4a_0^*>0 \end{cases} \tag{6.76}$$

综上所述，全部稳定条件是式(6.73)和式(6.76)，在 K_x-K_z 图中的稳定区域如图 6.7 所示。

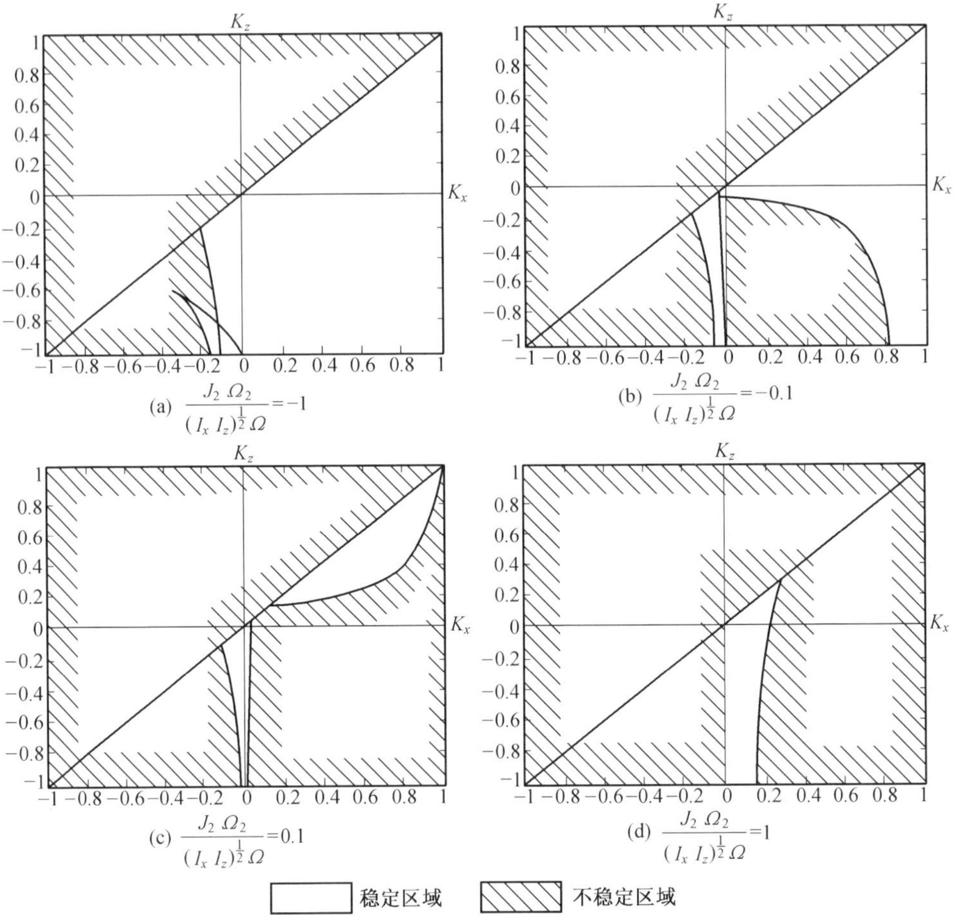

图 6.7　陀螺体在圆轨道受重力梯度力矩影响时的稳定区域

第7章

三轴稳定航天器姿态动力学

前面介绍了自旋、双自旋和重力梯度稳定航天器的姿态动力学，上述类型航天器由于使用局限性、能量受限和控制精度差的缺点，仅用于早期航天任务，目前应用较少。现代大多数实用的航天器都为主动控制的三轴稳定航天器，这类航天器相对于中心天体定向或惯性空间定向，航天器按某种控制规律控制本体 3 个轴的姿态，使其本体固联坐标系与给定参考坐标系重合，因此称为三轴姿态稳定航天器。

为满足现代航天器高精度、长寿命的要求，发展了动量交换技术，在三轴稳定航天器上安装了多个动量交换装置（主要是各种类型的飞轮）。另外为满足能源要求、通信要求及科学试验要求，很多航天器都安装了可驱动的太阳电池阵、天线及多自由度的机械臂等。因此，现代三轴稳定航天器实际上是一个复杂的多体系统。随着航天器结构变得越来越复杂，其尺寸逐渐变得庞大，结构挠性日渐突出。由于挠性的存在，使航天器的动力学特性和分析方法出现了许多新的特点。挠性航天器分为两大类，即大型挠性空间结构和以刚体为主体的带有挠性附件的航天器。前者如带有大型复杂挠性结构（如直径为百米量级的天线系统或面积为平方千米量级的太阳电池阵）的大型空间站；后者如大多数现代航天器，带有太阳帆板、大型天线等挠性附件。现代航天器还要携带相当数量的液体，如轨道和姿态修正及控制用的燃料、载人飞船或空间站中的生活用水和生产试验等使用的液体。对于这类航天器，液体晃动会影响到姿态的精度或工作质量。

本章主要对目前较常用的带有动量交换装置的多刚体三轴稳定航天器、带有简单挠性部件的刚挠耦合三轴稳定航天器以及充液三轴稳定航天器的姿态动力学建模原理进行简要介绍，并把重点放在工程和控制系统设计可用的姿态动力学方程的推导。

7.1 带有动量交换装置的三轴稳定航天器姿态动力学

前面提到现代三轴稳定航天器是复杂的多体系统。对于多数三轴稳定航天器，其活动部件可看作是刚体，而星体本身挠性或液体晃动效应可以忽略，这样整个航天器可以近似为多刚体系统。对于简单的多刚体三轴稳定航天器，可采用本书第 2 章的方法进行姿态动力学建模，而对于较复杂的情况，如带有机械臂的航天器，有时采用基于能量法的拉格朗日法等方法进行建模更为方便，关于多刚体系统姿态动力学建模的问题可参阅相关专著。

本节主要对带有角动量交换装置的三轴稳定航天器的姿态动力学建模问题进行介绍。通常航天器上的角动量交换装置主要是指各种类型的飞轮，如惯性轮、控制力矩陀螺等，有关飞轮的种类及其工作原理可参阅相关文献资料。

2.6 节给出了一种以复合质心为基准点的姿态动力学建模方法。对于安装了多个飞轮的三轴稳定航天器，如果假设飞轮转动部分是质量均匀分布的（这一假设通常符合大多数情况），则整个系统的质心相对于基座质心不发生变化（如果安装的是控制力矩陀螺或框架动量轮，则转动惯量会发生变化），这种方法尤其适用。

7.1.1　带有多个惯性轮的三轴稳定航天器姿态动力学方程

本小节主要对带有多个惯性轮的三轴稳定航天器的姿态动力学方程进行推导，并给出其简化的姿态动力学方程。

若假设惯性轮关于其转轴动力学轴对称，且惯性轮和航天器本体均假设为刚体，两者就构成了陀螺体。其特点是当惯性轮运动时，系统质心和转动惯量相对本体的体固联坐标系是不变的。鉴于陀螺体的这种特性，采用以复合质心为基准点的姿态动力学建模方法更为方便。根据 2.6.2 节，推导带有惯性轮的三轴稳定航天器姿态动力学方程的思路是：首先定义系统质心坐标系，然后列出系统关于系统质心的角动量表达式，将其代入经典欧拉方程，即可得到姿态动力学方程式。

带有惯性轮的三轴稳定航天器的几何示意图如图 7.1 所示。航天器由航天器本体（不包含惯性轮）和 n 个惯性轮组成，图中画出了一个惯性轮的情况。

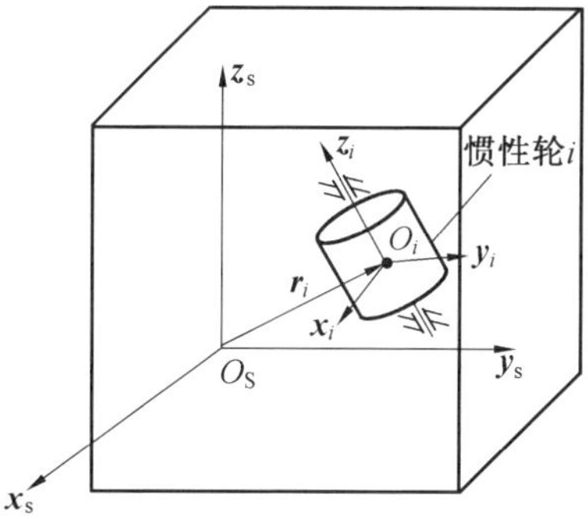

图 7.1　带有惯性轮的三轴稳定航天器的几何示意图

其中坐标系 $O_s x_s y_s z_s$ 为系统质心坐标系，其原点为系统复合质心，坐标轴方向则与航天器本体的坐标轴方向一致。航天器本体部分的质心固联坐标系记为 $O_b x_b y_b z_b$，其原点为航天器本体部分的质心，质心 O_b 相对系统质心 O_s 的相对位置矢量设为 $\boldsymbol{r}_b$，其在系统质心坐标系的分量列阵 $(\boldsymbol{r}_b)_s$ 为常值。设系统质心坐标系 $O_s x_s y_s z_s$ 相对惯性坐标系的角速度矢量记为 $\boldsymbol{\omega}$，此也为航天器本体部分的质心固联坐标系 $O_b x_b y_b z_b$ 相对惯性坐标系的角速度矢量。

第 i 个惯性轮的质心固联坐标系记为 $O_i x_i y_i z_i$，其原点 O_i 为该惯性轮的质心，该质心 O_i 相对系统质心 O_s 的相对位置矢量设为 $\boldsymbol{r}_i$，由于惯性轮的转轴方向在星体内部方位不变，若假设惯性轮不存在偏心问题（质量均匀），则 $\boldsymbol{r}_i$ 也是固联在系统坐标系上的矢量（在系统质心坐标系的分量列阵 $(\boldsymbol{r}_i)_s$ 也为常值）；定义 z_i 轴为惯性轮的自旋轴，对应的单位矢量记为 $\boldsymbol{u}_i$。

设第 i 个惯性轮相对系统质心坐标系以转速 Ω_i 旋转，则其质心固联坐标系 $O_i x_i y_i z_i$ 相对系统质心坐标系 $O_s x_s y_s z_s$ 的相对角速度矢量可记为

$$\boldsymbol{\Omega}_i = \Omega_i \boldsymbol{u}_i \tag{7.1}$$

下面给出整个多刚体航天器系统关于系统质心的角动量矢量。由式(2.45)可知，航天器本体部分关于系统质心的视角动量矢量为

$$\boldsymbol{H}_b^O = \mathbb{I}_b^C \cdot \boldsymbol{\omega} + m_b \boldsymbol{r}_b \times \dot{\boldsymbol{r}}_b = \mathbb{I}_b^C \cdot \boldsymbol{\omega} + m_b \boldsymbol{r}_b \times (\boldsymbol{\omega} \times \boldsymbol{r}_b) \tag{7.2}$$

式中，$\mathbb{I}_b^C$ 为星本体部分相对其自身质心的惯性并矢；$\boldsymbol{r}_b$ 为星本体的质心相对系统质心的位置矢量；m_b 为星本体部分的质量。

同样，第 i 个惯性轮关于系统质心的视角动量矢量为

$$\boldsymbol{H}_i^O = \mathbb{J}_i^C \cdot (\boldsymbol{\omega} + \boldsymbol{\Omega}_i) + m_i \boldsymbol{r}_i \times (\boldsymbol{\omega} \times \boldsymbol{r}_i) \tag{7.3}$$

式中，m_i 为第 i 个惯性轮的质量。

则多刚体系统关于系统质心的总角动量矢量为

$$\begin{aligned}\boldsymbol{H}_\Sigma^O = {} & \mathbb{I}_b^C \cdot \boldsymbol{\omega} + m_b \boldsymbol{r}_b \times (\boldsymbol{\omega} \times \boldsymbol{r}_b) + \sum_{i=1}^{n} \left[\mathbb{J}_i^C \cdot (\boldsymbol{\omega} + \boldsymbol{\Omega}_i) + m_i \boldsymbol{r}_i \times (\boldsymbol{\omega} \times \boldsymbol{r}_i)\right] = \\ & \left\{\mathbb{I}_b^C + m_b (r_b^2 \mathbb{E} - \boldsymbol{r}_b \boldsymbol{r}_b) + \sum_{i=1}^{n} \left[\mathbb{J}_i^C + m_i (r_i^2 \mathbb{E} - \boldsymbol{r}_i \boldsymbol{r}_i)\right]\right\} \cdot \boldsymbol{\omega} + \sum_{i=1}^{n} \mathbb{J}_i^C \cdot \boldsymbol{\Omega}_i\end{aligned} \tag{7.4}$$

令 $\mathbb{I} \triangleq \left\{\mathbb{I}_b^C + m_b (r_b^2 \mathbb{E} - \boldsymbol{r}_b \boldsymbol{r}_b) + \sum_{i=1}^{n} \left[\mathbb{J}_i^C + m_i (r_i^2 \mathbb{E} - \boldsymbol{r}_i \boldsymbol{r}_i)\right]\right\}$，即多刚体系统（包括星本体和惯性轮）关于其质心的惯性并矢。由于惯性并矢 $\mathbb{I}_b^C$，$\mathbb{J}_i^C$ 以及相对矢量 $\boldsymbol{r}_b$，$\boldsymbol{r}_i$ 在系统质心坐标系下的坐标阵均为常数，因此惯性并矢 $\mathbb{I}$ 在系统质心坐标系的转动惯量阵 $\underline{\boldsymbol{I}}_s$ 也为常数。

引用符号 $\mathbb{I}$，则式(7.4)可改写为

$$\boldsymbol{H}_\Sigma^O = \mathbb{I} \cdot \boldsymbol{\omega} + \sum_{i=1}^{n} \mathbb{J}_i^C \cdot \boldsymbol{\Omega}_i \tag{7.5}$$

将其代入经典欧拉方程，得

$$\mathbb{I} \cdot \dot{\boldsymbol{\omega}} + \boldsymbol{\omega} \times \mathbb{I} \cdot \boldsymbol{\omega} + \sum_{i=1}^{n} \frac{\mathrm{d_s}}{\mathrm{d}t} (\mathbb{J}_i^C \cdot \boldsymbol{\Omega}_i) + \boldsymbol{\omega} \times \sum_{i=1}^{n} \mathbb{J}_i^C \cdot \boldsymbol{\Omega}_i = \boldsymbol{T}_\Sigma^O \tag{7.6}$$

式中，$\boldsymbol{T}_\Sigma^O$ 为外力矩总矢量。相对角速度矢量 $\mathbb{J}_i^C \cdot \boldsymbol{\Omega}_i$ 可表示为

$$\mathbb{J}_i^C \cdot \boldsymbol{\Omega}_i = \underline{\boldsymbol{e}}_i^{\mathrm{T}} (\mathbb{J}_i^C)_i \underline{\boldsymbol{e}}_i \cdot \underline{\boldsymbol{e}}_i^{\mathrm{T}} \underline{\boldsymbol{\Omega}}_i = \underline{\boldsymbol{e}}_i^{\mathrm{T}} \begin{bmatrix} J_i^t & 0 & 0 \\ 0 & J_i^t & 0 \\ 0 & 0 & J_i \end{bmatrix} \begin{bmatrix} 0 \\ 0 \\ \Omega_i \end{bmatrix} = J_i \boldsymbol{\Omega}_i \underline{\boldsymbol{e}}_i^{\mathrm{T}} \begin{bmatrix} 0 \\ 0 \\ 1 \end{bmatrix} = J_i \Omega_i \boldsymbol{u}_i \tag{7.7}$$

式中，J_i 为第i个惯性轮相对其转轴的转动惯量（为标量）；Ω_i 为第i个飞轮相对其转轴的转速。

由于飞轮转轴矢量$\boldsymbol{u}_i$ 在系统质心坐标系中是常矢量，有 $\dfrac{\mathrm{d}_{\mathrm{s}}}{\mathrm{d}t}(\mathbb{J}_i^C \cdot \boldsymbol{\Omega}_i) = J_i \dot{\Omega}_i \boldsymbol{u}_i$，式(7.6) 可改写为

$$\mathbb{I} \cdot \dot{\boldsymbol{\omega}} + \boldsymbol{\omega} \times \mathbb{I} \cdot \boldsymbol{\omega} + \sum_{i=1}^{n} J_i \dot{\Omega}_i \boldsymbol{u}_i + \boldsymbol{\omega} \times \sum_{i=1}^{n} J_i \Omega_i \boldsymbol{u}_i = \boldsymbol{T}_{\Sigma}^{O} \tag{7.8}$$

若定义$\boldsymbol{h}_i = J_i \Omega_i \boldsymbol{u}_i$，表示飞轮 i 相对星体坐标系的角动量，则式(7.8) 还可以改写为

$$\mathbb{I} \cdot \dot{\boldsymbol{\omega}} + \boldsymbol{\omega} \times \mathbb{I} \cdot \boldsymbol{\omega} + \sum_{i=1}^{n} \dot{\boldsymbol{h}}_i + \boldsymbol{\omega} \times \sum_{i=1}^{n} \boldsymbol{h}_i = \boldsymbol{T}_{\Sigma}^{O} \tag{7.9}$$

式(7.9) 在系统质心坐标系下 $O_{\mathrm{s}} x_{\mathrm{s}} y_{\mathrm{s}} z_{\mathrm{s}}$ 的分量列阵形式为

$$\underline{\boldsymbol{I}} \underline{\dot{\boldsymbol{\omega}}} + \underline{\boldsymbol{\omega}}^{\times} \underline{\boldsymbol{I}} \underline{\boldsymbol{\omega}} + \sum_{i=1}^{n} (\dot{h}_i \underline{\boldsymbol{u}}_i + h_i \underline{\boldsymbol{\omega}}^{\times} \underline{\boldsymbol{u}}_i) = \underline{\boldsymbol{T}} \tag{7.10}$$

式中，$\underline{\boldsymbol{I}}$ 为惯性并矢$\mathbb{I}$ 在系统质心坐标系下的分量列阵；$\underline{\boldsymbol{\omega}}$ 为角速度矢量$\boldsymbol{\omega}$ 在系统质心坐标系下的分量列阵；$h_i = J_i \Omega_i$ 为第i 个惯性轮相对星体的角动量大小；$\underline{\boldsymbol{u}}_i$ 则为第 i 个惯性轮转轴方向的单位矢量在系统质心坐标系下的分量列阵；$\underline{\boldsymbol{T}}$ 为外力矩$\boldsymbol{T}_{\Sigma}^{O}$ 在系统质心坐标系下的分量列阵。

为书写方便，通常将各惯性轮的安装轴方向分量列阵合写为安装矩阵形式（维数为 $3 \times n$），即

$$\underline{\boldsymbol{U}} = [\underline{\boldsymbol{u}}_1 \quad \underline{\boldsymbol{u}}_2 \quad \cdots \quad \underline{\boldsymbol{u}}_n]$$

式中，$\underline{\boldsymbol{U}}$ 称为轮系安装矩阵。这时式(7.10) 可写为另一种形式

$$\underline{\boldsymbol{I}} \underline{\dot{\boldsymbol{\omega}}} + \underline{\boldsymbol{\omega}}^{\times} \underline{\boldsymbol{I}} \underline{\boldsymbol{\omega}} + \underline{\boldsymbol{U}} \underline{\dot{\boldsymbol{h}}}_{\mathrm{w}} + \underline{\boldsymbol{\omega}}^{\times} \underline{\boldsymbol{U}} \underline{\boldsymbol{h}}_{\mathrm{w}} = \underline{\boldsymbol{T}} \tag{7.11}$$

式中，$\underline{\boldsymbol{h}}_{\mathrm{w}} = [h_1 \quad h_2 \quad \cdots \quad h_n]^{\mathrm{T}}$。

若定义 $\underline{\boldsymbol{h}} = \underline{\boldsymbol{U}} \underline{\boldsymbol{h}}_{\mathrm{w}}$，表示飞轮系统相对星体的总角动量在星体 3 个坐标轴上的分量列阵，则式(7.11) 还可写为

$$\underline{\boldsymbol{I}} \underline{\dot{\boldsymbol{\omega}}} + \underline{\dot{\boldsymbol{h}}} + \underline{\boldsymbol{\omega}}^{\times} \underline{\boldsymbol{I}} \underline{\boldsymbol{\omega}} + \underline{\boldsymbol{\omega}}^{\times} \underline{\boldsymbol{h}} = \underline{\boldsymbol{T}} \tag{7.12}$$

式(7.11) 或式(7.12) 给出了带有多个惯性轮的三轴稳定航天器姿态动力学方程。

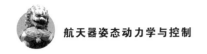

7.1.2 带有控制力矩陀螺或框架动量轮的三轴稳定航天器的姿态动力学方程

目前,许多大型三轴稳定航天器,如大型通信卫星、空间站等,均采用控制力矩陀螺或框架动量轮作为执行机构进行姿态控制。两者的主要区别是控制力矩陀螺相对于转轴的转速通常为恒定值,而框架动量轮的转速可以按控制指令改变。控制力矩陀螺通常角动量很大,一般在几百至几千 N·m·s,产生控制力矩大,抗干扰性强,特别适用于长寿命大型航天器,如空间站或太空实验室等;而框架动量轮的角动量在几十至 100 N·m·s 之间,主要用于大型通信卫星。

现以一个安装了多个单框架动量轮或单框架控制力矩陀螺的多刚体三轴稳定航天器为例,推导其姿态动力学方程。考虑在形式上,控制力矩陀螺可看作是框架动量轮的特例,在推导时仅以单框架动量轮为例。

为简化起见,在建模时假设框架动量轮的飞轮转子为动力学轴对称体,框架转轴线通过飞轮的质心,因此在运动过程中整个框架动量轮的质心相对星体不发生改变。

带有多个单框架动量轮的三轴稳定航天器几何示意图如图 7.2 所示。设坐标系$O_s x_s y_s z_s$ 为系统质心坐标系,其原点为系统复合质心,坐标轴方向与航天器本体的坐标轴方向一致。

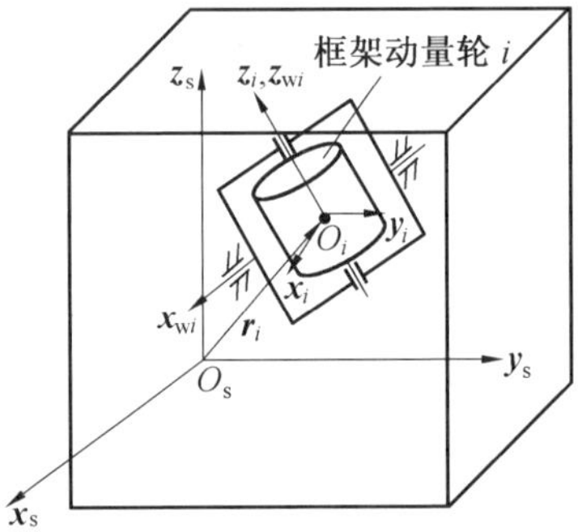

图 7.2 带有多个单框架动量轮的三轴稳定航天器几何示意图

航天器本体部分(不包含框架动量轮或控制力矩陀螺)的质心固联坐标系记为$O_b x_b y_b z_b$,其原点为航天器本体的质心,质心 O_b 相对系统质心 O_s 的相对位置矢量设为$\boldsymbol{r}_b$。根据建模假设,框架动量轮的运动不改变系统质心相对星体的位置,因此$\boldsymbol{r}_b$ 在系统质心坐标系的分量列阵$(\boldsymbol{r}_b)_s$ 为常值。设系统质心坐标系 $O_s x_s y_s z_s$ 相对惯性坐标系的角速度矢量记为 $\boldsymbol{\omega}$,此也为航天器本体的质心固联坐标系 $O_b x_b y_b z_b$ 相对惯性坐标系的角速度矢量。

设第 i 个框架动量轮的框架坐标系为$O_i x_{wi} y_{wi} z_{wi}$,其方向与框架的惯量主轴一致，其原点 O_i 为转子的质心，其矢量基为$\underline{e}_{wi}$。假设x_{wi} 轴为框架相对星体坐标系的转轴，记框架坐标系相对系统质心坐标系的转角为 δ_i，则其相对角速度矢量可表示为$\boldsymbol{\Omega}_{wi}=\dot{\delta}_i\boldsymbol{i}_{wi}$，则框架坐标系相对惯性系的角速度矢量为$\boldsymbol{\omega}_{wi}=\boldsymbol{\omega}+\boldsymbol{\Omega}_{wi}$。设转子部分的质心固联坐标系记为$O_i x_i y_i z_i$，其原点 O_i 为其质心，相对系统质心 O_s 的相对位置矢量设为$\boldsymbol{r}_i$。定义z_i 轴为该转子的自旋轴，并假设与框架坐标系的z_{wi} 轴重合。由于该自转轴随框架坐标系$O_i x_{wi} y_{wi} z_{wi}$ 相对星体旋转，因而在系统质心坐标系下的分量列阵不是常量。设该转子质心固联坐标系$O_i x_i y_i z_i$ 相对框架坐标系 $O_i x_{wi} y_{wi} z_{wi}$ 的转速为 Ω_i，对应的相对角速度矢量记为$\boldsymbol{\Omega}_i=\Omega_i\boldsymbol{k}_i$。则第 i 个框架动量轮的转子固联坐标系$O_i x_i y_i z_i$ 相对惯性系的角速度矢量$\boldsymbol{\omega}_i$ 为

$$\boldsymbol{\omega}_i=\boldsymbol{\omega}+\boldsymbol{\Omega}_{wi}+\boldsymbol{\Omega}_i \tag{7.13}$$

根据前述建模假设，框架动量轮在运动过程中其质心相对星体不发生改变，因此转子质心相对系统质心的相对位置矢量$\boldsymbol{r}_i$ 在系统质心坐标系的分量列阵$(\boldsymbol{r}_i)_s$ 为常量。考虑上述特点，在推导姿态动力学方程时采用以系统复合质心为基准点的多刚体姿态动力学建模方法比较方便。与带有多惯性轮的三轴稳定航天器不同，尽管带有控制力矩陀螺或框架动量轮的航天器的系统质心相对航天器本体质心坐标系的相对位置不变，但由于存在框架的转动，整个航天器系统关于系统质心的惯性并矢在系统质心坐标系下的转动惯量阵将会发生变化。而带有多惯性轮的三轴稳定航天器的系统质心位置和转动惯量阵均不会发生变化。

下面给出整个多刚体航天器系统关于系统质心的角动量矢量。根据式(2.44)，航天器本体部分关于系统质心的视角动量矢量为

$$\boldsymbol{H}_b^O=\mathbb{I}_b^C\cdot\boldsymbol{\omega}+m_b\boldsymbol{r}_b\times(\boldsymbol{\omega}\times\boldsymbol{r}_b) \tag{7.14}$$

式中，$\mathbb{I}_b^C$为航天器本体部分相对其自身质心的惯性并矢；m_b 为星本体部分的质量。

第 i 个框架动量轮的框架部分关于系统质心的视角动量矢量为

$$\boldsymbol{H}_{wi}^O=\mathbb{J}_{wi}^C\cdot(\boldsymbol{\omega}+\boldsymbol{\Omega}_{wi})+m_{wi}\boldsymbol{r}_{wi}\times(\boldsymbol{\omega}\times\boldsymbol{r}_{wi}) \tag{7.15}$$

式中，$\mathbb{J}_{wi}^C$为第 i 个框架动量轮的框架部分相对于框架坐标系原点的惯性并矢；m_{wi} 为框架的质量；$\boldsymbol{r}_{wi}$ 为第 i 个框架坐标系的原点相对系统质心坐标系的相对位置矢量，根据前述坐标系的定义，有$\boldsymbol{r}_{wi}=\boldsymbol{r}_i$。

同样，第 i 个框架动量轮的转子部分关于系统质心的视角动量矢量为

$$\boldsymbol{H}_i^O=\mathbb{J}_i^C\cdot(\boldsymbol{\omega}+\boldsymbol{\Omega}_{wi}+\boldsymbol{\Omega}_i)+m_i\boldsymbol{r}_i\times(\boldsymbol{\omega}\times\boldsymbol{r}_i) \tag{7.16}$$

式中，m_i 为第 i 个惯性轮的质量。

则多刚体系统关于系统质心的总角动量矢量为

$$\boldsymbol{H}_\Sigma^O=\mathbb{I}_b^C\cdot\boldsymbol{\omega}+m_b\boldsymbol{r}_b\times(\boldsymbol{\omega}\times\boldsymbol{r}_b)+\sum_{i=1}^n\left[\mathbb{J}_{wi}^C\cdot(\boldsymbol{\omega}+\boldsymbol{\Omega}_{wi})+m_{wi}\boldsymbol{r}_i\times(\boldsymbol{\omega}\times\boldsymbol{r}_i)\right]+$$

$$\sum_{i=1}^{n}[\mathbb{J}_i^{C}\cdot(\boldsymbol{\omega}+\boldsymbol{\Omega}_{wi}+\boldsymbol{\Omega}_i)+m_i\boldsymbol{r}_i\times(\boldsymbol{\omega}\times\boldsymbol{r}_i)]$$

$$=\Big\{\mathbb{I}_b^{C}+m_b(r_b^2\mathbb{E}-\boldsymbol{r}_b\boldsymbol{r}_b)+\sum_{i=1}^{n}[\mathbb{J}_{wi}^{C}+m_{wi}(r_i^2\mathbb{E}-\boldsymbol{r}_i\boldsymbol{r}_i)]+$$

$$\sum_{i=1}^{n}[\mathbb{J}_i^{C}+m_i(r_i^2\mathbb{E}-\boldsymbol{r}_i\boldsymbol{r}_i)]\Big\}\cdot\boldsymbol{\omega}+\sum_{i=1}^{n}\mathbb{J}_{wi}^{C}\cdot\boldsymbol{\Omega}_{wi}+\sum_{i=1}^{n}\mathbb{J}_i^{C}\cdot(\boldsymbol{\Omega}_{wi}+\boldsymbol{\Omega}_i) \tag{7.17}$$

令

$$\mathbb{I}\triangleq\Big\{\mathbb{I}_b^{C}+m_b(r_b^2\mathbb{E}-\boldsymbol{r}_b\boldsymbol{r}_b)+\sum_{i=1}^{n}[\mathbb{J}_{wi}^{C}+m_{wi}(r_i^2\mathbb{E}-\boldsymbol{r}_i\boldsymbol{r}_i)]+$$

$$\sum_{i=1}^{n}[\mathbb{J}_i^{C}+m_i(r_i^2\mathbb{E}-\boldsymbol{r}_i\boldsymbol{r}_i)]\Big\}$$

为整个多刚体系统相对系统质心的惯性并矢，则式(7.17)可改写为

$$\boldsymbol{H}_{\Sigma}^{O}=\mathbb{I}\cdot\boldsymbol{\omega}+\sum_{i=1}^{n}\mathbb{J}_{wi}^{C}\cdot\boldsymbol{\Omega}_{wi}+\sum_{i=1}^{n}\mathbb{J}_i^{C}\cdot(\boldsymbol{\Omega}_{wi}+\boldsymbol{\Omega}_i) \tag{7.18}$$

将其代入经典欧拉方程，得

$$\boldsymbol{T}_{\Sigma}^{O}=\mathbb{I}\cdot\dot{\boldsymbol{\omega}}+\dot{\mathbb{I}}\cdot\boldsymbol{\omega}+\boldsymbol{\omega}\times\mathbb{I}\cdot\boldsymbol{\omega}+\sum_{i=1}^{n}\frac{\mathrm{d}_s}{\mathrm{d}t}[\mathbb{J}_{wi}^{C}\cdot\boldsymbol{\Omega}_{wi}]+\boldsymbol{\omega}\times\sum_{i=1}^{n}\mathbb{J}_i^{C}\cdot\boldsymbol{\Omega}_{wi}+$$

$$\sum_{i=1}^{n}\frac{\mathrm{d}_s}{\mathrm{d}t}[\mathbb{J}_i^{C}\cdot(\boldsymbol{\Omega}_i+\boldsymbol{\Omega}_{wi})]+\boldsymbol{\omega}\times\sum_{i=1}^{n}\mathbb{J}_i^{C}\cdot(\boldsymbol{\Omega}_i+\boldsymbol{\Omega}_{wi}) \tag{7.19}$$

式中，$\boldsymbol{T}_{\Sigma}^{O}$ 为外力矩总矢量。

设第 i 个框架动量轮的框架部分相对框架坐标系的转动惯量矩阵（即框架部分的惯性并矢 $\mathbb{J}_{wi}^{C}$ 在框架坐标系的坐标阵）为

$$\underline{\boldsymbol{J}}_{wi}=(\mathbb{J}_{wi}^{C})_{wi}\equiv\begin{bmatrix}J_{wx}^{i} & 0 & 0\\ 0 & J_{wy}^{i} & 0\\ 0 & 0 & J_{wz}^{i}\end{bmatrix}$$

式中，J_{wx}^{i}，J_{wy}^{i} 和 J_{wz}^{i} 分别为框架部分的 3 个主惯量。则式(7.197)中的 $\mathbb{J}_{wi}^{C}\cdot\boldsymbol{\Omega}_{wi}$ 用矢量基 $\underline{\boldsymbol{e}}_{wi}$ 可表示为

$$\mathbb{J}_{wi}^{C}\cdot\boldsymbol{\Omega}_{wi}=(\underline{\boldsymbol{e}}_{wi}^{T}\underline{\boldsymbol{J}}_{wi}\underline{\boldsymbol{e}}_{wi})\cdot\underline{\boldsymbol{e}}_{wi}^{T}\underline{\boldsymbol{\Omega}}_{wi}=\underline{\boldsymbol{e}}_{wi}^{T}\begin{bmatrix}J_{wx}^{i} & 0 & 0\\ 0 & J_{wy}^{i} & 0\\ 0 & 0 & J_{wz}^{i}\end{bmatrix}\begin{bmatrix}\dot{\delta}\\ 0\\ 0\end{bmatrix}=J_{wx}^{i}\dot{\delta}_i\boldsymbol{i}_{wi} \tag{7.20}$$

同样，第 i 个框架动量轮的转子部分相对转子坐标系的转动惯量矩阵为

$$\underline{\boldsymbol{J}}_i=(\mathbb{J}_i^{C})_i\equiv\begin{bmatrix}J_t^{i} & 0 & 0\\ 0 & J_t^{i} & 0\\ 0 & 0 & J^{i}\end{bmatrix}$$

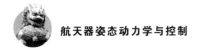

式中，J_t^i 为转子的横向转动惯量。则式(7.19)中的$\mathbb{J}_i^C\cdot\boldsymbol{\Omega}_{wi}$可用矢量基的形式表达为

$$\mathbb{J}_i^C\cdot\boldsymbol{\Omega}_{wi}=\underline{\boldsymbol{e}}_{wi}^{T}(\mathbb{J}_i^C)_{wi}\underline{\boldsymbol{e}}_{wi}\cdot\underline{\boldsymbol{e}}_{wi}^{T}\underline{\boldsymbol{\Omega}}_{wi}=(\underline{\boldsymbol{e}}_{wi}^{T}\underline{\boldsymbol{C}}_{rw}^{i}\underline{\boldsymbol{J}}_i\underline{\boldsymbol{C}}_{wr}^{i}\underline{\boldsymbol{e}}_{wi})\cdot\underline{\boldsymbol{e}}_{wi}^{T}\underline{\boldsymbol{\Omega}}_{wi}=$$

$$\underline{\boldsymbol{e}}_{wi}^{T}\underline{\boldsymbol{C}}_{z}^{T}(\mu_i)\begin{bmatrix}J_t^i&0&0\\0&J_t^i&0\\0&0&J^i\end{bmatrix}\underline{\boldsymbol{C}}_{z}(\mu_i)\begin{bmatrix}\dot{\delta}\\0\\0\end{bmatrix}=J_t^i\dot{\delta}_i\underline{\boldsymbol{e}}_{wi}^{T}\begin{bmatrix}1\\0\\0\end{bmatrix}=J_t^i\dot{\delta}_i\boldsymbol{i}_{wi}\tag{7.21}$$

式中，$\underline{\boldsymbol{C}}_{wr}^{i}$ 为第 i 个框架动量轮的转子坐标系相对其框架坐标系的坐标变换矩阵；μ_i 为转子坐标系相对其框架坐标系的自旋角。

最后，式(7.19)中$\mathbb{J}_i^C\cdot\boldsymbol{\Omega}_i$可用矢量基的形式表达为

$$\mathbb{J}_i^C\cdot\boldsymbol{\Omega}_i=(\underline{\boldsymbol{e}}_i^{T}\underline{\boldsymbol{J}}_i\underline{\boldsymbol{e}}_i)\cdot\underline{\boldsymbol{e}}_i^{T}\underline{\boldsymbol{\Omega}}_i=\underline{\boldsymbol{e}}_i^{T}\begin{bmatrix}J_t^i&0&0\\0&J_t^i&0\\0&0&J^i\end{bmatrix}\begin{bmatrix}0\\0\\\Omega_i\end{bmatrix}=J_i\Omega_i\boldsymbol{k}_i=J_i\Omega_i\boldsymbol{k}_{wi}\tag{7.22}$$

由于矢量$\boldsymbol{i}_{wi}$(即外框架的转轴)在系统质心坐标系下的分量列阵是常量，因此有

$$\frac{\mathrm{d}_s}{\mathrm{d}t}[\mathbb{J}_{wi}^C\cdot\boldsymbol{\Omega}_{wi}]=J_{wx}^i\ddot{\delta}\boldsymbol{i}_{wi}$$

$$\frac{\mathrm{d}_s}{\mathrm{d}t}[\mathbb{J}_i^C\cdot\boldsymbol{\Omega}_{wi}]=J_t^i\ddot{\delta}\boldsymbol{i}_{wi}$$

而矢量$\boldsymbol{k}_i$(即转子的转轴)在系统质心坐标系下的分量列阵是变量，因此有

$$\frac{\mathrm{d}_s}{\mathrm{d}t}[\mathbb{J}_i^C\cdot\boldsymbol{\Omega}_i]=J_i\dot{\Omega}_i\boldsymbol{k}_i+\boldsymbol{\Omega}_{wi}\times J_i\Omega_i\boldsymbol{k}_{wi}=J_i\dot{\Omega}_i\boldsymbol{k}_i-J_i\Omega_i\dot{\delta}_i\boldsymbol{j}_{wi}$$

这样，式(7.19)变为

$$\boldsymbol{T}_{\Sigma}^{O}=\mathbb{I}\cdot\dot{\boldsymbol{\omega}}+\dot{\mathbb{I}}\cdot\boldsymbol{\omega}+\boldsymbol{\omega}\times\mathbb{I}\cdot\boldsymbol{\omega}+\boldsymbol{\omega}\times\sum_{i=1}^{n}[(J_{wx}^i+J_t^i)\dot{\delta}\boldsymbol{i}_{wi}+J_i\Omega_i\boldsymbol{k}_{wi}]+$$
$$\sum_{i=1}^{n}[(J_{wx}^i+J_t^i)\ddot{\delta}\boldsymbol{i}_{wi}+J_i\dot{\Omega}_i\boldsymbol{k}_i-J_i\Omega_i\dot{\delta}_i\boldsymbol{j}_{wi}]\tag{7.23}$$

若航天器安装的是单框架控制力矩陀螺时，式(7.23)中$\dot{\Omega}_i=0$，则对应的姿态动力学方程变为

$$\boldsymbol{T}_{\Sigma}^{O}=\mathbb{I}\cdot\dot{\boldsymbol{\omega}}+\dot{\mathbb{I}}\cdot\boldsymbol{\omega}+\boldsymbol{\omega}\times\mathbb{I}\cdot\boldsymbol{\omega}+\boldsymbol{\omega}\times\sum_{i=1}^{n}[(J_{wx}^i+J_t^i)\dot{\delta}\boldsymbol{i}_{wi}+J_i\Omega_i\boldsymbol{k}_{wi}]+$$
$$\sum_{i=1}^{n}[(J_{wx}^i+J_t^i)\ddot{\delta}\boldsymbol{i}_{wi}-J_i\Omega_i\dot{\delta}_i\boldsymbol{j}_{wi}]\tag{7.24}$$

对于安装了双框架动量轮或双框架控制力矩陀螺的情况更复杂一些，对应

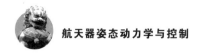

的转子相对星体坐标系的角速度由 3 项组成，即

$$\boldsymbol{\omega}_{ri} = \boldsymbol{\Omega}_{pi} + \boldsymbol{\Omega}_{wi} + \boldsymbol{\Omega}_i$$

式中，$\boldsymbol{\Omega}_{pi}$ 为外框架坐标系相对系统质心坐标系的角速度矢量；$\boldsymbol{\Omega}_{wi}$ 为内框架坐标系相对外框架坐标系的角速度矢量，则式(7.23)也要进行相应的修改。

7.2 带挠性附件三轴稳定航天器姿态动力学

7.2.1 带挠性附件三轴稳定航天器姿态动力学概述

现代大型带有挠性附件的三轴稳定航天器的典型构型如图 7.3 所示。航天器由中心星体和一些可展开的附件组成，如太阳电池帆板、通信天线等。通常认为中心星体是不变形的刚体(或陀螺体)，而太阳帆板及天线等属于可以弹性变形的挠性附件。

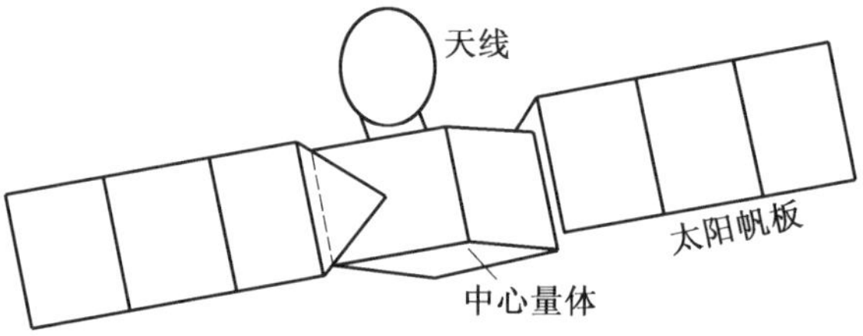

图 7.3　带有挠性附件的三轴稳定航天器的典型构型

上述这种构型的结构有时被称为簇状拓扑结构(图 7.4)，目前绝大多数三轴稳定航天器均采用这种构型结构。图 7.4 中 B 是中心刚体，表示航天器的核心部分，$A_i(i=1,2,\cdots,N)$ 是安装或附着在星体上的挠性附件，N 为挠性附件总数。

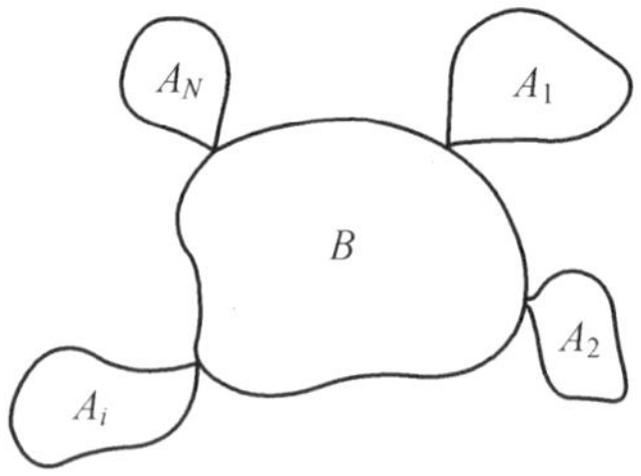

图 7.4　簇状拓扑结构

另外一种航天器构型结构是由若干刚体和附件以串并联形式连接成一体，如图 7.5 所示，这种构型因为形状类似于树干、树枝和树叶的形状，故又称为树状拓扑结构。假如只有串联关系而没有并联的分叉，又称为链状拓扑结构。树形

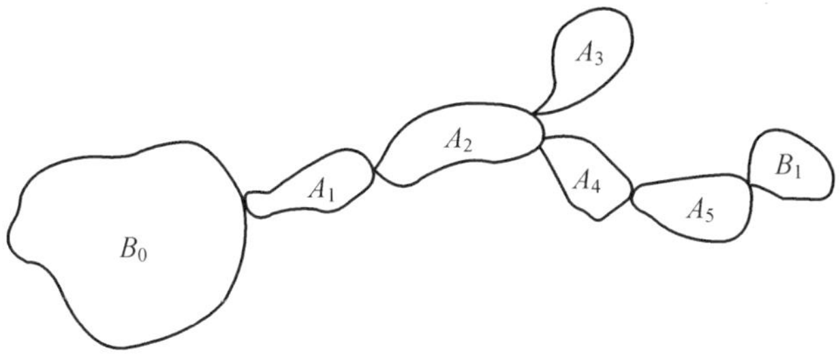

图 7.5　树形拓扑结构的航天器

拓扑结构的典型例子是和平号空间站，而链状拓扑结构的典型例子是大型空间机械臂或航天飞机。还有一种结构称为环状拓扑结构，是指其中的刚体和挠性体形成封闭的环形，对应于某些复杂的航天器。

由于簇状拓扑结构是典型的三轴稳定航天器的构型，这里仅对这种类型航天器的动力学方程式进行推导和分析。

为了降低航天器发射的质量，通常附件的刚度和质量都很小，用经典的刚体和半刚体动力学模型已不能准确地描述这类航天器的动力学特性。另外，挠性附件的变形和振动直接引起中心主体姿态振荡，影响航天器的稳定性和定向精度。因此，建立准确的动力学模型来描述这类航天器的姿态运动和挠性运动是航天器动力学的重要课题之一。

带挠性附件的航天器姿态动力学的主要特点是，挠性附件的运动要用无限自由度的分布参数描述，并且其挠性运动和中心刚体的姿态运动相互耦合，是由常微分方程和偏微分方程共同描述的非线性、非定常的混合系统。当挠性附件形状比较复杂时，其求解是一个极其复杂和困难的问题，无法用于航天器姿态控制系统分析和设计。

在实际工程实践中，常用的方法是集中参数法或有限元法，先把一个具有无限自由度的系统离散化为一个有限自由度的系统，然后进行求解。挠性附件常被简化为由有限个质点集组成，质点之间由无质量的弹簧相连，这种简化方法称为集中参数法。更精确的简化方法是将附件分割为有限个单元，单元之间由若干弹性元素通过节点相连，称为有限元法。应用这些方法对挠性附件进行模态分析，得出描述附件弹性振动的振型和模态坐标，再通过力学建模原理，与主体的刚体运动参数组合起来，形成混合坐标的姿态动力学模型。

集中参数法的优点是对挠性附件变形的大小没有任何限制，并且具有比较明显的物理意义，但是对于结构复杂的系统，如何选择弹簧常数、阻尼系数以及如何分割子块是比较困难的事情；而用有限元法建立挠性附件的模型不论结构复杂与否都是可行的，而且有很多现成的计算程序或商业软件可以使用，在计算精度上有限元法比集中参数法具有更高的精度，但有限元法对挠性附件的变形大小有限制，且系统参数变化的物理效应不够明显。目前，有限元法在工程上得到了最广泛的应用。

下面将详细阐述带挠性附件三轴稳定航天器姿态动力学的基本概念、建模的基本理论和方法。首先以在平面内运动的带挠性附件的简单航天器为例，利用集中参数法推导其运动方程，并利用模态和振型的概念将其解耦，形成最终的航天器系统姿态动力学方程；然后以此为基本思路，介绍工程中常用的混合坐标建模方法，导出带有挠性附件三轴稳定航天器的姿态动力学方程。

7.2.2 带挠性附件航天器姿态动力学建模的基本思想

本小节以一个在平面内转动的带有挠性太阳帆板的三轴稳定航天器为例，利用集中参数法建立航天器姿态动力学模型，并讨论通过模态坐标变换的方法给出模态坐标形式的姿态动力学方程。其目的是给出带挠性附件三轴稳定航天器姿态动力学建模的基本思路。

1. 采用集中参数法建立三轴稳定航天器姿态动力学模型

设航天器由中心刚体和两块对称的、结构参数完全相同的太阳帆板组成。作为例子，只考虑航天器在平面内的一维转动运动。为简化推导过程，假设挠性太阳帆板可用均匀弹性代替。由于只有帆板的反对称模式的弯曲运动会影响中心刚体的姿态运动，故这里不考虑帆板的对称弯曲运动。

下面采用集中参数法来推导此航天器的平面内转动运动的数学模型。为简单起见，每个帆板近似为一个无质量的悬臂梁，其弯曲刚度为 EI。帆板的质量集中在两个离散的质点上 m_1 和 m_2（其位置在 x_1 和 x_2 上，如图 7.6 所示）。这两个质点可位于梁的任何一点上，但为简化起见，假设 $x_1=L/2$，$x_2=L$。设刚性主体

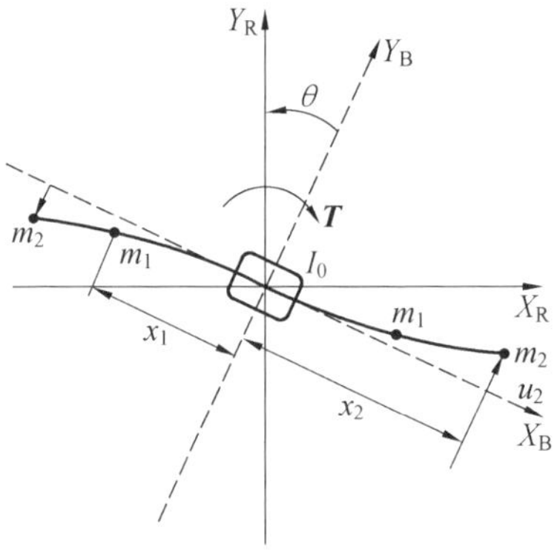

图 7.6 由一个刚体和两块对称帆板构成的航天器集中参数模型

的转动惯量为 I_0。同时假设两个太阳帆板在没有弹性变形时，航天器整体的质心与中心刚体的质心重合。

由于帆板不是刚体，就会存在相对刚性主体体轴的变形。以质点 m_1 为例，其运动可看作是两种运动的叠加：

(1) 随刚体的角运动，其线速度为 $\dot{\boldsymbol{\theta}}x_1$。

(2) 从刚体体轴 X_B 量起的弹性变形 u_1，其速度为 $\dot{\boldsymbol{u}}_1$。

对于小的弹性变形，这两个速度是共线的，因此质点 m_1 的速度为

$$\boldsymbol{V}_1 = \dot{\boldsymbol{\theta}}x_1 + \dot{\boldsymbol{u}}_1 \tag{7.25}$$

在上述假设条件下，整个系统可看成是一个多刚体系统(每个帆板的两个集中质量点可看作是特殊的“刚体”)。由于帆板反对称的弯曲运动不会影响整个系统的质心，因此以航天器整体质心为基准点，根据角动量定理建立中心刚体的姿态运动方程。

整个航天器关于系统质心的角动量可列写为

$$\boldsymbol{H} = [I_0\dot{\theta} + 2(m_1x_1V_1 + m_2x_2V_2)]\boldsymbol{k} \tag{7.26}$$

由于只考虑平面内的一维转动运动，因此可根据角动量定理直接给出中心刚体的姿态运动方程，即

$$\dot{H} = I\ddot{\theta} + 2(m_1x_1\ddot{u}_1 + m_2x_2\ddot{u}_2) = T \tag{7.27}$$

式中，I 为整个系统的转动惯量，$I = I_0 + 2(m_1x_1^2 + m_2x_2^2)$。若定义

$$\underline{\boldsymbol{x}} = \begin{bmatrix} x_1 \\ x_2 \end{bmatrix}, \quad \underline{\boldsymbol{M}} = \begin{bmatrix} m_1 & 0 \\ 0 & m_2 \end{bmatrix}, \quad \underline{\boldsymbol{u}} = \begin{bmatrix} u_1 \\ u_2 \end{bmatrix}$$

式中，$\underline{\boldsymbol{M}}$ 为质量矩阵。则式(7.27)可改写为

$$\boldsymbol{I}\ddot{\boldsymbol{\theta}} + 2\underline{\boldsymbol{x}}^{\mathrm{T}}\underline{\boldsymbol{M}}\,\underline{\ddot{\boldsymbol{u}}} = \boldsymbol{T} \tag{7.28}$$

下面推导太阳帆板的运动方程，对于一块帆板上的质点 m_1 和 m_2，可以分别建立端点负荷与惯性力平衡方程式，即

$$m_1\dot{\boldsymbol{V}}_1 = \boldsymbol{F}_1, \quad m_2\dot{\boldsymbol{V}}_2 = \boldsymbol{F}_2 \tag{7.29}$$

式中，F_1，F_2 分别为作用在帆板 $L/2$ 和末端 L 处的负荷。

式(7.29)中两个质点的加速度可参考式(7.25)求导得到。下面讨论如何建立端点载荷 F_1，F_2 与弹性变形 u_1，u_2 之间的关系。

根据材料力学的相关内容，可知均质梁的 $0 \sim L/2$ 段的弯曲方程为

$$EI\,\frac{\mathrm{d}^2u}{\mathrm{d}x^2} = F_1\left(\frac{L}{2} - x\right) + F_2(L - x) \tag{7.30}$$

将式(7.30)积分两次，并由两端约束条件 $x=0$ 和 $u=\dot{u}=0$，可得 $L/2$ 处端点弯曲位移 u_1 及其导数 $\dot{u}_1$ 为

$$\begin{cases} EIu_1 = F_1 \dfrac{2L^3}{48} + F_2 \dfrac{5L^3}{48} \\ EI\dot{u}_1 = F_1 \dfrac{L^2}{8} + F_2 \dfrac{5L^2}{16} \end{cases} \tag{7.31}$$

对于均质梁 $L/2 \sim L$ 段，弯曲方程为

$$EI \frac{\mathrm{d}^2 u}{\mathrm{d}x^2} = -F_2(L-x) \tag{7.32}$$

同样将此式积分两次，并由前端条件 $u_1, \dot{u}_1$，得到末端位移 u_2 为

$$EIu_2 = -F_1 \frac{5L^3}{48} + F_2 \frac{L^3}{3} \tag{7.33}$$

将式(7.31) 和式(7.33) 联合求解得

$$F_1 = \frac{48EI}{7L^3}(-16u_1 + 5u_2)$$

$$F_2 = \frac{48EI}{7L^3}(5u_1 - 2u_2)$$

将以上两式代入式(7.29)，可得到帆板上两个集中质点的运动方程为

$$\begin{bmatrix} m_1 & 0 \\ 0 & m_2 \end{bmatrix} \begin{bmatrix} \ddot{u}_1 \\ \ddot{u}_2 \end{bmatrix} + \frac{48EI}{7L^3} \begin{bmatrix} 16 & -5 \\ -5 & 2 \end{bmatrix} \begin{bmatrix} u_1 \\ u_2 \end{bmatrix} + \begin{bmatrix} m_1 & 0 \\ 0 & m_2 \end{bmatrix} \begin{bmatrix} x_1 \\ x_2 \end{bmatrix} \ddot{\theta} = \mathbf{0} \tag{7.34}$$

若定义刚度矩阵 $\underline{\boldsymbol{K}}$ 为

$$\underline{\boldsymbol{K}} = \frac{48EI}{7L^3} \begin{bmatrix} 16 & -5 \\ -5 & 2 \end{bmatrix}$$

则式(7.34) 可改写为更紧凑的形式为

$$\underline{\boldsymbol{M}}\ddot{\underline{\boldsymbol{u}}} + \underline{\boldsymbol{C}}\dot{\underline{\boldsymbol{u}}} + \underline{\boldsymbol{K}}\underline{\boldsymbol{u}} + \underline{\boldsymbol{M}}\underline{\boldsymbol{x}}\ddot{\boldsymbol{\theta}} = \underline{\mathbf{0}} \tag{7.35}$$

式中，能量耗散矩阵 $\underline{\boldsymbol{C}}$ 是考虑到悬臂梁具有阻尼作用。方程(7.28) 和方程(7.35) 可同时求解以完成中心刚体转动和帆板振动运动的动力学计算。

将矩阵 $\underline{\boldsymbol{M}}$、$\underline{\boldsymbol{C}}$ 和 $\underline{\boldsymbol{K}}$ 进行增广，可得到包含式(7.28) 在内的航天器整体动力学方程，即

$$\tilde{\underline{\boldsymbol{M}}} \begin{bmatrix} \ddot{\theta} \\ \ddot{u}_1 \\ \ddot{u}_2 \end{bmatrix} + \tilde{\underline{\boldsymbol{C}}} \begin{bmatrix} \dot{\theta} \\ \dot{u}_1 \\ \dot{u}_2 \end{bmatrix} + \tilde{\underline{\boldsymbol{K}}} \begin{bmatrix} \theta \\ u_1 \\ u_2 \end{bmatrix} = \begin{bmatrix} T \\ 0 \\ 0 \end{bmatrix} \tag{7.36}$$

式中，$\tilde{\underline{\boldsymbol{M}}}$、$\tilde{\underline{\boldsymbol{C}}}$ 和 $\tilde{\underline{\boldsymbol{K}}}$ 均为增广矩阵。这个微分矩阵方程是线性的，可用拉普拉斯变换进行求解。

同理，将帆板假设为更多离散质点的集中参数模型，可以得到更精确的姿态动力学方程，这里不再赘述。

2. 振型和模态分析法

由挠性附件的运动方程(7.35)可以看到，由于其刚度矩阵是非对角阵，因此挠性附件的动力学方程是耦合的。为简化方程的求解，可通过适当的坐标变换来消除耦合项，实现解耦，从而将其转换为 n 个独立的单自由度运动方程。一种常用的解耦方法是模态分析法，即利用固有振型的正交性，通过坐标变换将系统运动方程展开为固有振型的组合形式，实现运动方程的解耦。该过程与傅里叶级数展开的过程相类似。

下面对模态分析法的基本概念和过程进行简要介绍，具体内容请参阅关于结构动力学的专著和教材。

设某双自由度振动系统处于自由振动状态，若暂时忽略阻尼项，其运动方程可写为

$$\begin{bmatrix} m_1 & 0 \\ 0 & m_2 \end{bmatrix}\begin{bmatrix} \ddot{u}_1 \\ \ddot{u}_2 \end{bmatrix}+\begin{bmatrix} K_1 & -K_2 \\ -K_2 & K_3 \end{bmatrix}\begin{bmatrix} u_1 \\ u_2 \end{bmatrix}=\begin{bmatrix} 0 \\ 0 \end{bmatrix} \tag{7.37}$$

式中，u_1 和 u_2 均为系统运动的坐标。

若假设该系统的自由振动仅为同频率、同相位的简谐振动，设其解为

$$\begin{cases} u_1 = A_1 \sin(\Omega t+\varphi) \\ u_2 = A_2 \sin(\Omega t+\varphi) \end{cases} \tag{7.38}$$

式中，A_1，A_2 均为待定常数。将其代入式(7.37)，得

$$\begin{cases} (K_1-\Omega^2 m_1)A_1-K_2A_2=0 \\ -K_2A_1+(K_3-\Omega^2 m_2)A_2=0 \end{cases} \tag{7.39}$$

A_1，A_2 具有非零解的条件为

$$\Delta(\Omega)=\begin{vmatrix} K_1-\Omega^2 m_1 & -K_2 \\ -K_2 & K_3-\Omega^2 m_2 \end{vmatrix}=0 \tag{7.40}$$

展开得

$$\Omega^4+(a+d)\Omega^2+(ad-bc)=0$$

式中

$$a=\frac{K_1}{m_1},\quad b=\frac{K_2}{m_1},\quad c=\frac{K_2}{m_2},\quad d=\frac{K_3}{m_2}$$

此方程称为特征方程，其特征根为

$$\Omega_{1,2}^2=\frac{a+d}{2}\mp\sqrt{\left(\frac{a+d}{2}\right)^2-(ad-bc)}=\frac{a+d}{2}\mp\sqrt{\left(\frac{a-d}{2}\right)^2+bc} \tag{7.41}$$

从上面的分析结果可得到如下结论：

(1) 由于 m_1，m_2，$K_i(i=1,2,3)$ 是正数，可以看出 Ω_1，Ω_2 都是实根。又因为

$ad > bc$，根式开方后的值小于$\frac{a+d}{2}$，所以 Ω_1^2,Ω_2^2 都是正实根。由于 $-\Omega$ 只是不改变式(7.38)中 A_1,A_2 的符号，而不是新的解，因此特征方程(7.40)应有两个正实数解 Ω_1,Ω_2。

(2) Ω_1,Ω_2 仅取决于系统的物理性质(m_i,K_i)，而与其他条件无关，故称为系统的固有频率。

(3) 将 Ω_1,Ω_2 代回到方程组(7.39)中，将无法求出 A_1,A_2 的具体数值，但可以求得对应于 Ω_1,Ω_2 的 A_1 与 A_2 之间两个固定的比值。称此两比值为振幅比 $\gamma^{(1)},\gamma^{(2)}$。通过分析可知，当系统按任一固有频率振动时，振幅比是确定的，并与初始条件无关。系统中各点在同一瞬时位移的相对比值也是确定的。振幅比 γ 决定了整个系统的振动形态，对应于一个固有频率只有一个振动形态，并称此形态为主振型或主模态。

(4) 系统以某一阶固有频率按其主振型做振动，称为系统的主振动。

因为微分方程组(7.37)的通解是两种主振动的叠加，所以该方程组的解为

$$\begin{bmatrix}u_1\\u_2\end{bmatrix}=\begin{bmatrix}u_1^{(1)}\\u_2^{(1)}\end{bmatrix}+\begin{bmatrix}u_1^{(2)}\\u_2^{(2)}\end{bmatrix}=\begin{bmatrix}A_1^{(1)}\\A_2^{(1)}\end{bmatrix}\sin(\Omega_1 t+\varphi_1)+\begin{bmatrix}A_1^{(2)}\\A_2^{(2)}\end{bmatrix}\sin(\Omega_2 t+\varphi_2) \tag{7.42}$$

式中，A 右上角标号(1)、(2)分别表示对应于 Ω_1,Ω_2 的振幅。将振幅比引入式(7.42)，可使其中一个振幅变为1，以利于主振型的分析和比较。这样式(7.42)变为

$$\begin{bmatrix}u_1\\u_2\end{bmatrix}=\begin{bmatrix}1 & 1\\\gamma^{(1)} & \gamma^{(2)}\end{bmatrix}\begin{bmatrix}A_1^{(1)}\sin(\Omega_1 t+\varphi_1)\\A_1^{(2)}\sin(\Omega_2 t+\varphi_2)\end{bmatrix} \tag{7.43}$$

上式也可写成

$$\underline{\boldsymbol{u}}=\begin{bmatrix}u_1\\u_2\end{bmatrix}=\begin{bmatrix}\underline{\boldsymbol{\varphi}}^{(1)} & \underline{\boldsymbol{\varphi}}^{(2)}\end{bmatrix}\begin{bmatrix}\eta^{(1)}(t)\\\eta^{(2)}(t)\end{bmatrix} \tag{7.44}$$

或

$$\underline{\boldsymbol{u}}=\underline{\boldsymbol{\Phi\eta}} \tag{7.45}$$

式中，$\underline{\boldsymbol{\varphi}}^{(1)},\underline{\boldsymbol{\varphi}}^{(2)}$ 为模态向量或主振型，且

$$\underline{\boldsymbol{\varphi}}^{(1)}=\begin{bmatrix}1\\\gamma^{(1)}\end{bmatrix}=\begin{bmatrix}\varphi_1^{(1)}\\\varphi_2^{(1)}\end{bmatrix},\quad \underline{\boldsymbol{\varphi}}^{(2)}=\begin{bmatrix}1\\\gamma^{(2)}\end{bmatrix}=\begin{bmatrix}\varphi_1^{(2)}\\\varphi_2^{(2)}\end{bmatrix}$$

$\eta^{(1)}(t),\eta^{(2)}(t)$ 分别为主坐标或模态坐标，且

$$\eta^{(1)}(t)=A_1^{(1)}\sin(\Omega_1 t+\varphi_1),\quad \eta^{(2)}(t)=A_1^{(2)}\sin(\Omega_2 t+\varphi_2)$$

$\underline{\boldsymbol{\Phi}}$ 为模态矩阵，是由各阶主振型按列排列而成；$\underline{\boldsymbol{\eta}}$ 为主坐标列阵。

上述分析对于 n 阶自由度系统仍然成立，这里不再赘述。根据结构动力学方

面的相关内容可知，主振型具有正交性(证明请参考相关结构动力学方面书籍)。

对于如下形式的 n 阶自由度系统运动方程

$$\underline{\boldsymbol{M}}\,\ddot{\underline{\boldsymbol{u}}}+\underline{\boldsymbol{K}\boldsymbol{u}}=\underline{\boldsymbol{0}} \tag{7.46}$$

其模态矩阵为 $\underline{\boldsymbol{\Phi}}=[\underline{\boldsymbol{\varphi}}^{(1)}\quad \underline{\boldsymbol{\varphi}}^{(2)}\quad \cdots\quad \underline{\boldsymbol{\varphi}}^{(n)}]$，则根据主振型的正交性，当 $i\neq j$ 时，有

$$\underline{\boldsymbol{\varphi}}^{(j)\mathrm{T}}\underline{\boldsymbol{M}\boldsymbol{\varphi}}^{(i)}=0,\quad \underline{\boldsymbol{\varphi}}^{(j)\mathrm{T}}\underline{\boldsymbol{K}\boldsymbol{\varphi}}^{(i)}=\boldsymbol{0},\quad i,j=1,2,\cdots,n \tag{7.47}$$

则对于质量矩阵有

$$\underline{\boldsymbol{\Phi}}^{\mathrm{T}}\underline{\boldsymbol{M}\boldsymbol{\Phi}}=\begin{bmatrix}\underline{\boldsymbol{\varphi}}^{(1)\mathrm{T}}\underline{\boldsymbol{M}\boldsymbol{\varphi}}^{(1)} & & & \boldsymbol{0}\\ & \underline{\boldsymbol{\varphi}}^{(1)\mathrm{T}}\underline{\boldsymbol{M}\boldsymbol{\varphi}}^{(1)} & & \\ & & \ddots & \\ \boldsymbol{0} & & & \underline{\boldsymbol{\varphi}}^{(n)\mathrm{T}}\underline{\boldsymbol{M}\boldsymbol{\varphi}}^{(n)}\end{bmatrix}$$

$$=\begin{bmatrix}M_1 & & & \\ & M_2 & & \\ & & \ddots & \\ & & & M_n\end{bmatrix}=\underline{\boldsymbol{M}}_n \tag{7.48}$$

式中，$M_i(i=1,2,\cdots,n)$ 为主质量；$\underline{\boldsymbol{M}}_n$ 为主质量矩阵或广义质量矩阵。

使用同样的推导过程，也可得到

$$\underline{\boldsymbol{\Phi}}^{\mathrm{T}}\underline{\boldsymbol{K}\boldsymbol{\Phi}}=\begin{bmatrix}K_1 & & & \\ & K_2 & & \\ & & \ddots & \\ & & & K_n\end{bmatrix}=\underline{\boldsymbol{K}}_n \tag{7.49}$$

式中，$\underline{\boldsymbol{K}}_n$ 为主刚度矩阵或广义刚度矩阵。

由于 $\underline{\boldsymbol{M}}_n$ 和 $\underline{\boldsymbol{K}}_n$ 为对角阵，利用模态矩阵 $\underline{\boldsymbol{\Phi}}$ 为坐标变换矩阵进行坐标变换，就可实现运动方程的解耦。将

$$\underline{\boldsymbol{u}}=\underline{\boldsymbol{\Phi}\boldsymbol{\eta}}$$

代入运动方程(7.46)，得

$$\underline{\boldsymbol{M}\boldsymbol{\Phi}}\,\ddot{\underline{\boldsymbol{\eta}}}+\underline{\boldsymbol{K}\boldsymbol{\Phi}\boldsymbol{\eta}}=\underline{\boldsymbol{0}} \tag{7.50}$$

将上式左乘 $\underline{\boldsymbol{\Phi}}^{\mathrm{T}}$，得

$$\underline{\boldsymbol{\Phi}}^{\mathrm{T}}\underline{\boldsymbol{M}\boldsymbol{\Phi}}\,\ddot{\underline{\boldsymbol{\eta}}}+\underline{\boldsymbol{\Phi}}^{\mathrm{T}}\underline{\boldsymbol{K}\boldsymbol{\Phi}\boldsymbol{\eta}}=\underline{\boldsymbol{0}}$$

由式(7.48)和式(7.49)可将上式改写成

$$\underline{\boldsymbol{M}}_n\,\ddot{\underline{\boldsymbol{\eta}}}+\underline{\boldsymbol{K}}_n\underline{\boldsymbol{\eta}}=\underline{\boldsymbol{0}}\ \text{或}\ \boldsymbol{M}_i\ddot{\boldsymbol{\eta}}_i+\boldsymbol{K}_i\boldsymbol{\eta}_i=\boldsymbol{0},\quad i=1,2,\cdots,n \tag{7.51}$$

该式表明，运动方程已由原来的坐标 $\underline{\boldsymbol{u}}$ 转换成新坐标系 $\underline{\boldsymbol{\eta}}$。此时，原来耦合形式的运动方程已经解耦，变成式(7.51)所示的 n 个独立的运动方程。

对于多自由度无阻尼强迫运动方程，仍然可以利用同样的原理对运动方程进行解耦。

若多自由度系统运动方程带有黏性阻尼项，其运动方程的形式为

$$\underline{\boldsymbol{M}}\,\ddot{\underline{\boldsymbol{u}}} + \underline{\boldsymbol{C}}\,\dot{\underline{\boldsymbol{u}}} + \underline{\boldsymbol{K}\boldsymbol{u}} = \underline{\boldsymbol{0}} \tag{7.52}$$

式中，$\underline{\boldsymbol{C}}$ 为阻尼矩阵。

系统引入阻尼矩阵将使动态分析更为复杂，上述的模态坐标解耦方法不再适用。对于这样的系统，可采用复模态方法进行处理，将方程解耦。具体过程请参阅航天器结构力学书籍。

为方便系统动态分析，通常对振型进行正规化处理。最常用的正规化方法是将模态矩阵变成正规化模态矩阵，以此进行坐标变换时，将使质量矩阵 $\underline{\boldsymbol{M}}$ 变为单位矩阵，即

$$\begin{cases} \underline{\boldsymbol{\Phi}}^{\mathrm{T}}\underline{\boldsymbol{M}\boldsymbol{\Phi}} = \underline{\boldsymbol{E}}_{\mathrm{n}} \\ \underline{\boldsymbol{\Phi}}^{\mathrm{T}}\underline{\boldsymbol{K}\boldsymbol{\Phi}} = \underline{\boldsymbol{\Lambda}}_{\mathrm{n}} \end{cases} \tag{7.53}$$

式中，$\underline{\boldsymbol{\Phi}}$ 为正规化后的模态矩阵；$\underline{\boldsymbol{\Lambda}}_{\mathrm{n}}$ 为系统特征值矩阵。引入对角阵 $\underline{\boldsymbol{\Omega}}$，设 $\underline{\boldsymbol{\Omega}}^2 = \underline{\boldsymbol{\Lambda}}_{\mathrm{n}}$，则采用正规化模态矩阵 $\underline{\boldsymbol{\Phi}}$ 对运动方程(7.46) 进行解耦，可得

$$\ddot{\underline{\boldsymbol{\eta}}} + \underline{\boldsymbol{\Omega}}^2\underline{\boldsymbol{\eta}} = \underline{\boldsymbol{0}} \ 或\ \ddot{\boldsymbol{\eta}}_i + \boldsymbol{\Omega}_i^2\boldsymbol{\eta}_i = \underline{\boldsymbol{0}}, \quad i = 1, 2, \cdots, n \tag{7.54}$$

从物理意义上讲，采用模态坐标对航天器运动方程进行坐标变换，相当于将挠性附件的真实位移(对于非约束模态法，还包括姿态角) 分解为振动谐波的代数和。通常，为准确地描述系统的动力学特性，需要将挠性部件的模型离散为维数较多的质点，导致运动方程的维数较大，直接进行求解的复杂度和计算量较大。若采用模态坐标形式，则取数目较少的模态阶数就可比较准确地描述系统动力学特性，因此，采用模态坐标变换的方法除了可将航天器姿态运动方程部分或全部解耦外，还降低了系统的维数，从而大大减少了求解过程中的复杂性和计算量。这就是当前工程实践上常采用模态坐标变换以及模态分析方法的原因。

3. 采用模态分析法描述挠性附件的姿态运动

下面仍以在平面内运动的带挠性附件的简单航天器为例，如图 7.6 所示。假设用 N 个离散质点的集中参数模型来表示挠性附件，则整个航天器系统的运动方程可以用矩阵形式表示为

$$\boldsymbol{I}\ddot{\boldsymbol{\theta}} + 2\underline{\boldsymbol{x}}^{\mathrm{T}}\underline{\boldsymbol{M}}\,\ddot{\underline{\boldsymbol{u}}} = \boldsymbol{T} \tag{7.55}$$

式中，系数“2” 表示有两块对称安装的挠性附件。

$$\underline{\boldsymbol{M}}\,\ddot{\underline{\boldsymbol{u}}} + \underline{\boldsymbol{K}\boldsymbol{u}} + \underline{\boldsymbol{M}\boldsymbol{x}}\ddot{\boldsymbol{\theta}} = \underline{0} \tag{7.56}$$

式中，$\underline{\boldsymbol{M}}$ 为挠性附件的质量矩阵，一般为正定对称阵，即 $\underline{\boldsymbol{M}} > 0$，$\underline{\boldsymbol{M}} = \underline{\boldsymbol{M}}^{\mathrm{T}}$；$\underline{\boldsymbol{K}}$ 为挠性附件的刚度矩阵，一般也为正定对称矩阵，即 $\underline{\boldsymbol{K}} > 0$，$\underline{\boldsymbol{K}} = \underline{\boldsymbol{K}}^{\mathrm{T}}$；$\underline{\boldsymbol{x}}$ 为所有离散质点

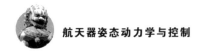

在本体坐标系中的坐标组成的位置矩阵，$\underline{\boldsymbol{x}}=[x_1 \quad x_2 \quad \cdots \quad x_N]^{\mathrm{T}}$；$\underline{\boldsymbol{u}}$ 为各离散质点弹性变形位移组成的矢量，$\underline{\boldsymbol{u}}=[u_1 \quad u_2 \quad \cdots \quad u_N]^{\mathrm{T}}$。

下面用两种模态分析法来分析该系统。

(1) 约束模态法。

在方程(7.56)中，令 $\ddot{\boldsymbol{\theta}}=\mathbf{0}$，得

$$\underline{\boldsymbol{M}}\,\ddot{\underline{\boldsymbol{u}}}+\underline{\boldsymbol{K}\boldsymbol{u}}=\underline{\mathbf{0}}$$

或写为

$$\ddot{\underline{\boldsymbol{u}}}+\underline{\boldsymbol{M}}^{-1}\underline{\boldsymbol{K}\boldsymbol{u}}=\underline{\mathbf{0}}$$

令 $\underline{\boldsymbol{\Phi}}=[\underline{\boldsymbol{\Phi}}_{j1} \quad \underline{\boldsymbol{\Phi}}_{j2} \quad \cdots \quad \underline{\boldsymbol{\Phi}}_{jn}]$ 是由 $\underline{\boldsymbol{M}}^{-1}\underline{\boldsymbol{K}}$ 的规一化特征向量所组成的正交矩阵，其中 $\underline{\boldsymbol{\Phi}}_{ji}$ 为第 i 个特征向量。

矩阵 $\underline{\boldsymbol{\Phi}}$ 满足下述正交规一化条件：

$$\begin{cases}\underline{\boldsymbol{\Phi}}^{\mathrm{T}}\underline{\boldsymbol{M}\boldsymbol{\Phi}}=\underline{\boldsymbol{E}}\\ \underline{\boldsymbol{\Phi}}^{\mathrm{T}}\underline{\boldsymbol{K}\boldsymbol{\Phi}}=\underline{\boldsymbol{\Lambda}}\end{cases} \tag{7.57}$$

令 $\underline{\boldsymbol{u}}=\underline{\boldsymbol{\Phi}\boldsymbol{\eta}}$，代入式(7.56)，得

$$\underline{\boldsymbol{M}\boldsymbol{\Phi}}\,\ddot{\underline{\boldsymbol{\eta}}}+\underline{\boldsymbol{K}\boldsymbol{\Phi}\boldsymbol{\eta}}=\underline{\boldsymbol{M}\boldsymbol{x}}\ddot{\boldsymbol{\theta}}$$

用 $\underline{\boldsymbol{\Phi}}^{\mathrm{T}}$ 左乘上式两边，并利用正交规一化条件(7.57)，得

$$\ddot{\underline{\boldsymbol{\eta}}}+\underline{\boldsymbol{\Lambda}\boldsymbol{\eta}}+\underline{\boldsymbol{\Phi}}^{\mathrm{T}}\underline{\boldsymbol{M}\boldsymbol{x}}\ddot{\boldsymbol{\theta}}=\underline{\mathbf{0}} \tag{7.58}$$

由式(7.55)得

$$\boldsymbol{I}\ddot{\boldsymbol{\theta}}+2\underline{\boldsymbol{x}}^{\mathrm{T}}\underline{\boldsymbol{M}\boldsymbol{\Phi}}\,\ddot{\underline{\boldsymbol{\eta}}}=\boldsymbol{T} \tag{7.59}$$

令 $\underline{\boldsymbol{B}}=\underline{\boldsymbol{x}}^{\mathrm{T}}\underline{\boldsymbol{M}\boldsymbol{\Phi}}$，表示中心刚体与挠性附件之间的相互作用，称为挠性附件对航天器转动运动的耦合系数矩阵。根据矩阵 $\underline{\boldsymbol{M}}$ 和 $\underline{\boldsymbol{\Phi}}$ 的性质，有

$$\underline{\boldsymbol{B}}^{\mathrm{T}}=\underline{\boldsymbol{\Phi}}^{\mathrm{T}}\underline{\boldsymbol{M}\boldsymbol{x}} \tag{7.60}$$

因此式(7.59)和式(7.58)可以写为

$$\boldsymbol{I}\ddot{\boldsymbol{\theta}}+2\underline{\boldsymbol{B}}\,\ddot{\underline{\boldsymbol{\eta}}}=\boldsymbol{T} \tag{7.61}$$

$$\ddot{\underline{\boldsymbol{\eta}}}+\underline{\boldsymbol{\Lambda}\boldsymbol{\eta}}+\underline{\boldsymbol{B}}^{\mathrm{T}}\ddot{\boldsymbol{\theta}}=\underline{\mathbf{0}} \tag{7.62}$$

由式(7.61)和式(7.62)表示的航天器姿态动力学方程，其动态变量包含主体坐标和附件模态坐标，因此又称为混合坐标系统方程。

设矩阵 $\underline{\boldsymbol{\Lambda}}$ 的对角线元素为 ω_i^2(表示 N 个离散质点)。对式(7.62)进行拉氏变换，有

$$s^2\underline{\boldsymbol{\eta}}(s)+\underline{\boldsymbol{\Lambda}\boldsymbol{\eta}}(s)=-s^2\theta(s)\underline{\boldsymbol{B}} \tag{7.63}$$

因此可得

$$\underline{\boldsymbol{\eta}}(s)=-\begin{bmatrix}\dfrac{1}{s^2+\omega_1^2} & & \\ & \ddots & \\ & & \dfrac{1}{s^2+\omega_N^2}\end{bmatrix}s^2\underline{\boldsymbol{B}}^{\mathrm{T}}\theta(s)$$

$$=-\begin{bmatrix}\dfrac{s^2B_1}{s^2+\omega_1^2} & \cdots & \dfrac{s^2B_N}{s^2+\omega_N^2}\end{bmatrix}^{\mathrm{T}} \tag{7.64}$$

对式(7.61)进行拉氏变换,得

$$Is^2\theta(s)-2\underline{\boldsymbol{B}}s^2\underline{\boldsymbol{\eta}}(s)=T(s)$$

将式(7.64)代入上式,得

$$Is^2\theta(s)-2s^2\theta(s)\sum_{i=1}^{n}\frac{s^2B_i^2}{s^2+\omega_i^2}=T(s)$$

令 $k_i=\dfrac{2B_i^2}{I}$,称为模态增益系数,则上式变为

$$s^2\theta(s)-2s^2\theta(s)\sum_{i=1}^{n}\frac{k_is^2}{s^2+\omega_i^2}=\frac{1}{I}T(s) \tag{7.65}$$

最后可得到系统模型的传递函数为

$$\frac{\theta(s)}{T(s)}=\frac{1}{Is^2}\left(1-\sum_{i=1}^{n}\frac{s^2k_i}{s^2+\omega_i^2}\right)^{-1}=\frac{1}{I^*s^2} \tag{7.66}$$

式中,I^* 为等效转动惯量,即

$$I^*=I\left(1-\sum_{i=1}^{n}\frac{s^2k_i}{s^2+\omega_i^2}\right) \tag{7.67}$$

根据式(7.66)可以绘出系统模型的传递函数方块图,如图7.7所示。图7.7表明附件以正反馈形式对整个系统产生影响。

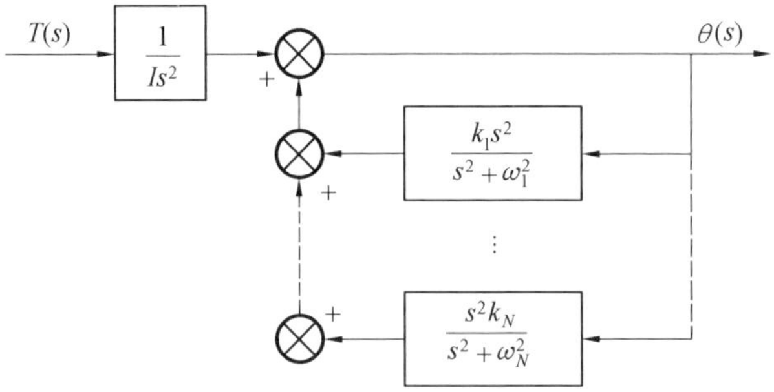

图7.7　带有挠性附件航天器的传递函数方框图(悬臂梁模型)

由上述过程可知,在混合坐标形式的航天器姿态动力学方程中,对挠性部件各坐标之间实现了解耦,但是挠性附件的振动运动与航天器中心体的转动运动仍然耦合。这种仅对挠性附件进行模态坐标变换从而得到航天器姿态动力学方

程，并用来分析系统运动的方法，称为约束模态法。这种方法在物理上相当于仅用固定基座的悬臂梁固有振型的无穷级数来表征挠性部件的真实变形，即挠性附件处于受约束的情况，此时中心刚体不允许发生平动和转动运动，因此这种方法又称为悬臂梁模型分析方法。

（2）非约束模态法。

另外一种分析方法称为非约束模态法，即用整个系统固有振型的无穷级数来描述中心刚体和挠性附件的真实运动，这就是非约束模态法，又称为整体模型分析法。

系统运动方程仍为式(7.55)和式(7.56)。将式(7.55)代入式(7.56)，消去 $\ddot{\boldsymbol{\theta}}$ 得到

$$\underline{\boldsymbol{M}}\,\underline{\ddot{\boldsymbol{u}}}+\underline{\boldsymbol{K}\boldsymbol{u}}+\underline{\boldsymbol{M}\boldsymbol{x}}\left(\frac{T}{I}-\frac{2}{I}\underline{\boldsymbol{x}}^{\mathrm{T}}\underline{\boldsymbol{M}}\,\underline{\ddot{\boldsymbol{u}}}\right)=\underline{\boldsymbol{0}}$$

整理后得

$$\left(\underline{\boldsymbol{M}}-\frac{2}{I}\underline{\boldsymbol{M}\boldsymbol{x}\boldsymbol{x}}^{\mathrm{T}}\underline{\boldsymbol{M}}\right)\underline{\ddot{\boldsymbol{u}}}+\underline{\boldsymbol{K}\boldsymbol{u}}+\frac{T}{I}\underline{\boldsymbol{M}\boldsymbol{x}}=\underline{\boldsymbol{0}} \tag{7.68}$$

令 $\underline{\boldsymbol{W}}=\left[\underline{\boldsymbol{M}}-\frac{2}{I}\underline{\boldsymbol{M}\boldsymbol{x}\boldsymbol{x}}^{\mathrm{T}}\underline{\boldsymbol{M}}\right]$，由于 $\underline{\boldsymbol{M}}$ 为实对称矩阵，所以矩阵 $\underline{\boldsymbol{W}}$ 也为实对称矩阵，式(7.68)可简化为

$$\underline{\boldsymbol{W}}\,\underline{\ddot{\boldsymbol{u}}}+\underline{\boldsymbol{K}\boldsymbol{u}}+\frac{T}{I}\underline{\boldsymbol{M}\boldsymbol{x}}=\underline{\boldsymbol{0}} \tag{7.69}$$

求解与上式相应的特征值问题，得到由特征向量组成的正交阵 $\underline{\boldsymbol{\Phi}}$，满足如下正交条件：

$$\begin{cases}\underline{\boldsymbol{\Phi}}^{\mathrm{T}}\underline{\boldsymbol{W}\boldsymbol{\Phi}}=\underline{\boldsymbol{E}}\\ \underline{\boldsymbol{\Phi}}^{\mathrm{T}}\underline{\boldsymbol{K}\boldsymbol{\Phi}}=\underline{\boldsymbol{\Lambda}}\end{cases} \tag{7.70}$$

令 $\underline{u}=\underline{\boldsymbol{\Phi}\boldsymbol{\eta}}$，代入式(7.69)，并用 $\underline{\boldsymbol{\Phi}}^{\mathrm{T}}$ 左乘式(7.69)的两边，再利用正交规一化条件(7.70)得

$$\underline{\ddot{\boldsymbol{\eta}}}+\underline{\boldsymbol{\Lambda}\boldsymbol{\eta}}+\frac{T}{I}\underline{\boldsymbol{\Phi}}^{\mathrm{T}}\underline{\boldsymbol{M}\boldsymbol{x}}=\underline{\boldsymbol{0}} \tag{7.71}$$

同样，将 $\underline{\boldsymbol{u}}=\underline{\boldsymbol{\Phi}\boldsymbol{\eta}}$ 代入式(7.55)，得

$$\boldsymbol{I}\ddot{\boldsymbol{\theta}}+2\boldsymbol{x}^{\mathrm{T}}\underline{\boldsymbol{M}\boldsymbol{\Phi}}\,\underline{\ddot{\boldsymbol{\eta}}}=\boldsymbol{T} \tag{7.72}$$

仍定义 $\underline{\boldsymbol{B}}=\underline{\boldsymbol{x}}^{\mathrm{T}}\underline{\boldsymbol{M}\boldsymbol{\Phi}}$ 为挠性附件对航天器转动运动的耦合系数矩阵。

设矩阵 $\underline{\boldsymbol{\Lambda}}$ 的对角线元素为 $\Omega_i^2(i=1\sim N)$。对式(7.71)进行拉氏变换，得

$$\underline{\boldsymbol{\eta}}(s)=-\begin{bmatrix}\dfrac{1}{s^2+\Omega_1^2} & & \\ & \ddots & \\ & & \dfrac{1}{s^2+\Omega_N^2}\end{bmatrix}\frac{T(s)}{I}\underline{\boldsymbol{B}}^{\mathrm{T}}$$

$$= -\left[\frac{s^2 B_1}{s^2+\Omega_1^2} \quad \cdots \quad \frac{s^2 B_N}{s^2+\Omega_N^2}\right]^{\mathrm{T}} \frac{T(s)}{I} \tag{7.73}$$

对式(7.72)进行拉氏变换,并把式(7.73)代入后,得

$$\begin{aligned} Is^2\theta(s) &= T(s) - 2s^2 \boldsymbol{B\eta}(s) \\ &= T(s) + \frac{T(s)}{I}\sum_{i=1}^{N}\frac{2s^2 B_i^2}{s^2+\Omega_i^2} \end{aligned} \tag{7.74}$$

最后得到该系统模型的传递函数

$$\begin{aligned} \frac{\theta(s)}{T(s)} &= \frac{1}{Is^2}\left(1+\frac{1}{I}\sum_{i=1}^{n}\frac{2B_i^2 s^2}{s^2+\Omega_i^2}\right) \\ &= \frac{1}{Is^2}\left(1+\sum_{i=1}^{n}\frac{K_i s^2}{s^2+\Omega_i^2}\right) \end{aligned} \tag{7.75}$$

式中,K_i 仍为模态增益系数,$K_i=\dfrac{2B_i^2}{I}$。

同样令

$$I^* = I\left[1+\frac{K_i s^2}{s^2+\Omega_i^2}\right]^{-1} \tag{7.76}$$

称为等效转动惯量。

根据式(7.75)可以绘出系统模型的传递函数方块图,如图 7.8 所示。

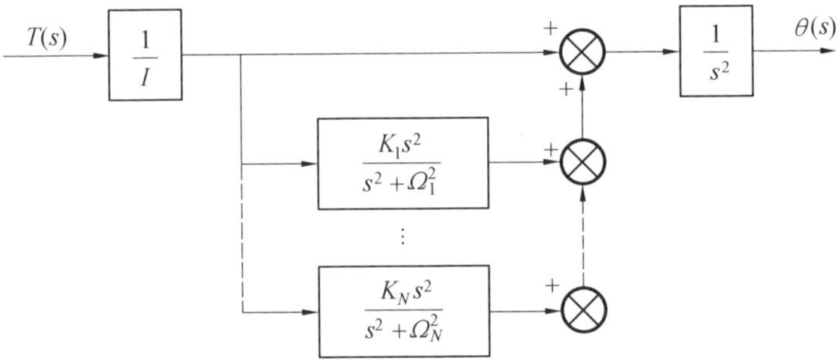

图 7.8　带有挠性附件航天器的传递函数方框图(整体模型)

(3) 两种模型的关系。

悬臂梁模型和整体模型只是对同一系统的两种不同描述方法,两种方法所得到的"等效转动惯量"应相等。根据式(7.66)和式(7.75)可以得

$$\left(1+\sum_{i=1}^{n}\frac{K_i s^2}{s^2+\Omega_i^2}\right)\left(1-\sum_{i=1}^{n}\frac{s^2 k_i}{s^2+\omega_i^2}\right)=1 \tag{7.77}$$

当 $s^2=-\Omega_i^2$ 时,由式(7.77)得

$$1-\sum_{i=1}^{n}\frac{\Omega_i^2 k_i}{\omega_i^2-\Omega_i^2}=0 \tag{7.78}$$

同样,当 $s^2=-\omega_i^2$ 时,由式(7.77)得

$$1+\sum_{i=1}^{n}\frac{\omega_i^2K_i}{\Omega_i^2-\omega_i^2}=0 \tag{7.79}$$

将系统整体模型的传递函数(7.75) 重写为

$$\frac{\theta(s)}{T(s)}=\frac{1}{Is^2}\left(1+\sum_{i=1}^{n}\frac{K_is^2}{s^2+\Omega_i^2}\right)=\frac{1}{Is^2}F(s) \tag{7.80}$$

当 $s^2=-\Omega_i^2$ 时，$F(s)=\infty$，即 $s=\pm \mathrm{j}\Omega_i$ 是 $F(s)$ 的极点。而当 $s^2=-\omega_i^2$ 时，由式(7.80) 有 $F(s)=0$，即 $s=\pm \mathrm{j}\omega_i$ 是 $F(s)$ 的零点。

这说明系统模型传递函数的零点和极点是以复共轭对出现在悬臂梁模型及整体模型的固有频率处。由此可以证明，该系统模型的传递函数可以写为

$$\frac{\theta(s)}{T(s)}=\frac{1}{Is^2}\prod_{i}\frac{(s^2/\omega_i^2)+1}{(s^2/\Omega_i^2)+1} \tag{7.81}$$

对于具有阻尼的系统，则系统模型的传递函数可以写为

$$\frac{\theta(s)}{T(s)}=\frac{1}{Is^2}\prod_{i}\frac{(s^2/\omega_i^2)+2\zeta_i(s/\omega_i)+1}{(s^2/\Omega_i^2)+2\zeta_i(s/\Omega_i)+1} \tag{7.82}$$

式中，ζ_i 为系统整体模型各阶振型对应的阻尼系数。

如果航天器受到一个频率为 Ω_i 的外力矩作用，则从系统整体模型的等效转动惯量的表达式得

$$I^*(\mathrm{j}\Omega_i)=0$$

等效转动惯量为零意味着航天器在这样的外力矩作用下，将产生很大的响应，即航天器的姿态运动是不稳定的。

另外，若航天器受到频率为 ω_i 的外力矩作用，则从系统悬臂模型的等效转动惯量的表达式得

$$I^*(\mathrm{j}\omega_i)=\infty$$

这表明航天器具有“无穷大”的惯量，在这样的外力矩作用下，航天器中心刚体不运动，即响应为零。这时挠性附件起到一个“吸振器”的作用。为此必须避免外力矩的频率接近系统的整体模型的固有频率，但是若外力矩的频率接近挠性附件本身的固有频率时(即悬臂梁模型的固有频率)，尽管中心刚体姿态运动的响应不大，但有可能引起挠性附件做较大振幅的振动。

所以从控制系统设计的观点看，选择整体模型比悬臂梁模型好些，这是因为前者更接近于航天器的真实飞行情况，用较少的阶数就能足够精确地逼近真值。但在工程设计中，悬臂梁模型的模态比整体模型更容易计算，且可通过地面实验验证其正确性，因此悬臂梁模型方法(或约束模态法)更常用于工程实践中。

根据整体模型的传递函数(7.80)，可以得到该系统相对于零初值条件的脉冲响应为

$$\theta(t)=\frac{a_0 t}{I}+\frac{1}{I}\sum_{i=1}^{\infty}\frac{K_i}{\Omega_i}\sin\Omega_i t$$

式中，a_0 为脉冲响应的幅值。令 $g_i=K_i/\Omega_i$，可见随着 Ω_i 变大，g_i 变小，即相应的挠性模型的响应随着频率的增加而减小。

实际上，当挠性附件弹性变形时，大多数结构总是多少存在阻尼的，总会消耗动能。若引入模态阻尼比 ζ_i，则传递函数变为

$$\frac{\theta(s)}{T(s)}=\frac{1}{Is^2}\left(1+\sum_{i=1}^{n}\frac{K_i s^2}{s^2+2\zeta_i\Omega_i s+\Omega_i^2}\right)$$

相对于零初值条件的脉冲响应为

$$\theta(t)=\frac{a_0 t}{I}+\frac{1}{I}\sum_{i=1}^{\infty}\frac{K_i}{\Omega_i\sqrt{1-\zeta_i^2}}\mathrm{e}^{-\xi_i\Omega_i t}\sin\sqrt{1-\zeta_i^2}\,\Omega_i t$$

可见，当有足够的结构阻尼时，设计控制系统可以略去高阶模态。通常为了减少计算量，只选取有限个模态，而舍去其余的。这就是所谓的模态截断。

7.2.3 带挠性附件三轴稳定航天器姿态动力学模型的工程建模方法

工程上建立带有挠性附件的三轴稳定航天器动力学模型的通用方法是：首先用通用的有限元软件，分析和计算出挠性附件的振型、频率和耦合系数，把挠性附件方程离散化为一个有限自由度的系统，然后再根据挠性附件与中心刚体连接的位置，建立航天器整体有限自由度的动力学模型，便于控制系统的分析和设计。

下面介绍如何利用有限元法分析的结果，建立带固定挠性附件的三轴稳定航天器姿态动力学模型，重点介绍最基本的内容和工程上常用的方法。

对于带固定挠性附件的三轴稳定航天器，其姿态动力学方程包括如下 3 部分：

① 航天器系统平动方程。

② 航天器系统姿态转动方程。

③ 挠性附件弹性变形振动方程。

假设航天器由一个中心刚体 B_0 和 m 个一端与其相连的挠性附件 $B_i(i=1,2,\cdots,m)$ 构成，如图 7.9 所示。如设所有挠性附件均固联在中心星体上，且相对中心星体没有相对的转动运动。

为叙述方便，引入有关动力学参数的定义如下：

$O_1x_1y_1z_1$—— 空间惯性坐标系；

$Oxyz$—— 航天器本体坐标系，原点 O 为挠性附件未变形时航天器整体的质心；

$O_ix_iy_iz_i$—— 挠性附件坐标系，原点在附件与星体的连接点 O_i；

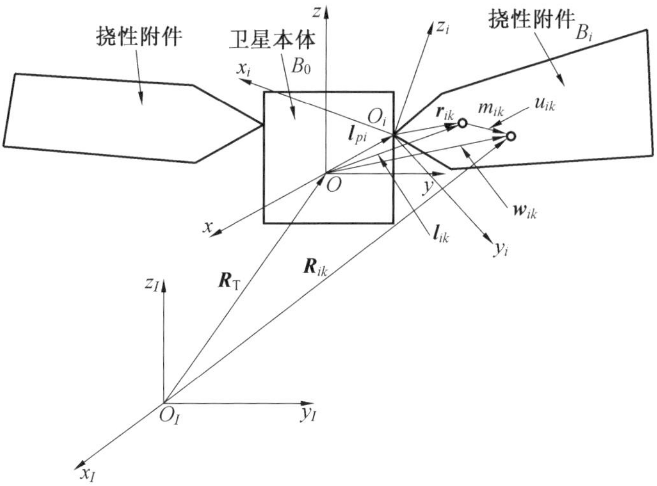

图 7.9　由中心刚体和多个挠性附件构成的航天器坐标系

$\boldsymbol{l}_{pi}$—— 第 i 个挠性附件与星体的连接点相对本体坐标系原点 O 的矢径；

$\boldsymbol{r}_{ik}$—— 质量元 m_{ik} 在弹性变形前相对其对应附件坐标系原点 O_i 的矢径；

$\boldsymbol{l}_{ik}$—— 质量元 m_{ik} 在弹性变形前相对本体坐标系原点 O 的矢径；

$\boldsymbol{u}_{ik}$—— 质量元 m_{ik} 的弹性变形位移矢量；

$\boldsymbol{w}_{ik}$—— 质量元 m_{ik} 在弹性变形后相对本体坐标系原点 O 的矢径。

为描述方便起见，定义运算符号 $\frac{\mathrm{d}_{\mathrm{I}}(\cdot)}{\mathrm{d}t}$，$\frac{\mathrm{d}_{\mathrm{B}}(\cdot)}{\mathrm{d}t}$ 和 $\frac{\mathrm{d}_{\mathrm{A}_i}(-)}{\mathrm{d}t}$ 分别表示括号内的矢量在惯性坐标系 $O_{\mathrm{I}}x_{\mathrm{I}}y_{\mathrm{I}}z_{\mathrm{I}}$、本体坐标系 $Oxyz$ 以及挠性附件坐标系 $O_ix_iy_iz_i$ 中的时间导数。

(1) 航天器系统平动运动方程。

根据上述定义，对于系统中任一质点 m_{ik}，其相对惯性坐标系原点的位置矢量均可表示为

$$\boldsymbol{R}_{ik}=\boldsymbol{R}_{\mathrm{T}}+\boldsymbol{w}_{ik}=\boldsymbol{R}_{\mathrm{T}}+\boldsymbol{l}_{ik}+\boldsymbol{u}_{ik}$$

式中，$\boldsymbol{R}_{\mathrm{T}}$ 为本体坐标系原点 O 相对惯性系原点的位置矢量。

对于中心刚体上的质点，弹性变形位移 $\boldsymbol{u}_{ik}=\boldsymbol{0}$。而对于挠性附件上的质点，则有

$$\boldsymbol{l}_{ik}=\boldsymbol{l}_{pi}+\boldsymbol{r}_{ik}$$

则对于系统中任一质点 m_{ik}，其在惯性系中的线速度为

$$\frac{\mathrm{d}_{\mathrm{I}}\boldsymbol{R}_{ik}}{\mathrm{d}t}=\frac{\mathrm{d}_{\mathrm{I}}\boldsymbol{R}_{\mathrm{T}}}{\mathrm{d}t}+\frac{\mathrm{d}_{\mathrm{B}}\boldsymbol{w}_{ik}}{\mathrm{d}t}+\boldsymbol{\omega}\times\boldsymbol{w}_{ik} \tag{7.83}$$

式中，$\boldsymbol{\omega}$ 为航天器的绝对角速度矢量。

假定挠性体变形很小，变形后产生的位移函数为一阶小量，航天器的角速度

矢量也当作一阶量。

在本体坐标系中，$\boldsymbol{l}_{pi}$ 和$\boldsymbol{r}_{ik}$ 均为固定值，有$\frac{\mathrm{d}_{\mathrm{B}}\,\boldsymbol{l}_{ik}}{\mathrm{d}t}=\mathbf{0}$，$\frac{\mathrm{d}_{\mathrm{B}}\,\boldsymbol{r}_{ik}}{\mathrm{d}t}=\mathbf{0}$，略去二阶小量后，式(7.83)变为

$$\frac{\mathrm{d}_{\mathrm{I}}\,\boldsymbol{R}_{ik}}{\mathrm{d}t}=V_{\mathrm{T}}+\frac{\mathrm{d}_{\mathrm{B}}\,\boldsymbol{u}_{ik}}{\mathrm{d}t}+\boldsymbol{\omega}\times\boldsymbol{l}_{ik} \tag{7.84}$$

式中，$V_{\mathrm{T}}=\frac{\mathrm{d}_{\mathrm{I}}\,\boldsymbol{R}_{\mathrm{T}}}{\mathrm{d}t}$。

整个航天器系统的线动量为

$$\begin{aligned}\boldsymbol{P}&=\sum_{i=0,k}m_{ik}\frac{\mathrm{d}_{\mathrm{I}}\,\boldsymbol{R}_{ik}}{\mathrm{d}t}+\sum_{i>0,k}m_{ik}\frac{\mathrm{d}_{\mathrm{I}}\,\boldsymbol{R}_{ik}}{\mathrm{d}t}\\&=m_{\mathrm{T}}V_{\mathrm{T}}+\boldsymbol{\omega}\times\sum_{i\geqslant0,k}m_{ik}\boldsymbol{l}_{ik}+\sum_{i>0,k}m_{ik}\frac{\mathrm{d}_{\mathrm{B}}\,\boldsymbol{u}_{ik}}{\mathrm{d}t}\end{aligned} \tag{7.85}$$

式中，m_{T} 为航天器整体的质量，$m_{\mathrm{T}}=\sum_{i,k}m_{ik}$。由于原点 O 是未变形前航天器整体的质心，则有

$$\sum_{i,k}m_{ik}\boldsymbol{l}_{ik}=\mathbf{0}$$

并且由于假设挠性附件相对星本体没有转动运动，因此有

$$\frac{\mathrm{d}_{\mathrm{B}}\,\boldsymbol{u}_{ik}}{\mathrm{d}t}=\frac{\mathrm{d}_{A_i}\,\boldsymbol{u}_{ik}}{\mathrm{d}t},\quad\frac{\mathrm{d}_{\mathrm{B}}}{\mathrm{d}t}\left(\frac{\mathrm{d}_{A_i}\,\boldsymbol{u}_{ik}}{\mathrm{d}t}\right)=\frac{\mathrm{d}_{A_i}^2\,\boldsymbol{u}_{ik}}{\mathrm{d}t^2}$$

则式(7.85)可简化为

$$\boldsymbol{P}=m_{\mathrm{T}}\boldsymbol{V}_{\mathrm{T}}+\sum_{i>0,k}m_{ik}\frac{\mathrm{d}_{A_i}\,\boldsymbol{u}_{ik}}{\mathrm{d}t} \tag{7.86}$$

根据牛顿第二定律，航天器运动的线动量方程的矢量形式为

$$m_{\mathrm{T}}\frac{\mathrm{d}_{\mathrm{I}}\,\boldsymbol{V}_{\mathrm{T}}}{\mathrm{d}t}+\sum_{i>0,k}m_{ik}\frac{\mathrm{d}_{\mathrm{I}}}{\mathrm{d}t}\left(\frac{\mathrm{d}_{A_i}\,\boldsymbol{u}_{ik}}{\mathrm{d}t}\right)=\boldsymbol{F}$$

式中，$\boldsymbol{F}$ 为作用在航天器上的外力。式中第二项为

$$\frac{\mathrm{d}_{\mathrm{I}}}{\mathrm{d}t}\left(\frac{\mathrm{d}_{A_i}\,\boldsymbol{u}_{ik}}{\mathrm{d}t}\right)=\frac{\mathrm{d}_{\mathrm{B}}}{\mathrm{d}t}\left(\frac{\mathrm{d}_{A_i}\,\boldsymbol{u}_{ik}}{\mathrm{d}t}\right)+\boldsymbol{\omega}\times\left(\frac{\mathrm{d}_{A_i}\,\boldsymbol{u}_{ik}}{\mathrm{d}t}\right)\approx\frac{\mathrm{d}_{A_i}^2\,\boldsymbol{u}_{ik}}{\mathrm{d}t^2} \tag{7.87}$$

注意，在推导式(7.87)时略去了二阶小量 $\boldsymbol{\omega}\times\left(\frac{\mathrm{d}_{A_i}\,\boldsymbol{u}_{ik}}{\mathrm{d}t}\right)$。则式(7.87)可简化为

$$m_{\mathrm{T}}\frac{\mathrm{d}_{\mathrm{I}}\,\boldsymbol{V}_{\mathrm{T}}}{\mathrm{d}t}+\sum_{i>0,k}m_{ik}\frac{\mathrm{d}_{A_i}^2\,\boldsymbol{u}_{ik}}{\mathrm{d}t^2}=\boldsymbol{F} \tag{7.88}$$

假设第 i 个挠性附件 B_i 已用有限元法求得相对挠性附件坐标系的悬臂振型为

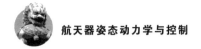

$$\underline{\boldsymbol{\Phi}}_{ik}=\left[\varphi_{i1}(\boldsymbol{r}_{ik})\quad \varphi_{i2}(\boldsymbol{r}_{ik})\quad \cdots\quad \varphi_{in_i}(\boldsymbol{r}_{ik})\right]$$

相应的频率为

$$\omega_{i1}\quad \omega_{i2}\quad \cdots\quad \omega_{in_i}$$

以上两式中，$\boldsymbol{r}_{ik}$ 为第i个挠性附件的第k个节点相对于挠性附件坐标系原点O_i的矢径；n_i 为第 i 个挠性附件节点总数。设 N 为振型的截断数，且假定每一附件的截断数都相同，则 $\underline{\boldsymbol{\Phi}}_{ik}$ 为 $3\times N$ 矩阵。

假设第 i 个挠性附件坐标系中，第 k 个节点$\boldsymbol{r}_{ik}$ 的变形位移为$\boldsymbol{u}_{ik}$，则根据有限元分析结果，$\boldsymbol{u}_{ik}$ 在挠性附件坐标系下的分量列阵可表示为

$$(\boldsymbol{u}_{ik})_{A_i}=\underline{\boldsymbol{\Phi}}_{ik}\underline{\boldsymbol{\eta}}_i(t) \tag{7.89}$$

式中

$$\underline{\boldsymbol{\eta}}_i(t)=\left[\eta_{i1}(t)\quad \eta_{i2}(t)\quad \cdots\quad \eta_{iN}(t)\right]^{\mathrm{T}} \tag{7.90}$$

为第 i 个挠性附件的模态坐标。

应用式(7.89)，设 $\underline{\boldsymbol{C}}_{BA_i}$ 为坐标系 $O_ix_iy_iz_i$ 到 $Oxyz$ 的坐标变换矩阵，则式(7.87)在本体坐标系中的矩阵形式可写为

$$m_{\mathrm{T}}\left(\frac{\mathrm{d_I}\boldsymbol{V}_{\mathrm{T}}}{\mathrm{d}t}\right)_{\mathrm{B}}+\sum_{i,k}m_{ik}\underline{\boldsymbol{C}}_{BA_i}\underline{\boldsymbol{\Phi}}_{ik}\ddot{\underline{\boldsymbol{\eta}}}_i(t)=(\boldsymbol{F})_{\mathrm{B}} \tag{7.91}$$

定义

$$\underline{\boldsymbol{B}}_{\mathrm{tran}i}=\sum_k m_{ik}\underline{C}_{BA_i}\underline{\boldsymbol{\Phi}}_{ik}=\underline{\boldsymbol{C}}_{BA_i}\underline{\boldsymbol{B}}^i_{\mathrm{tran}} \tag{7.92}$$

式中

$$\underline{\boldsymbol{B}}^i_{\mathrm{tran}}=\sum_k m_{ik}\underline{\boldsymbol{\Phi}}_{ik}$$

为第 i 个挠性附件在坐标系$O_ix_iy_iz_i$ 中相对于O_i(即刚体与挠性附件连接点)的平动耦合系数，由有限元分析结果提供。则式(7.91)变为

$$m_{\mathrm{T}}\left(\frac{\mathrm{d_I}\boldsymbol{V}_{\mathrm{T}}}{\mathrm{d}t}\right)_{\mathrm{B}}+\sum_i\underline{\boldsymbol{B}}_{\mathrm{tran}i}\ddot{\underline{\boldsymbol{\eta}}}_i(t)=(\boldsymbol{F})_{\mathrm{B}} \tag{7.93}$$

式中，$\underline{\boldsymbol{B}}_{\mathrm{tran}i}$ 为 $3\times N$ 矩阵，称为第 i 个挠性附件相对于本体坐标系 $Oxyz$ 的平动耦合系数。

(2) 航天器系统转动运动方程。

设$\boldsymbol{H}^O$ 为系统相对于 O 点的视角动量，$\boldsymbol{T}^C$ 为外力关于系统质心的外力矩和。假设挠性附件变形后系统质心相对体坐标系 $Oxyz$ 的偏移量和加速度很小，则基于任意基准点的多质点系统角动量方程(2.53)中的 $m\boldsymbol{r}_C\times\ddot{\boldsymbol{r}}_C$ 可忽略不计，则角动量方程有

$$\begin{aligned}\boldsymbol{T}^C&\approx\frac{\mathrm{d_I}\boldsymbol{H}^O}{\mathrm{d}t}\\&=\frac{\mathrm{d_I}}{\mathrm{d}t}\left(\sum_{i,k}m_{ik}\boldsymbol{w}_{ik}\times\frac{\mathrm{d}_I\boldsymbol{w}_{ik}}{\mathrm{d}t}\right)\end{aligned}$$

$$=\frac{\mathrm{d}_{\mathrm{I}}}{\mathrm{d}t}\left\{\sum_{i=0,k}m_{ik}\boldsymbol{l}_{ik}\times(\boldsymbol{\omega}\times\boldsymbol{l}_{ik})\right\}+\frac{\mathrm{d}_{\mathrm{I}}}{\mathrm{d}t}\left\{\sum_{i>0,k}m_{ik}(\boldsymbol{l}_{pi}+\boldsymbol{r}_{ik})\times\left[\frac{\mathrm{d}_{\mathrm{A}_i}\boldsymbol{u}_{ik}}{\mathrm{d}t}+\boldsymbol{\omega}\times(\boldsymbol{l}_{pi}+\boldsymbol{r}_{ik})\right]\right\} \tag{7.94}$$

式中第一项为中心刚体对应的影响项，第二项则是挠性部件对应的影响项。由于假定$\boldsymbol{u}_{ik}$，$\boldsymbol{\omega}$和$\dot{\boldsymbol{\omega}}$均为一阶小量，由式(7.94)可得角动量方程为

$$\begin{aligned}\boldsymbol{T}^{\mathrm{C}}=&\sum_{i,k}m_{ik}\boldsymbol{l}_{ik}\times(\dot{\boldsymbol{\omega}}\times\boldsymbol{l}_{ik})+\boldsymbol{\omega}\times\sum_{i,k}m_{ik}[\boldsymbol{l}_{ik}\times(\boldsymbol{\omega}\times\boldsymbol{l}_{ik})]+\\&\sum_{i>0,k}m_{ik}(\boldsymbol{l}_{pi}+\boldsymbol{r}_{ik})\times\frac{\mathrm{d}_{\mathrm{A}_i}^2\boldsymbol{u}_{ik}}{\mathrm{d}t^2}+\boldsymbol{\omega}\times\sum_{i>0,k}m_{ik}(\boldsymbol{l}_{pi}+\boldsymbol{r}_{ik})\times\frac{\mathrm{d}_{\mathrm{A}_i}\boldsymbol{u}_{ik}}{\mathrm{d}t}\end{aligned} \tag{7.95}$$

注意，这里利用了如下两个等式：

$$\boldsymbol{a}\times[\boldsymbol{b}\times(\boldsymbol{b}\times\boldsymbol{a})]=\boldsymbol{b}\times[\boldsymbol{a}\times(\boldsymbol{b}\times\boldsymbol{a})]$$

$$\boldsymbol{a}\times(\boldsymbol{b}\times\boldsymbol{c})+(\boldsymbol{b}\times\boldsymbol{a})\times\boldsymbol{c}=\boldsymbol{b}\times(\boldsymbol{a}\times\boldsymbol{c})$$

式(7.95)中前两项为

$$\sum_{i,k}m_{ik}\boldsymbol{l}_{ik}\times(\dot{\boldsymbol{\omega}}\times\boldsymbol{l}_{ik})=\mathbb{I}_{\mathrm{T}}\cdot\dot{\boldsymbol{\omega}}$$

$$\boldsymbol{\omega}\times\sum_{i,k}m_{ik}[\boldsymbol{l}_{ik}\times(\boldsymbol{\omega}\times\boldsymbol{l}_{ik})]=\boldsymbol{\omega}\times\mathbb{I}_{\mathrm{T}}\cdot\boldsymbol{\omega}$$

式中，$\mathbb{I}_{\mathrm{T}}$为航天器未变形时的惯性并矢。式(7.95)在航天器本体坐标系下的矩阵式为

$$\begin{aligned}\underline{\boldsymbol{T}}^{\mathrm{C}}=&\underline{\boldsymbol{I}}_{\mathrm{T}}\underline{\dot{\boldsymbol{\omega}}}+\underline{\boldsymbol{\omega}}^{\times}\underline{\boldsymbol{I}}_{\mathrm{T}}\underline{\boldsymbol{\omega}}+\sum_{i>0,k}m_{ik}[\underline{\boldsymbol{l}}_{\mathrm{p}i}^{\times}\underline{\boldsymbol{C}}_{\mathrm{BA}_i}+\underline{\boldsymbol{C}}_{\mathrm{BA}_i}(\boldsymbol{r}_{ik})_{\mathrm{A}_i}]\left(\frac{\mathrm{d}_{\mathrm{A}_i}^2\boldsymbol{u}_{ik}}{\mathrm{d}t^2}\right)_{\mathrm{A}_i}+\\&\underline{\boldsymbol{\omega}}^{\times}\sum_{i>0,k}m_{ik}[\underline{\boldsymbol{l}}_{\mathrm{p}i}^{\times}\underline{\boldsymbol{C}}_{\mathrm{BA}_i}+\underline{\boldsymbol{C}}_{\mathrm{BA}_i}(\boldsymbol{r}_{ik})_{\mathrm{A}_i}]\left(\frac{\mathrm{d}_{\mathrm{A}_i}\boldsymbol{u}_{ik}}{\mathrm{d}t}\right)_{\mathrm{A}_i}\end{aligned} \tag{7.96}$$

式中，$(\cdot)_{\mathrm{A}_i}$表示矢量在挠性附件坐标系$O_ix_iy_iz_i$中的分量列阵。

把式(7.89)代入式(7.96)，再利用有限元分析结果，有

$$\begin{aligned}\underline{\boldsymbol{T}}=&\underline{\boldsymbol{I}}_{\mathrm{T}}\underline{\dot{\boldsymbol{\omega}}}+\underline{\boldsymbol{\omega}}^{\times}\underline{\boldsymbol{I}}_{\mathrm{T}}\underline{\boldsymbol{\omega}}+\sum_{i=1}^{m}\sum_{k=1}^{n_i}m_{ik}[\underline{\boldsymbol{l}}_{pi}^{\times}\underline{\boldsymbol{C}}_{\mathrm{BA}_i}+\underline{\boldsymbol{C}}_{\mathrm{BA}_i}(\boldsymbol{r}_{ik})_{\mathrm{A}_i}^{\times}]\underline{\boldsymbol{\Phi}}_{ik}\underline{\ddot{\boldsymbol{\eta}}}_i(t)+\\&\underline{\boldsymbol{\omega}}^{\times}\sum_{i=1}^{m}\sum_{k=1}^{n_i}m_{ik}[\underline{\boldsymbol{l}}_{pi}^{\times}\underline{\boldsymbol{C}}_{\mathrm{BA}_i}+\underline{\boldsymbol{C}}_{\mathrm{BA}_i}(\boldsymbol{r}_{ik})_{\mathrm{A}_i}^{\times}]\underline{\boldsymbol{\Phi}}_{ik}\underline{\dot{\boldsymbol{\eta}}}_i(t)\end{aligned} \tag{7.97}$$

注意，$(\boldsymbol{r}_{ik})_{\mathrm{A}_i}^{\times}$是矢量$\boldsymbol{r}_{ik}$在挠性附件坐标系$O_ix_iy_iz_i$中的分量列阵。

定义

$$\begin{aligned}\underline{\boldsymbol{B}}_{\mathrm{rot}i}&=\sum_{k}m_{ik}[\underline{\boldsymbol{l}}_{pi}^{\times}\underline{\boldsymbol{C}}_{\mathrm{BA}_i}+\underline{\boldsymbol{C}}_{\mathrm{BA}_i}(\boldsymbol{r}_{ik})_{\mathrm{A}_i}^{\times}]\underline{\boldsymbol{\Phi}}_{ik}\\&=\underline{\boldsymbol{l}}_{pi}^{\times}\underline{\boldsymbol{B}}_{\mathrm{tran}i}+\underline{\boldsymbol{C}}_{\mathrm{BA}_i}\underline{\boldsymbol{B}}_{\mathrm{rot}}^{i}\end{aligned} \tag{7.98}$$

式中

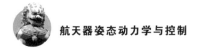

$$\underline{B}_{\mathrm{rot}}^{i}=\sum_{k=1}^{n_i} m_{ik}\ (\boldsymbol{r}_{ik})_{\mathrm{A}_i}^{\times}\underline{\boldsymbol{\Phi}}_{ik}$$

为第 i 个挠性附件在坐标系 $O_i x_i y_i z_i$ 中相对于 O_i(即刚体与挠性附件连接点)的转动耦合系数,由有限元分析结果提供。

利用式(7.98),式(7.97)可改写为

$$\underline{\boldsymbol{I}}_{\mathrm{T}}\ \dot{\underline{\boldsymbol{\omega}}}+\underline{\boldsymbol{\omega}}^{\times}\ \left[\underline{\boldsymbol{I}}_{\mathrm{T}}\underline{\boldsymbol{\omega}}+\sum_{i=1}^{m}\underline{\boldsymbol{B}}_{\mathrm{rot}i}\ \dot{\underline{\boldsymbol{\eta}}}_{i}(t)\right]+\sum_{i=1}^{m}\underline{\boldsymbol{B}}_{\mathrm{rot}i}\ \ddot{\underline{\boldsymbol{\eta}}}_{i}(t)=\underline{\boldsymbol{T}}^{\mathrm{C}} \tag{7.99}$$

式中,$\underline{\boldsymbol{B}}_{\mathrm{rot}i}$ 为第 i 个挠性附件相对于本体坐标系 $Oxyz$ 的转动耦合系数矩阵。式(7.99)即为航天器的角动量方程。

(3) 挠性附件弹性变形振动方程。

下面使用拉格朗日法推导挠性附件的运动方程。这需要把式(7.84)改写为挠性附件坐标系 $O_i x_i y_i z_i$ 下的矩阵形式。式(7.84)在航天器本体坐标系下的矩阵为

$$\left(\frac{\mathrm{d}\boldsymbol{R}_{ik}}{\mathrm{d}t}\right)_{\mathrm{B}}=(\boldsymbol{V}_{\mathrm{T}})_{\mathrm{B}}+\left(\frac{\mathrm{d_B}\ \boldsymbol{u}_{ik}}{\mathrm{d}t}\right)_{\mathrm{B}}+[(\boldsymbol{r}_{pi})_{\mathrm{B}}^{\times}+(\boldsymbol{r}_{ik})_{\mathrm{B}}^{\times}]^{\mathrm{T}}\underline{\boldsymbol{\omega}} \tag{7.100}$$

式中,$(\cdot)_{\mathrm{B}}$ 表示某矢量在本体坐标系中的分量列阵。

第 i 个挠性附件的动能为

$$\begin{aligned}T_i&=\frac{1}{2}\sum_{k=1}^{n_i} m_{ik}\ \frac{\mathrm{d}\ \boldsymbol{R}_{ik}}{\mathrm{d}t}\cdot\frac{\mathrm{d}\ \boldsymbol{R}_{ik}}{\mathrm{d}t}\\&=\frac{1}{2}\sum_{k=1}^{n_i} m_{ik}\left\{(\boldsymbol{V}_{\mathrm{T}})_{\mathrm{B}}+\left(\frac{\mathrm{d_B}\ \boldsymbol{u}_{ik}}{\mathrm{d}t}\right)_{\mathrm{B}}+[(\boldsymbol{r}_{pi})_{\mathrm{B}}^{\times}+(\boldsymbol{r}_{ik})_{\mathrm{B}}^{\times}]^{\mathrm{T}}\underline{\boldsymbol{\omega}}\right\}^{\mathrm{T}}\cdot\\&\quad\left\{(\boldsymbol{V}_{\mathrm{T}})_{\mathrm{B}}+\left(\frac{\mathrm{d_B}\ \boldsymbol{u}_{ik}}{\mathrm{d}t}\right)_{\mathrm{B}}+[(\boldsymbol{r}_{pi})_{\mathrm{B}}^{\times}+(\boldsymbol{r}_{ik})_{\mathrm{B}}^{\times}]^{\mathrm{T}}\underline{\boldsymbol{\omega}}\right\}\\&=\sum_{k=1}^{n_i} m_{ik}\left[\frac{1}{2}\ \dot{\underline{\boldsymbol{u}}}_{ik}^{\mathrm{T}}\ \dot{\underline{\boldsymbol{u}}}_{ik}+\dot{\underline{\boldsymbol{u}}}_{ik}^{\mathrm{T}}\underline{\boldsymbol{V}}_{\mathrm{T}}+\dot{\underline{\boldsymbol{u}}}_{ik}^{\mathrm{T}}\ (\underline{\boldsymbol{l}}_{pi}^{\times})^{\mathrm{T}}\underline{\boldsymbol{\omega}}+(\underline{\boldsymbol{r}}_{pi}^{\times}\ \dot{\underline{\boldsymbol{u}}}_{ik})^{\mathrm{T}}\underline{\boldsymbol{\omega}}\right]+\Psi(\underline{\boldsymbol{V}}_{\mathrm{T}},\underline{\boldsymbol{\omega}})\end{aligned} \tag{7.101}$$

式中,$\Psi(\underline{\boldsymbol{V}}_{\mathrm{T}},\underline{\boldsymbol{\omega}})$ 表示所有只含 $\underline{\boldsymbol{V}}_{\mathrm{T}},\underline{\boldsymbol{\omega}}$ 的项。利用有限元分析结果,式(7.101)可改写为模态坐标形式

$$\begin{aligned}T_i=\sum_{k=1}^{n_i} m_{ik}\Big[&\frac{1}{2}\ \dot{\underline{\boldsymbol{\eta}}}_{i}^{\mathrm{T}}\underline{\boldsymbol{\Phi}}_{ik}^{\mathrm{T}}\underline{\boldsymbol{C}}_{\mathrm{BA}_i}^{\mathrm{T}}\underline{\boldsymbol{C}}_{\mathrm{BA}_i}\underline{\boldsymbol{\Phi}}_{ik}\ \dot{\underline{\boldsymbol{\eta}}}_{i}+\dot{\underline{\boldsymbol{\eta}}}_{i}^{\mathrm{T}}\underline{\boldsymbol{\Phi}}_{ik}^{\mathrm{T}}\underline{\boldsymbol{C}}_{\mathrm{BA}_i}^{\mathrm{T}}\underline{\boldsymbol{V}}_{\mathrm{T}}+\\&\dot{\underline{\boldsymbol{\eta}}}_{i}^{\mathrm{T}}\underline{\boldsymbol{\Phi}}_{ik}^{\mathrm{T}}\underline{\boldsymbol{C}}_{\mathrm{BA}_i}^{\mathrm{T}}\ (\underline{\boldsymbol{l}}_{pi}^{\times})^{\mathrm{T}}\underline{\boldsymbol{\omega}}+(\underline{\boldsymbol{C}}_{\mathrm{BA}_i}\underline{\boldsymbol{r}}_{pi}^{\times}\underline{\boldsymbol{\Phi}}_{ik}^{\mathrm{T}}\ \dot{\underline{\boldsymbol{\eta}}}_{i})^{\mathrm{T}}\underline{\boldsymbol{\omega}}\Big]+\boldsymbol{\Psi}(\underline{\boldsymbol{V}}_{\mathrm{T}},\underline{\boldsymbol{\omega}})\end{aligned} \tag{7.102}$$

因为 $\underline{\boldsymbol{\Phi}}_{ik}$ 采用了归一化振型,则有

$$\sum_{k=1}^{n_i} m_{ik}\underline{\boldsymbol{\Phi}}_{ik}^{\mathrm{T}}\underline{\boldsymbol{C}}_{\mathrm{BA}_i}^{\mathrm{T}}\underline{\boldsymbol{C}}_{\mathrm{BA}_i}\underline{\boldsymbol{\Phi}}_{ik}=\underline{\boldsymbol{E}}_{N} \tag{7.103}$$

式中,$\underline{\boldsymbol{E}}_{N}$ 为 N 阶单位阵。由式(7.98)可求得

$$\underline{B}_{\mathrm{rot}i}^{\mathrm{T}}=\sum_{k=1}^{n_i}m_{ik}\underline{\boldsymbol{\Phi}}_{ik}^{\mathrm{T}}\underline{\boldsymbol{C}}_{\mathrm{BA}_i}^{\mathrm{T}}\ (\underline{\boldsymbol{l}}_{pi}^{\times})^{\mathrm{T}}+\sum_{k=1}^{n_i}m_{ik}\underline{\boldsymbol{\Phi}}_{ik}^{\mathrm{T}}\ (\underline{\boldsymbol{r}}_{pi}^{\times})^{\mathrm{T}}\underline{\boldsymbol{C}}_{\mathrm{BA}_i}^{\mathrm{T}} \tag{7.104}$$

利用式(7.92)和式(7.104),式(7.102)最后变为

$$T_i=\dot{\underline{\boldsymbol{\eta}}}_i^{\mathrm{T}}\underline{\boldsymbol{B}}_{\mathrm{tran}i}^{\mathrm{T}}\underline{V}_{\mathrm{T}}+\dot{\underline{\boldsymbol{\eta}}}_i^{\mathrm{T}}\underline{\boldsymbol{B}}_{\mathrm{rot}i}^{\mathrm{T}}\underline{\boldsymbol{\omega}}+\frac{1}{2}\dot{\underline{\boldsymbol{\eta}}}_i^{\mathrm{T}}\dot{\underline{q}}+\boldsymbol{\Psi}(\underline{\boldsymbol{V}}_{\mathrm{T}},\underline{\boldsymbol{\omega}}) \tag{7.105}$$

第 i 个挠性附件的应变势能为

$$U_i=\frac{1}{2}\sum_{k=1}^{n_i}\underline{\boldsymbol{u}}_{ik}^{\mathrm{T}}\underline{\boldsymbol{K}}_{ik}\underline{\boldsymbol{u}}_{ik}=\frac{1}{2}\sum_{k=1}^{n_i}\underline{\eta}_i^{\mathrm{T}}\underline{\boldsymbol{\Phi}}_{ik}^{\mathrm{T}}\underline{\boldsymbol{K}}_{ik}\underline{\boldsymbol{\Phi}}_{ik}\underline{\boldsymbol{\eta}}_i=\frac{1}{2}\underline{\boldsymbol{\eta}}_i^{\mathrm{T}}\underline{\boldsymbol{\Lambda}}_i^2\underline{\boldsymbol{\eta}}_i \tag{7.106}$$

式中,$\underline{\boldsymbol{K}}_{ik}$ 为第 k 个节点的 3×3 刚度矩阵;$\underline{\boldsymbol{\Lambda}}_i^2$ 为 $N\times N$ 对角阵,即

$$\underline{\boldsymbol{\Lambda}}_i^2=\mathrm{diag}\begin{bmatrix}\omega_{i1}^2 & \omega_{i2}^2 & \cdots & \omega_{iN}^2\end{bmatrix}$$

所有挠性附件的拉格朗日函数为

$$L=\sum_{i=1}^{m}(T_i-U_i) \tag{7.107}$$

由 L 的变分方程

$$\frac{\partial L}{\partial \underline{\eta}_i}-\frac{\mathrm{d}}{\mathrm{d}t}\frac{\partial L}{\partial \dot{\underline{\eta}}_i}=0,\quad i=1,2,\cdots,m \tag{7.108}$$

可得挠性附件的运动方程为

$$\ddot{\underline{\boldsymbol{\eta}}}_i+\underline{\boldsymbol{\Lambda}}_i^2\underline{\boldsymbol{\eta}}_i+\underline{\boldsymbol{B}}_{\mathrm{tran}i}^{\mathrm{T}}\dot{\underline{\boldsymbol{V}}}_{\mathrm{T}}+\underline{\boldsymbol{B}}_{\mathrm{rot}i}^{\mathrm{T}}\dot{\underline{\boldsymbol{\omega}}}=\underline{\boldsymbol{0}},\quad i=1,2,\cdots,m \tag{7.109}$$

把方程(7.93)、方程(7.99)和方程(7.109)归纳在一起,即得到航天器姿态动力学方程为

$$\begin{cases}m_{\mathrm{T}}\dot{\underline{\boldsymbol{V}}}_{\mathrm{T}}+\sum_i\underline{\boldsymbol{B}}_{\mathrm{tran}i}\ddot{\underline{\boldsymbol{\eta}}}_i(t)=\boldsymbol{F}\\ \underline{\boldsymbol{I}}_{\mathrm{T}}\dot{\underline{\boldsymbol{\omega}}}+\underline{\boldsymbol{\omega}}^{\times}\left[\underline{\boldsymbol{I}}_{\mathrm{T}}\underline{\boldsymbol{\omega}}+\sum_{i=1}^{m}\underline{\boldsymbol{B}}_{\mathrm{rot}i}\dot{\underline{\boldsymbol{\eta}}}_i(t)\right]+\sum_{i=1}^{m}\underline{\boldsymbol{B}}_{\mathrm{rot}i}\ddot{\underline{\boldsymbol{\eta}}}_i(t)=\underline{\boldsymbol{T}}^{\mathrm{C}}\\ \ddot{\underline{\boldsymbol{\eta}}}_i+\underline{\boldsymbol{\Lambda}}_i^2\underline{\boldsymbol{\eta}}_i+\underline{\boldsymbol{B}}_{\mathrm{tran}i}^{\mathrm{T}}\dot{\underline{\boldsymbol{V}}}_{\mathrm{T}}+\underline{\boldsymbol{B}}_{\mathrm{rot}i}^{\mathrm{T}}\dot{\underline{\boldsymbol{\omega}}}=\underline{\boldsymbol{0}}\end{cases} \tag{7.110}$$

若考虑挠性附件的结构阻尼 $\underline{\boldsymbol{\zeta}}_i$($N\times N$ 对角阵),则式(7.110)可写成

$$\begin{cases}m_{\mathrm{T}}\dot{\underline{\boldsymbol{V}}}_{\mathrm{T}}+\sum_i\underline{\boldsymbol{B}}_{\mathrm{tran}i}\ddot{\underline{\boldsymbol{\eta}}}_i(t)=\boldsymbol{F}\\ \underline{\boldsymbol{I}}_{\mathrm{T}}\dot{\underline{\boldsymbol{\omega}}}+\underline{\boldsymbol{\omega}}^{\times}\left[\underline{\boldsymbol{I}}_{\mathrm{T}}\underline{\boldsymbol{\omega}}+\sum_{i=1}^{m}\underline{\boldsymbol{B}}_{\mathrm{rot}i}\dot{\underline{\boldsymbol{\eta}}}_i(t)\right]+\sum_{i=1}^{m}\underline{\boldsymbol{B}}_{\mathrm{rot}i}\ddot{\underline{\boldsymbol{\eta}}}_i(t)=\underline{\boldsymbol{T}}\\ \ddot{\underline{\boldsymbol{\eta}}}_i+2\underline{\boldsymbol{\zeta}}_i\underline{\boldsymbol{\Lambda}}_i\dot{\underline{\boldsymbol{\eta}}}_i+\underline{\boldsymbol{\Lambda}}_i^2\underline{\boldsymbol{\eta}}_i+\underline{\boldsymbol{B}}_{\mathrm{tran}i}^{\mathrm{T}}\dot{\underline{\boldsymbol{V}}}_{\mathrm{T}}+\underline{\boldsymbol{B}}_{\mathrm{rot}i}^{\mathrm{T}}\dot{\underline{\boldsymbol{\omega}}}=\underline{\boldsymbol{0}}\end{cases} \tag{7.111}$$

利用振型矩阵 $\underline{\boldsymbol{\Phi}}_{ik}$ 的正交性,由式(7.92)可得

$$\underline{\boldsymbol{B}}_{\mathrm{tran}i}\underline{\boldsymbol{B}}_{\mathrm{tran}i}^{\mathrm{T}}=\left(\sum_{k=1}^{n_i}m_{ik}\underline{\boldsymbol{C}}_{\mathrm{S}_i\mathrm{B}}\underline{\boldsymbol{\Phi}}_{ik}\right)\left(\sum_{k=1}^{n_i}m_{ik}\underline{\boldsymbol{C}}_{\mathrm{S}_i\mathrm{B}}\underline{\boldsymbol{\Phi}}_{ik}\right)^{\mathrm{T}}$$

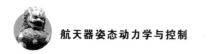

$$= \sum_{k=1}^{n_i} m_{ik} \underline{\boldsymbol{E}}_3 = m_i \underline{\boldsymbol{E}}_3 \tag{7.112}$$

式中，m_i 为第 i 个挠性附件的质量。该式表明 $\underline{\boldsymbol{B}}_{\mathrm{tran}i}\underline{\boldsymbol{B}}_{\mathrm{tran}i}^{\mathrm{T}}$ 为第 i 个挠性附件的质量矩阵。

定义

$$\underline{\boldsymbol{m}} = m_{\mathrm{T}} \underline{\boldsymbol{E}}_3 - \sum_{i=1}^{m} \underline{\boldsymbol{B}}_{\mathrm{tran}i}\underline{\boldsymbol{B}}_{\mathrm{tran}i}^{\mathrm{T}} \tag{7.113}$$

式中，$\underline{\boldsymbol{m}}$ 为中心刚体的质量矩阵；$\underline{\boldsymbol{B}}_{\mathrm{rot}i}\underline{\boldsymbol{B}}_{\mathrm{rot}i}^{\mathrm{T}}$ 为第 i 个挠性附件相对 O 点的惯量矩阵。

定义

$$\underline{\boldsymbol{I}}^{*} = \underline{\boldsymbol{I}}_{\mathrm{T}} - \sum_{i=1}^{m} \underline{\boldsymbol{B}}_{\mathrm{rot}i}\underline{\boldsymbol{B}}_{\mathrm{rot}i}^{\mathrm{T}} \tag{7.114}$$

式中，$\underline{\boldsymbol{I}}^{*}$ 为中心刚体的惯量矩阵。式(7.113)和式(7.114)还给出了被截去的振型对航天器质量特性影响的估计。

从式(7.111)中的第三个方程解出 $\ddot{\underline{\boldsymbol{\eta}}}_i$，代入该式的前两个方程后，并利用式(7.113)和式(7.114)，可得

$$\begin{cases} \underline{\boldsymbol{m}}\dot{\underline{\boldsymbol{V}}}_{\mathrm{T}} - \left(\sum_{i=1}^{m} \underline{\boldsymbol{B}}_{\mathrm{tran}i}\underline{\boldsymbol{B}}_{\mathrm{rot}i}^{\mathrm{T}}\right)\dot{\underline{\boldsymbol{\omega}}} - \sum_{i} \underline{\boldsymbol{B}}_{\mathrm{tran}i}(2\underline{\boldsymbol{\zeta}}_i\underline{\boldsymbol{\Lambda}}_i\dot{\underline{\boldsymbol{\eta}}}_i + \underline{\boldsymbol{\Lambda}}_i^2\underline{\boldsymbol{\eta}}_i) = \boldsymbol{F} \\ \underline{\boldsymbol{I}}^{*}\dot{\underline{\boldsymbol{\omega}}} - \left(\sum_{i=1}^{m} \underline{\boldsymbol{B}}_{\mathrm{rot}i}\underline{\boldsymbol{B}}_{\mathrm{tran}i}^{\mathrm{T}}\right)\dot{\underline{\boldsymbol{V}}}_{\mathrm{T}} + \underline{\boldsymbol{\omega}}^{\times}\left[\underline{\boldsymbol{I}}_{\mathrm{T}}\underline{\boldsymbol{\omega}} + \sum_{i=1}^{m} \underline{B}_{\mathrm{rot}i}\dot{\underline{\boldsymbol{\eta}}}_i(t)\right] - \sum_{i=1}^{m} \underline{\boldsymbol{B}}_{\mathrm{rot}i}(2\underline{\boldsymbol{\zeta}}_i\underline{\boldsymbol{\Lambda}}_i\dot{\underline{\boldsymbol{\eta}}}_i + \underline{\boldsymbol{\Lambda}}_i^2\underline{\boldsymbol{\eta}}_i) = \underline{\boldsymbol{T}} \\ \ddot{\underline{\boldsymbol{\eta}}}_i + 2\underline{\boldsymbol{\zeta}}_i\underline{\boldsymbol{\Lambda}}_i\dot{\underline{\boldsymbol{\eta}}}_i + \underline{\boldsymbol{\Lambda}}_i^2\underline{\boldsymbol{\eta}}_i + \underline{\boldsymbol{B}}_{\mathrm{tran}i}^{\mathrm{T}}\dot{\underline{\boldsymbol{V}}}_{\mathrm{T}} + \underline{\boldsymbol{B}}_{\mathrm{rot}i}^{\mathrm{T}}\dot{\underline{\boldsymbol{\omega}}} = \underline{\boldsymbol{0}} \end{cases} \tag{7.115}$$

若只关心航天器的转动运动，则可根据上式中的前两个方程消去 $\dot{\underline{\boldsymbol{V}}}_{\mathrm{T}}$，得到仅关于 $\dot{\underline{\boldsymbol{\omega}}}$ 和 $\ddot{\underline{\boldsymbol{q}}}_i$ 的方程式。这里不再赘述。

若航天器配备了飞轮系统，设其合成的角动量（相对于星体）为 $\underline{\boldsymbol{h}}$，则与式(7.111)式相应的动力学方程则为

$$\begin{cases} m_{\mathrm{T}}\dot{\underline{\boldsymbol{V}}}_{\mathrm{T}} + \sum_{i} \underline{\boldsymbol{B}}_{\mathrm{tran}i}\ddot{\underline{\boldsymbol{\eta}}}_i(t) = \boldsymbol{F} \\ \underline{\boldsymbol{I}}_{\mathrm{T}}\dot{\underline{\boldsymbol{\omega}}} + \dot{\underline{\boldsymbol{h}}} + \underline{\boldsymbol{\omega}}^{\times}\left[\underline{\boldsymbol{I}}_{\mathrm{T}}\underline{\boldsymbol{\omega}} + \underline{\boldsymbol{h}} + \sum_{i=1}^{m} \underline{\boldsymbol{B}}_{\mathrm{rot}i}\dot{\underline{\boldsymbol{\eta}}}_i(t)\right] + \sum_{i=1}^{m} \underline{\boldsymbol{B}}_{\mathrm{rot}i}\ddot{\underline{\boldsymbol{\eta}}}_i(t) = \underline{\boldsymbol{T}} \\ \ddot{\underline{\boldsymbol{\eta}}}_i + 2\underline{\boldsymbol{\zeta}}_i\underline{\boldsymbol{\Lambda}}_i\dot{\underline{\boldsymbol{\eta}}}_i + \underline{\boldsymbol{\Lambda}}_i^2\underline{\boldsymbol{\eta}}_i + \underline{\boldsymbol{B}}_{\mathrm{tran}i}^{\mathrm{T}}\dot{\underline{\boldsymbol{V}}}_{\mathrm{T}} + \underline{\boldsymbol{B}}_{\mathrm{rot}i}^{\mathrm{T}}\dot{\underline{\boldsymbol{\omega}}} = \underline{\boldsymbol{0}} \end{cases} \tag{7.116}$$

7.3 充液三轴稳定航天器的姿态动力学

7.3.1 充液航天器姿态动力学概述

对于现代大型航天器(如地球同步轨道卫星等),贮箱中携带的燃料占其初始质量的40%以上。当这些贮箱处于半充满状态,并处于平移加速度状态时,贮箱中的燃料的运动不可控制,从而导致出现晃动效应。航天器内部燃料运动的动力学方程与刚体以及航天器的挠性附件的动力学是耦合的,这种晃动与姿态控制系统的耦合作用将影响姿态的稳定性。

研究充液航天器的姿态动力学比较复杂,涉及流体运动学和动力学。而且航天器内液体的各种运动性态非常复杂,到目前为止,人们对许多现象还未认识其规律性。在低重力条件下,航天器贮箱内燃料的液体表面张力将起主要作用,但此时液体运动对航天器本体的作用力也较小。当航天器内部液体做大幅度运动时,具有很强的非线性,目前还没有很成熟的数学模型。由于研制各种航天器型号的需要,对于充液自旋航天器和有加速度的三轴稳定航天器内部液体的小幅度运动,已有较多的研究,有些也比较成熟。下面仅简单介绍在有加速度条件下的充液三轴稳定航天器的姿态动力学建模问题。

实际上,建立一个在运动容器内的液体振动运动的精确解析模型是非常困难的,为便于推导充液航天器的姿态动力学方程,需要制订一些假设条件:

(1) 航天器中除了液体之外,其余部分(包括容器)都是刚体。

(2) 液体是均匀且不可压缩的。

(3) 液体是接近于理想流体,黏性可忽略。

(4) 对于有加速度时的三轴稳定航天器(当加速度大于0.02 g时),表面张力的影响可忽略不计。

(5) 液体相对容器做微幅度运动,自由液面的位移、速度和斜率都为小量。

根据上述基本假设,可以应用力学方法建立。与挠性航天器一样,充液航天器的运动方程是由常微分方程和偏微分方程共同描述的非线性、非定常的混合系统。为便于工程应用,需要加以简化。简化后的模型应具有如下特点:① 能反映液体对航天器的作用(力和力矩);② 全部是离散坐标的常微分方程,方程阶数尽可能低;③ 刚体姿态运动参数仍然保留。

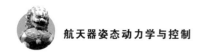

当得到简化模型后,航天器的液体晃动动力学模型可用有限数量的质点模型来等效,得到等效力学模型。所谓等效力学模型就是将液体晃动与简单的机械系统,如质量－弹簧系统或重力场中的单摆相比拟,使两者具有相同的微分方

程。由于等效力学模型具有较强的物理直观性，因此在工程上得到了广泛应用。

充液航天器建模过程与带挠性附件的航天器相似，其步骤包括：① 首先对航天器固定时液体在重力场中的晃动进行模态分析；② 将航天器中液体运动按航天器固定时晃动模态作级数展开，并进行模态截断；③ 将截断后的展开式代入经推导后的充液航天器分布参数模型，使模型离散化，得到以常微分方程描述的混合坐标充液航天器模型；④ 与单摆系统或质量弹簧系统运动方程进行比较，建立等效力学模型参数与耦合系数的关系；⑤ 将等效力学模型得到的结果与试验测量的结果进行校验，对相关模型参数进行修正，以得到更高精度的结果。

由于篇幅所限，这里仅推导基于等效单摆模型的充液航天器姿态动力学模型。

7.3.2　等效单摆系统模型

取航天器本体关联坐标系 $Ox_by_bz_b$ 为基准坐标系，其原点和坐标轴均固联于航天器刚体部分。设 m_B 为刚体部分质量，$\boldsymbol{r}_{BC}$ 和 $\mathbb{I}_B$ 分别为刚体部分对 O 点的质心位置矢量和惯性并矢；$\boldsymbol{V}_{\mathrm{R}}$ 和 $\boldsymbol{a}_{\mathrm{R}}$ 分别为参考点 O 的绝对速度和加速度矢量。设 $\boldsymbol{\omega}_{\mathrm{R}}$ 为刚体部分相对惯性系的绝对角速度，$\boldsymbol{F}_{\mathrm{L}}$ 和 $\boldsymbol{T}_{\mathrm{L}}$ 分别为液体部分对刚体部分的作用力和关于 O 点的力矩，$\boldsymbol{F}_{\mathrm{E}}$ 和 $\boldsymbol{T}_{\mathrm{E}}$ 分别为作用在刚体上的外力和外力矩。

考虑航天器收到固定在航天器上的火箭发动机推力作用，产生平行于星体 Oz_b 的常值加速度 $\boldsymbol{a}_{\mathrm{R}}=g\,\boldsymbol{k}_b$。

假设航天器模型由刚体和若干单摆组成，设第 k 个单摆的质量为 m_k，摆长为 l_k，悬挂点对参考点 O 的位置矢量为 $\boldsymbol{h}_k$。假设摆质量相对 O 的平衡位置矢量为 $\boldsymbol{L}_k=\boldsymbol{h}_k-l_k\,\boldsymbol{k}_b$。当摆运动时，摆质量的位置为 $\boldsymbol{r}_k=\boldsymbol{L}_k+l_k\boldsymbol{\gamma}_k$，而 $\boldsymbol{\gamma}_k=\gamma_{k1}\boldsymbol{i}_b+\gamma_{k2}\,\boldsymbol{j}_b$，其中 γ_{k1}，γ_{k2} 均为摆角。又假设另有固定质量块（表示贮箱内不参与晃动的液体部分），其质量为 m_0，质心位置为 $\boldsymbol{L}_0$，对其质心的惯性并矢为 $\mathbb{I}_0$。一般来说，该模型的 x_bOz_b 平面和 y_bOz_b 平面是对称的，其二维平面模型示意图如图 7.10 所示。

考虑到航天器的液体部分作微幅晃动，摆角 γ_{k1} 和 γ_{k2} 为小量，若同时假设航天器的星体角速度 $\boldsymbol{\omega}$ 也为小量，则第 k 个摆质量的运动方程可线性化为

$$m_k[l_k\ddot{\boldsymbol{\gamma}}_k+\dot{\boldsymbol{w}}\times(\boldsymbol{L}_k+l_k\boldsymbol{\gamma}_k)+\boldsymbol{a}_k]=-\boldsymbol{F}_k$$

式中，$-\boldsymbol{F}_k$ 为摆杆的拉力，沿 $\boldsymbol{k}_b-\boldsymbol{\gamma}_k$ 方向。考虑摆角 γ_{k1} 和 γ_{k2} 为小量，则有 $-\boldsymbol{F}_k\approx m_kg$。

将 $-\boldsymbol{F}_k=m_kg(\boldsymbol{k}_b-\boldsymbol{\gamma}_k)$ 代入上式，得

$$l_k\ddot{\boldsymbol{\gamma}}_k+g\boldsymbol{\gamma}_k+\dot{\boldsymbol{\omega}}\times\boldsymbol{L}_k+\boldsymbol{a}_{\mathrm{R}}=\boldsymbol{0}\tag{7.117}$$

由于液体的微幅晃动主要作用在 x_by_b 平面内，则式(7.117)的第三个分量

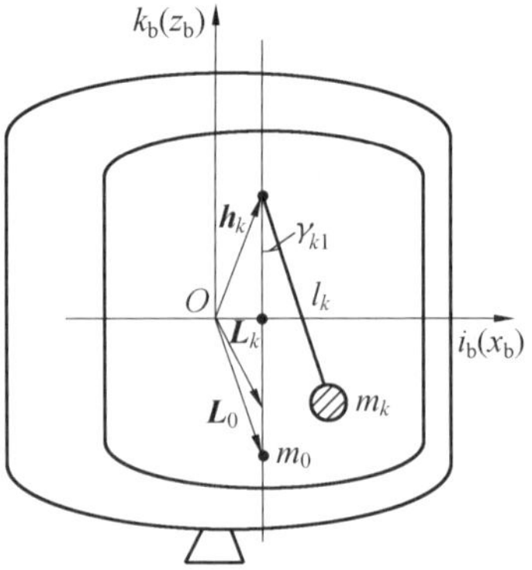

图 7.10　充液航天器的等效摆系统平面示意图

没有实际意义，为此这里只取前两个分量。令并矢 $\mathbb{P}_{xy}=\boldsymbol{i}_b\boldsymbol{i}_b+\boldsymbol{j}_b\boldsymbol{j}_b$，与式(7.117)点乘，得

$$\mathbb{P}_{xy}\cdot(l_k\ddot{\boldsymbol{\gamma}}_k+g\boldsymbol{\gamma}_k+\dot{\boldsymbol{\omega}}\times\boldsymbol{L}_k+\boldsymbol{a}_R)=\boldsymbol{0} \tag{7.118}$$

同样写出固定质量块的平动和转动运动方程为

$$\begin{cases}m_0(\dot{\boldsymbol{\omega}}\times L_0+\boldsymbol{a}_R)=-\boldsymbol{F}_0\\ \mathbb{I}_0\cdot\dot{\boldsymbol{\omega}}=-\boldsymbol{T}_0\end{cases} \tag{7.119}$$

根据式(7.117)和式(7.119)，再列写出各摆以及固定质量块对刚体部分的力和关于 O 点的力矩，略去高阶小量后，可得

$$\boldsymbol{F}_L=\sum_{k=1}^{n}\boldsymbol{F}_k+\boldsymbol{F}_0=-\sum_{k=1}^{n}m_kl_k\ddot{\boldsymbol{\gamma}}_k-\dot{\boldsymbol{\omega}}\times\left(\sum_{k=1}^{n}m_k\boldsymbol{L}_k+m_0\boldsymbol{L}_0\right)-\left(\sum_{k=1}^{n}m_k+m_0\right)\boldsymbol{a}_R \tag{7.120}$$

和

$$\begin{aligned}\boldsymbol{T}_L&=\sum_{k=1}^{n}[(\boldsymbol{L}_k+l_k\boldsymbol{\gamma}_k)\times\boldsymbol{F}_k]+\boldsymbol{L}_0\times\boldsymbol{F}_0+\boldsymbol{T}_0\\&=-\sum_{k=1}^{n}(m_kl_k\boldsymbol{L}_k\times\ddot{\boldsymbol{\gamma}}_k)-\left(\mathbb{I}_0+\mathbb{I}_0^*+\sum_{k=1}^{n}\mathbb{I}_k^*\right)\cdot\dot{\boldsymbol{\omega}}-\\&\quad\left(\sum_{k=1}^{n}m_k\boldsymbol{L}_k+m_0\boldsymbol{L}_0\right)\times\boldsymbol{a}_R+g\boldsymbol{k}_b\times\sum_{k=1}^{n}(m_kl_k\boldsymbol{\gamma}_k)\end{aligned} \tag{7.121}$$

式中

$$\mathbb{I}_k^*\triangleq m_k[(\boldsymbol{L}_k\cdot\boldsymbol{L}_k)\mathbb{E}-\boldsymbol{L}_k\boldsymbol{L}_k],\quad k=0,1,2,\cdots$$

最后针对航天器刚体部分，分别列些其平动和转动方程，即

$$m_b\boldsymbol{a}_R-m_b\boldsymbol{r}_{BC}\times\boldsymbol{\omega}=\boldsymbol{F}_L+\boldsymbol{F}_E \tag{7.122a}$$

$$m_b\boldsymbol{r}_{BC}\times\boldsymbol{a}_R+\mathbb{I}_B\cdot\dot{\boldsymbol{\omega}}=\boldsymbol{T}_L+\boldsymbol{T}_E \tag{7.122b}$$

将式(7.120)和式(7.121)代入式(7.122)，并与式(7.118)列在一起，就构

成了充液航天器的运动方程，即

$$\begin{cases}(m_b+m_0+\sum\limits_{k=1}^{n}m_k)\boldsymbol{a}_R-(m_B\boldsymbol{r}_{BC}+m_0\boldsymbol{L}_0+\sum\limits_{k=1}^{n}m_k\boldsymbol{L}_k)\times\dot{\boldsymbol{\omega}}+\sum\limits_{k=1}^{n}m_kl_k\ddot{\boldsymbol{\gamma}}_k=\boldsymbol{F}_E\\(m_B\boldsymbol{r}_{BC}+m_0\boldsymbol{L}_0+\sum\limits_{k=1}^{n}m_k\boldsymbol{L}_k)\times\boldsymbol{a}_R+(\mathbb{I}_B+\mathbb{I}_0+\mathbb{I}_0^*+\sum\limits_{k=1}^{n}\mathbb{I}_k^*)\cdot\dot{\boldsymbol{\omega}}+\\\sum\limits_{k=1}^{n}(m_kl_k\boldsymbol{L}_k\times\ddot{\boldsymbol{\gamma}}_k)-g\boldsymbol{k}_b\times\sum\limits_{k=1}^{n}(m_kl_k\boldsymbol{\gamma}_k)=\boldsymbol{T}_E\\\mathbb{P}_{xy}\cdot(l_k\ddot{\boldsymbol{\gamma}}_k+g\boldsymbol{\gamma}_k+\dot{\boldsymbol{\omega}}\times\boldsymbol{L}_k+\boldsymbol{a}_R)=\boldsymbol{0},\quad k=1,2,\cdots\end{cases}\tag{7.123}$$

为获得上述等效力学模型的各模型参数（如 $m_k,l_k,\boldsymbol{L}_k$ 等），实际上应由充液航天器的简化模型中的各耦合系数转换得到。有关充液航天器的简化模型以及参数转换公式，请参阅詹善澄主编的《卫星姿态动力学与控制》一书。

上述模型是针对理想流体的假设得到的，因此方程(7.123)中没有任何阻尼项。实际上液体都是有黏性的，需要在方程中引入阻尼系数，则式(7.123)中的第三个式子变为

$$\mathbb{P}_{xy}\cdot[\boldsymbol{a}_R+\dot{\boldsymbol{\omega}}\times\boldsymbol{L}_k+l_k(\ddot{\boldsymbol{\gamma}}_k+2d_k\boldsymbol{\lambda}_k\dot{\boldsymbol{\gamma}}_k+\lambda_k^2\boldsymbol{\gamma}_k)]=\boldsymbol{0},\quad k=1,2,\cdots\tag{7.124}$$

式中，d_k 为阻尼比，可根据经验公式估计或在地面试验中测量得到。

在使用上述等效力学模型时，应注意如下几点：

(1) 等效条件。上述等效力学模型仅适用于航天器刚体部分和液体部分均做微幅运动的情况，包括刚体横向加速度$\boldsymbol{a}_t$、角速度 $\boldsymbol{\omega}$、角加速度 $\dot{\boldsymbol{\omega}}$ 和液体运动幅度都很小，这些量在多大范围内可当作微幅运动，需由具体问题确定。在航天器姿态机动时，其角速度 $\boldsymbol{\omega}$ 有时比较大，不能当作一阶小量，对于此种情况，可在线性化过程中保留 $\boldsymbol{\omega}$ 的二次项，使模型的精度得到改善。

(2) 不要忽视平动耦合项。在液体晃动模型中包含有刚体的平移运动和姿态运动与液体晃动的耦合项。若在姿态控制分析设计中随意消去相应的项，可能是错误的。正确的做法是尽可能保留各种耦合项，只把那些经过证明影响确实很小的项略去。

(3) 模型截断。动力学方程中(7.123)中摆的数量 n 原则上应取无穷大，但在实际应用中应根据振型的影响程度进行截断。通常，每个贮箱在垂直于加速度的两个方向个保留1～2个最低阶振型。

(4) 坐标原点的选择。式(7.123)中坐标原点 O 的选择是任意的，可以根据计算需要选在航天器整体质心，或刚体质心，或刚体加液体晃动模型的固定质量块的组合质心上。例如，选 O 点为平衡状态下航天器整体质心，则式(7.123)中

第一式的第二项以及第二式的第一项不再存在，方程得到进一步简化。

7.3.3 质量－弹簧模型

容器内不动部分可看作质量为 M_0 的质点，位于整个系统的质心位置。绕质心的转动惯量为 I_0。燃料贮箱受到一个力 F 的作用，在此外力的作用下，将在航天器上产生一个加速度 $g=F/(M_0+m)$。容器内的可动部分(即燃料)可看作质量为 m 的质点，则 m 将受到一个与力 F 相反方向的加速度分量。

若存在横向力 f，质点 m 将偏离中间位置(作用 f 之前的位置)，类似于一个单摆。可以用质量－弹簧单元来描述晃动质量。图 7.11 给出了一个质量－弹簧单元表示的最简化的液体晃动模型。

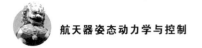

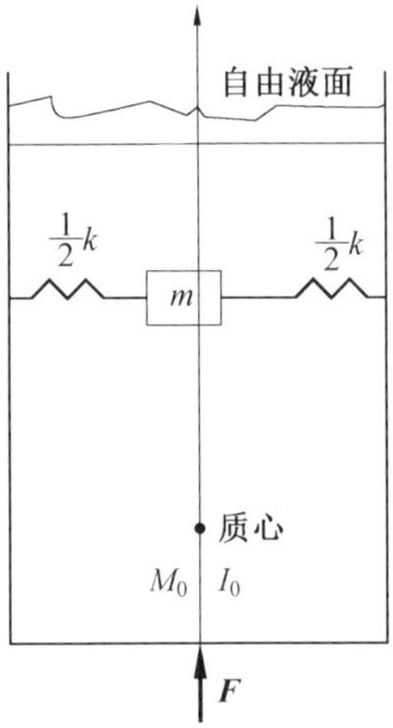

图 7.11　质量－弹簧单元表示的最简化的液体晃动模型

图 7.11 中弹簧－质量块模型的谐振频率为

$$\omega_{\text{osc}}=\sqrt{k/m} \tag{7.125}$$

建立晃动效应模型的难点在于：无论从理论上还是从实验上，都很难得到等效质量 m 和等效弹簧刚度常数 k 的数值。这些参数取决于容器的形状以及其他几何参数、液体的特性、充液比(即液体的体积与容器容积之比)等。

下面给出完整系统的运动方程，包括航天器的刚体部分以及燃料中固定和晃动部分。为更准确起见，设系统模型如图 7.12 所示。

在图 7.12 中，Z_S 为航天器的几何轴，这里假设为惯性主轴；Z_I 为系统在横向力未施加前的惯性方向。作用力 $\boldsymbol{F}$ 产生一个线性加速度，可计算为

$$g=\frac{F}{M_0+m} \tag{7.126}$$

这个加速度近似于弹簧刚度常数 k。

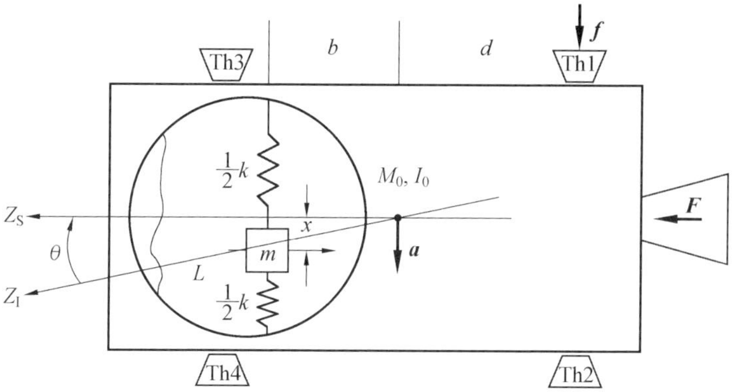

图 7.12　单弹簧－质量块模型

如果只有一个推力器工作时（例如 Th1），作用力 $\boldsymbol{f}$ 可分解为一个线性侧力 f（方向与 $\boldsymbol{f}$ 平行，作用在航天器的质心上）和一个绕质心的力矩（力矩大小为 $T=fd$）。同时，作用力 $\boldsymbol{f}$ 连同弹簧刚度常数 k 将产生一个横向加速度 $\boldsymbol{a}$，其大小为

$$a=\frac{f+kx}{M_0} \tag{7.127}$$

下面写出关于质心的动量矩方程：

$$I_0\ddot{\theta}=\mathrm{d}f-bkx-mgx \tag{7.128}$$

从而质点 m 的线加速度满足如下方程：

$$m(a+\ddot{x}-b\ddot{\theta})=-kx \tag{7.129}$$

可以直接同时地求解式(7.127)～(7.129)。若定义 $k_1=bk+mg$ 和 $k_2=k+mk/M_0$，则有

$$I_0\ddot{\theta}+k_1x=\mathrm{d}f \tag{7.130}$$

$$m\ddot{x}+k_2x-mb\ddot{\theta}=-mf/M_0 \tag{7.131}$$

式(7.130)和(7.131)是线性常微分方程，可以用拉普拉斯变换的方法求解，即

$$\begin{bmatrix} I_0\mathrm{s}^2 & k_1 \\ mb\mathrm{s}^2 & -m(\mathrm{s}^2+k_2/m) \end{bmatrix}\begin{bmatrix}\theta(\mathrm{s}) \\ x(\mathrm{s})\end{bmatrix}=\begin{bmatrix}\mathrm{d}f \\ mf/M_0\end{bmatrix} \tag{7.132}$$

实际上液体晃动也会导致能量耗散，需要将阻尼系数 ξ 引入运动方程中。可以简单地将 $m(\mathrm{s}^2+k_2/m)$ 替换为 $m(\mathrm{s}^2+2\xi\sqrt{k_2/m}\,\mathrm{s}+k_2/m)$，这样式(7.132)改写为

$$\begin{bmatrix} I_0\mathrm{s}^2 & k_1 \\ mb\mathrm{s}^2 & -m(\mathrm{s}^2+2\xi\sqrt{k_2/m}\,\mathrm{s}+k_2/m) \end{bmatrix}\begin{bmatrix}\theta(\mathrm{s}) \\ x(\mathrm{s})\end{bmatrix}=\begin{bmatrix}\mathrm{d}f \\ mf/M_0\end{bmatrix} \tag{7.133}$$

其解为

$$\begin{bmatrix}\theta(s)\\x(s)\end{bmatrix}=\frac{1}{\Delta(s)}\begin{bmatrix}-m(s^2+2\xi\sqrt{k_2/m}s+k_2/m) & -k_1\\-mbs^2 & I_0s^2\end{bmatrix}\begin{bmatrix}df\\mf/M_0\end{bmatrix}\tag{7.134}$$

其中行列式为

$$\Delta(s)=-mI_0s^2(s^2+2\xi\sqrt{k_2/m}s+k_2/m+bk_1/I_0)\tag{7.135}$$

工程上比较关心航天器的角运动，因此需要得到θ关于力矩$\boldsymbol{T}$的传递函数。但实际上，需要区别作用力矩$\boldsymbol{T}=\boldsymbol{d}\times\boldsymbol{f}$和侧力$\boldsymbol{f}$。可以将此分为两种基本的情况，即施加纯力矩（力偶）及施加带有侧力的力矩情况。

1. 施加纯力矩的情况

成对推力器同时工作时可产生绕质心的纯力矩，例如推力器 Th1 和 Th3 同时工作时将得到一个正的纯力矩，而 Th2 和 Th4 同时工作时将得到一个负的纯力矩。在这种情况下，没有侧力产生，传递函数变为

$$\frac{\theta(s)}{T(s)}=\frac{s^2+2\xi\sqrt{k_2/m}s+k_2/m}{I_0s^2(s^2+2\xi\sqrt{k_2/m}s+k_2/m+bk_1/I_0)}\tag{7.136}$$

考虑$g=F/(M_0+m)$。同时定义等效晃动频率为

$$\omega_{SL}^2=\omega_z^2=\frac{k_2}{m}=k\left(\frac{1}{m}+\frac{1}{M_0}\right)=\omega_{OSC}^2\left(1+\frac{m}{M_0}\right)\tag{7.137}$$

这里，ω_z为传递函数的零点。根据上述定义，式(7.136)可改写为

$$\begin{aligned}\frac{\theta(s)}{T(s)}&=\frac{1}{I_0s^2}\frac{s^2+2\xi\omega_{SL}s+\omega_{SL}^2}{s^2+2\xi\omega_{SL}s+\omega_{SL}^2+b^2k/I_0+mbg/I_0}\\&=\frac{1}{I_0s^2}\frac{s^2+2\xi\omega_zs+\omega_z^2}{s^2+2\xi_{psys}\omega_{psys}s+\omega_{psys}^2}\end{aligned}\tag{7.138}$$

在式(7.138)中，

$$\omega_{psys}^2=\omega_z^2+\omega_{OSC}^2\frac{b^2m}{I_0}+\frac{mbg}{I_0}=\omega_{OSC}^2\left(1+\frac{m}{M_0}+\frac{b^2m}{I_0}\right)+\frac{mbg}{I_0}$$

$$\xi_{psys}=\xi\frac{\omega_z}{\omega_{psys}}$$

其中，ω_{OSC}为弹簧—质量晃动单元的谐振频率；ω_z为传递函数的零点；ω_{psys}为整个系统（包括航天器）的自然频率。

从姿态控制系统角度，需要回答以下两个问题：

(1) 这个系统的极点是稳定的吗？

(2) 这个系统的极点数值比零点的小吗？

为此，将式(7.138)中的ω_{psys}^2用基本参数b,m,I_0,M_0,k和g表示为

$$\omega_{psys}^2=k\left(\frac{1}{m}+\frac{1}{M_0}+\frac{b^2}{I_0}\right)=\omega_{osc}^2\left(1+\frac{m}{M_0}+\frac{mb^2}{I_0}\right)+\frac{mbg}{I_0}\tag{7.139}$$

根据图 7.12 可知，b 可能是正的，也可能是负的，决定于星体内燃料贮箱相对于质心（干重时）的相对位置。即使 $b<0$，但只要 $\omega_{psys}>\omega_z$，尽管存在晃动极点，系统也是稳定的。采用简单的超前 / 滞后补偿器就足以使刚体的双积分环节稳定。由于晃动模态的闭环极点是固有稳定的，因此晃动极点不需要特殊的补偿器，如图 7.13(a) 所示。然而，如果 b 的取值（小于零）导致 $\omega_{psys}<\omega_z$，则需要一个额外的补偿器确保角运动的稳定性，如图 7.13(b) 所示。

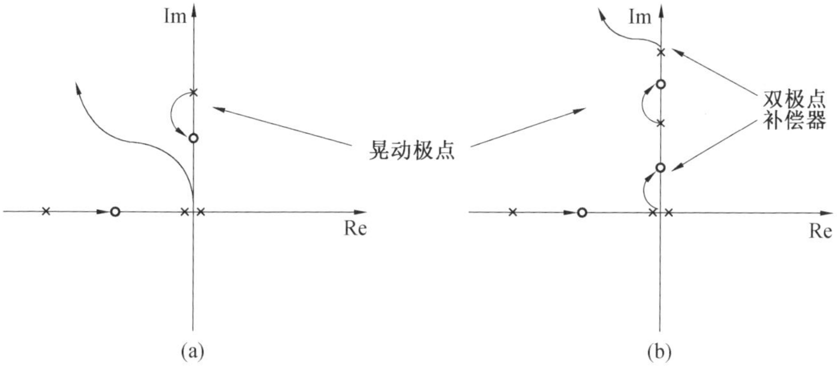

图 7.13　航天器闭环系统的根轨迹图（包括晃动双极点）

可以发现，式(7.138) 与式(7.75) 非常相似。与帆板结构模型相同，晃动质点的阻尼系数通常由半充满贮箱的实验测量结果确定。

对于液体晃动模型，其模态维数是无限的，但通常双质点或三质点模型足以代表液体晃动动力学。对于更复杂的模型（含有更多的晃动质点），建模过程与多个结构模态的帆板模型类似。

2. 纯力矩和侧力同时作用的情况

对于这种情况，以作用力 f 为输入的传递函数为

$$\frac{\theta(s)}{f}=\frac{-1}{\Delta(s)}\left[(ms^2+k_2)d+\frac{k_1 m}{M_0}\right]=\frac{-m}{\Delta(s)}\left[s^2+\left(\frac{k_2 d}{m}+\frac{k_1}{M_0}\right)\right] \tag{7.140}$$

从式(7.136) 和式(7.140) 可以看出，当纯力矩和侧力同时作用时，将改变晃动模型复数零点在 s 平面的位置，有助于找到更适合的复数极点以及晃动模态零点的位置。我们的目的是使晃动零点的数值小于晃动极点的数值。这样可以简化反馈控制的方法，如图 7.13(a) 所示。在工程实践上，可以通过一个侧向推力器提供侧力，而使用其他推力器以提供纯力矩。

7.3.4　挠性充液航天器姿态的通用建模方法

实际上，影响航天器姿态动力学的挠性附件以及液体晃动模型的模态数目是很多的，因此带有较多振动模态的航天器，采用前面讲述的集中参数法的建模

过程来建立全部动力学模型是不实际的。本节将采用系统化的方法列写一下挠性充液航天器姿态动力学方程。

1. 太阳帆板系统

为简化分析，假定太阳帆板具有一个旋转自由度，如 SPOT 卫星、哈勃太阳望远镜以及所有的地球同步轨道卫星都属于这种情况。

以地球同步轨道卫星为例，其太阳帆板必须每天绕飞行器的某个体轴旋转一周，以保证能够连续地朝向太阳。单轴旋转的太阳帆板示意图如图 7.14 所示。图中太阳帆板可以绕星体 Y_B 轴旋转，对应的旋转角为 α。

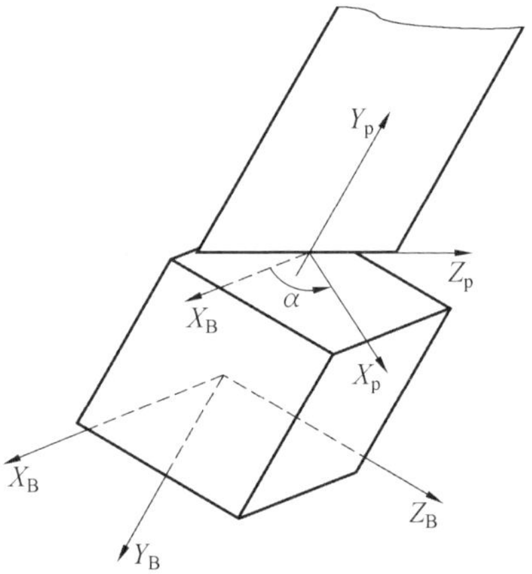

图 7.14　单轴旋转的太阳帆板示意图

由于太阳帆板不是刚性的，因此在绕 X_p，Y_p，Z_p 轴方向上存在 3 种变形模态。其中绕 Z_p 轴的模态称为“平面外”变形模态；绕 X_p 轴的模态称为“平面内”变形模态；绕 Y_p 轴的模态称为“扭转”变形模态。易知，平面外的模态通常是需要重视的，具有最低的结构特征频率。这 3 个帆板变形模态对于航天器刚体部分的影响取决于转角 α。

2. 燃料贮箱系统

航天器的推进系统可能含有多个燃料贮箱。对于双组元推进系统，至少需要配备两个贮箱。为减轻液体晃动效应，采用多个小型贮箱的方案优于单个大型贮箱，但是这样导致推进系统的成本比较大。在通常情况下，每个贮箱的几何尺寸都是独立定义的。

在图 7.15(a) 中，m_0 为贮箱内非晃动部分燃料的质量，m_1，m_2 为两个假设的晃动质点。这 3 个质点相对于参考几何位置的距离分别是 b_0，b_1 和 b_2，在本例中参考几何位置是椭球型贮箱的几何中心。k_1，k_2 和 c_1，c_2 分别是弹簧刚度系数及阻尼参数。图 7.15(b) 中，cmd 为航天器刚体部分的质心（干重时，包括燃料贮箱的干重）；

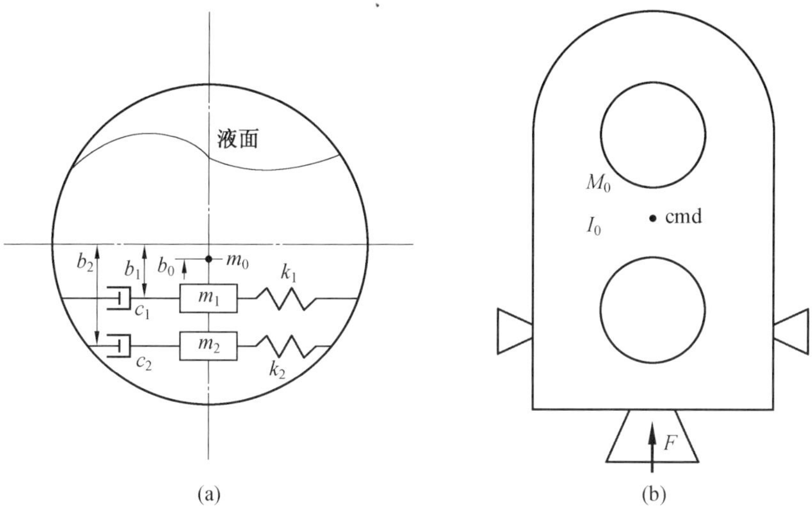

图 7.15　单个贮箱的几何定义及带有两个贮箱的刚体几何定义

M_0 为航天器的非晃动部分质量；I_0 为航天器转动惯量(不包含晃动质量)。

每个贮箱内的晃动质点参数可以根据贮箱的充液比以及施加在航天器上的作用力 F 产生的平移加速度确定，若已知的贮箱在航天器内部的位置，则可计算出不动质心的位置，以及每个质点相对该质心的力臂，从而可以列写出航天器系统整体的姿态动力学方程。

3. 耦合系数和矩阵

由式(7.55)和式(7.56)可见，刚体姿态动力学和帆板结构动力学之间存在耦合系数，而结构动力学方程的阶数与附件个数及每个附件的模态数目有关。

太阳帆板和液体晃动的所有结构模态方程都可用二阶动力学的规范形式表达(包含已知的特征频率和预先估计的阻尼系数)。采用耦合系数可以将帆板结构模型动力学和晃动模型动力学增广到刚体姿态动力学方程中。

4. 完整的航天器姿态动力学方程

假设航天器的姿态运动和平移运动是解耦的，此时可以将挠性附件的结构挠性和液体晃动动力学增广到欧拉方程中。

增广后的欧拉运动方程如下：

$$\dot{\underline{\boldsymbol{h}}}_1+\underline{\boldsymbol{\omega}}^{\times}\left(\underline{\boldsymbol{h}}+\underline{\boldsymbol{B}}\,\dot{\underline{\boldsymbol{\eta}}}+\underline{\boldsymbol{D}}\,\dot{\underline{\boldsymbol{\sigma}}}\right)+\underline{\boldsymbol{B}}\,\ddot{\underline{\boldsymbol{\eta}}}+\underline{\boldsymbol{D}}\,\ddot{\underline{\boldsymbol{\sigma}}}=\underline{\boldsymbol{T}}_{\mathrm{c}}+\underline{\boldsymbol{T}}_{\mathrm{d}} \tag{7.141}$$

$$\underline{\boldsymbol{U}}\,\ddot{\underline{\boldsymbol{\eta}}}+2\underline{\boldsymbol{\xi}}_{\eta}\underline{\boldsymbol{\Omega}}_{\eta}\,\dot{\underline{\eta}}+\underline{\boldsymbol{\Omega}}_{\eta}^{2}\underline{\boldsymbol{\eta}}=\underline{\boldsymbol{B}}^{\mathrm{T}}\,\dot{\underline{\boldsymbol{\omega}}} \tag{7.142}$$

$$\underline{\boldsymbol{E}}\,\ddot{\underline{\boldsymbol{\sigma}}}+2\xi_{\sigma}\underline{\boldsymbol{\Omega}}_{\sigma}\,\dot{\underline{\boldsymbol{\sigma}}}+\underline{\boldsymbol{\Omega}}_{\sigma}^{2}\underline{\boldsymbol{\sigma}}=\underline{\boldsymbol{D}}^{\mathrm{T}}\,\dot{\underline{\boldsymbol{\omega}}} \tag{7.143}$$

这里 $\underline{\boldsymbol{B}}=(\underline{\boldsymbol{K}}\,\underline{\boldsymbol{C}})^{\mathrm{T}}$。上述3个式中，$\underline{\boldsymbol{\omega}}$，$\underline{\boldsymbol{h}}$，$\underline{\boldsymbol{\eta}}$ 和 $\underline{\boldsymbol{\sigma}}$ 均为列向量，分别表示星体角速度、系统角动量、挠性附件模态坐标和液体晃动模态坐标；$\underline{\boldsymbol{C}}$ 为旋转矩阵，是帆板绕星体 Y_{B} 轴的旋转变换矩阵，即

$$\underline{\boldsymbol{C}}=\begin{bmatrix}\cos\alpha & 0 & -\sin\alpha\\ 0 & 1 & 0\\ \sin\alpha & 0 & \cos\alpha\end{bmatrix}$$

其他矩阵的正式定义如下：

$\underline{\boldsymbol{U}}$：单位矩阵（$m\times m$）；

$\underline{\boldsymbol{\xi}}_{\eta}$：挠性模态的阻尼矩阵，为 $m\times m$ 的对角阵；

$\underline{\boldsymbol{\Omega}}_{\eta}$：挠性模态的频率矩阵，为 $m\times m$ 的对角阵；

$\underline{\boldsymbol{B}}$：挠性模态耦合矩阵，为 $3\times m$ 矩阵；

$\underline{\boldsymbol{K}}$：耦合系数矩阵，为 $m\times 3$ 矩阵；

$\underline{\boldsymbol{E}}$：单位矩阵（$n\times n$）；

$\underline{\boldsymbol{\xi}}_{\sigma}$：液体晃动模态的阻尼矩阵，为 $n\times n$ 的对角阵；

$\underline{\boldsymbol{\Omega}}_{\sigma}$：液体晃动模态的频率矩阵，为 $n\times n$ 的对角阵；

$\underline{\boldsymbol{D}}$：液体晃动模态耦合矩阵，为 $3\times n$ 矩阵。

其中，矩阵维数 m 表示对应于太阳帆板3个不同坐标轴的挠性模态的数目；n 为液体晃动质点的个数；$\underline{\boldsymbol{\Omega}}_{\eta}$ 或 $\underline{\boldsymbol{\Omega}}_{\sigma}$ 中的任意一个元素代表某个模态的自然频率；$\underline{\boldsymbol{\xi}}_{\eta}$ 或 $\underline{\boldsymbol{\xi}}_{\sigma}$ 中的任意一个元素代表某个模态的阻尼系数；$\underline{\boldsymbol{B}}$ 中的任意元素代表某阶挠性模态关于航天器质心的角动量系数；$\underline{\boldsymbol{D}}$ 中的任意元素代表液体晃动质点关于航天器质心的耦合系数；$\underline{\boldsymbol{\eta}}$ 中的第 i 个元素代表第 i 个挠性模态的坐标；而 $\underline{\boldsymbol{\sigma}}$ 中的第 j 个元素代表第 j 个液体晃动模态的坐标。

只要涉及太阳帆板的结构动力学，其模态均按太阳帆板的3个轴 X_{p}，Y_{p}，Z_{p} 定义。例如

$$\underline{\boldsymbol{\Omega}}_{\eta}=\mathrm{diag}[\Omega_{x\mathrm{p}1},\Omega_{x\mathrm{p}2},\cdots,\Omega_{y\mathrm{p}1},\Omega_{y\mathrm{p}2},\cdots,\Omega_{z\mathrm{p}1},\Omega_{z\mathrm{p}2},\cdots]$$

$$\underline{\boldsymbol{\xi}}_{\eta}=\mathrm{diag}[\xi_{x\mathrm{p}1},\xi_{x\mathrm{p}2},\cdots,\xi_{y\mathrm{p}1},\xi_{y\mathrm{p}2},\cdots,\xi_{z\mathrm{p}1},\xi_{z\mathrm{p}2},\cdots]$$

同样，$\underline{\boldsymbol{\eta}}^{\mathrm{T}}=[\eta_{x\mathrm{p}1},\eta_{x\mathrm{p}2},\cdots,\eta_{y\mathrm{p}1},\eta_{y\mathrm{p}2},\cdots,\eta_{z\mathrm{p}1},\eta_{z\mathrm{p}2},\cdots]$，当采用上述定义时，

$$\underline{\boldsymbol{K}}^{\mathrm{T}}=\begin{bmatrix}k_{x\mathrm{p}1} & k_{x\mathrm{p}2} & \cdots & 0 & 0 & \cdots & 0 & 0 & \cdots\\ 0 & 0 & \cdots & k_{y\mathrm{p}1} & k_{y\mathrm{p}2} & \cdots & 0 & 0 & \cdots\\ 0 & 0 & \cdots & 0 & 0 & \cdots & k_{z\mathrm{p}1} & k_{z\mathrm{p}1} & \cdots\end{bmatrix}$$

为得到显式的 $\underline{\boldsymbol{B}}$ 和 $\underline{\boldsymbol{B}}^{\mathrm{T}}$，假定帆板的每个轴都存在两个挠性模态。对于这种情况，

$$\underline{\boldsymbol{B}}^{\mathrm{T}}=\begin{bmatrix} k_{xp1}\cos\alpha & 0 & -k_{xp1}\sin\alpha \\ k_{xp2}\cos\alpha & 0 & -k_{xp2}\sin\alpha \\ 0 & k_{yp1} & 0 \\ 0 & k_{yp2} & 0 \\ k_{zp1}\sin\alpha & 0 & k_{zp1}\cos\alpha \\ k_{zp2}\sin\alpha & 0 & k_{zp2}\cos\alpha \end{bmatrix} \tag{7.144}$$

通过对式(7.141) ～ (7.143) 进行积分，可以得到星体的姿态角速度的分量，再通过一次数值积分就可得到星体的姿态角，从而了解帆板挠性和液体晃动对星体的影响。

有必要对上述方程进行解释说明：

(1) 挠性附件的结构动力学和液体晃动动力学的方程都是线性的，只适用于小量变化情况。

(2) 式(7.141) 中的增广欧拉方程是非线性的。姿态控制系统若采用线性控制设计方法，需要进行线性化。

(3) 通过式(7.144) 可以发现，当图中的 X_{p} 和 X_{B} 轴平行时，帆板的平面外模态只存在于 Z_{B} 轴动力学方程中；当帆板转过90°后，则将平面外模态转移到 X_{B} 轴动力学方程中。当帆板处于中间位置时，平面外模态和平面内模态在 X_{B} 和 Z_{B} 轴上都有分量。

5. 运动方程的线性化

欧拉方程线性化方法，得到包含帆板挠性和液体晃动模态的新线性化方程。当航天器姿态控制系统采用反作用推力器进行姿态控制时，结构挠性和液体晃动的影响将最为显著，其原因是推力器提供的力矩脉冲的幅值较大，容易激发结构挠性和液体晃动模态的运动。

在这样的假设下，所有包含轨道角频率 ω_{o} 的项均可忽略不计；由角动量交换装置产生的力矩可以通过外控制力矩吸收掉。从工程实践的角度，这个假设是合理的，可以使很多应用情况的分析得到简化。式(7.142) 和式(7.143) 都是线性的，不需要线性化，式(7.141) 可以简化为

$$\underline{\boldsymbol{T}}_{\mathrm{c}}=\underline{\boldsymbol{I}}\,\dot{\underline{\boldsymbol{\omega}}}+\underline{\boldsymbol{B}}\,\ddot{\underline{\boldsymbol{\eta}}}+\underline{\boldsymbol{D}}\,\ddot{\underline{\boldsymbol{\sigma}}} \tag{7.145}$$

式中，$\underline{\boldsymbol{I}}$ 为惯量矩阵。

当给定上述假设和简化后，可以很容易地得到包含结构挠性和液体晃动模态的航天器姿态动力学的传递函数，从而可应用线性反馈控制理论进行分析和设计。式(7.142)、式(7.143) 和式(7.145) 可以组成一个方程组，利用分析软件进行求解。

第8章

航天器姿态确定基础

为完成飞行任务，通常需要确定航天器本体坐标系相对于某一参考坐标系或某一特定目标（如某天体）的姿态参数，这就是姿态确定。姿态确定的信息通常用于星上的控制系统，但有时地面测控系统或有效载荷（及其用户）也需要该信息。为确定姿态，首先要有姿态测量，即用星上的姿态敏感器获取含有姿态信息的物理量，然后进行数据处理以获得姿态数据。目前，姿态确定的过程大多数均由星上数字计算机进行处理。

航天器姿态确定的基本问题是确定固联于星体的坐标系相对空间参考坐标系的姿态参数，或者是确定星体固联坐标系中的某单位矢量在空间参考坐标系中的坐标，通常称前者为三轴姿态确定，后者为单轴姿态确定。空间参考坐标系可以是航天器质心惯性坐标系，也可以是轨道坐标系或其他坐标系。

姿态确定的方法基本上可分为参考矢量法、惯性测量法及统计估计法等。

8.1　参考矢量法

实际上，要获得直接反映星体固联坐标系和参考坐标系之间定向关系的物理量是很困难的，而且在大多数情况下是不可能的。空间参考坐标系坐标轴的定义常是理论上的，为了确定坐标轴本身的方位，就需要极复杂的测量与计算。例如，若参考坐标系为地心赤道惯性坐标系，则为确定北极轴、春分点的指向就需要一套复杂的天文测量和计算。

在实际应用上常常通过参考矢量来建立星体固联坐标系在参考坐标系中的姿态关系。所谓参考矢量（假设为单位矢量）指的是这样的矢量：该矢量在空间参考坐标系中的方位或坐标是已知的，而它在星体固联坐标系中的方位或坐标可用姿态敏感器测量得到（或获得某些坐标分量）。设参考系中有已知的两个不共线的参考矢量，若在某瞬时能够测得它们在星体固联坐标系中的方位，则可以证明，由此就能确定此瞬时星体坐标系在参考坐标系中的姿态。这就是双矢量定姿原理。

参考矢量法是姿态测量和姿态确定的最基本方法之一。航天器姿态初值确定和姿态修正等都要用到此方法。不同的参考矢量或同一参考矢量的物理量的表现形式可以不同，如光学的、电磁的、力学的等。为检测这些物理量研制了各种姿态敏感器。

应用参考矢量法进行姿态确定时有各种误差源。其中，敏感器的精度是非常重要的，它直接影响参考矢量在星体固联坐标系下的方位测量精度。同时影响该精度的还有反映参考矢量的物理量的精确性和不定性。另外一种误差源是参考矢量 $\boldsymbol{S}$ 在参考坐标系中的确定精度。

参考矢量法按照所使用的参考矢量的数目可分为单参考矢量法、双参考矢量法和多参考矢量法 3 种。单参考矢量方法不能完全确定星体坐标系在参考系中的三轴姿态，因此下面重点介绍双参考矢量法和多参考矢量法。

8.1.1 单参考矢量的姿态确定

单参考矢量是指只有一个参考矢量 $\boldsymbol{s}$。设 $\boldsymbol{s}$ 在参考坐标系 S_a 里的方位已知，并且该矢量在星体固联坐标系 S_b 中的坐标或方位可由姿态敏感器测得。设参考矢量 $\boldsymbol{s}$ 在 S_b 系中的方位可用 $\boldsymbol{s}$ 与 S_b 的 3 个坐标轴的夹角 α,β,γ 来表示，如图 8.1 所示。

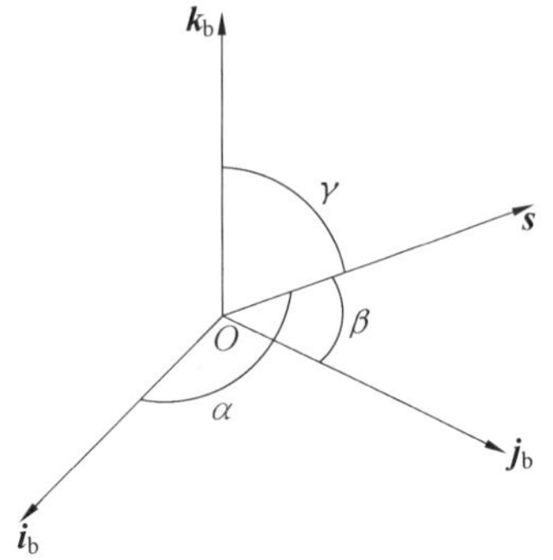

图 8.1 坐标系绕单参考矢量的转动

按姿态测量获得 3 个方位角 α,β,γ 的个数，分为 3 种情况讨论。

(1) 姿态测量可全部确定 3 个方位角。

若姿态测量可以全部获得 3 个方位角 α,β,γ，则可唯一确定此参考矢量在星体固联坐标系下的方位。但是，单参考矢量测量并不能完全确定 S_b 在参考系 S_a 中的姿态，因为此时还存在着 S_b 绕 $\boldsymbol{s}$ 的一个自由度，如同一个刚体绕自身固定轴转动一样，在转动过程中既保持 $\boldsymbol{s}$ 在参考坐标系中的方位不变，又保持 α,β,γ 值不变。

(2) 姿态测量只能确定出两个方位角。

若姿态测量能确定出两个方位角，例如 α,β，由于 α,β,γ 满足约束方程

$$\cos^2\alpha+\cos^2\beta+\cos^2\gamma=1 \tag{8.1}$$

由此可解出 γ。一般来说，γ 有两个解，即 γ_1 和 γ_2，并满足

$$\gamma_1+\gamma_2=\pi$$

这说明如果从几何上讨论姿态确定，应考虑到如上面所示的二值性(甚至更复杂情况下的多值性)。从代数上讨论求解时，应注意二次函数约束方程中所含的解的多值性。

(3) 姿态测量只能确定一个方位角。

若姿态测量只能确定一个方位角，如只能确定方位角 α，此时 S_b 相对 S_a 的姿态有两个不能确定的自由度，坐标系 S_b 的$\boldsymbol{i}_b$ 轴可以是以 $\boldsymbol{s}$ 为轴线、半椎角为 α 的圆锥面的任一母线，而 S_b 还可以绕$\boldsymbol{i}_b$ 轴做任意旋转。

8.1.2 双参考矢量的姿态确定

1. 双矢量定姿原理

存在两个不共线的参考矢量 $\boldsymbol{u}$ 和 $\boldsymbol{v}$，则定义矢量 $\boldsymbol{w}$ 如下：

$$\boldsymbol{w}=\boldsymbol{u}\times\boldsymbol{v}$$

设这 3 个矢量在空间参考坐标系 S_{a} 和航天器本体固联坐标系 S_{b} 的坐标列阵分别为 $\underline{\boldsymbol{u}}_a, \underline{\boldsymbol{v}}_a, \underline{\boldsymbol{w}}_a$ 和 $\underline{\boldsymbol{u}}_{\mathrm{b}}, \underline{\boldsymbol{v}}_{\mathrm{b}}, \underline{\boldsymbol{w}}_{\mathrm{b}}$。定义矩阵 $\underline{\boldsymbol{A}}$ 和 $\underline{\boldsymbol{B}}$ 分别为

$$\underline{\boldsymbol{A}}=[\underline{\boldsymbol{u}}_{\mathrm{a}}\quad \underline{\boldsymbol{v}}_{\mathrm{a}}\quad \underline{\boldsymbol{w}}_{\mathrm{a}}]$$

$$\underline{\boldsymbol{B}}=[\underline{\boldsymbol{u}}_{\mathrm{b}}\quad \underline{\boldsymbol{v}}_{\mathrm{b}}\quad \underline{\boldsymbol{w}}_{\mathrm{b}}]$$

设坐标系 S_{b} 相对 S_{a} 的姿态矩阵为 $\underline{\boldsymbol{C}}_{\mathrm{ba}}$，则根据矢量坐标变换，有

$$\underline{\boldsymbol{B}}=[\underline{\boldsymbol{u}}_{\mathrm{b}}\quad \underline{\boldsymbol{v}}_{\mathrm{b}}\quad \underline{\boldsymbol{w}}_{\mathrm{b}}]=[\underline{\boldsymbol{C}}_{\mathrm{ba}}\underline{\boldsymbol{u}}_{\mathrm{a}}\quad \underline{\boldsymbol{C}}_{\mathrm{ba}}\underline{\boldsymbol{v}}_{\mathrm{a}}\quad \underline{\boldsymbol{C}}_{\mathrm{ba}}\underline{\boldsymbol{w}}_{\mathrm{a}}]=\underline{\boldsymbol{C}}_{\mathrm{ba}}[\underline{\boldsymbol{u}}_{\mathrm{a}}\quad \underline{\boldsymbol{v}}_{\mathrm{a}}\quad \underline{\boldsymbol{w}}_{\mathrm{a}}]=\underline{\boldsymbol{C}}_{\mathrm{ba}}\underline{\boldsymbol{A}} \tag{8.2}$$

由于矢量 $\boldsymbol{u}$ 和 $\boldsymbol{v}$ 不共线，矩阵 $\boldsymbol{A}$ 可逆，则有

$$\underline{\boldsymbol{C}}_{\mathrm{ba}}=\underline{\boldsymbol{B}}\underline{\boldsymbol{A}}^{-1} \tag{8.3}$$

根据参考矢量的定义，矩阵 $\underline{\boldsymbol{A}}$ 是已知的，$\underline{\boldsymbol{B}}$ 是由测量得到的，于是由式(8.3)即可求得姿态矩阵 $\underline{\boldsymbol{C}}_{\mathrm{ba}}$，即在不共线的双参考矢量为完全可测量的情况下，姿态矩阵可唯一确定。此即为双矢量定姿原理。

式(8.3)在没有误差的情况下成立，当参考矢量测量有误差时，还有一系列值得研究的问题。

2. 双矢量定姿的精度问题

由于测量误差的存在，使得矢量 $\boldsymbol{u},\boldsymbol{v}$ 的观测矢量 $\boldsymbol{u}^*,\boldsymbol{v}^*$ 不能与 $\boldsymbol{u},\boldsymbol{v}$ 完全一致。实际上 $\boldsymbol{u}^*,\boldsymbol{v}^*$ 位于以 $\boldsymbol{u},\boldsymbol{v}$ 为轴的锥面上，记两个锥的半锥角分别为 α_1 和 α_2，$\boldsymbol{u}$ 和 $\boldsymbol{v}$ 之间的夹角为 θ，如图 8.2 所示。

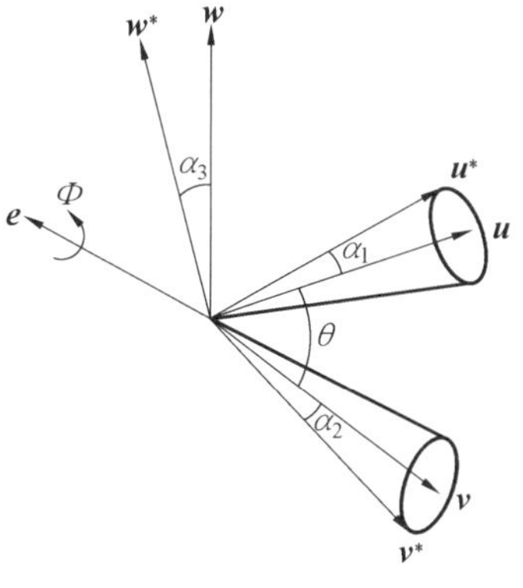

图 8.2　双矢量定姿中观测矢量存在误差的情况

令单位矢量 $\boldsymbol{w}$ 垂直于 $\boldsymbol{u},\boldsymbol{v}$，单位矢量 $\boldsymbol{w}^*$ 垂直于 $\boldsymbol{u}^*,\boldsymbol{v}^*$。$\boldsymbol{w}$ 和 $\boldsymbol{w}^*$ 两个矢量间的夹角为 α_3。这样 $\boldsymbol{u},\boldsymbol{v}$ 和 $\boldsymbol{w}$ 组成一个固联于参考坐标系 S_{a} 的非正交坐标系 S，同样 $\boldsymbol{u}^*,\boldsymbol{v}^*$ 和 $\boldsymbol{w}^*$ 也组成一个固联于星体的非正交坐标系 S^*。分析这两个坐标系之间的姿态参数就可以说明由于测量误差引起的姿态确定误差。可用欧拉轴/

角参数中的转角 Φ 来表示这两个坐标系之间的相对角位移。可以证明，姿态矩阵和欧拉轴／角参数之间的变换关系同样也适用于非正交的坐标系。

记 S^* 相对 S 的姿态矩阵为 $\underline{\boldsymbol{C}}^*$（不具有正交性），则由姿态矩阵和欧拉轴／角参数公式，有

$$\underline{\boldsymbol{C}}^* = \cos\Phi \underline{\boldsymbol{E}}_3 + (1-\cos\Phi)\underline{\boldsymbol{e}}\underline{\boldsymbol{e}}^{\mathrm{T}} - \sin\Phi \underline{\boldsymbol{e}}^{\times}$$

根据其展开式得到矩阵 $\underline{\boldsymbol{C}}^*$ 的对角元素 C_{11}, C_{22}, C_{33} 为

$$\begin{cases} C_{11} = (1-\cos\Phi)e_x^2 + \cos\Phi \\ C_{22} = (1-\cos\Phi)e_y^2 + \cos\Phi \\ C_{33} = (1-\cos\Phi)e_z^2 + \cos\Phi \end{cases} \tag{8.4}$$

另外，C_{11}, C_{22}, C_{33} 也可由 S, S^* 系相应坐标轴的方向余弦得到，即

$$\begin{cases} C_{11} = \boldsymbol{u}^* \cdot \boldsymbol{u} = \cos\alpha_1 \\ C_{22} = \boldsymbol{v}^* \cdot \boldsymbol{v} = \cos\alpha_2 \\ C_{33} = \boldsymbol{w}^* \cdot \boldsymbol{w} = \cos\alpha_3 \end{cases} \tag{8.5}$$

对比式(8.4)和式(8.5)，并将相关角度换成半角形式，有

$$\sin^2\frac{\alpha_1}{2} = (1-e_x^2)\sin^2\frac{\Phi}{2} \tag{8.6}$$

$$\sin^2\frac{\alpha_2}{2} = (1-e_y^2)\sin^2\frac{\Phi}{2} \tag{8.7}$$

$$\sin^2\frac{\alpha_3}{2} = (1-e_z^2)\sin^2\frac{\Phi}{2} \tag{8.8}$$

将上面 3 个公式相加，并利用 $e_x^2 + e_y^2 + e_z^2 = 1$，得

$$\sin^2\frac{\Phi}{2} = \frac{1}{2}\left(\sin^2\frac{\alpha_1}{2} + \sin^2\frac{\alpha_2}{2} + \sin^2\frac{\alpha_3}{2}\right) \tag{8.9}$$

当 $\Phi, \alpha_1, \alpha_2, \alpha_3$ 都为小角时，有

$$|\boldsymbol{u}\times\boldsymbol{v}| \approx |\boldsymbol{u}^*\times\boldsymbol{v}^*| = \sin\theta$$

$$\boldsymbol{u}\cdot\boldsymbol{v} \approx \boldsymbol{u}^*\cdot\boldsymbol{v}^* = \cos\theta$$

由此导出 $\boldsymbol{w}$ 和 $\boldsymbol{w}^*$ 间的角度关系为

$$\begin{aligned} \cos\alpha_3 = \boldsymbol{w}\cdot\boldsymbol{w}^* &= \frac{\boldsymbol{u}\times\boldsymbol{v}}{\sin\theta}\cdot\frac{\boldsymbol{u}^*\times\boldsymbol{v}^*}{\sin\theta} \\ &= \frac{1}{\sin^2\theta}[(\boldsymbol{u}\cdot\boldsymbol{u}^*)(\boldsymbol{v}\cdot\boldsymbol{v}^*) - (\boldsymbol{u}\cdot\boldsymbol{v}^*)(\boldsymbol{v}\cdot\boldsymbol{u}^*)] \\ &= \frac{1}{\sin^2\theta}(\cos\alpha_1\cos\alpha_2 - \cos^2\theta) \\ &= \frac{1}{\sin^2\theta}(\cos\alpha_1\cos\alpha_2 - 1) + 1 \end{aligned} \tag{8.10}$$

利用半角关系，得

$$\sin^2\frac{\alpha_3}{2}=\csc^2\theta\left(\sin^2\frac{\alpha_1}{2}+\sin^2\frac{\alpha_2}{2}-2\sin^2\frac{\alpha_1}{2}\sin^2\frac{\alpha_2}{2}\right) \tag{8.11}$$

将式(8.11)代入式(8.9),得

$$\sin^2\frac{\Phi}{2}=\frac{1}{2}(1+\csc^2\theta)\left(\sin^2\frac{\alpha_1}{2}+\sin^2\frac{\alpha_2}{2}\right)-\csc^2\theta\sin^2\frac{\alpha_1}{2}\sin^2\frac{\alpha_2}{2} \tag{8.12}$$

当 Φ,α_1,α_2 都为小角时,式(8.12)近似为

$$\Phi^2=\frac{1}{2}(1+\csc^2\theta)(\alpha_1^2+\alpha_2^2) \tag{8.13}$$

此即为由于矢量 $\boldsymbol{u},\boldsymbol{v}$ 测量误差引起的坐标系 S 和 S^* 之间的误差,将其折算到参考系 S_a 和星体坐标系 S_b 之间的姿态矩阵 $\underline{\boldsymbol{C}}_{ba}$ 中,即为定姿误差。由式(8.13)可以看到,定姿误差由两部分组成:一部分是由测量误差直接引起的,即$\frac{1}{2}(\alpha_1^2+\alpha_2^2)$;另一部分是由参考矢量几何关系和测量误差联合引起的,即$\frac{1}{2}\csc^2\theta(\alpha_1^2+\alpha_2^2)$。当 $\boldsymbol{u}$ 和 $\boldsymbol{v}$ 正交时,$\theta=90°$,$\csc^2\theta=1$,定姿误差最小,而当 $\theta<90°$ 或 $\theta>90°$ 时,$\csc^2\theta>1$,定姿误差都要变大。把 $\sin\theta$ 定义为参考矢量 $\boldsymbol{u}$ 和 $\boldsymbol{v}$ 的基线长度。由此可知,姿态确定精度不仅取决于测量误差,同时也和基线长度有关,在同等测量精度情况下,基线长度越大,则姿态确定精度越高。

上述误差分析工作很有意义,通过它可以分析测量几何的影响,分析姿态测量数据的质量,以便适当选择姿态测量量、测量时刻和选择合适的确定算法,提高姿态确定精度。

3. 双矢量定姿的规范化问题

姿态测量有误差时产生的另外一个问题是量的规范化问题。在获得矢量 $\boldsymbol{u}$,$\boldsymbol{v}$ 的量测矢量$\boldsymbol{u}^*$,$\boldsymbol{v}^*$(含误差)时,总要求它们是单位矢量。同时定义的姿态矩阵是坐标系之间的一个旋转变换,因而要求其是一个正交矩阵(行列式为 1 的正交阵)。但由于测量误差,由式(8.3)得到的姿态矩阵 $\underline{\boldsymbol{C}}_{ba}$ 一般不满足正交矩阵的条件。只有量测矢量$\boldsymbol{u}^*$ 和$\boldsymbol{v}^*$ 之间的夹角与真实矢量 $\boldsymbol{u}$ 和 $\boldsymbol{v}$ 之间的夹角相等时,由式(8.3)得到的姿态矩阵才是正交矩阵。在实际应用中,存在着如何把姿态矩阵标准规范化为正交矩阵的问题。

一个可行的解决方法是求解一个正交阵 $\underline{\boldsymbol{C}}_{ba}^0$,使 $\underline{\boldsymbol{C}}_{ba}-\underline{\boldsymbol{C}}_{ba}^0$ 尽量接近零阵。数学上一种准确的提法是:已知 $\underline{\boldsymbol{C}}_{ba}=(C_{ij})$,求解 $\underline{\boldsymbol{C}}_{ba}^0=(C_{ij}^0)$,使得

$$L=\sum_{i,j=1}^{3}(C_{ij}-C_{ij}^0)^2$$

为极小,并且 C_{ij}^0 满足下列正交条件:

$$\sum_{i,j=1}^{3}C_{ik}^0C_{jk}^0=\delta_{ij},\delta_{ij}=\begin{cases}1, & i=j\\0, & i\neq j\end{cases}\quad i,j=1,2,3$$

一种求解的方法是将上述问题转化为一个有约束的极小值求解问题，并使用拉格朗日乘子法进行求解。定义指标函数为

$$L_0=\sum_{i,j=1}^{3}\left[(C_{ij}^0-C_{ij})^2+\lambda_{ij}\left(\sum_{k=1}^{3}C_{ik}^0C_{jk}^0-\delta_{ij}\right)\right] \tag{8.14}$$

式中，λ_{ij} 为拉格朗日乘子。

为求式(8.14)的极小值，令偏导数$\frac{\partial L_0}{\partial C_{ij}^0}$和$\frac{\partial L_0}{\partial \lambda_{ij}}$等于零，可得

$$(\underline{\boldsymbol{E}}_3+\underline{\boldsymbol{\Lambda}})\underline{\boldsymbol{C}}_{ba}^0=\underline{\boldsymbol{C}}_{ba} \tag{8.15}$$

$$\underline{\boldsymbol{C}}_{ba}^0(\underline{\boldsymbol{C}}_{ba}^0)^{\mathrm{T}}=\underline{\boldsymbol{E}}_3 \tag{8.16}$$

式中，$\underline{\boldsymbol{\Lambda}}$ 为一个 3×3 的对称阵，$\underline{\boldsymbol{\Lambda}}=(\lambda_{ij})$。

对式(8.15)取转置得

$$(\underline{\boldsymbol{C}}_{ba}^0)^{\mathrm{T}}(\underline{\boldsymbol{E}}_3+\underline{\boldsymbol{\Lambda}})=(\underline{\boldsymbol{C}}_{ba})^{\mathrm{T}} \tag{8.17}$$

将式(8.15)的两端各右乘式(8.17)的两端，可得

$$(\underline{\boldsymbol{E}}_3+\underline{\boldsymbol{\Lambda}})^2=\underline{\boldsymbol{C}}_{ba}(\underline{\boldsymbol{C}}_{ba})^{\mathrm{T}} \tag{8.18}$$

再由式(8.15)，并借助式(8.18)可求得

$$\underline{\boldsymbol{C}}_{ba}^0=(\underline{\boldsymbol{E}}_3+\underline{\boldsymbol{\Lambda}})^{-1}\underline{\boldsymbol{C}}_{ba}=(\underline{\boldsymbol{C}}_{ba}\underline{\boldsymbol{C}}_{ba}^{\mathrm{T}})^{-\frac{1}{2}}\underline{\boldsymbol{C}}_{ba} \tag{8.19}$$

8.1.3 多参考矢量的姿态确定

现在研究有多个参考矢量，即航天器上姿态敏感器能获得多个参考矢量测量值的情形。这时，利用某些量测量的组合可确定姿态矩阵。但由于量测量是有误差的，因此不同的量测量组合将会得到不同的姿态矩阵，那么应该如何确定姿态矩阵呢？这就是在测量有冗余的情况下，如何用统计数据处理的方法得到姿态矩阵的最优估计问题。有很多方法可解决这类问题，这里介绍一个比较简单的最小二乘法的处理方法。

不失一般性，设有 M 个参考矢量 $\boldsymbol{s}_1,\boldsymbol{s}_2,\cdots,\boldsymbol{s}_M$，相应于每个参考矢量 $\boldsymbol{s}_i$，星上可获得 N 个敏感器理想输出 $\cos\alpha_{ik}\ (k=1,2,\cdots,N)$。其中

$$\cos\alpha_{ik}=(\underline{\boldsymbol{C}}_{ba}\underline{\boldsymbol{s}}_{ia})^{\mathrm{T}}\underline{\boldsymbol{\gamma}}_{ik},\quad i=1,2,\cdots,M;k=1,2,\cdots,N$$

这里 $\underline{\boldsymbol{\gamma}}_{ik}$ 为星体固联坐标系 S_b 上的一个固定单位矢量。由于实际测量有误差 Δ_{ik}，因此实际输出为 $\cos\alpha_{ik}^*$，即

$$(\underline{\boldsymbol{C}}_{ba}\underline{s}_i)^{\mathrm{T}}\underline{\boldsymbol{\gamma}}_{ik}-\cos\alpha_{ik}^*=\Delta_{ik},\quad i=1,2,\cdots,M;k=1,2,\cdots,N$$

下面用最小二乘法来确定姿态矩阵 $\underline{\boldsymbol{C}}_{ba}$ 的估计，令

$$L=\sum_{i=1}^{M}\sum_{k=1}^{N_i}P_{ik}\left[(\underline{\boldsymbol{C}}_{ba}\underline{s}_i)\underline{\boldsymbol{\gamma}}_{ik}-\cos\alpha_{ik}^*\right]^2 \tag{8.20}$$

式中，P_{ik} 为加权系数。求出姿态矩阵 $\underline{\boldsymbol{C}}_{ba}$ 使 L 达到极小值。

因为姿态矩阵 $\underline{\boldsymbol{C}}_{ba}$ 是欧拉角的函数，所以可以把式(8.20)看成是欧拉角

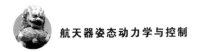

(φ,θ,ψ) 的函数。以某一欧拉角$(\varphi_0,\theta_0,\psi_0)$(可以用某两个参考矢量进行双矢量确定)为初值,应用优化算法(如最速下降法),求得使 L 达到极小值的 $\varphi^*,\theta^*,\psi^*$,从而得到最优的姿态矩阵,这样求得的姿态矩阵必为正交阵。

另外一种方法是求出姿态矩阵 $\underline{\boldsymbol{C}}_{\mathrm{ba}}=(C_{ij})$,使其满足条件

$$\sum_{k=1}^{3}\boldsymbol{C}_{ik}\boldsymbol{C}_{jk}=\delta_{ij},\quad \delta_{ij}=\begin{cases}0,i\neq j\\1,i=j\end{cases},\quad i,j=1,2,3$$

并使 L 为极小。

这里给出一种求解的方法。若使 L 为极小,则有 $\dfrac{\partial L}{\partial C_{ij}}=0$,经化简合并,可写成一个矩阵方程

$$\sum_{i=1}^{M}\underline{\boldsymbol{A}}_i\underline{\boldsymbol{C}}_{\mathrm{ba}}\underline{\boldsymbol{B}}_i-\underline{\boldsymbol{\Phi}}=\boldsymbol{0}\tag{8.21}$$

式中,$\underline{\boldsymbol{A}}_i,\underline{\boldsymbol{B}}_i,\underline{\boldsymbol{\Phi}}$ 都是已知阵。

式(8.21)为9个未知量的线性方程,其解为(C_{ij}),但此矩阵不一定是正交矩阵,需要将其标准正交化为(C_{ij}^0),正交化的方法可采用上面所给出的方法。

这里再介绍另一种多矢量姿态确定法。设多个参考矢量为$\boldsymbol{s}_1,\boldsymbol{s}_2,\cdots,\boldsymbol{s}_M$,其在参考坐标系下的坐标列阵为$\underline{\boldsymbol{s}}_1^{\mathrm{a}},\underline{\boldsymbol{s}}_2^{\mathrm{a}},\cdots,\underline{\boldsymbol{s}}_M^{\mathrm{a}}$,其在星体坐标系下的坐标列阵(即量测值)分别为 $\underline{\boldsymbol{s}}_1^{\mathrm{b}},\underline{\boldsymbol{s}}_2^{\mathrm{b}},\cdots,\underline{\boldsymbol{s}}_M^{\mathrm{b}}$。记矩阵 $\boldsymbol{A}$ 和 $\boldsymbol{B}$ 为

$$\underline{\boldsymbol{A}}=\begin{bmatrix}\underline{\boldsymbol{s}}_1^{\mathrm{a}} & \underline{\boldsymbol{s}}_2^{\mathrm{a}} & \cdots & \underline{\boldsymbol{s}}_M^{\mathrm{a}}\end{bmatrix},\quad \underline{\boldsymbol{B}}=\begin{bmatrix}\underline{\boldsymbol{s}}_1^{\mathrm{b}} & \underline{\boldsymbol{s}}_2^{\mathrm{b}} & \cdots & \underline{\boldsymbol{s}}_M^{\mathrm{b}}\end{bmatrix}$$

设姿态矩阵为 $\underline{\boldsymbol{C}}_{\mathrm{ba}}$,在没有量测误差的情况下,则有观测方程

$$\underline{\boldsymbol{B}}=\underline{\boldsymbol{C}}_{\mathrm{ba}}\underline{\boldsymbol{A}}$$

在有量测误差情况下,上式不再成立。此时考虑方程 $\underline{\boldsymbol{A}}=\underline{\boldsymbol{G}}\underline{\boldsymbol{B}}$。可由代数方程求得 $\underline{\boldsymbol{G}}$ 的一个伪逆近似解,即

$$\underline{\boldsymbol{G}}^*=\underline{\boldsymbol{A}}\underline{\boldsymbol{B}}^{\mathrm{T}}(\underline{\boldsymbol{B}}\underline{\boldsymbol{B}}^{\mathrm{T}})^{-1}\tag{8.22}$$

$\underline{\boldsymbol{G}}^*$ 不一定是正交阵,采用极小值指标:

$$L(G)=\sum\left|\underline{\boldsymbol{s}}_i^{\mathrm{b}}-\underline{\boldsymbol{G}}^{\mathrm{T}}\underline{\boldsymbol{s}}_i^{\mathrm{a}}\right|^2=\min$$

及正交阵约束条件

$$\underline{\boldsymbol{G}}\underline{\boldsymbol{G}}^{\mathrm{T}}=\underline{\boldsymbol{E}}$$

可以解得 $\underline{\boldsymbol{G}}$ 的一个近似最优解 $\underline{\boldsymbol{G}}^0$,即

$$\underline{\boldsymbol{G}}^0=\frac{1}{2}\underline{\boldsymbol{G}}^*\left[3\underline{\boldsymbol{E}}-(\underline{\boldsymbol{G}}^*)^{\mathrm{T}}\underline{\boldsymbol{G}}^*\right]\tag{8.23}$$

由此可求得最优的姿态矩阵

$$\underline{\boldsymbol{C}}_{\mathrm{ba}}^0=(\underline{\boldsymbol{G}}^0)^{\mathrm{T}}\tag{8.24}$$

8.2 惯性测量姿态的确定

前面所述的是根据外部参考矢量确定星体在参考坐标系中的姿态的方法。另外也可以在星体内部建立惯性基准，测量星体相对于此基准的姿态变化，假设惯性基准对于参考坐标系的方位已知，则可确定星体相对于参考坐标系的姿态，这就是惯性测量的姿态确定方法。各种惯性导航系统中姿态信息就是根据这个原理获得的。

高速旋转的陀螺转子轴具有对惯性空间稳定定向的特性，此转子所具有的角动量矢量可作为星体的内部基准，陀螺仪表能给出星体相对于惯性空间的姿态运动，故称其为惯性姿态测量敏感器。

在航天器应用的惯性测量姿态确定通常采用类似于捷联惯导系统中的方法，下面举一个在航天器上使用的例子。设某航天器星体坐标系的 3 个坐标轴上分别安装了一个单自由度速率陀螺，能够测量星体角速度矢量这 3 个体轴上的分量。假设以星体坐标系相对惯性系的欧拉参数作为姿态参数，欧拉参数的微分方程为

$$\begin{bmatrix} \dot{q}_0 \\ \dot{q}_1 \\ \dot{q}_2 \\ \dot{q}_3 \end{bmatrix} = \frac{1}{2} \begin{bmatrix} q_0 & -q_1 & -q_2 & -q_3 \\ q_1 & q_0 & -q_3 & q_2 \\ q_2 & q_3 & q_0 & -q_1 \\ q_3 & -q_2 & q_1 & q_0 \end{bmatrix} \begin{bmatrix} 0 \\ \omega_{bx} \\ \omega_{by} \\ \omega_{bz} \end{bmatrix} \tag{8.25}$$

其中 $\omega_x, \omega_y, \omega_z$ 均可通过安装在星体上的 3 个速率陀螺直接测量得到。假设陀螺没有测量误差，且星体初始姿态四元数 $\underline{Q}_0$ 精确已知，则可通过对式(8.25)进行数值积分，即可得到以后各时刻星体相对惯性系的姿态四元数信息。

惯性测量姿态确定方法的优点是：在已知初始姿态及已知参考坐标相对惯性空间的姿态的条件下，在一段时间内，可以不需外部参考矢量的测量，星上自主确定姿态。通常惯性姿态敏感器在短期使用时积分误差小，具有较高的精度，且噪声也小，因此常用于姿态机动及外部参考矢量不可测量时的姿态测量。其缺点是：① 需要已知初始姿态；② 若积分时间较长，则陀螺漂移所引起的姿态确定误差增大；③ 若参考坐标系为非惯性参考系，则还需要计算参考系相对于惯性系的姿态运动等。

在实际应用中，常常把惯性测量姿态确定和外部参考矢量姿态确定结合起来，每一采样间隔内用惯性测量，每隔一定时间间隔用外部参考矢量测量来修正

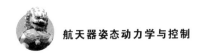

用惯性测量所获得的姿态，并用其来估计陀螺的漂移，以提高惯性测量的精度。

8.3　姿态确定的状态估计

利用前面所述的姿态确定方法，根据姿态敏感器的一组姿态测量数据，原则上可以直接确定所需的航天器姿态参数。这样的姿态确定性方法统称为确定性方法（或直接确定法）。姿态直接确定法和所得的结果具有明确的物理或几何上的意义，但这种方法要求参考矢量的参数足够精确，因为这种方法原则上很难克服参考矢量的不确定性对姿态确定精度的影响。参考矢量的不确定性主要包括航天器轨道参数的误差和姿态敏感器的安装偏差及信息处理误差等（统称为系统误差），同时在测量参考矢量时还存在各种随机误差（例如测量噪声），采用直接确定法难以建立这些系统误差在内的定姿模型及对不同精度的测量值进行加权处理，因此所得的姿态参数往往精度不高。在实际应用中常采用统计估计理论对姿态测量数据进行处理，以显著提高姿态确定精度。这种由大量的姿态测量数据求得的具有统计意义上最优的姿态参数方法，称为姿态确定的统计方法。

统计估计理论在姿态确定中得到成功应用是基于姿态测量数据具有以下特点：

（1）数据量大。每一采样周期（常常是秒的数量级）姿态敏感器即可提供一组姿态测量数据。

（2）数据有冗余。可能有多种敏感器提供不同形式的带有误差的测量数据。

（3）不同姿态敏感器的测量数据可能有不同的误差特性，如红外地球敏感器具有较大的高频随机噪声，而陀螺则具有较大的常值漂移分量，但高频随机噪声分量很小。

（4）有些航天器的姿态变化规律或者说姿态动力学特性相当简单，比如自旋卫星，当章动角很小时，可以假设其自旋轴的指向（在适当时间区间内）是不变的，转速也是不变的。这为根据模型进行姿态预估提供了条件。

8.3.1　统计估计的基本原理

对于某个确定的姿态测量系统而言，利用确定性方法可以由某一时刻得到的姿态敏感器的一组测量值求得相应的姿态参数，然而由此得到的姿态值相对真实姿态的误差直接取决于这一组测量值的误差。考虑到敏感器的测量误差通常具有随机分布特性，如果对同一时刻或对一个时间区间上得到的若干组测量值联合进行处理，由此得到的姿态值可以比较接近于真实的姿态。联合处理的测量值的数目越大，每次单个测量误差的影响越小，相应得计算结果的精确程度就越高。这就是统计估计方法的基本原理。

在以统计估计方法确定航天器姿态过程中，通常将姿态参数及其与姿态确定过程相关的一些物理量和参数称为系统的状态量。由所有状态量做成的向量称为状态向量，记为 $\underline{\boldsymbol{x}}$。状态向量的元素除了姿态参数外，通常包括测量系统中与姿态敏感器性能相关的参数（如光学敏感器的测量偏差和安装误差，陀螺漂移等）、与航天器轨道相关的参数（如轨道预报误差）及航天器的惯量特性等。系统的状态参数可以是常数，也可以按照一定的规律随时间而变化。一般状态矢量随时间而变化，它们可由如下微分方程描述：

$$\dot{\underline{\boldsymbol{x}}} = f(\underline{\boldsymbol{x}}, \underline{\boldsymbol{u}}, t) + \underline{\boldsymbol{w}} \tag{8.26}$$

式(8.26)称为系统的状态方程，其中 $\underline{\boldsymbol{w}}$ 为零均值的随机向量，称为状态过程噪声向量，描述了系统状态运动模型的不确定性。

姿态敏感器的输出量称为测量量，由测量量组成的向量称为观测向量，记作 $\underline{\boldsymbol{z}}$。观测向量的元素既可以是姿态敏感器直接输出的测量量，也可以是敏感器的测量量经过处理导出的某个物理量。观测向量 $\underline{\boldsymbol{z}}$ 与状态向量 $\underline{\boldsymbol{x}}$ 之间的函数关系由下面的观测方程给出：

$$\underline{\boldsymbol{z}} = h(\underline{\boldsymbol{x}}, t) + \underline{\boldsymbol{v}} \tag{8.27}$$

式中，$\underline{\boldsymbol{v}}$ 是零均值的随机噪声向量。观测方程由姿态敏感器的测量模型决定，与所选取得状态向量的元素有关。

考虑在一段时间内基于敏感器测量值得到的观测向量 $\underline{\boldsymbol{z}}(t)$，这里的观测向量既可以在一个连续的时间区间上取值，也可以在一个离散的时间区间上取值。若将某时刻状态矢量的估计值记为 $\hat{\underline{\boldsymbol{x}}}(t)$，基于观测方程式(8.27)可知，相应的观测向量的估计值为

$$\hat{\underline{\boldsymbol{z}}}(t) = h(\hat{\underline{\boldsymbol{x}}}, t) \tag{8.28}$$

观测向量 $\underline{\boldsymbol{z}}(t)$ 与相应估计值 $\hat{\underline{\boldsymbol{z}}}(t)$ 之差称为残差，记为

$$\underline{\boldsymbol{e}}(t) = \underline{\boldsymbol{z}}(t) - \hat{\underline{\boldsymbol{z}}}(t) = \underline{\boldsymbol{z}}(t) - h(\hat{\underline{\boldsymbol{x}}}, t) \tag{8.29}$$

基于统计估计方法导出的最优状态估计值应使残差在统计意义上最小。通常规定关于残差的某个准则函数，求这个函数的极小值就可求得状态矢量的最优估计值。由连续的时间区间或离散的时间序列上的观测向量求取状态向量估计值的数据处理过程称为状态估计器。

利用统计估计方法确定航天器姿态的过程分为两个部分：① 建立统计估计的模型，即选取状态向量 $\underline{\boldsymbol{x}}$ 和观测向量 $\underline{\boldsymbol{z}}$，并确定相应的状态方程式(8.26)和观测方程式(8.27)；② 选取适当的统计估计方法，设计状态估计器，由观测向量 $\underline{\boldsymbol{z}}$ 计算状态向量 $\underline{\boldsymbol{x}}$ 的估计值 $\hat{\underline{\boldsymbol{x}}}$。

建立统计估计模型的问题既与某一姿态测量系统特定的结构有关，又与姿态确定任务的要求有关。建模过程中应充分利用对航天器姿态运动规律和对测量系统的先验知识，降低模型的不确定性；状态向量应包括影响航天器姿态确定精度的主要因素；状态方程和观测方程所组成的系统应具有可观性，直观地说，即要求在一定时间区域上给出的观测向量中应包含有确定状态矢量的全部元素所需要的信息。

状态估计器通常给定初始时刻 t_0 的状态估计值 $\hat{\underline{x}}(t_0)$。数据处理的过程可以分为两个步骤：① 基于状态方程式(8.26)。给出状态的运动规律，由 $\hat{\underline{x}}(t_0)$ 预报 $t(t>t_0)$ 时刻的状态估计值，将其记为 $\hat{\underline{x}}^{(-)}(t)$。由于动态过程噪声 $\underline{w}$ 的影响，上述预报过程使得状态估计的误差随着时间的增长逐渐增大。② 基于观测方程式(8.27) 给出的关系，由 t 时刻观测向量 $\underline{z}(t)$ 对相应的状态估计值 $\hat{\underline{x}}^{(-)}(t)$ 进行修正，得到新的状态估计值，将其记为 $\hat{\underline{x}}^{(+)}(t)$。然后再转回第一步，由 $\hat{\underline{x}}^{(+)}(t)$ 预报 t 时刻之后的状态估计值。如此循环进行。观测向量既包含系统状态的信息，又受到观测噪声的污染。利用观测向量对状态估计值进行修正，总的趋势是使状态估计的误差减小。状态估计器设计的任务是基于系统的模型，综合权衡系统误差和观测误差的影响，使得计算得到的状态估计值具有统计意义上的最优性质。

由于系统模型的形式以及选取的优化准则不同，统计估计的方法也不同。常用的估计方法分为两类：① 批量数据估计方法，如批量最小二乘法；② 序贯估计方法，如递推最小二乘法和卡尔曼滤波法等。下面对航天器姿态确定中比较常用的卡尔曼滤波方法进行介绍。由于本书篇幅有限，没有列出详细的推导和证明过程，感兴趣的读者请参见有关文献。

8.3.2　卡尔曼滤波方法

卡尔曼滤波理论最初是由美国学者卡尔曼(Kalman)于20世纪50年代末期提出的，此后迅速被广泛应用于工程实际，并在实践中不断完善和发展。卡尔曼滤波方法在航空航天领域也得到了广泛的应用，目前国内外很多航天器的姿态确定过程都采用卡尔曼滤波技术。

1. 线性连续系统的卡尔曼滤波

线性连续系统的状态方程为

$$\dot{\underline{x}}(t)=\underline{A}(t)\underline{x}(t)+\underline{G}(t)\underline{w}(t)+\underline{B}(t)\underline{u}(t) \tag{8.30}$$

式中，$\underline{x}(t)$ 为系统状态向量，是 $n\times 1$ 列阵；$\underline{w}(t)$ 为系统随机扰动函数(或动态噪声向量)；$\underline{u}(t)$ 为确定性(控制)输入；$\underline{A}(t)$，$\underline{G}(t)$，$\underline{B}(t)$ 为系统矩阵、扰动矩阵和输入矩阵。

系统量测方程为

$$\boldsymbol{z}(t)=\boldsymbol{H}(t)\boldsymbol{x}(t)+\boldsymbol{v}(t) \tag{8.31}$$

式中，$\boldsymbol{z}(t)$ 为量测向量，是 $m\times 1$ 列阵；$\boldsymbol{H}(t)$ 为量测矩阵；$\boldsymbol{v}(t)$ 为量测噪声向量。

(1) 线性连续系统卡尔曼滤波问题的提法

暂不考虑确定性控制信号的作用。这时系统状态方程与量测方程分别为

$$\dot{\boldsymbol{x}}(t)=\boldsymbol{A}(t)\boldsymbol{x}(t)+\boldsymbol{G}(t)\boldsymbol{w}(t) \tag{8.32}$$

$$\boldsymbol{z}(t)=\boldsymbol{H}(t)\boldsymbol{x}(t)+\boldsymbol{v}(t) \tag{8.33}$$

假定动态噪声向量 $\boldsymbol{w}(t)$ 及量测噪声向量 $\boldsymbol{v}(t)$ 都是零均值的白噪声，$\boldsymbol{w}(t)$ 和 $\boldsymbol{v}(t)$ 相互独立，其统计特性为

$$\begin{gathered}E[\boldsymbol{w}(t)]=0,\quad E[\boldsymbol{v}(t)]=0\\ E[\boldsymbol{w}(t)\boldsymbol{w}^{\mathrm{T}}(\tau)]=\boldsymbol{Q}(t)\delta(t-\tau)\\ E[\boldsymbol{v}(t)\boldsymbol{v}^{\mathrm{T}}(\tau)]=\boldsymbol{R}(t)\delta(t-\tau)\\ E[\boldsymbol{w}(t)\boldsymbol{v}^{\mathrm{T}}(\tau)]=0\end{gathered} \tag{8.34}$$

式中　$\delta(t-\tau)$ 为狄拉克 δ 函数，其定义为

$$\delta(t-\tau)=\begin{cases}\infty, & t=\tau\\ 0, & t\neq\tau\end{cases}$$

$\boldsymbol{Q}(t)$ 及 $\boldsymbol{R}(t)$ 为白噪声的方差矩阵，其中 $\boldsymbol{Q}(t)$ 为非负定矩阵，$\boldsymbol{Q}(t)$ 为对称正定阵。还假定初始状态 $\boldsymbol{x}_0$ 具有正态分布特性，其均值为$\bar{\boldsymbol{x}}_0$，协方差矩阵为 $\boldsymbol{P}_0$，即

$$E[\boldsymbol{x}_0]=\bar{\boldsymbol{x}}_0$$

$$E[\boldsymbol{x}_0-\bar{\boldsymbol{x}}_0][\boldsymbol{x}_0-\bar{\boldsymbol{x}}_0]^{\mathrm{T}}=\boldsymbol{P}(0)$$

且 $\boldsymbol{x}_0$ 与 $\boldsymbol{w}(t)$，$\boldsymbol{v}(t)$ 都不相关，即

$$E[\boldsymbol{x}_0\boldsymbol{w}^{\mathrm{T}}(t)]=0,\quad E[\boldsymbol{x}_0\boldsymbol{v}^{\mathrm{T}}(t)]=0$$

线性连续系统卡尔曼滤波问题的提法是：在时间区间 $0\leqslant\tau\leqslant t$ 内已给出系统的量测向量 $\boldsymbol{z}(\tau)$，要求按最小方差估计准则确定系统状态 $\boldsymbol{x}(t_1)(t_1\geqslant t)$ 的最优线性估计$\hat{\boldsymbol{x}}(t_1)$，从而使估计误差向量的方差最小，即

$$E[[\boldsymbol{x}(t_1)-\hat{\boldsymbol{x}}(t_1)]^{\mathrm{T}}[\boldsymbol{x}(t_1)-\hat{\boldsymbol{x}}(t_1)]]=\min \tag{8.35}$$

同时还要求状态估计$\hat{\boldsymbol{x}}(t_1)$ 是量测向量 $\boldsymbol{z}(\tau)(0\leqslant\tau\leqslant t)$ 的线性函数，并要求估计是无偏的，即

$$E[\hat{\boldsymbol{x}}(t_1)]=E[\boldsymbol{x}(t_1)]$$

(2) 线性连续系统的卡尔曼滤波公式。

下面不加推导过程，直接给出连续线性系统卡尔曼滤波器公式，见表 8.1。

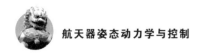

表 8.1　连续线性系统的卡尔曼滤波公式

状态估计	$\dot{\hat{\boldsymbol{x}}}(t) = \underline{\boldsymbol{A}}(t)\,\hat{\boldsymbol{x}}(t) + \underline{\boldsymbol{K}}(t)\big[\boldsymbol{z}(t) - \underline{\boldsymbol{H}}(t)\,\hat{\boldsymbol{x}}(t)\big]$
误差协方差矩阵的外推	$\dot{\underline{\boldsymbol{P}}}(t) = \underline{\boldsymbol{A}}(t)\underline{\boldsymbol{P}}(t) + \underline{\boldsymbol{P}}(t)\underline{\boldsymbol{A}}^{\mathrm{T}}(t) + \underline{\boldsymbol{G}}(t)\underline{\boldsymbol{Q}}(t)\underline{\boldsymbol{G}}^{\mathrm{T}}(t) - \underline{\boldsymbol{K}}(t)\underline{\boldsymbol{R}}(t)\underline{\boldsymbol{K}}^{\mathrm{T}}(t)$
卡尔曼滤波增益矩阵	$\underline{\boldsymbol{K}}(t) = \underline{\boldsymbol{P}}(t)\underline{\boldsymbol{H}}^{\mathrm{T}}(t)\underline{\boldsymbol{R}}^{-1}(t)$

误差协方差矩阵的外推公式也称矩阵 Riccati 微分方程。

2. 线性离散系统的卡尔曼滤波

在实际工程中,测量量 $\underline{\boldsymbol{z}}(t)$ 通常按一定的时间间隔以离散形式给出,因此实用的卡尔曼滤波器通常以离散形式给出。因此通常需要将系统方程和测量方程进行离散化。离散后的状态方程和量测方程如下:

$$\underline{\boldsymbol{x}}_{k+1} = \underline{\boldsymbol{\Phi}}_k\boldsymbol{x}_k + \underline{\boldsymbol{\Gamma}}_k\boldsymbol{w}_k + \underline{\boldsymbol{\Lambda}}_k\boldsymbol{u}_k \tag{8.36}$$

$$\underline{\boldsymbol{z}}_k = \underline{\boldsymbol{H}}_k\boldsymbol{x}_k + \underline{\boldsymbol{v}}_k \tag{8.37}$$

式中,$\underline{\boldsymbol{\Phi}}_k$ 为状态转移方程,即

$$\underline{\boldsymbol{\Phi}}_k = \underline{\boldsymbol{\Phi}}(t_{k+1}, t_k) \tag{8.38}$$

$$\underline{\boldsymbol{\Gamma}}_k\underline{\boldsymbol{w}}_k = \int_{t_k}^{t_{k+1}} \underline{\boldsymbol{\Phi}}(t_{k+1}, \tau)\underline{\boldsymbol{G}}(\tau)\underline{\boldsymbol{w}}(\tau)\mathrm{d}\tau \tag{8.39}$$

$$\underline{\boldsymbol{\Lambda}}_k\underline{\boldsymbol{u}}_k = \int_{t_k}^{t_{k+1}} \underline{\boldsymbol{\Phi}}(t_{k+1}, \tau)\underline{\boldsymbol{B}}(\tau)\underline{\boldsymbol{u}}(\tau)\mathrm{d}\tau \tag{8.40}$$

(1) 线性离散系统卡尔曼滤波问题的提法。

对于式(8.36) 和(8.37) 给出的状态空间模型,假定动态噪声向量 $\underline{\boldsymbol{w}}_k$ 及量测噪声向量 $\underline{\boldsymbol{v}}_k$ 都是零均值的白噪声序列,$\underline{\boldsymbol{w}}_k$ 和 $\underline{\boldsymbol{v}}_k$ 相互独立,在相邻两次采样间隔内 $\underline{\boldsymbol{w}}_k$ 和 $\underline{\boldsymbol{v}}_k$ 都取常值,其统计特性为

$$E[\underline{\boldsymbol{w}}_k] = 0$$
$$E[\underline{\boldsymbol{v}}_k] = 0$$
$$E[\boldsymbol{w}_k\boldsymbol{w}_j^{\mathrm{T}}] = \underline{\boldsymbol{Q}}_k\delta_{kj}$$
$$E[\boldsymbol{v}_k\boldsymbol{v}_j^{\mathrm{T}}] = \underline{\boldsymbol{R}}_k\delta_{kj}$$
$$E[\boldsymbol{w}_k\boldsymbol{v}_j^{\mathrm{T}}] = 0 \tag{8.41}$$

其中 δ_{kj} 为狄拉克 δ 函数,其定义为

$$\delta_{kj} = \begin{cases} 1, & k = j \\ 0, & k \neq j \end{cases}$$

$\underline{\boldsymbol{Q}}_k$ 及 $\underline{\boldsymbol{R}}_k$ 为白噪声的方差矩阵,其中 $\underline{\boldsymbol{Q}}_k$ 为非负定矩阵,$\underline{\boldsymbol{R}}_k$ 为对称正定阵。还假定初始状态 $\underline{\boldsymbol{x}}_0$ 具有正态分布特性,其均值为 $\underline{\boldsymbol{x}}_0$,协方差矩阵为 $\underline{\boldsymbol{P}}_0$,即

$$E[\underline{\boldsymbol{x}}_0] = \overline{\boldsymbol{x}}_0$$

$$E[\underline{x}_0-\overline{\underline{x}}_0][\underline{x}_0-\overline{\underline{x}}_0]^{\mathrm{T}}=\underline{P}(0)$$

且 $\underline{x}_0$ 与 $\underline{w}_k$，$\underline{v}_k$ 都不相关，即

$$E[\underline{x}_0\underline{w}_k^{\mathrm{T}}]=0,\quad E[\underline{x}_0\underline{v}_k^{\mathrm{T}}]=0$$

给出系统的量测向量序列 $\underline{z}_0,\underline{z}_1,\underline{z}_2,\cdots,\underline{z}_k$，求取 t_{k+1} 时刻的系统状态向量 $\underline{x}_{k+1}$ 的最优估计值 $\hat{\underline{x}}_{k+1}$，使估计误差向量的方差或估计误差向量各分量方差之和为最小，即

$$E[[\underline{x}_{k+1}-\hat{\underline{x}}_{k+1}]^{\mathrm{T}}[\underline{x}_{k+1}-\hat{\underline{x}}_{k+1}]]=\min$$

同时要求状态估计 $\hat{X}_{k+1}$ 是量测向量序列 $\underline{z}_0,\underline{z}_1,\underline{z}_2,\cdots,\underline{z}_k$ 的线性函数，并要求估计是无偏的，即

$$E[\hat{\underline{x}}_{k+1}]=E[\underline{x}_{k+1}]$$

(2) 卡尔曼滤波公式。

下面不加推导过程，直接给出离散形式的线性系统的卡尔曼滤波器公式。

若已知 t_k 时刻的系统状态估值 $\hat{\underline{X}}_k^{(+)}$，则卡尔曼滤波器公式见表 8.2。

表 8.2　离散线性系统的卡尔曼滤波公式

系统状态的一步预测	$\hat{X}_{k+1}^{(-)}=\boldsymbol{\Phi}_{k+1}\hat{X}_k^{(+)}$
误差协方差矩阵外推	$\underline{P}_{k+1}^{(-)}=\boldsymbol{\Phi}_{k+1}\underline{P}_k^{(+)}\boldsymbol{\Phi}_{k+1}^{\mathrm{T}}+\underline{Q}_k$
状态估值修正	$\hat{\underline{X}}_{k+1}^{(+)}=\hat{\underline{X}}_{k+1}^{(-)}+\underline{K}_{k+1}[\underline{y}_{k+1}-\underline{H}_{k+1}\hat{\underline{X}}_{k+1}^{(-)}]$
滤波增益矩阵	$\underline{X}_{k+1}^{(+)}=\hat{\underline{X}}_{k+1}^{(-)}+\underline{K}_{k+1}[\underline{y}_{k+1}-\underline{H}_{k+1}\hat{\underline{X}}_{k+1}^{(-)}]$
误差协方差矩阵修正	$\underline{P}_{k+1}^{(+)}=[\underline{I}-\underline{K}_{k+1}\underline{H}_{k+1}]\underline{P}_{k+1}^{(-)}$

表中，$\hat{\underline{X}}_{k+1}^{(-)}$ 和 $\underline{P}_{k+1}^{(-)}$ 表示由 t_k 时刻的系统状态估值 $\hat{\underline{X}}_k^{(+)}$ 和误差方差矩阵估值 $\underline{P}_k^{(+)}$ 经过一步外推得到的预报值，$\hat{\underline{X}}_{k+1}^{(+)}$ 和 $\underline{P}_{k+1}^{(+)}$ 为 t_k 时刻的系统状态估值和误差方差矩阵估值。

应用改组递推公式从已知初值 $\hat{\underline{X}}_0$ 及 $\underline{P}_0$ 出发，每获得一次新的测量 $\underline{z}_{k+1}$，只需用已算出的状态估计 $\hat{\underline{X}}_k^{(+)}$ 和滤波误差方差矩阵 $\underline{P}_k^{(+)}$ 便可算出当前时刻的状态估计 $\hat{\underline{X}}_{k+1}^{(+)}$ 及其相应的滤波误差方差矩阵 $\underline{P}_{k+1}^{(+)}$。因此这组递推公式既满足线性滤波的实时要求，又适合数字计算机计算。

3. 卡尔曼滤波器应用于工程实际的几个主要问题

下面对卡尔曼滤波器应用于工程实际的几个主要问题进行简要介绍。

(1) 系统模型的不确定性将使卡尔曼滤波器给出的状态估计值偏离真实的状态值。而卡尔曼滤波增益的确定是开环的,随递推计算得到的状态估值误差的方差矩阵逐步递减,滤波增益也随之递减至小量,这使得新的观测值对状态估计值的修正作用逐渐减弱。这样状态估计值的误差将随着时间的推移逐渐增大,最终趋于无穷大。这一现象称为滤波发散。实用的解决办法有:在滤波器设计中适当增大系统噪声方差阵的值,引入虚拟的系统噪声;采用有限记忆滤波算法等。上述处理方法的基本思想是使滤波器在稳态过程中仍然保持一定的滤波增益值,增大新的观测值对状态估计值的修正作用,从而保持滤波器跟踪真实的系统状态的能力,抑制估计误差的增长。另外,采用自适应滤波算法在状态估值的同时在线估计方差阵和测量噪声方差阵的值,也可降低模型不确定性的影响。

(2) 卡尔曼滤波器递推计算过程的数值稳定性也是实际应用中的一个重要问题。由于计算机字长有限,递推计算误差的累积将使方差矩阵失去正定性,也会导致滤波发散。为此在经典的卡尔曼滤波算法的基础上提出了许多改进算法,如平方根算法和 UD 分解算法。这些算法增大了在线计算量,然而却具有较好的数值稳定性能,在工程实际中得到了广泛应用。

(3) 实用的滤波器要求在一个采样时间间隔内完成滤波过程的一步递推计算,然而实际工程系统往往极其复杂,庞大的在线计算和递推计算的实时性要求产生矛盾。这一方面要求对系统模型做适当的简化处理,另一方面在滤波器设计过程中忽略某些因素或做近似处理,得到次优滤波器。解决上述问题的方法之一是在系统的标称轨线上预先离线计算状态估值的方差矩阵,并求得相应的滤波增益矩阵,其后利用易于实时计算的解析时间函数拟合或分段常值近似等方法得到近似的增益特性。将此近似的增益曲线存储在计算机上,实际滤波过程中滤波增益值便由此近似曲线给出,这样可极大地减少滤波器的在线计算量。

对于定常线性系统和周期线性系统的状态滤波问题有特殊的研究结果。基于卡尔曼滤波理论可以导出下列结论:针对定常线性系统或周期线性系统设计的卡尔曼滤波器,其方差矩阵将分别收敛于定常的或周期的对称矩阵,滤波器增益矩阵也分别收敛于定常矩阵或周期矩阵。这样,对于定常线性系统可以预先离线计算得到卡尔曼滤波器的稳态定常增益矩阵,对于周期线性系统可以求得一个周期的一组稳态增益矩阵。将上述离线计算好的一组增益矩阵存储在计算机上,实际滤波过程便可用查表的方法得到相应的滤波增益值,因而可以大大地节省状态滤波的在线计算量。理论上已经证明：由上述定常增益矩阵或周期增益矩阵构成的次优滤波器在稳态时与卡尔曼滤波器具有相同的性能。

8.3.3 非线性滤波

标准的卡尔曼滤波要求系统的状态方程和观测方程都是线性的。很多工程系统往往不能用简单的线性系统来描述，例如导弹控制问题、测轨问题和惯性导航问题的系统状态方程往往不是线性的，因此必须研究非线性滤波问题。目前主要非线性模型的滤波问题的解决方法主要分为以下 3 类：① 非线性最小方差估计；② 利用统计线性化的非线性估计；③ 非线性的最小二乘估计。对于第一类方法，采用的方法是将非线性方程线性化，而后应用卡尔曼滤波的基本公式，常用的方法包括线性化卡尔曼滤波和扩展的卡尔曼滤波方法。本节对这两种方法进行简要介绍。

1. 线性化的卡尔曼滤波

假设系统的状态方程以如下的状态方程形式给出：

$$\dot{\underline{x}}=\underline{f}(\underline{x},t) \tag{8.42}$$

若给定系统状态的一条标称轨迹 $\underline{x}_{\text{ref}}(t)$，由此可定义系统的误差状态

$$\delta\underline{x}=\underline{x}(t)-\underline{x}_{\text{ref}}(t) \tag{8.43}$$

由该式可得到系统误差状态的线性化状态方程为

$$\frac{\mathrm{d}}{\mathrm{d}t}(\delta\underline{x})=\underline{F}(t)\delta\underline{x}+\underline{G}(t)\underline{w}(t) \tag{8.44}$$

式中

$$F(t)=\frac{\partial \underline{f}(x,t)}{\partial \underline{x}}\Big|_{\underline{x}=\underline{x}_{\text{ref}}(t)}$$

$\underline{w}(t)$ 是标志系统模型不确定性的系统噪声，假设其为连续的白噪声，则有

$$E[\underline{w}(t)]=0,\quad E[\underline{w}(t)\underline{w}^{\mathrm{T}}(\tau)]=\underline{Q}(t)\delta(t-\tau)$$

系统量测方程为

$$\underline{z}(t)=\underline{h}(\underline{x},t)+\underline{v}(t) \tag{8.45}$$

式中，$\underline{z}(t)$ 为量测向量，是 $m\times 1$ 列阵；$\underline{v}(t)$ 为量测噪声向量。

将时刻 t 利用观测矢量 $\underline{z}(t)$ 修正之前及修正之后的状态估计值记为 $\hat{\underline{X}}^{(-)}(t)$ 和 $\hat{\underline{X}}^{(+)}(t)$，相应的估值误差分别记为 $\delta\hat{\underline{X}}^{(-)}(t)$ 和 $\delta\hat{\underline{X}}^{(+)}(t)$。测量修正前、后估值的方差矩阵分别记为 $\underline{P}^{(-)}(t)$ 和 $\underline{P}^{(+)}(t)$，即定义

$$\underline{P}^{(-)}(t)=E[\delta\hat{\underline{X}}^{(-)}(t)\delta\hat{\underline{X}}^{(-)\mathrm{T}}(t)]$$

$$\underline{P}^{(+)}(t)=E[\delta\hat{\underline{X}}^{(+)}(t)\delta\hat{\underline{X}}^{(+)\mathrm{T}}(t)] \tag{8.46}$$

式中，$\hat{\underline{X}}^{(-)}(t)$ 和 $\hat{\underline{X}}^{(+)}(t)$ 称为 t 时刻的状态预测值和状态滤波值；$\underline{P}^{(-)}(t)$ 和

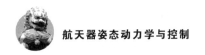

$\underline{\boldsymbol{P}}^{(+)}(t)$ 则相应地称为 t 时刻的预测方差矩阵和滤波方差矩阵。

2. 连续非线性系统的线性化卡尔曼滤波

对于连续非线性系统的情况，可推导出线性化卡尔曼滤波公式，见表 8.3。

表 8.3　连续非线性系统的线性化卡尔曼滤波公式

状态估值修正	$\dot{\hat{\underline{\boldsymbol{X}}}}^{(+)}=\underline{\boldsymbol{f}}(\underline{\boldsymbol{x}}_{\mathrm{ref}},t)+\underline{\boldsymbol{F}}(t)\delta x^{(-)}+\underline{\boldsymbol{K}}(t)[\underline{\boldsymbol{z}}(t)-\underline{\boldsymbol{h}}(\underline{\boldsymbol{x}}_{\mathrm{ref}},t)-\underline{\boldsymbol{H}}(\underline{\boldsymbol{x}}_{\mathrm{ref}},t)\delta\underline{\boldsymbol{x}}^{(-)}]$
滤波增益矩阵	$\underline{\boldsymbol{K}}(t)=\underline{\boldsymbol{P}}(t)\underline{\boldsymbol{H}}^{\mathrm{T}}(\hat{\underline{X}}^{(-)}(t),t)\underline{\boldsymbol{R}}^{-1}(t)$
误差协方差矩阵的外推	$\dot{\underline{\boldsymbol{P}}}(t)=\underline{\boldsymbol{F}}(\underline{\boldsymbol{x}}_{\mathrm{ref}},t)\underline{\boldsymbol{P}}(t)+\underline{\boldsymbol{P}}(t)\underline{\boldsymbol{F}}^{\mathrm{T}}(\underline{\boldsymbol{x}}_{\mathrm{ref}},t)+\underline{\boldsymbol{G}}(t)\underline{\boldsymbol{Q}}(t)\underline{\boldsymbol{G}}^{\mathrm{T}}(t)-\underline{\boldsymbol{K}}(t)\underline{\boldsymbol{R}}(t)\underline{\boldsymbol{K}}^{\mathrm{T}}(t)$

设方程(8.42)对应的状态转移矩阵为 $\underline{\boldsymbol{\Phi}}(t,t_0)$，那么由式(8.44)可以给出离散时间的线性化状态方程为

$$\delta\underline{\boldsymbol{x}}(t_{k+1})=\underline{\boldsymbol{\Phi}}(t_{k+1},t_k)\delta\underline{\boldsymbol{x}}(t_k)+\underline{\boldsymbol{w}}_k \tag{8.47}$$

为方便起见，本节有时将 $\delta\underline{\boldsymbol{x}}(t_{k+1})$ 简记为 $\delta\underline{\boldsymbol{x}}_{k+1}$。

式(8.47)中，$\underline{\boldsymbol{w}}_k$ 为离散的高斯白噪声，有 $E(\underline{\boldsymbol{w}}_k)=0$，$E(\underline{\boldsymbol{w}}_k\underline{\boldsymbol{w}}_l^k)=\underline{\boldsymbol{Q}}_k\delta_{kl}$，$\delta_{kl}$ 为克罗内克函数。其中

$$\underline{\boldsymbol{Q}}_k=\int_{t_k}^{t_{k+1}}\underline{\boldsymbol{\Phi}}(t_{k+1},\tau)\underline{\boldsymbol{G}}(\tau)\underline{\boldsymbol{Q}}(\tau)\underline{\boldsymbol{G}}^{\mathrm{T}}(\tau)\underline{\boldsymbol{\Phi}}^{\mathrm{T}}(t_{k+1},\tau)\,\mathrm{d}\tau$$

假设 t_k 时刻的观测矢量 $\underline{\boldsymbol{z}}(t_k)$ 可以写成状态变量 $\underline{\boldsymbol{x}}(t)$ 的非线性函数的形式，即

$$\underline{\boldsymbol{z}}(t_k)=\underline{\boldsymbol{h}}(\underline{x}(t_k),t_k)+\underline{\boldsymbol{v}}_k \tag{8.48}$$

其中，$\underline{\boldsymbol{v}}_k$ 为测量噪声，假设其为离散的高斯白噪声，有 $E(\underline{\boldsymbol{v}}_k)=0$，$E(\underline{\boldsymbol{v}}_k\underline{\boldsymbol{v}}_l^k)=\underline{\boldsymbol{R}}_k\delta_{kl}$。

由方程(8.48)可定义系统的观测矩阵

$$\boldsymbol{H}_k=\frac{\partial\underline{\boldsymbol{h}}(\underline{\boldsymbol{x}},t)}{\partial\underline{\boldsymbol{x}}}\Big|_{t=t_k,\underline{\boldsymbol{x}}=\underline{\boldsymbol{x}}_{\mathrm{ref}}(t_k)} \tag{8.49}$$

对于离散非线性系统的情况，推导出的线性化卡尔曼滤波公式，见表 8.4。

表 8.4　离散非线性系统的线性化卡尔曼滤波公式

误差状态的一步预测	$\delta\hat{\underline{X}}_{k+1}^{(-)}=\underline{\boldsymbol{\Phi}}(t_{k+1},t_k)\delta\hat{\underline{X}}_k^{(+)}$ $\delta\hat{\underline{X}}_0^{(+)}=\underline{0}$
误差协方差矩阵的预测	$\underline{P}_{k+1}^{(-)}=\underline{\boldsymbol{\Phi}}(t_{k+1},t_k)\underline{P}_k^{(+)}\underline{\boldsymbol{\Phi}}^{\mathrm{T}}(t_{k+1},t_k)+\underline{Q}_k$
滤波增益矩阵	$\underline{K}_{k+1}=\underline{P}_{k+1}^{(-)}\underline{H}_{k+1}^{\mathrm{T}}[\underline{H}_{k+1}\underline{P}_{k+1}^{(-)}\underline{H}_{k+1}^{\mathrm{T}}+\underline{R}_{k+1}]^{-1}$
状态更新	$\delta\hat{\underline{X}}_{k+1}^{(+)}=\delta\hat{\underline{X}}_{k+1}^{(-)}+\underline{K}_{k+1}\{\underline{z}_{k+1}-h[\underline{x}_{\mathrm{ref}}(t_{k+1}),t]\}$ $\hat{\underline{X}}_{k+1}^{(+)}=\underline{x}_{\mathrm{ref}}(t_{k+1})+\delta\hat{\underline{X}}_{k+1}^{(+)}$
滤波方差矩阵	$\underline{P}_{k+1}^{(+)}=[\underline{I}-\underline{K}_{k+1}\underline{H}_{k+1}]\underline{P}_{k+1}^{(-)}$

3. 扩展的卡尔曼滤波

前面讲的线性化卡尔曼滤波是将非线性函数 $f(\underline{x},t)$ 在标称轨迹 $\underline{x}_{\mathrm{ref}}(t)$ 附近展成泰勒级数，略去二次以上项后，得到非线性系统的线性化模型。推广的卡尔曼滤波则是将非线性函数在滤波值 $\hat{\underline{X}}(t)$ 附近展成泰勒级数，略去二次以上项后，得到非线性系统的线性化模型，然后按照卡尔曼滤波公式得到的。

定义系统误差状态为 $\delta\underline{x}(t)=\underline{x}(t)-\hat{\underline{x}}(t)$，对方程在估计值 $\hat{\underline{X}}(t)$ 处进行线性化，可得到系统的线性化方程为

$$\frac{\mathrm{d}}{\mathrm{d}t}(\delta\underline{x})=\underline{F}(t)\delta\underline{x}+\underline{G}(t)\underline{w}(t)$$

式中

$$F(t)=\frac{\partial\underline{f}(\underline{x},t)}{\partial\underline{x}}\bigg|_{\underline{x}=\hat{\underline{x}}}$$

其余假设与前面的相同，在线性化的基础上按照卡尔曼滤波公式推导，可得到连续非线性系统的推广卡尔曼滤波公式见表 8.5。

表 8.5　连续非线性系统的推广卡尔曼滤波公式

状态估值修正	$\dot{\hat{\underline{X}}}=f(\hat{\underline{X}},t)+\underline{K}(t)[\underline{z}(t)-h(\hat{\underline{X}},t)]$
滤波增益矩阵	$\underline{K}(t)=\underline{P}(t)\underline{H}^{\mathrm{T}}(\hat{\underline{X}}(t),t)\underline{R}^{-1}(t)$
误差协方差矩阵的外推	$\dot{\underline{P}}(t)=\underline{F}(\hat{\underline{x}},t)\underline{P}(t)+\underline{P}(t)\underline{F}^{\mathrm{T}}(\hat{\underline{x}},t)+\underline{G}(t)\underline{Q}(t)\underline{G}^{\mathrm{T}}(t)-\underline{K}(t)\underline{R}(t)\underline{K}^{\mathrm{T}}(t)$

设方程对应的状态转移矩阵为 $\underline{\boldsymbol{\Phi}}(t,t_0)$，若其他假设条件与离散形式的线性

化卡尔曼滤波的相同，则对于离散非线性系统，其推广的卡尔曼滤波公式见表8.6。

表 8.6　离散非线性系统的推广卡尔曼滤波公式

误差状态的一步预测	$\underline{\hat{\boldsymbol{X}}}_{k+1}^{(-)}=\int_{t_k}^{t_{k+1}}f(\hat{\boldsymbol{X}},t)\,\mathrm{d}t$
误差协方差矩阵的预测	$\underline{\boldsymbol{P}}_{k+1}^{(-)}=\boldsymbol{\Phi}(t_{k+1},t_k)\underline{\boldsymbol{P}}_k^{(+)}\boldsymbol{\Phi}^{\mathrm{T}}(t_{k+1},t_k)+\underline{\boldsymbol{Q}}_k$
滤波增益矩阵	$\underline{\boldsymbol{K}}_{k+1}=\underline{\boldsymbol{P}}_{k+1}^{(-)}\underline{\boldsymbol{H}}_{k+1}^{\mathrm{T}}(\underline{\hat{\boldsymbol{X}}}_{k+1}^{(-)})[\underline{\boldsymbol{H}}_{k+1}(\underline{\hat{\boldsymbol{X}}}_{k+1}^{(-)})\underline{\boldsymbol{P}}_{k+1}^{(-)}\underline{\boldsymbol{H}}_{k+1}^{\mathrm{T}}(\underline{\hat{\boldsymbol{X}}}_{k+1}^{(-)})+\underline{\boldsymbol{R}}_{k+1}]^{-1}$
状态更新	$\underline{\hat{\boldsymbol{X}}}_{k+1}^{(+)}=\underline{\hat{\boldsymbol{X}}}_{k+1}^{(-)}+\underline{\boldsymbol{K}}_{k+1}[\underline{\boldsymbol{z}}_{k+1}-h(\underline{\hat{\boldsymbol{X}}}_{k+1}^{(-)})]$
滤波方差矩阵	$\underline{\boldsymbol{P}}_{k+1}^{(+)}=[\underline{\boldsymbol{I}}-\underline{\boldsymbol{K}}_{k+1}\underline{\boldsymbol{H}}_{k+1}(\underline{\hat{\boldsymbol{X}}}_{k+1}^{(-)})]\underline{\boldsymbol{P}}_{k+1}^{(-)}$

第9章

自旋、双自旋稳定航天器的姿态确定

自旋、双自旋稳定航天器由于其简单、可靠得到了广泛的应用。自旋航天器绕其自旋轴旋转，当无外力矩作用时，依靠其旋转动量矩，自旋轴保持在惯性空间指向不变。自旋航天器的姿态是指航天器的自旋轴在惯性空间中的方位和自旋体相对空间某个基准的旋转相位角。通常，航天器自旋轴在惯性空间中的方位是用其在赤道惯性坐标系的赤经和赤纬来描述的。

在实际工程应用中，章动运动或大或小总是存在的，由于自旋航天器通常都带有章动阻尼装置时，章动角通常很小，因此一般假定航天器的自旋轴与角动量方向是一致的，即航天器做无章动的纯自旋运动。这时姿态测量给出的姿态值可视为角动量方向的方位。对于某些任务的需要，有的航天器需要进行主动章动控制，因而需要进行章动测量。

本章对自旋、双自旋稳定航天器自旋轴姿态的确定方法进行详细介绍，同时简要介绍章动角的测量方法。

9.1　自旋姿态的参考测量

对于自旋和双自旋航天器，姿态的测量主要采用参考矢量法。可用的参考矢量主要有太阳方向矢量、天底方向矢量、星光方向矢量和陆标方向矢量。本节将对这几种参考矢量姿态信息的测量原理进行简要介绍。

9.1.1　太阳方向的测量

航天器自旋轴与太阳方向矢量 $\boldsymbol{S}$ 之间的夹角，简称为太阳角 θ_s。自旋航天器常采用“V”型狭缝式太阳敏感器来测量太阳角。狭缝式太阳敏感器的测量几何如图 9.1 所示。

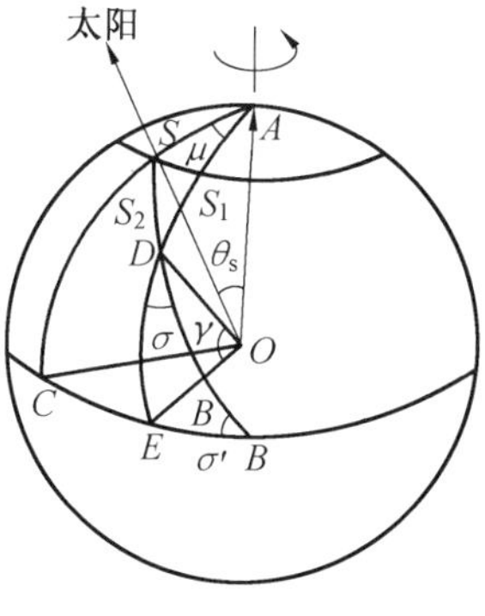

图 9.1　“V”型狭缝式太阳敏感器的测量几何

“V”型狭缝式太阳敏感器由两个狭缝敏感器组成，两个狭缝配置成“V”形结构，每条狭缝内装有敏感太阳光的接收元件，其中狭缝敏感器 S_1 的平面视场与自旋轴平行，另一个狭缝敏感器 S_2 是倾斜的，两者的夹角为 σ。如以航天器质心为原点，做一个单位天球，以自旋轴为北极方向，则狭缝敏感器 S_1 的视场在天球上的投影是天球子午圈的一部分，S_2 的投影是与该子午圈夹 σ 角的大圆的一部分。

当自旋航天器旋转一周，两个敏感器的平面视场各扫过太阳一次（或者说太阳穿越狭缝视场平面），各自的敏感元件分别输出一个电脉冲。根据“V”型狭缝式太阳敏感器的测量模型，其测量值分别为连续两次直缝脉冲或斜缝脉冲之间的时间间隔$(t_2^{S_1}-t_1^{S_1})$或$(t_2^{S_2}-t_1^{S_2})$，以及当圈内直缝脉冲和斜缝脉冲之间的时间间隔$(t_1^{S_2}-t_1^{S_1})$。

根据测量值$(t_2^{S_1}-t_1^{S_1})$或$(t_2^{S_2}-t_1^{S_2})$，可测得航天器的转速为

$$\Omega=\frac{2\pi}{t_2^{S_1}-t_1^{S_1}} \text{ 或 } \Omega=\frac{2\pi}{t_2^{S_2}-t_1^{S_2}} \tag{9.1}$$

以及太阳连续穿越两个狭缝的时间内航天器的转角 μ 为

$$\mu=\Omega(t_1^{S_2}-t_1^{S_1})=\Omega\Delta t \tag{9.2}$$

下面介绍如何根据测量值 μ 计算太阳角 θ_s。

令两个包含狭缝的大圆相交于 D 点，它相对于航天器质心的仰角为 γ，在直角球面三角形 SCB 中，有如下直角球面三角公式成立：

$$\tan\left(\frac{\pi}{2}-\theta_s\right)=\sin(\mu+\sigma')\tan B \tag{9.3}$$

利用直角球面三角形 DEB，有

$$\tan\gamma=\sin\sigma'\tan B\tan\sigma'=\sin\gamma\tan\sigma \tag{9.4}$$

从式(9.3)和式(9.4)可求出太阳角 θ_s 为

$$\cot\theta_s=\sin(\mu+\sigma')\frac{\tan\gamma}{\sin\sigma'}=\tan\gamma\cos\mu+\frac{\sin\mu}{\tan\sigma\cos\gamma} \tag{9.5}$$

因反余切的主值域是$(0,\pi)$，式(9.5)的太阳角 θ_s 可唯一确定。通常令安装角 $\gamma=0$，此时两条狭缝相交于航天器天球坐标系的赤道上。当太阳光线与自旋轴垂直时，敏感器的输出 $\Delta t=0$，不利于提高测量精度。为此，将两个狭缝隔开一个圆周角 β，如图 9.2 所示。

当太阳光线垂直射入自旋轴时，有 $\mu=\beta$ 成立。在此情况下，太阳角计算公式为

$$\cot\theta_s=\cot\sigma\sin(\mu-\beta) \tag{9.6}$$

9.1.2 天底方向的测量

从航天器质心指向地心的单位方向矢量称为天底矢量，用 $\boldsymbol{E}$ 表示。定义航

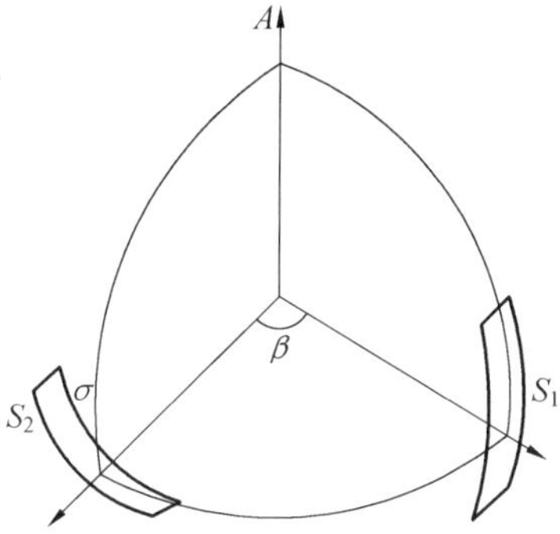

图 9.2　常用“V”型狭缝式太阳敏感器测量几何

天器自旋轴与天底方向的夹角为天底角，记作 θ_E。

有关 θ_E 的姿态信息是靠装在航天器上的红外地球敏感器（对于自旋航天器，称为自旋扫描红外地平仪）取得的，其测量原理如图 9.3 所示。

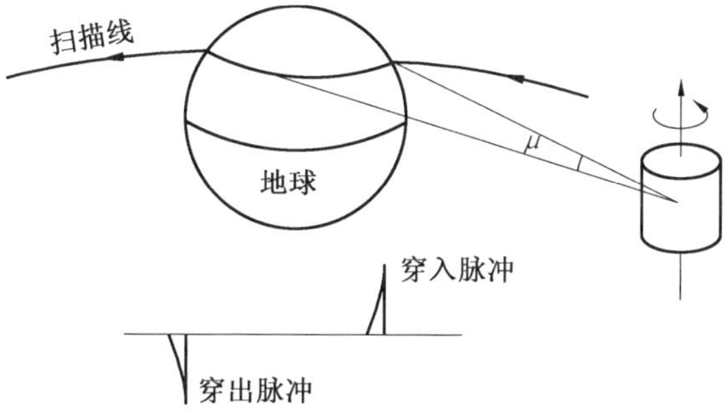

图 9.3　自旋扫描式红外地球敏感器测量原理图

该敏感器内有一视场很小（约为 1.5° 的小圆或方格）的红外探头，内部的红外探测元件能灵敏地接收到地球的红外辐射。此红外探头的光轴与自旋轴的夹角是一个事先给定的安装角 γ。航天器自旋一周，光轴在空间扫描出一个圆锥，半锥角为 γ。当扫描锥与地球相交时，敏感器的光轴将穿越地球，由于地球红外辐射与宇宙空间辐射的不连续性，敏感器产生两个地平穿越脉冲，即穿入脉冲和穿出脉冲。

在如图 9.4 所示的天球上，虚线大圆表示红外地球敏感器的光轴在天球上的扫描路径，E_i 为光轴从空间进入地球的穿入点，E_o 为光轴从地球进入空间的穿出点。

在航天器自旋的某一周内光轴穿入地球和穿出地球的时间为 $t_1^{E_i}$，$t_1^{E_o}$，则地球敏感器穿越地球的弦宽（或称扫描弦宽）等于

$$\mu = \Omega(t_1^{E_o} - t_1^{E_i}) = \Omega\Delta t \tag{9.7}$$

弦宽 μ 即为红外地球敏感器的测量值。当然，式(9.7) 中需要已知航天器自

旋角速度 Ω，也可由下式计算弦宽信息：

$$\mu = 2\pi \frac{t_1^{E_o} - t_1^{E_i}}{t_2^{E_i} - t_1^{E_i}} \tag{9.8}$$

式中，$t_2^{E_i}$ 为下一圈穿入地球时对应的时刻。采用此公式不需事先已知自旋角速度 $\boldsymbol{\Omega}$。

下面讨论如何根据弦宽 μ 的信息计算天底角 θ_E。

从航天器上看到地球的视角为 ρ，如图 9.5 所示。由此可知

$$\rho = \arcsin\left(\frac{R_e + h_{CO_2}}{R}\right) \tag{9.9}$$

式中，R_e 为地球半径；h_{CO_2} 为二氧化碳层的厚度。由测轨信息可获得航天器的地心距 R，因此可直接计算出地球视角 ρ。

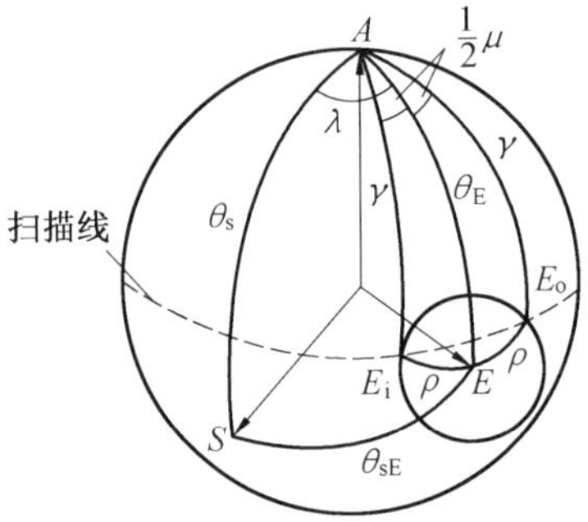

图 9.4　地球弦宽测量几何

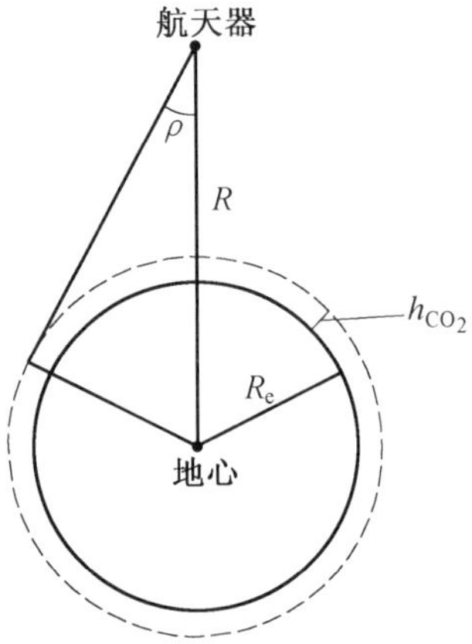

图 9.5　星体对地球的视角半径

在图 9.4 上的球面三角形 AE_iE（或 AE_oE）中，有余弦公式

$$\cos\rho = \cos\gamma\cos\theta_E + \sin\gamma\sin\theta_E\cos\frac{\mu}{2} \tag{9.10}$$

利用式 $\sin^2\theta = 1 - \cos^2\theta$，式(9.10) 是 $\cos\theta_E$ 的二次方程，其解为

$$\cos\theta_E = \frac{\cos\rho\cos\gamma \pm \sin\gamma\cos\frac{\mu}{2}\sqrt{\sin^2\gamma\cos^2\frac{\mu}{2} + \cos^2\gamma - \cos^2\rho}}{\cos^2\gamma + \sin^2\gamma\cos^2\frac{\mu}{2}} \tag{9.11}$$

式(9.11) 给出的天底角 θ_E 是双重真伪解，在几何上都是有意义的，因此还要利用先验姿态估计值或其他附加信息解决真伪判别问题。

直接的方法是利用两个地球敏感器测得的姿态信息计算天底角。两个地球敏感器的安装角分别为 $\gamma_N(< 90°)$ 和 $\gamma_S(> 90°)$，前者表示该敏感器的光轴在航天器天球赤道面之北通常称前者为北地球敏感器，后者在南，称为南地球敏感

器。两个敏感器测得的弦宽各为 μ_N 和 μ_S，这样就有两个相同的测量方程，即

$$\begin{cases}\cos\rho=\cos\gamma_N\cos\theta_E+\sin\gamma_N\sin\theta_E\cos\dfrac{\mu_N}{2}\\ \cos\rho=\cos\gamma_S\cos\theta_E+\sin\gamma_S\sin\theta_E\cos\dfrac{\mu_S}{2}\end{cases}\tag{9.12}$$

由此可直接求得天底角为

$$\tan\theta_E=\frac{\cos\gamma_S-\cos\gamma_N}{\sin\gamma_N\cos\dfrac{\mu_N}{2}-\sin\gamma_S\cos\dfrac{\mu_S}{2}}\tag{9.13}$$

由于航天器自旋轴在空间定向，而其航天器的天底方向 $\boldsymbol{E}$ 在空间是变化的，只有在特定的条件下，例如，航天器自旋轴与轨道平面垂直时，地球敏感器才能在轨道上的任一位置都可观测到地球。因此在自旋轴方向不垂直于轨道平面时，两个地球敏感器能同时观测到地球的弧段很短，这种确定天底角的方法的适用范围是很有限的。

更为实用的方法是借助于太阳敏感器的测量信息。令太阳与地球在单位天球的大圆上相隔的角度为 θ_{sE}，并假定太阳敏感器的狭缝 S_1 与地球敏感器的光轴位于同一航天器子午面上，在航天器自旋一周中，从太阳敏感器和地球敏感器测得的姿态信息中可以计算地中脉冲与 S_1 脉冲之间的角度间隔。从几何角度上看，此角度间隔是太阳－自旋轴平面与地心－自旋轴平面之间的夹角，即在太阳和地球之间航天器的自旋转角，简称为太阳－地心转角 λ_{sE}，计算公式为

$$\lambda_{sE}=\Omega\left[\frac{1}{2}(t_1^{E_i}+t_1^{E_o})-t_1^{S_1}\right]\tag{9.14}$$

对于有些航天器，太阳敏感器的狭缝 S_1 与地球敏感器的光轴并不同一航天器子午面上设两者之间的相位角为 β_{sE}，则太阳－地心转角 λ_{sE} 为

$$\lambda_{sE}=\Omega\left(\frac{1}{2}(t_1^{E_i}+t_1^{E_o})-t_1^{S_1}\right)-\beta_{sE}\tag{9.15}$$

在球面三角形 ASE 中，有余弦公式

$$\cos\theta_{sE}=\cos\theta_s\cos\theta_E+\sin\theta_s\sin\theta_E\cos\lambda_{sE}\tag{9.16}$$

将式(9.16)与式(9.10)联合求解，得天底角为

$$\tan\theta_E=\frac{\cos\theta_s\cos\rho-\cos\gamma\cos\theta_{sE}}{\cos\theta_{sE}\sin\gamma\cos\dfrac{\mu}{2}-\cos\rho\sin\theta_s\cos\lambda_{sE}}\tag{9.17}$$

求解天底角的充要条件是式(9.10)和式(9.16)的系数行列式不等于零，即

$$\cos\gamma\sin\theta_S\cos\lambda_{sE}-\sin\gamma\cos\theta_s\cos\frac{\mu}{2}\neq 0$$

上式是借助太阳敏感器测量天底角时，测量几何的限制条件。

9.2 自旋轴姿态的几何确定法

采用天球几何来描述自旋航天器姿态确定问题是比较形象直观的，而且可以利用球面三角的知识推导出某些比较简明的数学式子。

通常采用一个以航天器为中心的单位半径球，称为航天器中心天球。天球表面的每个点代表一个方向，例如，用 $\boldsymbol{S},\boldsymbol{E},\boldsymbol{A}$ 分别表示从航天器上观察到的太阳、地球中心以及自旋轴方向。从天球几何角度看，自旋轴的姿态确定问题就是：在已知空间的某些参考矢量在天球上的位置的条件下，如何利用 9.1 节的姿态测量信息来确定自旋轴方向在天球上的点的位置。

9.2.1 双矢量确定自旋轴姿态的算法

由 9.1 节可知，自旋航天器上的各种姿态敏感器的测量值为自旋轴与参考天体方向之间的夹角，但自旋轴的姿态参数为两个，即赤经、赤纬，因此仅观测一个参考天体是不够的，还要观测第二个参考天体。

自旋航天器采用双矢量定姿的几何确定方法是双锥相交法(或称锥截法)，是确定航天器自旋轴方向的最基本方法。下面给出双矢量确定自旋轴姿态的算法及其几何概念。

定义航天器自旋轴方向的单位矢量为 $\boldsymbol{A}$，两个参考天体方向的单位矢量为 $\boldsymbol{U}$ 和 $\boldsymbol{V}$。如果通过姿态敏感器测得自旋轴与两个天体的夹角为 θ_U 和 θ_V。则姿态确定方程为

$$\begin{cases}\boldsymbol{A}\cdot\boldsymbol{U}=\cos\theta_U\\ \boldsymbol{A}\cdot\boldsymbol{V}=\cos\theta_V\\ \boldsymbol{A}\cdot\boldsymbol{A}=1\end{cases}\tag{9.18}$$

式(9.18)中的第三式是单位矢量的模值约束。由于参考矢量 $\boldsymbol{U},\boldsymbol{V}$ 在地心惯性坐标系中的方向是确定的，并且 $\boldsymbol{U}\neq\boldsymbol{V}$，因此可作为确定自旋轴方向的参考矢量。使用 $\boldsymbol{U},\boldsymbol{V}$ 可构成一个非正交坐标系，自旋轴矢量 $\boldsymbol{A}$ 在此坐标系中的表达式为

$$\boldsymbol{A}=x\boldsymbol{U}+y\boldsymbol{V}+z(\boldsymbol{U}\times\boldsymbol{V})\tag{9.19}$$

显然，坐标分量 x,y,z 完全确定了自旋轴 $\boldsymbol{A}$ 的方向。令矢量 $\boldsymbol{U},\boldsymbol{V}$ 之间的夹角为 θ_{UV}，把式(9.19)代入式(9.18)，可求得

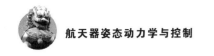

$$\begin{cases} x=\dfrac{\cos\theta_U-(\boldsymbol{U}\cdot\boldsymbol{V})\cos\theta_V}{1-(\boldsymbol{U}\cdot\boldsymbol{V})^2}=\dfrac{\cos\theta_U-\cos\theta_{UV}\cos\theta_V}{\sin^2\theta_{UV}} \\ y=\dfrac{\cos\theta_V-(\boldsymbol{U}\cdot\boldsymbol{V})\cos\theta_U}{1-(\boldsymbol{U}\cdot\boldsymbol{V})^2}=\dfrac{\cos\theta_V-\cos\theta_{UV}\cos\theta_U}{\sin^2\theta_{UV}} \\ z=\pm\sqrt{\dfrac{1-x\cos\theta_U-y\cos\theta_V}{1-(\boldsymbol{U}\cdot\boldsymbol{V})^2}}=\pm\dfrac{\sqrt{1-x\cos\theta_U-y\cos\theta_V}}{\sin\theta_{UV}} \end{cases} \tag{9.20}$$

式(9.20)表明：如从姿态测量信息中只能获得夹角 θ_U，θ_V，则非线性测量方程式(9.18)有双重姿态解，其中一个解是真解，另一个是伪解，需要判别真伪。这一点可从天球图中很直观地看出来。实际上，自旋轴方向 $\boldsymbol{A}$ 在以 $\boldsymbol{U}$ 为中心、θ_U 为半锥角的圆锥上，同时也在以 V 为中心、θ_V 为半锥角的圆锥上，如图 9.6 所示。自旋轴方向 $\boldsymbol{A}$ 必然在这两个天体锥的交线上。两个天体锥相交，一般存在两个交线（即为两个姿态解），自旋轴 $\boldsymbol{A}$ 实际在哪条交线上需要其他信息帮助才能区别。

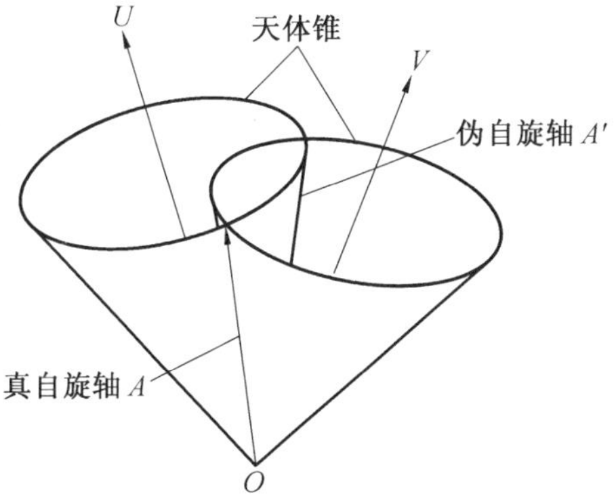

图 9.6　双锥截交法示意图

从式(9.20)还可以看到，确定自旋轴的精度不仅决定于参考矢量的测量精度（θ_U，θ_V 的精度），还与矢量 $\boldsymbol{U}$，$\boldsymbol{V}$ 之间的夹角 θ_{UV} 有关，$\boldsymbol{U}$，$\boldsymbol{V}$ 越靠近，姿态信息的测量误差引起的姿态确定误差越大。

从双锥截交法来看，仅通过测量两个参考天体矢量与自旋轴之间的夹角，似乎无法完全确定自旋轴的方位，需要通过先验姿态信息或者其他信息来区别真伪解。实际上，在测量参考矢量方向的过程中，通常还可以获得另外一个测量量：自旋轴与两个参考天体方向组成的平面之间的二面角，或称为两个天体之间的自旋转角，用 λ_{UV} 表示这个角。这个测量量可以用来区别双锥截交法的真伪解。

有了参考矢量 $\boldsymbol{U}$，$\boldsymbol{V}$，可以人为地建立第三个单位参考矢量 $\boldsymbol{W}$，垂直于矢量 $\boldsymbol{U}$，$\boldsymbol{V}$，如图9.7 所示。

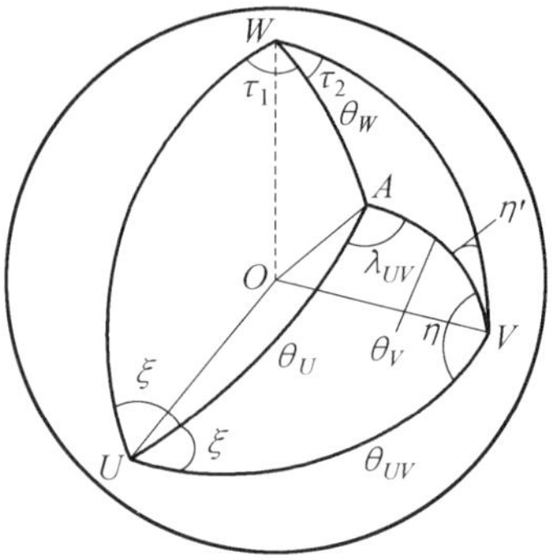

图 9.7 包含三个参考矢量的中心天球几何示意图

$$\boldsymbol{W}=\frac{\boldsymbol{U}\times\boldsymbol{V}}{|\boldsymbol{U}\times\boldsymbol{V}|}=\frac{1}{\sin\theta_{UV}}(\boldsymbol{U}\times\boldsymbol{V}) \tag{9.21}$$

图 9.7 中,A,U,V,W 分别是单位矢量 $\boldsymbol{A}$,$\boldsymbol{U}$,$\boldsymbol{V}$,$\boldsymbol{W}$ 在天球中的位置,W 与 U,V 之间的弧长为90°。如上所述,从姿态敏感器的姿态信息中,能获得两个天体的 U,V 之间的姿态转角 λ_{UV},通常定义从 $\boldsymbol{U}$ 按航天器自旋方向转向 $\boldsymbol{V}$ 的姿态转角为正。

通过转角的测量,能导出一个重要的观测量 —— 自旋轴与第三参考矢量 $\boldsymbol{W}$ 之间的夹角 θ_W。在图 9.7 中,θ_W 包含在球面三角形 AVW 中,有三角等式

$$\cos\theta_W=\sin\theta_V\cos\eta'$$

不难证明,球面三角形 UVW 是直角球面三角形,有 $\eta+\eta'=\xi+\xi'=90°$,球面三角形 AUV 中的正弦公式为

$$\frac{\sin\lambda_{UV}}{\sin\theta_{UV}}=\frac{\sin\eta}{\sin\theta_U}=\frac{\cos\eta'}{\sin\theta_U}$$

从上面两式求得

$$\cos\theta_W=\frac{1}{\sin\theta_{UV}}\sin\theta_U\sin\theta_V\sin\lambda_{UV} \tag{9.22}$$

式中,θ_W 只取正值。虽然 $\boldsymbol{W}$ 不代表某个真实天体,但它是确定的,围绕它可以画出第三个假想天体的天体锥,航天器自旋轴必在 3 个天体锥的唯一的共同交线上,如图 9.8 所示。

从图 9.9 可以看出,在天体 $\boldsymbol{U}$,$\boldsymbol{V}$ 之间,绕真解 $\boldsymbol{A}$ 的姿态转角 λ_{UV} 不等于绕伪解 $\boldsymbol{A}'$ 的转角 λ'_{UV}。因此,引入第三种测量值 —— 转动角 λ_{UV} 确定姿态唯一解的几何概念是:转角 λ_{sE} 的实际测量值可以起到判别两个天体锥相交的真伪解的作用。

根据 3 个测量值 θ_U,θ_V,λ_{UV},可以列出姿态确定方程

$$\begin{cases}\boldsymbol{A}\cdot\boldsymbol{U}=\cos\theta_U\\ \boldsymbol{A}\cdot\boldsymbol{V}=\cos\theta_V\\ \boldsymbol{A}\cdot\boldsymbol{W}=\cos\theta_W\end{cases} \tag{9.23}$$

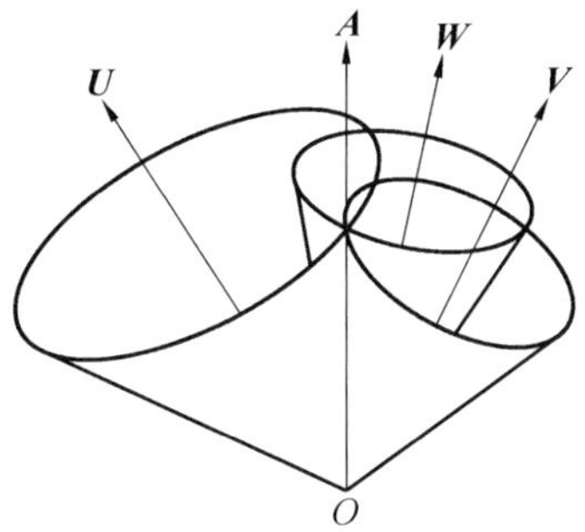

图 9.8 三体锥确定唯一姿态的几何原理图

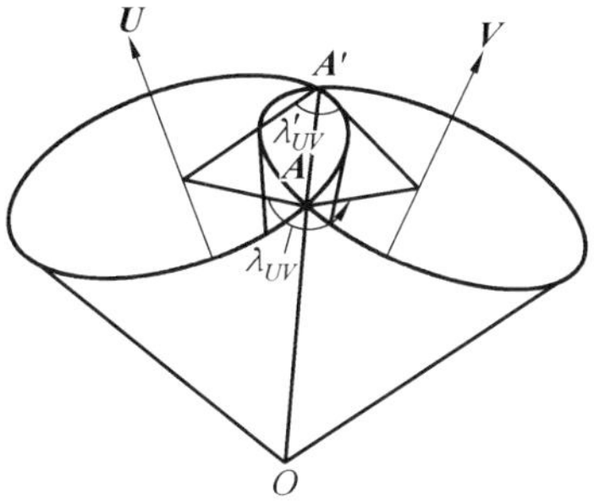

图 9.9 用转动角确定姿态唯一解的示意图

和

$$\boldsymbol{A}\cdot\boldsymbol{A}=1 \tag{9.24}$$

如果仍用 $\boldsymbol{U}$,$\boldsymbol{V}$ 构成的非正交坐标系描述自旋轴 $\boldsymbol{A}$ 的方向,则

$$\boldsymbol{A}=x'\boldsymbol{U}+y'\boldsymbol{V}+z'(\boldsymbol{U}\times\boldsymbol{V}) \tag{9.25}$$

这里在 x,y,z 上加"′",以示与式(9.19)的解的区别。下面将证明 $x=x'$,$y=y'$,$z^2=(z')^2$。

将式(9.25)代入式(9.23),暂不考虑式(9.24)中的单位约束方程,得到姿态唯一解

$$\begin{cases}x'=\dfrac{\cos\theta_U-\cos\theta_{UV}\cos\theta_V}{\sin^2\theta_{UV}}\\[2ex] y'=\dfrac{\cos\theta_V-\cos\theta_{UV}\cos\theta_U}{\sin^2\theta_{UV}}\\[2ex] z'=\dfrac{\sin\theta_U\sin\theta_V\sin\lambda_{UV}}{\sin^2\theta_{UV}}\end{cases} \tag{9.26}$$

在导出式(9.26)的第三式时,利用了三角等式(9.22)。与式(9.20)相比,有 $x=x'$,$y=y'$,若能证明 $(z')^2=z^2$,则自然可以证明式(9.23)的解满足单位约束方程。

根据式(9.20)的第三式及式(9.22),可以写出

$$(z')^2 = \frac{1}{\sin^4\theta_{UV}}\cos^2\theta_W \sin^2\theta_{UV} = \frac{1}{\sin^4\theta_{UV}}(\sin^2\theta_{UV} - \sin^2\theta_W \sin^2\theta_{UV}) \tag{9.27}$$

参见图 9.7,在球面三角形 AUW 和球面三角形 AVW 中,有三角等式

$$\begin{cases}\cos\theta_U = \sin\theta_W \cos\tau_1 \\ \cos\theta_V = \sin\theta_W \cos\tau_2\end{cases} \tag{9.28}$$

在直角球面三角形 UVW 中,有等式

$$\tau_1 + \tau_2 = \theta_{UV} \tag{9.29}$$

考查式(9.20) 中的第三式,则 z 的表达式可另写为

$$z = \pm\frac{\sqrt{\sin^2\theta_{UV} - (\cos^2\theta_U + \cos^2\theta_V - 2\cos\theta_U\cos\theta_V\cos\theta_{UV})}}{\sin\theta_{UV}} \tag{9.30}$$

利用式(9.28) 和式(9.29),可将式(9.30) 中的小括号项化成

$$\begin{aligned}&\cos^2\theta_U + \cos^2\theta_V - 2\cos\theta_U\cos\theta_V\cos\theta_{UV}\\ &= \sin^2\theta_W(\cos^2\tau_1 + \cos^2\tau_2 - 2\cos^2\tau_1\cos^2\tau_2 + 2\sin\tau_1\sin\tau_2\cos\tau_1\cos\tau_2)\\ &= \sin^2\theta_W(\sin\tau_1\cos\tau_2 + \cos\tau_1\sin\tau_2)^2\\ &= \sin^2\theta_W\sin^2\theta_{UV}\end{aligned} \tag{9.31}$$

将式(9.31) 代入式(9.30),再与(9.27) 比较,就可证得 $(z')^2 = z^2$。因此姿态确定方程(9.23) 的解必定是单位矢量。

应该指出,这个结论不能表明约束方程式(9.24) 是多余的,在实际工程测量中不可避免存在观测量 θ_U,θ_V,θ_{UV} 的测量误差。在这种情况下,从式(9.23) 求得的 $\boldsymbol{A}$ 一般是不满足约束方程的。因此,根据多次观测的结果对姿态作出精确估值时,必须考虑单位矢量约束方程。

9.2.2 双矢量确定自旋轴姿态的最优估计

9.2.1 节中用两个参考矢量组成的非正交坐标系描述的自旋姿态 $\boldsymbol{A}$ 的方向,经过坐标变换即可求得在给定的惯性坐标系中的方位。

设 $\boldsymbol{U}$,$\boldsymbol{V}$,$\boldsymbol{W}$,$\boldsymbol{A}$ 在航天器惯性天球坐标系中的分量列阵分别为

$$\underline{\boldsymbol{U}} = \begin{bmatrix}U_x\\U_y\\U_z\end{bmatrix},\quad \underline{\boldsymbol{V}} = \begin{bmatrix}V_x\\V_y\\V_z\end{bmatrix},\quad \underline{\boldsymbol{W}} = \begin{bmatrix}W_x\\W_y\\W_z\end{bmatrix},\quad \underline{\boldsymbol{A}} = \begin{bmatrix}A_x\\A_y\\A_z\end{bmatrix}$$

根据上述姿态确定的原则,可以直接列出在惯性坐标系中的姿态确定方程式,即

$$\begin{cases}\underline{\boldsymbol{U}}^{\mathrm{T}}\underline{\boldsymbol{A}} = \cos\theta_U \\ \underline{\boldsymbol{V}}^{\mathrm{T}}\underline{\boldsymbol{A}} = \cos\theta_V\end{cases} \tag{9.32}$$

$$\begin{cases}\underline{\boldsymbol{W}}^{\mathrm{T}}\underline{\boldsymbol{A}}=\cos\theta_W\\ \underline{\boldsymbol{A}}^{\mathrm{T}}\underline{\boldsymbol{A}}=1\end{cases}\tag{9.33}$$

若测量误差为零，则从姿态确定方程(9.32)可直接求得姿态解为

$$\begin{cases}A_x=\dfrac{1}{\Delta}\begin{vmatrix}U_x & \cos\theta_S & U_z\\ V_x & \cos\theta_E & V_z\\ W_x & \cos\theta_W & W_z\end{vmatrix}\\ A_y=\dfrac{1}{\Delta}\begin{vmatrix}\cos\theta_S & U_y & U_z\\ \cos\theta_E & V_y & V_z\\ \cos\theta_W & W_y & W_z\end{vmatrix}\\ A_z=\dfrac{1}{\Delta}\begin{vmatrix}U_x & U_y & \cos\theta_S\\ V_x & V_y & \cos\theta_E\\ W_x & W_y & \cos\theta_W\end{vmatrix}\end{cases}\tag{9.34}$$

式(9.48)有唯一解的条件是

$$\Delta=\begin{vmatrix}U_x & U_y & U_z\\ V_x & V_y & V_z\\ W_x & W_y & W_z\end{vmatrix}=\sin\theta_{UV}\neq 0\tag{9.35}$$

只要两个参考矢量 $\boldsymbol{U}$,$\boldsymbol{V}$ 不共线，该充要条件便能成立。

在实际应用中，测量总是有误差的，则用式(9.34)求得的姿态解 $\underline{\boldsymbol{A}}$ 不一定能够满足单位约束条件。考虑到姿态观测是多次的，因此可以从成批观测数据中选出姿态的最优估计解，并且满足单位约束条件。令 $\underline{\boldsymbol{B}}(i)$ 为第 i 次的测量列阵，即

$$\underline{\boldsymbol{B}}(i)=\begin{bmatrix}B_1(i)\\ B_2(i)\\ B_3(i)\end{bmatrix}=\begin{bmatrix}\cos\theta_U(i)\\ \cos\theta_V(i)\\ \cos\theta_W(i)\end{bmatrix}$$

假定 3 个量的测量是独立的，其方差分别为 $\sigma_1^2,\sigma_2^2,\sigma_3^2$。求姿态最优解的数学描述是：对于 n 组测量值 $\underline{\boldsymbol{B}}(i)$，$i=1,2,\cdots,n$，求姿态最优解 $\underline{\boldsymbol{A}}_0$，使下列指标达到极小值：

$$L(\underline{\boldsymbol{A}})=\sum_{i=1}^{n}\{\sigma_1^{-2}\,[\boldsymbol{B}_1(i)-\underline{\boldsymbol{U}}^{\mathrm{T}}(i)\underline{\boldsymbol{A}}]^2+\sigma_2^{-2}\,[\boldsymbol{B}_2(i)-\underline{\boldsymbol{V}}^{\mathrm{T}}(i)\underline{\boldsymbol{A}}]^2+\sigma_3^{-2}\,[B_3(i)-\underline{\boldsymbol{W}}^{\mathrm{T}}(i)\underline{\boldsymbol{A}}]^2\}\tag{9.36}$$

同时满足约束方程

$$\underline{\boldsymbol{A}}^{\mathrm{T}}\underline{\boldsymbol{A}}=1$$

这是一个带有约束的求极值的问题，可用拉格朗日乘子法求解。其最优估计是

$$\underline{\boldsymbol{A}}_0=(\underline{\boldsymbol{M}}-\lambda\underline{\boldsymbol{E}}_3)^{-1}\underline{\boldsymbol{N}} \tag{9.37}$$

式中,$\underline{\boldsymbol{M}}$ 为 3×3 矩阵;$\underline{\boldsymbol{N}}$ 为 3×1 列阵,即

$$\underline{\boldsymbol{M}}=\sum_{i=1}^{n}\{\sigma_1^{-2}\underline{\boldsymbol{U}}(i)\underline{\boldsymbol{U}}^{\mathrm{T}}(i)+\sigma_2^{-2}\underline{\boldsymbol{V}}(i)\underline{\boldsymbol{V}}^{\mathrm{T}}(i)+\sigma_3^{-2}\underline{\boldsymbol{W}}(i)\underline{\boldsymbol{W}}^{\mathrm{T}}(i)\}$$

$$\underline{\boldsymbol{N}}=\sum_{i=1}^{n}\{\sigma_1^{-2}\boldsymbol{B}_1(i)\underline{\boldsymbol{U}}(i)+\sigma_2^{-2}\boldsymbol{B}_2(i)\underline{\boldsymbol{V}}(i)+\sigma_3^{-2}\boldsymbol{B}_3(i)\underline{\boldsymbol{W}}(i)\}$$

上式中乘子 λ 是下式的根:

$$\underline{\boldsymbol{N}}^{\mathrm{T}}(\underline{\boldsymbol{M}}-\lambda\underline{\boldsymbol{E}}_3)^{-2}\underline{\boldsymbol{N}}=1$$

9.3 自旋轴姿态确定的太阳 - 地球方式

上述用于姿态确定的参考矢量是任意的,只要两个参考矢量不共线,即可获得自旋轴的姿态解。在工程技术中最方便、最常用的是太阳矢量和天底矢量,简称为太阳 — 地球方式。

航天器上只需安装一个太阳敏感器和一个地球敏感器即可。在航天器自旋一周内,两个航天器共给出 4 个脉冲,包含了全部的姿态信息。利用式(9.6)、式(9.17) 和式(9.15) 可求得确定姿态解所需的 3 个测量值:太阳角 θ_s、天底角 θ_E 和太阳—地心转角 λ_{sE}。此时可直接利用 9.2.2 节中的式(9.34) 求得自旋轴的姿态解或通过式(9.37) 求得姿态最优解。

在实际飞行任务中,经常不是所有量都可同时获得,还需要考虑姿态信息不齐全的亲口光,考虑利用这几个姿态测量量的组合来确定姿态。

1. 地球敏感器丢失一个地平穿越脉冲的情况

当地球敏感器出现故障时,可能丢失一个地平穿越脉冲(穿入或穿出),或地球敏感器受到明暗分界线的干扰无法取得地中脉冲的情况,这时就不能直接导出天底角,但可利用单个地平穿越脉冲,取得太阳 — 地平(穿入或穿出) 转角 λ',从而替代太阳 — 地心转角 λ_{sE}。

假定现在只有 3 个姿态脉冲,即一个地平穿入脉冲和两个太阳脉冲,如图 9.10 所示。

$\boldsymbol{E}_i$ 为穿入地平矢量,它与太阳矢量的夹角为 θ'_{SE},但穿入地平矢量$\boldsymbol{E}_i$ 不是已知参考矢量。利用穿入脉冲可算得角 λ'。在球面三角形 ASE_i 中有

$$\cos\theta'_{sE}=\cos\theta_s\cos\gamma+\sin\theta_s\sin\gamma\cos\lambda'$$

由于θ'_{sE} 满足不等式 $\theta_{sE}-\rho\leqslant\theta'_{sE}<\theta_{sE}$,因此可确定夹角 θ'_{sE}。这样有了两个矢量 $\boldsymbol{S},\boldsymbol{E}$ 和两个夹角 θ'_{sE},ρ,就可解出具有双重真伪的地平矢量$\boldsymbol{E}_i$,再借助转角 λ' 的实测值,每个地平矢量$\boldsymbol{E}_i$(作为参考矢量) 都可与太阳矢量联合确定自旋

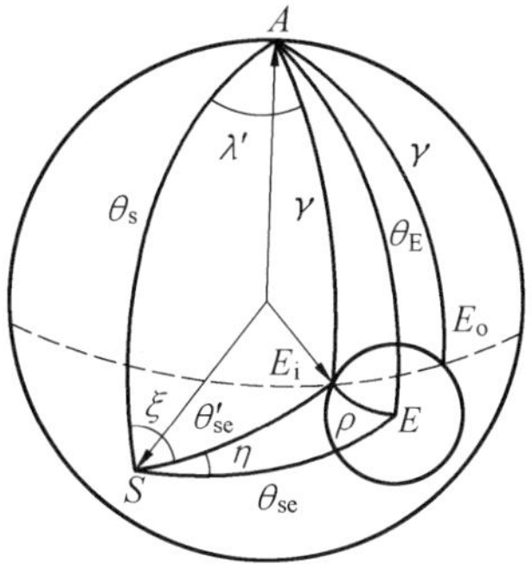

图 9.10　丢失一个地平穿越脉冲的测量几何

轴矢量 **A**,因此姿态解也是双重真伪的。

另一种方法是利用太阳－地平转角求出天底角。在球面三角形 ASE_i 中,利用正弦公式计算 ξ 角

$$\sin \xi = \frac{\sin \gamma \sin \lambda'}{\sin \theta'_{sE}}$$

式中,$0° \leqslant \xi \leqslant 180°$。再利用球面三角形 SEE_i 的余弦公式有

$$\cos \eta = \frac{\cos \rho - \cos \theta'_{sE} \cos \theta_{sE}}{\sin \theta'_{sE} \sin \theta_{sE}}$$

计算 η,但由于 $|\cos \theta'_{sE}| \leqslant 1$,$\cos \rho \geqslant \cos \theta_{sE}$,上式只取正值,$\eta$ 有两个解。因此球面三角形 SEA 给出的天底角为

$$\cos \theta_E = \cos \theta_s \cos \theta_{sE} + \sin \theta_s \sin \theta_{sE} \cos (\xi + \eta)$$

它也是双重的真伪解。因此,由于缺少太阳－地心转角 λ_{sE} 的实测值,这时应用双锥截交法求得的姿态解将是四重真伪的。

2. 太阳敏感器丢失一个狭缝脉冲的情况

当太阳敏感器丢失了一个狭缝脉冲时,将不能直接导出太阳角,但借助天底角和太阳地心转角可以求出双重真伪的太阳角。假定现有的 3 个姿态脉冲即地平穿入、穿出脉冲和太阳子午狭缝脉冲,在图 9.4 的球面三角形 SEA 中,有余弦公式

$$\cos \theta_{sE} = \cos \theta_s \cos \theta_E + \sin \theta_s \sin \theta_E \cos \lambda_{sE}$$

从中可解出双重真伪的太阳角为

$$\cos \theta_s = \frac{\cos \theta_E \cos \theta_{sE} \pm \sin \theta_E \cos \lambda_{sE} \sqrt{\sin^2 \theta_E \cos^2 \lambda_{sE} + \cos^2 \theta_E - \cos^2 \theta_{sE}}}{\sin^2 \theta_E \cos^2 \lambda_{sE} + \cos^2 \theta_E}$$

如只有单个地球弦宽的数据,则上式中的天底角也是双重真伪的,直接使用双锥相交法将有 8 个姿态解,但利用太阳－地心转角的实测值,可使姿态解的数目减至 4 个。

从以上分析可以看出，若想得到唯一确定的自旋轴姿态解，姿态敏感器的测量值必须包括：自旋轴与两个参考矢量之间的夹角和在两个参考矢量之间的姿态的转角。当姿态信息不完备时，得不到3个观测量，但至少要保证有其中任意的两个观测量以导出模糊的姿态解。判别真伪姿态解的方法都要通过一段时间的姿态测量，得到一组模糊姿态解的集合，从包含模糊解的集合中选出真解的方法有几种。第一种方法是将每个模糊解的集合与姿态的先验值比较，然后选出最接近于初始估计值的解。如没有可提供利用的先验估计值，可根据天底矢量在空间转动，而太阳矢量和自旋轴矢量在空间恒定的特点，即随着航天器在轨道上运动，天底锥与太阳锥两条交线中的一条在空间是恒定的，另一条是变动的，因此模糊解中的伪解是分散的，而真解的集合形成一个族。将不同时间的大量测量值进行数据处理可选择其中保持在族中心的姿态解作为先验姿态，用来消除伪解。

9.4　章动测量

在前面的分析中，均假定航天器的运动是纯自旋运动（无章动运动）。但是，当航天器角动量方向与其自旋轴方向不一致时，在不考虑外力矩时，其运动是带有章动运动的非自旋运动状态（详见第4章）。为减小章动运动，航天器通常安装被动章动阻尼器或主动章动控制系统，对于后者需要测量航天器的章动（包括大小及相位）。在以下讨论中，设航天器为轴对称体。

分析章动运动时，通常选取航天器角动量坐标系 $Ox_h y_h z_h$ 作为参考坐标系，在无外力矩作用时，该坐标系是惯性坐标系。其 z_h 沿角动量方向，x_h 根据需要任选某一惯性方向。为描述航天器星体主轴坐标系 $Oxyz$ 相对角动量坐标系的姿态运动，通常采用 zxz 顺序的欧拉角（按旋转顺序分别用 ψ,θ,φ 表示），如图9.11所示。其中 θ 为章动角，对于轴对称航天器，章动角为常值。

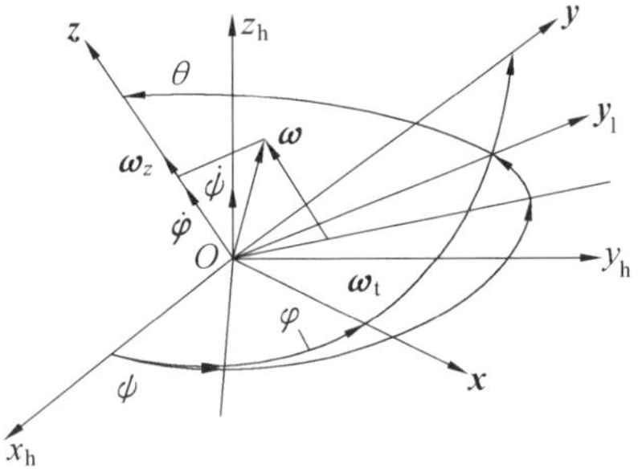

图9.11　自旋运动欧拉角

根据式(4.18)和式(4.23)，角速度 $\boldsymbol{\omega}$ 在星体 z 轴上的分量 ω_z 和欧拉角速率 $\dot{\psi}$ 和 $\dot{\varphi}$ 均为常值。

把航天器角速度矢量 $\boldsymbol{\omega}$ 沿自旋轴 z 及 $x-y$ 平面分解，有

$$\boldsymbol{\omega}=\omega_z\boldsymbol{k}+\omega_t\boldsymbol{j}_1 \tag{9.38}$$

其中

$$\omega_z = \dot{\varphi} + \dot{\psi}\cos\theta$$

$$\omega_t = \dot{\psi}\sin\theta \tag{9.39}$$

显然，ω_z，ω_t 也均为常量，横向角速度 $\boldsymbol{\omega}_t$ 沿 y_1 方向。同时可知，角速度矢量 $\boldsymbol{\omega}$，角动量 $\boldsymbol{h}$ 和星体自旋轴 z 在同一个平面内(即纵向平面内)。当 ω_t 不为零时，则 $\boldsymbol{\omega}$ 与自旋轴 z 不重合。

因此，章动控制的目的就是消除分量 ω_t。章动测量包含两方面内容：一是测量 ω_t 的大小，二是测量 ω_t 所在方向 y_1。从图 9.11 中可以看出，y_1 相对星体 x 轴的夹角为 $90°-\varphi$，所以 φ 反映了角速度 ω_t 相对本体坐标系的相位，因此称 φ 为章动相位角。

这样，章动的测量可以归结为章动角 θ 的测量以及章动相位角 φ 的测量。测量方法通常有两种，即利用星上安装加速度计和利用姿态测量敏感器数据提取章动信息。

9.4.1　用轴向加速度计测量章动

设在航天器上某点 A，相对其质心坐标系 $Oxyz$ 的柱坐标为 h_a，r_a，β_a(图 9.12)，其中 h_a 为点 A 离 $x-y$ 平面的高度。在 A 点处安装一加速度计，其敏感轴平行于 Oz 方向。

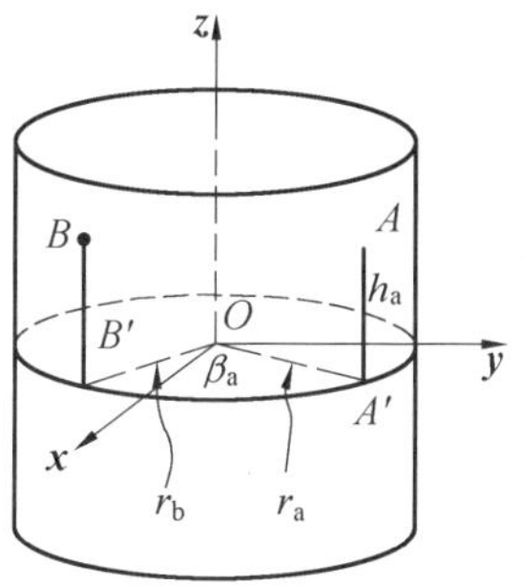

图 9.12　加速度计安装几何

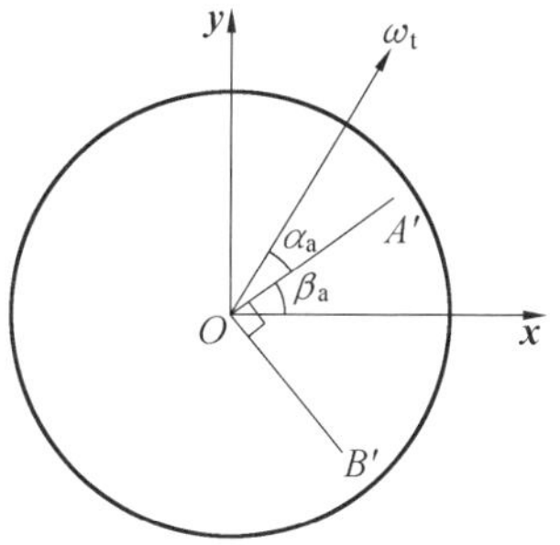

图 9.13　章动角速度 ω_t 的测量原理

若不考虑轨道加速度，则加速度计敏感出 A 点处加速度在轴向分量的 a_A 为

$$a_A = (2-\lambda)\omega_z r_a(\cos\beta_a\omega_x + \sin\beta_a\omega_y) - 2h_a(\omega_x^2 + \omega_y^2) \tag{9.40}$$

式中，λ 为航天器的惯量比，$\lambda = I/I_t$；I 为航天器绕自旋轴的转动惯量；I_t 为横向转动惯量。

设 ω_x，ω_y 均为一阶小量，则近似有

$$a_A = r_a(2-\lambda)\omega_z(\cos\beta_a\omega_x + \sin\beta_a\omega_y) = (2-\lambda)\omega_z r_a\omega_t$$

$$=r_a(2-\lambda)\omega_z\omega_t\cos\alpha_a=r_a(2-\lambda)\omega_z\omega_{ta} \quad (9.41)$$

式中，α_a 为横向角速度$\boldsymbol{\omega}_t$ 方向与 OA' 方向夹角；ω_{ta} 表示横向角速度在 OA' 方向的分量。所以由加速度计的瞬时分量值可以给出该瞬时横向角速度在加速度计安装径向 OA' 的分量。由于$\boldsymbol{\omega}_t$ 相对星体以本体章动频率 Ω_b 转动，所以随着时间变化，加速度计测量值将以 Ω_b 呈正弦变化。峰值 a_A^* 对应横向角速度$\boldsymbol{\omega}_t$ 的幅值，即 $\omega_t=a_A^*/[r_a(2-\lambda)\omega_z]$。而且此时横向角速度$\boldsymbol{\omega}_t$ 正好落在 OA' 方向。所以，可根据测出的加速度 a_A 的时间关系曲线确定横向角速度以及任一时刻在星体上的相位。

若在于 OA 相差$90°$ 的相位的 B 点安装另一加速度计，则容易从一个时刻的两个加速度计测量值直接得出$\boldsymbol{\omega}_t$ 的大小及相位（设 $r_a=r_b$）。ω_t 的计算公式为

$$\omega_t=\sqrt{a_A^2+a_b^2}/[r_a(2-\lambda)\omega_z] \quad (9.42)$$

式中，a_A，a_b 分别为 A，B 两点的加速度。然后再由 ω_t，a_A，a_b 求出章动相位角。

9.4.2 由光学敏感器测量数据提取章动信息

航天器章动将使姿态敏感器的测量数据呈振荡规律变化，其中包含了章动信息。下面以“V”型狭缝式太阳敏感器为例讨论如何从其测量数据中提取章动信息。

“V”型狭缝式太阳敏感器随着航天器自旋，每自旋一周就可测出该时刻太阳方向与星体自旋轴之间的夹角 θ_s（太阳角）。在一段时间内，太阳方向 $\boldsymbol{S}$ 可认为是不变的，航天器的角动量方向 z_h 与太阳方向的夹角 β 保持不变。但由于章动运动，星体自旋轴 z 绕角动量方向 z_h 以惯性章动频率 $\dot{\psi}$ 进动，而此章动频率不同于自旋频率，因此自旋轴 z 与太阳方向 $\boldsymbol{S}$ 的夹角 θ_s 由于章动运动而呈周期性变化。同样，由于章动运动，太阳落入狭缝的时刻也不是均匀变化的，两次太阳测量时刻之间的周期也由于章动而有振荡变化。因此可以根据周期的振荡变化提取章动信息。

不失一般性，设太阳方向 $\boldsymbol{S}$ 在角动量坐标系 x_h-z_h 平面内，$\boldsymbol{S}$ 与 z_h 的夹角为 β；又设太阳狭缝在星体坐标系 $x-z$ 平面上。显然，太阳落入狭缝平面的时刻满足：

$$S_y=\sin\beta(-\sin\varphi\cos\psi-\cos\theta\cos\varphi\sin\psi)+\cos\beta\sin\theta\cos\varphi=0 \quad (9.43)$$

当章动角 θ 为小量时，式(9.43)近似为

$$-\sin\beta\sin(\varphi+\psi)+\theta\cos\beta\cos\varphi=0 \quad (9.44)$$

而此时太阳角满足

$$\cos\theta_s=\sin\beta\sin\theta\sin\psi+\cos\beta\cos\theta \quad (9.45)$$

设初始 $t=0$ 时，$\varphi=\varphi_0$，$\psi=\psi_0$，($\varphi+\psi$ 取 $0\sim 2\pi$ 主值)。由于θ 为小量，所以每

次太阳测量时刻发生在 $\varphi+\psi\approx 2n\pi$ 附近。第一次发生在转角近似等于 $2\pi-(\varphi_0+\psi_0)$ 时，即发生在 $t_1=[2\pi-(\varphi_0+\psi_0)]/\omega_z$ 附近时刻。一般第 n 次看见太阳的时刻可表示为

$$t_n=\frac{2n\pi-(\varphi_0+\psi_0)}{\omega_z}+\delta t_n \tag{9.46}$$

式中，δt_n 为穿越时间与无章动情况($\theta=0$)时的偏差，其表达式为

$$\delta t_n=\frac{\theta\cos\beta\cos\varphi_n}{\omega_z\sin\beta},\quad \beta\neq 0,2\pi \tag{9.47}$$

式中，$\varphi_n=\varphi(t_n)$ 是太阳穿越狭缝时刻的章动相位。因此，任意连续两次看见太阳的周期为

$$T_n=t_n-t_{n-1}=\frac{2\pi}{\omega_z}+\frac{\theta\cos\beta}{\omega_z\sin\beta}(\cos\varphi_n-\cos\varphi_{n-1}) \tag{9.48}$$

因为 $\dot{\varphi}=(1-\lambda)\omega_z$，则

$$\varphi_n\approx\varphi_{n-1}+2\pi(1-\lambda) \tag{9.49}$$

所以有

$$T_n=\frac{2\pi}{\omega_z}+\frac{\theta\cos\beta}{\omega_z\sin\beta}2\sin(\lambda\pi)\sin(\varphi_n+\lambda\pi) \tag{9.50}$$

式(9.50)中仅因子 $\sin(\varphi_n+\lambda\pi)$ 随 n 而变化，T_n 的极大值和极小值发生在

$$\varphi_n=\lambda\pi=\frac{\pi}{2}+k\pi,\quad k=0,1,2,\cdots \tag{9.51}$$

实测周期 T_n 在无章动情况下的周期 $2\pi/\omega_z$ 附近交变，振荡频率是星体章动频率 $\dot{\varphi}$，实时测自旋周期的最大值和最小值分别为

$$T_{\max}=\frac{2\pi}{\omega_z}+\left|\frac{\theta\cos\beta}{\omega_z\sin\beta}2\sin(\lambda\pi)\right| \tag{9.52}$$

$$T_{\min}=\frac{2\pi}{\omega_z}-\left|\frac{\theta\cos\beta}{\omega_z\sin\beta}2\sin(\lambda\pi)\right| \tag{9.53}$$

由最大和最小实测周期可以估算章动角

$$\theta=\left|\frac{\pi\tan\beta}{\sin\lambda\pi}\right|\frac{T_{\max}-T_{\min}}{T_{\max}+T_{\min}} \tag{9.54}$$

式(9.54)给出了由实测周期的变化确定章动角的方法。类似地，可以分析章动引起实测太阳角 θ_{sn} 的变化情况。

由于

$$\begin{cases}\psi_n=\psi_0+\lambda\omega_z t_n\\ \varphi_n=\varphi_0+(1-\lambda)\omega_z t_n\end{cases} \tag{9.55}$$

由式(9.48)及式(9.55)得

$$\psi_n=-\varphi_n+\psi_0+\varphi_0+\omega_z t_n=2n\pi+\omega_z\delta t_n-\varphi_n \tag{9.56}$$

δt_n，θ 为小量，在一阶近似下

$$\cos\theta_{sn} = \sin\beta\sin\theta\sin\psi_n + \cos\beta\cos\theta$$
$$\approx -\theta\sin\beta\sin\varphi_n + \cos\beta\cos\theta \tag{9.57}$$

式(9.57)表明，实测太阳角 $\cos\theta_{sn}$ 随着 φ 角以本体章动频率而交变。在 $\varphi_n = 90°$ 时取最小值，而在 $\varphi_n = 270°$ 时取最大值。反之，也可利用式(9.83)由太阳角测量值 θ_{sn} 来求出章动角 θ 及相位 φ_n。

以上以对轴对称自旋航天器为例讨论了章动测量的两种方法，这两种方法不难推广到一般非轴对称自旋航天器。另外，可以在姿态确定过程中把章动参数作为新的状态变量，应用统计估计法来求姿态及章动参数。

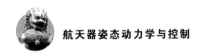

第 10 章

三轴稳定航天器的姿态确定

三轴稳定航天器姿态确定的任务是利用星上的姿态敏感器测量所得到的信息，经过适当的处理，求得固联于航天器本体的坐标系相对空间某参考坐标系中的姿态参数。姿态确定的输入信息是姿态敏感器的测量数据，输出信息是航天器的三轴姿态参数。

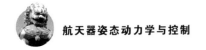

本章首先介绍三轴姿态确定中的参考矢量测量的问题，然后重点讨论三轴稳定几种典型的三轴稳定航天器的姿态确定方法。

10.1　三轴姿态的参考测量

由于三轴稳定航天器的主体在空间保持三轴稳定，可以较方便地直接测量参考天体或参考目标在敏感器坐标系的方向，通过安装矩阵即可得到参考矢量在航天器本体坐标系中的方向。与自旋、双自旋航天器相比，敏感器测量值能给出更直接的姿态信息，在特定情况下，可直接用于姿态控制。参考矢量除常用的天底矢量、太阳矢量及恒星矢量外，还可利用地球磁场和无线电信标。

10.1.1　太阳方向的测量

对于三轴稳定航天器，通常使用模拟式太阳敏感器、编码式太阳敏感器及CCD线阵太阳敏感器等来测量太阳矢量在本体坐标系下的分量。下面给出这几种太阳敏感器的测量几何。

1. 单轴式太阳敏感器的测量几何

对于上述 3 种类型的单轴式太阳敏感器，可建立如下的测量坐标系 $Ox_s y_s z_s$，如图 10.1 所示。

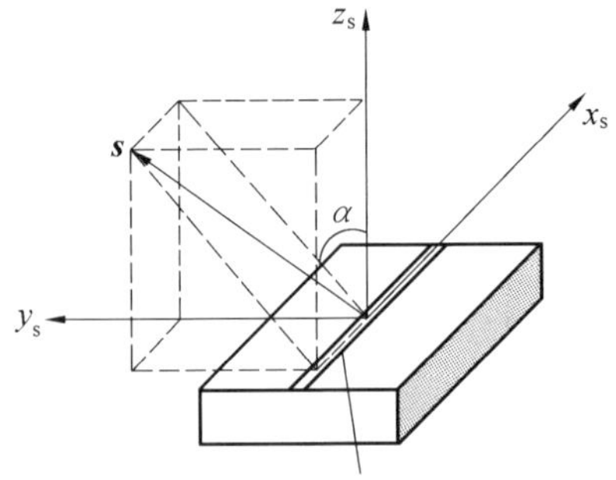

图 10.1　单轴式太阳敏感器的测量几何

测量坐标系定义为：z_s 轴沿太阳敏感器光电器件平面的法线方向，称为瞄准轴；x_s 轴沿太阳光入射的光学狭缝方向；y_s 轴使坐标系 $Ox_s y_s z_s$ 构成右手正交

系。若将太阳方向矢量 $\boldsymbol{S}$ 在测量坐标系中的坐标记为

$$\underline{\boldsymbol{S}}_{\mathrm{s}}=[S_{\mathrm{s}x} \quad S_{\mathrm{s}y} \quad S_{\mathrm{s}z}]^{\mathrm{T}}$$

根据这几种太阳敏感器的测量模型,太阳敏感器的测量值 α 满足关系式

$$\tan\alpha=\frac{S_{\mathrm{s}y}}{S_{\mathrm{s}z}} \tag{10.1}$$

即单轴太阳敏感器的测量值为太阳方向矢量在测量坐标系 $y_{\mathrm{s}}z_{\mathrm{s}}$ 平面的投影与瞄准轴 z_{s} 之间的夹角。

由此可知,根据单轴式太阳敏感器的测量值不能完全得到太阳矢量在测量坐标系中的方位,但由于提供了一定的姿态信息,因此仍然广泛地用于三轴稳定航天器的姿态测量系统。

2. 双轴式太阳敏感器的测量几何

为了得到太阳方向矢量在测量坐标系中的完整方位信息,工程上常使用双轴式太阳敏感器,其测量几何如图 10.2 所示。

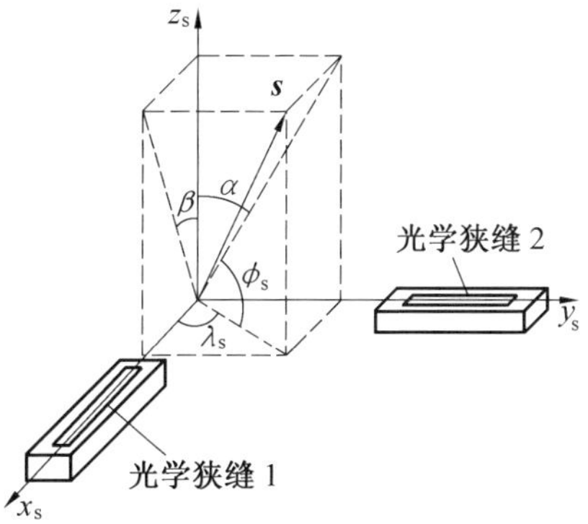

图 10.2　双轴式太阳敏感器的测量几何

双轴式太阳敏感器的测量坐标系定义:z_{s} 轴的定义同单轴式太阳敏感器,指向瞄准轴方向;x_{s} 轴、y_{s} 轴分别沿两个光学狭缝方向。

若太阳方向矢量在敏感器视场内,由太阳敏感器测量值 α 和 β,可得到太阳矢量在此测量坐标系中的分量列阵为

$$\underline{\boldsymbol{S}}_{\mathrm{s}}=\begin{bmatrix}\cos\varphi_{\mathrm{s}}\cos\lambda_{\mathrm{s}}\\ \cos\varphi_{\mathrm{s}}\sin\lambda_{\mathrm{s}}\\ \sin\varphi_{\mathrm{s}}\end{bmatrix}=\frac{1}{\sqrt{\tan^{2}\alpha+\tan^{2}\beta+1}}\begin{bmatrix}\tan\beta\\ \tan\alpha\\ 1\end{bmatrix} \tag{10.2}$$

式中,α 对应图 10.2 中光学狭缝 1 的测量值;β 对应图 10.2 中光学狭缝 2 的测量值。

然后根据下式就可得到太阳方向矢量在星体坐标系中的分量列阵:

$$\underline{\boldsymbol{S}}_{\mathrm{b}}=\underline{\boldsymbol{C}}_{\mathrm{sb}}^{\mathrm{T}}\underline{\boldsymbol{S}}_{\mathrm{s}} \tag{10.3}$$

式中，$\underline{C}_{sb}$ 为太阳敏感器测量坐标系相对星体坐标系的方向余弦矩阵。

10.1.2 天底方向的测量

对于三轴稳定航天器，常采用红外地球敏感器来测量天底矢量相对于敏感器测量坐标系的方向。目前，红外地球敏感器主要有3种类型，即地平穿越式、边界跟踪式和辐射热平衡式。其中地平穿越式红外地球敏感器又分为圆锥扫描地球敏感器、摆动扫描地球敏感器和自旋扫描地球敏感器，前两者用于三轴稳定航天器，后者用于自旋航天器或双自旋航天器。

对于运行于高轨道的三轴稳定航天器，其姿态测量系统多采用摆动扫描式地球敏感器或辐射热平衡式地球敏感器。这两种地球敏感器可直接输出航天器相对轨道坐标系的滚动角 φ_m 和俯仰角 θ_m，因此其数学模型非常简单，不再赘述。

下面重点介绍圆锥扫描地球敏感器的测量几何和数学模型。

1.圆锥扫描地球敏感器的测量几何

根据单圆锥扫描地球敏感器的测量原理，圆锥扫描地球敏感器的测量坐标系 $O_s x_s y_s z_s$ 的定义如图10.3所示。测量坐标系的 y_s 轴沿扫描轴方向；z_s 轴垂直于扫描轴并使固联于敏感器的基准点位于 $O_s y_s z_s$ 平面内；x_s 轴按右手法则确定。定义敏感器的扫描方向沿测量坐标系的 $-y_s$ 轴，同时设红外视场的光轴与扫描轴之间的夹角为 γ。

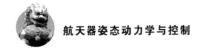

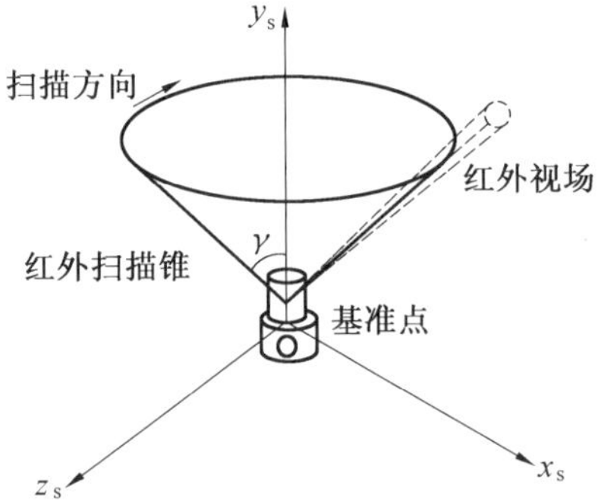

图10.3 单圆锥扫描地球敏感器的测量坐标系

圆锥扫描地球敏感器的扫描机构按一定周期进行旋转扫描运动，红外视场形成一个半顶角为 γ 的圆锥，当红外视场扫过基准面 $O_s y_s z_s$ 时，其内部电路将产生一个基准脉冲信号。

单圆锥扫描地球敏感器的工作示意图如图10.4所示。当敏感器瞬时视场从空间扫到地球表面 H_i 点时，敏感器接到的红外辐射能量产生跃变，并经过热敏元件检测器转换为电信号，得到扫入脉冲（前沿脉冲）；当瞬时视场离开地球表面

H_o 点时得到扫出脉冲(后沿脉冲),所得的地球方波的中点称为地中。

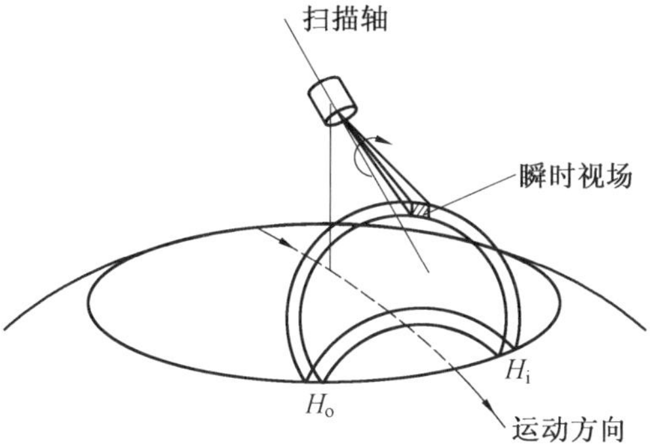

图 10.4　单圆锥扫描式地球敏感器的工作示意图

通常单圆锥扫描地球敏感器的测量值为前沿至基准的宽度 H_s 和弦宽 H_D,其定义分别为

$$H_s = \frac{t_S - t_i}{T_s} \times 360°$$

$$H_D = \frac{t_o - t_i}{T_s} \times 360°$$

式中,T_s 为扫描周期;t_i,t_s,t_o 分别为扫入脉冲、基准脉冲和扫出脉冲对应的时刻。

姿态偏差角 β_H 定义为

$$\beta_H = 0.5H_D - H_s \tag{10.4}$$

单圆锥扫描地球敏感器的测量几何原理图如图 10.5 和图 10.6 所示。

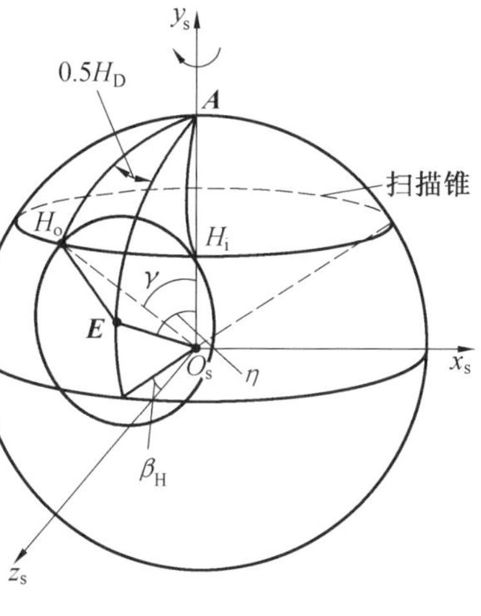

图 10.5　圆锥扫描式地球敏感器的测量几何原理

图 10.5 所示的单位天球的中心为敏感器测量坐标系的原点 O_s;E 为地垂线

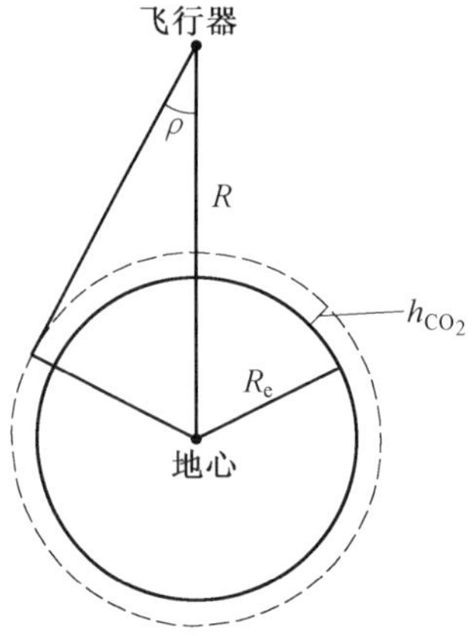

图 10.6 星体对地球的视角半径

与天球面的交点；η 为扫描轴y_s 与地垂线之间的夹角，称为天底角，β_H 为天底矢量 $\boldsymbol{E}$ 在测量坐标系$O_s x_s z_s$ 平面的投影与z_s 轴之间的夹角(偏向 $-x_S$ 轴为正)。将星体对地球圆盘的视角半径记为 ρ(或称为地球半张角，为角度量)，则有

$$\sin\rho = \frac{R_e + h_{CO_2}}{R} \tag{10.5}$$

式中，R 为地心至航天器的距离，可由航天器的轨道参数求得；R_e 为地球半径；h_{CO_2} 为地球大气二氧化碳吸收层的等效高度。

则图 10.5 中所示的球面三角形 AH_iE 中，$AH_i=\gamma$，$AE=\eta$，$H_iE=\rho$，由球面三角形余弦定理有

$$\cos\rho = \cos\gamma\cos\eta + \sin\gamma\sin\eta\cos\frac{H_D}{2} \tag{10.6}$$

若已知航天器的轨道高度(可求得 ρ) 以及测量值 H_D 和 H_s，可根据式(10.4) 和式(10.6) 计算 β_H 和 η，然后由此可直接得到地心方向矢量 $\boldsymbol{E}$ 在测量坐标系中的分量列阵，即

$$\underline{\boldsymbol{E}}_s = \begin{bmatrix} -\sin\beta_H\sin\eta \\ \cos\eta \\ \cos\beta_H\sin\eta \end{bmatrix} \tag{10.7}$$

2. 圆锥扫描地球敏感器的数学模型

设采用欧拉角来描述星体坐标系相对轨道坐标系的姿态，转动顺序为 zyx，则对应的姿态矩阵为

$$\underline{\boldsymbol{C}}_{bo} = \underline{\boldsymbol{C}}_x(\varphi_1)\underline{\boldsymbol{C}}_y(\theta_1)\underline{\boldsymbol{C}}_z(\psi_1)$$

式中，φ_1，θ_1，ψ_1 分别为在 zyx 转动顺序下的滚动角、俯仰角和偏航角。

设地球敏感器测量坐标系相对星体坐标系的安装矩阵为

$$\underline{C}_{sB} = \underline{C}_x(\varphi_s)\underline{C}_z(\lambda_s)$$

式中，λ_s，φ_s 分别为扫描轴相对星体 $x_b y_b$ 平面的方位角和仰角。测量坐标系相对轨道坐标系的方向余弦矩阵为

$$\underline{C}_{so} = \underline{C}_{sb}\underline{C}_{bo} \tag{10.8}$$

则地心方向矢量 $\boldsymbol{E}$ 在地球敏感器测量坐标系中的分量列阵为

$$\underline{E}_s = \begin{bmatrix} E_x \\ E_y \\ E_z \end{bmatrix} = \underline{C}_{so}\begin{bmatrix} 0 \\ 0 \\ 1 \end{bmatrix} \tag{10.9}$$

则天底角 η 和姿态偏差角 β_H 可分别表示为

$$\begin{cases} \cos\eta = \boldsymbol{E}\cdot\boldsymbol{y}_s = E_y \\ \tan\beta_H = -\dfrac{E_x}{E_z} \end{cases} \tag{10.10}$$

考虑 φ_s 为零的情况，将式(10.9)展开并代入式(10.10)，则有

$$\begin{cases} \cos\eta = \sin\lambda_s\sin\theta_1 + \cos\lambda_s\sin\varphi_1\cos\theta_1 \\ \tan\beta_H = \dfrac{\cos\lambda_s\sin\theta_1 - \sin\lambda_s\sin\varphi_1\cos\theta_1}{\cos\varphi_1\cos\theta_1} \end{cases} \tag{10.11}$$

则圆锥扫描地球敏感器的测量值分别为

$$\begin{cases} H_D = 2\arccos\dfrac{\cos\rho - \cos\gamma\cos\eta}{\sin\gamma\sin\eta} \\ H_s = 0.5H_D - \beta_H \end{cases} \tag{10.12}$$

式(10.11)和式(10.12)即为圆锥扫描地球敏感器的测量数学模型，可以看到地球敏感器的测量值表达式中不包含星体的偏航角信息，这就是地球敏感器只能测量滚动角和俯仰角的原因。

下面考虑敏感器测量模型的反问题，即如何根据敏感器测量数据确定此时星体的姿态角。首先分析几种比较特殊同时也是常用的情况。

(1) 当 $\lambda_s = -\dfrac{\pi}{2}$ 时。

此时扫描 y_s 轴与星体 x_b 轴重合，称为前滚动地球敏感器，代入式(10.11)可得

$$\beta_H = \arctan(\tan\varphi_1) = \varphi_1$$

即其导出测量值 β_H 与星体滚动角 φ_1 相等。

(2) 当 $\lambda_s = \dfrac{\pi}{2}$ 时。

此时扫描轴 y_s 与星体 $-x_b$ 轴重合，称为后滚动地球敏感器，代入式(10.11)可得

$$\beta_H = -\varphi_1$$

即其导出测量值 β_H 与星体滚动角 φ_1 大小相等，符号相反。

(3) 当 $\lambda_s=0$ 时。

此时扫描轴 y_s 与星体 y_b 轴重合，称为俯仰地球敏感器，有

$$\beta_H=\arctan\frac{\sin\theta_1}{\cos\theta_1\cos\varphi_1}$$

即只有当滚动角 φ_1 接近零时，有 $\beta_H\approx\theta_1$。

若姿态角转动顺序取 zxy，考虑 $\varphi_s=0$ 的情况，同样可以求得 η，β_H 与星体姿态角的关系

$$\begin{cases}\cos\eta=\cos\lambda_s\sin\varphi_2+\sin\lambda_s\sin\theta_2\cos\varphi_2\\ \tan\beta_H=\dfrac{\cos\lambda_s\sin\theta_2\cos\varphi_2-\sin\lambda_s\sin\varphi_2}{\cos\varphi_2\cos\theta_2}\end{cases}\tag{10.13}$$

式中，φ_2，θ_2 分别为 zxy 顺序下的滚动角和偏航角。当 $\lambda_s=0$ 时，即为俯仰地球敏感器，有

$$\beta_H=\arctan\frac{\sin\theta_2}{\cos\theta_2}=\theta_2$$

因此，前滚动地球敏感器测量得到的姿态偏差角 β_H 对应于 zyx 顺序的滚动角 φ_1；而俯仰地球敏感器测量得到的姿态偏差角 β_H 对应于 zxy 顺序的俯仰角 θ_2。

对于上述 3 种情况，只要根据测量得到的姿态偏差角 β_H，就可直接得到某个姿态角 φ 或 θ。然后根据此时轨道参数可得到 ρ，再结合测量得到的弦宽信息 H_D，根据式(10.6)可以求得天底角 η。代入式(10.12)或式(10.13)的第一式，求得另外一个姿态角 θ 或 φ。对于 $\lambda_s\neq-\frac{\pi}{2},\frac{\pi}{2},0$ 的情况，则必须对式(10.12)或式(10.13)进行联合求解，才能确定姿态角 φ 和 θ。

3. 圆锥扫描式地球敏感器的常用布局方案

综上所述，若已知当前轨道参数，则仅根据一个单圆锥扫描地球敏感器的测量数据即可确定姿态角。但这样不仅需要已知轨道参数数据，而且计算过程不太方便。在实际应用中通常采用两个以上的单圆锥扫描地球敏感器，通过合理的配置和布局，即起到备份作用，正常工作时又能使计算过程更简单。

常用的圆锥扫描式地球敏感器的配置和布局有如下 3 种：

(1) 采用双圆锥扫描的地球敏感器。

这种地球敏感器有两个红外视场，共用一个扫描机构，扫描频率相同。但扫描圆锥的半顶角不同，即 $\gamma_1\neq\gamma_2$。则由式(10.6)可得

$$\begin{cases}\cos\rho=\cos\gamma_1\cos\eta+\sin\gamma_1\sin\eta\cos\dfrac{H_{D1}}{2}\\ \cos\rho=\cos\gamma_2\cos\eta+\sin\gamma_2\sin\eta\cos\dfrac{H_{D2}}{2}\end{cases}\tag{10.14}$$

消去 $\cos\rho$，整理得

$$\eta=\arctan\frac{\cos\gamma_1-\cos\gamma_2}{\sin\gamma_2\cos\dfrac{H_{D2}}{2}-\sin\gamma_1\cos\dfrac{H_{D1}}{2}} \tag{10.15}$$

因此对于双圆锥扫描的情况，不需要已知轨道参数即可求得天底角 η。双圆锥扫描地球敏感器的扫描轴通常与星体滚动轴或俯仰轴方向一致，因此可直接得到某一姿态角（双圆锥扫描地球敏感器能得到两个姿态偏差角 β_H，可通过平均方法提高该姿态角的测量精度），然后结合求得的天底角 η 及式（10.12）或式（10.13）得到另外一个姿态角。

（2）垂直安装方式。

即采用两个相同的单圆锥扫描地球敏感器，扫描轴分别与星体滚动轴和俯仰轴方向一致，扫描轴相隔 90°，可直接测量滚动姿态角和俯仰，如图 10.7(a) 所示。

若某个敏感器出现故障，则采用单圆锥地球敏感器定姿方案，因此可互为备份。

（3）共面安装方式。

共面安装是指两个相同的单圆锥扫描地球敏感器的扫描轴安装方向在一条直线上，但方向相反。例如，采用一个前滚动地球敏感器和一个后滚动地球敏感器的布局方案，如图 10.7(b) 所示。可直接由姿态偏差角得到滚动角为

$$\varphi=\frac{\beta_{H1}-\beta_{H2}}{2} \tag{10.16}$$

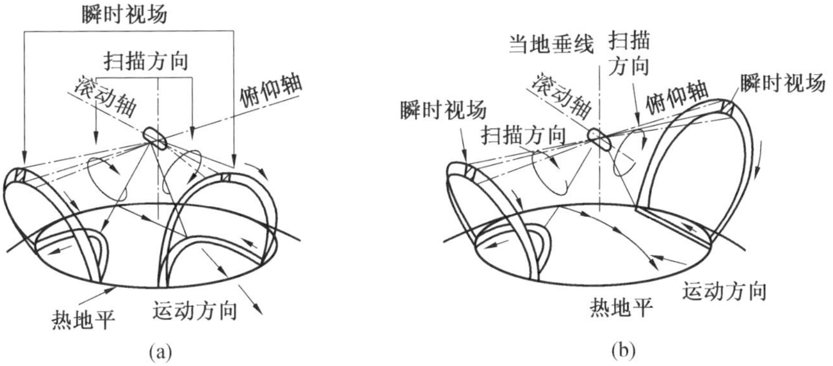

图 10.7　圆锥扫描红外敏感器的两种典型布局

式中，β_{H1}，β_{H2} 分别为前滚动和后滚动地球敏感器测量的姿态偏差角。

由式（10.11）可得到两个敏感器对应的天底角的关系式为

$$\cos\eta_1=-\sin\theta$$

$$\cos\eta_2=\sin\theta$$

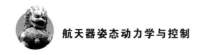

分别代入式(10.6),并消去 $\cos\rho$,得

$$\frac{\sin\theta}{|\cos\theta|}=\frac{1}{2}\tan\gamma\left(\cos\frac{H_{D1}}{2}-\cos\frac{H_{D2}}{2}\right) \tag{10.17}$$

若限制俯仰角的范围在 $\pm 90°$ 之间,则有

$$\theta=\arctan\left[\frac{1}{2}\tan\gamma\left(\cos\frac{H_{D1}}{2}-\cos\frac{H_{D2}}{2}\right)\right] \tag{10.18}$$

10.1.3 恒星方向的测量

下面以三轴稳定航天器上常用的 CCD 星敏感器为例,介绍恒星方向的测量。

CCD 星敏感器由光学系统和 CCD 面阵光敏元器件组成,来自星光的平行光经过光学系统,在 CCD 面阵上聚焦成像圈,散布在 $n\times n$ 像素面积上(n 通常取 4)。按定义星敏感器的测量坐标系如下:z_s 轴与星敏感器探头的光轴方向一致;x_s,y_s 分别垂直于光轴,且与 CCD 平面的两个基准方向平行,如图 10.8 所示。

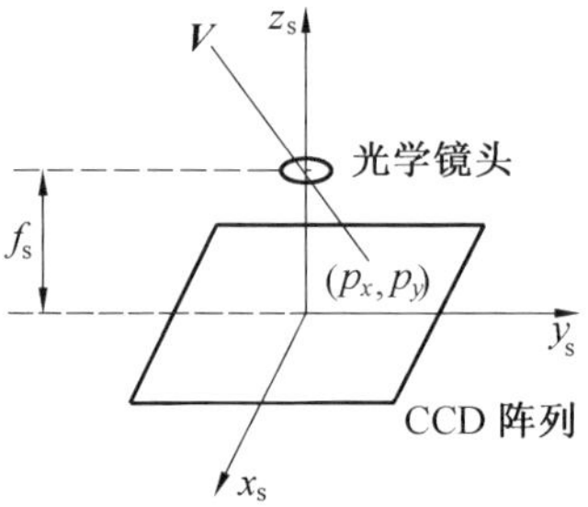

图 10.8 星敏感器的测量坐标系

通过能量中心法可确定星像的中心位置 p_x,p_y,其精度可达到角秒级。根据能量中心法,星像中心位置可由下式确定:

$$\begin{cases} p_x=\dfrac{\sum x_{ij}R_{ij}}{\sum R_{ij}} \\ p_y=\dfrac{\sum y_{ij}R_{ij}}{\sum R_{ij}} \end{cases} \tag{10.19}$$

式中,R_{ij} 为 CCD 像素(i,j)敏感的辐射强度;x_{ij},y_{ij} 分别为 CCD 像素(i,j)沿x_s轴和y_s 的坐标。

设光学系统的焦距为 f_s,根据聚焦几何关系,由星光像元在敏感器平面坐标的测量值 p_x,p_y,可得到星光矢量 $\boldsymbol{u}$ 在敏感器坐标系下的分量列阵为

$$\underline{V}_s = \frac{1}{\sqrt{p_x^2 + p_y^2 + f_s^2}} \begin{bmatrix} -p_x \\ -p_y \\ f_s \end{bmatrix} \tag{10.20}$$

再由敏感器安装矩阵 $\underline{C}_{sb}$ 可得该恒星矢量在星体坐标系下的观测分量列阵：

$$\underline{V}_b = \underline{C}_{sb}^{T} \underline{V}_s \tag{10.21}$$

根据观测几何，若通过星图识别算法辨识出该恒星对应的星号，则由星历表可查得此恒星在地心赤道惯性坐标系中的赤经 α、赤纬 δ，其在惯性坐标系中的分量列阵为

$$\underline{V}_I = \begin{bmatrix} \cos\alpha\cos\delta \\ \sin\alpha\cos\delta \\ \sin\delta \end{bmatrix} \tag{10.22}$$

则恒星矢量在测量坐标系中的观测方程为

$$\underline{V}_s = \underline{C}_{sb} \underline{C}_{bI} \underline{V}_I \tag{10.23}$$

式中，$\underline{C}_{bI}$ 为航天器本体坐标系相对惯性坐标系的方向余弦矩阵。

10.1.4　地磁场方向的测量

若三轴稳定航天器上沿星体的三轴正交安装 3 个磁强计，则可测得当地地磁场的磁感应强度矢量 $\boldsymbol{B}$ 在星体坐标系中的分量值(B_x，B_y，B_z)，得到磁场观测矢量 $\underline{B}_b$。

根据当前时刻航天器的轨道参数，应用地磁场模型可计算当地地磁场感应强度矢量在当地磁测坐标系下的分量列阵 $\underline{B}_e$，再根据轨道坐标系与当地磁测坐标系的坐标变换关系，可以求得矢量 $\boldsymbol{B}$ 在轨道坐标系中的分量列阵形式为

$$\underline{B}_o = \underline{C}_{oe} \underline{B}_e \tag{10.24}$$

式中，$\underline{C}_{oe}$ 为轨道坐标系相对当地磁测坐标系的方向余弦矩阵。根据这两个坐标系的定义，其表达式为

$$\underline{C}_{oe} = \underline{C}_z(\gamma) = \begin{bmatrix} \cos\gamma & \sin\gamma & 0 \\ -\sin\gamma & \cos\gamma & 0 \\ 0 & 0 & 1 \end{bmatrix}$$

式中，γ 为轨道坐标系的 x_o 轴与当地磁测坐标系的 x_e 轴(即当地东向)的夹角，有

$$\gamma = \arccos\ (\boldsymbol{i}_o \cdot \boldsymbol{i}_e)$$

$\boldsymbol{i}_o$ 和 $\boldsymbol{i}_e$ 用地心赤道惯性系的矢量基可描述为

$$\boldsymbol{i}_o = \frac{(\boldsymbol{R} \times \boldsymbol{V}) \times \boldsymbol{R}}{|\boldsymbol{R} \times \boldsymbol{V}|\ |\boldsymbol{R}|}$$

$$\boldsymbol{i}_e = -\sin\ (G+\lambda)\boldsymbol{i}_I + \cos\ (G+\lambda)\boldsymbol{j}_I$$

式中，$\boldsymbol{R}$，$\boldsymbol{V}$ 分别为航天器的位置矢量和速度矢量；λ 为航天器的地理经度；G 为此

时刻的格林尼治恒星时角。

10.1.5 无线电信标方向的测量

除上述的天然参考目标外，还可利用人造目标作为航天器姿态测定的参考基准。航天器天线系统接收地面站或导航卫星发射的电波，并测得该信标波束相对航天器天线坐标的方向。若已知地面站或导航卫星的精确位置，则信标矢量也可作为航天器姿态确定所需的姿态信息。

以地面站作为参考基准为例，在地面站与地球同步轨道通信卫星通信时，地面站向卫星恒定地发射固定方位的无线电波，此波束指向卫星的定点位置，无线电敏感器能测量此波束相对于卫星天线的方位。因此，从姿态测量原理角度，地面站可看作是陆标。

根据单脉冲比幅、比相的原理，卫星上的接收天线可以判别出地面来的目标波束偏离卫星天线接收中心线的角度。如图 10.9(a) 所示，两个接收天线通过接收开关轮换地测量目标波束的强度 $E_1(\alpha)$，$E_2(\alpha)$，其差值反映了波束的偏离角 α，这就是单脉冲比幅测角原理。又如图 10.9(b) 所示，相隔距离为 d 的两个星上天线同时接收地面站的电波辐射，当目标波束的入射方向偏离天线的瞄准轴时，两个天线的接收信号的相位差 γ 和波束的偏离角有关，$\gamma = 2\pi d\sin\alpha/\lambda$，其中 λ 为波长。此即为比相测角原理。

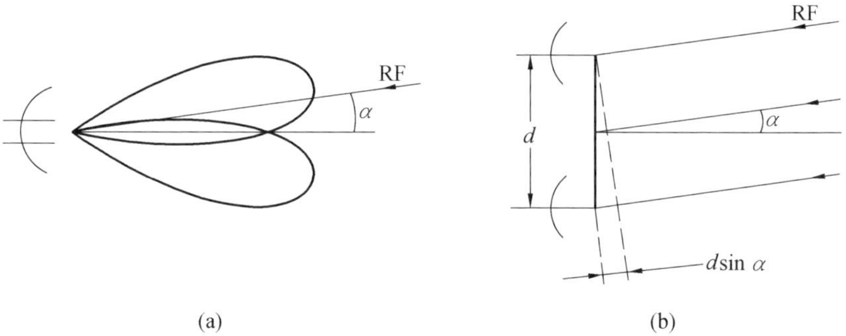

图 10.9 无线电敏感器测偏离角的原理

根据上述原理，若星上安装有不共线的 3 个天线，则可以测得目标波束在天线坐标系中的方位角 λ_s 和仰角 φ_s，则陆标矢量在天线坐标系中的观测矢量列阵为

$$\underline{\boldsymbol{L}}_s = \begin{bmatrix} \cos\lambda_s\cos\varphi_s \\ \sin\lambda_s\cos\varphi_s \\ \sin\varphi_s \end{bmatrix}$$

10.2　三轴稳定航天器的几种姿态直接确定方法

10.2.1　利用地球敏感器和太阳敏感器确定航天器的姿态

对地球卫星而言，地球和太阳是两个最易于观测的天体。若以航天器质心为原点，将天底矢量 $\boldsymbol{E}$ 和太阳矢量 $\boldsymbol{S}$ 作为参考矢量，由地球敏感器和太阳敏感器某个瞬时的测量数据，结合航天器的轨道参数和太阳的星历数据，就可确定航天器对地的三轴姿态。

1. 采用双矢量定姿原理的对地姿态确定方法

采用地球敏感器和太阳敏感器测量数据确定姿态的一种方法是直接应用双矢量定姿原理进行姿态确定。对于大多数对地定向三轴稳定航天器，通常采用轨道坐标系作为其参考坐标系。

根据参考矢量的定义和双矢量定姿原理，若进行双矢量定姿，需要完成如下 3 个步骤：

(1) 计算天底矢量 $\boldsymbol{E}$ 和太阳矢量 $\boldsymbol{S}$ 在轨道坐标系下的分量列阵 $\underline{\boldsymbol{E}}_{\mathrm{o}}$ 和 $\underline{\boldsymbol{S}}_{\mathrm{o}}$。

(2) 由姿态敏感器测量数据分别得到天底矢量 $\boldsymbol{E}$ 和太阳矢量 $\boldsymbol{S}$ 在星体坐标系下的分量列阵 $\underline{\boldsymbol{E}}_{\mathrm{b}}$ 和 $\underline{\boldsymbol{S}}_{\mathrm{b}}$。

(3) 由双矢量定姿公式计算星体坐标系相对轨道坐标系的方向余弦矩阵 $\underline{\boldsymbol{C}}_{\mathrm{bo}}$，然后转换为需要的姿态参数，如欧拉角等。

第一个计算过程比较简单，首先根据轨道坐标系定义，地心方向矢量 $\boldsymbol{E}$ 在轨道坐标系中的坐标列阵为

$$\underline{\boldsymbol{E}}_{\mathrm{o}} = [0 \quad 0 \quad 1]^{\mathrm{T}} \tag{10.25}$$

由航天器的轨道参数和太阳星历，可计算太阳矢量 $\boldsymbol{S}$ 在轨道坐标系中的坐标列阵为

$$\underline{\boldsymbol{S}}_{\mathrm{o}} = \begin{bmatrix} S_{\mathrm{o}x} \\ S_{\mathrm{o}y} \\ S_{\mathrm{o}z} \end{bmatrix} = \underline{\boldsymbol{C}}_{\mathrm{oI}} \underline{\boldsymbol{S}}_{i} \tag{10.26}$$

式中，$\underline{\boldsymbol{C}}_{\mathrm{oI}}$ 为当前时刻轨道坐标系相对惯性坐标系的方向余弦矩阵，可由轨道参数计算得到；$\underline{S}_{\mathrm{I}}$ 为太阳矢量 $\boldsymbol{S}$ 在地心赤道惯性系中分量列阵，可由太阳星历和航天器轨道参数计算得到，为简化计算，通常用地心—太阳的单位矢量代替。

下面讨论第二个计算过程。设航天器采用一个单圆锥扫描地球敏感器，若已知航天器的轨道高度可根据式(10.5)计算地球圆盘的视角半径 ρ，然后由敏感

器的测量值 H_D 和 H_s 及式(10.6)和式(10.4)，计算天底角 η 和姿态偏差角 β_H，可得到地心方向矢量 $\boldsymbol{E}$ 在测量坐标系中的分量列阵为

$$\underline{\boldsymbol{E}}_s=\begin{bmatrix}-\sin\beta_H\sin\eta\\ \cos\eta\\ \cos\beta_H\sin\eta\end{bmatrix} \tag{10.27}$$

然后计算天底矢量 $\boldsymbol{E}$ 在星体坐标系下的坐标列阵 $\underline{\boldsymbol{E}}_b$，即

$$\underline{\boldsymbol{E}}_b=(\underline{\boldsymbol{C}}_{Eb})^{T}\underline{\boldsymbol{E}}_s \tag{10.28}$$

式中，$\underline{\boldsymbol{C}}_{Eb}$ 为该地球敏感器的测量坐标系相对星体坐标系的方向余弦矩阵。

若航天器采用摆动扫描式或辐射热平衡式地球敏感器，则可直接测得滚动角和俯仰角，利用式(10.28)就可直接得到天底矢量 $\boldsymbol{E}$ 在星体坐标系下的坐标列阵 $\underline{\boldsymbol{E}}_b$。

太阳矢量 $\boldsymbol{S}$ 在星体坐标系下的坐标列阵 $\underline{\boldsymbol{S}}_b$ 可由数字太阳敏感器的测量数据和太阳敏感器的安装矩阵得到。为测量得到坐标列阵 $\underline{\boldsymbol{S}}_b$，航天器需要一个双轴式数字太阳敏感器或垂直安装的两个单轴数字太阳敏感器。

第三个计算过程，令 $\underline{\boldsymbol{W}}_o=(\underline{\boldsymbol{E}}_o)^{\times}\underline{\boldsymbol{S}}_o$，$\underline{\boldsymbol{W}}_b=(\underline{\boldsymbol{E}}_b)^{\times}\underline{\boldsymbol{S}}_b$，并设

$$\underline{\boldsymbol{A}}=[\underline{\boldsymbol{E}}_o\quad \underline{\boldsymbol{S}}_o\quad \underline{\boldsymbol{W}}_o]$$

$$\underline{\boldsymbol{B}}=[\underline{\boldsymbol{E}}_b\quad \underline{\boldsymbol{S}}_b\quad \underline{\boldsymbol{W}}_b]$$

则根据式(8.2)，可以得到星体坐标系相对轨道坐标系的姿态矩阵为

$$\underline{\boldsymbol{C}}_{bo}=\underline{\boldsymbol{B}}\underline{\boldsymbol{A}}^{-1} \tag{10.29}$$

然后再由方向余弦矩阵与欧拉角的关系计算出 3 个姿态角 φ,θ,ψ。

2. 采用坐标变换原理的对地姿态确定方法

另外一种采用地球敏感器和太阳敏感器测量数据确定姿态的方法是利用坐标变换的关系，先由地球敏感器的测量值确定航天器的滚动角和俯仰角，这个过程与航天器的偏航角无关；再由太阳敏感器的测量数据，结合航天器的轨道参数和太阳的星历数据，确定偏航角。

根据单轴式太阳敏感器的测量模型，太阳敏感器的测量值 α 满足

$$\tan\alpha=\frac{S_{sy}}{S_{sz}} \tag{10.30}$$

另一方面，根据太阳星历表数据和航天器的轨道数据可以得到太阳矢量在轨道坐标系下的坐标列阵 $\underline{\boldsymbol{S}}_o$，即

$$\underline{\boldsymbol{S}}_o=[S_{ox}\quad S_{oy}\quad S_{oz}]^{T}$$

考虑到如下坐标变换关系式

$$\underline{\boldsymbol{S}}_s=\underline{\boldsymbol{C}}_{sb}\underline{\boldsymbol{C}}_{bo}\underline{\boldsymbol{S}}_o \tag{10.31}$$

式中，$\underline{\boldsymbol{C}}_{sb}$ 为太阳敏感器相对星体的安装矩阵，其各个元素记为

$$\underline{\boldsymbol{C}}_{sb}=\begin{bmatrix}S_{11} & S_{12} & S_{13}\\ S_{21} & S_{22} & S_{23}\\ S_{31} & S_{32} & S_{33}\end{bmatrix} \tag{10.32}$$

当规定欧拉角转动次序为 zyx 时，姿态矩阵 $\underline{\boldsymbol{C}}_{bo}$ 由滚动角 φ、俯仰角 θ 和偏航角 ψ 给出。由于航天器的滚动角 φ 和俯仰角 θ 可由红外地球敏感器测出，因此太阳矢量在敏感器坐标系下的坐标分量可以表示为偏航角 ψ 的函数，因此只要由式(10.31)得到太阳矢量在敏感器测量坐标系下的两个分量 S_{sy} 和 S_{sz}，就可根据关系式求得偏航角 ψ。

由式(10.31)，可得分量 $\boldsymbol{S}_y$ 为

$$\begin{aligned}\boldsymbol{S}_y=&[S_{21}\quad S_{22}\quad S_{23}]\underline{\boldsymbol{C}}_x(\varphi)\underline{\boldsymbol{C}}_y(\theta)\underline{\boldsymbol{C}}_z(\psi)\underline{\boldsymbol{S}}_o=\\&[S_{21}\quad S_{22}\quad S_{23}]\begin{bmatrix}1 & 0 & 0\\ 0 & \cos\varphi & \sin\varphi\\ 0 & -\sin\varphi & \cos\varphi\end{bmatrix}\begin{bmatrix}\cos\theta & 0 & -\sin\theta\\ 0 & 1 & 0\\ \sin\theta & 0 & \cos\theta\end{bmatrix}\\&\begin{bmatrix}S_{ox} & S_{oy} & 0\\ S_{oy} & -S_{ox} & 0\\ 0 & 0 & S_{oz}\end{bmatrix}\begin{bmatrix}\cos\psi\\ \sin\psi\\ 1\end{bmatrix}\end{aligned} \tag{10.33}$$

同样，$\boldsymbol{S}_z$ 可表示为

$$\begin{aligned}\boldsymbol{S}_z=&[S_{31}\quad S_{32}\quad S_{33}]\begin{bmatrix}1 & 0 & 0\\ 0 & \cos\varphi & \sin\varphi\\ 0 & -\sin\varphi & \cos\varphi\end{bmatrix}\begin{bmatrix}\cos\theta & 0 & -\sin\theta\\ 0 & 1 & 0\\ \sin\theta & 0 & \cos\theta\end{bmatrix}\\&\begin{bmatrix}S_{ox} & S_{oy} & 0\\ S_{oy} & -S_{ox} & 0\\ 0 & 0 & S_{oz}\end{bmatrix}\begin{bmatrix}\cos\psi\\ \sin\psi\\ 1\end{bmatrix}\end{aligned} \tag{10.34}$$

将式(10.33)和式(10.34)代入式(10.30)，可导出关于偏航角 ψ 的三角方程为

$$\varepsilon_1\cos\psi+\varepsilon_2\sin\psi+\varepsilon_3=0 \tag{10.35}$$

其中系数 $\varepsilon_1,\varepsilon_2,\varepsilon_3$ 由下式给出：

$$\begin{aligned}\begin{bmatrix}\varepsilon_1\\ \varepsilon_2\\ \varepsilon_3\end{bmatrix}=&\begin{bmatrix}S_{ox} & S_{oy} & 0\\ S_{oy} & -S_{ox} & 0\\ 0 & 0 & S_{oz}\end{bmatrix}\begin{bmatrix}\cos\theta & 0 & \sin\theta\\ 0 & 1 & 0\\ -\sin\theta & 0 & \cos\theta\end{bmatrix}\begin{bmatrix}1 & 0 & 0\\ 0 & \cos\varphi & -\sin\varphi\\ 0 & \sin\varphi & \cos\varphi\end{bmatrix}\cdot\\&\left(\begin{bmatrix}S_{21}\\ S_{22}\\ S_{23}\end{bmatrix}-\tan\alpha\begin{bmatrix}S_{31}\\ S_{32}\\ S_{33}\end{bmatrix}\right)\end{aligned} \tag{10.36}$$

求解方程式(10.35)，便得到偏航角 ψ 为

$$\psi = -\arcsin\frac{\varepsilon_3}{\sqrt{\varepsilon_1^2+\varepsilon_2^2}} - \arctan\frac{\varepsilon_1}{\varepsilon_2} \tag{10.37}$$

若规定姿态矩阵的欧拉转动顺序为 zxy 时，由红外地球敏感器的测量值给出滚动角 φ 和俯仰角 θ，偏航角 ψ 仍然可由式(10.35)求得，式中的系数 $\varepsilon_1,\varepsilon_2,\varepsilon_3$ 相应地改为

$$\begin{bmatrix}\varepsilon_1\\ \varepsilon_2\\ \varepsilon_3\end{bmatrix} = \begin{bmatrix} S_{ox} & S_{oy} & 0\\ S_{oy} & -S_{ox} & 0\\ 0 & 0 & S_{oz}\end{bmatrix}\begin{bmatrix}1 & 0 & 0\\ 0 & \cos\varphi & -\sin\varphi\\ 0 & \sin\varphi & \cos\varphi\end{bmatrix}\begin{bmatrix}\cos\theta & 0 & \sin\theta\\ 0 & 1 & 0\\ -\sin\theta & 0 & \cos\theta\end{bmatrix}\cdot \left(\begin{bmatrix}S_{21}\\ S_{22}\\ S_{23}\end{bmatrix} - \tan\alpha\begin{bmatrix}S_{31}\\ S_{32}\\ S_{33}\end{bmatrix}\right) \tag{10.38}$$

在滚动角 φ 和俯仰角 θ 均为小量的情形下，式(10.36)和式(10.38)可简化为

$$\begin{bmatrix}\varepsilon_1\\ \varepsilon_2\\ \varepsilon_3\end{bmatrix} = \begin{bmatrix} S_{ox} & S_{oy} & 0\\ S_{oy} & -S_{ox} & 0\\ 0 & 0 & S_{oz}\end{bmatrix}\begin{bmatrix}1 & 0 & \theta\\ 0 & 1 & -\varphi\\ -\theta & \varphi & 1\end{bmatrix}\left(\begin{bmatrix}S_{21}\\ S_{22}\\ S_{23}\end{bmatrix} - \tan\alpha\begin{bmatrix}S_{31}\\ S_{32}\\ S_{33}\end{bmatrix}\right) \tag{10.39}$$

需要说明的是，采用这种方法进行姿态确定，只需要一个数字式太阳敏感器的测量数据即可。这一点与使用双矢量定姿公式的方法不同。

3. 机动变轨过程中的三轴姿态确定

下面以东方红三号通信广播卫星远地点变轨段的姿态确定任务为背景，介绍一种由红外地球敏感器和太阳敏感器构成的测量系统确定航天器三轴姿态的算法。

东方红三号是三轴稳定的地球静止轨道卫星，在正常的轨道运行模式下，采用偏置动量稳定的姿态控制方式，由地球敏感器直接测量滚动和俯仰姿态，利用滚动－偏航通道的运动耦合对偏航姿态进行间接控制，这时可不要求确定卫星的偏航角；但在远地点变轨、静止轨道位置保持等涉及轨道机动的模式下，则要求对偏航姿态进行直接控制，这时要求同时利用红外地球敏感器和太阳敏感器的测量数据确定卫星的三轴姿态。但在远地点变轨过程中，卫星由倾角约为28.5°的大椭圆轨道进入零倾角的地球静止轨道，为保持远地点发动机的推力方向，要求对卫星进行三轴姿态控制。

由于在变轨过程中，卫星的轨道平面在不断变化，轨道坐标系相对于惯性空间变化的规律不易准确得到，因而不适宜采用一般的轨道坐标系作为卫星姿态确定的参考坐标系。为此，重新定义参考坐标系 $Ox_R y_R z_R$ 如下：z_R 轴指向地心方向，y_R 轴位于当地子午面并指向南，x_R 轴构成右手正交系。远地点发动机推

力矢量的标称方向沿卫星本体x_b轴。发动机工作期间卫星的标称姿态为：卫星本体z_b轴指向地心，并且本体坐标系相对参考坐标系绕z_b轴转过给定的偏航角ψ_0，这里ψ_0由远地点变轨的策略所决定。考虑到卫星的实际姿态相对于标称姿态的偏差，其姿态矩阵可以认为是在标称姿态矩阵的基础上分别绕本体x_b，y_b，z_b做小角度转动得到，即

$$\underline{\boldsymbol{C}}_{bR}=\begin{bmatrix}1 & \Delta\psi & -\theta\\ -\Delta\psi & 1 & \varphi\\ \theta & -\varphi & 1\end{bmatrix}\begin{bmatrix}\cos\psi_0 & \sin\psi_0 & 0\\ -\sin\psi_0 & \cos\psi_0 & 0\\ 0 & 0 & 1\end{bmatrix} \tag{10.40}$$

基于上面的给出的参考系定义，由测量时刻卫星的轨道位置参数：地心距R、赤经λ和赤纬φ，可以求得参考坐标系相对于地心赤道惯性坐标系的转换矩阵$\boldsymbol{C}_{RI}$。由此可将太阳方向矢量$\boldsymbol{S}$在地心赤道坐标系中的坐标$\underline{\boldsymbol{S}}_I$转换为在参考系中的坐标$\underline{\boldsymbol{S}}_R$。为了计算方便，将$\underline{\boldsymbol{S}}_R$转为由方位角$\lambda_s$和$\theta_{sE}$表示，其中$\theta_{sE}$是太阳矢量$\boldsymbol{S}$与天底矢量$\boldsymbol{E}$的夹角，$\lambda_s$是太阳矢量$\boldsymbol{S}$在参考坐标系$Ox_Ry_R$平面中的投影与$x_R$的夹角(规定偏向$y_R$轴方向为正)，则$\underline{\boldsymbol{S}}_R$可表示为

$$\underline{\boldsymbol{S}}_R=\begin{bmatrix}\sin\theta_{sE}\cos\lambda_s\\ \sin\theta_{sE}\sin\lambda_s\\ \cos\theta_{sE}\end{bmatrix} \tag{10.41}$$

东方红三号卫星的姿态测量系统包括 4 个摆动扫描红外地球敏感器和 1 个数字式太阳敏感器，其太阳敏感器安装方式如图 10.10 所示。

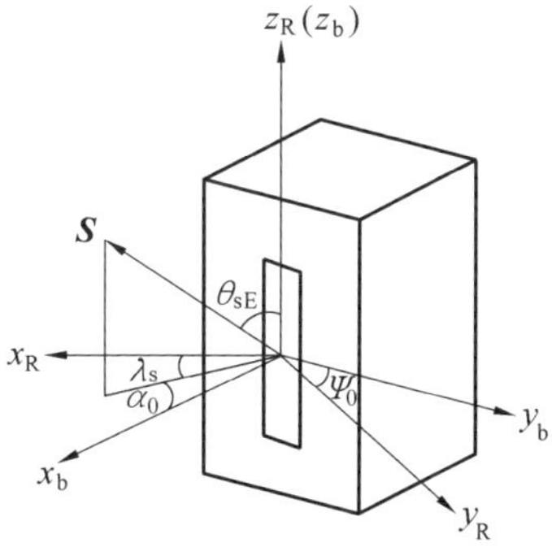

图 10.10　东方红三号卫星太阳敏感器安装位置示意图(卫星位于标称姿态)

其测量坐标系使z_s和x_s轴分别沿卫星本体x_b和z_b轴，相应的安装矩阵为

$$\underline{\boldsymbol{C}}_{sb}=\begin{bmatrix}0 & 0 & 1\\ 0 & -1 & 0\\ 1 & 0 & 0\end{bmatrix} \tag{10.42}$$

基于敏感器测量模型，红外扫描光轴在进入或穿出地球边缘时给出脉冲信号，由此可测得相应的扫描角。在滚动角和俯仰角均为小量的情况下，由扫描角

可以直接给出滚动角 φ 和俯仰角 θ。这样卫星三轴姿态确定的主要问题是利用太阳敏感器的测量值确定卫星的偏航角增量 $\Delta\psi$。

将式(10.40)～(10.42)代入坐标转换关系式

$$\underline{\boldsymbol{S}}_{\mathrm{s}}=\underline{\boldsymbol{C}}_{\mathrm{sb}}\boldsymbol{C}_{\mathrm{BR}}\underline{\boldsymbol{S}}_{\mathrm{R}} \tag{10.43}$$

可以导出

$$S_y=\sin\theta_{\mathrm{sE}}\sin(\psi_0-\lambda_{\mathrm{s}})-\varphi\cos\theta_{\mathrm{sE}}+\Delta\psi\sin\theta_{\mathrm{sE}}\cos(\psi_0-\lambda_{\mathrm{s}}) \tag{10.44}$$

$$S_z=\sin\theta_{\mathrm{sE}}\cos(\psi_0-\lambda_{\mathrm{s}})-\theta\cos\theta_{\mathrm{sE}}-\Delta\psi\sin\theta_{\mathrm{sE}}\sin(\psi_0-\lambda_{\mathrm{s}}) \tag{10.45}$$

卫星在标称姿态下，$\varphi=0$，$\theta=0$，偏航角为 ψ_0，$\Delta\psi=0$，对应的 S_y 和 S_z 的标称值分别为

$$S_y^0=\sin\theta_{\mathrm{sE}}\sin(\psi_0-\lambda_{\mathrm{s}})$$

$$S_z^0=\sin\theta_{\mathrm{sE}}\cos(\psi_0-\lambda_{\mathrm{s}})$$

标称姿态下太阳敏感器的测量值可写为

$$\alpha_0=\arctan\frac{S_y^0}{S_z^0}=\arctan\left[\frac{\sin\theta_{\mathrm{sE}}\sin(\psi_0-\lambda_{\mathrm{S}})}{\sin\theta_{\mathrm{sE}}\cos(\psi_0-\lambda_{\mathrm{S}})}\right]=\psi_0-\lambda_{\mathrm{s}} \tag{10.46}$$

在卫星姿态相对于标称姿态的滚动角 φ、俯仰角 θ 以及偏航角的增量 $\Delta\psi$ 均为小量的情况下，太阳敏感器的测量值 α 与 α_0 的差值可以写作 φ，θ 和 $\Delta\psi$ 的线性函数，即

$$\alpha-\alpha_0=\left.\frac{\partial\alpha}{\partial\varphi}\right|_0\varphi+\left.\frac{\partial\alpha}{\partial\theta}\right|_0\theta+\left.\frac{\partial\alpha}{\partial\Delta\psi}\right|_0\Delta\psi \tag{10.47}$$

式中，偏导数的下标“0”表示在标称姿态下的取值。由式(10.44)、式(10.45)和

$$\alpha=\arctan\frac{S_y}{S_z} \tag{10.48}$$

可以导出

$$\begin{cases}\left.\dfrac{\partial\alpha}{\partial\varphi}\right|_0=-\dfrac{\cos\alpha_0}{\tan\theta_{\mathrm{SE}}}\\[2ex]\left.\dfrac{\partial\alpha}{\partial\theta}\right|_0=\dfrac{\sin\alpha_0}{\tan\theta_{\mathrm{SE}}}\\[2ex]\left.\dfrac{\partial\alpha}{\partial\Delta\psi}\right|_0=1\end{cases} \tag{10.49}$$

将式(10.49)代入式(10.47)得

$$\alpha-\alpha_0=-\frac{\cos\alpha_0}{\tan\theta_{\mathrm{sE}}}\varphi+\frac{\sin\alpha_0}{\tan\theta_{\mathrm{sE}}}\theta+\Delta\psi$$

这样就导出了关系式

$$\Delta\psi=\alpha-\alpha_0+\frac{\varphi\cos\alpha_0-\theta\sin\alpha_0}{\tan\theta_{\mathrm{sE}}} \tag{10.50}$$

利用式(10.50)便可由太阳敏感器的测量值确定卫星的偏航角。

利用红外地球敏感器和太阳敏感器确定卫星三轴姿态，其主要误差源有：

(1) 敏感器的测量误差。包括随机测量误差和系统测量误差(如红外地球敏感器给出的触发脉冲时刻的测量误差,太阳敏感器码盘的测量误差,红外地球敏感器基准点的测量误差)。对敏感器性能进行标定可以部分补偿系统测量误差的影响。

(2) 敏感器的安装误差。此为系统误差。在卫星总装后对敏感器安装位置的标定可以部分补偿安装误差的影响。

(3) 测量基准的误差。卫星观察到的地球的红外辐射圆盘中心的方向矢量相对于地心方向矢量存在误差,引起姿态的误差。利用地球的红外辐射模型和卫星的轨道参数可对此误差部分补偿。

(4) 轨道参数的误差。在由太阳星历数据计算太阳方向矢量在轨道坐标系中的坐标的过程中引入卫星的轨道参数,所以轨道参数的误差将引起姿态误差。

利用红外地球敏感器和太阳敏感器确定卫星三轴姿态的基本原理是双矢量定姿。若在航天器沿轨道运行的某些位置上,地心方向矢量与太阳方向矢量接近共线,此时两个参考矢量退化为一个参考矢量,由此将产生较大的姿态测量误差。应避免利用这样的测量数据确定航天器的姿态。

10.2.2　利用星敏感器确定航天器的姿态

星敏感器是姿态敏感器中最精确的测量仪器,测量精度能达到角秒级,因此广泛应用于航天器的高精度姿态的确定。由于恒星相对于惯性空间的方位是已知的并且保持不变,因此由星敏感器的测量值可以确定航天器相对于惯性空间的姿态参数。若给出测量时刻航天器的轨道参数,则可以从惯性姿态转换得到航天器相对于轨道坐标系的对地姿态。

目前,星敏感器大多采用由电荷耦合器件(CCD) 构成的星敏感器来测量恒星方向矢量。由星敏感器的测量值确定姿态,首先要求识别测量的星像,使其与已有的恒星星表中的恒星建立一一对应的关系,此过程称为星图识别。基于星图识别建立的星图星像与导航星中恒星的对应关系,星敏感器在某个时刻测量的 N 颗恒星,可以得到如下的坐标变换关系式:

$$(\mathbf{V}_i)_{\mathrm{s}} = \underline{\mathbf{C}}_{\mathrm{sI}}(\mathbf{V}_i)_{\mathrm{I}}, \quad i = 1, \cdots, N \tag{10.51}$$

式中,$\underline{\mathbf{C}}_{\mathrm{sI}}$ 是描述星敏感器测量坐标系相对于地心赤道惯性坐标系的转换矩阵;$(\mathbf{V}_i)_{\mathrm{s}}$ 为序号为 i 的恒星方向矢量 $\mathbf{V}_i$ 在星敏感器测量坐标系中的坐标列阵,可以通过式(10.20) 由星敏感器的测量值给出;$(\mathbf{V}_i)_{\mathrm{I}}$ 为相应恒星的方向矢量在地心赤道惯性坐标系中的坐标,可以由导航星表给出的恒星的赤经和赤纬 (λ_i, φ_i) 确定。

以两个不共线的恒星矢量作为参考矢量,利用双矢量定姿原理便可确定姿

态矩阵 $\underline{C}_{sI}$。

实际上在星敏感器单次测量中，通常可获得星像的个数大于 2，为提高定姿精度，通常采用多矢量定姿技术。由某个时刻星敏感器给出的 $N(N\geqslant 2)$ 个不共线的恒星方向矢量的测量值确定航天器三轴姿态问题，可以描述为求解正交矩阵 $\underline{C}_{sI}$ 使下面的代价函数最小：

$$L(C)=\frac{1}{2}\sum_{i=1}^{N}w_i\ \left|(\boldsymbol{V}_i)_s-\underline{C}_{sI}(\boldsymbol{V}_i)_I\right|^2 \tag{10.52}$$

式中，w_i 为加权系数。上述问题一般称为 Wahba 问题，式(10.52) 给出的最优正交矩阵 $\underline{C}_{sI}^{*}$ 即为星敏感器测量坐标系相对地球赤道惯性系的姿态矩阵 $\underline{C}_{sI}$ 的最优估计值。求解 Wahba 问题常用的有四元数估计法等。

在获得星敏感器测量坐标系相对于惯性系的姿态矩阵后，就可根据下式计算星体相对惯性系的姿态矩阵。

$$\underline{C}_{bI}=(\underline{C}_{Sb})^{T}\underline{C}_{sI} \tag{10.53}$$

式中，$\underline{C}_{Sb}$ 为星敏感器测量坐标系的安装矩阵。

上面的方法从原理来讲是成立的，但对于小视场星敏感器来讲，某次测量得到的几个恒星矢量之间的角度很小，近似于平行，用此测量数据求取星敏感器测量坐标系相对惯性系的姿态矩阵误差较大。因此小视场星敏感器的测量输出通常为星敏感器的光轴在地心赤道惯性系中的坐标的最小二乘意义下的最优估计值。通常星体上安装两个星敏感器，在同一测量时刻对两个星敏感器进行曝光，得到两幅星图，通过星敏感器数据处理单元进行星图识别，分别处理得到两个探头光轴矢量在惯性坐标系中的坐标分量。由于两个探头的光轴在星体坐标系中的安装方位是已知的，因此可通过双矢量定姿原理计算得到星体的惯性姿态。

设星敏感器的两个光轴矢量为$\boldsymbol{V}_{T1}$ 和$\boldsymbol{V}_{T2}$，则这两个矢量在惯性系下的分量列阵 $\underline{\boldsymbol{V}}_{I1}$ 和 $\underline{\boldsymbol{V}}_{I2}$ 可通过星敏感器的测量值获得。根据两个星敏感器探头在航天器上的安装位置，可以得到这两个光轴矢量在星本体坐标系中的坐标列阵 $\underline{\boldsymbol{V}}_{b1}$ 和 $\underline{\boldsymbol{V}}_{b2}$。

令 $\underline{\boldsymbol{A}}=[\underline{\boldsymbol{V}}_{I1}\quad \underline{\boldsymbol{V}}_{I2}\quad \underline{\boldsymbol{V}}_{I1}^{\times}\underline{\boldsymbol{V}}_{I2}]$，$\underline{\boldsymbol{B}}=[\underline{\boldsymbol{V}}_{b1}\quad \underline{\boldsymbol{V}}_{b2}\quad \underline{\boldsymbol{V}}_{b1}^{\times}\underline{\boldsymbol{V}}_{b2}]$，根据双矢量定姿公式，可得星体坐标系相对惯性系的姿态矩阵为

$$\underline{C}_{bI}=\underline{\boldsymbol{BA}}^{-1} \tag{10.54}$$

若两个探头为垂直安装，则矩阵 $\underline{\boldsymbol{A}}$ 为正交矩阵，则式(10.54) 可改写为

$$\underline{C}_{bI}=\underline{\boldsymbol{BA}}^{T} \tag{10.55}$$

对于对地观测卫星，需要得到星体相对轨道坐标系的姿态参数，因此还需要知道航天器的轨道参数来计算轨道坐标系相对惯性系的姿态矩阵，并根据下式计算航天器本体相对轨道坐标系的姿态矩阵。

$$\underline{C}_{bo}=\underline{C}_{bI}(\underline{C}_{oI})^{T} \tag{10.56}$$

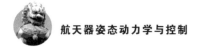

利用星敏感器确定航天器三轴姿态的主要误差源有：

(1) 星敏感器的测量误差。其中随机测量误差主要取决于 CCD 阵列的暗电流，系统测量误差有光学误差的畸变、CCD 像素几何位置的不均匀性等通过星敏感器性能的标定可以部分补偿系统测量误差的影响。

(2) 星敏感器的安装误差。此为系统误差，星敏感器本身的测量精度(标定后约几个角秒)，而其安装误差则相对大得多(约 1 角分)，因为星敏感器的安装误差对于姿态确定的精度有较大的影响。在航天器发射前，利用专门的检测设备对星敏感器安装位置进行标定可以部分补偿安装误差的影响。对于航天器在轨运行时星敏感器的安装误差(因航天器发射过程振动引起的结构变形、太阳光照产生的结构热变形等)，可以利用星敏感器在轨的测量数据对几个星敏感器之间的相对安装位置进行标定。需要说明的是，航天器姿态确定的误差最终表现为星上有效载荷的指向误差，通常利用在轨测量数据对几个星敏感器和若干个有效载荷两两之间的相对安装位置进行标定，可部分补偿星敏感器和有效载荷的安装误差对有效载荷指向的影响。

(3) 轨道参数的误差。由星敏感器的测量数据可以确定航天器的惯性姿态，将其转换为对地姿态则要引入轨道参数，因为轨道参数的误差会引起卫星对地姿态的误差。

10.2.3　利用全球定位系统确定三轴姿态

全球定位系统(GPS) 是美国研制的卫星导航系统，由 24 颗运行在高度约为 20 200 km 的 b 条近圆轨道上的导航星组成。利用用户卫星上安装的 GPS 接收机接收 4 颗或 4 颗以上的导航星发送的无线电信号并进行处理，可以实时地确定卫星的位置和速度。

与地面站作为无线电信标进行姿态测量的原理相同，由用户星上的两个 GPS 天线接收到的同一导航星发送的信号，利用干涉法可确定无线电波的传播方向矢量(即由用户卫星指向该导航星的方向矢量) 与两个天线连线之间的夹角。若用户卫星上安装有 3 个或 3 个以上不共线的接收天线，其两两之间的连线便构成了两条以上不共线的干涉测量基线。以这些天线跟踪接收两颗或两颗以上的导航星信号，便可用导航星的方向矢量作为姿态测量的参考矢量，由干涉测量值确定航天器的姿态。

下面简要说明利用全球定位系统确定航天器三轴姿态的过程。

如图 10.11 所示，3 个不共线的 GPS 接收天线 A，B，C 固联于航天器本体，其安装位置在航天器本体坐标系中的坐标分别为 $[r_{Ax}\quad r_{Ay}\quad r_{Az}]^{\mathrm{T}}$，$[r_{Bx}\quad r_{By}\quad r_{Bz}]^{\mathrm{T}}$ 和 $[r_{Cx}\quad r_{Cy}\quad r_{Cz}]^{\mathrm{T}}$。由此可确定两条不共线的测量基线 AB，AC 的方向矢量在航天器的本体坐标系中的坐标列阵为

$$(\boldsymbol{L}_{AB})_{\mathrm{b}}=\begin{bmatrix}L_{1x}\\L_{1y}\\L_{1z}\end{bmatrix}=\frac{1}{\sqrt{(r_{Bx}-r_{Ax})^2+(r_{By}-r_{Ay})^2+(r_{Bz}-r_{Az})^2}}\begin{bmatrix}r_{Bx}-r_{Ax}\\r_{By}-r_{Ay}\\r_{Bz}-r_{Az}\end{bmatrix}\tag{10.57}$$

$$(\boldsymbol{L}_{AC})_{\mathrm{b}}=\begin{bmatrix}L_{2x}\\L_{2y}\\L_{2z}\end{bmatrix}=\frac{1}{\sqrt{(r_{Cx}-r_{Ax})^2+(r_{Cy}-r_{Ay})^2+(r_{Cz}-r_{Az})^2}}\begin{bmatrix}r_{Cx}-r_{Ax}\\r_{Cy}-r_{Ay}\\r_{Cz}-r_{Az}\end{bmatrix}\tag{10.58}$$

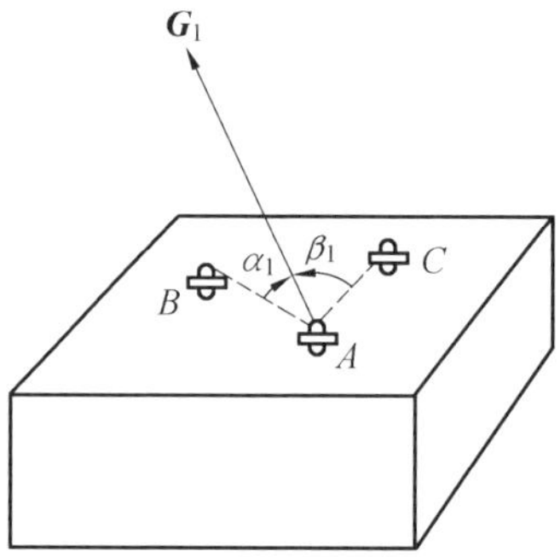

图 10.11　全球定位系统接收天线测量示意图

若天线 A,B,C 分别跟踪接收某导航星 G_1 的信号，利用干涉测量法测量天线 A,B,C 接收到的信号相位差，可精确地测量到该导航星到天线 A,B,C 的距离之差，由此高精度的距离差以及测量基线 AB,AC 的长度，便可求得导航星方向矢量$\boldsymbol{G}_1$ 与基线 AB,AC 之间的夹角，分别记为 α_1,β_1。将单位矢量$\boldsymbol{G}_1$ 在航天器本体坐标系中的坐标记为

$$(\boldsymbol{G}_1)_{\mathrm{b}}=[G_{1Bx}\quad G_{1By}\quad G_{1Bz}]^{\mathrm{T}}\tag{10.59}$$

则有如下关系式

$$\left.\begin{aligned}\cos\alpha_1=L_{1x}G_{1Bx}+L_{1y}G_{1By}+L_{1z}G_{1Bz}\\\cos\beta_1=L_{2x}G_{1Bx}+L_{2y}G_{1By}+L_{2z}G_{1Bz}\end{aligned}\right\}\tag{10.60}$$

由此可以解得

$$(\boldsymbol{G}_1)_{\mathrm{b}}=k_1(\boldsymbol{L}_{AB})_{\mathrm{b}}+k_2(\boldsymbol{L}_{AC})_{\mathrm{b}}\pm k_3(\boldsymbol{L}_{AB})_{\mathrm{b}}^{\times}(\boldsymbol{L}_{AC})_{\mathrm{b}}\tag{10.61}$$

式中

$$\begin{cases} k_1 = \dfrac{\cos\alpha_1 - p\cos\beta_1}{1-p^2} \\ k_2 = \dfrac{\cos\beta_1 - p\cos\alpha_1}{1-p^2} \\ k_3 = \dfrac{\sqrt{\sin^2\alpha_1\,\sin^2\beta_1 - (p-\cos\alpha_1\cos\beta_1)^2}}{\sqrt{1-p^2}} \\ p = L_{1x}L_{2x} + L_{1y}L_{2y} + L_{1z}L_{2z} \end{cases} \tag{10.62}$$

式(10.61)给出的矢量$\boldsymbol{G}_1$的两个解位于基线 AB 和 AC 所构成的平面的两侧，根据天线的安装位置和接收范围很容易剔除伪解。

由导航星 G_1 发送的无线电信号，可以确定该导航星位置矢量在地心赤道惯性坐标系中的坐标，记为$(R_{G_{1x}},R_{G_{1y}},R_{G_{1z}})$；由用户卫星接收到的 4 颗导航星发送的信号，经过处理可以确定用户星的位置矢量在地心赤道惯性系中的坐标，记为(R_{sx},R_{sy},R_{sz})，则导航星方向矢量$\boldsymbol{G}_1$在地心赤道惯性系中的坐标为

$$(\boldsymbol{G}_1)_1 = \begin{bmatrix} G_{1x} \\ G_{1y} \\ G_{1z} \end{bmatrix} = \frac{1}{\sqrt{(R_{G_{1x}}-R_{sx})^2 + (R_{G_{1y}}-R_{sy})^2 + (R_{G_{1z}}-R_{sz})^2}} \begin{bmatrix} R_{G_{1x}} - R_{sx} \\ R_{G_{1y}} - R_{sy} \\ R_{G_{1z}} - R_{sz} \end{bmatrix} \tag{10.63}$$

这样，式(10.61)和式(10.63)分别给出了导航星 G_1 对应的方向矢量$\boldsymbol{G}_1$在航天器本体坐标系和地心赤道惯性坐标系中的坐标。类似地，由天线 A,B,C 跟踪接收另一颗导航星 G_2，可以得到相应的方向矢量$\boldsymbol{G}_2$在航天器本体坐标系和地心赤道惯性坐标系中的坐标。以$\boldsymbol{G}_1,\boldsymbol{G}_2$作为姿态测量的参考矢量，由双矢量定姿公式就可确定航天器本体坐标系相对于地心赤道惯性坐标系的姿态矩阵 $\underline{\boldsymbol{C}}_{\mathrm{bI}}$。若天线 A,B,C 同时跟踪接收的导航星数目超过 2 颗，则采用多参考矢量定姿方法来得到最小二乘意义上的最优姿态矩阵。利用 GPS 接收机的测量信息可以确定用户卫星的位置和速度，结合测量得到的姿态矩阵 $\underline{\boldsymbol{C}}_{\mathrm{bI}}$，由此很容易地得到航天器本体坐标系相对轨道坐标系的姿态矩阵 $\underline{\boldsymbol{C}}_{\mathrm{bo}}$。

目前，美国、俄罗斯及欧盟等均对利用全球定位系统确定航天器姿态的课题开展了研究工作，并进行了在轨试验，定姿精度可以达到0.1°。采用全球定位系统进行姿态确定的精度主要取决于 GPS 接收机干涉测量的精度。目前进行的一些试验已经证实，利用全球定位系统进行姿态确定的精度可以达到0.05°～0.1°。

10.2.4　基于轨道罗盘原理的姿态确定方法

我们已经知道，采用红外地球敏感器可以给出航天器相对于轨道坐标系的

滚动角和俯仰角，但不能给出星体偏航角；而由速率陀螺则可以测量航天器本体相对于惯性空间的角速度矢量。利用航天器在轨道运行过程中滚动角与偏航角之间的运动耦合关系，通过对输入轴分别沿滚动轴和偏航轴的速率陀螺的测量值以及红外地球敏感器给出的滚动角测量值的处理，经过一定的过渡过程之后可以估计出航天器的偏航角。这种由陀螺和红外地球敏感器构成的航天器三轴姿态确定系统称为轨道罗盘。轨道罗盘系统有时也称为经典的姿态参考系统(CARS)，是最早的姿态测量系统，精度低于 0.1°，早期采用星上模拟电路实现，目前也采用数字技术实现。下面简要介绍轨道罗盘的基本原理。

航天器本体坐标系 $Ox_b y_b z_b$ 相对于轨道坐标系 $Ox_o y_o z_o$ 的姿态由滚动角 φ、俯仰角 θ 和偏航角 ψ 给出（假设 φ,θ,ψ 均为小量）；航天器沿轨道运行时的瞬时角速度大小为 ω_o，沿轨道系的 y_o 负方向。航天器相对于惯性空间的角速度可以分解为两个部分：其一，其本体坐标系相对于轨道坐标系的角速度，在本体坐标系中的坐标为 $[\dot{\varphi}\quad \dot{\theta}\quad \dot{\psi}]^{\mathrm{T}}$；其二，轨道坐标系相对于惯性空间的角速度，它在轨道坐标系中的坐标为 $[0\quad -\omega_o\quad 0]^{\mathrm{T}}$。则航天器相对于惯性空间的角速度在本体系上的坐标列阵为

$$\begin{bmatrix}\omega_x\\ \omega_y\\ \omega_z\end{bmatrix}\approx\begin{bmatrix}\dot{\varphi}\\ \dot{\theta}\\ \dot{\psi}\end{bmatrix}+\begin{bmatrix}1 & \psi & -\theta\\ -\psi & 1 & \varphi\\ \theta & -\varphi & 1\end{bmatrix}\begin{bmatrix}0\\ -\omega_o\\ 0\end{bmatrix}=\begin{bmatrix}\dot{\varphi}-\omega_o\psi\\ \dot{\theta}-\omega_o\\ \dot{\psi}+\omega_o\varphi\end{bmatrix} \tag{10.64}$$

即

$$\begin{cases}\dot{\varphi}=\omega_o\psi+\omega_x\\ \dot{\theta}=\omega_o+\omega_y\\ \dot{\psi}=-\omega_o\varphi+\omega_z\end{cases} \tag{10.65}$$

由式(10.64)可见，当姿态角 φ,θ,ψ 为小量时，俯仰角 θ 的运动与滚转角 φ 和偏航角 ψ 的运动是相互独立的，而滚转角 φ 和偏航角 ψ 之间的运动是耦合的。假设 ω_o 是常数，并且 $\omega_x=\omega_z=0$，这对应于航天器沿圆轨道运行，且本体俯仰轴 y_b 相对于惯性空间定向的运动模式，则在时刻 t 航天器的滚转角 φ 和偏航角 ψ 具有如下的形式

$$\begin{cases}\varphi(t)=\varphi(t_0)\cos[\omega_o(t-t_0)]+\psi(t_0)\sin[\omega_o(t-t_0)]\\ \psi(t)=\psi(t_0)\cos[\omega_o(t-t_0)]-\varphi(t_0)\sin[\omega_o(t-t_0)]\end{cases} \tag{10.66}$$

当 $t-t_0=\dfrac{\pi}{2\omega_o}$ 时，显然有

$$\begin{cases}\varphi(t)=\psi(t_0)\\ \psi(t)=-\varphi(t_0)\end{cases} \tag{10.67}$$

即当星体沿轨道转过 1/4 圈之后，滚动角与偏航角互换。这样，由红外地球敏感器给出的当前时刻滚动角的测量值可以估计 1/4 轨道周期之后的偏航角。

在一般情况下，航天器相对于惯性空间的角速度在滚动轴和偏航轴上的分量 ω_x 和 ω_z 不为零，利用安装在航天器本体上的速率陀螺可对其进行测量。设 3 个速率陀螺的输入轴分别沿星体的滚动轴、俯仰轴和偏航轴，其测量值分别记为 g_x，g_y，g_z，则有

$$\begin{cases} g_x = \omega_x + N_{gx} \\ g_y = \omega_y + N_{gy} \\ g_z = \omega_z + N_{gz} \end{cases} \tag{10.68}$$

式中，N_{gz}，N_{gy}，N_{gz} 是测量误差，包括陀螺噪声和漂移。将式(10.68)代入式(10.65)，得

$$\begin{cases} \dot{\varphi} = \omega_o \psi + g_x - N_{gx} \\ \dot{\theta} = \omega_o + g_y - N_{gy} \\ \dot{\psi} = -\omega_o \varphi + g_z - N_{gz} \end{cases} \tag{10.69}$$

设安装于飞行本体的滚动红外地球敏感器和俯仰红外地球敏感器的测量值分别记为 φ_H 和 θ_H，则

$$\begin{cases} \varphi_H = \varphi + N_{\varphi_H} \\ \theta_H = \theta + N_{\theta_H} \end{cases} \tag{10.70}$$

式中，N_{φ_H}，N_{θ_H} 均是测量误差。将式(10.69)看作是系统的状态方程，其中 φ，θ，ψ 为状态量，g_x，g_y，g_z 为输入量，N_{gx}，N_{gy}，N_{gz} 看作是系统噪声；将式(10.70)看作是系统的观测方程。利用现代控制理论状态观测器的设计方法，可以由下式给出滚动角、偏航角和俯仰角的估计值 $\hat{\varphi}$，$\hat{\psi}$，$\hat{\theta}$：

$$\begin{cases} \dot{\hat{\varphi}} = \omega_o \hat{\psi} + g_x + K_\varphi(\varphi_H - \hat{\varphi}) \\ \dot{\hat{\psi}} = -\omega_o \hat{\varphi} + g_z + K_\psi(\varphi_H - \hat{\varphi}) \end{cases} \tag{10.71}$$

$$\dot{\hat{\theta}} = \omega_o + g_y + K_\theta(\theta_H - \hat{\theta}) \tag{10.72}$$

式中，K_φ，K_ψ，K_θ 均是增益系数，通常其值很小，为 0.005 ～ 0.05 1 s^{-1}。由式(10.71)和式(10.72)可以看到，俯仰角的估计与滚动角和偏航角的估计是相互独立的。式(10.71)和式(10.72)构成的系统基于航天器滚动角与偏航角之间的运动耦合关系，利用速率陀螺给出的星体角速度的测量值 g_x，g_z 对滚动角与偏航角进行估计，并利用滚动红外地球敏感器的测量值 φ_H 与估计值 $\hat{\varphi}$ 之差进行反馈修正，对低频的陀螺漂移进行适当的补偿，从而提高估计值的精度，限制估计值误差的增长。式(10.72)利用俯仰速率陀螺的测量值 g_y 估计俯仰角，并利用

俯仰红外地球敏感器的测量值 θ_{H} 与估计值 $\hat{\theta}$ 之差进行反馈修正，适当地补偿俯仰通道的低频陀螺漂移，提高俯仰角估计值的精度。

式(10.71)和式(10.72)构成的系统称为轨道罗盘，系统框图如图 10.12 所示。该系统的输入量为陀螺和红外地球敏感器的测量值，输出量为星体相对于轨道坐标系的滚动角、俯仰角和偏航角的估计值。轨道罗盘利用陀螺与红外地球敏感器互补的特性，既对常值的陀螺漂移进行了适当的补偿，又由于 K_φ，K_ψ，K_θ 是小增益系数，因而对红外地球敏感器的高频测量噪声有所抑制。

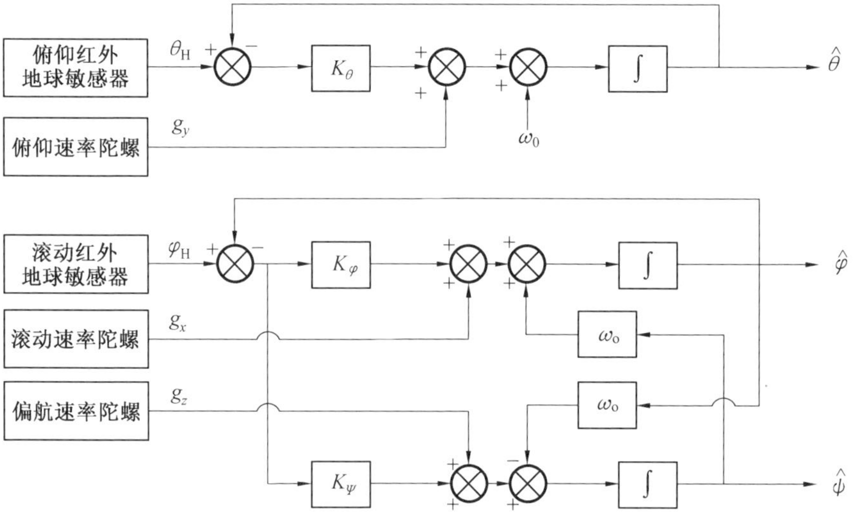

图 10.12　轨道罗盘系统框图

下面对轨道罗盘确定航天器三轴姿态的特性作简要的分析。由式(10.69)给出的姿态运动学关系式以及式(10.70)给出的测量模型，易于推出轨道罗盘系统给出的姿态角估计误差相对于陀螺和红外地球敏感器的测量误差具有下面的传递关系：

$$\hat{\varphi}-\varphi=\frac{s}{\Delta(s)}N_{gx}+\frac{\omega_{\mathrm{o}}}{\Delta(s)}N_{gz}+\frac{K_\varphi s+\omega_{\mathrm{o}}K_\psi}{\Delta(s)}N_{\varphi\mathrm{H}} \tag{10.73}$$

$$\hat{\psi}-\psi=-\frac{K_\psi+\omega_{\mathrm{o}}}{\Delta(s)}N_{gx}+\frac{s+K_\varphi}{\Delta(s)}N_{gz}+\frac{K_\psi s-\omega_{\mathrm{o}}K_\varphi}{\Delta(s)}N \tag{10.74}$$

$$\hat{\theta}-\theta=\frac{1}{s+K_\theta}N_{gy}+\frac{K_\theta}{s+K_\theta}N_{\theta\mathrm{H}} \tag{10.75}$$

上面式中 $\Delta(s)$ 是式(10.71)给出的系统的特征多项式，为

$$\Delta(s)=s^2+K_\varphi s+\omega_{\mathrm{o}}(K_\psi+\omega_{\mathrm{o}}) \tag{10.76}$$

选取增益系数 K_φ 和 K_ψ 使得 $\Delta(s)$ 是稳定的特征多项式，选取 K_θ 使式(10.72)给出的系统特征多项式 $S+K_\theta$ 也是稳定的。初始时刻星体姿态角的

估计误差经过一定的过渡过程之后渐近趋向于零。这表明，尽管红外地球敏感器对于外部参考矢量——地心方向矢量的测量值不能给出星体偏航角的信息，然而基于速率陀螺的测量值和星体姿态运动学方程，轨道罗盘给出的偏航角的估计值可以渐近收敛于真实的偏航角，这是利用轨道罗盘确定卫星三轴姿态的特点。基于式(10.73)～(10.75)，轨道罗盘给出的星体姿态角的估计误差可以看作是红外地球敏感器的测量误差通过相应的低通滤波器得到的。因此，对于主要表现为高频噪声的红外地球敏感器的测量误差，轨道罗盘能够予以抑制，而对于常值陀螺漂移，轨道罗盘有适当的补偿作用，但仍有相应的静差。假设式(10.68)中陀螺的测量误差 N_{gx}，N_{gy}，N_{gz} 均为常值漂移，那么利用轨道罗盘得到的滚动角、偏航角、俯仰角的稳态估计误差分别为

$$\{\hat{\varphi}-\varphi\}_{(t\to\infty)}=\frac{1}{K_{\psi}+\omega_{o}}N_{gz} \tag{10.77}$$

$$\{\hat{\psi}-\psi\}_{(t\to\infty)}=-\frac{1}{\omega_{o}}N_{gx}+\frac{K_{\varphi}}{\omega_{o}(K_{\psi}+\omega_{o})}N_{gz} \tag{10.78}$$

$$\{\hat{\theta}-\theta\}_{(t\to\infty)}=\frac{1}{K_{\theta}}N_{gy} \tag{10.79}$$

由上面的式子可知，增大轨道罗盘的增益系数 K_{θ}，K_{ψ} 有利于降低陀螺常值漂移的影响，提高系统对红外地球敏感器测量值的响应速度，但这同时增大了系统的通频带宽，降低了系统对红外地球敏感器高频噪声的抑制能力。滚动陀螺的常值漂移对于轨道罗盘的偏航角估计有较大的影响。

10.3　统计估计法在三轴稳定航天器姿态确定中的应用

10.3.1　DARS 姿态确定方法

由 10.2 节可知，轨道罗盘系统虽然能在一定程度上抑制红外地球敏感器的测量误差，并对陀螺常值漂移有适当的补偿作用，但仍有相当的静差。因此采用轨道罗盘姿态确定系统的姿态测量精度略低，大于 0.1°。在轨道罗盘系统基础上，若引入新的姿态测量敏感器(如太阳敏感器)，利用统计估计方法对陀螺的常值漂移和红外敏感器常值误差进行在线估计和标定，可进一步提高姿态确定精度。

数字姿态参考系统(DARS)是在CARS基础上发展起来的，硬件包括太阳敏感器、红外地球敏感器和陀螺，使用最优滤波方法，大大提高了卫星的姿态确定精度，可达到 0.01° 的数量级，得到了广泛的应用。我国第二代返回式卫星、神舟飞船、海洋一号卫星等均采用了该技术。

下面以一个对地定向三轴稳定卫星为例，介绍 DARS 系统的基本原理。

如图 10.13 所示，该卫星的姿态敏感器包括 3 个单自由度液浮速率积分陀螺，其测量轴分别沿星体坐标系的 3 个坐标轴；两个圆锥扫描式红外地球敏感器，其扫描自旋轴分别沿卫星本体x_b和y_b轴，分别称为滚动红外地球敏感器和俯仰红外地球敏感器；两个数字式太阳敏感器，其中一个太阳敏感器的狭缝沿星体X_B轴，视轴在y_b和z_b轴构成的平面内，并且与y_b轴和$-z_b$轴的夹角均为 45°，称为滚动太阳敏感器，另一个太阳敏感器的狭缝沿星体z_b轴，视轴在x_b轴和y_b轴构成的平面内并且与x_b轴和y_b轴的夹角均为 45°，称为偏航太阳敏感器。

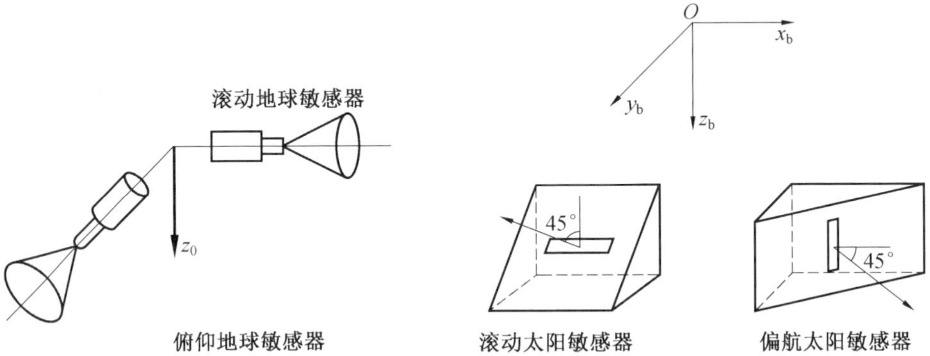

图 10.13　某三轴稳定对地定向卫星的姿态敏感器安装布局示意图

由于卫星轨道参数（升交点赤经Ω、倾角i及纬度幅角u）的误差使得计算的太阳方向矢量在轨道坐标系中的坐标有误差。对低轨道卫星而言，幅角u的误差是主要的，这将导致作为基准参考矢量的太阳方向矢量在俯仰轴上有较大的误差，在轨道预报不太准确的情况下，可能大于红外地球敏感器的测量误差，因而没有沿卫星的俯仰轴安装太阳敏感器。

对于对地定向的卫星，根据式（10.64）可知，其俯仰通道与滚动－偏航通道是解耦的，所以可分别设计俯仰通道和滚动－偏航通道的姿态滤波器。

1. 俯仰通道滤波器设计

设计俯仰通道姿态滤波的过程是：利用俯仰陀螺的测量数据计算卫星的俯仰角，利用俯仰红外地球敏感器的测量值对俯仰角的估计值进行校正，并对俯仰角陀螺漂移在线标定。对于俯仰通道，状态矢量取为

$$\underset{\sim}{\boldsymbol{x}}_1=[\theta \quad d_\theta \quad b_\theta]^{\mathrm{T}} \tag{10.80}$$

式中，θ为卫星相对于轨道坐标系的俯仰角；d_θ和b_θ分别为俯仰陀螺漂移的指数相关分量和常值分量。根据姿态运动学方程和陀螺测量模型，可以导出系统的状态方程为

$$\dot{\underset{\sim}{\boldsymbol{x}}}_1=\underset{\sim}{\boldsymbol{F}}_1\dot{\underset{\sim}{\boldsymbol{x}}}+\underset{\sim}{\boldsymbol{G}}_1+\underset{\sim}{\boldsymbol{w}}_1 \tag{10.81}$$

式中

$$\underline{\boldsymbol{F}}_1 = \begin{bmatrix} 0 & -1 & -1 \\ 0 & -\beta_\theta & 0 \\ 0 & 0 & 0 \end{bmatrix} \tag{10.82}$$

$$\underline{\boldsymbol{G}}_1 = \begin{bmatrix} \omega_0 + g_y \\ 0 \\ 0 \end{bmatrix} \tag{10.83}$$

其中，ω_0 为轨道角速度；g_y 为俯仰陀螺的测量值；β_θ 为俯仰陀螺的指数相关漂移的时间常数的倒数；$\underline{\boldsymbol{w}}_1$ 为系统噪声矢量，设其为平稳的白噪声过程，有

$$E[\underline{\boldsymbol{w}}_1(t)]=0, E[\underline{\boldsymbol{w}}_1(t)\underline{\boldsymbol{w}}_1^{\mathrm{T}}(\tau)]=Q_1\delta(t-\tau)$$

需要说明的是，陀螺是姿态敏感器，g_y 是相应的测量值，然而上面没有根据陀螺的测量模型建立相应的观测方程，而是将陀螺测量模型与姿态运动方程相结合建立了系统的状态方程，以陀螺的测量值作为状态方程的输入值，陀螺漂移作为状态量，陀螺的测量噪声描述为估计模型的系统噪声。上述处理方法在卫星姿态统计估计中是常用的。观测矢量取为俯仰红外地球敏感器的测量值 θ_H，相应的观测方程为

$$z_1 = \theta_H = \underline{\boldsymbol{H}}_1 x -_1 - \Delta\theta_{\mathrm{CP}} + v_1 \tag{10.84}$$

式中

$$\underline{\boldsymbol{H}}_1 = [1 \quad 0 \quad 0]^{\mathrm{T}} \tag{10.85}$$

$\Delta\theta_{\mathrm{CP}}$ 是由地球椭球率引起的误差，可由轨道计算获得，并加以补偿；v_1 是测量噪声，设其为平稳的白噪声，有

$$E[v_1(t)]=0, E[v_1(t)v_1(\tau)]=\sigma_{\theta_{\mathrm{H}}}^2\delta(t-\tau)$$

基于式(10.81)，可以设计如下形式的卡尔曼滤波器：

$$\dot{\underline{\boldsymbol{x}}}_1 = \underline{\boldsymbol{F}}_1\underline{\boldsymbol{x}}_1 + \underline{\boldsymbol{G}}_1 + \underline{\boldsymbol{K}}_1(z_1 - \underline{\boldsymbol{H}}_1\underline{\boldsymbol{x}}_1) \tag{10.86}$$

式中，$\underline{\boldsymbol{K}}_1$ 是滤波增益矢量。

经典的卡尔曼滤波算法要求在每个测量周期内，递推计算测量校正前、后的误差方差矩阵，求得相应的滤波增益矢量，这一过程涉及的均是矩阵乘法运算，计算量很大。为此，基于卫星姿态确定问题的特殊性，需要对姿态滤波算法进行了简化。在式(10.81)和式(10.84)给出的状态方程和观测方程中，$\underline{\boldsymbol{F}}_1$ 和 $\underline{\boldsymbol{H}}_1$ 均是定常的矩阵，系统噪声和测量噪声是平稳的，这样问题可以归结为定常线性系统的状态滤波器设计。可将式(10.86)中的增益矢量 $\boldsymbol{K}_1$ 取为卡尔曼滤波器的稳态定常增益矢量，记为 $\boldsymbol{K}_{1\infty}$。这样可以事先在地面求得定常增益矢量 $\boldsymbol{K}_{1\infty}$，将其存储在星上计算机中。

地面确定定常增益矢量 $\boldsymbol{K}_{1\infty}$ 可由下式给出：

$$\boldsymbol{K}_{1\infty}=\frac{1}{\sigma_{\theta_H}^2}\underline{\boldsymbol{P}}_{1\infty}\underline{\boldsymbol{H}}_1^{\mathrm{T}} \tag{10.87}$$

式中，矩阵 $\underline{\boldsymbol{P}}_{1\infty}$ 是下列代数 Riccati 方程的实对称半正定解：

$$\underline{\boldsymbol{F}}_1\underline{\boldsymbol{P}}_{1\infty}+\underline{\boldsymbol{P}}_{1\infty}\underline{\boldsymbol{F}}_1^{\mathrm{T}}-\frac{1}{\sigma_{\theta_H}^2}\underline{\boldsymbol{P}}_{1\infty}\underline{\boldsymbol{H}}_1^{\mathrm{T}}\underline{\boldsymbol{H}}_1\underline{\boldsymbol{P}}_{1\infty}+\underline{\boldsymbol{Q}}_1=0$$

星上滤波计算采用如下的形式：

$$\dot{\hat{\underline{\boldsymbol{x}}}}_1=\underline{\boldsymbol{F}}_1\underline{\boldsymbol{x}}_1+\underline{\boldsymbol{G}}_1+\boldsymbol{K}_{1\infty}(z_1-\underline{\boldsymbol{H}}_1\underline{\boldsymbol{x}}_1) \tag{10.88}$$

这样的简化处理大大地减小了星上在线计算量，付出的代价是延长了滤波器的过渡过程。相对于卫星的运行时间而言，滤波器的过渡过程时间很短，因此上面的简化处理方法是合理的。

2. 滚动－偏航通道姿态滤波器设计

设计滚动－偏航通道姿态滤波的过程是：利用滚动和偏航运动方程，由滚动和偏航陀螺的测量数据在线计算卫星的滚动角与偏航角，利用滚动红外地球敏感器和滚动及偏航太阳敏感器的测量值对滚动角与偏航角的估计值进行校正，并对滚动和偏航陀螺的漂移及滚动红外地球敏感器的常值误差在线标定。本系统采用两个高精度太阳敏感器，从而改变了测量系统的结构，提供了主要系统误差的测量信息，由此在确定卫星的滚动和偏航角的同时可以应用统计估计理论对系统误差进行在线标定，从而提高卫星姿态确定的精度，其中偏航角确定精度的改善尤为显著。对于滚动－偏航通道，状态矢量取为

$$\underline{\boldsymbol{x}}_2=[\varphi\quad\psi\quad d_\varphi\quad d_\psi\quad b_\varphi\quad b_\psi\quad \Delta\varphi_H]^{\mathrm{T}} \tag{10.89}$$

式中，φ，ψ 分别为卫星相对于轨道坐标系的滚动角、偏航角；d_φ，d_ψ 分别为滚动、偏航陀螺漂移的指数相关分量；b_φ，b_ψ 分别为相应的常值分量；$\Delta\varphi_H$ 为滚动红外地球敏感器测量误差的常值分量。

系统的状态方程为

$$\dot{\hat{\underline{\boldsymbol{x}}}}_2=\underline{\boldsymbol{F}}_2\hat{\underline{\boldsymbol{x}}}_2+\underline{\boldsymbol{G}}_2+\underline{\boldsymbol{w}}_2 \tag{10.90}$$

式中

$$\underline{\boldsymbol{F}}_2=\begin{bmatrix}0&\omega_o&-1&0&-1&0&0\\-\omega_o&0&0&-1&0&-1&0\\0&0&-\beta_\varphi&0&0&0&0\\0&0&0&-\beta_\psi&0&0&0\\0&0&0&0&0&0&0\\0&0&0&0&0&0&0\\0&0&0&0&0&0&0\end{bmatrix}$$

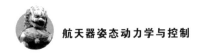

$$\underline{G}_2 = [g_x \quad g_z \quad 0 \quad 0 \quad 0 \quad 0 \quad 0]^{\mathrm{T}}$$

g_x，g_z 分别为滚动和偏航陀螺的测量值；β_φ，β_ψ 分别为滚动和偏航陀螺的指数相关漂移时间常数的倒数。设系统噪声 $\underline{\boldsymbol{w}}_2$ 为平稳的白噪声过程，有

$$E[\underline{\boldsymbol{w}}_2(t)] = 0, E[\underline{\boldsymbol{w}}_2(t)\underline{\boldsymbol{w}}_2^{\mathrm{T}}(\tau)] = \underline{\boldsymbol{Q}}_2\delta(t-\tau)$$

滚动—偏航通道的观测矢量取滚动红外地球敏感器的测量值 φ_H 以及滚动和偏航太阳敏感器的测量值 α_φ 和 α_ψ，即取

$$\underline{z}_2 = [\varphi_{\mathrm{H}} \quad \alpha_\varphi \quad \alpha_\psi]^{\mathrm{T}} \tag{10.91}$$

考虑到地球敏感器和两个太阳敏感器的安装位置，可以导出如下的观测方程：

$$\underline{\boldsymbol{z}}_2 = h_2(\underline{\boldsymbol{x}}_2, t) + \underline{\boldsymbol{v}}_2 \tag{10.92}$$

式中

$$h_2(\underline{\boldsymbol{x}}_2, t) = \begin{bmatrix} \varphi + \Delta\varphi_H - \Delta\varphi_{\mathrm{CP}} \\ \arctan\left(\dfrac{S_{\mathrm{b}z} + S_{\mathrm{b}y}}{S_{\mathrm{b}z} - S_{\mathrm{b}y}}\right) \\ \arctan\left(\dfrac{S_{\mathrm{b}x} - S_{\mathrm{b}y}}{S_{\mathrm{b}x} + S_{\mathrm{b}y}}\right) \end{bmatrix} \tag{10.93}$$

$\Delta\theta_{\mathrm{CP}}$ 为地球椭球率引起的补偿项，可由轨道计算获得；$\underline{v}_2$ 为测量噪声，设其为白噪声过程，有 $E[\underline{\boldsymbol{v}}_2(t)] = 0, E[\underline{\boldsymbol{v}}_2(t)\underline{v}_2^{\mathrm{T}}(\tau)] = \underline{\boldsymbol{R}}_2(t)\delta(t-\tau)$。式中的 $S_{\mathrm{b}x}$，$S_{\mathrm{b}y}$，$S_{\mathrm{b}z}$ 是太阳矢量在卫星本体坐标系下的坐标。将太阳方向矢量 $\boldsymbol{S}$ 在轨道坐标系中的坐标，记为 S_{ox}，S_{oy}，S_{oz}，则有

$$\begin{bmatrix} S_{\mathrm{b}x} \\ S_{\mathrm{b}y} \\ S_{\mathrm{b}z} \end{bmatrix} = \begin{bmatrix} 1 & \psi & -\theta \\ -\psi & 1 & \varphi \\ \theta & -\varphi & 1 \end{bmatrix} \begin{bmatrix} S_{ox} \\ S_{oy} \\ S_{oz} \end{bmatrix}$$

由式(10.93)的形式，可以导出下列观测矩阵：

$$\underline{\boldsymbol{H}}_2(t) = \left.\frac{\partial h_2(\underline{\boldsymbol{x}}_2, t)}{\partial \underline{\boldsymbol{x}}_2}\right|_{\underline{x}_2=0} = \begin{bmatrix} 1 & 0 & 0 & 0 & 0 & 0 & 1 \\ c_{11} & c_{12} & 0 & 0 & 0 & 0 & 0 \\ c_{21} & c_{22} & 0 & 0 & 0 & 0 & 0 \end{bmatrix}$$

式中，c_{11}，c_{12}，c_{21}，c_{22} 均是 S_{ox}，S_{oy}，S_{oz} 的函数。

基于现代控制理论对状态方程和观测方程的分析表明，该系统在太阳可见的轨道区域内是可观的。与俯仰通道类似，设计如下形式的卡尔曼滤波器：

$$\dot{\hat{\underline{\boldsymbol{x}}}}_2 = \underline{\boldsymbol{F}}_2\hat{\underline{\boldsymbol{x}}}_2 + \underline{\boldsymbol{G}}_2 + \underline{\boldsymbol{K}}_2(t)[\underline{\boldsymbol{z}}_2 - h_2(\hat{\underline{\boldsymbol{x}}}_2, t)] \tag{10.94}$$

式中，$\underline{\boldsymbol{K}}_2(t)$ 为滤波增益矩阵。

与俯仰通道姿态滤波的情况类似，这里同样存在卡尔曼滤波的在线计算量

大的问题。滚动－偏航通道姿态确定系统不是简单的定常线性系统，不能直接采用俯仰通道姿态滤波的简化算法，这使得滚动－偏航通道星上姿态滤波算法的设计难度较大。

下面利用周期线性系统状态滤波的理论研究结果，对滚动－偏航通道的星上滤波算法进行简化。在卫星沿轨道运行几圈的时间尺度内，太阳方向矢量及轨道法线相对于惯性坐标系的方位基本上保持恒定。这样对于给定的卫星轨道而言，S_{ox}，S_{oy}，S_{oz} 可以看作是时间的周期函数，其周期等于轨道运行的周期，记为 T。因而矩阵 $\underline{\boldsymbol{H}}_2(t)$ 是周期为 T 的矩阵。若将卫星轨道参数误差产生的 S_{ox}，S_{oy}，S_{oz} 的计算误差等效为太阳敏感器的测量误差，那么观测误差的协方差阵 $\underline{R}_2(t)$ 也可以看作是周期为 T 的矩阵。根据系统模型，$\underline{\boldsymbol{F}}_2$，$\underline{\boldsymbol{Q}}_2$ 是定常的矩阵。这样，问题可以归结为周期线性系统的状态滤波问题。式(10.94)给出的卡尔曼滤波器的滤波增益矩阵 $\underline{\boldsymbol{K}}_2(t)$ 在稳态将收敛于周期增益矩阵，将其记为 $\underline{\boldsymbol{K}}_{2T}(t)$，由下式给出：

$$\underline{\boldsymbol{K}}_{2T}(t)=\underline{\boldsymbol{P}}_{2T}(t)\underline{\boldsymbol{H}}_2^{\mathrm{T}}(t)\underline{\boldsymbol{R}}_2^{-1}(t) \tag{10.95}$$

式中，周期为 T 的矩阵 $\underline{\boldsymbol{P}}_{2T}(t)$ 是下面微分方程的周期实对称半正定解：

$$\dot{\underline{\boldsymbol{P}}}_{2T}(t)=\underline{\boldsymbol{F}}_2\underline{\boldsymbol{P}}_{2T}(t)+\underline{\boldsymbol{P}}_{2T}(t)\underline{\boldsymbol{F}}_2^{\mathrm{T}}-\underline{\boldsymbol{P}}_{2T}(t)\underline{\boldsymbol{H}}_2^{\mathrm{T}}(t)\underline{\boldsymbol{R}}_2^{-1}(t)\underline{\boldsymbol{H}}_2(t)\underline{\boldsymbol{P}}_{2T}(t)+\underline{\boldsymbol{Q}}_2$$

基于系统模型可以事先确定周期增益矩阵 $\underline{\boldsymbol{K}}_{2T}(t)$ 的函数形式，通过初等函数拟和的方法可以将其表示为 S_{ox}，S_{oy}，S_{oz} 的函数，存储于星上计算机中。

星上姿态滤波算法采用下列形式：

$$\dot{\hat{\underline{\boldsymbol{x}}}}_2=\underline{\boldsymbol{F}}_2\hat{\underline{\boldsymbol{x}}}_2+\underline{\boldsymbol{G}}_2+\underline{\boldsymbol{K}}_{2T}(t)[\underline{\boldsymbol{z}}_2-h_2(\hat{\underline{\boldsymbol{x}}}_2,t)] \tag{10.96}$$

式中，滤波增益矢量 $\underline{\boldsymbol{K}}_{2T}(t)$ 由 S_{ox}，S_{oy}，S_{oz} 通过星上简单的运算得到。S_{ox}，S_{oy}，S_{oz} 由星上轨道参数实时计算得到，每隔一天由地面遥控注入数据，星上轨道参数更新一次。上面的简化处理方法利用滚动－偏航通道姿态确定系统的周期性，避免了经典的卡尔曼滤波算法确定滤波增益矢量的复杂矩阵计运算，大大减小了星上在线计算量，但延长了滤波器的过渡过程。

当卫星进入太阳阴影区时，观测矢量仅有滚动红外地球敏感器的测量值 φ_H。对系统能观性的分析表明，当只有滚动红外地球敏感器和陀螺测量时，滚动陀螺漂移及红外地球敏感器的常值误差都是不可观的，因而状态矢量取为

$$\underline{\boldsymbol{x}}_2=[\varphi\quad\psi\quad d_\psi\quad b_\psi]^{\mathrm{T}} \tag{10.97}$$

此时不能用测量数据校正式(10.89)中的 d_φ，b_φ，φ_{H} 的估计值，从而滚动－偏航通道退化成为轨道罗盘系统。

10.3.2　基于星敏感器和陀螺的联合定姿方法

星敏感器是高精度的姿态敏感器，利用固联于星体的星敏感器对恒星方向的测量数据可以直接确定飞行器的惯性姿态，然而，星敏感器测量数据的采集和处理均需要一定的时间，因而利用星敏感器得到采样时刻的姿态参数有一定的时间滞后，同时星敏感器测量的随机误差也影响姿态确定的精度。而陀螺具有星敏感器互补的特性，其动态响应快，高精度陀螺随机测量误差小，而其漂移可通过星敏感器的测量予以标定。因此通常把星敏感器和陀螺配合使用，可以高精度地确定飞行器的姿态，如图 10.14 所示。

星敏感器和陀螺联合定姿的方法很多，这里介绍一种基于推广的卡尔曼滤波器的估计方法。

假设航天器的姿态测量系统由一个宽视场星敏感器和 3 个速率陀螺(沿星体正交安装)组成。其中星敏感器的数据处理单元输出敏感器坐标系相对惯性系的姿态四元数Q_{SI}，经坐标变换后转为星体体坐标系相对惯性坐标系的姿态四元数测量值Q_{ST}。速率陀螺的测量值为星体相对惯性坐标系的姿态角速度矢量在本体坐标系下的 3 个分量，即 $\underline{\boldsymbol{\omega}}_g=[\omega_{gx}\quad \omega_{gy}\quad \omega_{gz}]^{\mathrm{T}}$。陀螺的测量数据及星敏感器的测量数据均送入星上计算机。姿态确定过程包括两个部分：① 基于速率陀螺的测量数据，由姿态四元数积分得到星体姿态的估计值；② 利用星敏感器测量数据，对星体姿态估计的误差进行校正，并且估计陀螺漂移。由此给出飞行器的姿态是相对于惯性坐标系的姿态，若给定飞行器的轨道根数，可以进一步得到星体相对轨道坐标系的姿态参数。

星体测得的姿态角速度估计值可近似为

$$\hat{\underline{\boldsymbol{\omega}}}_b=\begin{bmatrix}\omega_x\\ \omega_y\\ \omega_z\end{bmatrix}=\underline{\boldsymbol{\omega}}_g-\underline{\boldsymbol{b}} \tag{10.98}$$

式中，$\underline{\boldsymbol{b}}=[b_x\quad b_y\quad b_z]^{\mathrm{T}}$ 为三轴陀螺的常值漂移量。

在时间区间$[t-\Delta t_g, t]$上，其中 Δt_g 为速率陀螺采样周期，星体姿态状态估计的预测算法由下式给出：

$$\underline{\boldsymbol{Q}}_{k+1}=\left[\underline{E}_4\cos(\lambda\Delta t_g/2)+\frac{\boldsymbol{\Gamma}\sin(\lambda\Delta t_g/2)}{\lambda}\right]\underline{\boldsymbol{Q}}_k \tag{10.99}$$

其中，$\underline{\boldsymbol{\Gamma}}=\begin{bmatrix}0 & \omega_z & -\omega_y & \omega_x\\ -\omega_z & 0 & \omega_x & \omega_y\\ \omega_y & -\omega_x & 0 & \omega_z\\ -\omega_x & -\omega_y & -\omega_z & 0\end{bmatrix}$，$\underline{\boldsymbol{E}}_4$ 为 4×4 单位矩阵，λ 为星体角速度$\boldsymbol{\omega}_b$ 的

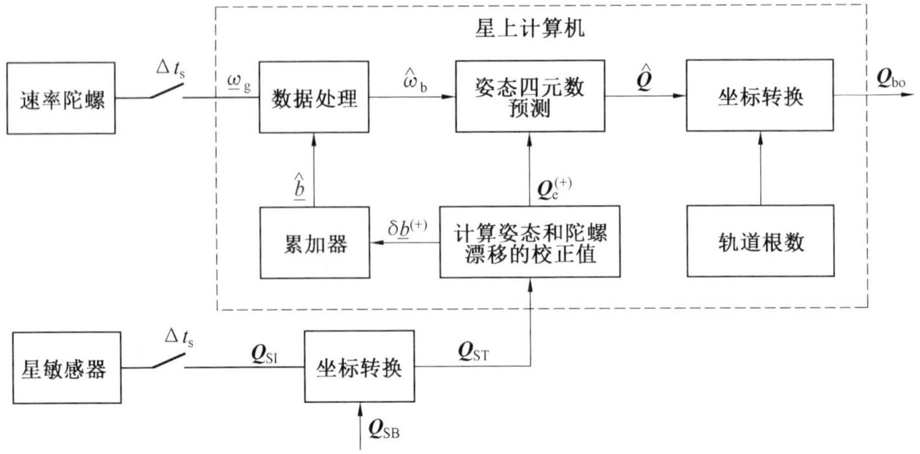

图 10.14　一种星敏感器和陀螺联合定姿系统框图

大小，即 $\lambda=\sqrt{\omega_x^2+\omega_y^2+\omega_z^2}$。这个公式是从欧拉轴/角与姿态四元数的关系式中近似得到的。

当然，用式(10.99)进行姿态递推，在一段时间后，由于陀螺常值漂移和随机游走将导致计算得到的姿态偏离真实的姿态。这时可用星敏感器来补偿陀螺的漂移量并周期性地对估计的姿态四元数进行修正。我们可通过设计卡尔曼滤波器将星敏感器和陀螺的测量输出进行整合，使测量系统根据星敏感器测量数据对估计的姿态进行更新，并对陀螺的常值漂移进行估计。然后用估计的陀螺漂移量从陀螺的测量信号中去除掉，从而提高星敏感器测量间隔时间内的姿态四元数递推的精度。

如果直接取姿态四元数作为滤波器的状态变量，式(10.99)中描述的系统状态方程为非线性系统，将转为非线性系统的滤波问题。这里采用误差四元数作为状态变量，就可以采用标准的线性系统卡尔曼滤波方法来设计定姿滤波器。

设真实的星体姿态四元数 $\boldsymbol{Q}$ 为

$$\boldsymbol{Q}=\hat{\boldsymbol{Q}}\otimes\boldsymbol{Q}_e \tag{10.100}$$

其中，$\hat{\boldsymbol{Q}}$ 为估计的姿态四元数；$\boldsymbol{Q}_e$ 为估计的姿态四元数 $\hat{\boldsymbol{Q}}$ 和真实的星体姿态四元数 $\boldsymbol{Q}$ 之间的误差四元数。根据四元数运算法则有

$$(\boldsymbol{Q}_a\otimes\boldsymbol{Q}_b)\otimes\boldsymbol{Q}_c=\boldsymbol{Q}_a\otimes(\boldsymbol{Q}_b\otimes\boldsymbol{Q}_c)$$

$$\boldsymbol{Q}_a\otimes\boldsymbol{Q}_b=\boldsymbol{Q}_b\otimes\boldsymbol{Q}_a+2(0+\boldsymbol{q}_a\times\boldsymbol{q}_b)$$

其中，$\boldsymbol{q}_a$，$\boldsymbol{q}_b$ 分别为四元数 $\boldsymbol{Q}_a$，$\boldsymbol{Q}_b$ 的矢部。将式(10.100)对时间进行微分，得到

$$\dot{\boldsymbol{Q}}_e=\frac{1}{2}\boldsymbol{Q}_e\otimes[0+(\boldsymbol{\omega}_b-\hat{\boldsymbol{\omega}}_b)]-[0+\hat{\boldsymbol{\omega}}_b\times\boldsymbol{q}_e] \tag{10.101}$$

若假设星体角速度 $\boldsymbol{\omega}_b$ 和误差四元数 $\boldsymbol{Q}_e$ 都是小量，则可以得到近似的解耦运

动学方程为

$$\dot{\underline{q}}_{e} \approx \frac{1}{2}(\underline{\boldsymbol{\omega}}_{b} - \hat{\underline{\boldsymbol{\omega}}}_{b})$$

$$\dot{\boldsymbol{q}}_{e0} \approx 0 \tag{10.102}$$

考虑式(10.102)和如下陀螺模型：

$$\underline{\boldsymbol{\omega}}_{b} = \underline{\boldsymbol{\omega}}_{g} - \underline{\boldsymbol{b}} - \underline{\boldsymbol{w}} \tag{10.103}$$

则有

$$\dot{\underline{\boldsymbol{q}}}_{e} \approx -\frac{1}{2}(\underline{\boldsymbol{b}} - \hat{\underline{\boldsymbol{b}}}) - \frac{1}{2}\underline{\boldsymbol{w}} \tag{10.104}$$

式中，$\underline{\boldsymbol{w}}$ 为陀螺的测量噪声，假设其为零均值的白噪声。并设陀螺的常值漂移满足

$$\dot{\underline{\boldsymbol{b}}} = \underline{\boldsymbol{v}}$$

式中，$\underline{\boldsymbol{v}}$ 为零均值的白噪声。

则可按 3 个独立的通道分别进行滤波器的设计。设某通道滤波器的状态变量 $\underline{\boldsymbol{x}}$ 为

$$\underline{\boldsymbol{x}} = [q_{ei} \quad \delta b_{i}]$$

式中，$\delta b_i = b_i - \hat{b}_i$ 表示该通道真实的陀螺漂移与估计的陀螺漂移之差。

则状态方程为

$$\dot{\underline{\boldsymbol{x}}} = \begin{bmatrix} 0 & -0.5 \\ 0 & 0 \end{bmatrix} \underline{\boldsymbol{x}} + \begin{bmatrix} w_i \\ v_i \end{bmatrix} \tag{10.105}$$

将其离散化，根据卡尔曼滤波器公式，则有

$$\underline{\boldsymbol{q}}_{e}^{(+)} = \underline{\boldsymbol{q}}_{e}^{(-)} + \underline{K}_{q}(\underline{\boldsymbol{q}}_{em} - \underline{\boldsymbol{q}}_{e}^{(-)})$$

$$\delta\underline{\boldsymbol{b}} = \delta\underline{\boldsymbol{b}}^{(-)} + \underline{K}_{b}(\underline{\boldsymbol{q}}_{em} - \underline{\boldsymbol{q}}_{e}^{(-)})$$

$$q_{e0}^{(+)} = \sqrt{1 - q_{e1}^{2} - q_{e2}^{2} - q_{e3}^{2}} \tag{10.106}$$

其中，$\underline{\boldsymbol{q}}_{em}$ 是 $\boldsymbol{Q}_{em} = \hat{\boldsymbol{Q}}^{*} \otimes \boldsymbol{Q}_{ST}$ 的矢部。考虑到 $\boldsymbol{Q}_{e}$ 和 $\delta\underline{\boldsymbol{b}}$ 的定义，在利用星敏感器的测量数据校正之前，其预测值为零，即 $\underline{\boldsymbol{q}}_{e}^{(-)} = \underline{0}$，$\delta\underline{\boldsymbol{b}}^{(-)} = \underline{\boldsymbol{0}}$，得到

$$\underline{\boldsymbol{q}}_{e}^{(+)} = \underline{\boldsymbol{K}}_{q}\underline{\boldsymbol{q}}_{em}$$

$$\delta\underline{\boldsymbol{b}} = \underline{\boldsymbol{K}}_{b}\underline{\boldsymbol{q}}_{em}$$

$$\boldsymbol{q}_{e0}^{(+)} = \sqrt{1 - q_{e1}^{2} - q_{e2}^{2} - q_{e3}^{2}} \tag{10.107}$$

为减少星上算法的计算量，考虑到方程(10.105)为定常线性系统，星敏感器测量数据周期也是恒定的，则存在稳态的增益矩阵 $\boldsymbol{K}_{q0}$ 和 $\boldsymbol{K}_{b0}$，可由离线计算得

到，将 $\boldsymbol{K}_{q0}$ 和 $\boldsymbol{K}_{b0}$ 取代式(10.107)中的 $\boldsymbol{K}_q$ 和 $\boldsymbol{K}_b$，就得到次优的卡尔曼滤波公式，虽然降低了收敛速度，但极大地减少了星上算法的计算量。

利用式(10.107)给出的状态估计误差，可以求得经过校正的姿态四元数和陀螺漂移的估计值为

$$
\begin{aligned}
\hat{\boldsymbol{Q}}^{(+)} &= \hat{\boldsymbol{Q}}^{(-)} \otimes \boldsymbol{Q}_e^{(+)} \\
\underline{\boldsymbol{b}}^{(+)} &= \underline{\boldsymbol{b}}^{(-)} + \delta \underline{\boldsymbol{b}}^{(+)}
\end{aligned} \tag{10.108}
$$

上面由姿态四元数给出的飞行器姿态均为星体本体相对地心赤道惯性系的姿态，给定飞行器的轨道参数，就可计算出任意时刻轨道坐标系相对地心赤道惯性系的姿态四元数 $\boldsymbol{Q}_{OI}$，则飞行器本体相对于轨道坐标系的姿态四元数为

$$
\boldsymbol{Q}_{bo} = \boldsymbol{Q}_{OI} \circ \hat{\boldsymbol{Q}} \tag{10.109}
$$

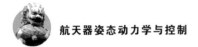

第 11 章

航天器姿态控制及姿态控制系统概述

11.1 航天器姿态控制概述

航天器的姿态控制是一门工程技术。所谓姿态控制就是指对航天器绕质心施加力矩，以保持或按需要改变其在空间的定向技术。

在轨运行的航天器都承担了特定的探测、开发和利用空间的任务，为完成这些任务，对航天器的姿态控制提出了各种要求。例如：

(1) 自旋稳定航天器，要求其自旋轴指向空间特定的方向。

(2) 对地定向的三轴稳定航天器，要求其相对于轨道坐标系的 3 个姿态角接近于零。

(3) 对于地球勘测卫星，其姿态控制系统必须保证其有效载荷跟踪地球表面指定的目标。

(4) 对于某些观测星空的科学卫星，要求能将其光学仪器以指定的角运动模式机动到天球上不同的恒星目标。

(5) 在轨道机动或轨道调整时，要求将航天器的姿态机动并保持到推力方向上。

姿态控制技术包括姿态确定和姿态控制两方面内容。测量航天器相对于空间某些已知基准目标(如地球、太阳、恒星等)的方位并处理出航天器姿态的过程称为姿态确定。姿态确定一般采用姿态敏感器和相应的数据处理方法，姿态确定的精度取决于数据处理方法和航天器敏感器所能达到的精度。姿态控制主要包括姿态稳定和姿态机动两方面内容。姿态稳定是指克服内外干扰力矩使航天器的姿态保持在指定空间方位或方向的控制任务，而姿态机动是指航天器从一个姿态过渡到另一个姿态的再定向过程。

姿态控制通常包括以下几个具体概念。

(1) 定向。定向指航天器的本体或附件(如太阳能电池阵、观测设备、天线等)以单轴或三轴按一定精度保持在给定的参考方向上。此参考方向可以是惯性的，如天文观测；也可以是转动的，如对地观测。由于定向需要克服各种空间干扰以保持在参考方向上，因此需要通过控制加以保持。

(2) 再定向。再定向指航天器本体从对一个参考方向的定向改变到对另一个新参考方向的定向。再定向过程是通过连续的姿态机动控制来实现的。

(3) 捕获。捕获又称为初始对准，是指航天器由未知不确定姿态向已知定向姿态的机动控制过程。例如，航天器入轨时，星箭分离，航天器从旋转翻滚等不确定姿态进入对地对日定向姿态；又如，航天器运行过程中因故障失去姿态后的重新定姿等。为了使控制系统设计更为合理，捕获一般分为粗对准和精对准两个阶段进行。

(4) 跟踪。跟踪指航天器本体或附件保持对活动目标的定向。

(5) 搜索。搜索指航天器对活动目标的捕获。

从上述概念可知，定向属于姿态稳定问题，而再定向和捕获则属于姿态机动问题。姿态稳定要求控制系统在航天器的整个工作寿命中进行工作，这种控制一般是长期而持续的，所要求的控制力矩较小。姿态机动一般是一短暂过程，需要较大的控制力矩，使姿态在较短的时间内发生明显的改变。由于这两种姿态控制的目标有显著差别，所以这两种控制在工程上所基于的系统结构也往往不同。

除航天器本身的姿态控制外，为完成空间任务有时还需要对航天器某些分系统进行局部指向控制，如要求对能源分系统的太阳电池阵进行对日定向控制，对通信分系统的天线进行对地或对其他卫星定向控制等。上述内容也属于航天器姿态控制的范畴内。

为实现航天器承担的上述姿态控制任务，需要各种姿态控制硬件以及控制策略构成姿态控制系统方可实现。按照反馈控制原理，姿态控制系统由姿态敏感器、执行机构、控制器以及航天器姿态动力学环节构成闭环回路，如图 11.1 所示。其中敏感器通过敏感参考天体(如太阳或地球等)的方位来确定航天器的姿态；而控制器部分则用于确定是否需要进行姿态控制，确定产生力矩的部件以及计算所需力矩的大小和方向；执行机构则用于产生所需的力矩并施加在星体上，使航天器绕其质心转动。然后航天器按照姿态动力学和运动学的规律进行转动，其姿态参数再由敏感器监视，形成整个航天器姿态控制系统的闭合回路。

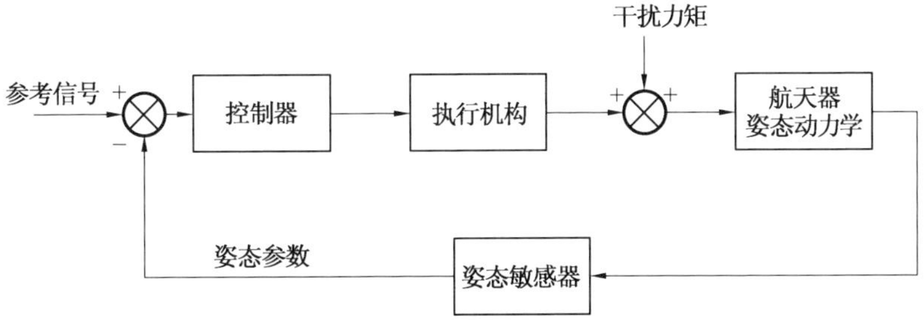

图 11.1　航天器姿态控制系统组成

按照控制器的实现方式，可以分为自主控制和非自主控制两种。

对于星上自主控制方式，控制器由安装在航天器上的控制电子线路或控制计算机组成，其作用是实时处理姿态敏感器测得的姿态数据，按照制订的控制规律计算形成控制指令，并根据处理的结果启动执行机构进行必要的姿态修正。

而非自主控制方式(又称为星－地大回路控制)，是把姿态敏感器测得的姿态数据通过遥测系统传到地面站，由地面站的计算机把这些数据和轨道测量数据一起处理得到姿态控制的有关信息，然后通过遥控系统把指令传到星上的执行机构，产生必要的控制力矩，如图 11.2 所示。这种控制方式又分为开环和闭环两种。

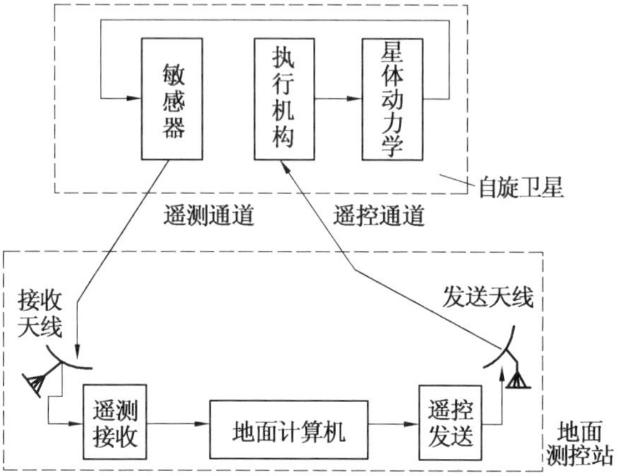

图 11.2　星地大回路控制系统示意图

闭环型类似于星上全自主控制，由星上和地面站共同组成一个闭环控制系统，并以实时方式工作，传输时延只有几百毫秒。其主要优点是灵活性大，可充分利用地面站的大容量计算机，并具有连续快速提供各种指令的能力，不增加星上质量和系统复杂性；缺点是要求在执行任务时上行和下行通道要连续可靠地工作。

开环型是把星上姿态敏感器数据传到地面站，经过地面站计算机处理并把结果显示出来，然后根据控制规律估算各种控制指令，经过分析和选择，最后通过遥控使星上执行机构动作。这种开环型的决策时间延迟可以从 30 秒到几个小时。其主要优点是地面站软件相对较简单，可靠性高。这是目前用得较多的星－地大回路控制方法。

按照是否需要消耗航天器上的能源（电能或燃料化学能）或获得控制力矩的方式，航天器姿态控制可分为被动控制和主动控制两种方式。

被动控制是利用航天器本身的动力学特性（角动量、转动惯量特性），或航天器与周围环境相互作用产生的外力矩保持航天器姿态指向的稳定，几乎不消耗航天器能源而实现被动姿态控制，主要包括自旋稳定、重力梯度稳定、气动稳定等控制方式。

而主动控制则利用星上能源（电能或推进剂工质），依靠直接或间接敏感到的姿态信息，按一定的控制律操纵控制力矩器实现姿态控制。

11.2　航天器姿态控制系统分类

姿态控制系统是航天器控制系统中的重要组成部分。航天器的姿态稳定及控制方式很多,要把它们分得很合理是有困难的。一般按照是否需要消耗功率或者按照获得控制力矩的手段将姿态控制系统分为被动控制系统、主动控制系统以及由两者互相组合而产生的半被动控制系统、半主动控制系统和混合控制系统等 5 种类型。

11.2.1　被动控制系统

被动控制系统使用自然环境力矩源或物理力矩源,如自旋、重力梯度、地磁场、太阳辐射压力或气动力矩等,以及它们之间的组合来控制航天器的姿态。这种系统不需要星上能源,也不需要姿态敏感器和控制逻辑线路。被动控制系统的几个典型的稳定方式如下:

1. 自旋稳定控制方式

自旋稳定的原理是利用航天器绕自旋轴旋转所获得的陀螺定轴性,使航天器的自旋轴方向在惯性空间定向。

单纯的自旋稳定航天器不具有控制自旋速度,再定向或使自旋轴进动的能力,自旋轴(或姿态)指向精度只能达到 $1^\circ \sim 10^\circ$。通常由运载火箭末级使航天器产生自旋,其自旋方向和转速完全由入轨时星箭分离的初始条件以及此后运行过程中所受外干扰力矩的累积作用所决定。另外,由于动力学特性,非理想刚体的自旋航天器只有在绕其最大惯量轴旋转才是稳定的。当自旋稳定的航天器受到外力矩干扰时,将出现一种称为章动的运动,造成星体自旋轴方向与角动量矢量方向不重合的情况(即使自旋轴产生圆锥运动),导致星体上的探测设备不能平稳地扫描,因此需要星体自身耗散能量,或用专门设置的章动阻尼器来促使星体的章动及时衰减下来,满足自旋稳定的要求。

早期的航天器大多采用自旋稳定方式,其优点是:① 简单,航天器可由运载火箭采用自旋方式入轨,可不加任何附加装置(或只加简单的被动章动阻尼器)就可实现完全无源惯性定向,并具有一定精度;② 抗干扰能力强,当其受到外界恒定干扰力矩作用时,其自旋轴以等速漂移,而不是加速度漂移。另外,自旋稳定能使推力偏心的影响减至最小,例如,通信卫星若采用固体远地点发动机,则过渡轨道卫星姿态控制通常采用自旋稳定方式。自旋稳定的缺点是:① 只有一个轴在惯性空间指向;② 若扰动力矩使系统自旋动量变化较大,则这种系统可能需要附加一个自旋速度控制；③ 星体不能指向引力中心体，要使星上某些探测设备指向引力中心体，必须安装消旋机构，这样就变成了双自旋航天器。

2. 重力梯度稳定控制方式

重力梯度稳定的基本原理，是利用航天器星体各部分质量在重力场中具有不同的重力，使绕圆轨道运行的刚体航天器的最小惯量轴趋向于稳定在当地垂线方向。另外，由于绕地球轨道运动时姿态参考坐标系在空间旋转，所产生的惯性力矩（陀螺力矩）与重力梯度力矩共同作用使刚体航天器的最大惯量轴趋向于垂直轨道平面。在自然界中，月球总是一面指向地球，就是重力梯度稳定的一个很好的实例。

由于重力梯度稳定方式的特性，比较适用于要求航天器某一面持续对地指向的任务。重力梯度稳定力矩与航天器到地心距离的立方成反比，与航天器的最大与最小惯量之差成正比，通常只对要求指向精度不高的中低轨道卫星才适用（轨道高度在 1 000 km 左右的圆轨道）。为尽可能获得比较大的惯量差，通常在最小惯量轴方向伸出一根长杆，称为重力梯度杆，在杆端设置配重或其他部件（如天平动阻尼器等）。另外，由于重力梯度稳定力矩随航天器最小惯量轴偏离地垂线的偏差角按正弦规律变化，因此在无其他力矩作用时，航天器将相对地垂线做无衰减的摆动——天平动。一般采用天平动阻尼器来衰减天平动。天平动阻尼器也常兼作重力梯度杆的端质量。

重力梯度稳定方式简单、可靠、成本低，适用于对地定向的长寿命卫星，曾得到广泛应用。其主要缺点是指向精度不高（$1^\circ \sim 5^\circ$），目前除廉价的小卫星外，纯被动的重力梯度稳定已较少单独使用。但大型卫星及航天器在采用精度较高的主动控制技术时，仍可充分利用其本体的惯量分布特性，发挥被动重力梯度稳定的作用，降低对主动控制的要求，实现被动和主动控制相结合的混合控制。

3. 磁稳定控制方式

磁稳定的原理是利用航天器本体的磁偶极子矩与地球磁场相互作用产生的力矩，使得航天器达到平衡姿态时，航天器磁偶极子矩与地球磁场方向平行。一般是在航天器上安装产生磁矩的永久磁铁或线圈实现被动磁稳定，跟踪地磁的精度可达到 $1^\circ \sim 3^\circ$。但在一个轨道周期内航天器要翻滚两次。早期卫星曾采用过这种纯被动磁稳定方式，目前已很少单独使用，大多采用主动磁稳定（即采用电流可控的电磁线圈产生磁矩），或作为一种辅助性手段。例如，可以通过在航天器上安装固定线圈，通过线圈通电与磁场相互作用时产生磁力矩来克服常值性干扰。沙康（Satcom）卫星克服太阳帆板辐射压力就采用了这种方法。

4. 气动稳定控制方式

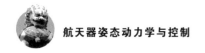

航天器在轨运行时，大气中气体分子与星体表面碰撞将产生气动力和气动

力矩。通过设计良好的航天器质量分布特性和星体气动外形可以使星体姿态对迎面气流方向稳定,成为气动稳定方式。由于气动力矩随大气密度而变,纯被动的气动稳定只适用于低轨道,一般在轨道高度低于 500 km 时才可行。例如,返回式卫星的返回舱再入大气层时的姿态主要依赖气动稳定,由返回舱气动外形及质量分布特性的设计保证在整个返回再入过程中的姿态稳定。采用气动稳定方式的航天器姿态稳定精度为中等。前苏联曾成功地应用了气动力来稳定航天器的姿态。欧空局也进行了这方面的研究和试验,如轨道试验通信卫星－2。

5. 太阳辐射压稳定控制方式

航天器表面受到空间辐射源(主要是太阳)照射时,入射光对星体表面产生一个净压力,各处表面净压力的综合效应产生合成辐射压力和合成辐射压力矩。由于太阳辐射压与航天器到太阳的距离平方成反比,因此对于地球轨道上的卫星来说,辐射压力和辐射压力矩基本上与卫星轨道高度无关。对于 1 000 km 以上或更高轨道的卫星,理论上利用太阳辐射压力矩可以实现卫星的被动姿态稳定,可以使航天器对太阳定向。但由于这种稳定方式受制于航天器构型及其表面对辐射的吸收和反射特性等因素,且稳定力矩较小,使用意义不大。但辐射压力矩作为一种干扰力矩,是高轨道卫星最大的干扰源。可通过适当安排星体接受辐照的表面,使辐射压力矩最小,或利用辐射压力矩抵消其他干扰力矩的常值分量,以减轻主动姿态控制系统的负担。

6. 组合被动稳定控制方式

把上述稳定方式适当组合起来,即构成组合被动稳定系统,如组合采用磁稳定和重力梯度稳定。组合被动稳定系统一般仅在特殊情况下才被应用。

11.2.2　半被动控制系统

在被动姿态稳定的基础上,施加一些附加手段以提高姿态稳定性能(以消耗星上能源为代价)的系统称为半被动姿态控制系统。半被动姿态控制系统并不借助姿态敏感器和其他主动控制手段。两种典型的应用实例如下。

1. 重力梯度稳定加恒动量飞轮

在重力梯度稳定卫星的一个横向轴(垂直于指向地心的最小惯量轴)方向加一个高速旋转的飞轮(动量轮),如图 11.3 所示。这种组合稳定方式利用重力梯度实现最小惯量轴指向地心,利用动量轮角动量的陀螺效应实现动量轮轴指向轨道面法线方向,这样大大改善了姿态稳定性能。采用这种控制系统的姿态控制精度可达到 $0.5° \sim 5°$,适用于三轴稳定卫星和对地定向航天器。

2. 重力梯度稳定加半被动阻尼器

例如,在重力梯度稳定航天器上安装增强型磁滞阻尼器进行天平动阻尼。

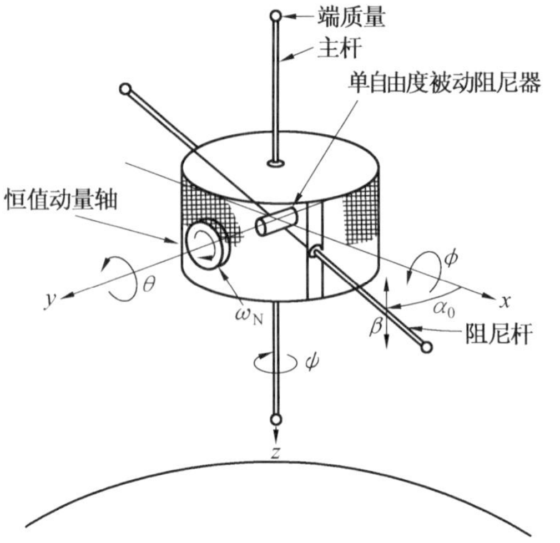

图 11.3　重力梯度加恒值动量轮的稳定控制系统

这两者均需要消耗少量能源。这一系统也适用于三轴稳定卫星和对地定向航天器，姿态精度可达 $1^\circ \sim 5^\circ$。

11.2.3　半主动控制系统

在被动稳定的基础上，再利用姿态敏感器测量姿态误差，并依此信息实现部分主动控制的系统称为半主动控制系统。几种典型的实例介绍如下：

1. 自旋稳定控制系统

如图 11.4 所示，在自旋稳定的基础上加上姿态敏感器(用于测量和确定自旋轴指向及自旋转速和相位)和执行机构(如反作用推进系统和磁力矩器)，以实现航天器自旋转速控制和自旋轴在空间的定向和进动控制。航天器的姿态控制精度可达到 $0.1^\circ \sim 1^\circ$。

2. 双自旋稳定控制系统

这种类型的航天器由高速旋转的自旋部分(称为转子)和通过轴承连接的低速转动或不转动的消旋部分(消旋平台)构成，如图 11.5 所示。双自旋稳定航天器依靠转子角动量维持整个航天器的自旋轴对惯性空间定向(通常指向轨道平面法线方向)，又通过对消旋平台的主动伺服控制使安装在消旋平台上的有效载荷(如通信天线)指向地球。采用双自旋稳定控制系统，航天器的姿态控制精度可达到 $0.1^\circ \sim 1^\circ$。

双自旋稳定控制系统多用于早期的地球同步轨道通信卫星和某些地球同步轨道气象卫星。例如，东方红二号、东方红二号甲通信卫星以及风云二号气象卫星。

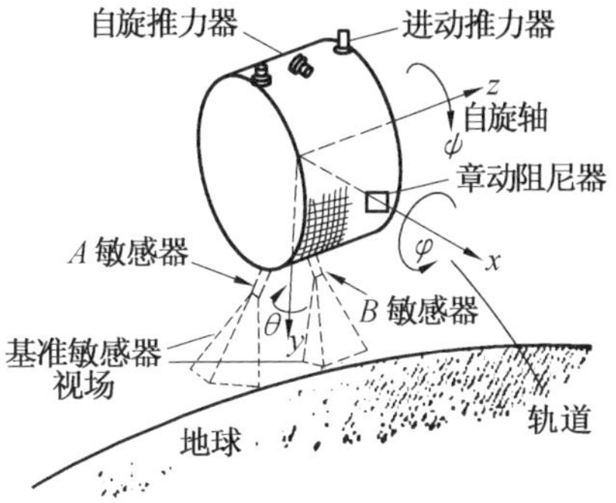

图 11.4　半主动自旋稳定控制系统

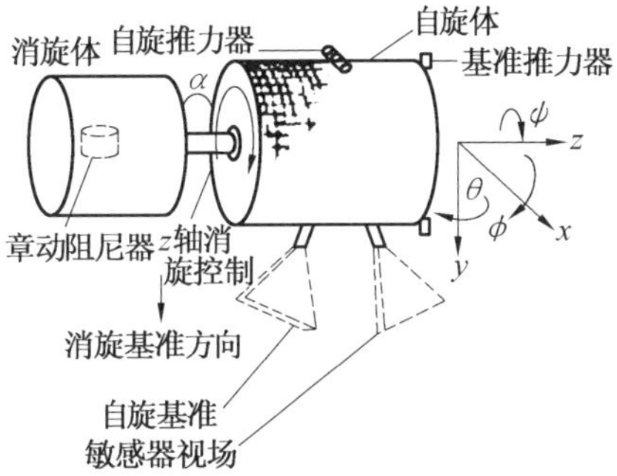

图 11.5　半主动双自旋稳定控制系统

11.2.4　主动控制系统

利用星上能源(电能或推进剂工质),依靠直接或间接敏感到的姿态信息,按一定的控制律操纵控制力矩器实现姿态控制的方式称为主动控制。

主动控制系统由姿态敏感器、控制器、执行机构和航天器本体一起构成闭环控制回路。姿态敏感器测量和确定航天器相对空间已知基准目标的方位;控制器对测得的信息进一步处理后确定航天器姿,并根据确定的姿态按满足设计要求的控制律给出指令;控制执行机构按控制指令产生所需的控制力矩,实现航天器的姿态控制。

航天器姿态主动控制系统的几种典型控制方式如下:

1. 纯喷气三轴姿态控制系统

如图 11.6 所示,这种系统必须具有三轴姿态敏感器,通过控制逻辑线路,指令推力器排出质量产生控制力矩,分别控制航天器 3 个轴的姿态。这种系统的姿态控制精度可达到 0.1°。由于受航天器所携带的燃料和电磁阀寿命的限制,该系统较适合于短期工作和要克服非周期性扰动(在低轨道运行时)的航天器。

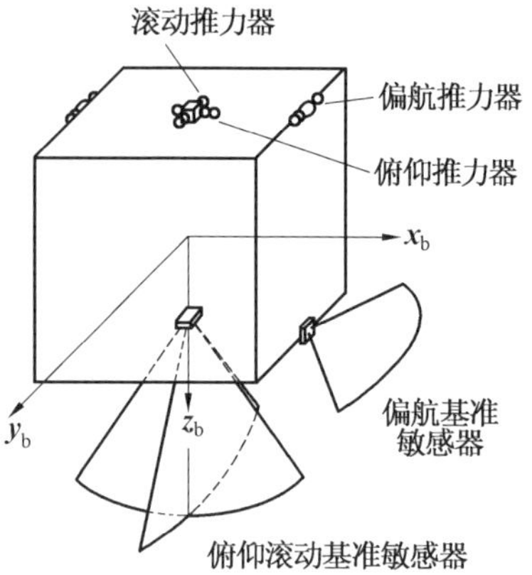

图 11.6　纯三轴喷气姿态控制系统

2. 以飞轮为执行机构的三轴姿态控制系统

对于长寿命高精度的三轴姿态稳定的航天器，普遍采用角动量交换装置的（包括固定安装的惯性轮、控制力矩陀螺及框架动量轮）作为姿态控制系统的执行机构。采用角动量交换装置的姿态控制系统简称为轮控系统。

轮控系统的工作原理是动量矩定理，即星体的总动量矩矢量（包括各部件动量矩矢量之和）对时间的导数，等于作用于星体上外力矩矢量之和。当角动量交换装置的动量矩的方向和数值发生变化时，将产生作用于星体上所需要的反作用力矩（即轮控力矩），从而实现对星体姿态的连续控制。轮控力矩本身是内力矩，可以把星体主体上的一部分动量矩转移到飞轮上，但不能改变星体的总动量矩。当星体不受外力矩作用时，按角动量守恒原理，轮系角动量的变化必将引起星体本体角动量反向的变化。当航天器承受外扰动力矩时，为保证星本体的姿态稳定（即星本体角动量保持不变），则要求外扰动力矩积累的冲量都应被飞轮吸收掉。

自 20 世纪 70 年代以来，应用卫星发展很快，对姿态控制系统的要求越来越高，特别是要求高精度和长寿命。为满足上述要求，越来越多的航天器采用了以飞轮为主的三轴姿态控制系统。这主要是因为轮控系统具有如下优点：

（1）轮控系统不需要消耗工质，只需要消耗电能，而电能可由星上太阳能阵不断补充，不像推力器系统那样存在能源枯竭的问题，因此适合于长期工作。

（2）轮控系统可以提供较精确的控制力矩，而喷气控制系统只能做开关控制，因此采用轮控系统的控制精度一般比喷气高一个数量级，而且姿态速度误差也比喷气控制小。

（3）轮控系统特别适合于克服周期性扰动，而高轨道卫星所受的扰动基本上是周期性的，因此轮控系统更适用于在中高轨道上工作。

(4) 与喷气控制相比，采用轮控系统可以避免对光学仪器的污染。

根据航天器整体角动量的情况，以飞轮为执行机构的姿态控制系统主要包括两种典型结构形式：

(1) 航天器整体零动量系统。这种系统在标称情况下航天器整体的总角动量为零，对姿态稳定度要求很高的卫星，如遥感卫星，采用零动量系统比较多。这种系统需要敏感滚动、俯仰和偏航 3 个轴的姿态，控制精度较高，可达 0.01°。

(2) 偏置动量系统。这种系统在标称状态下航天器整体在某个方向(一般在轨道角速度方向，即星体俯仰轴负向)有一个非零的角动量值。一般来说，该值比姿态角速率产生的角动量大一个数量级以上。偏置动量系统在指向精度要求较高的地球静止轨道卫星中得到广泛应用。其优点是：不需要偏航敏感器，而且抗干扰性好。

动量交换执行机构的一个共性问题是当飞轮饱和时(达到上、下限最高转速)时失去控制作用。工程中常采用喷气、磁力矩器或重力梯度产生的力矩进行卸载操作来去饱和，恢复姿态控制功能。

11.2.5　混合控制系统

航天器姿态混合控制系统是将上述姿态控制系统有机结合起来，能够实现多体航天器的多自由度同步控制(多体控制，如星体和天线分开控制)或分级控制(如粗控和精控)。一种 7 自由度航天器姿态混合控制系统如图 11.7 所示。

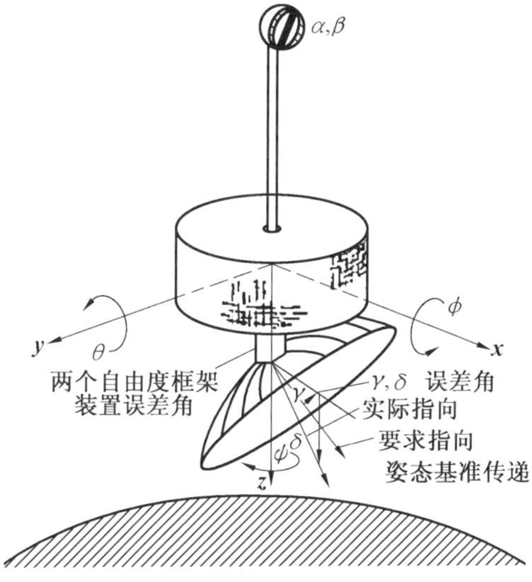

图 11.7　7 自由度航天器姿态混合稳定控制系统

图 11.7 中航天器本体通过万向悬挂装置与天线相连，相对方向上配置长杆

支撑端部磁铁。航天器本体需要进行三轴姿态稳定控制(φ,θ,ψ 3 个自由度),万向悬挂装置通过控制双框架角(γ,δ 两个自由度)进行天线的指向控制。长杆端部按地磁场方位角 α,β 安装的磁铁起着被动阻尼作用。显然,这是一个复杂的多体航天器姿态控制系统,航天器三轴实现姿态粗控,万向悬挂装置和天线系统实现姿态精控,可以提高整体姿态控制的精度。

混合控制系统除可提高姿态控制精度外,另一个功能是增加控制的冗余度,从而提高系统的可靠性(但也带来系统的复杂性)。目前,姿态混合控制系统逐渐成为现代航天器姿态控制的发展方向。

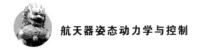

第 12 章

自旋、双自旋稳定航天器的姿态控制

许多早期发射的航天器都采用自旋稳定方式来稳定姿态。这种方式的优点是简单和抗干扰能力强，当航天器受到体固联恒定干扰力矩作用时，其自旋轴以等速漂移，而不是以加速漂移。此外，自旋稳定能减小推力偏心影响，例如，地球静止轨道卫星采用远地点变轨固体发动机，因其干扰力矩大，在远地点点火时的姿态通常采用自旋稳定。

自旋稳定航天器的陀螺定轴性使其自旋轴的方向在惯性空间固定，但不具有控制自旋速度和使自旋轴进动的能力，通常需要使用主动控制系统来调整航天器的自旋轴姿态和自旋速度，以抵消扰动力矩的影响或使自旋轴机动到预定的姿态。另外，还需要对章动进行阻尼，以消除航天器自旋轴的章动。而对于双自旋航天器，还要保证安装在消旋平台上的有效载荷稳定地对惯性空间或参考天体定向。

本章主要介绍自旋、双自旋航天器的自旋轴姿态控制问题，包括自旋轴姿态机动控制、章动阻尼及控制、平旋运动及恢复。

12.1 自旋、双自旋航天器姿态控制的任务和方法

自旋、双自旋航天器在运行过程中，由于太阳辐射力矩、气动力矩、重力梯度力矩和地磁力矩等干扰力矩的影响，航天器的自旋轴会逐渐偏离原始指向，自旋速度也会变化，因此需要校正。另外，由于任务的要求，需要建立某种预定的自旋轴方位，这就要求对自旋轴在空间的方位进行控制。因此，自旋稳定航天器姿态控制的基本任务是：自旋转速控制、章动阻尼、自旋轴进动控制和发生平旋后的恢复。解决这些控制问题的方法是对自旋或双自旋航天器施加一定的修正力矩，最终把自旋轴稳定在指定的方向上，并使自旋转速保持常数。

对于双自旋航天器，还要进行消旋控制，以使通信天线或有效载荷不随着航天器自旋转动而指向预定的目标。

为完成上述姿态控制任务，自旋航天器控制系统硬件包括姿态敏感器（如红外地球敏感器、太阳敏感器等），产生控制力矩的执行机构（如喷气推力器、磁力矩器等）和控制器，此外还有消除自旋轴章动的被动章动阻尼器以及消旋控制系统。

自旋、双自旋航天器由于其固有的自旋轴方向的稳定性，不需要频繁地进行调整和控制，因而可以不用星上自主控制，而采用星－地大回路控制，这大大简化星上设备，提高可靠性。早期的自旋、双自旋航天器就是这样实现姿态控制的。星上姿态敏感器测出的包含自旋轴姿态的信息通过遥测通道实时地送给地面测控站，由地面计算机处理出自旋轴姿态信息。需要时，再通过发送相应的遥

控指令，使星上执行机构工作，调整自旋轴姿态，实现自旋轴姿态的目的。姿态测量所用的敏感器和实现姿态控制用的执行机构在航天器上，而实现姿态确定和控制规律计算的控制器则由地面计算机担当。而且地面站操纵人员往往参与控制指令发送的决策过程。

随着技术的发展，现代航天器的控制电子线路采用了微处理器，增强了航天器的自主能力，提高了设计的灵活性，可以实现不需地面干预就能进行姿态确定和控制。例如，国际通信卫星－Ⅵ，是迄今为止最大的双自旋卫星，即采用星上自主控制方式，获得较高的控制精度，定向精度达到$0.05^{\circ}\sim0.1^{\circ}$。

12.2　自旋、双自旋航天器的章动阻尼及控制

自旋、双自旋航天器在受到外扰动力矩作用时（包括控制力矩或环境力矩等），其角动量矢量方向将发生漂移，并产生章动运动，扰动结束后，漂移停止，但章动运动将继续下去。章动时自旋轴在空间做圆锥运动，影响姿态敏感器、有效载荷的性能，因此消除章动使航天器处于纯自旋状态，是自旋、双自旋航天器姿态控制的基本任务之一。

对于绕最大惯量轴自旋的单自旋／双自旋航天器，或细长形双自旋航天器（消旋平台上的能量耗散速率足够大时），其本身的姿态运动是稳定的，通过在其上安装被动章动阻尼装置，就可有效地衰减章动运动。但有时章动的初始幅度过大，或被动章动阻尼装置的阻尼时间过长，有时仍需要进行主动章动控制。

而对于细长形单自旋航天器或消旋部分随转子一起旋转的细长形双自旋航天器，由于能量耗散，自旋运动是不稳定的，在这种航天器上安装被动式章动阻尼器，将导致航天器迅速翻倒。为稳定这一类航天器，必须使用主动章动控制。

12.2.1　被动章动阻尼

章动阻尼就是通过消耗章动的动能而使自旋轴与角动量矢量重合。其实真实自旋航天器中总有一些阻尼或相应的能量耗散（如燃料贮箱和热管内的液体晃动会引起能量耗散），能使扁粗型自旋航天器的章动衰减，但为了有效地衰减章动运动，一般都在自旋稳定航天器上安装被动章动阻尼器。这种阻尼器内部装有可动的阻尼物质（固体或液体），受航天器章动运动的激励而产生相对运动，从而耗散章动运动的动能，使航天器的横向角速度衰减，减少直至完全消除章动角。

航天器上采用的被动式章动阻尼器的种类很多，从阻尼质量的类型分为固体和液体两种；按阻尼质量的支撑方式分为轴承、悬挂或封闭容器；按阻尼方式

分为黏滞流体或磁涡流方式；按恢复力的方式分为向心力或机械弹簧等。衡量章动阻尼器性能的主要指标有单位质量的阻尼效率、剩余章动角、星体质量参数和转速变化对阻尼效率的影响等。

全面分析阻尼质量的运动比较复杂，因为该运动与星体的章动相互耦合，并且这种耦合运动的动力学方程通常没有解析解。工程上初步设计时都采用近似的简化方法。由于阻尼质量与航天器整体质量相比很小，对星体运动的影响很缓慢，在分析阻尼质量的运动状态时，可以忽略阻尼质量对星体运动的影响而认为星体在做稳态的章动运动，使阻尼质量受到周期性的强迫运动，从而计算出阻尼质量在运动过程中耗散的能量及耗散速率，再根据星体章动角的变化与能量耗散的关系估计出章动阻尼的时间常数，这种方法称为能量耗散法。

下面仍以管球式章动阻尼器为例，简要介绍其阻尼作用。

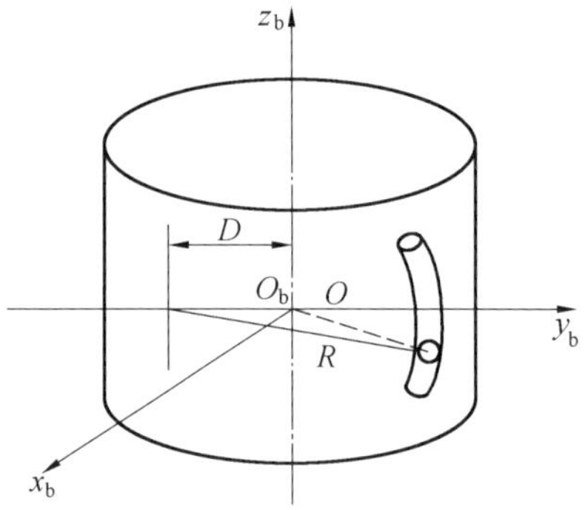

图 12.1　自旋航天器的管球式章动阻尼器

小球在黏性流体中对自旋航天器所做功的微分为

$$\mathrm{d}W = -k\dot{x}\,\mathrm{d}x \tag{12.1}$$

式中，k 为阻尼系数；$\mathrm{d}x$ 为小球相对于其平衡位置的微分位移；$\dot{x}$ 为小球的瞬时速度值。

将方程(12.1)写成

$$\mathrm{d}W = -k\dot{x}\frac{\mathrm{d}x}{\mathrm{d}t}\mathrm{d}t = -k\dot{x}^2\,\mathrm{d}t \tag{12.2}$$

对该式进行积分可得每一周期中的平均做功为

$$W_{av} = -\frac{k}{T}\int_0^T \dot{x}^2\,\mathrm{d}t \tag{12.3}$$

式中，T 为阻尼器运动周期。由于 $\dot{x}$ 与自旋航天器横向角速度 ω_t 成正比，故 W_{av} 与章动时的横向角速度 ω_t 的平方成正比。

每一周期内的平均做功量等于动能改变量，即 $W_{av} = \dot{T}_{rot}$，对于轴对称的准刚体自旋航天器，其动能改变量为

$$\dot{T}_{\mathrm{rot}}=\frac{H^2}{I}\left(\frac{I-I_{\mathrm{t}}}{I_{\mathrm{t}}}\right)\sin\theta\cos\theta\dot{\theta}\approx\frac{H^2}{I}\left(\frac{I-I_{\mathrm{t}}}{I_{\mathrm{t}}}\right)\theta\dot{\theta},\quad\theta\ll 1 \tag{12.4}$$

为从式(12.4)解得章动角 θ 与时间的函数关系，必须先求得式中 $\dot{x}$ 的显式表达式。为解得 $\dot{x}$，需要不同程度地简化假设条件。一般来说，对式(12.3)积分后，W_{av} 常可表达为

$$W_{\mathrm{av}}=-\theta^2 f(\alpha_1,\alpha_2,\cdots,\alpha_n) \tag{12.5}$$

式中，$f(\alpha_1,\alpha_2,\cdots,\alpha_n)$ 为系统参数的函数。此时式(12.4)变为

$$\frac{H^2}{I}\left(\frac{I-I_{\mathrm{t}}}{I_{\mathrm{t}}}\right)\theta\dot{\theta}+\theta^2 f=0 \tag{12.6}$$

或

$$\dot{\theta}+\frac{f\theta}{\dfrac{H^2}{I}\left(\dfrac{I}{I_{\mathrm{t}}}-1\right)}=0 \tag{12.7}$$

而式(12.7)可写成下列形式：

$$\dot{\theta}+\frac{\theta}{\tau}=0 \tag{12.8}$$

式中，τ 为系统章动角衰减时间常数，即

$$\tau=\frac{H^2}{If}\left(\frac{I}{I_t}-1\right)$$

方程(12.8)的解具有如下形式：

$$\theta=\theta_0\mathrm{e}^{-t/\tau} \tag{12.9}$$

即章动角按指数规律衰减。

同理，可以采用能量耗散法分析双自旋航天器的被动章动阻尼特性，这里不再赘述。

12.2.2 自旋航天器的喷气章动控制

能产生章动控制力矩的执行机构包括喷气推力器和磁力矩器，在需要快速章动阻尼的场合下，利用喷气控制是最有效的，可直接消除横向角速率。

假定航天器是轴对称的($I_x=I_y=I_t$)，并设反作用推力方向与自旋轴平行，则固定在星体坐标系中的横向控制力矩不会引起轴向转速 Ω 的变化。根据姿态动力学方程，喷气控制引起航天器姿态的运动为

$$\begin{cases}\dot{\omega}_x+\dfrac{I_z-I_{\mathrm{t}}}{I_{\mathrm{t}}}\Omega\omega_y=\dfrac{T_x}{I_{\mathrm{t}}}\\ \dot{\omega}_y-\dfrac{I_z-I_{\mathrm{t}}}{I_{\mathrm{t}}}\Omega\omega_x=\dfrac{T_y}{I_{\mathrm{t}}}\\ \dot{\omega}_z=0\end{cases} \tag{12.10}$$

式中，T_x，T_y 分别为横向控制力矩$\boldsymbol{T}_j$ 的分量。为便于说明，将被控变量即横向角速率 ω_x，ω_y 合并成一个复数变量(用上横线表示)$\bar{\omega}_t$。其计算公式为

$$\bar{\omega}_t = \omega_x + j\omega_y = \omega_t e^{j\Phi}, \quad j^2 = -1$$

式中，Φ 为横向角速率 ω_t 在星体坐标平面 xy 上的相位，$\Phi = \arctan\dfrac{\omega_y}{\omega_x}$。式(12.10)也可合并为一个复数方程，即

$$\dot{\bar{\omega}}_t - j\Omega_b\bar{\omega}_t = \bar{\varepsilon}_t \tag{12.11}$$

式中

$$\Omega_b = \frac{I_z - I_t}{I_t}\Omega$$

$$\bar{\varepsilon}_t = \frac{1}{I_t}(T_x + jT_y) = \varepsilon e^{j\gamma}$$

式中，ε 为控制力矩产生的角加速度；γ 为控制力矩$\boldsymbol{T}_j$ 在 xy 平面上的相位，用于决定喷气推力器的安装部位。

假定当 $t = t_0$ 时，横向角速度沿实轴方向($\omega_y = 0$)，在喷气时刻 $t = t_1$，横向角速度的初值为

$$\bar{\omega}_t(t_1) = \omega_t e^{j\Omega_b t_1}$$

式中，$\Omega_b t_1$ 是横向角速率的相位。在喷气作用下，方程(12.11)的解为

$$\begin{aligned}\bar{\omega}_t(t) &= \bar{\omega}_t(t_1)e^{j\Omega_b(t-t_1)} - \frac{\bar{\varepsilon}_t}{j\Omega_b}\left[1 - e^{j\Omega_b(t-t_1)}\right] \\ &= \bar{\omega}_t(t_1)e^{j\Omega_b(t-t_1)} + \frac{2\varepsilon}{\Omega_b}\sin\Omega_b\frac{t-t_1}{2}e^{j\left(\gamma+\Omega_b\frac{t-t_1}{2}\right)}, \quad t > t_1\end{aligned} \tag{12.12}$$

由式(12.12)可知，在推力器作用下，星体横向角速率是两部分的合成，第一部分是自由章动，横向角速率的端点沿 C_0 圆转动，如图 12.2 所示。

对于扁粗型航天器($\Omega_b > 0$)转动方向是逆时针方向，对于细长形航天器($\Omega_b < 0$)是顺时针方向；第二部分是喷气力矩产生的横向角速率，沿 C' 圆转动，该圆经过原点并与直线 $\varepsilon e^{j\gamma}$ 相切。

若航天器在初始时刻处于纯自旋状态，即图 12.2 中的原点 O。在 $t = t_1$ 时推力器开始喷气，则横向角速率轨迹如图 12.2 中的 C' 圆所示，从原点 O 出发沿 C' 逆时针转动。同时也可看到，当喷气时间满足 $\Omega_b\Delta T = 2\pi$ 时，横向角速率轨迹又回到原点。

下面讨论在有初始章动角时的喷气章动控制问题。

假定喷气持续时间 ΔT 是给定的，并且满足 $\Omega_b\Delta T < 2\pi$。喷气章动控制的目的是消除初始章动角，即消除横向角速率 $\bar{\omega}_t$，使航天器尽可能回到纯自旋状态。

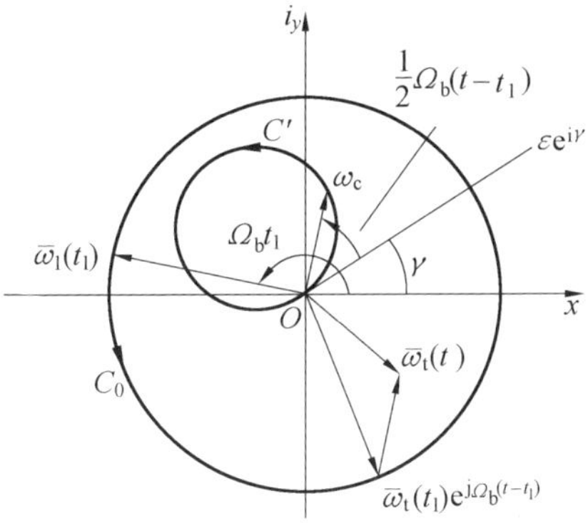

图 12.2　喷气力矩作用下姿态运动示意图

为有效地消除横向角速率 $\bar{\omega}_t$，应选择合适的喷气时刻 t_1（对应的横向角速率的相位角为 $\Omega_b t_1$），使喷气产生的横向角速率 $\bar{\omega}_c$（式(12.12)的第二项）在喷气终止时刻 t_2（$t_2 = t_1 + \Delta T$），与自由章动部分横向角速率 $\bar{\omega}_t(t_1)e^{i\Omega_b(t_2-t_1)}$ 的方向相反，即可减小横向角速率的大小。

自旋航天器常用轴向加速度计作为章动敏感器，设某时刻测得横向角速度的相位角为 Φ'，根据式(12.12)，为使喷气终止时刻($t = t_2$)喷气产生的横向角速率 $\bar{\omega}_t$ 与自由章动横向角速率部分方向尽可能相反，喷气起始时刻 t_1 或喷气相位相对于横向角速率的相位时延角 β 应满足

$$\Omega_b t_1 = \gamma - \frac{1}{2}\Omega_b \Delta T + \pi$$

或

$$\Phi' + \beta = \gamma - \frac{1}{2}\Omega_b \Delta T + \pi \tag{12.13}$$

进行短脉冲喷气控制时 $\Delta T \approx 0$，喷气时刻即为横向角速率矢量转到与喷气力矩相反的方向。

当然，采用这种方法进行章动控制虽然能有效地消除章动角，但也可能引起航天器角动量的进动，改变航天器角动量的方向。通常，喷气章动控制和喷气进动控制相结合，通过合理的规划使推力器的喷气在使航天器角动量发生期望进动外，同时还消除了章动，如目前常用的多脉冲周期控制法等。

12.2.3　双自旋航天器的消旋主动章动阻尼

对于双自旋航天器，消旋主动章动阻尼是一种有效的章动阻尼方式，其原理是利用其消旋平台惯性积的耦合作用产生横向力矩使章动衰减。当平台的质量特性有横向和轴向之间的惯量积时，平台的自旋运动和横向运动将相互耦合。航天器章动将使平台轴向转速产生变化，消旋电机消除此轴向转速变化而产生

的力矩，经过动力学耦合，在横向也产生力矩，只要正确地设计消旋系统，可以使此横向力矩与平台的横向角速度反向，使章动衰减下来。

1. 消旋平台质量特性的阻尼作用

平台质量特性中存在惯量积，意味着平台相对于轴承轴是动不平衡的，但应该是静平衡的。设转子是静动平衡并且是轴对称的，选取航天器平台坐标系 $Ox_p y_p z_p$ 为参考系，其中 z_p 轴与轴承轴一致，选择横轴 x_p，y_p 使 x_p 轴和 z_p 之间存在惯量积，即平台的惯量矩阵为

$$\underline{\boldsymbol{I}}_p=\begin{bmatrix} I_{pt} & 0 & -I_{pxz} \\ -I_{pxz} & I_{pt} & 0 \\ 0 & 0 & I_{pz} \end{bmatrix}$$

整个航天器在平台坐标系 $Ox_p y_p z_p$ 中的惯量矩阵为

$$\underline{\boldsymbol{I}}=\begin{bmatrix} I_t & 0 & -I_{pxz} \\ -I_{pxz} & I_t & 0 \\ 0 & 0 & I_{pz}+I_{rz} \end{bmatrix} \tag{12.14}$$

式中，I_t 为平台和转子的合成横向惯量。利用 $\omega_{rz}=\omega_{pz}+\omega_{rp}$，可求得在平台坐标系 $Ox_p y_p z_p$ 中航天器的角动量为

$$\underline{\boldsymbol{h}}=\begin{bmatrix} I_t\omega_{px}-I_{pxz}\omega_{pz} \\ I_t\omega_{py} \\ I_{pz}\omega_{pz}+I_{rz}\omega_{rz}-I_{pxz}\omega_{px} \end{bmatrix} \tag{12.15}$$

将式(12.15)代入欧拉方程，就可得到姿态运动方程。利用章动角很小的性质，将此方程式在稳态解 $\omega_{px}=\omega_{py}=\omega_{pz}=0$，$\omega_{rz}$ 为常数附近线性化，得

$$\begin{cases} \dot{\omega}_{px}+\Omega_p\omega_{py}=\dfrac{I_{pxz}}{I_t}\dot{\omega}_{pz} \\ \dot{\omega}_{py}-\Omega_p\omega_{px}=0 \\ \dot{\omega}_{pz}-\dfrac{I_{pxz}}{I_t}\dot{\omega}_{px}=\dfrac{T_z}{I_{pz}} \\ \dot{\omega}_{rz}=-\dfrac{T_z}{I_{rz}} \end{cases} \tag{12.16}$$

式中，$\boldsymbol{\Omega}_p$ 为平台的本体章动频率；T_z 为消旋电机力矩，是内力矩。转子惯量较大，电机力矩对转子转速影响很小，ω_{rz} 接近为常值。从式(12.16)中可以看出，航天器的横向运动与平台的轴向运动是耦合的。

为保持平台消旋并指向目标，驱动消旋电机的输入信号是平台的指向误差和平台轴向速率。这里只讨论轴向速度的控制，平台消旋电机的控制回路的输入是 $\dot{\omega}_{pz}$，输出为 T_z，传递函数为 $G(s)$。此开路传递函数和运动方程式(12.16)组成闭合的平台消旋回路，如图 12.3 所示。

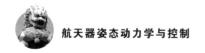

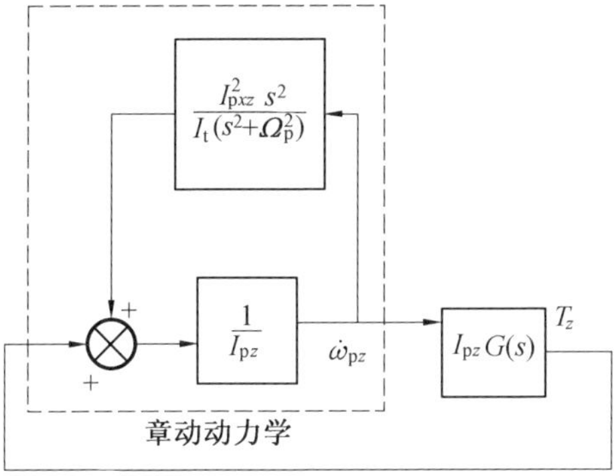

图 12.3　消旋自动章动控制方框图

引入此章动动力学环节后，在消旋回路中增加了一个振荡环节，传递函数变为

$$G_p(s)=\frac{s^2+\Omega_p^2}{I_{pz}[(1-\lambda')^2 s^2+\Omega_p^2]} \tag{12.17}$$

式中，λ' 为惯量耦合系数，$\lambda'=\frac{I_{pxz}^2}{I_{pz}I_t}$。在此闭合回路的根轨迹图中，有关章动的根轨迹是从共轭极点 $\pm\frac{j\Omega_p}{\sqrt{1-\lambda'}}$ 出发走向共轭零点 $\pm j\Omega_p$，此轨迹在左半平面内，章动运动是衰减的。一般平台的惯量积比主惯量要小得多，所以 $\lambda'\ll 1$，极点和零点很靠近，动力学特性的章动阻尼的效率较差，但此横向惯量积是引入章动外反馈的基础。

2. 章动反馈的阻尼作用

提高章动阻尼效率的一种有效方法，是利用章动敏感器测出章动运动参数，将其引入消旋回路中，补充横向转速的反馈，加强阻尼作用。

在转子内安装加速度计，其敏感轴和自旋轴平行，位于距航天器质心的位置矢量在转子坐标系中的分量为 $\underline{\boldsymbol{r}}_a=[x_a \quad y_a \quad z_a]^T$，则在加速度计位置处的惯性加速度在 z_r 轴向的分量为

$$a_z=r_a\Omega_a\omega_t\cos(\Omega_b t+\varphi_0-\varphi_1) \tag{12.18}$$

式中，r_a 为加速度计到航天器质心的横向距离，$r_a=(x_a^2+y_a^2)^{\frac{1}{2}}$；$\Omega_a=\omega_{rz}-\Omega_b$，其中 Ω_b 为本体章动频率；φ_1 为加速度计的安装相位，$\varphi_1=\arctan\frac{y_a}{x_a}$；$\varphi_0$ 为章动初始相位。

式(12.18)即为加速度计的测量值，根据此测量值可知航天器转子的横向角速率，为将章动反馈信号引入消旋回路，必须将其转换到平台坐标系中。利用平台和转子相对转动的周期脉冲与此加速度计信号进行差拍，经过滤波器，取出平

台章动频率 Ω_p 的谐波部分。令此周期脉冲为 $N(t)$，频率为 Ω'，此脉冲信号可以分解为各次谐波之和，即

$$N(t)=\frac{4}{\pi}\sum\frac{\cos\left[n(\Omega' t-\varphi_2)\right]}{n}$$

式中，φ_2 为相位，与周期脉冲发生器在转子安装的圆周角位置有关。将此式与式(12.18)相乘，取出平台章动频率的谐波部分，可得

$$\begin{aligned}a'_z&=\frac{2r_a\Omega_a\omega_t}{\pi}\cos\left(\Omega_p t+\varphi_0-\varphi_1-\varphi_2\right)\\&=\frac{2r_a\Omega_a}{\pi}\left[\omega_{px}\cos\left(\varphi_1+\varphi_2\right)+\omega_{py}\sin\left(\varphi_1+\varphi_2\right)\right]\end{aligned}\tag{12.19}$$

这就是在平台坐标系中的章动反馈信号，由此反馈信号所产生的电机力矩 T_a 为

$$T_a=-K_1\omega_{px}-K_2\omega_{py}\tag{12.20}$$

$$K_1=-Kr_a\Omega_a\cos\varphi,\quad K_2=-Kr_a\Omega_a\sin\varphi\tag{12.21}$$

式中，K 为反馈系数；φ 为反馈回路的相移，$\varphi=\varphi_1+\varphi_2$，表示章动横向角速度矢量和耦合横向力矩之间的相位差。很明显，当相移 $\varphi=\pi$ 时，阻尼章动的效率最高。式(12.20)的反馈力矩和消旋回路中电机力矩($-I_{pz}sG(s)\omega_{pz}(s)$)叠加后，代入方程(12.16)中，可得带有章动反馈消旋回路的系统方框图，如图12.4所示。

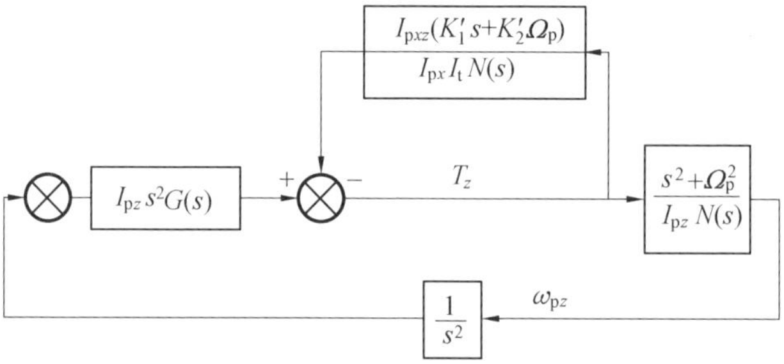

图 12.4　带有章动反馈消旋回路的系统方框图

图中

$$N(s)=(1-\lambda')s^2+\Omega_p^2$$

$$K_1'=K_1\frac{I_{pxz}}{I_{pz}I_t},\quad K_2'=K_2\frac{I_{pxz}}{I_{px}I_t}\tag{12.22}$$

可见，引入章动反馈后，在平台消旋回路中，章动环节的零点仍是 $\pm j\Omega_p$，而极点是方程

$$\left[(1-\lambda')s^2+\Omega_p^2\right]+K_1's+K_2'\Omega_p=0$$

的根。此极点不再在虚轴上，而落入左半平面内，更有利于章动衰减。此消旋闭合回路的特征方程式是

$$s^2\left[1-\frac{\lambda'}{1+G(s)}\right]+\frac{K'_1 s+K'_2\Omega_{\mathrm{p}}}{1-G(s)}+\Omega_{\mathrm{p}}^2=0 \tag{12.23}$$

分析此特征方程式的性质，可以估计消旋回路阻尼章动的作用。在没有闭路控制时，$G(s)=0$，$K'_1=K'_2=0$。无阻尼的章动特征根是 $s_1=\pm \mathrm{j}\dfrac{\Omega_{\mathrm{p}}}{\sqrt{1-\lambda'}}$。前面已提及，惯量积比较小，$\lambda'\ll 1$。为了不影响消旋回路本身的品质，章动反馈量也是较小的，$K\ll 1$。系统闭路后，使章动的特征根发生了小量变化，从 s_1 移动 Δs，此根轨迹的移动量就确定了章动阻尼的快慢，章动阻尼的时间常数 $\tau_{\mathrm{d}}=-1/\mathrm{Re}(\Delta s)$。

用扰动法可以直接估计章动特征根的变化量 Δs。一般平台消旋回路的时间常数大于 120 s，闭路极点的实部大约为 0.008 3 s^{-1}，而星体的章动频率大于 1.01 s^{-1}。由于章动频率远远高于消旋回路的响应频率，并且章动反馈量又小，引入章动动力学环节对消旋回路阻尼比的影响很小，因此开环传递函数 $G(s)$ 在 $s_1+\Delta s$ 上的幅相特性可以近似地表示为

$$G(s_1+\Delta s)\approx G(s_1)=G_1\mathrm{e}^{\mathrm{i}\alpha} \tag{12.24}$$

G_1 和 α 是开环传递函数 $G(s)$ 在章动频率上的传递系数和相移。将 $s_1+\Delta s$ 代入特征方程式(12.23)，略去高阶小量，求得

$$\Delta s=\frac{\lambda' s_1^2-[1+G(s_1)](s_1^2+\Omega_{\mathrm{p}}^2)-K'_1 s_1-K'_2\Omega_{\mathrm{p}}}{2s_1[1-\lambda'+G(s_1)]+K'_1} \tag{12.25}$$

根据反馈系数式(12.21)和式(12.22)，式(12.25)中的系数 K'_1，K'_2，K_n 分别是

$$K'_1=-K_n\Omega_{\mathrm{p}}\cos\varphi$$

$$K'_2=-K_n\Omega_{\mathrm{p}}\sin\varphi$$

$$K_n=\frac{Kr_{\mathrm{a}}\Omega_{\mathrm{a}}I_{\mathrm{p}xz}}{I_{\mathrm{p}z}I_{\mathrm{t}}\Omega_{\mathrm{p}}}$$

再将 $G(s_1)$ 的幅相特性式(12.24)代入式(12.25)，求得章动特征根变量 Δs 的实部 $\mathrm{Re}(\Delta s)$。因此章动阻尼时间常数为

$$\tau_{\mathrm{d}}=\frac{-1}{\mathrm{Re}(\Delta s)}\frac{-\tau_n(1+G_1^2+2G_1\cos\alpha)}{G_1\sin\alpha+\dfrac{K_n}{\lambda'}(1+G_1^2+2G_1\cos\alpha)^{\frac{1}{2}}\cos(\varphi+\beta)} \tag{12.26}$$

式中，$\beta=\arctan\dfrac{G_1\sin\alpha}{1+G_1\cos\alpha}$，$\tau_n=\dfrac{2}{\lambda'\Omega_{\mathrm{p}}}$。

章动阻尼效率决定于消旋回路和章动反馈回路的反馈系数和相移 G_1，α，K_n，φ。根据平台消旋回路的等效方框图(图 12.4)和时间常数式(12.26)，可以得出下列几点结论：

(1) 当消旋系统开路时，$G_1=0$，只有章动反馈回路，这时章动阻尼的时间常

数为

$$\tau'_{\mathrm{d}} = \frac{-\tau_n}{\dfrac{K_n}{\lambda'}\cos\varphi}$$

它与反馈系数 K_n 成反比。如果相移 $\varphi=\pi$，时间常数最小，这时章动反馈作用到横轴方向的力矩矢量恰好和章动横向角速度矢量的方向相反。

(2) 当没有章动反馈时，$K_n=0$，消旋回路使章动衰减的时间常数为

$$\tau''_{\mathrm{d}} = \frac{-\tau_n[1+G_1^2+2G_1\cos\alpha]}{G_1\sin\alpha}$$

从上式可以看出，在平台消旋回路中引入章动动力学后，消旋开环传递函数 $G(s)$ 在章动频率上的相移 $\pi<\alpha<2\pi$ 时，系统才是稳定的。

(3) 当消旋回路同时具有两种反馈（消旋反馈和章动反馈）时，根据式(12.26)的极值条件，如章动反馈的相移 $\varphi=-\beta-\pi$，则章动阻尼的时间常数为最小。

章动反馈系数 K_n 对阻尼起很大作用，没有章动反馈，单纯靠动力学之间的耦合可以使章动衰减，但考虑到航天器整体的动不平衡，惯量积不能太大，因此章动阻尼效率不高。引入章动反馈后，可以在小耦合量的情况下使星体章动迅速衰减。平台消旋回路自身的传递函数 $G(s)$ 主要是根据定向品质设计的，在很大程度上不受章动反馈回路的影响。

章动反馈回路中的系数和相移设计不要求与章动频率具有谐振特性，星体转速变化对章动阻尼的效率影响不大，而被动章动阻尼的阻尼特性与星体的转速关系密切，因此章动反馈的阻尼特性比被动章动阻尼器优越得多。但消旋主动章动阻尼的控制范围很小，只能用于双自旋航天器正常运行阶段。

12.3 自旋、双自旋航天器的姿态进动控制

对于自旋和双自旋稳定的航天器，在受到扰动力矩的作用下，其角动量方向（或自旋轴方向）会逐渐偏离标称方向。另外，根据任务要求（如远地点变轨的情况），需要将自旋轴调整到预定方向，此时通常需要主动控制系统来调整其自旋轴姿态，这就是自旋或双自旋稳定航天器的姿态机动控制。

自旋、双自旋稳定航天器的姿态机动，按执行机构的不同可以分为磁机动和喷气机动。

12.3.1 喷气姿态机动控制

因变轨操作任务或空间探测的要求，需要调整航天器自旋轴在空间中的方

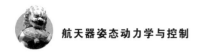

向，即姿态机动控制。可利用星载的喷气推力器产生横向控制力矩使航天器角动量进动，同时产生横向运动，航天器脱离自旋状态，再通过章动控制，使自旋轴与调整后的角动量方向重合。也就是说，自旋航天器的姿态机动控制涉及喷气进动控制和章动控制。

1. 喷气机动控制的基本原理

设喷气推力器的喷嘴在航天器上的安装方式如图 12.5 所示，反作用推力方向与自旋轴平行，这时喷气将产生横向控制力矩，其方向与自旋轴垂直，喷气作用使角动量进动的方向超前于喷气相位 90°。

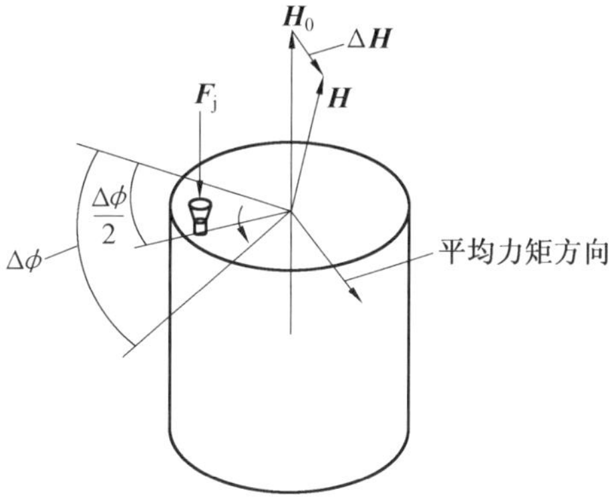

图 12.5　角动量进动示意图

令喷气力矩为 T_j，自旋转速为 Ω，在初始时刻，航天器处于纯自旋状态，如喷气力矩很小，则可以忽略章动。

在航天器自旋到某相位角前后的 0.5 倍 Δt 时间内进行喷气控制，所产生的角动量增量的数值等于

$$\Delta H = \int_{-\Delta t/2}^{\Delta t/2} T_j \cos \Omega t \, dt = T_j \Delta t \, \frac{\sin(\Omega \Delta t/2)}{\Omega \Delta t/2} \qquad (12.27)$$

$\boldsymbol{\Delta H}$ 的方向垂直于初始角动量 $\boldsymbol{H}_0$。由于喷气时航天器在自旋，带动控制力矩 $\boldsymbol{T}_j$ 在空间旋转，角动量从初始状态 $\boldsymbol{H}_0$ 沿圆弧进动到 $\boldsymbol{H}$。如喷气采用脉冲调制方式（$\Delta t \to 0$），则角动量增量为

$$\Delta H = T_j \Delta t$$

角动量沿直线从 $\boldsymbol{H}_0$ 跃变进动到 $\boldsymbol{H}$。若每次产生的 $\boldsymbol{\Delta H}$ 都很小，则引起的章动角也很小。当航天器有较好的章动阻尼时，经过一段时间后将使自旋轴与调整后的角动量方向重合。如此不断地重复，总可以把角动量向量控制到期望的方向。

2. 周期脉冲控制

为提高喷气机动的效率，目前常用多脉冲周期控制方式，在进行角动量进动控制的同时兼顾章动的控制。设初始时航天器的角动量和自旋轴在空间的方向是 $\boldsymbol{H}_0$ 和 $\boldsymbol{A}_0$，并且两者重合（无章动状态），通过 N 次周期性脉冲控制后，将角动量和自旋轴方向控制到 $\boldsymbol{H}_F$ 和 $\boldsymbol{A}_F$，并使两者仍然重合。

下面以单个喷嘴的双脉冲控制为例，说明脉冲式喷气产生的姿态运动。

为便于描述航天器的姿态运动，在空间中通过矢量 $\boldsymbol{H}_0$ 的端点 H_0 建立垂直

于$\boldsymbol{H}_0$的复数平面。复平面坐标$(X,\mathrm{i}Y)$的原点和H_0重合，实轴通过矢量$\boldsymbol{H}_F$在该平面的端点H_F。在控制过程中角动量和自旋轴在复平面上的端点的轨迹表示航天器姿态的运动过程，如图12.6(a)所示。

第一次脉冲喷气后，角动量矢量从$\boldsymbol{H}_0$跃变到$\boldsymbol{H}_1$，自旋轴开始从A_0出发沿章动圆弧移动，圆心在H_1点上。图12.6中符号表示喷气时喷嘴在空间中的位置，其方向应与矢量$\Delta\boldsymbol{H}_1$垂直。对于双脉冲机动控制，要求第二次脉冲喷气后，角动量矢量跃变到$\boldsymbol{H}_F$。设两次喷气之间的时间间隔为τ，为消除章动，同时要求在τ时间后，自旋轴矢量从A_0出发沿章动圆弧扫过ψ角，达到A_F点(与H_F重合)。

当章动角很小时，空间章动角速率为$\Omega_s \approx \Omega I_z/I_t$，则$\tau$时间内，自旋轴矢量$\boldsymbol{A}$绕$\boldsymbol{H}_1$旋转的角为

$$\psi = \Omega_s \tau = 2\pi \frac{\tau I_z}{T I_t} \tag{12.28}$$

式中，T为航天器的自旋周期，$T=\dfrac{2\pi}{\Omega}$。通常τ不等于自旋周期，在两次脉冲控制之间的相位差为

$$\xi = 2\pi\left(\frac{\tau}{T}-1\right) \tag{12.29}$$

显然，这个相位差ξ也等于直线ΔH_1和ΔH_2之间的夹角。为满足双脉冲控制条件，即第二次喷气脉冲后，角动量矢量端点与H_F重合，同时自旋轴矢量到达A_F点，要求满足

$$\psi - \xi = k\pi, \quad k = \pm 1, \pm 2, \cdots \tag{12.30}$$

注意，这里角度ψ和ξ有正负之分，绕逆时针为正，顺时针为负。本例中ψ和ξ异号。将式(12.28)和式(12.29)代入式(12.30)，可得到两次喷气之间的间隔τ(称为脉冲周期)满足如下条件：

$$\left(\frac{I_z}{I_t}-1\right)\frac{\tau}{T} = \frac{k}{2}-1 \tag{12.31}$$

当$I_z=\dfrac{kI_t}{2}$时，喷气周期τ恰好等于自旋周期，称为自旋同步控制。此时H_1在实轴上，对应的喷气相位差$\xi=0$，如图12.6(b)所示。

上面给出了双脉冲控制的情况，对于多脉冲周期控制情况与此类似，如图12.7所示。

为实现N次脉冲控制后无剩余章动角，则航天器惯量特性和脉冲控制周期应满足条件

$$\left(\frac{I_z}{I_t}-1\right)\frac{\tau}{T} = \frac{k}{N}-1 \tag{12.32}$$

式中，τ为喷气控制周期；N为多脉冲控制的次数。

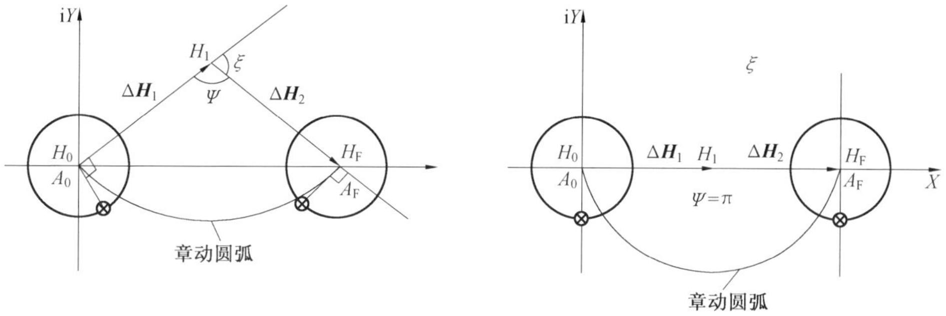

(a)　　　　　　　　　　(b)

图 12.6　双脉冲控制示意图

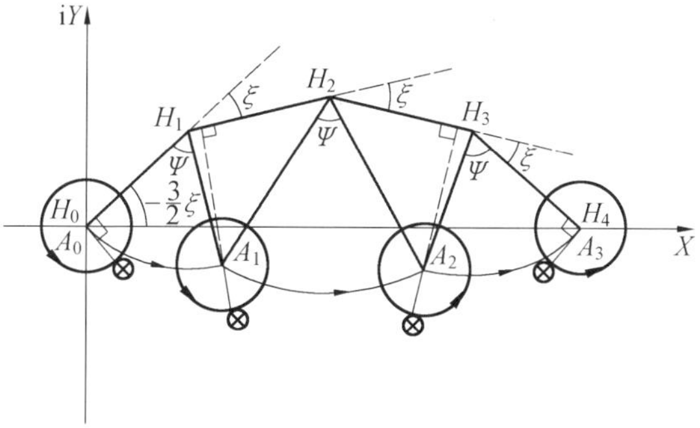

图 12.7　多脉冲周期控制示意图

由式(12.32)可知，当惯量比是有理数时，就可实现自旋同步控制($\tau=T$，$\xi=0$)。此时每次喷气角动量跃变的位置 H_i 均在实轴上，因此燃料消耗最少。

3. 喷气进动控制的控制规律

设航天器初始角动量为$\boldsymbol{H}_i$，目标角动量为$\boldsymbol{H}_F$，这两个矢量确定的平面 Λ 在惯性空间方位是固定的，如果喷气脉冲力矩也是惯性空间定向，那么只要在 Λ 平面内垂直于$\boldsymbol{H}_i$ 的方向产生力矩脉冲，便可实现从$\boldsymbol{H}_i$ 到$\boldsymbol{H}_F$ 的机动。但喷气推力器安装在星体上，随航天器自旋连续改变方向。因而就有选择什么时候施加推力的问题。

按照姿态机动过程中自旋轴在天球上描绘的轨迹，分为两种控制规律，即大圆弧法和等倾角法。假定每次喷气冲量很小，姿态机动过程中自旋轴与角动量基本一致，因此控制规律的主要问题是确定喷气的相位问题。

实际计算喷气相位的参考基准只能由星上的姿态敏感器给出，例如，自旋一周中太阳(或地球)敏感器扫过太阳(或地球)时输出的太阳(或地球)脉冲。下面以太阳矢量为惯性参考基准为例，讨论不同控制规律情况下确定喷气相角的问题。

(1) 大圆弧法。

以太阳矢量为北极的天球图如图 12.8 所示。$\boldsymbol{S}$ 为太阳矢量，A_0 是 $\boldsymbol{H}_i$ 方向，A_F 为 $\boldsymbol{H}_t$ 方向，A 表示机动过程中自旋轴的方向。

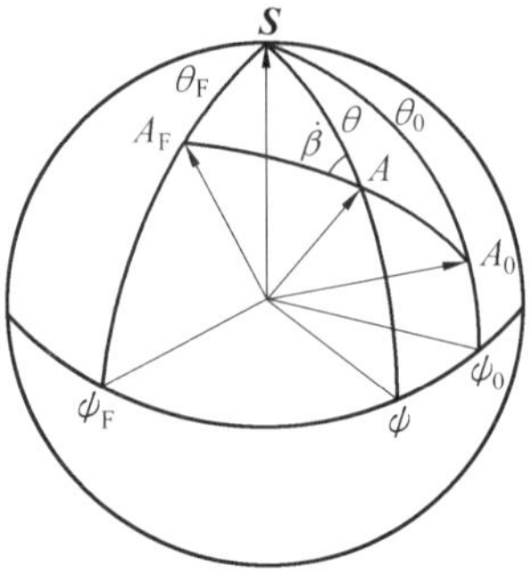

图 12.8　大圆弧法控制示意图

大圆弧法控制时，自旋轴在天球上描绘的轨迹是大圆，自旋轴在同一平面内从初始方向 A_0 机动到目标方向 A_F。A_0A_F 是 $\boldsymbol{H}_i$ 与 $\boldsymbol{H}_t$ 决定的大圆平面 Λ 上的大圆弧段。如果沿该弧段切向施加喷气力矩，则机动的路径最短，燃料最省。若以太阳敏感器扫过经度平面 SA 的时刻为计算喷气相位的基准，对于大圆法，要求喷气控制力矩在大圆平面 Λ 内，因而平面 Λ 与平面 SA 的夹角 β 可作为喷气相位角。假设在星体坐标系中，喷气推力器产生控制力矩的方向与太阳敏感器安装方向一致，则推力器点火的时刻即为太阳敏感器扫过太阳、得到太阳脉冲后再滞后 β 角对应的时刻。

由图 12.8 中的球面三角形 SAA_F 可求得相位角 β 为

$$\cos\beta=\frac{\cos\theta_F-\cos\theta\cos\widehat{AA}_F}{\sin\theta\sin\widehat{AA}_F}\tag{12.33}$$

式中，θ 为自旋轴与 S 的夹角(即太阳角)；下标 F 表示目标姿态对应的太阳角。因此只要知道 $\boldsymbol{H}_i$，$\boldsymbol{H}_t$ 及 $\boldsymbol{S}$ 的方向，同时从太阳敏感器实时定出 $\boldsymbol{H}$ 的方向，就能确定喷气的相位角。但是由表达式可知，该相位角不是恒定的，与 $\boldsymbol{H}$ 所在的方位有关，因而每次喷气前都得重新计算，这给工程实现带来不便。

(2) 等倾角法。

为便于工程实现，希望每次喷气的相位在星体坐标系中是固定的，即每次喷气与自旋同步，滞后于太阳(或地球) 脉冲一个固定相位角。下面仍以太阳矢量为北极的天球表示，此时脉冲控制力矩与 SA 平面成恒定的角。即倾角 β 不变，故称等倾角控制律。等倾角控制过程中自旋轴在天球上的轨迹与各经度线夹同等角度，自旋轴沿等倾角线从初始方向 A_0 机动到目标方向 A_F。

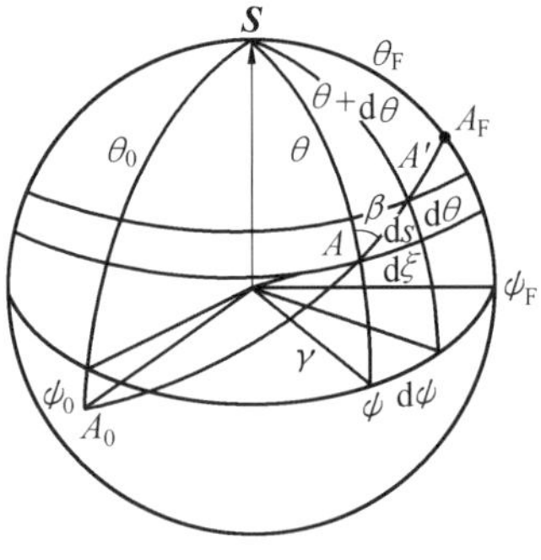

图 12.9　等倾角控制示意图

在图 12.9 所示的天球坐标中，A_0，A_F 的方向是 $\left(\psi_0,\dfrac{\pi}{2}-\theta_0\right)$ 和 $\left(\psi_F,\dfrac{\pi}{2}-\theta_F\right)$。$\psi$ 是自旋轴在

天球坐标中的经度。等倾角 β 是自旋轴沿等倾角线的移动方向与太阳方向之间的夹角，一次脉冲控制后自旋轴从 A 沿等倾角线移动 $\mathrm{d}s$ 到 A'，自旋轴方向变化 $(\mathrm{d}\psi,\mathrm{d}\theta)$。由于控制力矩很小，$\mathrm{d}s$ 是大圆弧的微弧，在此微分球面三角形 SAA' 中，有正余弦公式

$$\frac{\sin \mathrm{d}s}{\sin \mathrm{d}\psi}=\frac{\sin(\theta+\mathrm{d}\theta)}{\sin\beta}$$

$$\cos(\theta+\mathrm{d}\theta)=\cos\theta\cos \mathrm{d}s+\sin\theta\sin \mathrm{d}s\cos\beta$$

将以上两式线性化得

$$\mathrm{d}\psi=-\tan\beta\frac{\mathrm{d}\theta}{\sin\theta}$$

再将上式积分，上、下限为自旋轴初始方向和目标方向的参数，得等倾角 β 为

$$\beta=\operatorname{arccot}\left(\frac{\pm 1}{\psi_{\mathrm{F}}-\psi_0}\ln\frac{\tan\dfrac{\theta_{\mathrm{F}}}{2}}{\tan\dfrac{\theta_0}{2}}\right)\tag{12.34}$$

若 $\Delta\psi=\psi_{\mathrm{F}}-\psi_0>0$，则式(12.34)括号内取负值，反之取正值。如采用太阳脉冲为计算的基准时刻，则实际控制相位角 β^* 是从太阳方向顺自旋方向到等倾角线的转角。

$$\beta^*=\begin{cases}2\pi-\beta, & \psi_{\mathrm{F}}-\psi_0\geqslant 0\\ \beta, & \psi_{\mathrm{F}}-\psi_0<0\end{cases}$$

若采用轴向喷气推力器，喷嘴喷气方向沿自旋轴的负方向，喷嘴安装的部位滞后于太阳敏感器 γ 角，则喷气相位角为

$$\beta_{\mathrm{M}}=\beta^*+\left(\frac{\pi}{2}+\gamma\right)\tag{12.35}$$

不难看出，等倾角 β 确定后，自旋轴在天球上移动的轨迹满足下列方程式：

$$(\psi-\psi_0)\cot\beta=\ln\frac{\tan\dfrac{\theta}{2}}{\tan\dfrac{\theta_0}{2}}\tag{12.36}$$

可以证明在等倾角机动过程中，自旋轴与太阳之间的夹角始终在 $(\theta_0,\theta_{\mathrm{F}})$ 范围内。

除特殊情况 $(\beta=0,\pi/2,\pi)$ 外，等倾角线在天球上的路程比大圆长，燃料消耗多。参见图 12.9，有微分关系式

$$\mathrm{d}s=\sqrt{(\mathrm{d}\theta)^2+(\mathrm{d}\xi)^2}$$

$$\mathrm{d}\theta=\mathrm{d}\xi\cot\beta$$

将微分弧长进行积分，得等倾角轨迹的弧长为

$$S=\left|\frac{\theta_{F}-\theta_{0}}{\cos\beta}\right|$$

12.3.2 磁力矩姿态机动控制

自旋、双自旋稳定航天器的磁力矩控制是利用航天器产生的磁矩与地磁场作用产生的力矩来改变航天器的角动量大小(控制自旋转速)和方向(自旋轴机动)。磁控的优点是可靠(无灾难性故障)、经济、清洁(不存在对周围环境的污染)和易实现(无活动部件、复杂的硬件或可伸展的部件),还可实现连续控制,无冲量扰动;缺点是控制力矩小且与轨道位置密切相关,只能实现低速的机动控制,同时要求严格控制航天器整体剩余磁矩。

1. 磁力矩的产生方法及作用

对于自旋或双自旋稳定的航天器,磁力矩器的线圈可以沿自旋轴方向安装,也可垂直于自旋轴安装。在大多数航天器上,角动量方向控制和角动量大小控制是分开处理的:其磁矩方向沿自旋轴方向的磁线圈用于角动量的方向控制,磁矩沿自旋轴垂直方向安装的磁线圈用于角动量大小控制。然而使用磁矩沿自旋轴垂直方向安装的磁线圈进行机动时,方向控制和动量大小控制耦合很强。对于小倾角轨道(如地球静止同步轨道),自旋轴方向近似地与地磁场强度矢量方向一致,沿自旋轴方向安装的磁线圈不起作用,因而必须选用与沿自旋轴方向垂直安装的磁线圈进行角动量大小和方向控制。

下面分别分析这两种磁线圈对于无章动自旋稳定航天器所产生的角动量进动作用。

(1) 磁矩方向沿自旋轴方向安装的磁线圈的进动作用。

设 $\boldsymbol{S}$ 为沿自旋轴的单位矢量,则无章动自旋航天器的角动量 $\boldsymbol{h}$ 和自旋轴线圈的磁矩 $\boldsymbol{m}$ 可表示为

$$\begin{cases}\boldsymbol{h}=h\boldsymbol{S}\\ \boldsymbol{m}=m_{0}\mu\boldsymbol{S}, \quad -1\leqslant\mu\leqslant1\end{cases}\tag{12.37}$$

式中,m_0 为磁线圈可达到的最大磁矩;μ 为可控线圈的状态参数,其值与通过线圈的电流成正比,符号是由线圈内的电流方向而定。线圈的磁矩与地磁场磁感应强度矢量(以下称为地磁矢量)$\boldsymbol{B}$ 互相作用,在航天器上产生的磁力矩 $\boldsymbol{T}_{m}$ 为

$$\boldsymbol{T}_{m}=\boldsymbol{m}\times\boldsymbol{B}=m_{0}\mu\boldsymbol{S}\times\boldsymbol{B}\tag{12.38}$$

由于 $\boldsymbol{T}_{m}$ 正交于角动量 $\boldsymbol{h}$,所以 $\boldsymbol{h}$ 的幅值保持不变,于是有

$$\frac{\mathrm{d}\boldsymbol{h}}{\mathrm{d}t}=h\frac{\mathrm{d}\boldsymbol{S}}{\mathrm{d}t}=\boldsymbol{T}_{m}$$

把式(12.37)代入上式,得

$$\frac{\mathrm{d}\boldsymbol{S}}{\mathrm{d}t}=\frac{m_{0}\mu}{h}(\boldsymbol{S}\times\boldsymbol{B})=-\frac{m_{0}\mu}{h}\boldsymbol{B}\times\boldsymbol{S}=\boldsymbol{\Omega}_{m}\times\boldsymbol{S}\tag{12.39}$$

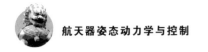

式中，$\boldsymbol{\Omega}_{\mathrm{m}}=-(m_0\mu/h)\boldsymbol{B}$。式(12.39)说明，角动量 $\boldsymbol{h}$ 以角速度 $\boldsymbol{\Omega}_{\mathrm{m}}$ 绕地磁矢量进动，进动角速度为 $(m_0\mu B/h)$。

为描述自旋轴在空间的方位，常以赤经 α 和赤纬 δ 表示。图 12.10 表示地心赤道惯性坐标系系 $OXYZ$ 与航天器自旋角动量坐标系 $Ox_{\mathrm{h}}y_{\mathrm{h}}z_{\mathrm{h}}$ 之间的关系。在天球上，坐标系 $Ox_{\mathrm{h}}y_{\mathrm{h}}z_{\mathrm{h}}$ 相当于东北天坐标系，自旋轴指向天。

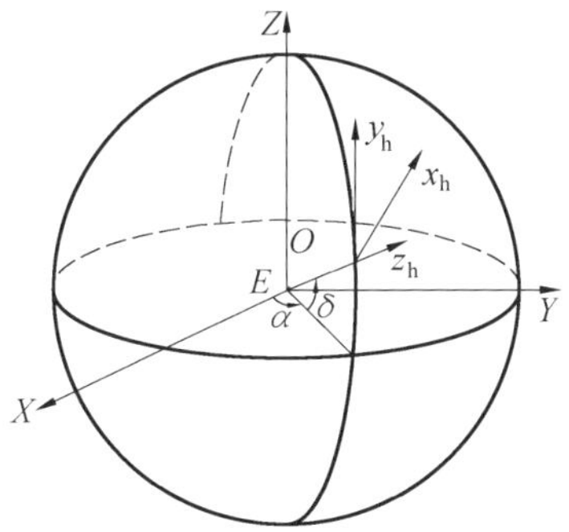

图 12.10　地心赤道惯性坐标系与自旋动量坐标系

设地磁矢量 $\boldsymbol{B}$ 在该坐标系中的分量为 $(B_{\mathrm{h}x},B_{\mathrm{h}y},B_{\mathrm{h}z})$，而自旋轴单位矢量 $\boldsymbol{S}$ 的分量列阵为 $[0\quad 0\quad 1]^{\mathrm{T}}$。由式(12.39)得

$$\frac{\mathrm{d}\boldsymbol{S}}{\mathrm{d}t}=\frac{m_0\mu}{h}(B_{\mathrm{h}x}\boldsymbol{j}_{\mathrm{h}}-B_{\mathrm{h}y}\boldsymbol{i}_{\mathrm{h}}) \tag{12.40}$$

式中，$\boldsymbol{i}_{\mathrm{h}},\boldsymbol{j}_{\mathrm{h}},\boldsymbol{k}_{\mathrm{h}}$ 分别为自旋角动量坐标系的 3 个基矢量。由运动学可知

$$\frac{\mathrm{d}\boldsymbol{S}}{\mathrm{d}t}=\dot{\delta}\boldsymbol{j}_{\mathrm{h}}+\dot{\alpha}\cos\delta\,\boldsymbol{i}_{\mathrm{h}} \tag{12.41}$$

比较可得

$$\begin{cases}\dfrac{\mathrm{d}\delta}{\mathrm{d}t}=\dfrac{m_0\mu}{h}B_{\mathrm{h}x}=\dfrac{m_0\mu}{h}(-B_x\sin\alpha+B_y\cos\alpha)\\[2ex]\dfrac{\mathrm{d}\alpha}{\mathrm{d}t}=-\dfrac{m_0\mu}{h}\cos\delta B_{\mathrm{h}x}=\dfrac{m_0\mu}{h}[(B_x\cos\alpha+B_y\sin\alpha)\tan\delta-B_z]\end{cases} \tag{12.42}$$

式中，B_x,B_y,B_z 分别为地磁矢量 $\boldsymbol{B}$ 在地心赤道惯性系 $OXYZ$ 中的分量。

式(12.42)是自旋稳定航天器磁控的基本方程。要准确地了解自旋角动量运动的完整过程，必须对运动方程进行积分，为此还需要给出地磁场的模型并进行轨道实时计算。

(2) 磁矩方向沿自旋轴垂直方向安装的磁线圈的进动作用。

对于沿自旋轴垂直方向安装的磁线圈，其磁矩矢量随自旋运动不断改变方向。为了能得到周期的积累效应，磁线圈必须在一个自旋周期内相对于地磁矢量的恒定相位角处切换线圈极性。磁偶极子相对于某一合适的基准方向的相位角称为切换相位角，记作 ψ。磁矩矢量在一个自旋周期内应在相位角为 ψ 和 $\psi+$

π 时切换极性。

下面推导一个自旋周期内磁力矩产生的力矩冲量，也就是角动量进动的改变量。

设自旋角动量方向的单位矢量为 $\boldsymbol{S}$，如图 12.11 所示，并取地磁矢量 $\boldsymbol{B}$ 方向的单位矢量为 $\boldsymbol{k}$。

令

$$\begin{cases} \boldsymbol{i}=\dfrac{\boldsymbol{k}\boldsymbol{S}}{|\boldsymbol{k}\times\boldsymbol{S}|} \\ \boldsymbol{j}=\boldsymbol{k}\times\boldsymbol{i} \end{cases} \tag{12.43}$$

则在坐标系 $\boldsymbol{i},\boldsymbol{j},\boldsymbol{k}$ 中自旋角动量 $\boldsymbol{h}$ 可表示为

$$\boldsymbol{h}=h\boldsymbol{S}=h(-\sin\theta\boldsymbol{j}+\cos\theta\boldsymbol{k}) \tag{12.44}$$

式中，θ 为矢量 $\boldsymbol{S}$ 与 $\boldsymbol{k}$ 之间的夹角。

设自旋平面内的磁矩矢量 $\boldsymbol{m}$ 与 $\boldsymbol{i}$ 之间的夹角为 ψ，有

$$\boldsymbol{m}=m(\cos\psi\boldsymbol{i}+\sin\psi\cos\theta\boldsymbol{j}+\sin\psi\sin\theta\boldsymbol{k}) \tag{12.45}$$

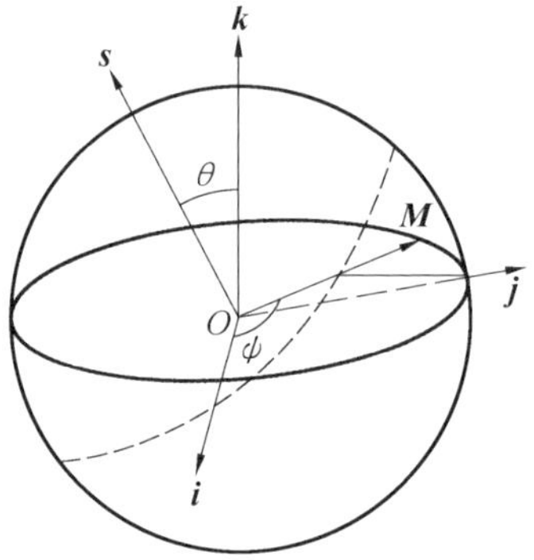

图 12.11　垂直于自旋轴方向安装的磁线圈的磁控示意图

则磁力矩 $\boldsymbol{T}_{\mathrm{m}}$ 为

$$\boldsymbol{T}_{\mathrm{m}}=\boldsymbol{m}\times\boldsymbol{B}=mB(\sin\psi\cos\theta\boldsymbol{i}-\cos\psi\boldsymbol{j}) \tag{12.46}$$

在一个自旋周期内产生的平均力矩 $\boldsymbol{T}_{\mathrm{mv}}$ 为

$$\boldsymbol{T}_{\mathrm{mv}}=\frac{1}{\pi}\int_{\psi}^{\psi+\pi}\boldsymbol{m}\times\boldsymbol{B}\mathrm{d}\psi=\frac{2mB}{\pi}(\cos\psi\cos\theta\boldsymbol{i}+\sin\psi\boldsymbol{j}) \tag{12.47}$$

如果机动控制的时间 Δt 为自旋周期的整数倍，则在 Δt 内角动量的变化 $\Delta\boldsymbol{h}$ 为

$$\Delta\boldsymbol{h}=\frac{2mB}{\pi}(\cos\psi\cos\theta\boldsymbol{i}+\sin\psi\boldsymbol{j})\Delta t \tag{12.48}$$

2. 磁力矩姿态机动控制方法

采用磁力矩进行自旋、双自旋稳定航天器的姿态机动，一般来说是通过方向

沿自旋轴的磁矩进行角动量的定向控制(即按式(12.42)控制自旋轴的赤经、赤纬达到姿态机动);通过方向垂直于自旋轴的磁矩进行角动量的幅值控制。对于通过方向垂直于自旋轴的磁矩进行角动量方向控制的情况,角动量的改变量由式(12.48)决定,此时角动量的方向控制与幅值控制将产生强耦合。姿态机动的提法是这样的:已知初始角动量$\boldsymbol{h}_\mathrm{i}$以及目标角动量矢量$\boldsymbol{h}_\mathrm{f}$,希望生成一组简单的指令,根据这组指令改变磁线圈的状态从而完成从$\boldsymbol{h}_\mathrm{i}$到$\boldsymbol{h}_\mathrm{f}$的机动;同时还要满足某些优化指标,例如,从可靠性和能耗考虑,希望执行指令的次数和线圈接通时间越少越好,因此需要选择最优切换角与通断时间。

下面根据机动目标的不同要求,分 3 种类型分别进行简单讨论。

(1) 只需角动量大小改变,无须改变方向。

对于(1)类机动,从式(12.48)及图 12.11 可知,机动要求$\boldsymbol{j}$方向取极大值,而$\boldsymbol{i}$方向取极小值,也即选取$\psi=\pm\pi/2$,正负号决定于角动量的增减要求,即

$$\psi=\frac{\pi}{2}\operatorname{sgn}[(h_\mathrm{f}-h_i)\cos\theta] \tag{12.49}$$

当然,如果$\boldsymbol{h}$与$\boldsymbol{B}$的夹角很小时,磁力矩主要在自旋平面内引起进动,而对角动量大小改变量很小,因此为避免产生这种状况,当$\theta<\theta_{\min}$时,应断开磁线圈。

(2) 只需角动量方向改变,无须角动量大小改变。

对于(2)类机动,希望磁力矩尽量处于$\boldsymbol{h}_\mathrm{i}$和$\boldsymbol{h}_\mathrm{f}$的平面内,且垂直于$\boldsymbol{h}$。这样在磁力矩作用下,$\boldsymbol{h}$就直接倒向$\boldsymbol{h}_\mathrm{f}$,达到姿态机动的目的。

对于磁矩安装方向垂直于自旋轴的情况,可引入矢量$\boldsymbol{Q}=\boldsymbol{h}\times(\boldsymbol{h}\times\boldsymbol{h}_\mathrm{f})$,显然$\boldsymbol{Q}$在$\boldsymbol{h}_\mathrm{i}$和$\boldsymbol{h}_\mathrm{f}$的平面内,且垂直于$\boldsymbol{h}$。因而只要式(12.47)确定的平均力矩$\boldsymbol{T}_\mathrm{mv}$最接近$\boldsymbol{Q}$的方向,则对机动最有利,由此不难推导相角$\psi$应满足方程

$$\psi=\arctan\left(\frac{\boldsymbol{j}\cdot\boldsymbol{Q}}{\boldsymbol{i}\cdot\boldsymbol{Q}}\cos\theta\right) \tag{12.50}$$

取式(12.50)限定的两个解中使$\Delta\boldsymbol{h}\cdot\boldsymbol{Q}>0$者即为最小切换相角$\psi^*$。

对于磁矩安装方向沿着自旋轴的情况,由于地磁矢量$\boldsymbol{B}$随轨道位置不同而发生变化,因此磁矩产生的磁力矩的方向也随轨道运动而变化,因此应选择合适的纬度幅角u的范围,使磁力矩处于$\boldsymbol{h}_\mathrm{i}$和$\boldsymbol{h}_\mathrm{f}$的平面内,即要求

$$\frac{\boldsymbol{B}(u)\cdot(\boldsymbol{h}\times\boldsymbol{h}_\mathrm{f})}{|\boldsymbol{h}\times\boldsymbol{h}_\mathrm{f}|B}<\varepsilon \tag{12.51}$$

为提高控制效率,当磁矩$\boldsymbol{m}$与$\boldsymbol{B}$的夹角很小时,切断磁控线圈的电流。

(3) 既要求角动量方向改变,又要角动量大小改变。

对于(3)类机动,首先确定机动角动量向量$\boldsymbol{Q}=\boldsymbol{h}_\mathrm{f}-\boldsymbol{h}$,如果磁控产生的角动量矢量的增量$\Delta\boldsymbol{h}$接近这个方向,则对机动有利。

对于磁矩安装方向垂直于自旋轴的情况,其数学表达式与(2)类机动相类似,其切换角应满足

$$\psi = \arctan\left(\frac{\boldsymbol{j} \cdot \boldsymbol{Q}}{\boldsymbol{i} \cdot \boldsymbol{Q}} \cos \theta\right) \tag{12.52}$$

使 $\Delta \boldsymbol{h} \cdot \boldsymbol{Q} > 0$ 的解即为最优切换角。

对于磁矩安装方向沿着自旋轴的情况，则不能改变角动量的大小，必须与其他磁矩安装方向垂直于自旋轴的磁线圈联合控制，这里不再赘述。

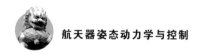

第 13 章

零动量三轴稳定航天器的姿态稳定控制

在三轴姿态稳定的航天器中，有一类没有角动量交换装置，或虽有角动量交换装置，但航天器整体的总角动量很小，不足以建立陀螺定轴性，这种类型的三轴稳定航天器称为零动量三轴稳定航天器，其姿态动力学方程中的滚动、俯仰和偏航 3 个通道基本上可看作相互独立，须同时使用滚动敏感器、俯仰敏感器和偏航敏感器，组成 3 个独立的姿态控制回路。

按执行机构划分，零动量三轴稳定航天器姿态控制系统包括喷气控制系统、飞轮控制系统和磁控系统。严格来讲，重力梯度稳定航天器属于被动式的零动量三轴稳定航天器。

13.1 采用不同姿态参数的基本控制律

13.1.1 以姿态误差角为姿态参数的控制律方程

在三轴稳定航天器的姿态控制系统中，控制律中最常用的姿态参数是姿态误差角。

假设三轴稳定航天器为刚体，星体坐标系与惯性主轴坐标系重合。同时满足小角假设，并忽略三轴耦合项，则其简化的姿态动力学方程为

$$\begin{cases} I_x\ddot{\varphi}=T_{cx}+T_{dx} \\ I_x\ddot{\theta}=T_{cy}+T_{dy} \\ I_x\ddot{\psi}=T_{cz}+T_{dz} \end{cases} \tag{13.1}$$

即该航天器的姿态动力学方程可视为 3 个相互独立的双积分环节。

最简单的姿态控制律可写为

$$\begin{cases} T_{cx}=K_{px}(\varphi_{cmd}-\varphi)+K_{dx}(\dot{\varphi}_{cmd}-\dot{\varphi})=K_{px}\varphi_E+K_{dx}\dot{\varphi}_E \\ T_{cy}=K_{py}(\theta_{cmd}-\theta)+K_{dy}(\dot{\theta}_{cmd}-\dot{\theta})=K_{py}\theta_E+K_{dy}\dot{\theta}_E \\ T_{cz}=K_{pz}(\psi_{cmd}-\psi)+K_{dz}(\dot{\psi}_{cmd}-\dot{\psi})=K_{pz}\psi_E+K_{dz}\dot{\psi}_E \end{cases} \tag{13.2}$$

式中，φ_{cmd}，θ_{cmd}，ψ_{cmd} 为指令欧拉角；φ_E，θ_E，ψ_E 和 $\dot{\varphi}_E$，$\dot{\theta}_E$，$\dot{\psi}_E$ 分别为 3 个轴对应的姿态误差角和姿态误差角速度。

设计这样的双积分环节的控制系统，在自动控制工程中是一个很普通的问题，在很多线性控制理论书籍中都有论述。控制律设计的目的就是确定 K_{px}，K_{dx} 等控制参数，使 3 个通道的控制系统满足期望的动态特性，如自然频率 ω_n、阻尼比 ξ 等。

当考虑大角度的姿态机动控制问题时，则姿态控制问题就没有这么简单

了。首先，对于大角度姿态机动的情况，若不满足小角假设，则姿态动力学方程(13.1)不再适用；而且对于有高精度姿控要求、调整时间要求很小的姿态控制系统，类似 $I_{xy}\ddot{\theta}$ 和 $(I_y - I_z - I_x)\omega_o\dot{\psi}$ 这样的项是不能忽略的，必须在设计阶段加以考虑。其次，实际的控制系统是带有饱和特性的，即由于姿态执行机构的限制使航天器获得的力矩和姿态角速度的最大值是有限制的。最后，对于大角度姿态机动，姿态运动学方程可能会出现奇异问题。

13.1.2　以方向余弦误差矩阵为姿态参数的控制律方程

除姿态误差角外，还可使方向余弦误差矩阵作为姿态参数，设计控制律。

设三轴稳定航天器星体坐标系相对参考坐标系的方向余弦矩阵为 $\underline{\boldsymbol{C}}_{\mathrm{BR}}$。至于这个参考坐标系是惯性不动的还是随轨道转动的，并不重要，只要所有的姿态测量和矩阵转换都是在同一个坐标系即可。假设矢量 $\boldsymbol{a}$ 在参考系中的分量式为 $\underline{\boldsymbol{a}}_{\mathrm{R}} = [a_x \quad a_y \quad a_z]^{\mathrm{T}}$，并且航天器姿态控制的最终方向余弦矩阵 $\underline{\boldsymbol{C}}_{\mathrm{BR}}$ 应与给定的矩阵 $\underline{\boldsymbol{C}}_{\mathrm{TR}}$ 重合，$\underline{\boldsymbol{C}}_{\mathrm{TR}}$ 为目标坐标系相对参考坐标系的方向余弦矩阵。

根据坐标变换原理，矢量 $\boldsymbol{a}$ 在航天器本体坐标系和目标坐标系中分量列阵分别为

$$\underline{\boldsymbol{a}}_{\mathrm{B}} = \underline{\boldsymbol{C}}_{\mathrm{BR}}\underline{\boldsymbol{a}}_{\mathrm{R}} \tag{13.3}$$

$$\underline{\boldsymbol{a}}_{\mathrm{T}} = \underline{\boldsymbol{C}}_{\mathrm{TR}}\underline{\boldsymbol{a}}_{\mathrm{R}} \tag{13.4}$$

结合这两个式子，可以得到

$$\underline{\boldsymbol{a}}_{\mathrm{B}} = \underline{\boldsymbol{C}}_{\mathrm{BR}}\,(\underline{\boldsymbol{C}}_{\mathrm{TR}})^{-1}\underline{\boldsymbol{a}}_{\mathrm{T}} = \underline{\boldsymbol{C}}_{\mathrm{BR}}\,(\underline{\boldsymbol{C}}_{\mathrm{TR}})^{\mathrm{T}}\underline{a}_{\mathrm{T}} = \underline{\boldsymbol{C}}_{\mathrm{E}}\underline{\boldsymbol{a}}_{\mathrm{T}} \tag{13.5}$$

式中，矩阵 $\underline{\boldsymbol{C}}_{\mathrm{E}}$ 具有如下含义：当矢量 $\boldsymbol{a}$ 在本体坐标系和目标坐标系中的分量相等，即 $\underline{\boldsymbol{a}}_{\mathrm{B}} = \underline{\boldsymbol{a}}_{\mathrm{T}}$ 时，很显然这两个坐标系是重合的，说明航天器的 3 个坐标轴到达给定的姿态，即 $\underline{\boldsymbol{C}}_{\mathrm{BR}} = \underline{\boldsymbol{C}}_{\mathrm{TR}}$，此时 $\underline{\boldsymbol{C}}_{\mathrm{E}}$ 为单位矩阵，非对角线元素为零。因此，$\underline{\boldsymbol{C}}_{\mathrm{E}}$ 称为方向余弦误差矩阵。

设方向余弦误差矩阵 $\underline{\boldsymbol{C}}_{\mathrm{E}}$ 为

$$\underline{\boldsymbol{C}}_{\mathrm{E}} = \begin{bmatrix} C_{11} & C_{12} & C_{13} \\ C_{21} & C_{22} & C_{23} \\ C_{31} & C_{32} & C_{33} \end{bmatrix}$$

根据方向余弦矩阵的定义，有

$$\begin{cases} C_{21} = \boldsymbol{j}_{\mathrm{B}} \cdot \boldsymbol{i}_{\mathrm{T}} \\ C_{13} = \boldsymbol{i}_{\mathrm{B}} \cdot \boldsymbol{k}_{\mathrm{T}} \\ C_{32} = \boldsymbol{k}_{\mathrm{B}} \cdot \boldsymbol{j}_{\mathrm{T}} \end{cases} \tag{13.6}$$

当星体坐标系逐渐向目标坐标系靠近并重合时，则 C_{21}，C_{13}，C_{32} 逐渐趋近于零。同时在控制过程中，星体绕 $\boldsymbol{i}_{\mathrm{B}}$ 转动会导致 C_{32} 的数值发生变化，同样绕 $\boldsymbol{j}_{\mathrm{B}}$ 或

$\boldsymbol{k}_B$ 转动会导致 C_{13} 或 C_{21} 发生变化，因此只要 C_{21}，C_{13}，C_{32} 能控制到零，就可实现姿态控制的目的，因此可作为姿态参数使用，与式(13.2)类似，控制律方程可写为

$$\begin{cases} T_{cx} = K_{px}C_{32} - K_{dx}\omega_x \\ T_{cy} = K_{py}C_{13} - K_{dy}\omega_y \\ T_{cz} = K_{pz}C_{21} - K_{dz}\omega_z \end{cases} \tag{13.7}$$

式中，ω_x，ω_y，ω_z 分别是星体坐标系相对目标坐标系的姿态角速度矢量 $\boldsymbol{\omega}_{BT}$ 在星体坐标系中的 3 个分量，主要目的是提供控制系统的阻尼特性。

在姿态机动控制前，方向余弦误差矩阵的元素可能比较大，与初始时星体相对目标坐标系的指向有关。当姿态控制过程接近结束时，即星体坐标系的 3 个坐标轴和目标坐标系的坐标轴接近重合时，误差元素 C_{21}，C_{13}，C_{32} 也趋向于姿态误差角 ψ_E，θ_E，φ_E。

13.1.3 采用误差姿态四元数矢量为姿态参数的控制律方程

与方向余弦误差矩阵作为姿态参数类似，也可使用误差姿态四元数作为姿态参数给出控制律方程。设星体坐标系相对参考坐标系的姿态四元数为 $\underline{\boldsymbol{Q}}_{BR}$，目标坐标系相对参考坐标系的姿态四元数为 $\underline{\boldsymbol{Q}}_{TR}$，则根据姿态四元数的相继角位移变换关系，可得星体坐标系相对目标坐标系的误差姿态四元数为

$$\underline{\boldsymbol{Q}}_E = \mathrm{mat}(\underline{\boldsymbol{Q}}_{TR}^*)\underline{\boldsymbol{Q}}_{BR} = \begin{bmatrix} q_{T0} & q_{T1} & q_{T2} & q_{T3} \\ -q_{T1} & q_{T0} & q_{T3} & -q_{T2} \\ -q_{T2} & -q_{T3} & q_{T0} & q_{T1} \\ -q_{T3} & q_{T2} & -q_{T1} & q_{T0} \end{bmatrix} \begin{bmatrix} q_{B0} \\ q_{B1} \\ q_{B2} \\ q_{B3} \end{bmatrix} \tag{13.8}$$

式中，$\underline{\boldsymbol{Q}}_{TR}^*$ 为欧拉参数 $\underline{\boldsymbol{Q}}_{TR}$ 的共轭。

误差姿态四元数 $\underline{\boldsymbol{Q}}_E$ 可用来描述星体坐标系相对目标坐标系的相对指向关系，当两个坐标系接近重合时，$\underline{\boldsymbol{Q}}_E$ 的矢部 q_{E1}，q_{E2}，q_{E3} 趋近于零。因此可用 q_{E1}，q_{E2}，q_{E3} 作为姿态参数来列写控制律方程。与式(13.2)类似，控制律可写为

$$\begin{cases} T_{cx} = -K_{px}q_{E1} - K_{dx}\omega_x \\ T_{cy} = -K_{py}q_{E2} - K_{dy}\omega_y \\ T_{cz} = -K_{pz}q_{E3} - K_{dz}\omega_z \end{cases} \tag{13.9}$$

式中，ω_x，ω_y，ω_z 分别为星体坐标系相对目标坐标系的姿态角速度矢量 $\boldsymbol{\omega}_{bt}$ 在星体坐标系中的 3 个分量。

当姿态控制过程接近结束时，即星体坐标系的 3 个坐标轴和目标坐标系的坐标轴接近重合时，误差姿态四元数的矢量部分 q_{E1}，q_{E2}，q_{E3} 趋向于姿态角 $\frac{1}{2}\varphi$，

$\frac{1}{2}\theta$，$\frac{1}{2}\psi$。

13.2　三轴姿态稳定航天器的喷气控制

以推力器为执行机构的三轴稳定姿态控制系统是一种主动式零动量姿态控制系统。其主要优点是响应快、指向精度较高，适用于在各种轨道上运行的有各种指向要求的空间航天器。可用于航天器入轨后的消除初始姿态偏差、速率阻尼、姿态捕获、姿态机动、正常轨道运行期间以及变轨发动机工作期间的姿态稳定，也可用于卫星的返回控制和交会对接。

13.2.1　喷气姿态控制系统概述

喷气控制系统是一种反作用控制系统，由喷气推进系统的喷管排出质量而产生推力，如果推力方向不穿过航天器质心，则产生控制力矩。喷气姿态控制系统有如下特点：

(1) 喷气推力器可在轨道上的任何位置工作，不受外界其他因素的影响，因此喷气控制在航天器姿态控制系统中得到了广泛应用。

(2) 沿航天器本体轴产生的控制力矩大，相比之下，外部干扰力矩和内部耦合力矩比喷气反作用力矩小得多。可以实现三轴解耦姿态稳定控制，使控制逻辑简单灵活；并且在姿态控制系统初步设计时，可以忽略干扰力矩的影响。

(3) 喷气产生的力矩大，系统过渡过程时间短，响应快。

(4) 喷气控制系统适用于非周期性大干扰力矩的场合；同时又由于消耗推进剂，因此比较适用于工作寿命比较短的航天器，如航天飞机、宇宙飞船以及返回式卫星等。

(5) 喷气控制系统一般采用固定推力发动机，且工作方式采用开关控制方式。

图 13.1 为一个典型的喷气姿态控制系统的组成方框图。它主要由喷气推力器执行机构、姿态敏感器及控制器组成。其中姿态敏感器可以采用位置陀螺、速率陀螺、红外地球敏感器、太阳敏感器或星敏感器等，测量系统给出航天器相对参考坐标系的姿态偏差角和姿态角速率信息；控制器可采用模拟电子线路（如校正网络和斯密特触发器组成）或星载数字计算机。

由于一个推力器只能产生一个方向的推力，因此只能产生一个方向的姿态控制力矩，需要多个推力器组合以产生姿态控制所需的各个方向的姿态控制力矩。通常采用 6 个推力器就可完成姿态控制，但实际控制系统要求推力器具有一

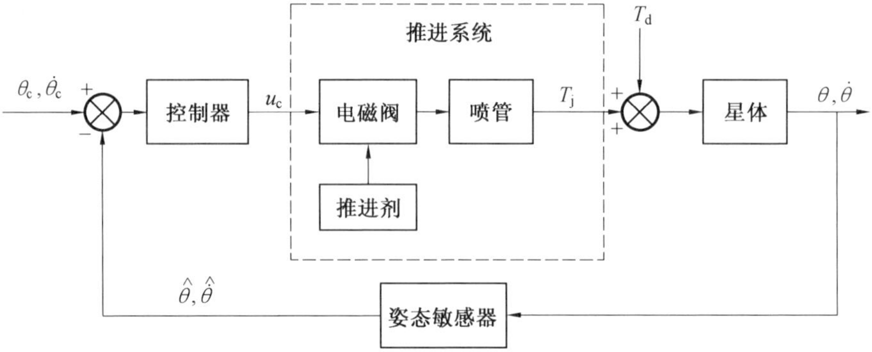

图 13.1　喷气姿态控制系统方框图

定的冗余度以提高系统的可靠性,有时为避免姿态控制对轨道产生干扰,还要求采用力偶控制。因此,航天器姿态控制系统设计的内容之一就是确定推力器的数目及其布局方式,从而满足姿态控制以及系统可靠性的要求。

为实现航天器的三轴姿态机动和稳定,有些航天器选用两种不同推力水平的姿控推力器。姿态机动时采用大推力姿控推力器以克服大干扰力矩和实现快速响应,推力值取决于外部干扰力矩和对动态响应的要求。在轨道控制期间,为克服变轨发动机推力偏心产生的干扰力矩,往往也使用大推力姿控发动机。而对于长期三轴姿态稳定,系统处于极限环工作状态,希望极限环速率很小,因此采用小推力喷管,只要小推力喷气冲量足以克服干扰力矩冲量即可,且使推进剂消耗量最小,喷气次数最少。

对于采用固定推力的喷气姿态控制系统,可通过改变发动机的喷气时间长度和两次喷气之间的间隔时间(也称为喷气密度),使系统处于脉冲调宽调频的工作状态。由最小推力脉冲所产生的喷气冲量(称为最小冲量)是小推力姿控推力器的重要性能指标。

在航天器长期的轨道运行期间,控制系统要多次启动发动机,要求电磁阀多次动作,燃烧室多次点火,所以对推进系统的可靠性要求很高,通常要求发动机累计脉冲次数大于 20 万次以上。

13.2.2　姿态动力学方程

在设计航天器喷气姿态控制系统时,需要对航天器的姿态动力学模型进行简化和处理,使之有利于控制器的设计。

不失一般性,考虑在圆轨道上飞行的对地定向航天器,当姿态角和姿态角速率较小时,由式(2.42)可得到如下简化的姿态动力学方程:

$$
\begin{cases}
I_x\ddot{\varphi}+(I_y-I_z-I_x)\omega_o\dot{\psi}+(I_y-I_z)\omega_o^2\varphi=T_{jx}+T_{dx}\\
I_y\ddot{\theta}=T_{jy}+T_{dy}\\
I_z\ddot{\psi}-(I_y-I_z-I_x)\omega_o\dot{\varphi}+(I_y-I_x)\omega_o^2\psi=T_{jz}+T_{dz}
\end{cases}
\tag{13.10}
$$

式中，T_{jx}，T_{jy}，T_{jz} 分别为推力器产生的控制力矩在星体三轴上的分量；T_{dx}，T_{dy}，T_{dz} 分别为外界干扰力矩在星体三轴上的分量。

由于推力器产生的控制力矩通常较大，远大于类似 $(I_y-I_z-I_x)\omega_o\dot{\varphi}$ 和 $(I_y-I_x)\omega_o^2\psi$ 这样的耦合项，因此这些耦合力矩在设计和分析过程中可忽略不计。考虑到低轨气动力矩或变轨时由轨控发动机偏心产生的干扰力矩虽然比推力器控制力矩小，但不可忽略，则式(13.10) 可简化为

$$
\begin{cases}
I_x\ddot{\varphi}=T_{jx}+T_{dx}\\
I_y\ddot{\theta}=T_{jy}+T_{dy}\\
I_z\ddot{\psi}=T_{jz}+T_{dz}
\end{cases}
\tag{13.11}
$$

由式(13.11) 可知，航天器姿态动力学模型可简化为三轴解耦的双积分环节，可分别进行控制器设计和分析。注意，式(13.11) 同样适用于对惯性空间定向的情况。

13.2.3 三轴稳定航天器喷气姿态控制系统的非线性控制

由于推力器可近似为继电环节，因此喷气姿态控制系统实质是一种开关控制的非线性控制系统。喷气姿态控制系统最常用的是继电型非线性控制方法，这是由于继电系统(或继电环节) 制造简单、在空间运行可靠的缘故。根据所采用姿态角敏感器、姿态角速度敏感器的配置形式和继电控制器的开关性质(理想的或非理想的)，有不同类型的继电非线性喷气控制器。

1. 相平面图解法

目前研究非线性控制系统常用的分析方法是相平面图解法和谐波平衡法(即描述函数法)。相平面图解法通过研究系统在相平面中的运动轨迹的方法进行设计与性能分析，用于研究低阶非线性系统，这种方法具有简单和直观的优点。在相平面上可以研究过渡过程时间、超调量、极限环等主要指标。由式(13.11) 可知，喷气姿态控制系统的被控对象可简化为双积分环节，比较简单，因此很适合采用相平面图解法进行控制器的设计和分析。

相平面是由航天器某姿态通道的姿态角为横坐标、姿态角速率为纵坐标所组成的平面，相平面的任意一点(称为相点) 表示星体姿态的一个状态；由连续的相点连成的轨迹称为相轨迹。

下面以俯仰轴控制为例，研究在不同力矩情况下相轨迹的特性。

俯仰通道的单回路喷气控制动力学方程为

$$I_y\ddot{\theta}=T_{jy}+T_{dy},\quad \theta(t_0)=\theta_0,\quad \dot{\theta}(t_0)=\dot{\theta}_0 \tag{13.12}$$

首先讨论在航天器受常值控制力矩或干扰力矩时的相轨迹特性。此时不妨设 $T_{jy}=T_{y0}, T_{dy}=0$。

(1) 当 $T_{y0}>0$ 时,有

$$\begin{cases}\dot{\theta}=\dot{\theta}_0+\alpha_{y0}t\\ \theta=\theta_0+\dot{\theta}_0 t+\dfrac{1}{2}\alpha_{y0}t^2\end{cases} \tag{13.13}$$

式中,$\alpha_{y0}\triangleq|T_{y0}|/I_y$。从式(13.13)的第一个方程解出时间 t,代入第二个方程,可得到 $\theta-\dot{\theta}$ 相平面的方程为

$$\dot{\theta}^2=2\alpha_{y0}(\theta-\theta_0)+\dot{\theta}_0^2 \tag{13.14}$$

此相轨迹为抛物线方程。对于不同的初始条件 $\theta_0,\dot{\theta}_0$ 构成一簇曲线,而 α_{y0} 的大小决定了曲线右侧开口的开度。图 13.2 给出了所受力矩相同情况下对于不同初始条件的相轨迹曲线,而图 13.3 则给出了对于相同初始条件不同力矩大小的相轨迹曲线,曲线上的箭头示出了随时间增加相轨迹的走向。

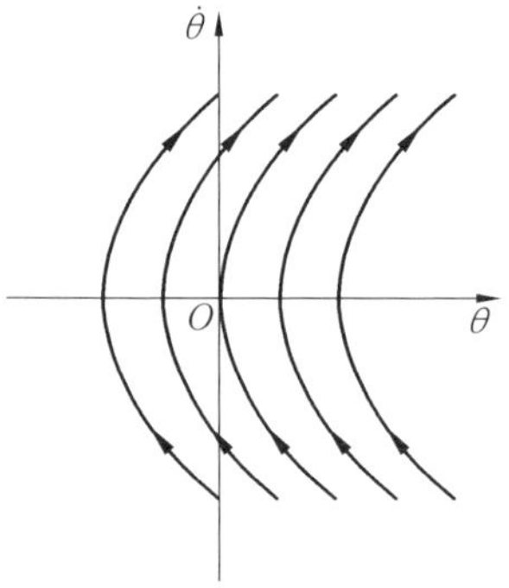

图 13.2 正力矩作用下的相轨迹曲线

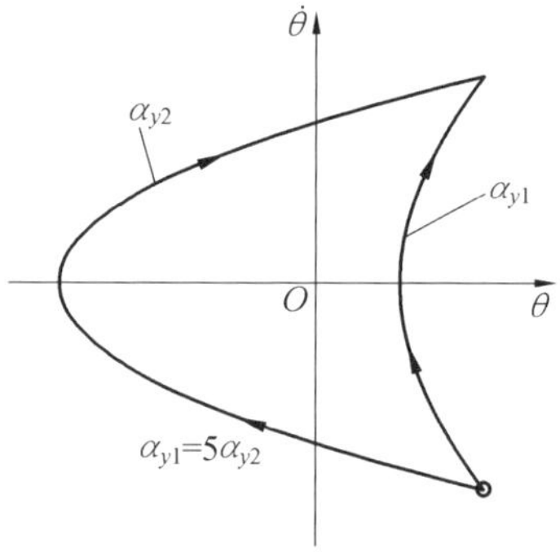

图 13.3 不同力矩作用下的相轨迹曲线

(2) 当 $T_{y0}<0$ 时,有

$$\begin{cases}\dot{\theta}=\dot{\theta}_0-\alpha_{y0}t\\ \theta=\theta_0+\dot{\theta}_0 t-\dfrac{1}{2}\alpha_{y0}t^2\end{cases} \tag{13.15}$$

消去时间 t,得到 $\theta-\dot{\theta}$ 相平面方程为

$$\dot{\theta}^2=-2\alpha_{y0}(\theta-\theta_0)+\dot{\theta}_0^2 \tag{13.16}$$

当作用在星体上的力矩为负时,其相轨迹如图 13.4 所示。其性质与图 13.2 类似,只不过张口方向相反,箭头走向由上至下。

(3) 当 $T_{y0}=0$ 时，有

$$\begin{cases}\dot{\theta}=\dot{\theta}_0\\ \theta=\theta_0+\dot{\theta}_0 t\end{cases} \tag{13.17}$$

其相平面轨迹是一条平行于横轴的射线，射线的起点为初始点，其方向取决于初始姿态角速率 $\dot{\theta}_0$ 的方向，如图 13.5 所示。

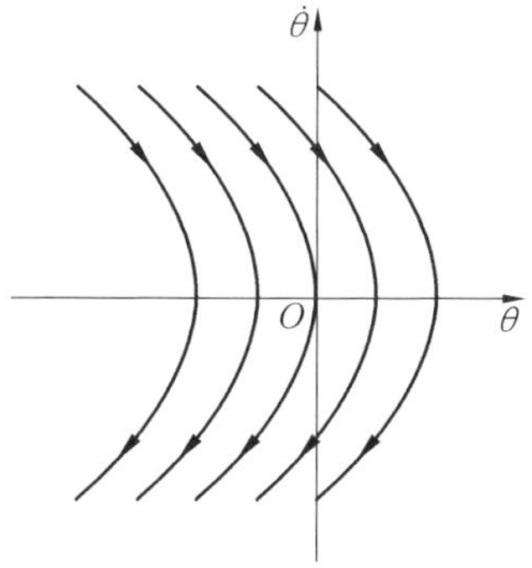

图 13.4　负力矩作用下的相轨迹曲线

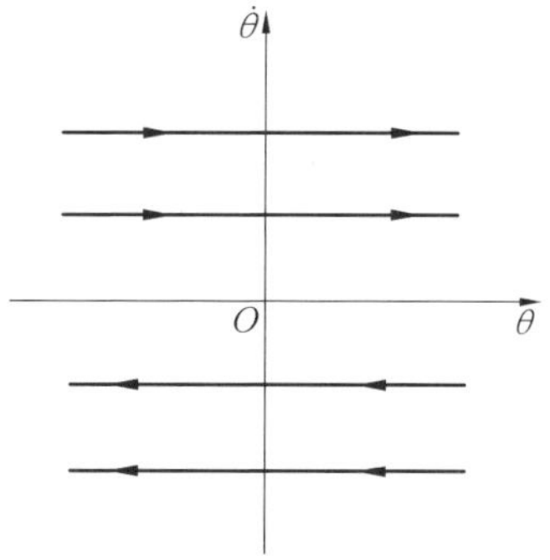

图 13.5　零力矩下的的相轨迹曲线

下面讨论一种简单的继电式喷气姿态控制系统。其中控制器取为理想的继电器特性，推力器具有理想的开关信号特性，并以线性姿态角 θ 作为反馈信号。控制方程为

$$u=\begin{cases}+1, & e>0\\ -1, & e<0\end{cases} \tag{13.18}$$

式中，$e=\theta_r-\theta$。采用理想继电控制器的单通道喷气姿态控制系统的方框图如图 13.6 所示。

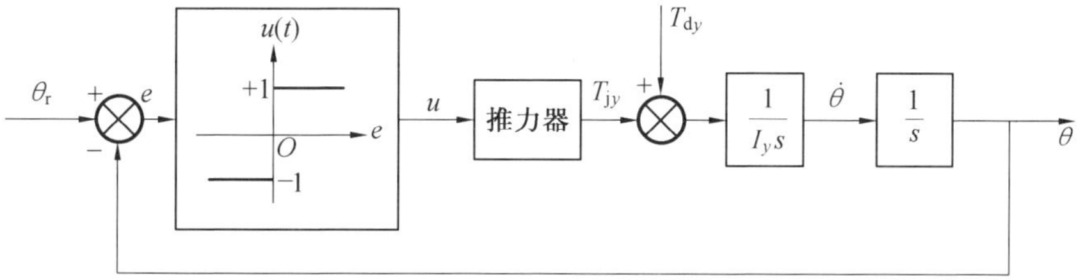

图 13.6　采用理想继电控制器的单通道喷气姿态控制系统方框图

将图 13.2 和图 13.4 拼接起来，就得到控制器为理想继电特性的单回路喷气控制系统的相轨迹(当 $\theta_r=0$ 时)，如图 13.7 所示。

该相轨迹把相平面分为 3 个区域，即正作用区、负作用区和相轨迹封闭曲线内区域。该相轨迹由一簇封闭曲线构成，表明姿态角的时域运动规律为不衰减的周期振动，其振幅和周期由 α_{j0} 决定。由于实际的控制系统存在惯性，故相轨迹

可能发散，呈现不稳定现象(如图 13.7 中的虚线所示)，因此不采取校正措施。这种非线性控制系统是不能实际应用的。

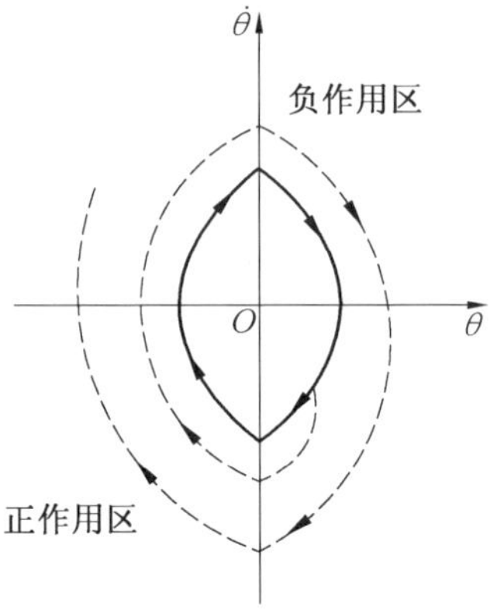

图 13.7　采用理想继电控制器的相轨迹图

这种类型的喷气姿态控制系统存在以下两个问题：

(1) 推力器一直开启，造成燃料严重浪费。

(2) 相轨迹不衰减，易发散。

为解决燃料浪费问题，一个思路是在控制器中引入死区特性，使相轨迹进入一定范围内时，推力器停止工作，这样就变成带有死区的继电控制器的喷气控制系统。其控制逻辑为

$$u=\begin{cases}+1, & e\geqslant\theta_D\\ 0, & -\theta_D<e<\theta_D\\ -1, & e\leqslant-\theta_D\end{cases}\tag{13.19}$$

式中，θ_D 为给定死区。单通道喷气姿态控制系统的方框图如图 13.8 所示。

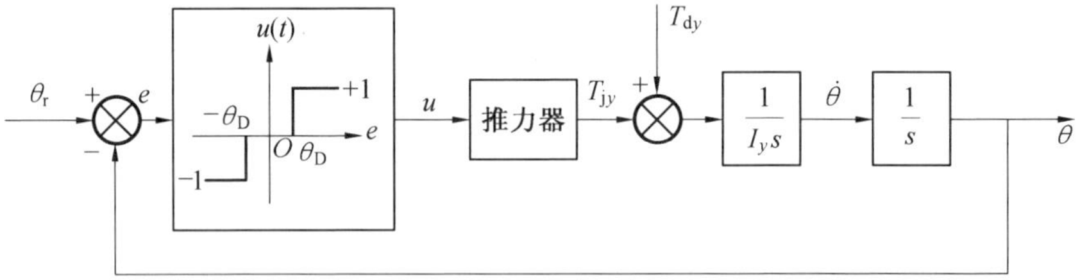

图 13.8　采用带死区特性的继电控制器的喷气姿态控制系统框图

如当不计姿态角给定量(即 $\theta_r=0$)时，则系统的相平面图如图 13.9 所示。图中 l_1 和 l_2 称为切换线，其方程为

$$l_1:\quad \theta=\theta_D$$

$$l_2:\quad \theta=-\theta_D$$

图 13.9 给出了仅受控制力矩作用时的相轨迹图，这时的极限环称为双边极

限环。实际上航天器在轨道上还会受到其他干扰力矩的作用，这时可能会出现单边极限环的情况。

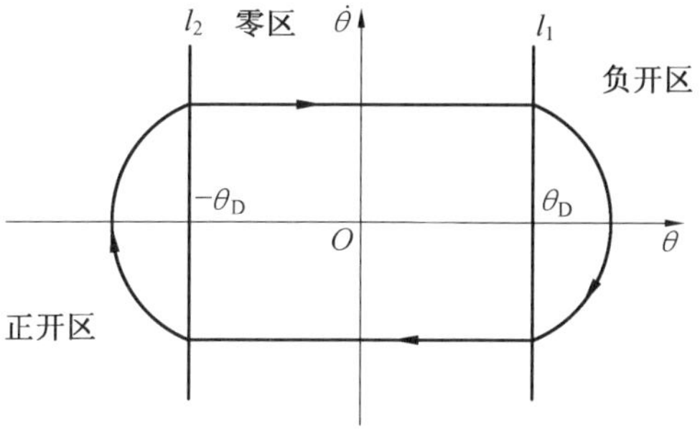

图 13.9　带有死区特性继电控制器的喷气姿态控制系统相轨迹图

图 13.10 给出了受到常值干扰力矩 $T_{dy}>0$ 时的相轨迹形成单边极限环的情况，其中极限环②为最长周期的单边极限环，这种情况下喷气完全被用于克服干扰的影响且能保证控制精度。相对于双边极限环，单边极限环的喷气效率是百分之百的。

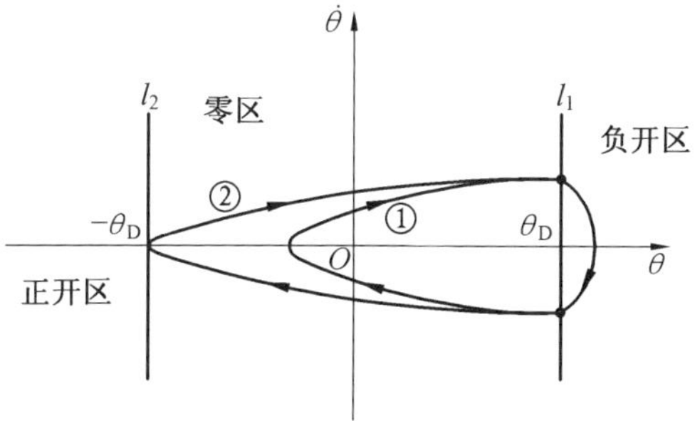

图 13.10　常值干扰力矩作用下的极限环

图 13.11 则给出了时变干扰力矩下的喷气控制系统可能出现的极限环。

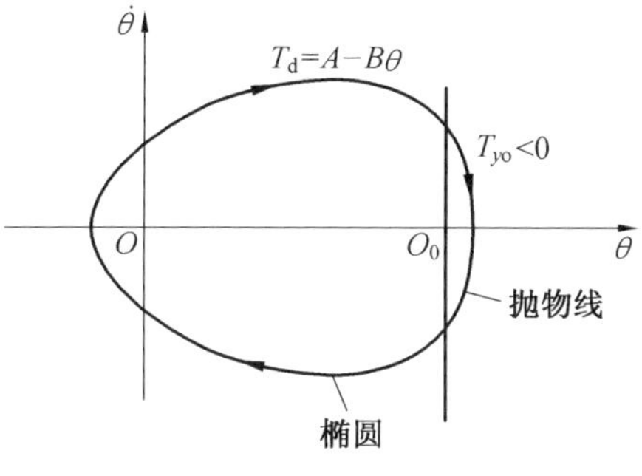

图 13.11　时变干扰力矩作用下的极限环($T_d=A-B\theta, A, B>0$)

当然，采用如图 13.8 所示的喷气控制系统仍然存在相轨迹不衰减的问题，需要引入一定的阻尼特性，使系统具有足够的稳定性，从而形成工程上可用的喷气姿态控制系统。这一部分在下面做详细介绍。

2. 模拟式非线性喷气姿态控制系统

如前所述，采用带有死区特性继电控制器的喷气控制系统存在相轨迹不衰减的问题，为此控制系统应增加一定的阻尼，使系统具有足够的稳定性并减少系统误差。这一解决方法是引入比例微分校正环节，通过微分环节引入阻尼特性，这时单回路喷气姿态控制系统框图如图 13.12 所示。

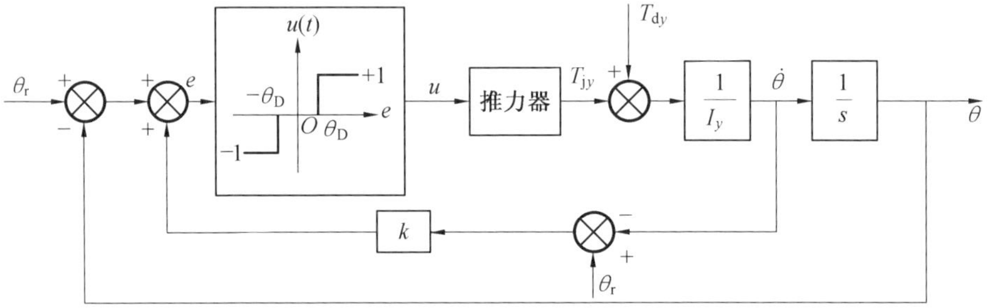

图 13.12　带有比例微分校正环节的单轴喷气姿态稳定控制系统框图

误差量 e 的数学描述为

$$e=(\theta_r-\theta)+k(\dot{\theta}_r-\dot{\theta}) \tag{13.20}$$

式中，k 为角速度反馈系数。当 $\theta_r=\dot{\theta}_r=0$。则继电控制器的控制规律为

$$u=\begin{cases}-1, & e\leqslant-\theta_D \quad (\theta+k\dot{\theta}\geqslant\theta_D)\\ 0, & -\theta_D<e<\theta_D\\ +1, & e\geqslant\theta_D \quad (\theta+k\dot{\theta}\leqslant-\theta_D)\end{cases} \tag{13.21}$$

式中，$\pm\theta_D$ 为继电控制器的继电死区。

系统的相轨迹如图 13.13 所示。$\theta-\dot{\theta}$ 相平面由两条切换线（又称为开关线）划分为 3 个区域，即正开区、负开区和零区。切换线方程分别为

$$\begin{cases}l_1: & \theta+k\dot{\theta}=\theta_D\\ l_2: & \theta+k\dot{\theta}=-\theta_D\end{cases} \tag{13.22}$$

若系统初始点为第一象限的某点（设为 0 点），坐标为 $(\theta_0,\dot{\theta}_0)$，则此时位于负开区。首先相轨迹按式(13.16) 运动到切换线 l_1 的 1 点。接着继电器发生切换，进入零区，相轨迹按式(13.17) 移动到 2 点。从 2 到 3 点进入正开区，按式(13.14) 运动。从 3 至 4 点又进入零区，4 至 5 点又进入负开区，5 至 6 点又进入零区，以后一直沿 7，8 等逐渐向原点收敛。显然这是稳定的极限环运动的情况。

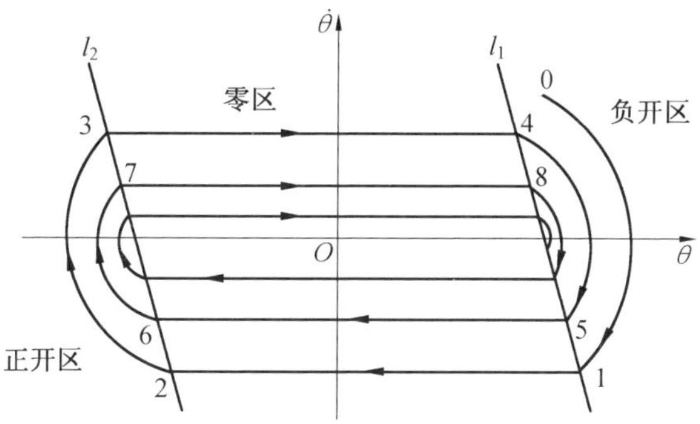

图 13.13　带有死区特性继电控制器的单回路姿态控制系统相轨迹

由图 13.13 可以看到，相轨迹极限环的宽度由继电环节的死区决定；角速率的反馈使系统增加阻尼，系统呈现稳定控制特性，故可为工程所采用。

该系统的缺点是反馈系数 k 增加了姿态角速率敏感器测量噪声的灵敏度，使角速度变化频繁和喷气次数增加。一种减少噪声影响的方法是在继电控制器环节中引入滞环特性，即将图 13.12 中的继电器环节变为一个带有死区和滞环特性的继电器环节，有时也称这样的继电环节为斯密特触发器。该系统框图变成图 13.14 所示的情况。

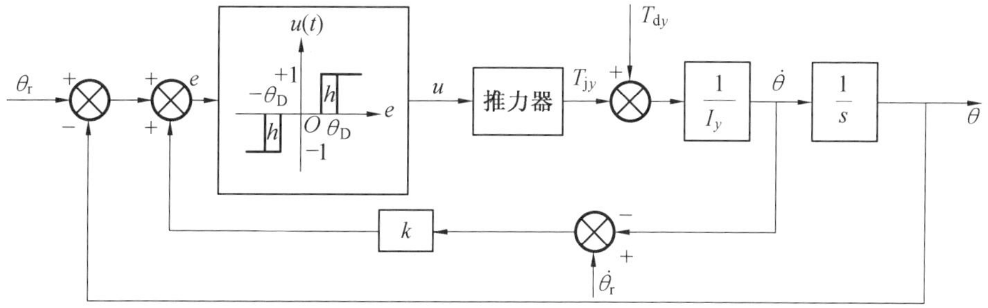

图 13.14　带有斯密特触发器和比例微分校正环节的单回路姿态控制系统框图

斯密特触发器的数学描述为

$$
u=\begin{cases}
+1, & e\geqslant\theta_D\\
+1, & e>(1-h)\theta_D,\dot{e}<0\\
0, & -\theta_D<e\leqslant(1-h)\theta_D,\dot{e}<0\\
0, & -(1-h)\theta_D\leqslant e<\theta_D,\dot{e}>0\\
-1, & e<-(1-h)\theta_D,\dot{e}>0\\
-1, & e\leqslant-\theta_D
\end{cases}
\tag{13.23}
$$

取 $\theta_r=\dot{\theta}_r=0$，在上述控制规律下，$\theta-\dot{\theta}$ 相平面由 4 条开关线将其划分为 4 个

区域，即正开区、负开区和两个零区。这 4 条开关线方程为：

负开线

$$\dot{\theta}=-\frac{\theta}{k}+\frac{\theta_D}{k}$$

负关线

$$\dot{\theta}=-\frac{\theta}{k}+\frac{(1-h)\theta_D}{k}$$

正开线

$$\dot{\theta}=-\frac{\theta}{k}-\frac{\theta_D}{k}$$

正关线

$$\dot{\theta}=-\frac{\theta}{k}-\frac{(1-h)\theta_D}{k}$$

下面讨论刚刚离开正关线或负关线的相点满足 $\left|\frac{\mathrm{d}\dot{\theta}}{\mathrm{d}\theta}\right|\leqslant\frac{1}{k}$ 的情况，即斜率绝对值小于 $\frac{1}{k}$。

若系统初始点为第一象限的某点（设为 0 点），坐标为 $(\theta_0,\dot{\theta}_0)$，则此时位于负开区，其后系统的相轨迹如图 13.15 所示。

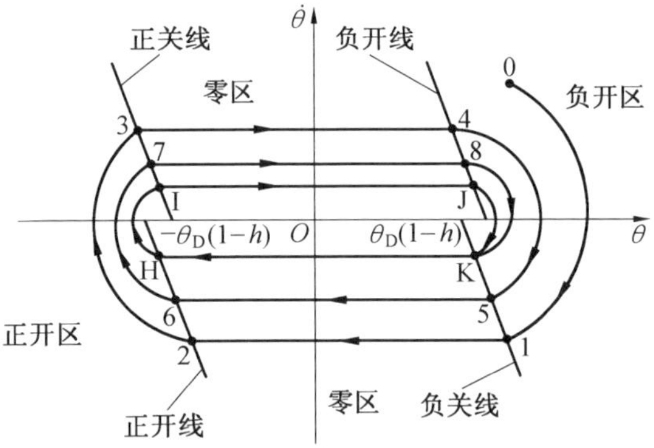

图 13.15 带有斯密特控制器的单回路姿态控制系统相轨迹

首先相轨迹按抛物线运动到负关线的 1 点，继电器发生切换，进入零区。沿直线移动到正开线的 2 点，进入正开区，沿抛物线运动到正关线的 3 点，继电器发生切换，进入零区。以后一直沿 4，5 等逐渐收敛于一个稳定的极限环 HIJK。该极限环为一个矩形，极限环速度 $\dot{\theta}_R$ 为航天器姿态稳定时的角速度，为矩形高度的一半；θ_R 为相应的角度，为矩形宽度的一半。

可以求得

$$\dot{\theta}_{\mathrm{R}}=\frac{h\theta_{\mathrm{D}}}{2k} \tag{13.24}$$

$$\theta_{\mathrm{R}}=\theta_{\mathrm{D}}-\frac{h\theta_{\mathrm{D}}}{2} \tag{13.25}$$

极限环运行时，每次喷气时间和两次开启之间的间隔时间为

$$T_{\mathrm{on}}=\frac{2\dot{\theta}_{\mathrm{R}}}{\alpha_{y0}} \tag{13.26}$$

$$T_{\mathrm{off}}=\frac{2\theta_{\mathrm{R}}}{\dot{\theta}_{\mathrm{R}}} \tag{13.27}$$

因此如果极限环速度越小，则每次喷气时间越短，两次喷气的时间间隔越长，单位时间内开关次数越少。

由式(13.24)可见，在比例加微分控制律中，如果不考虑部件的动态特性和喷气执行机构的延时，则极限环角速度仅取决于斯密特触发器的滞环宽度 $h\theta_{\mathrm{D}}$ 和速度增益 k。减小 $h\theta_{\mathrm{D}}$ 和增大 k 可以减小极限环速度，但却增加了系统对姿态角和角速率测量噪声的灵敏度，使喷气次数增加，导致星体角速度变化频繁和燃料消耗量的增加，因此 $h\theta_{\mathrm{D}}$ 不应取得太小，k 不应做得太大。因此，采用比例加微分校正的控制器很难把极限环速度做得很小。

设航天器运行时间为 T_{S}，喷气控制的力臂为 l_{j}，推力器的比冲为 I_{sp}，则图 13.15 中运行时燃料的消耗量为

$$W=\frac{T_{\mathrm{S}}I_y\dot{\theta}_{\mathrm{R}}^2}{\theta_{\mathrm{D}}l_{\mathrm{j}}I_{\mathrm{sp}}} \tag{13.28}$$

式(13.28)表明，燃料消耗量与极限环角速率的平方(即喷气时间的平方)成正比，与控制死区 θ_{D} 成反比。减小 $\dot{\theta}_{\mathrm{R}}$ 和增加 θ_{D} 均能降低燃料消耗量。但是增加 θ_{D} 意味着降低控制系统的精度，因此应在满足精度要求的条件下尽量增大死区。$\dot{\theta}_{\mathrm{R}}$ 要选得尽可能小些。但 $\dot{\theta}_{\mathrm{R}}$ 的最小值受推力器能提供的最小冲量的限制。

上面讨论的是刚离开开线相点的斜率满足 $\left|\frac{\mathrm{d}\dot{\theta}}{\mathrm{d}\theta}\right|\leqslant\frac{1}{k}$ 的情况，如果在相轨迹某条开线上的一点出现 $\left|\frac{\mathrm{d}\dot{\theta}}{\mathrm{d}\theta}\right|>\frac{1}{k}$ 的情况，则会发生滑行现象，如图 13.16 中 2 点到 3 点间的轨迹。

姿态敏感器和喷气执行机构的动态时延对系统暂态运行，比如消除初始姿态偏差过程也是有影响的。由推力器的动态特性，推力器存在开启时延和关闭时延，这些时延在相平面图上表现为开点和关点的滞后，相当于等效反馈系数 k 减小，如图 13.17 所示。

可见，在推力一定的情况下，喷气时延越大，极限环角速度就越难做小。为

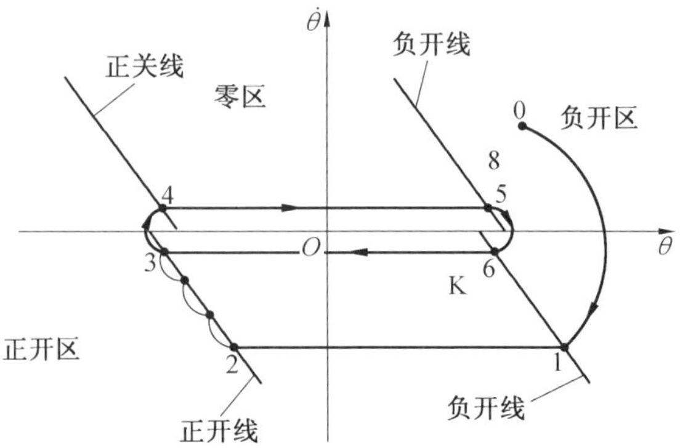

图 13.16　带有斯密特控制器的单回路姿态控制系统相轨迹(有滑行现象的情况)

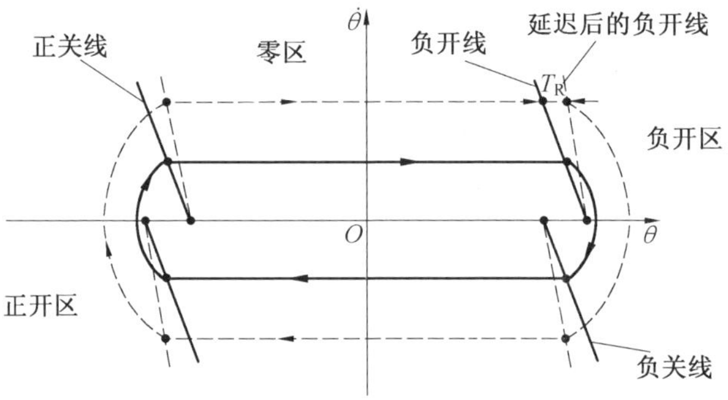

图 13.17　考虑推力器时延的极限环

减小极限环速度和节省燃料，应当减小电磁阀和喷管推力的时延。

在工程实践中，微分环节可以采用速率陀螺测量实现，也可采用超前校正网络 $G(s)=\dfrac{1+ks}{1+\alpha ks}(\alpha \ll 1)$ 实现，这样可以省去昂贵的速率陀螺，并且与陀螺相比，无源网络简单可靠，且成本低，因此得到广泛的应用。

采用超前校正网络的喷气姿态稳定控制系统框图如图 13.18 所示。

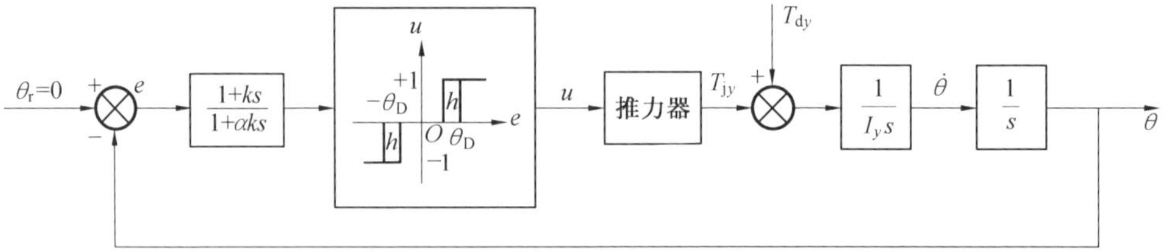

图 13.18　采用超前校正控制器的单轴喷气姿态稳定控制系统框图

我国第一代返回式卫星就采用了超前校正网络加斯密特触发器的喷气姿态控制系统方案。

13.2.4　三轴稳定航天器喷气姿态控制系统的最优控制

1. 喷气姿态控制系统的最优控制

前面讨论了提高精度和节省推进剂对极限环大小与形状的要求，属于稳态优化问题。但是如何到达极限环，上面提出的一组开关曲线只是到达极限环的一种途径，由采用超前校正控制器喷气系统的相平面图可以看出，若初始相点距离极限环较远，则到达极限环需要较长的时间，推力器开关次数较多，并不是最优化的情况。本小节讨论到达极限环的最优路径问题，即最优控制问题。

优化控制是对一定的性能指标而言，如时间最短、推进剂最省、开关次数最少等，指标不同得到的结论也就不同。下面研究时间最短控制律，即快速控制。

(1) 时间最短控制问题。

① 到达原点的快速控制。

暂不考虑推力器电磁阀的门限值与磁滞，即假设相点可到达原点。到达原点的快速控制是指用最短时间把初始相点转移到原点。下面用极大值原理进行研究。

系统的状态方程为

$$\begin{cases} \dfrac{\mathrm{d}\theta}{\mathrm{d}t}=\dot{\theta} \\ \dfrac{\mathrm{d}\dot{\theta}}{\mathrm{d}t}=\alpha \end{cases} \tag{13.29}$$

式中，控制量 $\alpha=\alpha(t)$ 是开关控制，即只取 α_0，0，$-\alpha_0$ 3 个值。系统性能指标为

$$J=\int_{t_0}^{t}\mathrm{d}t=t-t_0 \tag{13.30}$$

设 $\lambda_1(t)$ 与 $\lambda_2(t)$ 是对应于状态变量 θ 与 $\dot{\theta}$ 的共轭变量。系统的哈密顿函数 H 可表示为

$$H=-1+\lambda_1\dot{\theta}+\lambda_2\alpha \tag{13.31}$$

由极大值原理可知，最优控制 $\alpha=\alpha^*(t)$ 是使 H 函数取极大值。式(13.31)中 λ_1 与 λ_2 满足共轭方程

$$\begin{cases} \dot{\lambda}_1=-\dfrac{\partial H}{\partial\theta}=0 \\ \dot{\lambda}_2=-\dfrac{\partial H}{\partial\dot{\theta}}=-\lambda_1 \end{cases} \tag{13.32}$$

解得

$$\begin{cases} \lambda_1=c_1 \\ \lambda_2=-c_1t+c_2 \end{cases} \tag{13.33}$$

从式(13.31)可知，使 H 取最大值的 $\alpha^*(t)$ 为

$$\alpha^*(t)=\alpha_0 \operatorname{sign} \lambda_2(t) \tag{13.34}$$

即最优控制 $\alpha^*(t)$ 只能取 α_0 与 $-\alpha_0$ 两个值。而且由式(13.33)知，$\lambda_2(t)$ 是 t 的线性函数，因此最多只能改变一次符号，即从初始相点到原点的相轨迹最多由两段子弧组成。因此，时间最短的最优控制相轨迹可能有如下 4 种情况。

a. 初始相点 $(\theta_0, \dot{\theta}_0)$ 满足方程

$$\dot{\theta}^2=-2\alpha_0\theta \tag{13.35}$$

则相轨迹如图 13.19(a) 所示。只需产生负向力矩的推力器开一次即可到达原点。相轨迹是由一段子弧组成。

b. 初始相点 $(\theta_0, \dot{\theta}_0)$ 满足方程

$$\dot{\theta}^2=2\alpha_0\theta \tag{13.36}$$

则相轨迹如图 13.19(b) 所示。只需产生正向力矩的推力器开一次即可到达原点。相轨迹也是由一段子弧组成。

c. 初始相点 $(\theta_0, \dot{\theta}_0)$ 在相轨迹符合式(13.35)和式(13.36)的左下方，则相轨迹如图 13.19(c) 所示，先正开后负开。相轨迹由两段子弧组成。

d. 初始相点 $(\theta_0, \dot{\theta}_0)$ 在相轨迹符合式(13.35)和式(13.36)的右上方，则相轨迹如图 13.19(d) 所示，先负开后正开。相轨迹由两段子弧组成。

综合上述 4 种情形，可得图 13.20 所示的时间最短开关曲线图。由图 13.20 可知，正关线重合于负开线，负关线重合正关线。负开线和正关线为各最优轨线的子弧连接点的轨迹，也是各最优相轨迹的最后子弧。对任一初始相点都有一个最优轨线使其转移到原点。

② 到达极限环的时间最短最优控制。

如果考虑到测量敏感器的门限值以及姿态误差死区角等要求和限制，则快速控制的结果不是到达原点，而是到达极限环。考虑到极限环上存在无控区(即 $\alpha=0$)的子弧，因此正开线与负关线分开，负开线与正关线分开，如图 13.21 所示。开关曲线方程为：

负开线

$$\dot{\theta}^2=-2\alpha_0(\theta-\theta_d)$$

负关线

$$\dot{\theta}^2=2\alpha_0[\theta-(1-h)\theta_d]$$

正开线

$$\dot{\theta}^2=2\alpha_0(\theta+\theta_d)$$

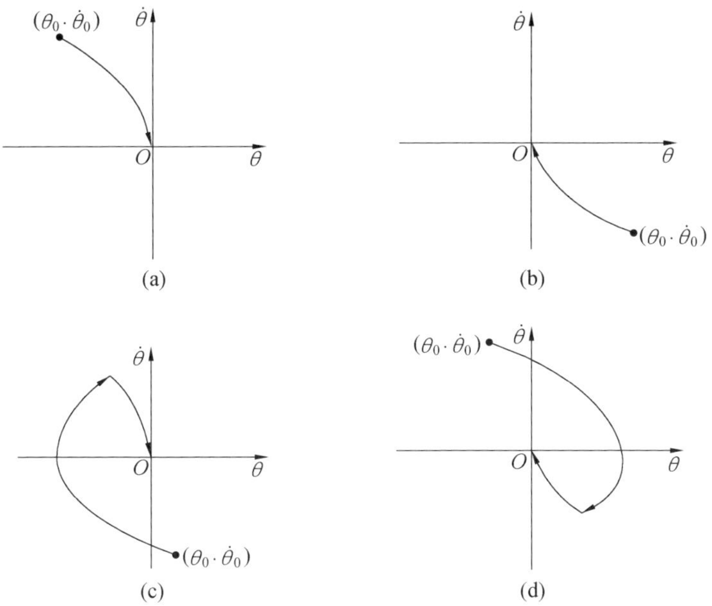

图 13.19　到达原点的时间最短最优控制的相轨迹

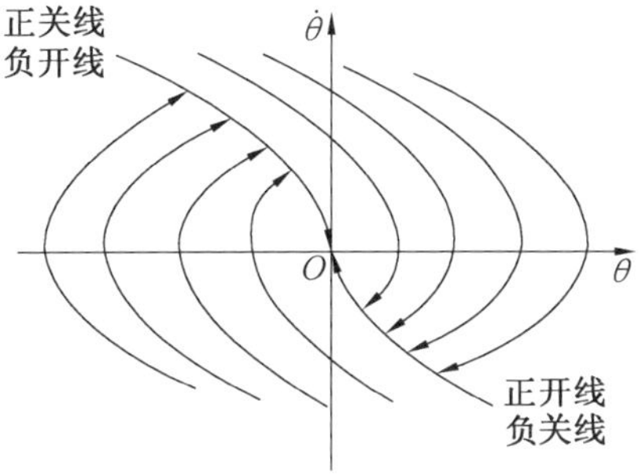

图 13.20　到达原点快速控制开关曲线图

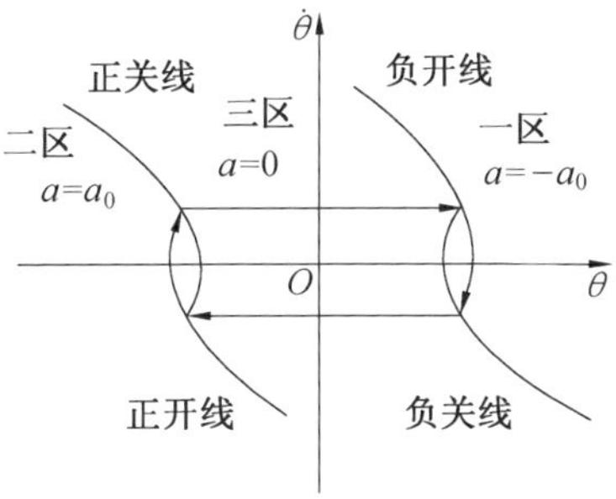

图 13.21　到达极限环的快速控制开关曲线

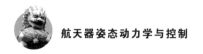

正关线

$$\dot{\theta}^2 = -2\alpha_0[\theta + (1-h)\theta_d]$$

到达极限环的最优轨线，根据初始相点$(\theta_0,\dot{\theta}_0)$的不同位置，而有图 13.22 所示的 6 种情况。

① 当$(\theta_0,\dot{\theta}_0)$在正开或负开线上时，只需要一个子弧就可进入极限环，如图 13.22(a) 和(b) 所示。

② 当$(\theta_0,\dot{\theta}_0)$在三区内时，两个子弧就可进入极限环，而且只需开机一次，如图13.22(c) 和(d) 所示。

③ 当$(\theta_0,\dot{\theta}_0)$在一区或二区时，要经过 3 个子弧才能进入极限环，需开关切换一次，如图 13.22(e) 和(f) 所示。

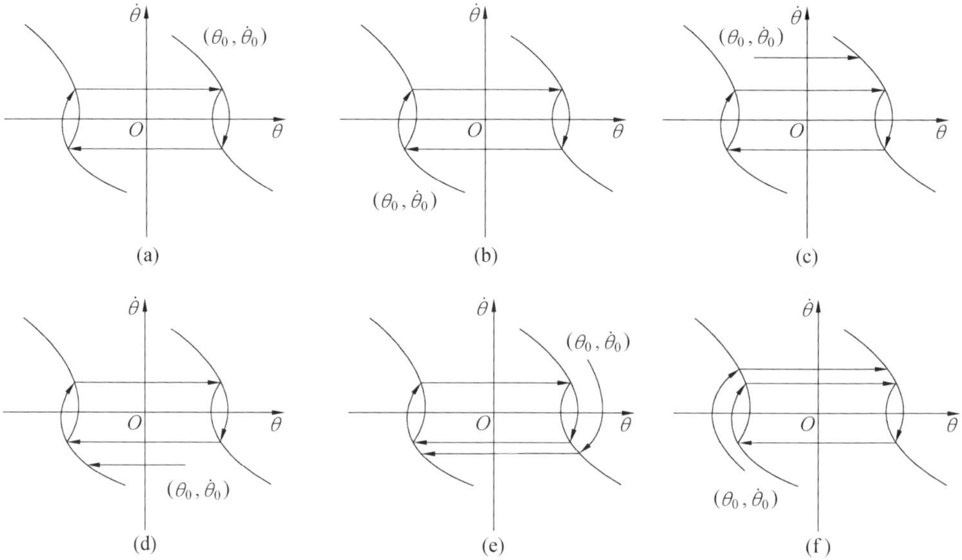

图 13.22　到达极限环的快速控制轨线

从上面分析可知，到达极限环的轨线最多为 3 个子弧，因此实现了快速控制的目的。回想采用超前校正控制器的喷气姿态控制系统，其开关次数与初始相点对极限环的偏离有关，偏离越大，开关次数越多。图 13.21 的抛物线型开关曲线，之所以能减少开关次数，是因为正开线与负开线不仅是开关曲线，而且是轨线的最后一段子弧，一旦相点被控到正开线或负开线上时，就直接沿此到达极限环，从而达到快速控制的目的。

(2) 混合指标的最优控制。

下面考虑时间短和推进剂省的混合指标最优控制。同样分两步讨论，先讨论到达原点的最优控制，然后讨论到达极限环的最优控制。

① 到达原点的最优控制。

对于时间短和推进剂省的混合指标最优控制，其性能指标可写为

$$J=\int_{t_0}^{t}[k+\alpha(t)]\mathrm{d}t \tag{13.37}$$

哈密尔顿函数可写为

$$H=-k-|\alpha|+\lambda_1\dot{\theta}+\lambda_2\alpha \tag{13.38}$$

根据极大值原理，共轭方程为

$$\begin{cases}\dot{\lambda}_1=-\dfrac{\partial H}{\partial\theta}=0\\[2ex]\dot{\lambda}_2=-\dfrac{\partial H}{\partial\dot{\theta}}=-\lambda_1\end{cases} \tag{13.39}$$

积分得

$$\begin{cases}\lambda_1=c_1\\ \lambda_2=-c_1t+c_2\end{cases} \tag{13.40}$$

为使式(13.38)所示的 H 函数取最大值，最优控制 $\alpha^*(t)$ 应为

$$\alpha^*(t)=\begin{cases}\alpha_0, & \lambda_2(t)>1\\ 0, & |\lambda_2(t)|\leqslant 1\\ -\alpha_0, & \lambda_2(t)<1\end{cases} \tag{13.41}$$

由于 $\lambda_2(t)$ 是时间 t 的线性函数，因此最优轨线最多由 3 段子弧组成。由式(13.41)可知，在 $\alpha(t)$ 由 α_0 变为 $-\alpha_0$，或由 $-\alpha_0$ 变为 α_0 的过程中，必有 $\alpha(t)=0$ 的子弧，因此对任一初始相点 $(\theta_0,\dot{\theta}_0)$ 的最优轨线具有如图 13.23 所示的形状。

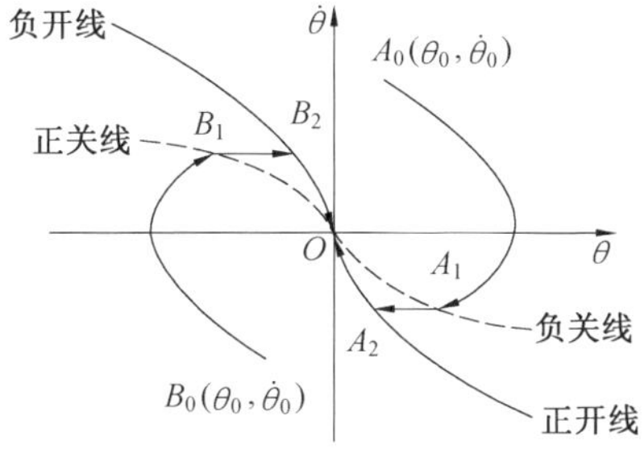

图 13.23　到达原点的混合指标最优控制的相轨迹图

图 13.23 中通过原点的正开线和负开线仍是开机线，但是当相点到达开线前要经过一段 $\alpha(t)=0$ 的子弧，如图 13.23 中所示的 $\overset{\frown}{A_1A_2}$ 和 $\overset{\frown}{B_1B_2}$，因此不同于图 13.20 之处是负关线与正开线不重合，正关线也不重合于负开线。从这里也可看出，混合指标最优控制的物理意义是增加一零推力子弧，减少开机的时间，并以

增加时间为代价来节省推进剂。

图 13.23 的正开线和负开线方程仍为：

正开线

$$\dot{\theta}^2 = 2\alpha_0\theta$$

负开线

$$\dot{\theta}^2 = -2\alpha_0\theta$$

而正关线和负关线方程则是由角点条件与贯截条件来确定的，下面讨论如何得到这两条关线方程。

设初始相点为 $A_0(\theta_0, \dot{\theta}_0)$，其第一段子弧 $\widehat{A_0A_1}$ 的方程为

$$\dot{\theta}^2 = -2\alpha_0(\theta - \theta_0) + \dot{\theta}_0^2 \tag{13.42}$$

由于点 A_1 为负关点，则由式(13.41)有

$$\lambda_2(t_{A_1}) = -1 \tag{13.43}$$

而第二段子弧 $\widehat{A_1A_2}$ 的方程为

$$\dot{\theta} = \dot{\theta}(t_{A_1}) = \dot{\theta}(t_{A_2}) \tag{13.44}$$

又因 A_2 是正开点，则由式(13.41)得

$$\lambda_2(t_{A_2}) = 1 \tag{13.45}$$

要确定负关线方程，就须确定点 A_1 的坐标，由于

$$\lambda_2(t_{A_1}) = c_2 - c_1 t_{A_1} = -1$$

$$\lambda_2(t_{A_2}) = c_2 - c_1 t_{A_2} = 1$$

两式相减得

$$t_{A_2} - t_{A_1} = -\frac{2}{c_1} \tag{13.46}$$

最后，子弧 $\widehat{A_2O}$ 的终点条件为

$$t = t_{\mathrm{f}}, \quad \theta_{\mathrm{f}} = \dot{\theta}_{\mathrm{f}} = 0$$

由于到达终点的时间 t_{f} 是待定的，则由贯截条件得

$$H(t_{\mathrm{f}}) = -k - \alpha_0 + \lambda_2(t_{\mathrm{f}})\alpha_0 = 0 \tag{13.47}$$

如果设 $t_{\mathrm{f}} - t_{A_2} = \tau$，则有

$$\dot{\theta}(t_{A_2}) = -\alpha_0\tau \tag{13.48}$$

$$\lambda_2(t_{A_2}) = c_2 - c_1 t_{A_2} = c_2 - c_1(t_f - \tau) = \lambda_2(t_{\mathrm{f}}) + c_1\tau \tag{13.49}$$

$$H^+(t_{A_2}) = -k - \alpha_0 + \lambda_2(t_{A_2})\alpha_0 + \lambda_1\dot{\theta}(t_{A_2}) \tag{13.50}$$

把式(13.48)和式(13.49)代入式(13.50)，并注意到 $\lambda_1 = c_1$，则得

$$H^+(t_{A_2}) = -k - \alpha_0 + \lambda_2(t_f)\alpha_0 = 0 \tag{13.51}$$

再由角点条件知

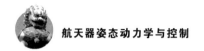

$$H^-(t_{A_2}) = H^+(t_{A_2}) = 0 \tag{13.52}$$

则在子弧$\widehat{A_1A_2}$上，由于 $\alpha = 0$，$\dot{\theta}(t_{A_1}) = \dot{\theta}(t_{A_2})$，以及

$$H^-(t_{A_2}) = -k + c_1\dot{\theta}(t_{A_2}) = -k + c_1\dot{\theta}(t_{A_1}) = 0 \tag{13.53}$$

而有

$$c_1 = \frac{k}{\dot{\theta}(t_{A_1})} = \frac{k}{\dot{\theta}(t_{A_2})} \tag{13.54}$$

$$\theta(t_{A_2}) = \theta(t_{A_1}) + (t_{A_2} - t_{A_1})\dot{\theta}(t_{A_1}) \tag{13.55}$$

把式(13.46)和式(13.54)代入式(13.55)，得

$$\theta(t_{A_1}) = \theta(t_{A_2}) + \frac{2}{k}\dot{\theta}^2(t_{A_1}) \tag{13.56}$$

注意到子弧$\widehat{A_2O}$上有

$$\dot{\theta}^2(t_{A_2}) = 2\alpha_0\theta(t_{A_2}) = \dot{\theta}^2(t_{A_1}) \tag{13.57}$$

最后由式(13.56)与式(13.57)消去 $\theta(t_{A_2})$，得

$$\dot{\theta}^2(t_{A_1}) = \frac{2\alpha_0 k}{4\alpha_0 + k}\theta(t_{A_1}) \tag{13.58}$$

式(13.58)为负关线方程。同理可得正关线方程为

$$\dot{\theta}^2(t_{B_1}) = -\frac{2\alpha_0 k}{4\alpha_0 + k}\theta(t_{B_1}) \tag{13.59}$$

如果记

$$\alpha_0' = \frac{2\alpha_0 k}{4\alpha_0 + k} \tag{13.60}$$

则到达原点的混合指标最优控制的开关曲线方程可归纳为：

正开线

$$\dot{\theta}^2 = 2\alpha_0\theta$$

正关线

$$\dot{\theta}^2 = -2\alpha_0'\theta$$

负开线

$$\dot{\theta}^2 = -2\alpha_0\theta$$

负关线

$$\dot{\theta}^2 = 2\alpha_0'\theta$$

② 到达极限环的混合指标最优控制。

当考虑到极限环的存在时，开关线相应地变为：

正开线

$$\dot{\theta}^2 = 2\alpha_0(\theta + \theta_d)$$

正关线

$$\dot{\theta}^2 = -2\alpha_0'[\theta + (1-h)\theta_d]$$

负开线

$$\dot{\theta}^2 = -2\alpha_0(\theta - \theta_d)$$

负关线

$$\dot{\theta}^2 = 2\alpha_0'[\theta - (1-h)\theta_d]$$

对应的开关线如图 13.24 所示，对于任一初始相点$(\theta_0,\dot{\theta}_0)$，其轨线的子弧不会超过 3 段。

比较图 13.21 和图 13.24 可知，这两种控制的差别仅在于正关线与负关线的参数分别为α'_0与$-\alpha'_0$。由于$\alpha'_0<\alpha_0$，因此图 13.24 中的正关线与负关线便倒向横轴，使得轨线的零推力弧段增长，有推力弧段缩短，从而节省了推进剂，但代价是时间有所增加，这正是混合指标最优控制的目的。

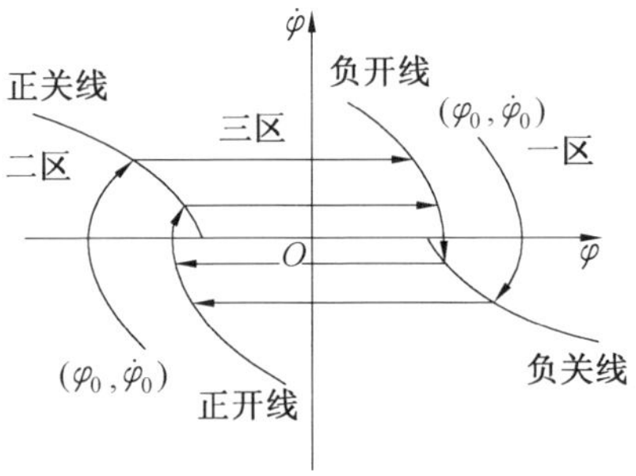

图 13.24　到达极限环的混合指标最优控制的开关曲线

2. 基于数字控制的相平面控制律

前面讨论的采用超前校正控制器的喷气姿态控制系统，逻辑比较简单，采用模拟器件即可完成控制，而且简单、可靠，在早期任务期限短的小型航天器上得到了广泛的应用。但对于大型的航天器，任务比较复杂，不同任务阶段对控制系统的要求也不同，因此这种模拟式控制器已不能满足任务需要。

随着星载计算机在航天器控制系统中的广泛应用，控制系统不再是传统的模拟式控制系统，而是数字化的离散采样控制系统，这样可以采用逻辑更复杂的开关控制规律来满足控制系统的要求。

通常，在工程应用上需要考虑如下几个问题。

(1) 粗控与精控问题。

为实现航天器大角度机动的快速性和解决正常轨道运行期间的稳态精度，

既要减少燃料消耗量，又要使电磁阀开关的次数尽量少，有些航天器的喷气姿态控制系统配置两种推力大小不同的推力器。当姿态误差较大时，需要用较大的控制力矩进行粗控，使快速控制更加快速；当姿态误差较小时，则用较小的控制力矩进行精控，使推进剂更省，精度更高。

(2) 减少开关次数问题。

推力器的寿命与开关次数密切相关。对工作寿命较长的航天器来说，为了使喷气姿态控制系统能长期正常工作，除了适当增加推力器的备份量外，还需尽量减少开关次数。因此，在设计和优化喷气姿态控制系统时，应该考虑在适当降低性能指标的条件下减少开关次数。

(3) 改善极限环性能问题。

维持极限环的时间，几乎是航天器全部工作寿命的时间。因此适当节省维持极限环的推进剂，对延长航天器工作寿命有重要意义。具有较好性能的极限环称为单边极限环，相点每走一周只需要开关一次。显然，这种极限环对节省推进剂与减少开关次数都是有效的。

下面以某型号返回式卫星为例，简要介绍工程上实用的数字式喷气姿态控制系统。该型卫星配置了两种推力较大的推力器，其中一种推力较大，用于阻尼大的初始角速度，其角加速度为 α_{c1}；另外一种推力较小，用于形成稳态运行的低速极限环，其角加速度为 α_{c2}。

在不同任务阶段采用不同的开关控制规律，在消除初始偏差和姿态机动阶段，通常以"燃料－时间最小"为性能指标设计开关控制律，在轨道运行阶段，以"误差－喷气次数最小"为性能指标。

相平面的状态变量由姿态确定算法所提供的姿态估值和姿态角速度估值组成。3 个轴独立控制，除非某个轴有不同的姿态控制要求，各轴的相平面开关线可取基本一致。

下面以俯仰轴的姿态控制为例加以说明。一种常用的相平面控制律是通过开关线将整个相平面划分为 14 个控制区，相平面开关线如图 13.25 所示。由于开关线关于相平面的原点为中心对称，因此下面只对右半平面加以说明。图中，R_1 为大推力全开区；R_2 为小推力全开区；R_3 为小推力步进区；R_4，R_6 均为大推力限速区；R_5 为抗外滑区；R_7 为全关区；$\dot{\theta}_l$ 为限速线。

R_1 的作用是阻尼大的初始角速度。所谓全开区是指控制律给出的喷气长度等于事先给定的值，该值略大于采样控制周期。R_2 和 R_4 的作用是避免推力时延引起的角速度过冲。在 R_4，R_6 中，根据实际角速度与限速线之差来计算喷气长度。R_3 的作用是形成低速极限环。为避免姿态测量误差和计算误差的影响，在 R_3 中采用阈值控制，即只有当相邻两次采样控制之间的姿态增量大于预先给定的常值(称为阈值，记为 θ_v) 时，才发出喷气指令。在无干扰力矩时，R_3 的喷气长

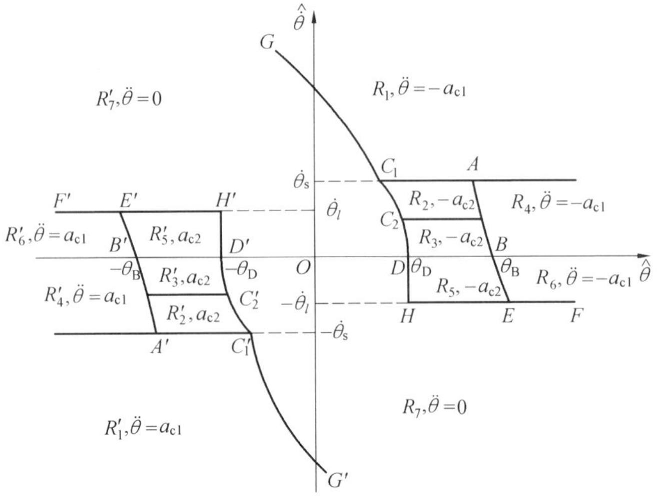

图 13.25　相平面控制律

度应形成最长周期的双边极限环。在有干扰力矩时，需要对干扰力矩（包括大小和方向）的估计使发出的喷气长度能形成较长周期的单边极限环。

为防止在下半平面姿态角增大，设置了抗外滑区 R_5。在 R_5 中，当角度增加一个阈值 θ_v 时，就发出一个最小宽度的脉冲。

R_3 和 R_5 中的控制逻辑是：① 当相点从 C_2D 进入 R_3 或从 DH 进入 R_5 时，就立即进行喷气。发出的指令喷气长度等于最小脉宽；② 在 R_3 或 R_5 中，如果前一采样时刻为喷气状态，则下次喷气的条件为 $|\hat{\theta}|\geqslant Y=|\hat{\theta}_i|+\theta_v$，其中 $\hat{\theta}_i$ 为上次喷气时刻的姿态估值。若此时姿态估值的绝对值 $|\hat{\theta}|$ 增大，则 Y 值不变。若此后 $|\hat{\theta}|$ 减小，则下次喷气条件为 $|\hat{\theta}|\geqslant Y=|\hat{\theta}|_{\min}+\theta_v$，其中 $|\hat{\theta}|_{\min}$ 是自从上次喷气以来 $|\hat{\theta}|$ 的最小值。

综上所述，把相平面控制逻辑和相应的喷气长度的计算公式列表，见表13.1。

为了减少稳态运行时的喷气次数和提高喷气效率，需要实时估算干扰力矩的大小和方向，实现系统对外干扰力矩的自适应控制，即指令喷气时间 T_N 要按照外干扰角加速度 $\hat{\alpha}_d$ 的大小和符号进行计算，随外干扰而变化，使喷气正好被用来抵消外干扰冲量矩而且形成最长周期的单边极限环。为此实际工程通常需要设计一个用于轨道运行段的姿态角速度和干扰角加速度估计器（简称为 RD 估计器）。把姿态角速度也作为被估状态的目的是减小其高频噪声。

数字式控制系统中控制周期的选择，一方面要考虑系统特性的要求，另一方面要考虑到星载计算机的运算速度和执行机构的动态响应。前者一般要求控制周期尽可能小，而后者却限制了控制周期的下限。工程设计中要在这两个方面进行折中。

表 13.1　相平面控制律

<table>
<tr><th>相平面区域</th><th colspan="2">喷气条件</th><th>喷气长度计算公式</th><th>说明</th></tr>
<tr><td>R_1,R_1'</td><td colspan="2">相点在本区</td><td>$T_N=K_1\Delta T$</td><td>ΔT 为采样控制周期。在消初偏段 K_1 为大于 1 的常数，在轨道段 K_1 为小于 1 的常数</td></tr>
<tr><td>R_2,R_2'</td><td colspan="2">相点在本区</td><td>$T_N=K_1\Delta T$</td><td></td></tr>
<tr><td rowspan="3">R_3,R_3'</td><td rowspan="3">相点从 C_2D 进入本区或 $|\hat{\theta}|\geqslant Y=|\hat{\theta}|_{\min}+\theta_v$</td><td>$\hat{\alpha}_d=0$</td><td>$T_N=|\hat{\dot{\theta}}|/a_{c2}+T_{N2}$
$T_{N2}=K_2(|\hat{\theta}|-\theta_e)/a_{c2}$</td><td>$a_{c2}$ 为小角加速度，K_2 为正常数，θ_e 为略小于 θ_D 的常数
当 $T_{N2}\geqslant K_1\Delta T$ 时，$T_{N2}=K_1\Delta T$
当 $T_{N2}<\Delta t$ 时，$T_{N2}=\Delta t$，Δt 为最小脉宽</td></tr>
<tr><td>$\hat{\alpha}_d\neq 0$
$\operatorname{sgn}\hat{\alpha}_d=\operatorname{sgn}\hat{\theta}$</td><td>$T_N=|\hat{\dot{\theta}}|/a_{c2}+T_{N2}$
$T_{N2}=\dfrac{[2(|\hat{\theta}|+K_3\theta_D)\,|\hat{\alpha}_d|]^{\frac{1}{2}}}{a_{c2}}$</td><td>$\hat{\alpha}_d$ 为干扰角加速度的估值；K_3 为预先选取的正常数；θ_D 为死区。θ_v 为阈值($\theta_v<\theta_D$)
当 $T_{N2}\geqslant K_1\Delta T$ 时，$T_{N2}=K_1\Delta T$
当 $T_{N2}<\Delta t$ 时，$T_{N2}=\Delta t$</td></tr>
<tr><td>$\alpha_d\neq 0$
$\operatorname{sgn}\hat{\alpha}_d=-\operatorname{sgn}\hat{\theta}$</td><td>$T_N=0$</td><td></td></tr>
<tr><td>R_4,R_4'</td><td colspan="2">相点在本区</td><td>$T_N=\dfrac{\dot{\theta}_1+|\hat{\dot{\theta}}|}{a_{c1}}+\Delta t$</td><td>当 $T_N\geqslant K_1\Delta T$ 时，$T_N=K_1\Delta T$</td></tr>
<tr><td>R_5,R_5'</td><td colspan="2">相点在本区
$|\hat{\theta}|\geqslant Y=|\hat{\theta}_i|_{\min}+\theta_v$</td><td>$T_N=\Delta t$</td><td></td></tr>
<tr><td>R_6,R_6'</td><td colspan="2">相点在本区</td><td>$T_N=\dfrac{\dot{\theta}_1-|\hat{\dot{\theta}}|}{a_{c1}}+\Delta t$</td><td>当 $T_N\geqslant K_1\Delta T$ 时，$T_N=K_1\Delta T$</td></tr>
<tr><td>R_7,R_7'</td><td colspan="2">相点在本区</td><td>$T_N=0$</td><td></td></tr>
</table>

13.2.5　三轴稳定航天器喷气姿态控制系统的准线性控制

在航天器控制工程中，还存在另外一类喷气控制器，由于其数学模型可近似用线性关系描述，故称之为准线性喷气控制器。下面介绍几种典型的准线性控制器。

1. 伪速率增量反馈控制器

超前校正网络为系统提供对输入误差信号的微分作用，因此能够提供系统阻尼作用，但是它对输入信号中的噪声有放大作用，因而抗干扰能力较差，且不能获得很小的极限环速度。而伪速率增量反馈控制器(Pseudorate Controller，简称伪速率控制器)是一种更好的喷气控制器，能在产生对输入信号微分作用的同时使系统具有较强的抗干扰能力，还能获得稳定的单边极限环。伪速率控制器简单可靠，因此在航天器姿态控制系统中得到了广泛应用。

伪速率控制器是一个脉冲调制器，其输出脉冲的宽度和相邻脉冲的间隔时间随输入信号(姿态角)而改变。采用伪速率控制器的喷气姿态控制系统框图如图 13.26 所示。

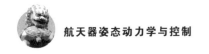

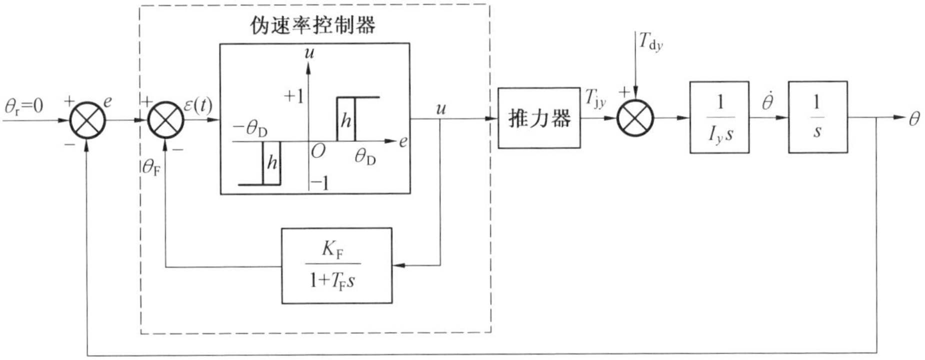

图 13.26　采用伪速率控制器的单轴喷气姿态控制系统框图

伪速率控制器是由一个斯密特触发器和一个一阶惯性环节通过负反馈方式连接实现的。控制器的输出以脉冲方式工作，在 t_N 时间段内，脉冲输出幅值为± 1，在 t_F 时间段内无脉冲输出。图 13.27 示出了伪速率控制器的工作特性。

下面以正向脉冲情况为例，讨论伪速率控制器环节的输出 u 与姿态角 θ(设 $\theta_r=0$)之间的特性。

设惯性环节的输出为 $\theta_F(t)$，它与伪速率控制器的输出 $u(t)$ 呈单调指数函数关系。设斯密特触发器的输入信号为

$$\varepsilon(t)=\theta_r(t)-\theta(t)-\theta_F(t)$$

假设当 $t=t_0$ 时，继电器开始触发，设此时初始状态为 $\theta(t_0)=\theta_0$，$\varepsilon(t_0)=\varepsilon_0=$

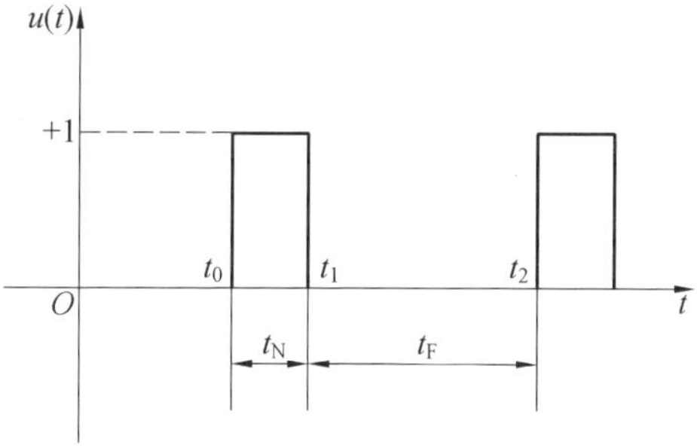

图 13.27　伪速率控制器的工作特性

θ_D，$\theta_F(t_0)=\theta_{F0}=-\theta_0-\theta_D(\theta_r=0)$。当 $t=t_1=t_0+t_N$ 时，继电器关断，此时有方程

$$\begin{cases}\varepsilon(t_1)=\varepsilon_1=(1-h)\theta_D\\ \theta_F(t_1)=\theta_{F1}=\theta_{F0}e^{-\frac{1}{T_F}t_N}+K_F(1-e^{-\frac{1}{T_F}t_N})\\ \theta(t_1)=\theta_1=-(\theta_{F1}+\varepsilon_1)=\theta_0+\dot{\theta}t_N=-(\theta_{F0}+\theta_D)+\dot{\theta}t_N\end{cases} \tag{13.61}$$

式中，$\dot{\theta}$ 为姿态角速率。设短时间内 $\dot{\theta}$ 近似为常数，由式(13.61) 的第二式得

$$\theta_{F1}-\theta_{F0}=(K_F-\theta_{F1})(e^{\frac{t_N}{T_F}}-1) \tag{13.62}$$

由式(13.61) 的第一式和第三式，得

$$\theta_{F1}-\theta_{F0}=-\varepsilon_1+\theta_D-\dot{\theta}t_N=h\theta_D-\dot{\theta}t_N \tag{13.63}$$

由式(13.62) 和式(13.63)，得

$$e^{\frac{t_N}{T_F}}-1=\frac{h\theta_D-\dot{\theta}t_N}{K_F-\theta_{F1}}$$

$$t_N=T_F\ln\left(1+\frac{h\theta_D-\dot{\theta}t_N}{K_F-\theta_{F1}}\right) \tag{13.64}$$

利用近似公式

$$a=\ln\left(1+\frac{b}{c}\right)\approx\frac{b}{c+\frac{b}{2}}$$

式(13.64) 可近似为

$$t_N\approx\frac{T_F(h\theta_D-\dot{\theta}t_N)}{K_F-\theta_{F1}+\frac{1}{2}(h\theta_D-\dot{\theta}t_N)}=\frac{T_F(h\theta_D-\dot{\theta}t_N)}{K_F+\theta_1+\theta_D(1-h)+\frac{1}{2}(h\theta_D-\dot{\theta}t_N)} \tag{13.65}$$

对式(13.65) 展开整理，设 t_N 为小量，忽略 t_N^2 项，得

$$t_N\approx\frac{T_F h\theta_D}{K_F+\theta_1+\theta_D\left(1-\frac{h}{2}\right)+T_F\dot{\theta}} \tag{13.66}$$

在 $t_0+t_N \leqslant t < t_1+t_F$ 时段内，$\theta_F(t)$ 按指数规律衰减，$\varepsilon(t)$ 随之增大。当 $t=t_2$ 时，$\varepsilon(t_2)=\theta_D$，继电器再次触发。

t_F 的推导过程与上述过程相似，略去。可得到 t_F 的表达式为

$$t_F \approx \frac{T_F h\theta_D}{-\theta_1-\theta_D\left(1-\dfrac{h}{2}\right)-\dot{\theta}T_F} \tag{13.67}$$

若设推力器为具有理想开关特性的模型，则在 t_0-t_2 时间内，伪速率控制器输出脉冲序列的平均值为

$$N_{av}=\frac{t_N}{t_N+t_F}=-\frac{\theta_1+\dot{\theta}T_F+\theta_D\left(1-\dfrac{h}{2}\right)}{K_F} \tag{13.68}$$

需要说明的是，当姿态角速率比较小时，短时间内 θ_1 与 θ_0 可近似相等。由式(13.68)可以看到，在每个喷气周期内，喷气脉冲产生的平均力矩与姿态角和姿态角速率近似成正比(虽有附加恒值量 $-\dfrac{\theta_D(1-h/2)}{K_F}$，但很小，可忽略不计)，近似于比例微分控制律，故称为伪速率控制器。

令 $\dot{\theta}=0$，$\theta_1=\theta_D$，由式(13.66)可得到控制器可给出的最小指令喷气时间(最小脉宽)，记为 T_{on}。其计算公式为

$$T_{on}=\frac{T_F\theta_D h}{K_F-\dfrac{h}{2}\theta_D}\approx\frac{h\theta_D}{K_F}T_F \tag{13.69}$$

适当选择伪速率控制器的参数值，可得到比超前校正控制器窄得多的指令喷气脉宽。例如，选择 $\theta_D=0.3°$，$h=0.1$，$T_F=0.5$ s，$K_F=0.43°$，则 $T_{on}=35$ ms。这说明可以在满足姿态精度要求的情况下把极限环速度做得很小，这样就增加了极限环的周期，减少了电磁阀动作的次数和燃料消耗量。这正是超前校正控制器所难以达到的。

考虑到喷气执行机构的动态时延后，极限环速度为

$$\dot{\theta}_R \approx \frac{\alpha_{y0}h\theta_D T_F}{2K_F}+\frac{\alpha_{y0}}{2}(T_D-T_R) \tag{13.70}$$

式中，T_R，T_D 分别为喷气执行机构的等效前时延和后时延。

由于推力小，喷气时延也小，所以采用伪速率控制器的小推力系统可以获得很小的极限环速度。应当指出，控制器给出的最小脉宽必须使推力器能给出相应的最小冲量。本小节中所说的最小脉宽都对应于在这个意义下的姿态控制发动机所具有的稳定的最小冲量。

图 13.26 所示的姿态控制系统可以被等效为一个二阶线性系统，可以求得其等效阻尼比为 $\xi=\sqrt{\dfrac{\alpha_{y0}T_F^2}{4K_F}}$。为提高大初始偏差的收敛速度，往往要求增大系统

的阻尼，必须增加控制器中惯性环节的时间常数 T_F，但这与对最小脉宽的要求相矛盾。为解决此问题，可以采用双时间常数的反馈网络，即充电和放电过程中的惯性环节时间常数是不相等的。采用大的放电时间常数(记作 τ_F)和小的充电时间常数(记作 τ_N)可以获得符合要求的最小喷气脉宽，同时使系统具有较大的动态阻尼。

此时，系统的阻尼比 $\xi=\sqrt{\dfrac{\alpha_{y0}\tau_N\tau_F}{4K_F}}$，最小喷气脉宽仍由式(13.69)确定。也就是说，由极限环速度确定充电时间常数 τ_N，而由系统阻尼来确定放电时间常数 τ_F。采用同样的推导过程，可以得到采用双时间常数的伪速率控制器输出脉冲列的平均值为

$$\bar{N}_{av}=\frac{t_N}{t_N+t_F}=\left[1+\frac{\mu\ln\left(1+\dfrac{h\theta_D-\dot{\theta}t_F}{\theta-\theta_D+\dot{\theta}t_F}\right)}{\ln\left(1+\dfrac{h\theta_D+\dot{\theta}t_N}{K_F-\theta+\theta_D-h\theta_D}\right)}\right]^{-1} \tag{13.71}$$

式中，$\mu=\tau_F/\tau_N$。令 $\dot{\theta}=0$，可得到静态调制特性 $\bar{N}_{av}(\theta)$，如图 13.28 所示。

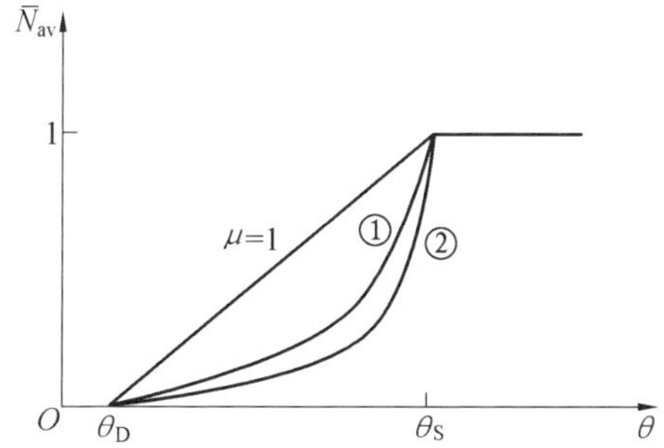

图 13.28　双时间常数伪速率控制器的静态调制特性

图 13.28 说明具有不相等充放电时间常数的伪速率控制器的静态调制特性是非线性的。在相同的输入下，μ 越大，脉冲间隔的时间越长，图 13.28 中曲线②的 μ 值大于曲线①的 μ 值。但无论充电和放电时间常数是否相等，当 $\theta=\theta_D$ 时，最小脉宽都为

$$T_{on}\approx\frac{h\theta_D\tau_N}{K_F}$$

当 $\theta\geqslant\theta_S=K_F+(1-h)\theta_D$ 时，其中 θ_S 为饱和输入角。输出脉宽为 ∞，即电磁阀常开不闭。

2. 采用 PWPF 脉冲调制器的喷气控制系统

PWPF 脉冲调制器可以对脉冲的频率与宽度进行自动调制，把连续型控制量等效为开关型控制量，从而可以按准线性控制规律进行姿态控制。

采用 PWPF 调制器的喷气姿态控制系统的结构如图 13.29(a) 所示。PWPF 调制器的结构是在施密特触发器前面串联一个一阶惯性环节，并组成一个负反馈回路。其中 $G(s)$ 是理想的连续线性控制律，作用是根据姿态和姿态角速率误差信号给出期望的控制量 u(其量纲为 N·m)。而 PWPF 调制器的作用是将此连续控制量调制成开关型控制量。

PWPF 调制器的另外一种改进形式称为伪速率(PR) 调制器，其结构如图 13.29(b) 所示。

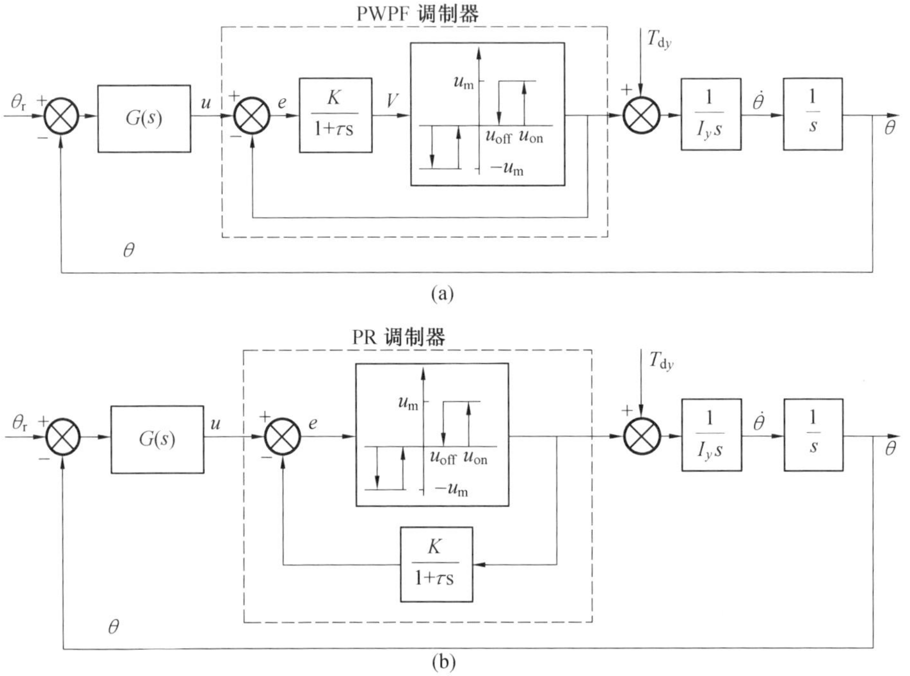

图 13.29　采用 PWPF 调制器和 PR 调制器的喷气姿态控制回路

下面对 PWPF 调制器进行分析，以得到调制器的输入量(即控制器的输出)u 与输出脉冲序列的频率－宽度值之间的关系，如图 13.30 所示，分析过程如下。

(1) 当一阶惯性环节的输出 V 满足 $V < u_{on}$，不能驱动触发器产生脉冲输出。而当输入量 $u = \frac{u_{on}}{K}$ 时，才能有脉冲输出，这时对应的脉冲宽度为最小，记为

$$u_d = \frac{u_{on}}{K}$$

且称 u_d 为 PWPF 调制器的死区。

(2) 计算 V 随 e 的时间响应，动态方程为

$$\dot{V}\tau + V = Ke \tag{13.72}$$

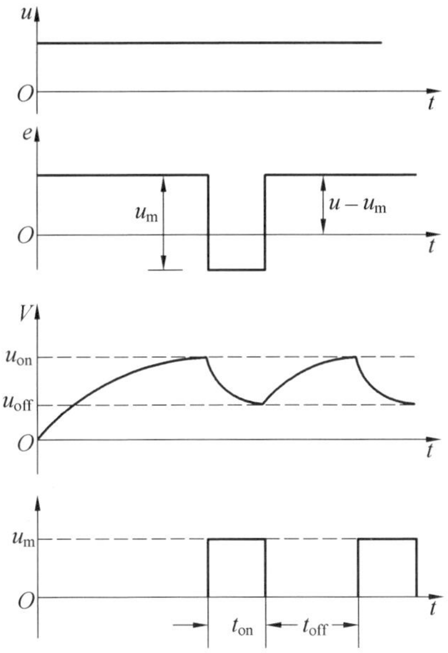

图 13.30　PWPF 调制器的时间响应特性

取该方程的拉普拉斯变换,得

$$V(s)=\frac{\tau V(0)}{1+\tau s}+\frac{Ke}{s(1+\tau s)} \tag{13.73}$$

其对应的时域方程为

$$V(t)=V(0)e^{-t/\tau}+Ke(1-e^{-t/\tau}) \tag{13.74}$$

(3) 下面计算 t_{on}。根据图 13.30,$V(t)$ 开始于 u_{on} 并且随 $u-u_m$ 的值而渐进衰减,即 $V(0)=u_{on}$ 并且 $Ke=K(u-u_m)$。$V(t)$ 一直衰减到 u_{off},因此有

$$\begin{aligned} u_{off}=V=u_{on}e^{-t_{on}/\tau}+K(u-u_m)(1-e^{-t_{on}/\tau})= \\ K(u-u_m)+(u_{on}-Ku+Ku_m)e^{-t_{on}/\tau} \end{aligned} \tag{13.75}$$

由此可得

$$e^{-t_{on}/\tau}=\frac{u_{off}-Ku+Ku_m}{u_{on}-Ku+Ku_m}=1-\frac{u_{on}-u_{off}}{u_{on}-Ku+Ku_m} \tag{13.76}$$

当 t_{on} 很小时,$e^{-t_{on}/\tau}\approx 1-t_{on}/\tau$。这样可得到 t_{on} 的一阶近似值

$$t_{on}\approx\tau\frac{u_{on}-u_{off}}{Ku_m-Ku+u_{on}} \tag{13.77}$$

可知,当 $u_S=u_m+\frac{u_{off}}{K}$ 时,PWPF 调制器将不会输出周期性脉冲,而是输出常值 u_m,即 t_{on} 为无穷大,推力器将一直开启。称 u_S 为 PWPF 调制器的饱和区宽度。

(4) 下面计算 t_{off}。由图 13.30 可以看到,$V(t)$ 趋向于 Ku。$V(t)$ 开始于 u_{off},

并且逐渐增加到 u_{on}。因此可得

$$V(t)=u_{off}e^{-t_{off}/\tau}+Ku(1-e^{-t_{off}/\tau})=u_{on} \tag{13.78}$$

由此可得

$$e^{-t_{off}/\tau}=\frac{u_{on}-Ku}{u_{off}-Ku}=\frac{Ku-u_{on}+u_{off}-u_{off}}{Ku-u_{off}}=1-\frac{u_{on}-u_{off}}{Ku-u_{off}} \tag{13.79}$$

当 t_{off} 很小时，同样可以得到 t_{off} 的一阶近似值为

$$t_{off}\approx\tau\frac{u_{on}-u_{off}}{Ku-u_{off}} \tag{13.80}$$

(5) 根据式(13.76)和式(13.79)可以计算一个喷气周期内，PWPF 调制器输出脉冲列的平均值(或称为占空比)，即

$$\bar{N}_{av}=\frac{t_{on}}{t_{on}+t_{off}}=\left(1+\frac{t_{off}}{t_{on}}\right)^{-1}=\left[1+\frac{\ln\left(1-\dfrac{u_{on}-u_{off}}{Ku-u_{off}}\right)}{\ln\left(1-\dfrac{u_{on}-u_{off}}{u_{on}-Ku+Ku_{m}}\right)}\right]^{-1} \tag{13.81}$$

若记 $h=\dfrac{u_{on}-u_{off}}{K(u_S-u_d)}$，$x=\dfrac{u-u_d}{u_S-u_d}$，将其代入式(13.81)，可得

$$\bar{N}_{av}=\frac{\ln\left(1+\dfrac{h}{1-x}\right)}{\ln\left[\left(1+\dfrac{h}{1-x}\right)\left(1+\dfrac{h}{x}\right)\right]} \tag{13.82}$$

从式(13.82)可知，当 $u_d\leqslant u<u_S$ 时，$x<1$，并且 x 为 u 的线性函数；当 $u\geqslant u_S$ 时，调制器处于饱和状态，占空比恒等于1；当 $u<u_d$ 时，调制器处于死区状态，占空比恒等于零。对于 $u_d\leqslant u<u_S$ 时，此时 $x<1$，将 $\overline{N}_{av}$ 在 $x=0.5$ 附近展成泰勒级数，并略去高阶项，得

$$\overline{N}_{av}=0.5+\frac{2h}{(1+2h)\ln(1+2h)}(x-0.5) \tag{13.83}$$

由式(13.83)知，$\overline{N}_{av}$ 近似为 x 的线性函数，即是输入量 u 的线性函数。

综上所述，占空比 $\bar{N}_{av}$ 与输入量 u 的关系可直观地表示为图 13.31 所示的函数曲线关系。

由图 13.31 可知，输入量 u 的值将调制器的输出分为 3 个区：

① 死区($u<u_d$)，这时调制器输出为零，推力器不工作，系统处于无控状态。

② 饱和区($u\geqslant u_S$)，这时调制器输出为常值 U_m，推力器一直工作，表明系统为了消除大的姿态偏差而处于常开状态。

③ 线性区($u_d\leqslant u<u_S$)，这时调制器输出的是一系列经过调频与调宽的脉冲，表明调制器正按连续变化的输入量进行输出。

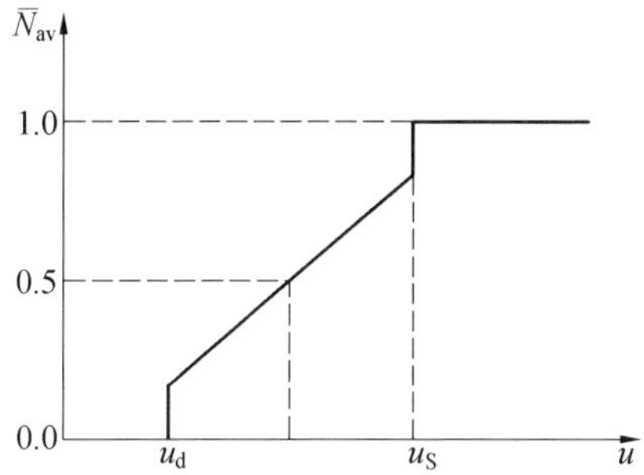

图 13.31　PWPF 调制器占空比与输入量之间的曲线关系

采用 PWPF 调制器可以实现喷气姿态控制系统的准线性规律控制，可解释如下：

当 u 处于线性区时，假设一个脉冲周期内 $u(t)$ 为常值，由 t_{on} 和 t_{off} 的近似表达式(13.77) 和式(13.80)，可以计算一个脉冲周期内调制器产生的平均力矩 $\bar{u}_{av}$ 与输入量 u 之间的关系，有

$$\frac{\bar{u}_{av}}{u}=\frac{u_m t_{on}}{u(t_{on}+t_{off})}=\frac{u-\dfrac{u_{off}}{Ku_m}}{u\left(1+\dfrac{u_{on}-u_{off}}{Ku_m}\right)} \tag{13.84}$$

当 u_{off} 以及 $u_{on}-u_{off}$ 相对于 Ku_m 为小量时，则有 $\bar{u}_{av}/u\approx 1$，表明经过 PWPF 的调制，其产生的喷气脉冲与期望的输入信号 u 是近似等效的。

对于伪速率调制器，也可以采用类似的方法得到如下结果：

$$\begin{cases} t_{on}=\tau\ln\dfrac{Ku_m-u+u_{on}}{Ku_m-u+u_{off}} \\ t_{off}=\tau\ln\dfrac{u-u_{off}}{u-u_{on}} \end{cases} \tag{13.85}$$

式(13.85) 可用于确定伪速率脉冲调制器的相关参数。

尽管 PWPF 调制器本身是非线性环节，但由于其相对于输入量的准线性特性，因此可很容易地用于姿态控制回路，并采用线性控制理论对其进行设计和分析。同时，其非线性部分特性也可以有目的地用来降低敏感器的噪声以及限制挠性太阳帆板和星体内液体晃动导致的星体结构振动。

3. 采用脉宽调制器的喷气控制系统

PWPF 调制器可以很直接地用模拟电路技术加以实现(通过施密特触发器模拟电路)，但 PWPF 调制技术应用于目前常用的星载计算机时，将会产生一些实际问题。星载计算机采用数字式微处理器，并以同步定时机制方式工作。星载计算机工作时按相等的时间间隔发送控制指令，很难实现喷气脉冲频率的调

制，也就是说，控制系统变为离散控制系统(或数字控制系统)。对于采用微处理器的星载计算机，简单的实现方法是仅对喷气脉冲的宽度进行调制，即采用脉宽调制器(PWM)。

采用脉宽调制控制器的喷气姿态控制系统框图如图 13.32 所示。

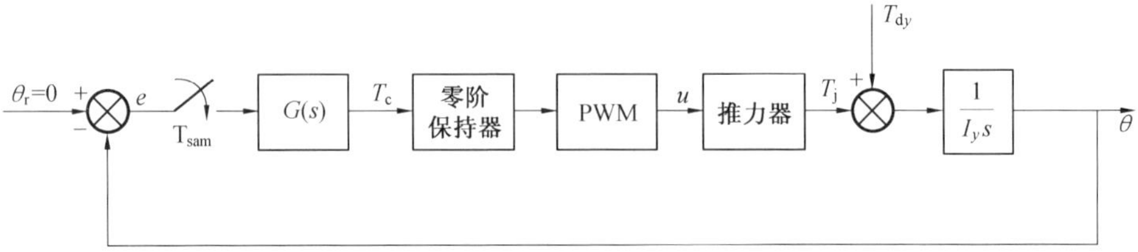

图 13.32　采用脉宽调制器的喷气姿态控制系统框图

在图 13.32 中，$G(s)$ 为数字控制器环节，其功能是根据姿态角偏差计算期望的控制力矩 T_c，其输出是大小可变的；脉宽调制器(PWM) 的功能是对期望控制力矩 T_c 进行脉宽调制，以生成推力脉冲指令。

对于回路中的采样环节和零阶保持器环节，两者在控制回路中的合作用可等效为在系统开环传递函数中增加一个延迟环节。将采样和零阶保持器合并，其传递函数为

$$G_H(s)=\frac{1-e^{-T_{sam}s}}{s} \tag{13.86}$$

对于包含了采样和零阶保持器环节的离散控制系统，可以采用两种方法进行设计和分析：一种方法是将数字控制器以及采样和零阶保持器环节等效为 s 域的传递函数，然后采用连续控制系统的方法进行设计与分析，如根轨迹法或频域法等；另外一种方法是将被控对象进行 Z 变换，然后利用离散控制方法进行设计与分析。

假设采用比例加微分的控制律，控制周期为 T_{sam}，则期望控制力矩为

$$T_c=K_P(\theta_r-\theta)+K_D(\dot{\theta}_r-\dot{\theta}) \tag{13.87}$$

在 T_{sam} 时间内，期望控制力矩 T_c 产生的动量矩冲量为

$$\Delta H_c=T_c\cdot T_{sam}$$

则推力器开启时间 t_{on} 为

$$t_{on}=\frac{\Delta H_c}{T_{j0}}=\frac{T_{sam}}{T_{j0}}T_c=K_jT_c \tag{13.88}$$

式中，K_j 为常数，$K_j=T_{sam}/T_{j0}$，与采样时间和推力器产生的力矩大小有关。

考虑到推力器存在最小脉宽，为节省燃料，实际应用时应设置一个死区，则推力器工作时间为

$$t_{\mathrm{on}}=\begin{cases}0, & T_{\mathrm{c}} \leqslant P_{\min} \\ K_j T_{\mathrm{c}}, & P_{\min}<T_{\mathrm{c}}<P_{\max} \\ T_{\mathrm{sam}}, & T_{\mathrm{c}} \geqslant P_{\max}\end{cases} \tag{13.89}$$

式中，$P_{\min}$ 和 $P_{\max}$ 均为给定值。

13.3　航天器整体零动量轮控系统的姿态稳定控制

13.3.1　航天器整体零动量轮控系统的方案

若轮系产生的合成角动量的分量 h_x，h_y，h_z 的变化值范围接近，且与星本体的角动量（H_x，H_y，H_z）在同一数量级时，航天器整体角动量在 3 个坐标轴上的数值上并不很大，不足以使航天器本体建立定轴性，则称为航天器整体零动量轮控系统。

航天器整体零动量轮控系统多用于对姿态控制精度，尤其是对稳定度要求很高的空间航天器，如遥感卫星等。对于零动量系统，轮系的构形有两种典型形式，主要差别在于轮子转速过零时摩擦力矩突变值的大小。

如果轮子转速过零时摩擦力矩改变值小于突变前摩擦力矩的千分之几 N·m，从而对姿态稳定度不产生剧烈瞬变响应，则可在航天器本体安装反作用轮，采用三正交或四斜装的方案。法国的 SPOT 卫星就是如此，它采用磁悬浮技术使轮子的静摩擦力矩减小到 2×10^{-3} N·m 左右。

另外一种构形是在各轴上安装一个偏置动量轮，一般偏置量相同，而沿合成角动量的反方向（即等角方向）斜装一个数值为合成值且反向的动量轮，使航天器整体在标称状态下处于零动量，如图 13.33 所示。只要偏置值和卸载阈值选得合适，3 个正交轮在整个运行过程中角动量都不过零且卸载次数较少。而斜装轮则工作在恒定动量状态下。

美国的 Landsat 卫星和中国的中巴资源一号卫星都采用了这种构形，从而避免了轮子转速过零时摩擦力矩突变引起的姿态角速率剧烈变动的问题，这是从总体构形上补偿硬件性能欠佳的一种方法。

13.3.2　轮控系统数学模型的简化

航天器整体零动量轮控系统的框图如图 13.34 所示。

典型航天器的姿态控制系统模型都是非线性和三轴耦合的，为便于控制系统设计，控制系统设计过程的第一步通常是对航天器的数学模型进行线性化等简化处理。对于本例，主要从被控对象姿态动力学模型、执行机构环节和姿态确定环节 3 个方面入手，进行系统模型的简化。

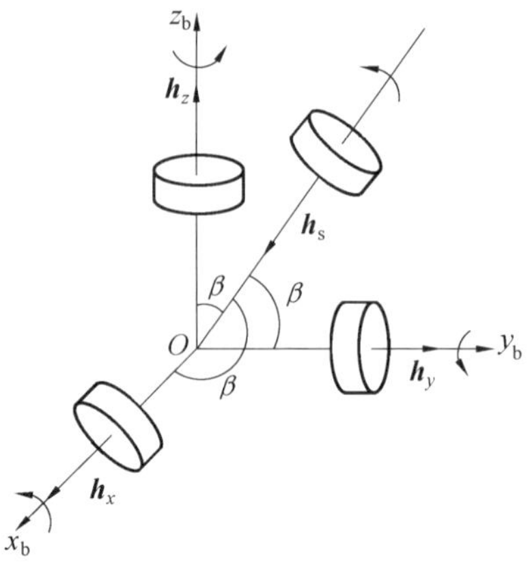

图 13.33　四个偏置动量轮组成的航天器整体零动量轮控系统构形

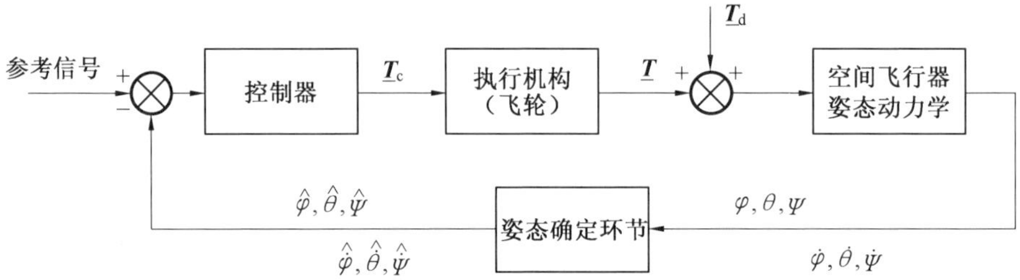

图 13.34　航天器整体零动量轮控系统框图

下面以对地定向的航天器整体零动量的三轴稳定刚体航天器为例，讨论轮控系统数学模型的简化过程。

1. 星体姿态动力学模型的简化

若星体采用刚体假设，重写带有惯性轮的刚体航天器姿态动力学方程为

$$\underline{\boldsymbol{I}}\,\dot{\underline{\boldsymbol{\omega}}}_b+\underline{\boldsymbol{\omega}}_b^{\times}\underline{\boldsymbol{I}}\,\underline{\boldsymbol{\omega}}_b+\underline{\boldsymbol{\omega}}_b^{\times}\underline{\boldsymbol{h}}=\underline{\boldsymbol{T}}_d-\dot{\underline{\boldsymbol{h}}} \tag{13.90}$$

式中，$\underline{\boldsymbol{h}}$ 为飞轮系统的角动量在星体 3 个坐标轴上的分量列阵，$\underline{\boldsymbol{h}}=\underline{\boldsymbol{U}}\,\underline{\boldsymbol{h}}_w$；$\underline{\boldsymbol{U}}$ 为轮系安装矩阵。

方程(13.90)只给出了姿态角速度 $\underline{\boldsymbol{\omega}}_b$ 与力矩之间的函数关系，但从控制系统设计角度讲，设计者更关心描述星体坐标系相对轨道坐标系的姿态参数与力矩之间关系式，因此需要重新推导以姿态参数为状态量的姿态动力学方程。

假设航天器采用 zyx 顺序旋转的欧拉角参数来描述星体的姿态。姿态控制的目的就是使表征星体姿态的 3 个姿态角 φ,θ,ψ 及其角速率 $\dot{\varphi},\dot{\theta},\dot{\psi}$ 在给定的误差范围内，并且过渡过程满足要求。推导思路：用姿态角及其变率表示姿态角速度，然后代入式(13.90)，就可得到所需要的姿态动力学方程。由第 2 章内容可知

$$\underline{\boldsymbol{\omega}}_{\mathrm{b}}=\begin{bmatrix}\omega_{\mathrm{b}x}\\ \omega_{\mathrm{b}y}\\ \omega_{\mathrm{b}z}\end{bmatrix}=\begin{bmatrix}1 & 0 & -\sin\theta\\ 0 & \cos\varphi & \cos\theta\sin\varphi\\ 0 & -\sin\varphi & \cos\theta\cos\varphi\end{bmatrix}\begin{bmatrix}\dot{\varphi}\\ \dot{\theta}\\ \dot{\psi}\end{bmatrix}-\begin{bmatrix}\cos\theta\sin\psi\\ \cos\varphi\cos\psi+\sin\varphi\sin\theta\sin\psi\\ -\sin\varphi\cos\psi+\cos\varphi\sin\theta\sin\psi\end{bmatrix}\omega_{\mathrm{o}} \tag{13.91}$$

将其对时间求导，代入式(13.90)可得到带有三正交惯性轮的星体姿态动力学方程。对得到的动力学模型分析可知，即使采用刚体和三正交飞轮构形假设，星体姿态动力学模型也是非线性的三轴耦合的。由于数学表达式过于复杂，这里没有列写。下面讨论模型的线性化。

为简便起见，进一步假设如下：

(1) 航天器的轨道为近圆轨道。

(2) 航天器的体坐标系与其惯性主轴坐标系重合。

并假设在正常姿态控制下，航天器姿态角和姿态角速度均为小量，保留这些角度和角速度的一次项，而略去其二次以上项。对于轨道为近似圆轨道的情况，则姿态角速度与星体绝对角速度$\boldsymbol{\omega}_{\mathrm{b}}$的关系式为

$$\underline{\boldsymbol{\omega}}_{\mathrm{b}}=\begin{bmatrix}\dot{\varphi}\\ \dot{\theta}\\ \dot{\psi}\end{bmatrix}-\begin{bmatrix}\psi\\ 1\\ -\varphi\end{bmatrix}\omega_{\mathrm{o}} \tag{13.92}$$

将式(13.92)对时间求导，并将其连同式(13.92)代入式(13.90)，再次忽略二次项(如$\dot{\varphi}\dot{\theta}$，$\omega_{\mathrm{o}}\varphi\dot{\theta}$)，可得分量形式的姿态动力学模型为

$$\begin{cases}I_x\ddot{\varphi}-(I_x+I_z-I_y)\omega_{\mathrm{o}}\dot{\psi}+(I_y-I_z)\omega_{\mathrm{o}}^2\varphi+h_z(\dot{\theta}-\omega_{\mathrm{o}})-h_y(\dot{\psi}+\omega_{\mathrm{o}}\varphi)=T_{\mathrm{d}x}-\dot{h}_x\\ I_y\ddot{\theta}+h_x(\dot{\psi}+\omega_{\mathrm{o}}\varphi)-h_z(\dot{\varphi}-\omega_{\mathrm{o}}\psi)=T_{\mathrm{d}y}-\dot{h}_y\\ I_z\ddot{\psi}+(I_x+I_z-I_y)\omega_{\mathrm{o}}\dot{\varphi}+(I_y-I_x)\omega_{\mathrm{o}}^2\psi+h_y(\dot{\varphi}-\omega_{\mathrm{o}}\psi)-h_x(\dot{\theta}-\omega_{\mathrm{o}})=T_{\mathrm{d}z}-\dot{h}_z\end{cases} \tag{13.93}$$

根据轨道角速度的取值，考虑如下两种情况：

(1) 对于近地卫星，轨道角速度$\omega_{\mathrm{o}}\approx1\times10^{-3}$ rad/s。对于零动量反作用飞轮控制系统，在正常姿态控制时，飞轮的合成角动量h_x，h_y，h_z在数值上较小，星体姿态角速率$\dot{\varphi}$，$\dot{\theta}$，$\dot{\psi}$相比轨道角速度较小(姿态角速率通常小于0.01 (°)/s，比轨道角速度小5倍以上)，则类似$h_x\dot{\psi}$，$h_x\omega_{\mathrm{o}}\psi$和$(I_y-I_z)\omega_{\mathrm{o}}^2\varphi$等项数值上接近，约为$1\times10^{-5}$ N·m量级，与外干扰力矩相近，可忽略。式(13.93)可进一步简化为

$$\begin{cases} I_x\ddot{\varphi} - (I_x + I_z - I_y)\omega_o\dot{\psi} - h_z\omega_o = T_{dx} - \dot{h}_x \\ I_y\ddot{\theta} = T_{dy} - \dot{h}_y \\ I_z\ddot{\psi} + (I_x + I_z - I_y)\omega_o\dot{\varphi} + h_x\omega_o = T_{dz} - \dot{h}_z \end{cases} \tag{13.94}$$

结论:对于近地轨道卫星,俯仰通道的姿态动力学方程与其他两个通道解耦,并可视为双积分环节,可单独设计。而滚动和偏航则相互耦合,需要另行设计。

(2) 对于在地球同步轨道的卫星,或惯性定向的卫星,轨道角速度较小($\omega_o \leqslant 1 \times 10^{-4}$ rad/s)。则类似 $h_x\omega_o$ 和 $(I_x + I_z - I_y)\omega_o\dot{\psi}$ 的项也可进一步忽略。式(13.94)可进一步简化为

$$\begin{cases} I_x\ddot{\varphi} = T_{dx} - \dot{h}_x \\ I_y\ddot{\theta} = T_{dy} - \dot{h}_y \\ I_z\ddot{\psi} = T_{dz} - \dot{h}_z \end{cases} \tag{13.95}$$

结论:对于高轨地球卫星或惯性定向卫星,星体的姿态动力学控制模型的 3 个通道解耦,每个通道的数学模型均可视为双积分环节。

2. 执行机构环节

对于本例,执行机构环节主要是 3 个反作用轮的数学模型。实际上,真实飞轮的数学模型也是非线性的,为有利于控制系统设计,也需要对其进行线性化。

采用力矩模式和转速模式的反作用飞轮简化模型(飞轮产生的力矩信号与期望力矩信号的传递函数)为

$$\frac{sh(s)}{T_c(s)} = \frac{1}{s\left(\dfrac{R}{K}\right) + 1} \tag{13.96}$$

和

$$\frac{sh(s)}{T_c(s)} = \frac{1}{\dfrac{R}{K_m K}s + 1} \tag{13.97}$$

航天器姿态控制系统响应通常很慢,可视为慢变系统,对于采用力矩工作模式的反作用轮,其时间常数较小,可忽略不计,将其视为系数为 1 的比例环节。而采用转速模式的飞轮,其时间常数不可忽略,可将其视为惯性环节处理。

3. 姿态确定环节

通常,姿态确定环节的姿态角测量值与真值间的传递函数可等效为一阶惯性环节,可描述为

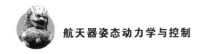

$$G_s(s)=\frac{\hat{\theta}(s)}{\theta(s)}=\frac{K_s}{T_s s+1} \tag{13.98}$$

对于采用陀螺进行姿态预估的情况，则时间常数比较小，可忽略不计，而将其视为系数为 1 的比例环节，从而简化控制系统的设计。

13.3.3　零动量轮控系统的设计

不失一般性，以对地定向的三轴稳定卫星为例，介绍最简单的零动量轮控系统（三正交反作用轮构形方案）的设计。

为简化起见，假设本例考虑的轮控系统采用力矩模式工作的反作用飞轮，并且姿态确定环节采用了陀螺姿态预估技术，因此可暂时将执行机构环节和姿态确定环节忽略不计，在进行控制律设计时充分考虑系统的稳定裕度。然后通过仿真过程对控制参数进行验证和确认。

1. 俯仰通道的设计

根据前面的分析，近地卫星俯仰通道的数学模型可视为一个双积分环节。对于这种简单的控制模型，设计方法有很多种，如古典控制理论中的极点配置法、频域法、根轨迹法及现代控制理论中的 LQR 方法等。对于被控对象模型为双积分环节这种较为简单的情况，可以使用古典控制理论中的时域法进行设计。例如，一种比较简单的比例加微分控制律可以取为

$$T_{cy}=-J_y\dot{\Omega}_y=-K_p\theta-K_d\dot{\theta} \tag{13.99}$$

式中，K_P，K_D 分别为比例及微分系数。

将式(13.99) 代入式(13.94) 的第二式，整理得

$$I_y\ddot{\theta}+K_d\dot{\theta}+K_p\theta=T_{dy} \tag{13.100}$$

令 $2\xi\omega_n=K_d/I_y$，$\omega_n^2=K_p/I_y$，得

$$\ddot{\theta}+2\xi\omega_n\dot{\theta}+\omega_n^2\theta=\frac{T_{dy}}{I_y} \tag{13.101}$$

式中，ω_n 为无阻尼自振荡频率；ξ 为阻尼比。

采用 PD 控制律的俯仰通道闭环控制框图如图 13.35 所示。

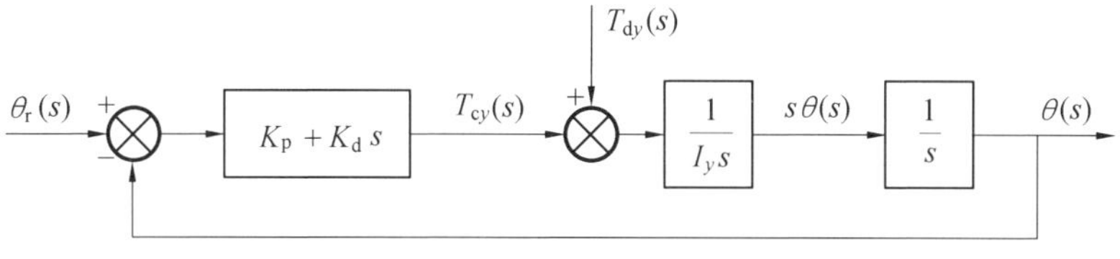

图 13.35　俯仰回路零动量控制系统姿态系统框图

式(13.101) 是一个典型的二阶系统环节，ξ 和 ω_n 的选择决定了该系统的动

态过程品质及稳态精度。若给定了阻尼比 ξ 和调整时间 t_s，可根据下式计算无阻尼自振频率 ω_n，进而计算出系数 K_p 和 K_d。

$$t_s(0.02)=\frac{4\xi}{\omega_n} \tag{13.102}$$

现设控制律已由式(13.100) 确定，则飞轮转速可得

$$J_y\dot{\Omega}_y=-T_{cy}=T_{dy}-I_y\ddot{\theta} \tag{13.103}$$

对该式进行积分，并整理得

$$J_y(\Omega_y-\Omega_{y0})=\int_0^t T_{dy}\mathrm{d}t-I_y\dot{\theta} \tag{13.104}$$

式(13.104) 表明，受扰动的星体由于控制作用，把多余的动量矩存储到飞轮，使飞轮的转速获得增量 $\Omega_y-\Omega_{y0}$。

下面分析3种不同干扰信号输入情况下的系统动态、稳态过程以及飞轮转速进行分析。不妨设开始时系统处于标称状态，即

$$t=0,\quad \theta_0=\dot{\theta}_0=0$$

(1) $T_{dy}=D\delta(t)$（脉冲输入）。

该输入相当于星体获得一初始角速度，即

$$t=0,\quad \theta_0=0,\quad \dot{\theta}_0=\frac{D}{I_y}$$

代入式(13.101)，解得

$$\theta=A\mathrm{e}^{-\zeta\omega_n t}\sin\left(\sqrt{1-\zeta^2}\,\omega_n t\right) \tag{13.105}$$

积分常数 A 的表达式分别为

$$A=\frac{D}{I_y\sqrt{1-\zeta^2}\,\omega_n^2}$$

则由式(13.105) 可知，ω_n 越大，则脉冲输入后动态过程衰减越快，且最后趋近于零。对该式进行求导，可知当 $t\to\infty$ 时，$\dot{\theta}\to 0$，则得

$$J_y(\Omega_y-\Omega_{y0})=D \tag{13.106}$$

可知在控制作用下，作用于星体的动量矩冲量大小 D 被存储在飞轮中，从而保证了星体的定向性。

(2) $T_{dy}=T_{y0}I(t)$（阶跃输入）。

代入方程(13.101)，解得

$$\theta=Ae^{-\zeta\omega_n t}\sin\left(\sqrt{1-\zeta^2}\,\omega_n t+\alpha\right)+\frac{T_{y0}}{I_y\omega_n^2} \tag{13.107}$$

式中，积分常数 A 与 α 的表达式为

$$\tan\alpha=\frac{\sqrt{1-\zeta^2}}{\zeta},\quad A=\frac{T_{y0}}{I_y\omega_n^2\sqrt{1-\zeta^2}}$$

第一项动态过程与第二项的稳态误差，都是取 ω_n 的值越大越好。

对式(13.107)进行求导，可得当 $t\to\infty$ 时，$\dot{\theta}\to 0$。因此当 $t\to\infty$ 时，有

$$J_y(\Omega_y-\Omega_{y0})=T_{y0}t\to\infty \tag{13.108}$$

因此，当星体作用有常值干扰力矩时，在控制作用下飞轮的转速将随时间呈正比增加。当飞轮转速达到最大值时，转速不再增加而进入饱和状态，无法吸收星体所受到的多余动量矩而导致星体姿态失控。此时需要有相应的卸载系统对其进行卸载。

(3) $T_{dy}=T_{y0}\sin\omega_o t$（振荡输入）。

代入方程(13.101)，解得

$$\theta=Ae^{-\zeta\omega_n t}\sin\left(\sqrt{1-\zeta^2}\,\omega_n t+\alpha\right)+B\sin(\omega_o t+\beta) \tag{13.109}$$

其稳态解的参数为

$$B=\frac{T_{y0}}{I_y(\omega_o^2-\omega_n^2)},\quad \tan\beta=\frac{2\zeta\omega_o\omega_n}{\omega_o^2-\omega_n^2}$$

当 $t\to\infty$ 时，有

$$|I_y\dot{\theta}|\to|B\omega_o\cos(\omega_o t+\beta)|\leqslant B\omega_o \tag{13.110}$$

$$\int_0^\infty T_{y0}\sin(\omega_o t)\,dt\leqslant\frac{2T_{y0}}{\omega_o} \tag{13.111}$$

飞轮增加的角动量大小为

$$J_y(\Omega_y-\Omega_{y0})=\int_0^\infty T_{y0}\sin(\omega_o t)\,dt-I\dot{\theta}\leqslant\frac{2T_{y0}}{\omega_o}+B\omega_o \tag{13.112}$$

式(13.112)说明，在周期性干扰作用下，存储到飞轮的最大动量矩是有限量。只要设计足够大的极限转速与转动惯量，就可避免饱和，因此飞轮系统很适合吸收周期性干扰力矩。

需要说明的是，有时需要在上述比例加微分控制律的基础上，再增加一个积分项，即形成 PID 控制器，可以把由于外扰动力矩或内部动量交换有关的航天器偏置量(或稳态误差)减至最小。

2. 滚动－偏航通道的设计

滚动－偏航通道的动力学方程为

$$\begin{cases}I_x\ddot{\varphi}-(I_x+I_z-I_y)\omega_o\dot{\psi}-J_z\Omega_z\omega_o=T_{dx}-J_x\dot{\Omega}_x\\ I_z\ddot{\psi}+(I_x+I_z-I_y)\omega_o\dot{\varphi}+J_x\Omega_x\omega_o=T_{dz}-J_z\dot{\Omega}_z\end{cases} \tag{13.113}$$

由式(13.113)可知，滚动通道和偏航通道相互耦合，是一个 2 输入－2 输出多变量的控制系统。可以采用现代控制理论的一些方法进行设计，如 LQR(线性二次型调节器方法)等。另外一种比较简单的思路是通过引入动量解耦回路，使滚动－偏航通道解耦，然后再利用古典控制设计方法进行设计。

例如，对滚动－偏航通道采用比例微分加动量解耦回路的控制规律，即

$$\begin{cases} T_{cx} = -J_x\dot{\Omega}_x = -K_{Px}\varphi - K_{dx}\dot{\varphi} - (I_x + I_z - I_y)\omega_o\dot{\psi} - J_z\Omega_z\omega_o \\ T_{cz} = -J_z\dot{\Omega}_z = -K_{Pz}\psi - K_{dx}\dot{\psi} + (I_x + I_z - I_y)\omega_o\dot{\varphi} - J_x\Omega_x\omega_o \end{cases} \tag{13.114}$$

由该式可知，此控制律的反馈信息包括 $\varphi,\dot{\varphi},\psi,\dot{\psi},\Omega_x,\Omega_z$ 等。

将式(13.114) 代入方程(13.113)，可得

$$\begin{cases} I_x\ddot{\varphi} + K_{dx}\dot{\varphi} + K_{Px}\varphi = T_{dx} \\ I_z\ddot{\psi} + K_{dz}\dot{\psi} + K_{Pz}\psi = T_{dz} \end{cases} \tag{13.115}$$

将滚动通道和偏航通道解耦成两个独立的二阶系统，此时就可按俯仰通道的设计方法进行设计，不再赘述。

下面分析在该控制律下，飞轮转速的变化。此时，飞轮的转速方程为

$$\begin{cases} J_x\dot{\Omega}_x - J_z\Omega_z\omega_o = K_{Px}\varphi + K_{dx}\dot{\varphi} + (I_x + I_z - I_y)\omega_o\dot{\psi} \\ J_z\dot{\Omega}_z + J_x\Omega_x\omega_o = K_{Pz}\varphi + K_{dz}\dot{\varphi} - (I_x + I_z - I_y)\omega_o\dot{\varphi} \end{cases} \tag{13.116}$$

为理解上述结果的物理意义，考虑如下特例。设 $T_{dx} = T_{dz} = 0$，且初始条件为

$$t = 0,\quad \varphi(0) = \psi(0) = \dot{\varphi}(0) = \dot{\psi}(0) = 0$$

$$\Omega_x(0) = \Omega_0,\quad \Omega_z(0) = 0$$

则在上述假设条件下，姿态保持在标称平衡位置，即恒有

$$\varphi = \psi = \dot{\varphi} = \dot{\psi} = 0$$

代入式(13.116)，得到飞轮转速方程为

$$\begin{cases} J_x\dot{\Omega}_x - J_z\Omega_z\omega_o = 0 \\ J_z\dot{\Omega}_z + J_x\Omega_x\omega_o = 0 \end{cases} \tag{13.117}$$

设 $J_x = J_y = J$，则式(13.117) 的解为

$$\begin{cases} J\Omega_x = J\Omega_0\cos\omega_o t \\ J\Omega_z = -J\Omega_0\sin\omega_o t \end{cases} \tag{13.118}$$

式(13.118) 表明飞轮系统存储的动量矩是守恒的。但由于星体是对地定向，即以角速度 ω_o 转动，动量矩在体轴上的分量是按式(13.117) 周期性地变化，因此所存储的角动量将周期性地在两个轮子间互相传递。

13.3.4 零动量轮控系统的构形和操作

在设计轮控系统时，一般选用标准系列的数个轮子组合成各种构形的轮控系统。从原理来讲，只要轮系能提供3个轴上的控制力矩就可以实现航天器的三

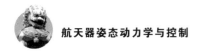

轴稳定。在实际工程中，希望某个或某几个飞轮失效时，系统仍然能正常工作，这就涉及冗余的问题。下面先简单介绍两个与冗余度有关的概念。

冗余度 R，是指系统仍能完成控制任务，允许该类部件失效的最大数目。这里允许失效的数目是指任意失效的个数。冗余度是衡量系统可靠性的重要指标。

最小冗余结构：用最少的部件构成给定冗余度 R 的结构。

通常轮控系统构形要求为：

(1) 用数目最少的飞轮获得最大冗余度，同时控制策略不过分复杂。

(2) 可优化某些性能指标(如功耗、动量包络、适应性等)。

对于采用反作用轮组成零动量轮控系统的情况，典型的构形分为如下两种类型：

(1) 正交安装方式：如三正交加一斜装构形方案、三加三正交构形方案等。

(2) 斜装方式：如四斜装、五斜装、六斜装等构形方案。

下面重点介绍三正交加一斜装及四斜装这两种典型的航天器整体零动量轮控系统构形方案。

1. 三正交加一斜装的构形方案

这种构形方案的特点是飞轮系统由 4 个飞轮组成，其中 3 个飞轮沿星体坐标系的 3 个轴正交安装，第 4 个飞轮斜装，其转轴与其他 3 个飞轮转轴呈 β 角，如图 13.36 所示。

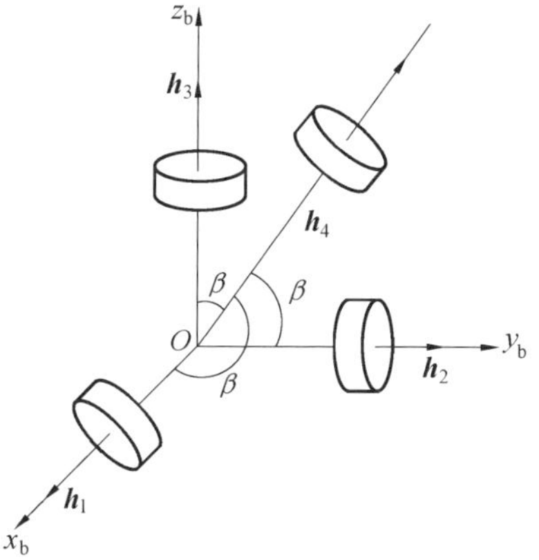

图 13.36　三正交加一斜装航天器整体零动量轮控系统构形方案

令斜装轮的角动量矢量为 $\boldsymbol{h}_4$，设其在星体坐标系下的分量列阵为 $\underline{\boldsymbol{h}}_4$，即

$$\underline{\boldsymbol{h}}_4 = [h_{4x} \quad h_{4y} \quad h_{4z}]^{\mathrm{T}}$$

由于采用等 β 角安装，并满足 $h_{4x}^2 + h_{4y}^2 + h_{4y}^2 = h_4^2$，可得

$$h_{4x}=h_{4y}=h_{4z}=\frac{1}{\sqrt{3}}h_4$$

$$\beta=\arccos\frac{1}{\sqrt{3}}=54.74^{\circ} \tag{13.119}$$

设飞轮角动量列阵为 $\underline{\boldsymbol{h}}_{\mathrm{w}}=[h_1\quad h_2\quad h_3\quad h_4]^{\mathrm{T}}$，飞轮系统的角动量矢量和在星体坐标系下的分量列阵设为 $\underline{\boldsymbol{h}}$，则两者之间关系可表示为

$$\underline{\boldsymbol{h}}=\underline{\boldsymbol{U}}\underline{\boldsymbol{h}}_{\mathrm{w}} \tag{13.120}$$

式中，$\underline{\boldsymbol{U}}$ 为轮系的安装矩阵。安装矩阵为一个维数 $3\times n$ 的矩阵（n 为飞轮的个数），矩阵的第 i 列为第 i 个飞轮转轴单位矢量在星体坐标系下的分量列阵。对于三正交加一斜装的构形方案，安装矩阵为

$$\underline{\boldsymbol{U}}=\begin{bmatrix}1 & 0 & 0 & \frac{\sqrt{3}}{3}\\ 0 & 1 & 0 & \frac{\sqrt{3}}{3}\\ 0 & 0 & 1 & \frac{\sqrt{3}}{3}\end{bmatrix} \tag{13.121}$$

在正常工作时，斜装轮不工作。一旦 3 个正交轮中任意一个出现故障失效时，即启动斜装轮。斜装轮可为失效轴提供数值为 $-\frac{\sqrt{3}}{3}\dot{h}_4$ 的力矩，以控制该轴的姿态。由此可见，该构形方案的冗余度为 1。

在轮控系统中，飞轮的操作过程可描述如下：首先通过控制律的计算得到期望的控制力矩 $\underline{\boldsymbol{T}}_{\mathrm{c}}$，然后根据飞轮的指令类型（力矩模式或转速模式），得到轮系的总力矩指令 $\dot{\underline{\boldsymbol{h}}}_{\mathrm{c}}$（与 $\underline{\boldsymbol{T}}_{\mathrm{c}}$ 反号）或总角动量指令 $\underline{\boldsymbol{h}}_{\mathrm{c}}$，通过分配逻辑将控制指令分配到飞轮上，得到每个飞轮各自的角动量指令 $h_{\mathrm{w}i}$ 或力矩指令 $\dot{h}_{\mathrm{w}i}$。飞轮按指令进行动作，产生实际的控制力矩 $\underline{\boldsymbol{T}}$ 作用到星体上。

为方便起见，引入轮系的分配矩阵 $\underline{\boldsymbol{D}}$，即

$$\underline{\boldsymbol{h}}_{\mathrm{w}}=\underline{\boldsymbol{D}}\underline{\boldsymbol{h}}_{\mathrm{c}} \tag{13.122}$$

式中，$\underline{\boldsymbol{h}}_{\mathrm{w}}$ 为轮系的角动量列阵；$\underline{\boldsymbol{h}}_{\mathrm{c}}$ 为根据控制律计算得到的轮系总角动量指令。由此可知分配矩阵 $\underline{\boldsymbol{D}}$ 为一个维数为 $n\times 3$ 的矩阵。

轮控系统控制的实现过程如图 13.37 所示。

图 13.37　轮控系统操作框图

图 13.37 中，$\tilde{\underline{h}}_{\mathrm{w}}$ ($\dot{\tilde{\underline{h}}}_{\mathrm{w}}$) 代表飞轮系统实际的角动量和角动量变化率；$\underline{h}$($\dot{\underline{h}}$) 为轮系实际的角动量和角动量变化率矢量和在星体坐标系中的分量列阵。

对于理想的控制过程，要求飞轮实际产生的角动量 $\underline{h}$ 或其变化率 $\dot{\underline{h}}$ 与飞轮的控制指令 $\underline{h}_{\mathrm{c}}$ 或 $\dot{\underline{h}}_{\mathrm{c}}$ 一致，即要求

$$\underline{\boldsymbol{U}}\underline{\boldsymbol{D}} = \underline{\boldsymbol{E}}_3 \tag{13.123}$$

可以根据当前飞轮工作状态，通过式(13.123) 计算对应的分配矩阵 $\underline{\boldsymbol{D}}$。

例如，当 x 轴飞轮失效时，则可让 $\underline{\boldsymbol{D}}$ 阵的第一行元素设为零，然后根据安装矩阵 $\underline{\boldsymbol{U}}$ 和式(13.123) 计算 $\underline{\boldsymbol{D}}$ 阵的其他元素，最终确定 x 轴飞轮失效时的分配矩阵 $\underline{\boldsymbol{D}}_x$，可得到

$$\underline{\boldsymbol{D}}_x = \begin{bmatrix} 0 & 0 & 0 \\ -1 & 1 & 0 \\ -1 & 0 & 1 \\ \sqrt{3} & 0 & 0 \end{bmatrix}$$

2. 四斜装构形方案

在这种构形方案中，4 个飞轮全部斜装并互为备份，典型的安装方式如图 13.38 所示。

4 个飞轮的角动量矢量 $\boldsymbol{h}_1, \boldsymbol{h}_2, \boldsymbol{h}_3, \boldsymbol{h}_4$ 相对俯仰轴成 β 角对称斜装，$\boldsymbol{h}_1\ \boldsymbol{h}_3$ 平面和 $\boldsymbol{h}_2\ \boldsymbol{h}_4$ 平面相互垂直，$\boldsymbol{h}_1\ \boldsymbol{h}_3$ 平面与 x_{b} 轴，$\boldsymbol{h}_2\ \boldsymbol{h}_4$ 平面与 z_{b} 轴均为 α 角。则这种构形方案的安装矩阵为

$$\underline{\boldsymbol{U}} = \begin{bmatrix} \sin\beta\cos\alpha & \sin\beta\sin\alpha & -\sin\beta\cos\alpha & -\sin\beta\sin\alpha \\ \cos\beta & \cos\beta & \cos\beta & \cos\beta \\ -\sin\beta\sin\alpha & \sin\beta\cos\alpha & \sin\beta\sin\alpha & -\sin\beta\cos\alpha \end{bmatrix} \tag{13.124}$$

可见，安装矩阵是角度 α，β 的函数，α，β 取值不同，安装矩阵也不同。

采用这种构形方案的轮控系统在正常工作时，4 个飞轮同时工作。在进行飞轮指令分配时，会出现用 3 个方程求 4 个未知数的情况，无穷多个解，造成分配矩阵不唯一。那么选用哪个分配矩阵呢？通常的做法是以飞轮功耗为指标，选择功耗最省的对应分配矩阵作为实际的分配矩阵。

飞轮的功耗与其转速或角动量成正比，因此上述问题在数学上可描述为一个带约束的优化问题：

$$\begin{cases} \min J = \sum\limits_{i=1}^{4} h_i^2 = \underline{\boldsymbol{h}}_{\mathrm{w}}^{\mathrm{T}}\underline{\boldsymbol{h}}_{\mathrm{w}} \\ \text{st. } \underline{\boldsymbol{h}}_{\mathrm{c}} = \underline{\boldsymbol{U}}\underline{\boldsymbol{h}}_{\mathrm{w}} \end{cases} \tag{13.125}$$

可通过拉格朗日乘子法进行求解。可得最优解为

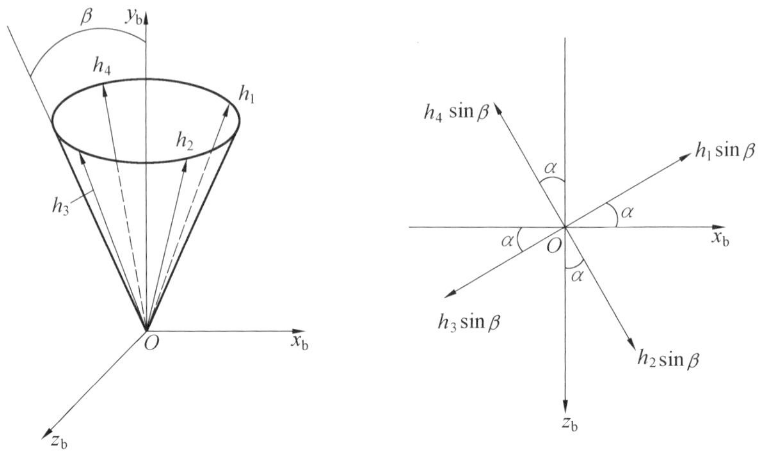

图 13.38　四斜装飞轮构形方案

$$\underline{\boldsymbol{h}}_w = \underline{\boldsymbol{U}}^T (\underline{\boldsymbol{U}\boldsymbol{U}}^T)^{-1} \underline{\boldsymbol{h}}_c \tag{13.126}$$

即最优分配矩阵为

$$\underline{\boldsymbol{D}} = \underline{\boldsymbol{U}}^T (\underline{\boldsymbol{U}\boldsymbol{U}}^T)^{-1} = \begin{bmatrix} \dfrac{\cos\alpha}{2\sin\beta} & \dfrac{1}{4\cos\beta} & \dfrac{-\sin\alpha}{2\sin\beta} \\ \dfrac{\sin\alpha}{2\sin\beta} & \dfrac{1}{4\cos\beta} & \dfrac{\cos\alpha}{2\sin\beta} \\ \dfrac{-\cos\alpha}{2\sin\beta} & \dfrac{1}{4\cos\beta} & \dfrac{\sin\alpha}{2\sin\beta} \\ \dfrac{-\sin\alpha}{2\sin\beta} & \dfrac{1}{4\cos\beta} & \dfrac{-\cos\alpha}{2\sin\beta} \end{bmatrix} \tag{13.127}$$

将式(13.127)代入性能指标式，得

$$J = \frac{h_{cx}^2}{2\sin^2\beta} + \frac{h_{cy}^2}{4\cos^2\beta} + \frac{h_{cz}^2}{2\sin^2\beta} \tag{13.128}$$

求 J 对 β 的极小值，得到最佳安装角 β^* 为

$$\beta^* = \arctan\sqrt{2} = 54.74^\circ \tag{13.129}$$

把式(13.129)代入式(5.79)，求得最小能耗为

$$J^* = \frac{3}{4}(h_{cx}^2 + h_{cy}^2 + h_{cz}^2) \tag{13.130}$$

可见，四斜装构形方案比 3 个正交轮构形在能耗上节省了 1/4。同理可得，n 个斜装轮构形方案与三正交轮构形的最佳功耗比为 $3/n$。

当 β 取最佳安装角，$\alpha = 45^\circ$ 时，分配矩阵和安装矩阵分别为

$$\underline{U}=\frac{\sqrt{3}}{3}\begin{bmatrix}1 & 1 & -1 & -1\\ 1 & 1 & 1 & 1\\ -1 & 1 & 1 & -1\end{bmatrix},\quad \underline{D}=\frac{\sqrt{3}}{4}\begin{bmatrix}1 & 1 & -1\\ 1 & 1 & 1\\ -1 & 1 & 1\\ -1 & 1 & -1\end{bmatrix} \tag{13.131}$$

当第 i 个飞轮失效时，可让分配矩阵中的第 i 行元素为零，通过求解方程(13.123)得到变化后的分配矩阵。

3. 斜装构形方案与正交构形方案的其他指标比较

(1) 角动量包络(力矩包络)。

角动量包络是指各飞轮合成的角动量矢量在空间形成的体积。若角动量包络大，则意味着在克服同样的外部扰动力矩时，飞轮卸载次数减少。对飞轮角动量进行微分就成为控制力矩，形成的包络称为力矩包络。力矩包络大，则说明此种飞轮构形，在任意方向能产生的控制力矩更大。

对于四斜装构形方案，若取 $\beta=54.74°$，$\alpha=45°$ 时，可以证明：其角动量包络的体积比三正交构形方案大 3 倍。而控制力矩在各轴上获得的最大力矩为

$$|T|_{\max}=\frac{4}{\sqrt{3}}|T_i|\approx 2.31|T_i|$$

式中，T_i 为单个飞轮产生的力矩(设每个陀螺产生的力矩相同)。即四斜装构形方案飞轮在各轴产生的控制力矩最大为正交方案的 2.31 倍。

由此可以看到，斜装方案的角动量包络和力矩包络均比三正交方案大。

(2) 可靠性。

设每个反作用轮可靠性相同(设为 R)，对于斜装飞轮构形方案或三正交加一斜装构形方案，只要 3 个轮同时工作，就可保证系统正常工作。则系统可靠度 R_S 可以表示为

$$R_S=R^n+nR^{n-1}Q+\cdots+\frac{n!}{3!\ (n-3)!}R^3Q^{n-3} \tag{13.132}$$

式中，Q 为故障率，$Q=1-R$；n 为反作用轮个数。

对于三加三正交构形方案，每个轮子各加一个备份数，则系统可靠性 R_S 可表示为

$$R_S=(1-Q^2)^3 \tag{13.133}$$

根据上面各式可以得到各种飞轮组合方案的可靠性，见表 13.2。

表 13.2　不同飞轮构形方案的可靠性

安装构形 \ 单个轮子可靠性	冗余度	$R=0.9$	$R=0.968$	$R=0.95$
三正交无备份	0	0.729	0.770 6	0.857 4
三正交各加备份	1	0.970 3	0.979 4	0.992 5
三正交加一斜装	1	0.947 7	0.962 9	0.986 0
4 个斜装	1	0.947 7	0.962 9	0.986 0
5 个斜装	2	0.991 44	0.995 0	0.998 8
6 个斜装	3	0.998 73	0.999 4	0.999 9

从表 13.2 可以看到，三正交飞轮构形方案若不加备份，则可靠性是很低的。3 个正交轮加 1 个备份斜装轮和 4 个斜装轮方案具有相同的系统可靠性。而 5 个轮子或 6 个轮子的系统可靠性已经相当高。然而 3 个正交轮各加 1 个备份轮方案却比 5 个斜装轮方案的可靠性低。由此也说明，就可靠性而言，斜装构形方案比正交构形方案高，至少是相等的。

(3) 适应性。

在设计采用斜装轮的姿态控制系统时，可选择的参数不仅有轮子角动量大小，还有安装形式，如 α 角和 β 角。因此，系统设计的灵活性较大，易于适应各种外部扰动。例如，对于在某个轴外部扰动力矩特别大的情况，斜装轮子就可以围绕这个轴安装，而且与该轴的夹角 β 则可以取得比较小。因此斜装方案具有很强的适应性。

由上面论述可知，斜装方案比正交方案具有明显的优点，按道理讲似乎应选择斜装方案。实际上，采用斜装构形方案对于航天器总体设计，尤其是结构和布局相对正交安装构形方案有明显的影响，表现在需要安装飞轮支架，增加系统质量，并且导致航天器内部空间利用率不高，间接地增加了系统的质量。因此，实际工程中选择哪种构形方案需要进行折中考虑。

13.3.5　飞轮的角动量管理

当采用轮控系统的航天器长期受到恒值干扰力矩作用时，飞轮转速可能升到其极限值，此时飞轮将失去控制作用，必须进行卸载。

飞轮卸载原理主要是借助其他执行机构或空间环境产生外控制力矩，将其积累的角动量卸掉，国外通常把飞轮卸载称为飞轮角动量管理。飞轮卸载方式主要包括姿控推力器卸载、磁力矩器卸载和重力梯度力矩卸载等。

1. 采用姿控推力器进行飞轮卸载的方法

下面介绍两种姿控推力器卸载方法。

(1) 脉冲卸载法。

这种方法的原理是：根据需要卸载的角动量值计算姿控推力器工作时间，姿控推力器按给定时间发出脉冲。在此期间飞轮进行正常的姿态控制。有些文献把这种方式称为推力器开调制技术。

设当前飞轮合成的角动量矢量在 S_b 系下的分量列阵为 $\underline{\boldsymbol{h}}$,设各飞轮卸载停控时阈值对应的合成角动量矢量在 S_b 系下的分量列阵为 $\underline{\boldsymbol{h}}_L$,假设姿控推力器在各轴产生的控制力矩为 $\underline{\boldsymbol{T}}_j$,则各轴的姿控推力器工作时间为

$$t_i = \left| \frac{h_i - h_{Li}}{T_{ji}} \right|, \quad i = x, y, z \tag{13.134}$$

工作时,姿控推力器按 $(h_i - h_{Li})$ 符号的反方向发出脉冲。

这种方法的缺点是:在卸载期间,推力器产生很大的干扰力矩,可能会导致短时间内姿态指向误差超出正常范围。

(2) 飞轮减速法。

这种方法的原理是:当飞轮需要卸载时,姿态控制模式转为喷气控制模式,需要卸载的飞轮执行减速工作模式。当飞轮速度降到卸载阈值时,姿态控制模式再回到飞轮控制方式。这种方法的优点是:在卸载期间,星体仍然可以保持比较高的指向精度(由喷气控制系统的性能决定)。

2. 采用磁力矩器进行飞轮卸载的方法

磁力矩器的磁矩与地球磁场交互作用而产生的磁力矩可用于飞轮角动量的卸载,称为磁卸载。磁卸载的策略在原理上比较简单,基本控制方程为

$$\boldsymbol{T} = -K(\boldsymbol{h} - \boldsymbol{h}_N) = -K\Delta\boldsymbol{h} \tag{13.135}$$

式中,K 为卸载控制增益;$\boldsymbol{h}$ 为飞轮的角动量矢量;$\boldsymbol{h}_N$ 为期望的标称飞轮角动量矢量;$\Delta\boldsymbol{h}$ 为希望消除的多余飞轮角动量。

根据磁力器产生的磁力矩方程为

$$\boldsymbol{T} = \boldsymbol{m} \times \boldsymbol{B} \tag{13.136}$$

式中,$\boldsymbol{m}$ 为磁力矩器产生的控制磁矩(矢量);$\boldsymbol{B}$ 为此时航天器所在位置处的地球磁感应强度矢量。根据式(13.136)及式(13.135)可得

$$-K\Delta\boldsymbol{h} = \boldsymbol{m} \times \boldsymbol{B} \tag{13.137}$$

但从式(13.137)中无法求得磁矩控制量 $\boldsymbol{m}$。对上式两边各叉乘地球磁感应强度矢量 $\boldsymbol{B}$,则有

$$\boldsymbol{B} \times (-K\Delta\boldsymbol{h}) = \boldsymbol{B} \times (\boldsymbol{m} \times \boldsymbol{B}) = B^2\boldsymbol{m} - \boldsymbol{B}(\boldsymbol{m} \cdot \boldsymbol{B}) \tag{13.138}$$

若假设此时磁矩 $\boldsymbol{m}$ 与地球磁感应强度矢量 $\boldsymbol{B}$ 相互垂直,则式(13.138)中点乘项 $\boldsymbol{m} \cdot \boldsymbol{B}$ 为零,则可求得

$$\boldsymbol{m} = -\frac{K}{B^2}(\boldsymbol{B} \times \Delta\boldsymbol{h}) \tag{13.139}$$

式(13.139)给出的磁矩控制量 $\boldsymbol{m}$ 所产生的磁力矩并不一定恰好与多余角动量的方向一致,即

$$\boldsymbol{T}=-\frac{K}{B^2}[B^2\Delta\boldsymbol{h}-\boldsymbol{B}(\boldsymbol{B}\cdot\Delta\boldsymbol{h})] \tag{13.140}$$

从物理上讲,式(13.137)表明:在磁感应强度矢量 $\boldsymbol{B}$ 方向上不会产生磁力矩,也就是说,如果多余飞轮角动量矢量与 $\boldsymbol{B}$ 平行,则采用磁力矩器是无法对其进行卸载的。幸运的是,对于倾角不为零的地球轨道上,这种情况不会无限地连续发生,或者说矢量 $\boldsymbol{B}$ 相对航天器体轴的方向和大小随轨道运行而变化。在任何情况下,磁卸载的效率很大程度上取决于航天器运行的轨道,对于运行在地球赤道轨道上的航天器,其磁卸载的效率是非常低的。

式(13.139)的分量式为

$$\begin{bmatrix} m_x \\ m_y \\ m_z \end{bmatrix}=-\frac{K}{B^2}\begin{bmatrix} B_y\Delta h_z-B_z\Delta h_x \\ B_z\Delta h_x-B_x\Delta h_z \\ B_x\Delta h_y-B_y\Delta h_x \end{bmatrix} \tag{13.141}$$

式中,B_x,B_y,B_z 分别为测量得到的磁感应强度矢量 $\boldsymbol{B}$ 在星体体轴上的分量。因此需要使用三轴磁强计来测量这3个分量。

为限制式(13.140)中的不利部分,即 $\boldsymbol{T}_{\mathrm{md}}=\frac{K}{B^2}(\boldsymbol{B}\cdot\Delta\boldsymbol{h})\boldsymbol{B}$。一般要求当 $|\boldsymbol{b}\cdot\Delta\hat{\boldsymbol{h}}|<\varepsilon$ 时才进行磁卸载,其中 $\boldsymbol{b}$ 和 $\Delta\hat{\boldsymbol{h}}$ 分别是 $\boldsymbol{B}$ 和 $\Delta\boldsymbol{h}$ 方向的单位矢量。通常取 $\varepsilon=0.707$,即 $45^\circ<\angle(\boldsymbol{B}\cdot\Delta\boldsymbol{h})<135^\circ$ 才卸载。

13.4 采用控制力矩陀螺的三轴稳定航天器姿态稳定控制

13.4.1 采用控制力矩陀螺的姿态控制系统概述

控制力矩陀螺(CMG)是利用改变角动量方向产生控制力矩的角动量交换装置,其角动量方向的变化由框架运动实现。CMG的转子以恒定高速(8 000~10 000 r/min)旋转,角动量很大,一般在几百到几千N·m·s。控制力矩陀螺有单框架(SGCMG)与双框架(DGCMG)两种,根据任务需求,可组合成各种构形。CMG产生的控制力矩大,抗干扰性强,特别适用于长寿命大型航天器,如空间站等,但目前CMG尚未在商业卫星上得到应用。最近,较小的SGCMG已准备用于称之为"敏捷"型小型航天器上,以提供其快速的姿态机动性。

在设计CMG控制系统中主要考虑的问题是:①CMG类型的选择,即选择单框架还是双框架控制力矩陀螺;②CMG角动量容量选择与动量包络的确定;③CMG构形的选择,即CMG阵列的最优布局问题;④CMG最优操纵律的设计。

1. CMG 类型的选择

SGCMG 只有一个框架，其框架转轴线与飞轮转轴垂直，飞轮转子角动量方向只能垂直于框架轴的平面内转动，在某一瞬时，SGCMG 仅能提供单自由度的控制力矩（控制力矩方向取决于当时框架转动的位置）。因此，至少使用 3 个 SGCMG 才能实现三自由度姿态控制。由于框架转动引起的陀螺力矩垂直于框架转轴，因此该力矩通过框架轴承直接作用在陀螺基座上，力矩的传递过程与框架伺服系统的力矩器无关，从而可获得较大控制力矩的输出，这是 SGCMG 的重要优点。

而 DGCMG 有内、外两个框架，其框架转轴的轴线相互垂直，飞轮角动量在内、外两个框架带动下可做两自由度的进动，从而产生两自由度的陀螺力矩。因此仅需要两个 DGCMG 就可实现三自由度姿态控制。但陀螺力矩的输出收到内、外框架伺服系统力矩器的限制，因而提供的控制力矩小于同等情况的 SGCMG。

从硬件角度看，SGCMG 比 DGCMG 相对简单，因而在造价、质量、功耗以及可靠性方面优于 DGCMG。但从 CMG 操纵律来看，DGCMG 优于具有额外的自由度，因此其操纵问题比 SGCMG 简单得多。因此，设计者应根据任务要求以及工程使用情况权衡考虑。

2. 角动量包络

角动量包络是指 CMG 系统在框架允许运动范围内，由 CMG 系统角动量矢端形成的包络，用于表征 CMG 系统控制的容量，也就是说，CMG 系统所能吸收的外干扰力矩冲量。如果在某时刻外扰动力矩冲量的累积值超出了此动量包络范围，则系统需要卸载，否则系统将丧失相应的控制能力。角动量包络的确定与控制系统任务要求、内部及外部的扰动力矩及动量管理的方法有关。

3. CMG 的构形选择

CMG 系统通常由几个 CMG 组成，CMG 的数目以及每个 CMG 安装位置的不同构成了各种各样的 CMG 构形。CMG 构形的选择对 CMG 系统的冗余性及故障适应性具有较大影响，另外还对角动量包络、操纵律也有影响。

目前常用的 SGCMG 构形，包括金字塔构形（4 个 SGCMG）、三平行构形（6 个 SGCMG）等。而 DGCMG 的常用构形，包括三正交构形、双平行构形（4 个 DGCMG）。例如，美国的天空实验室（Skylab）采用了 3 个 DGCGM 的三正交构形，俄罗斯的和平号空间站采用了 6 个 SGCMG 的三平行构形方案，国际空间站则采用了 4 个 DGCMG 的双平行构形。

4. CMG 的操纵律

CMG 操纵律是指如何改变系统中 CMG 动量的方向，以提供期望的控制力矩。在姿态控制回路中，当控制律确定了期望的控制力矩后，剩下的关键问题是如何求得框架运动的规律(即给出框架转动速率的指令)，从而使陀螺的反作用力矩与期望的控制力矩相等。

CMG 操纵律设计的主要难点是几何奇异性问题，即在某个特殊框架位置上，按指定框架规律运动无法产生所需的控制力矩。SGCMG 由于其控制自由度较少，因而更容易发生奇异问题。因此 CMG 操纵律的设计除了应产生的期望控制力矩外，还要尽可能避免奇异问题的发生。

13.4.2 带有控制力矩陀螺的姿态控制系统简化数学模型

以刚性航天器为例，给出一个可用来进行 CMG 操纵律和姿态控制控制律设计的简化数学模型。

根据欧拉方程，带有控制力矩陀螺的刚性航天器姿态运动方程可表示为

$$\dot{\boldsymbol{H}}_{\mathrm{S}} + \boldsymbol{\omega} \times \boldsymbol{H}_{\mathrm{S}} = \boldsymbol{T}_{\mathrm{ext}} \tag{13.142}$$

式中，$\boldsymbol{H}_{\mathrm{S}}$ 为整个系统的角动量矢量；$\boldsymbol{\omega}$ 为航天器角速度矢量；$\boldsymbol{T}_{\mathrm{ext}}$ 为外部力矩矢量，包括重力梯度力矩、太阳辐射压力矩和气动力矩等；$\boldsymbol{H}_{\mathrm{S}}$ 是航天器本体以及各 CMG 角动量之和，可表示为

$$\boldsymbol{H}_{\mathrm{S}} = \mathbb{I} \cdot \boldsymbol{\omega} + \boldsymbol{h} \tag{13.143}$$

式中，$\mathbb{I}$ 为整个航天器的惯性并矢，包括 CMG；$\boldsymbol{h}$ 为控制力矩陀螺相对星体的运动产生的角动量。

若假设在姿态控制过程中由 CMG 转动导致的航天器整体惯性并矢变化可以忽略，则由式(13.142) 和式(13.143) 可得

$$\mathbb{I} \cdot \dot{\boldsymbol{\omega}} + \dot{\boldsymbol{h}} + \boldsymbol{\omega} \times (\mathbb{I} \cdot \boldsymbol{\omega} + \boldsymbol{h}) = \boldsymbol{T}_{\mathrm{ext}} \tag{13.144}$$

进一步引入由 CMG 系统产生的内部控制力矩矢量 $\boldsymbol{u}$，则式(13.144) 可改写为

$$\begin{cases} \mathbb{I} \cdot \dot{\boldsymbol{\omega}} + \boldsymbol{\omega} \times \mathbb{I} \cdot \boldsymbol{\omega} = \boldsymbol{u} + \boldsymbol{T}_{\mathrm{ext}} \\ \dot{\boldsymbol{h}} + \boldsymbol{\omega} \times \boldsymbol{h} = -\boldsymbol{u} \end{cases} \tag{13.145}$$

使用这组方程，并结合某姿态参数的姿态运动学方程(如欧拉角或姿态四元素等)，读者可参考零动量轮控系统的设计过程，完成姿态控制律的设计。根据姿态控制律的计算，就可确定航天器期望的控制力矩 $\boldsymbol{u}$(CMG 系统的输入量)，则 CMG 期望的角动量变化率可表示为

$$\dot{\boldsymbol{h}} = -\boldsymbol{u} - \boldsymbol{\omega} \times \boldsymbol{h} \tag{13.146}$$

CMG 系统的角动量矢量在星体坐标系下的分量列阵 $\underline{h}$ 可以表示为 CMG 系统各框架角的函数，即

$$\underline{\boldsymbol{h}}=h(\underline{\boldsymbol{\delta}}) \tag{13.147}$$

式中,$\underline{\boldsymbol{\delta}}$ 为 CMG 各框架角组成的列阵。

一种给出 CMG 操纵律的方法是求式(13.147)的逆问题。这个过程属于运动学上的反问题,其主要任务是确定最优的框架角变化规律,不但能产生给定的角动量 $\underline{\boldsymbol{h}}$ 变化规律,同时满足硬件上的约束条件,如框架变化率的最大限制、避免出现奇异情况等。

第二种给出 CMG 操纵律的方法涉及框架角与 CMG 角动量的微分关系,CMG 角动量 $\underline{\boldsymbol{h}}$ 的导数为

$$\dot{\underline{\boldsymbol{h}}}=\underline{\boldsymbol{A}}(\underline{\boldsymbol{\delta}})\dot{\underline{\boldsymbol{\delta}}} \tag{13.148}$$

其中

$$\underline{\boldsymbol{A}}=\frac{\partial \boldsymbol{h}}{\partial \underline{\boldsymbol{\delta}}}\equiv\left[\frac{\partial h_i}{\partial \delta_j}\right]$$

是一个 $3\times n$ 的雅可比矩阵。式(13.148)还可写为

$$\dot{\underline{\boldsymbol{h}}}=\underline{\boldsymbol{A}}\dot{\underline{\boldsymbol{\delta}}}=\begin{bmatrix}\underline{\boldsymbol{a}}_1 & \cdots & \underline{\boldsymbol{a}}_n\end{bmatrix}\begin{bmatrix}\dot{\delta}_1\\ \vdots \\ \dot{\delta}_n\end{bmatrix}=\sum_{i=1}^{n}\underline{\boldsymbol{a}}_i\dot{\delta}_i \tag{13.149}$$

式中,$\underline{\boldsymbol{a}}_i$ 为雅可比矩阵 $\underline{\boldsymbol{A}}$ 的第 i 列。

CMG 操纵律的设计就是求上式的逆问题,即确定框架角的变化率,从而产生期望的 CMG 角动量变化率 $\dot{\underline{\boldsymbol{h}}}$,同时满足硬件上的约束条件。

13.4.3 单框架控制力矩陀螺的操纵律

下面以典型的单框架控制力矩陀螺金字塔构形为例,介绍 SGCMG 操纵律。

1. 金字塔构形

采用 4 个 SGCMG 的金字塔构形如图 13.39 所示,其中每个 CMG 的框架轴均垂直于金字塔的侧面,因而其角动量方向只能在金字塔侧面的平面内进动。每个金字塔侧面与水平面的夹角均为 β,这样 CMG 框架轴与水平面的夹角为 $90°-\beta$。当每个 CMG 相对于其转轴的角动量相等时,若 $\beta=53.74°$,则其角动量包络近似为一个球形。从角动量存储能力角度,最优的倾斜角 β 为 $90°$,这时变成了盒式构形。

金字塔构形是一种最小冗余结构,到目前为止已得到广泛的研究。从是否容易发生奇异性角度看,金字塔构形在众多构形中是一种较差的构形,因而常用于检验 CMG 操纵律的奇异鲁棒性。

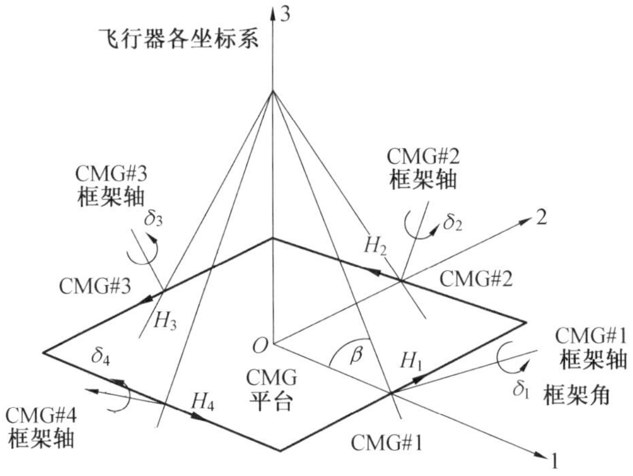

图 13.39　SGCMG 的金字塔构形

2. CMG 的伪逆操纵律

不失一般性,设每个 CMG 的角动量均为 1。对于 4 个 SGCMG 的金字塔构形,CMG 系统合成角动量在星体坐标系中的分量列阵为

$$\underline{\boldsymbol{h}}=\sum_{i=1}^{4}\underline{\boldsymbol{h}}_i(\delta_i)=\begin{bmatrix}-c\beta\sin\delta_1\\ \cos\delta_1\\ s\beta\sin\delta_1\end{bmatrix}+\begin{bmatrix}-\cos\delta_2\\ -c\beta\sin\delta_2\\ s\beta\sin\delta_4\end{bmatrix}+\begin{bmatrix}c\beta\sin\delta_3\\ -\cos\delta_3\\ s\beta\sin\delta_3\end{bmatrix}+\begin{bmatrix}\cos\delta_4\\ c\beta\sin\delta_4\\ s\beta\sin\delta_4\end{bmatrix} \tag{13.150}$$

式中,$\underline{\boldsymbol{h}}_i$ 为第 i 个 CMG 的角动量矢量在星体坐标系下的分量列阵;β 为金字塔构形的倾斜角,$c\beta\equiv\cos\beta$,$s\beta\equiv\sin\beta$;δ_i 为 CMG 的框架角。

一种计算 CMG 框架角变化规律的方法可归结为受约束的数值优化问题,即在式(13.150)的约束条件下使某种性能指标 $J(\underline{\boldsymbol{\delta}})$ 到达最小。但这种方法通常没有解析解,需要进行迭代求解,不适合于实时计算。

目前,在工程实践上得到广泛应用的方法是利用框架角与 CMG 角动量的微分关系来求解运动学的逆问题。CMG 角动量 $\underline{\boldsymbol{h}}$ 的导数为

$$\dot{\underline{\boldsymbol{h}}}=\sum_{i=1}^{4}\dot{\underline{\boldsymbol{h}}}_i(\delta_i)=\sum_{i=1}^{4}\underline{\boldsymbol{a}}_i(\delta_i)\dot{\delta}_i=\underline{\boldsymbol{A}}\dot{\underline{\boldsymbol{\delta}}} \tag{13.151}$$

式中,$\underline{\boldsymbol{\delta}}$ 为 CMG 的框架角,$\underline{\boldsymbol{\delta}}=[\delta_1\quad\delta_2\quad\delta_3\quad\delta_4]^{\mathrm{T}}$;对于金字塔构形,矩阵 $\underline{\boldsymbol{A}}$ 可求得为

$$\underline{\boldsymbol{A}}=\begin{bmatrix}-c\beta\cos\delta_1 & \sin\delta_2 & c\beta\cos\delta_3 & -\sin\delta_4\\ -\sin\delta_1 & -c\beta\cos\delta_2 & \sin\delta_3 & c\beta\cos\delta_4\\ s\beta\cos\delta_1 & s\beta\cos\delta_2 & s\beta\cos\delta_3 & s\beta\cos\delta_4\end{bmatrix}$$

当姿态控制律计算出期望的控制力矩 $\underline{\boldsymbol{u}}$,则根据式(13.146),可以得到 CMG

角动量变化率的指令值为

$$\dot{\underline{\boldsymbol{h}}} = -\underline{\boldsymbol{u}} - \underline{\boldsymbol{\omega}}^{\times}\underline{\boldsymbol{h}}$$

则 CMG 框架角的转速指令$\dot{\underline{\delta}}$可用下式计算得到

$$\dot{\underline{\boldsymbol{\delta}}} = \underline{\boldsymbol{A}}^{+}\dot{\underline{\boldsymbol{h}}} = \underline{\boldsymbol{A}}^{\mathrm{T}}(\underline{\boldsymbol{A}\boldsymbol{A}}^{\mathrm{T}})^{-1}\dot{\underline{\boldsymbol{h}}} \tag{13.152}$$

式(13.152)即为CMG的伪逆操纵律。大多数确定CMG框架角转速指令的操纵律均采用了伪逆方法，只是伪逆的定义略有不同。

3. 奇异状态

若在某种情况下，CMG 框架角的组合使矩阵 $\underline{\boldsymbol{A}}$ 的秩小于 3，即 $\mathrm{rank}(\underline{\boldsymbol{A}}) < 3$，或等价于 $\mathrm{rank}(\underline{\boldsymbol{A}\boldsymbol{A}}^{\mathrm{T}}) < 3$，则伪逆不存在，导致伪逆操纵律出现奇异状态。在奇异状态时，每个 CMG 的输出力矩方向均与期望的力矩方向垂直，换句话说，所有 CMG 的角动量方向与期望的力矩方向一致。

概括地说，奇异现象发生的条件为

$$\det(\underline{\boldsymbol{A}\boldsymbol{A}}^{\mathrm{T}}) = 0$$

这个奇异条件在 $\underline{\boldsymbol{\delta}}$ 空间或 $\underline{\boldsymbol{h}}$ 空间中定义了一组曲面，称为奇异曲面。

可定义 CMG 系统奇异性的量度 $D = \det(\underline{\boldsymbol{A}\boldsymbol{A}}^{\mathrm{T}})$，以此评估系统构形的品质，并且可作为限制条件，不断地改变 CMG 框架角以防止进入奇异状态。

最简单的奇异状态称为角动量饱和奇异，即超出了 CMG 系统的力矩输出能力，对应的奇异曲面即 CMG 的角动量包络。对于其他情况的奇异状态，其奇异曲面均在 CMG 角动量包络内部，称为内部奇异状态。对于 n 个 CMG 的 CMG 系统，对于任意一个方向，总存在 2^n 个 CMG 框架角的组合导致在此方向上无法输出控制力矩。因而，当考虑所有的方向时，所有的内部奇异状态在 $\underline{\boldsymbol{\delta}}$ 空间或 $\underline{\boldsymbol{h}}$ 空间构成了封闭的曲面，并且曲面的个数等于 2^n。按照曲面的形状，内部奇异状态可分为两种类型：双曲线状态和椭圆状态。

由于伪逆 $\boldsymbol{A}^{+} = \underline{\boldsymbol{A}}^{\mathrm{T}}(\underline{\boldsymbol{A}\boldsymbol{A}}^{\mathrm{T}})^{-1}$ 是在式(13.151)的约束条件下求解 CMG 系统框架角转速平方和最小的优化问题解，因此伪逆操纵律无法约束每个 CMG 框架角的位置，最终导致框架角形成反平行的奇异构形，即使 CMG 趋向于奇异状态。一种避免出现奇异的方法是在 CMG 操纵律中引入框架角的空转运动指令。所谓空转运动是指 CMG 框架角的特殊运动规律，其效果是尽管 CMG 框架角发生变动，但产生的陀螺力矩总合为零，不影响星体的运动。通过引入空转运动的方法可以使 CMG 系统离开双曲线奇异状态，但无法离开椭圆奇异状态。例如，对于 4 个 SGCMG 的金字塔构形，当 $\underline{\boldsymbol{\delta}} = (-90°, 0°, 90°, 0°)$ 时，对应于一种椭圆奇异状态，其奇异方向为星体的 x_{b} 轴；而 $\underline{\boldsymbol{\delta}} = (90°, 180°, -90°, 0°)$ 则对应于双曲线奇异状态，其奇异方向也为星体的 x_{b} 轴。

在不施加额外力矩的情况下，椭圆奇异状态是无法离开的，这种特性对 SGCMG 系统的应用造成了较大的困难。若在角动量包络中，定义一个受限的球形制角动量空间，使其内部不存在椭圆奇异状态，似乎可以回避这个问题。但这种方法无疑降低了 CMG 系统的控制能力。例如，对于金字塔构形，这个角动量空间的体积只有角动量包络的一半。因此，为最大程度地应用 CMG 控制能力，迫切需要开发一种智能的操纵律算法，能够在任何时候绕开椭圆奇异状态，或者在影响航天器运动最小的情况下离开无法避免的奇异状态。

4. 避免奇异性的 CMG 操纵律

式(13.152) 可看作是式(13.151) 的一个特解，而空转运动对应的解可认为是式(13.151) 的齐次解，即

$$\underline{\boldsymbol{A}}\,\dot{\underline{\boldsymbol{\delta}}}_{\mathrm{N}}=\underline{\boldsymbol{0}} \tag{13.153}$$

式中，$\dot{\underline{\boldsymbol{\delta}}}_{\mathrm{N}}$ 为空转运动指令空间中的向量，称为空转指令。则式(13.151) 的通解可写为

$$\dot{\underline{\boldsymbol{\delta}}}=\underline{\boldsymbol{A}}^{\mathrm{T}}\ (\underline{\boldsymbol{A}\boldsymbol{A}}^{\mathrm{T}})^{-1}\ \dot{\underline{\boldsymbol{h}}}+\dot{\underline{\boldsymbol{\delta}}}_{\mathrm{N}}=\dot{\underline{\boldsymbol{\delta}}}_{\mathrm{T}}+\dot{\underline{\boldsymbol{\delta}}}_{\mathrm{N}} \tag{13.154}$$

式中，$\dot{\underline{\boldsymbol{\delta}}}_{\mathrm{T}}$ 为有力矩输出的转速指令。按照广义逆定理，$\dot{\underline{\boldsymbol{\delta}}}_{\mathrm{N}}$ 的解为

$$\dot{\underline{\boldsymbol{\delta}}}_{\mathrm{N}}=\alpha\,[\underline{\boldsymbol{E}}_n-\underline{\boldsymbol{A}}^{\mathrm{T}}\ (\underline{\boldsymbol{A}\boldsymbol{A}}^{\mathrm{T}})^{-1}\underline{\boldsymbol{A}}]\,\underline{\boldsymbol{d}} \tag{13.155}$$

式中，α 为待定标量系数；$\underline{\boldsymbol{d}}$ 为待定 n 维列阵。将空转指令操纵律式(13.155) 代入式(13.153)，即可验证其空转性质

$$\underline{\boldsymbol{A}}\,\dot{\underline{\boldsymbol{\delta}}}_{\mathrm{N}}=\alpha\,[\underline{\boldsymbol{A}}-\underline{\boldsymbol{A}\boldsymbol{A}}^{\mathrm{T}}\ (\underline{\boldsymbol{A}\boldsymbol{A}}^{\mathrm{T}})^{-1}\underline{\boldsymbol{A}}]\,\underline{\boldsymbol{d}}=\underline{\boldsymbol{0}}$$

在使用引入空转指令的 CMG 操纵律时，其要点在于选择标量 α 和列阵 $\underline{\boldsymbol{d}}$，使 CMG 构形的奇异量度 D 的增值为正，有效地避开奇异状态。

CMG 框架转动引起 D 值的变化为

$$\dot{D}=\frac{\partial \boldsymbol{D}^{\mathrm{T}}}{\partial \underline{\boldsymbol{\delta}}}\dot{\underline{\boldsymbol{\delta}}}_{\mathrm{T}}+\frac{\partial \boldsymbol{D}^{\mathrm{T}}}{\partial \underline{\boldsymbol{\delta}}}\dot{\underline{\boldsymbol{\delta}}}_{\mathrm{N}}$$

式中，$\dfrac{\partial \boldsymbol{D}^{\mathrm{T}}}{\partial \underline{\boldsymbol{\delta}}}=\begin{bmatrix}\dfrac{\partial D}{\partial \delta_1} & \dfrac{\partial D}{\partial \delta_2} & \cdots & \dfrac{\partial D}{\partial \delta_n}\end{bmatrix}$，为框架奇异量度 D 的梯度。上式有右端第一项用于满足控制指令的要求，空转控制仅能影响第二项则，记 $R=\dfrac{\partial \boldsymbol{D}^{\mathrm{T}}}{\partial \underline{\boldsymbol{\delta}}}\dot{\underline{\boldsymbol{\delta}}}_{\mathrm{N}}$。$R$ 值表征了 CMG 构形在空转控制过程中脱离奇异状态的速度，应取正最大值。

将空转指令式(13.155)(略去标量 α) 代入，得 R 的表达式为

$$R=\frac{\partial \boldsymbol{D}^{\mathrm{T}}}{\partial \underline{\boldsymbol{\delta}}}[\underline{\boldsymbol{E}}_n-\underline{\boldsymbol{A}}^{\mathrm{T}}\ (\underline{\boldsymbol{A}\boldsymbol{A}}^{\mathrm{T}})^{-1}\underline{\boldsymbol{A}}]\,\underline{d}=\underline{\boldsymbol{V}}^{\mathrm{T}}\underline{\boldsymbol{d}}$$

式中，$\underline{\boldsymbol{V}}^{\mathrm{T}}=\dfrac{\partial \boldsymbol{D}^{\mathrm{T}}}{\partial \underline{\boldsymbol{\delta}}}[\underline{\boldsymbol{E}}_n-\underline{\boldsymbol{A}}^{\mathrm{T}}\ (\underline{\boldsymbol{A}\boldsymbol{A}}^{\mathrm{T}})^{-1}\underline{\boldsymbol{A}}]$。若把 $\underline{\boldsymbol{V}}$ 和 $\underline{\boldsymbol{d}}$ 看成 n 维向量，显然当 $\underline{\boldsymbol{V}}$ 与 $\underline{\boldsymbol{d}}$

平行时，R 取正最大值。再引入标量 α，令 $\underline{\boldsymbol{d}}=\alpha\underline{\boldsymbol{V}}$，得到空转控制指令为

$$\begin{aligned}\dot{\underline{\boldsymbol{\delta}}}_{\mathrm{N}} &= \alpha\left[\underline{\boldsymbol{E}}_n-\underline{\boldsymbol{A}}^T\left(\underline{\boldsymbol{A}\boldsymbol{A}}^T\right)^{-1}\underline{\boldsymbol{A}}\right]\left[\underline{\boldsymbol{E}}_{\mathrm{n}}-\underline{\boldsymbol{A}}^{\mathrm{T}}\left(\underline{\boldsymbol{A}\boldsymbol{A}}^T\right)^{-1}\underline{\boldsymbol{A}}\right]\frac{\partial D}{\partial\underline{\boldsymbol{\delta}}}\\ &= \alpha\left[\underline{\boldsymbol{E}}_n-\underline{\boldsymbol{A}}^T\left(\underline{\boldsymbol{A}\boldsymbol{A}}^T\right)^{-1}\underline{\boldsymbol{A}}\right]\frac{\partial D}{\partial\underline{\boldsymbol{\delta}}}\end{aligned}\tag{13.156}$$

式中，待定标量 α 与空转运动的反应快慢有关，应从控制系统总体需求考虑。

综上所述，单框架力矩陀螺系统的整体操纵律可归纳为

$$\dot{\underline{\boldsymbol{\delta}}}=\underline{\boldsymbol{A}}^{\mathrm{T}}\left(\underline{\boldsymbol{A}\boldsymbol{A}}^{\mathrm{T}}\right)^{-1}\dot{\underline{\boldsymbol{h}}}+\alpha\left[\underline{\boldsymbol{E}}_{\mathrm{n}}-\underline{\boldsymbol{A}}^{\mathrm{T}}\left(\underline{\boldsymbol{A}\boldsymbol{A}}^{\mathrm{T}}\right)^{-1}\underline{\boldsymbol{A}}\right]\frac{\partial D}{\partial\underline{\boldsymbol{\delta}}}\tag{13.157}$$

目前，基于伪逆解的各种操纵律并不能保证系统永远不会进入奇异状态，并且常常不必要地限制了 CMG 系统角动量包络的操作范围。为能在 CMG 系统角动量包络的所有范围内都能有效地避免系统进入奇异状态，需要开发一种在本质上全局最优的 CMG 操纵律。目前，全局最优的 CMG 操纵律计算量较大，很难满足工程上实时计算的要求，尚有进一步研究的前景。

第 14 章

偏置动量轮控系统的姿态稳定控制

三轴姿态稳定航天器的偏置动量轮控方案是由双自旋航天器的稳定方式引申而来的，即将旋转体从整个航天器演变缩小为一个旋转飞轮，而将定向不动部分的平台（消旋体）扩大到整个航天器。储存在高速飞轮中的角动量同样使航天器具有陀螺定轴性。偏置动量轮控系统的一个特点是不需要测量偏航姿态角，从而降低了控制系统的复杂性，并提高了可靠性。因而大多数地球静止同步轨道通信卫星以及某些近地轨道观测卫星都采用了偏置动量轮控系统的方案。

仅靠偏置角动量的定轴性不足以始终保持角动量方向在空间中的稳定性，需要进行主动控制以实现精确的姿态稳定控制，使姿态误差在给定的允许范围内。通常可采用推力器、磁力矩器或增加一个小的反作用轮进行控制。

本章首先介绍采用偏置动量轮控系统的三轴稳定航天器的姿态动力学特性和基本控制原理，然后对不同类型的偏置动量轮控系统控制方案以及控制原理进行介绍。

14.1　偏置动量三轴稳定航天器的动力学模型及分析

14.1.1　简化的姿态动力学方程

为简略起见，这里以安装了多个惯性轮的对地定向三轴稳定航天器为例，给出偏置动量三轴稳定航天器的简化姿态动力学模型。

在标称情况下，对地定向偏置动量三轴稳定航天器的飞轮系统的合角动量矢量 $\boldsymbol{h}$ 通常在星体坐标系俯仰轴的负方向（$-y_b$），如图 14.1 所示。

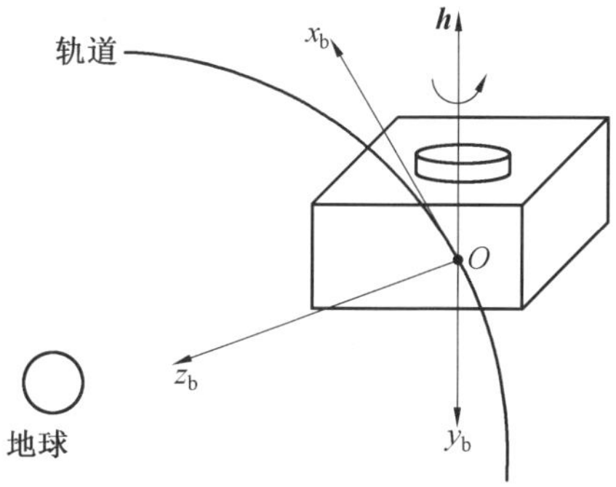

图 14.1　偏置动量三轴稳定航天器示意图

设 $\underline{h}$ 为飞轮系统的合角动量 $\boldsymbol{h}$ 在星体坐标系的分量列阵，在通常情况下可写为

$$\underline{h}=\begin{bmatrix}h_x\\h_y\\h_z\end{bmatrix}=\begin{bmatrix}h_x\\-(h_B+\Delta h_y)\\h_z\end{bmatrix} \tag{14.1}$$

式中，h_B 为轮系在俯仰轴上的标称角动量大小，沿 $-y_b$ 轴为正；Δh_y 为轮系在标称角动量附近的角动量变化量。

考虑装有多个惯性轮的刚体姿态动力学方程，则有

$$\underline{I}\dot{\underline{\omega}}_b+\underline{\omega}_b^{\times}\underline{I}\underline{\omega}_b+\dot{\underline{h}}+\underline{\omega}_b^{\times}\underline{h}=\underline{T}_d+\underline{T}_c \tag{14.2}$$

为简化姿态动力学模型，假设航天器在近圆轨道上运行，采用 zyx 顺序或 zxy 欧拉角描述星体相对轨道坐标系的姿态。设星体本体坐标系与主惯量轴坐标系重合，并且正常控制时，姿态角和姿态角速度均为小量，有

$$\underline{\omega}_b=\begin{bmatrix}\dot{\varphi}\\\dot{\theta}\\\dot{\psi}\end{bmatrix}-\begin{bmatrix}\psi\\1\\-\varphi\end{bmatrix}\omega_o$$

对其进行求导并代入方程(14.2)，忽略二次项，并考虑到 $h_B\gg\max\{\omega_o I_x,\omega_o I_y,\omega_o I_z\}$，$h_B\gg\max\{|h_x|,|h_z|\}$，则可得到如下两组简化的姿态动力学方程。

俯仰运动简化方程

$$I_y\ddot{\theta}=\Delta\dot{h}_y+T_{dy}+T_{cy} \tag{14.3}$$

滚动－偏航运动简化方程

$$\begin{cases}I_x\ddot{\varphi}+[(I_y-I_z)\omega_o^2+h_B\omega_o]\varphi-[(I_x+I_z-I_y)\omega_o-h_B]\dot{\psi}=\\-\dot{h}_x+\omega_o h_z+T_{dx}+T_{cx}\\I_z\ddot{\psi}+[(I_y-I_x)\omega_o^2+h_B\omega_o]\psi+[(I_x+I_z-I_y)\omega_o-h_B]\dot{\varphi}=\\-\dot{h}_z-\omega_o h_x+T_{dz}+T_{cz}\end{cases} \tag{14.4}$$

式中，T_{cx}，T_{cy}，T_{cz} 分别为喷气推力器或磁力矩器控制力矩；h_x，h_z 分别为轮系的合角动量矢量在滚动轴和偏航轴上的分量。

若轮系的合成角动量只有俯仰轴方向的分量，则滚动－偏航通道的简化运动方程为

$$\begin{cases}I_x\ddot{\varphi}+[(I_y-I_z)\omega_o^2+h_B\omega_o]\varphi-[(I_x+I_z-I_y)\omega_o-h_B]\dot{\psi}=T_{dx}+T_{cx}\\I_z\ddot{\psi}+[(I_y-I_x)\omega_o^2+h_B\omega_o]\psi+[(I_x+I_z-I_y)\omega_o-h_B]\dot{\varphi}=T_{dz}+T_{cz}\end{cases} \tag{14.5}$$

由此可见，俯仰运动与滚动－偏航运动是解耦的。俯仰运动与航天器整体零动量轮控系统的模型无根本区别，只不过是在偏置标称角动量 h_B 附近增加或

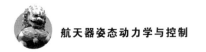

减少角动量 Δh_y 产生控制力矩 $\Delta \dot{h}_y$ 实现俯仰回路控制，相应的控制结构和控制器设计仍可沿用零动量轮控系统的方法。滚动运动和偏航运动呈现强耦合特性（由轨道角速度 ω_o 和偏置角动量 h_B 引起）。该耦合系统既可采用飞轮系统的存储角动量分量 h_x，h_z 进行控制，也可采用姿控推力器或磁力矩器控制。

下面对滚动—偏航通道的简化动力学模型进行分析。对式(14.4)进行零初值的拉氏变换，可得到复域方程

$$\begin{bmatrix} I_x s^2 + [(I_y - I_z)\omega_o^2 + h_B\omega_o] & -[(I_x + I_z - I_y)\omega_o - h_B]s \\ [(I_x + I_z - I_y)\omega_o - h_B]s & I_z s^2 + [(I_y - I_x)\omega_o^2 + h_B\omega_o] \end{bmatrix} \begin{bmatrix} \varphi(s) \\ \psi(s) \end{bmatrix} = \begin{bmatrix} -s & \omega_o \\ -\omega_o & -s \end{bmatrix} \begin{bmatrix} h_x(s) \\ h_z(s) \end{bmatrix} + \begin{bmatrix} T_{cx}(s) + T_{dx}(s) \\ T_{cz}(s) + T_{dz}(s) \end{bmatrix} \tag{14.6}$$

其开环系统的特征方程式为

$$\begin{vmatrix} I_x s^2 + [(I_y - I_z)\omega_o^2 + h_B\omega_o] & -[(I_x + I_z - I_y)\omega_o - h_B]s \\ [(I_x + I_z - I_y)\omega_o - h_B]s & I_z s^2 + [(I_y - I_x)\omega_o^2 + h_B\omega_o] \end{vmatrix} = 0 \tag{14.7}$$

可简写为

$$I_x I_z (s^2 + \omega_o^2)(s^2 + \omega_n^2) = 0 \tag{14.8}$$

式中

$$\omega_n^2 = \frac{1}{I_x I_z}[\omega_o(I_y - I_x) + h_B][\omega_o(I_y - I_z) + h_B] \approx \frac{h_B^2}{I_x I_z}$$

由此可以看出，航天器姿态角的解中含有两种频率部分的运动，一种频率是 ω_o，解是 $\cos(\omega_o t)$ 和 $\sin(\omega_o t)$ 的函数，是航天器沿轨道转动引起的姿态耦合运动，周期是轨道周期，称之为长周期运动；另一部分的频率是 ω_n，解是 $\cos(\omega_n t)$ 和 $\sin(\omega_n t)$ 的函数。通常 ω_n 一般是 ω_o 的几十倍，这一频率成分的解是由偏置角动量和星体转动惯量引起的，称之为短周期运动，也就是所谓的章动运动。由于这两类自由运动的周期相差太多，长周期运动分量与短周期运动分量的相互影响可以忽略，因此两者可以分别进行讨论。

对于采用框架动量轮或控制力矩陀螺的三轴稳定航天器，若忽略框架的转动惯量并且假设框架角很小的情况下，其简化的姿态动力学模型形式与式(14.3)和式(14.4)相同，这里不再赘述。

14.1.2　偏置动量三轴稳定航天器自由运动的分析

由前面可知，偏置动量三轴稳定航天器的姿态运动包含两种频率的运动，即长周期姿态运动和短周期姿态运动。下面分析在自由运动下长周期运动和短周

期运动的特性。

1. 长周期自由姿态运动

考虑式(14.4)所示的滚动—偏航运动，对于长周期运动，有如下假设：

$$|(I_y - I_z)\omega_o^2| \ll h_B\omega_o,\quad |(I_y - I_x)\omega_o^2| \ll h_B\omega_o,\quad |(I_y - I_x - I_z)\omega_o| \ll h_B$$

$$I_x\ddot{\varphi} \ll h_B\omega_o\varphi,\quad I_x\ddot{\varphi} \ll h_B\dot{\psi},\quad I_z\ddot{\psi} \ll h_B\omega_o\psi,\quad I_z\ddot{\psi} \ll h_B\dot{\varphi}$$

则长周期运动方程可以简化为

$$\begin{cases}\omega_o\varphi + \dot{\psi} = 0\\ \omega_o\psi - \dot{\varphi} = 0\end{cases} \tag{14.9}$$

对于长周期自由运动，可以解出姿态解

$$\begin{cases}\varphi = \varphi_0\cos\omega_o t + \psi_0\sin\omega_o t\\ \psi = \psi_0\cos\omega_o t - \varphi_0\sin\omega_o t\end{cases} \tag{14.10}$$

式中，φ_0，ψ_0 为滚动角和偏航角的初始值。可以看出，航天器的长周期自由运动是以 ω_o 形式慢变的。在 $\varphi-\psi$ 平面内，航天器滚动—偏航通道的长周期自由姿态运动表现为中心在原点的圆，称为轨道圆，运行方向为顺时针，如图 14.2 所示。

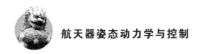

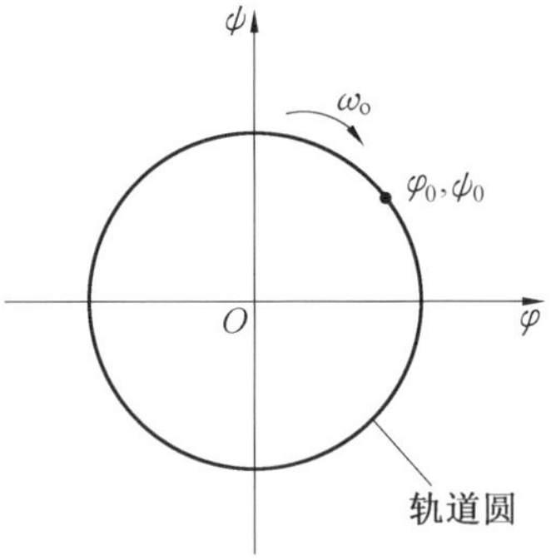

图 14.2　偏置动量航天器长周期自由运动的姿态

2. 短周期自由姿态运动

考虑短周期运动，有如下假设成立：

$$[(I_y - I_z)\omega_o^2 + h_B\omega_o]\varphi \ll I_x\ddot{\varphi},\quad [(I_y - I_z)\omega_o^2 + h_B\omega_o]\varphi \ll h_B\dot{\psi}$$

$$[(I_y - I_x)\omega_o^2 + h_B\omega_o]\psi \ll I_z\ddot{\psi},\quad [(I_y - I_x)\omega_o^2 + h_B\omega_o]\psi \ll h_B\dot{\varphi}$$

因此章动运动方程可以简化为

$$\begin{cases}I_x\ddot{\varphi} + h_B\dot{\psi} = 0\\ I_z\ddot{\psi} + h_B\dot{\varphi} = 0\end{cases} \tag{14.11}$$

方程(14.11)的解是

$$
\begin{cases}
\varphi(t)=\varphi_0+\dot{\varphi}_0\dfrac{1}{\omega_n}\sin\omega_n t-\dot{\psi}_0\dfrac{I_z}{h}(1-\cos\omega_n t)\\
\psi(t)=\psi_0+\dot{\psi}_0\dfrac{1}{\omega_n}\sin\omega_n t+\dot{\varphi}_0\dfrac{I_x}{h}(1-\cos\omega_n t)
\end{cases}
\tag{14.12}
$$

式中，$\omega_n=h_B/\sqrt{I_x I_z}$。式(14.12)也可改写为

$$
\begin{cases}
\varphi=C_1+C_3\cos\omega_n t+C_4\sin\omega_n t\\
\psi=C_2+\sqrt{\dfrac{I_x}{I_z}}[C_3\sin\omega_n t-C_4\cos\omega_n t]
\end{cases}
\tag{14.13}
$$

式中

$$
\begin{cases}
C_1=\varphi_0-\dfrac{I_z}{h_B}\dot{\psi}_0,\quad C_2=\psi_0+\dfrac{I_x}{h_B}\dot{\varphi}_0\\
C_3=\dfrac{I_z}{h_B}\dot{\psi}_0,\quad C_4=\dfrac{1}{\omega_n}\dot{\varphi}_0
\end{cases}
\tag{14.14}
$$

当 $I_x\neq I_z$ 时，式(14.13)为椭圆方程。在 $\varphi-\psi$ 平面内，航天器滚动－偏航通道的短周期自由姿态运动表现为中心在(C_1,C_2)的椭圆，称为章动椭圆，其运行方向为逆时针。椭圆的长、短半轴长度分别为 $\sqrt{C_3^2+C_4^2}$ 和 $\sqrt{\dfrac{I_x}{I_z}(C_3^2+C_4^2)}$（视 $\sqrt{\dfrac{I_x}{I_z}}$ 的比值确定长半轴还是短半轴）。当 $I_x=I_z$ 时，则表现为圆运动，其半径为 $\sqrt{C_3^2+C_4^2}$，称为章动圆。航天器俯仰轴沿章动圆运动，这时航天器整体角动量端点在章动圆的圆心，若初始时星体角动量 $\boldsymbol{H}$ 与 y_o 重合，则姿态运动如图 14.3 所示。

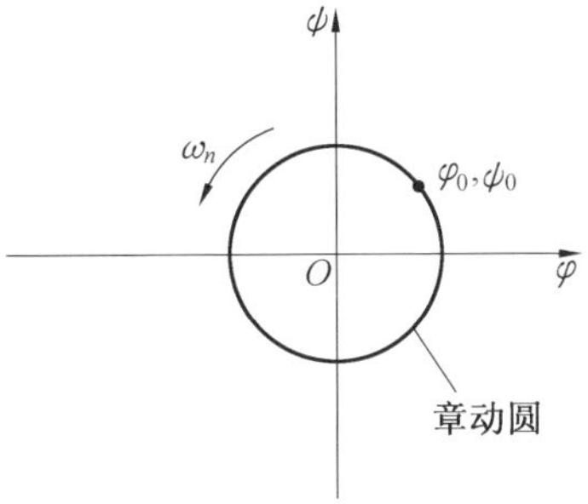

图 14.3　偏置动量航天器短周期自由运动的姿态

3. 一般情况下的自由姿态运动

而在一般情况下，航天器的长周期运动和短周期运动是同时存在的，即 $\boldsymbol{y}_b$，$\boldsymbol{y}_o$ 和 $\boldsymbol{H}$ 起始时互不重合，则航天器滚动－偏航通道的姿态运动方式如图 14.4 所示（图中给出了 $I_x=I_z$ 的情况）。在任一时刻，偏置动量航天器的滚动－偏航通道

的姿态运动可看作近似为轨道圆运动和章动椭圆运动的叠加，即以角速度 ω_n 绕章动圆心 P 做逆时针转动的章动椭圆运动，以及章动椭圆圆心 P 以角速度 ω_o 沿轨道圆做顺时针转动的轨道圆运动。

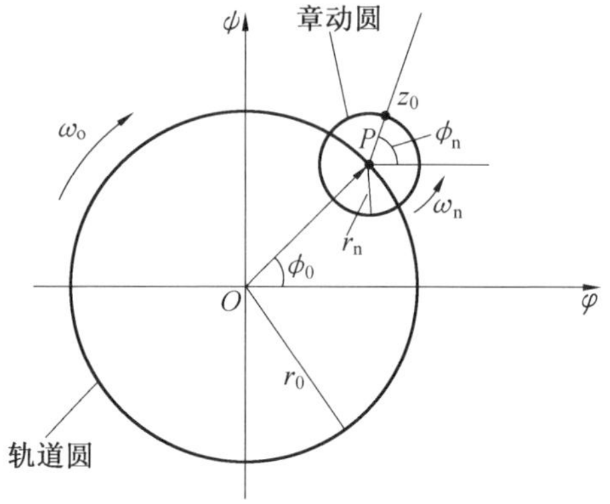

图 14.4　偏置动量航天器自由运动的滚动－偏航姿态运动示意图

图 14.5 则给出了一个在高度为 720 km 的圆轨道上运行上的偏置动量三轴稳定卫星自由运动情况下，滚动角和偏航角随时间变化的曲线图。

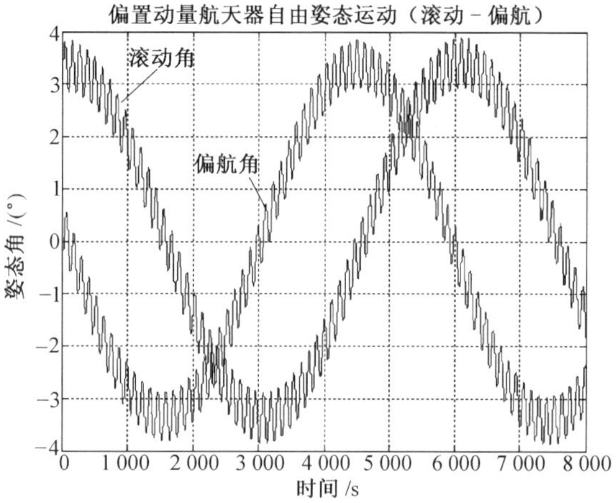

图 14.5　偏置动量三轴稳定航天器滚动－偏航通道的自由姿态运动曲线图

如果设复变量 $\bar{Z}=\varphi+\mathrm{j}\psi$ 表示航天器姿态在复平面$(\varphi,\mathrm{j}\psi)$中的位置，$\bar{P}$ 为章动圆心 P 在复平面$(\varphi,\mathrm{j}\psi)$中的位置，$\bar{Q}$ 为 $\bar{Z}$ 相对章动圆心的复变量，则航天器姿态在复平面$(\varphi,\mathrm{j}\psi)$中的自由运动可描述为

$$\bar{Z}(t)=\bar{P}(t)+\bar{Q}(t)=\bar{P}_0\mathrm{e}^{-\mathrm{j}\omega_o(t-t_0)}+\bar{Q}_0\mathrm{e}^{\mathrm{j}\omega_n(t-t_0)} \tag{14.15}$$

式中，$\bar{P}_0$、$\bar{Q}_0$ 分别为复变量 $\bar{P}$ 和 $\bar{Q}$ 在时间 $t=t_0$ 时的初始值。

14.1.3　偏置动量三轴稳定航天器的受扰运动

若偏置动量三轴稳定航天器在初始状态时，y_b 轴、y_o 轴与星体角动量 $\boldsymbol{H}$ 方向一致，即航天器处于理想状态，没有姿态偏差，当有干扰力矩作用在航天器上时，其作用总是使这 3 个矢量相互偏离，即干扰力矩将使星体角动量发生进动运动（轨道系 y_o 轴与星体角动量 $\boldsymbol{H}$ 方向发生偏离）以及章动运动（星体系 y_b 轴与星体角动量 $\boldsymbol{H}$ 方向发生偏离）。

下面分析干扰力矩对偏置动量三轴稳定航天器姿态运动的影响。

设作用在星体滚动轴和偏航轴上的干扰力矩（例如太阳光压摄动力矩）表示为

$$\begin{cases} T_{dx} = T_{ox} + T_s\cos(\omega_o t + \Omega_s) \\ T_{dz} = T_{oz} - T_s\sin(\omega_o t + \Omega_s) \end{cases} \tag{14.16}$$

原则上，将式(14.16) 代入式(14.4) 并进行求解，即可得到星体在干扰力矩作用下滚动角和偏航角的运动解。但实际上，该式没有解析解，这里采用另外一种近似求解方法。

根据 14.1.1 节的假设，可以得到航天器整体角动量 $\boldsymbol{H}$，在星体坐标系下的分量列阵为

$$\underline{\boldsymbol{H}}_b = \begin{bmatrix} H_{bx} \\ H_{by} \\ H_{bz} \end{bmatrix} = \underline{\boldsymbol{I\omega}}_b + \underline{\boldsymbol{h}} \approx \begin{bmatrix} I_x(\dot{\varphi} - \omega_o\psi) + h_x \\ I_y(\dot{\theta} - \omega_o) - h_B \\ I_z(\dot{\psi} + \omega_o\varphi) + h_z \end{bmatrix}$$

根据坐标变换，可以得到 $\boldsymbol{H}$ 在轨道系下的分量列阵 $\underline{\boldsymbol{H}}_o$，即

$$\underline{\boldsymbol{H}}_o = \begin{bmatrix} H_{ox} \\ H_{oy} \\ H_{oz} \end{bmatrix} = \underline{\boldsymbol{C}}_{bo}^{T}\underline{\boldsymbol{H}}_b \approx \begin{bmatrix} 1 & \psi & -\theta \\ -\psi & 1 & \varphi \\ \theta & -\varphi & 1 \end{bmatrix}^{T} \begin{bmatrix} I_x(\dot{\varphi} - \omega_o\psi) + h_x \\ I_y(\dot{\theta} - \omega_o) - h_B \\ I_z(\dot{\psi} + \omega_o\varphi) + h_z \end{bmatrix} \tag{14.17}$$

考虑分量列阵 $\underline{\boldsymbol{H}}_o$，关于轨道坐标系的欧拉方程为

$$\dot{\underline{\boldsymbol{H}}}_o + \begin{bmatrix} 0 \\ -\omega_o \\ 0 \end{bmatrix}^{\times} \underline{\boldsymbol{H}}_o = \underline{\boldsymbol{T}}'_d \tag{14.18}$$

其展开式为

$$\begin{cases} \dot{H}_{ox} = \omega_o H_{oz} + T'_{dx} \\ \dot{H}_{oy} = T'_{dy} \\ \dot{H}_{oz} = -\omega_o H_{ox} + T'_{dz} \end{cases} \tag{14.19}$$

注意，式(14.19)中的 T'_{dx}，T'_{dy}，T'_{dz} 分别为干扰力矩在轨道坐标系的分量。

只有当航天器星体坐标系相对于轨道坐标系的姿态角很小时(即两个坐标系近似重合时)，有 $T'_{dx}\approx T_{dx}$，$T'_{dy}\approx T_{dy}$，$T'_{dz}\approx T_{dz}$。这里只考虑滚动轴和偏航轴的解，将式(14.16)代入式(14.19)的第一式和第三式，可得到如下的解：

$$\begin{cases}H_{ox}=\dfrac{T_{ox}}{\omega_o}\sin\omega_o t+\dfrac{T_{oz}}{\omega_o}(1-\cos\omega_o t)+T_s t\cos(\omega_o t+\Omega_s)+\\ \qquad H_{ox}(0)\cos\omega_o t+H_{oz}(0)\sin\omega_o t\\ H_{oz}=\dfrac{T_{ox}}{\omega_o}(\cos\omega_o t-1)+\dfrac{T_{oz}}{\omega_o}\sin\omega_o t-T_s t\sin(\omega_o t+\Omega_s)-\\ \qquad H_{ox}(0)\sin\omega_o t+H_{oz}(0)\cos\omega_o t\end{cases}\tag{14.20}$$

式(14.20)中的变化规律描述了干扰力矩使航天器系统角动量 $\boldsymbol{H}$ 的端点在轨道坐标系的轨道平面上投影的轨迹，如图14.6所示。

式(14.20)中第一部分是常值干扰力矩 T_{ox}，T_{oz} 引起的圆周运动，圆心在 $\dfrac{T_{oz}}{\omega_o}$，$-\dfrac{T_{ox}}{\omega_o}$，圆半径为$\dfrac{\sqrt{T_{ox}^2+T_{oz}^2}}{\omega_o}$，角频率为 ω_o，如图14.6(a)所示。第二部分是由交变干扰力矩引起的，航天器角动量端点以阿基米德螺线的形式偏离轨道法线，如图14.6(b)所示。第三部分表示在没有干扰力矩作用下角动量在轨道坐标系中的周期性变化，如图14.6(c)所示。

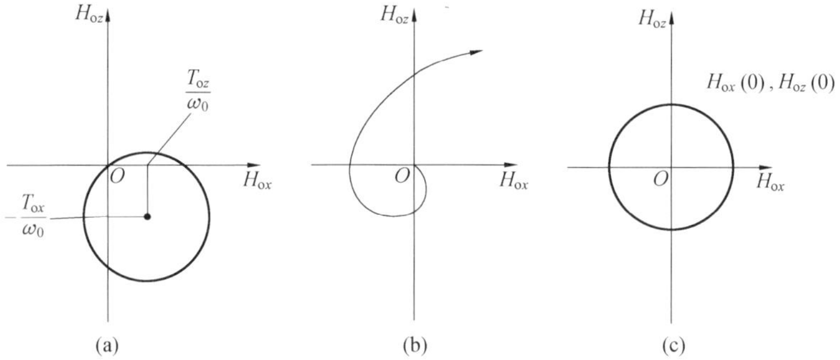

图 14.6　外干扰情况下星体角动量的运动示意图

由于扰动力矩通常较小，数量级在10^{-5}到10^{-4} N·m，干扰使航天器产生进动而引起的章动运动则较小，并且通常航天器为能量耗散体，干扰力矩产生的章动都能较快地自身消除掉，因而可只考虑干扰力矩对航天器进动的影响。

当忽略章动运动时，航天器星体角动量 $\boldsymbol{H}$ 方向与 $-y_b$ 轴重合，当不考虑飞轮系统的控制作用($h_x=h_z=0$)且俯仰轴得到很好的控制(即 $\dot{\theta}\approx 0$)时，有

$$\underline{\boldsymbol{H}}_b=[0\quad -h_B\quad 0]^T$$

将上式代入式(14.17)，可得

$$
\begin{cases}
H_{ox} \approx \psi h_B \\
H_{oz} \approx -\varphi h_B
\end{cases}
\tag{14.21}
$$

由式(14.21),可得

$$
\varphi \approx -\frac{H_{oz}}{h_B}, \quad \psi \approx \frac{H_{ox}}{h_B}
$$

将式(14.20)代入上式,可以得到忽略章动时,在干扰力矩作用下的星体姿态角的表达式为

$$
\begin{cases}
\varphi(t) = \dfrac{T_{ox}}{\omega_o h_B} + \left(\varphi_0 - \dfrac{T_{ox}}{\omega_o h_B}\right)\cos \omega_o t + \left(\psi_0 - \dfrac{T_{oz}}{\omega_o h_B}\right)\sin \omega_o t + \dfrac{T_s}{h_B} t\sin(\omega_o t + \Omega_s) \\
\psi(t) = \dfrac{T_{oz}}{\omega_o h_B} + \left(\psi_0 - \dfrac{T_{oz}}{\omega_o h_B}\right)\cos \omega_o t + \left(\dfrac{T_{ox}}{\omega_o h_B} - \varphi_0\right)\sin \omega_o t + \dfrac{T_s}{h_B} t\cos(\omega_o t + \Omega_s)
\end{cases}
\tag{14.22}
$$

其变化规律与图 14.6 近似。这里不再赘述。

可以看到,当干扰力矩作用在星体上时,将会导致星体姿态角发生变化,尤其当作用了周期性干扰力矩 T_s 时(该力矩在惯性空间则表现为常值力矩),姿态角将会发散,导致星体姿态失控,因此必须施加控制。

14.2　偏置动量轮控系统的基本控制原理

14.1 节分析了偏置动量三轴稳定姿态控制系统的开环模型。其特点是俯仰运动与滚动－偏航运动解耦,而滚动－偏航运动呈现强耦合运动。根据分析可知,偏置动量姿态控制系统只需构成两个反馈回路即可工作。一个是单输入/单输出的俯仰控制系统,另一个是两输入/两输出的滚动－偏航耦合控制系统。前一反馈系统的分析设计与零动量系统相同,不再赘述。本节着重讨论偏置动量三轴稳定航天器的滚动－偏航通道的基本控制原理。

从理论上讲,偏置动量三轴稳定航天器滚动－偏航通道的稳定控制需要同时获得滚动姿态和偏航姿态的测量信息(或估计值),但对于大多数三轴稳定航天器采用的红外地球敏感器来说,偏航角是无法由测量得到的。为得到偏航角的测量信息,需要其他敏感器的辅助。例如,一种方法是将太阳敏感器与地球敏感器的测量信息结合起来进行联合定姿,以获得偏航角信息(参见第 10 章),但这种方法的缺点是在地球阴影期间无法使用,而且当太阳矢量和天底矢量两者的几何关系较差时,姿态确定的结果无法满足精度的要求。另外一种方法是使用磁强计与地球敏感器进行联合定姿,但由于地球磁场的不规则变动,很难使偏航角的测量精度优于 0.5°(尤其是静止轨道卫星)。还有一种方法是直接采用星敏

感器进行定姿，其优点是姿态测量精度很高，但星敏感器结构复杂，可靠性低，在进行定姿计算时需要星载计算机处理大量的恒星星历表数据，由于上述原因，在静止轨道卫星很少使用星敏感器进行定姿。

随着现代控制理论的发展，可以通过设计状态观测器的方法，仅用地球敏感器测量的滚动角，由星载计算机可以实时估算出滚动角和偏航角及其角速度。当然，这种方法无疑增加了星载计算机的计算量和复杂程度。

根据上述分析，工程上需要一种无须偏航姿态信息就可进行航天器姿态控制的方法。由于偏置动量三轴稳定航天器的滚动－偏航通道具有较强的耦合性，为无偏航角测量的姿态控制系统提供了可能。

另外一个相关的问题是角速率敏感器的使用。由于目前的机械陀螺在轨使用寿命较短，很难保证在长寿命航天器使用期间（7～15年）一直可靠、连续地工作。为保证工作寿命，在航天器正常工作期间通常采用关闭角速率陀螺的措施，只在特殊任务期间打开角速度陀螺。

本节针对是否有偏航角测量信息的两种情况，分别对偏置动量轮控系统的姿态稳定控制原理进行简单介绍。

14.2.1　有偏航角测量信息的姿态控制

根据偏置动量轮控系统的简化动力学方程，可知在 s 平面上，被控对象表现为两组无阻尼的二阶极点，主动控制规律应赋予这些极点阻尼特性并减少稳态误差。

为说明方便起见，这里只考虑飞轮系统仅在俯仰轴上有分量的情况（即后面提到的固定偏置动量轮控系统），同时在设计时忽略式(14.5)中转动惯量与轨道角速度的复合项，则姿态动力学方程变为

$$\begin{cases} I_x\ddot{\varphi} + h_{\rm B}\omega_{\rm o}\varphi + h_{\rm B}\dot{\psi} = T_{{\rm d}x} + T_{{\rm c}x} \\ I_z\ddot{\psi} + h_{\rm B}\omega_{\rm o}\psi - h_{\rm B}\dot{\varphi} = T_{{\rm d}z} + T_{{\rm c}z} \end{cases} \tag{14.23}$$

1.简单的比例微分控制律

为说明问题起见，这里认为式中的暂时假设轮控系统仅在俯仰轴上有分量（即 $h_x, h_z, \dot{h}_x, \dot{h}_z$）均为零，则可满足姿态控制的要求的最简单控制律为

$$\begin{cases} T_{{\rm c}x} = -(K_x\varphi + K_{x{\rm d}}\dot{\varphi}) \\ T_{{\rm c}z} = -(K_z\psi + K_{z{\rm d}}\dot{\psi}) \end{cases} \tag{14.24}$$

将控制规律代入式(14.5)中，可得

$$\begin{cases} I_x\ddot{\varphi} + h_{\rm B}\omega_{\rm o}\varphi + h_{\rm B}\dot{\psi} + K_x\varphi + K_{x{\rm d}}\dot{\varphi} = T_{{\rm d}x} \\ I_z\ddot{\psi} + h_{\rm B}\omega_{\rm o}\psi - h_{\rm B}\dot{\varphi} + K_z\psi + K_{z{\rm d}}\dot{\psi} = T_{{\rm d}z} \end{cases} \tag{14.25}$$

对于外干扰力矩 T_{dx} 和 T_{dz}，方程的解为

$$\begin{bmatrix}\varphi(s)\\ \psi(s)\end{bmatrix}=\frac{1}{\Delta(s)}\begin{bmatrix}I_z s^2+K_{zd}s+(\omega_o h_B+K_z) & -h_B\\ h_B & I_x s^2+K_{xd}s+(\omega_o h_B+K_x)\end{bmatrix}\begin{bmatrix}T_{dx}(s)\\ T_{dz}(s)\end{bmatrix} \tag{14.26}$$

其中

$$\begin{aligned}\Delta(s)=&I_xI_zs^4+(K_{xd}I_z+K_{zd}I_x)s^3+\\&[I_z(K_x+\omega_o h_B)+I_x(K_z+\omega_o h_B)+K_{xd}K_{zd}+h_B^2]s^2+\\&[K_{zd}(K_x+\omega_o h_B)+K_{xd}(K_z+\omega_o h_B)]s+\\&K_xK_z+(\omega_o h_B)^2+\omega_o h_B(K_x+K_z)\end{aligned} \tag{14.27}$$

为保证闭环控制系统是稳定的，其必要条件为式(14.27)中的各项系数必须为正数。要使系统无条件稳定，还需要对控制参数 K_x，K_z，K_{xd} 和 K_{zd} 增加约束条件。其中参数 K_x 和 K_z 与系统的稳态误差有关，可以根据系统稳态误差的要求计算这两个参数。

例如，当外干扰力矩为阶跃型干扰时，即 $T_{dx}(s)=\frac{1}{s}T_{dx0}$，$T_{dz}(s)=\frac{1}{s}T_{dz0}$，可由终值定理求出姿态角的稳态误差为

$$\begin{cases}\varphi_{ss}=\dfrac{(K_z+\omega_o h_B)T_{dx0}}{K_xK_z+(\omega_o h_B)^2+\omega_o h_B(K_x+K_z)}\\ \psi_{ss}=\dfrac{(K_x+\omega_o h_B)T_{dz0}}{K_xK_z+(\omega_o h_B)^2+\omega_o h_B(K_x+K_z)}\end{cases} \tag{14.28}$$

记 $\varphi_{ssx}=\frac{\varphi_{ss}}{T_{dx0}}$，$\psi_{ssz}=\frac{\psi_{ss}}{T_{dz0}}$。若偏置角动量 h_B 给定时，则可根据干扰力矩幅值以及允许的姿态角稳态误差，由式(14.28)计算出控制参数 K_x 和 K_z 为

$$K_x=\frac{1-\omega_o h_B\varphi_{ssx}}{\varphi_{ssx}},\quad K_z=\frac{1-\omega_o h_B\psi_{ssz}}{\psi_{ssz}}$$

比较而言，控制参数 K_{xd} 和 K_{zd} 的计算则显得比较复杂，可以采用如下方法获得。由式(14.27)给出的特征多项式(即系数矩阵的行列式)是四阶的，不失一般性，可以改写为两个二阶带阻尼极点的乘积形式，即

$$\begin{aligned}\Delta(s)&=I_xI_z(s^2+2\xi_1\omega_{n1}s+\omega_{n1}^2)(s^2+2\xi_2\omega_{n2}s+\omega_{n2}^2)\\&=I_xI_z[s^4+2(\xi_1\omega_{n1}+\xi_2\omega_{n2})s^3+(\omega_{n1}^2+\omega_{n2}^2+4\xi_1\xi_2\omega_{n1}\omega_{n2})s^2+\\&\quad 2\omega_{n1}\omega_{n2}(\xi_1\omega_{n1}+\xi_2\omega_{n2})s+\omega_{n1}^2\omega_{n2}^2]\end{aligned} \tag{14.29}$$

当确定了控制参数 K_x 和 K_z 后，可以通过对比式(14.27)和式(14.29)的系数求参数 K_{xd} 和 K_{zd}。

2. 带有解耦控制的比例微分控制律

上述基于比例微分控制律的控制系统在确定控制参数时相对比较麻烦，可

以设计解耦控制律，使滚动－偏航通道实现完全解耦，从而降低控制系统分析和设计的复杂性。当然，代价是控制律变得复杂一些。

对于被控对象姿态动力学方程(14.23)，一种基于比例微分的解耦控制规律可取为

$$\begin{cases} T_{cx}(s) = -(K_x + K_{xd}s)\varphi(s) + h_B s\psi(s) \\ T_{cz}(s) = -(K_z + K_{zd}s)\psi(s) - h_B s\varphi(s) \end{cases} \tag{14.30}$$

将上式代入式(14.4)，可得到完全解耦的闭环系统方程为

$$\begin{cases} [I_x s^2 + K_{xd}s + (K_x + h_B\omega_o)]\varphi(s) = T_{dx}(s) \\ [I_z s^2 + K_{zd}s + (K_z + h_B\omega_o)]\psi(s) = T_{dz}(s) \end{cases} \tag{14.31}$$

即变为两个单通道的二阶系统，通过适当选取 K_x，K_z，K_{xd} 和 K_{zd}，就可使其满足动静态性能指标。

14.2.2 无偏航角测量的姿态控制

设偏置动量轮的角动量矢量 $\boldsymbol{h}$ 的方向相对星体坐标系是恒定的，而且数值足够大，则其定向性对其他两轴——滚动轴和偏航轴将产生陀螺罗盘效应，使航天器的偏航误差随航天器在轨道上的运动耦合为滚动误差，并相互转换。如图14.7所示，$Ox_oy_oz_o$ 为轨道坐标系，$\boldsymbol{y}_o$ 为轨道角速度矢量的负方向。

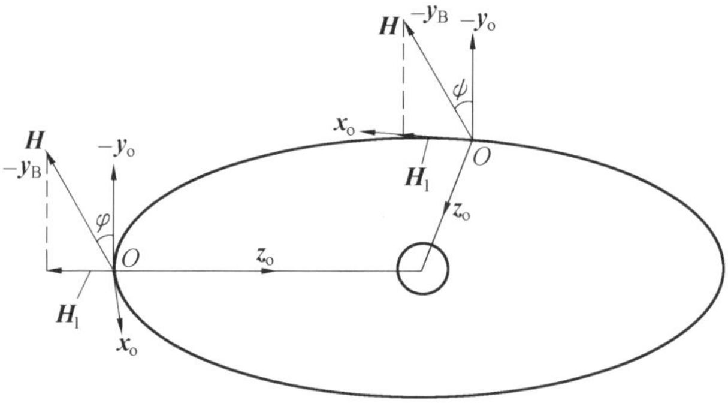

图 14.7　偏置动量三轴稳定航天器滚动－偏航角的转换

如图14.8所示，在①处航天器只有一初始偏航角 ψ_1，航天器的角动量 $\boldsymbol{H}$ 在 $\boldsymbol{x}_o$ 方向有一分量 H_1($\boldsymbol{H}$ 在轨道面上的投影)。对于地球敏感器，偏航角 ψ_1 是不可测的，但可测得俯仰角，这样航天器的俯仰控制回路可以保持星体的偏航轴 z_b 在 y_oz_o 平面内。如果滚动控制回路、偏航控制回路不工作，则当航天器在轨道上运行转过90°到达②时，由于角动量 $\boldsymbol{H}$ 的定向性，其方向与在①处相同，因此，它在轨道面的投影将在②处的 z_o 轴的负方向，这导致在②处航天器的偏航角为零，而滚动角为 φ_2，并且 $\varphi_2 = \psi_1$。当航天器再转过90°时，滚动角又为零，偏航角等于 $-\psi_1$。

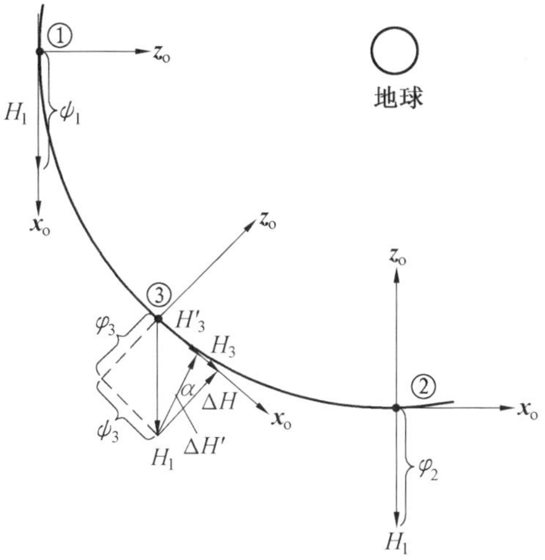

图 14.8　偏置动量轮控系统的基本控制原理

而在前 90° 圆周内的 ③ 处，偏航角 ψ_3 和滚动角 φ_3 同时存在，显然 $\psi_3 < \psi_1$，如这时沿偏航轴方向施加一力矩（外力矩或内部反作用力矩），使航天器角动量 $\boldsymbol{H}$ 的投影从 H_1 沿 $\Delta\boldsymbol{H}$ 方向移到 H_3，即航天器俯仰轴 y_b 在轨道面内的投影与 x_o 重合，这就消除了滚动角。虽然偏航角仍为 ψ_3，但通过这种滚动控制减少了偏航误差。当然，可将控制力矩在偏航 — 滚动平面偏离偏航轴 α 角，使航天器角动量 $\boldsymbol{H}$ 的投影从 H_1 沿 $\Delta H'$ 方向移到 H'_3，这时不仅消除了滚动角，而且使偏航角误差减少到 ψ'_3。因此，带有偏置角动量的航天器绕偏航轴的姿态误差在 1/4 轨道周期内逐渐耦合为绕滚动轴的误差，后者可被测出并施加控制，因而间接地、有效地消除偏航误差，这就避免了用直接方式测量航天器偏航角，这就是偏置动量控制方案的最大优点，即不用偏航敏感器的两轴姿态控制系统就能实现航天器的三轴姿态稳定控制。俯仰和滚动用地球敏感器产生的信号进行反馈控制，偏航控制则是通过陀螺定轴性和 1/4 轨道运动耦合实现的。

从上面的分析可知，对于偏置动量轮控系统，一种比较简单的控制策略是：当滚动角为正（负）时，沿偏航轴方向施正（负）力矩，才能使偏置角动量倒向轨道法线，同时沿滚动轴方向施负（正）力矩来控制偏航运动。当然，上面的分析只考虑了进动控制的情况，实际情况中星体还存在章动运动，因此还需要设计章动阻尼控制律。

基于上述分析，一种可行的无偏航角信息的控制规律可取为

$$\begin{cases} T_{cx} = -(K_x\varphi + K_{xd}\dot{\varphi}) \\ T_{cz} = -\alpha T_{cx} \end{cases} \tag{14.32}$$

式中，分配系数 α 为正数。

同样将该控制律代入式(14.23),得

$$\begin{cases} I_x\ddot{\varphi}+h_B\omega_o\varphi+h_B\dot{\psi}+K_x\varphi+K_{xd}\dot{\varphi}=T_{dx} \\ I_z\ddot{\psi}+h_B\omega_o\psi-h_B\dot{\varphi}-\alpha K_x\varphi-\alpha K_{xd}\dot{\varphi}=T_{dz} \end{cases} \tag{14.33}$$

对于外干扰力矩 T_{dx} 和 T_{dz},方程的解为

$$\begin{bmatrix}\varphi(s)\\ \psi(s)\end{bmatrix}=\frac{1}{\Delta(s)}\begin{bmatrix} I_zs^2+\omega_oh_B & -h_B \\ h_Bs+\alpha K_x+\alpha K_{xd}s & I_xs^2+K_{xd}s+(\omega_oh_B+K_x)\end{bmatrix}\begin{bmatrix}T_{dx}(s)\\ T_{dz}(s)\end{bmatrix} \tag{14.34}$$

式中

$$\Delta(s)=I_xI_zs^4+K_{xd}I_zs^3+[\omega_oh_B(I_x+I_z)+I_zK_x+h_B^2+\alpha h_BK_{xd}]s^2+ (\alpha K_x+\omega_oh_BK_{xd})s+[(\omega_oh_B)^2+\omega_oh_BK_x] \tag{14.35}$$

为保证闭环控制系统是稳定的,s^3 前的系数项应是正的,因此控制参数 $K_{xd}>0$,但 K_x 不必一定是正的。下面给出控制参数 K_x,K_{xd} 和 α 的计算方法。

其中参数 K_x 和 α 与系统的稳态误差有关,可以根据系统稳态误差要求计算这两个参数。当外干扰力矩为阶跃型干扰时,即 $T_{dx}(s)=\frac{1}{s}T_{dx0}$,$T_{dz}(s)=\frac{1}{s}T_{dz0}$,可由终值定理求出姿态角的稳态误差,即

$$\varphi_{ss}=\frac{T_{dx0}}{\omega_oh_B+K_x} \tag{14.36}$$

$$\psi_{ss}=\frac{T_{dz0}}{\omega_oh_B}+\frac{\alpha K_xT_{dx0}}{\omega_oh_B(K_x+\omega_oh_B)}\approx\frac{T_{dz0}+\alpha T_{dx0}}{\omega_oh_B} \tag{14.37}$$

式中已假定 $K_x\gg\omega_oh_B$。从工程实践上,为减小偏航角的稳态误差,通常要求 $\alpha<1$。

由式(14.37)可知,若已知干扰力矩的幅值,可以根据允许的偏航角稳态误差,计算最小的偏置角动量 h_B。从式(14.36)中,可以计算控制参数 K_x,即

$$K_x=\frac{T_{dx0}}{\varphi_{ss}}-\omega_oh_B$$

剩下的问题是如何确定控制参数 α 和 K_{xd}。同样可以将闭环系统的特征多项式改写为两个二阶带阻尼极点的乘积形式,如式(14.29)所示。假设阻尼比 $\xi_1=\xi_2=\xi$,若已知星体转动惯量和参数 K_x,通过对比式(14.29)和式(14.35),可以计算得到 α 和 K_{xd}。

14.2.3 偏置动量轮控系统的分类

滚动－偏航耦合控制系统的设计依据是飞轮系统在滚动轴和偏航轴存储的角动量和其他控制力矩的配置方式,可以选用许多控制系统的结构,主要有:①

固定偏置动量系统，即偏置动量在滚动轴和偏航轴上无分量，而靠喷气力矩或磁力矩来修正滚动姿态角偏差和偏航姿态角偏差；② 单自由度偏置动量系统，即利用偏置动量在滚动或偏航的某个轴上的分量产生的耦合控制力矩来修正姿态角误差；③ 两自由度偏置动量系统，即利用偏置动量在两个轴上的分量产生控制力矩，独立修正滚动姿态误差和偏航姿态误差。

14.3　固定偏置动量轮控系统设计

14.3.1　典型构型

对于对地定向的卫星，通常在星体俯仰轴上安装有偏置角动量的动量轮。系统工作时，偏置轮的转速在标称值的 ±(10% ~ 20%) 范围内变动以提供俯仰通道的控制力矩。滚动运动和偏航运动则靠斜装的姿控推力器、磁力矩器或太阳辐射压力矩器进行控制。

两种典型的固定偏置动量轮控系统的构型如图 14.9 所示。

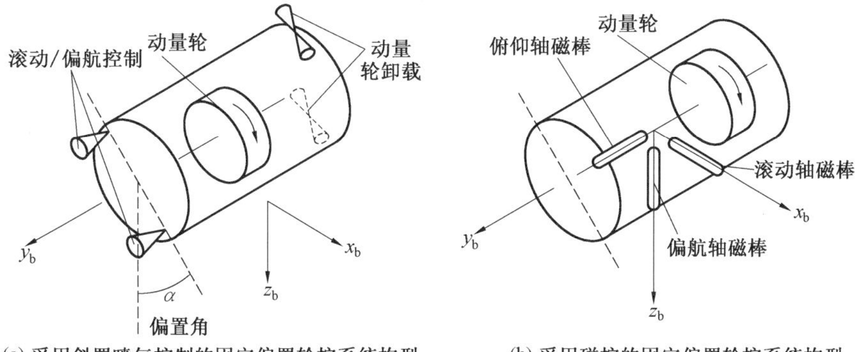

(a) 采用斜置喷气控制的固定偏置轮控系统构型　　(b) 采用磁控的固定偏置轮控系统构型

图 14.9　两种典型的固定偏置动量轮控系统构型

对于第一种固定偏置轮控系统构型，其执行机构由一个偏置动量轮和两对姿控推力器组成。航天器的俯仰姿态偏差通过俯仰通道控制系统来消除(在飞轮偏置值附近改变角动量 $\pm \Delta h_y$)，飞轮的卸载由一对可产生正负俯仰力矩的推力器完成。滚动运动和偏航运动依靠偏置动量轮的陀螺效应进行被动稳定，并由一对斜装推力器对滚动运动和偏航姿态偏差进行控制。考虑到长寿命及可靠性的要求，在具体实现时通常安装两个动量轮；一个处于工作状态，另一个处于冷备份状态。20 世纪 80 年代以来发射的 Intersat－V、RCA－3000 系列、TV－SAT 和 Eutelsat－Ⅱ 等通信广播卫星都采用这种系统，我国的东方红三号通信卫星也采用了这种构型。

对于第二种固定偏置轮控系统构型,其执行机构由一个偏置动量轮和三组磁力矩器组成。其中,航天器的俯仰姿态偏差通过俯仰通道控制系统来消除,动量轮的卸载则由滚动轴和偏航轴上的磁力矩器完成。滚动运动和偏航运动依靠偏置动量轮的陀螺效应进行被动稳定,并由俯仰轴上的磁力矩器对滚动姿态偏差和偏航姿态偏差进行控制。我国的风云一号C星、D星以及海洋一号卫星就采用了这种控制构型,其优点是系统可靠性高,不需要消耗推进剂。

14.3.2 采用斜置喷气的固定动量轮控系统设计

下面以采用斜置喷气的固定偏置动量轮控系统对地定向卫星为例,介绍固定偏置动量轮控系统的基本设计原理。

对于采用斜置喷气的固定偏置动量轮控系统,其滚动－偏航姿态控制是通过一对斜置安装的姿控推力器产生的控制力矩实现的,如图14.10所示。

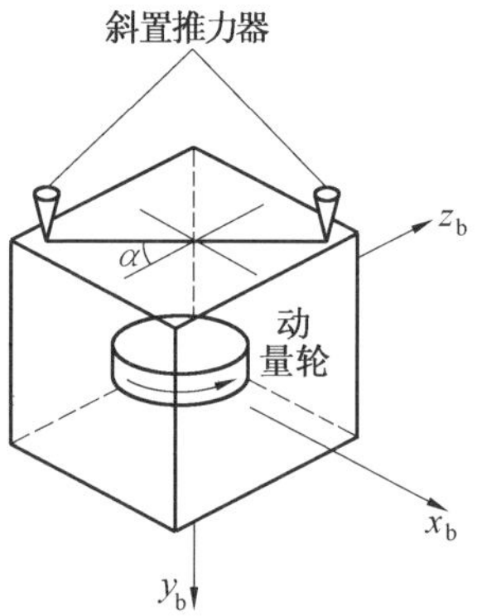

图 14.10 斜置安装的推力器结构

图4.10中的偏置角 α 称为力矩斜置角,其正方向定义为:如滚动喷气力矩 T_{jx} 为正,若此时偏航喷气力矩 T_{jz} 为负,则对应的 α 为正,即

$$\begin{cases} T_{jx} = T_c \cos\alpha \\ T_{jz} = -T_c \sin\alpha \end{cases} \tag{14.38}$$

式中,T_c 为推力器产生的控制力矩;$\cos\alpha$,$\sin\alpha$ 均为力矩分配系数。

1. 姿态控制系统的基本设计原理

由于偏置动量控制系统的姿态运动可看成长周期运动与短周期运动的耦合,可先分别讨论各自的控制方法,然后再进行整合。

(1) 长周期运动的控制。

对于固定偏置动量轮控系统,偏置动量在滚动轴和偏航轴上无分量,则其长周期运动方程式为

$$\begin{cases} h_B\omega_o\varphi + h_B\dot{\psi} = T_c\cos\alpha + T_{dx} \\ h_B\omega_o\psi - h_B\dot{\varphi} = -T_c\sin\alpha + T_{dz} \end{cases} \tag{14.39}$$

对应的开环系统频域模型可描述为

$$\begin{bmatrix} h_B\omega_o & h_B s \\ -h_B s & h_B\omega_o \end{bmatrix} \begin{bmatrix} \varphi(s) \\ \psi(s) \end{bmatrix} = \begin{bmatrix} T_c(s)\cos\alpha \\ -T_c(s)\sin\alpha \end{bmatrix} + \begin{bmatrix} T_{dx} \\ T_{dz} \end{bmatrix} \tag{14.40}$$

其特征方程式为

$$G_{\mathrm{ol}}=h_{\mathrm{B}}^{2}(s^{2}+\omega_{\mathrm{o}}^{2}) \tag{14.41}$$

式(14.41)表示一个二阶无阻尼振动系统，频率为 ω_{o}。为使长周期运动稳定，需要加以阻尼控制。

长周期控制的实质是控制偏置角动量与轨道法线一致，从 14.2 节的分析可知，一种最简单的反馈控制律是：当滚动角为正(负)时，沿偏航轴方向施正(负)力矩，才能使偏置角动量倒向轨道法线，同时沿滚动轴方向施负(正)力矩来控制偏航运动。对于仅采用红外地球敏感器的情况(静止轨道卫星多采用红外地球敏感器)，由于只能提供滚动角信息，喷气控制力矩 $T_{\mathrm{c}}(s)$ 可采用比例反馈控制策略，即

$$T_{\mathrm{c}}(s)=K[\varphi_{\mathrm{c}}(s)-\varphi(s)] \tag{14.42}$$

式中，$\varphi_{\mathrm{c}}(s)$ 为滚动角给定量；K 为控制器比例系数。由式(14.40)和式(14.42)可以得到长周期运动控制系统的方框图，如图 14.11 所示。

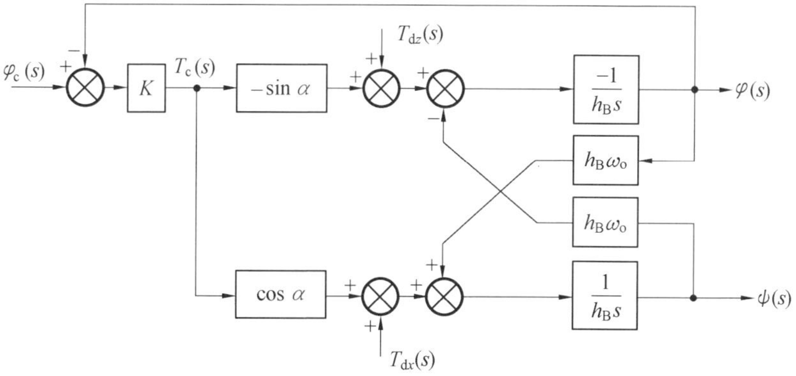

图 14.11　固定偏置动量控制长周期运动姿态稳定系统方框图

令 $\varphi_{\mathrm{c}}(s)=0$，可讨论闭环干扰力矩作用特性，由图 14.11 或式(14.40)和式(14.42)可得

$$\begin{bmatrix} h_{\mathrm{B}}\omega_{\mathrm{o}}+K\cos\alpha & h_{\mathrm{B}}s \\ -h_{\mathrm{B}}s-K\sin\alpha & h_{\mathrm{B}}\omega_{\mathrm{o}} \end{bmatrix}\begin{bmatrix} \varphi(s) \\ \psi(s) \end{bmatrix}=\begin{bmatrix} T_{\mathrm{d}x}(s) \\ T_{\mathrm{d}z}(s) \end{bmatrix} \tag{14.43}$$

求得

$$\begin{bmatrix} \varphi(s) \\ \psi(s) \end{bmatrix}=\frac{1}{G_{\mathrm{cl}}(s)}\begin{bmatrix} h_{\mathrm{B}}\omega_{\mathrm{o}} & -h_{\mathrm{B}}s \\ h_{\mathrm{B}}s+K\sin\alpha & h_{\mathrm{B}}\omega_{\mathrm{o}}+K\cos\alpha \end{bmatrix}\begin{bmatrix} T_{\mathrm{d}x}(s) \\ T_{\mathrm{d}z}(s) \end{bmatrix} \tag{14.44}$$

式中，$G_{\mathrm{cl}}(s)$ 为长周期运动控制系统的闭环特征多项式，将其化为典型二阶环节为

$$G_{\mathrm{cl}}(s)=h_{\mathrm{B}}^{2}\left[s^{2}+\frac{K\sin\alpha}{h_{\mathrm{B}}}s+\omega_{\mathrm{o}}\left(\omega_{\mathrm{o}}+\frac{K\cos\alpha}{h_{\mathrm{B}}}\right)\right]=h_{\mathrm{B}}^{2}(s^{2}+2\xi\omega_{\mathrm{n}}s+\omega_{\mathrm{n}}^{2}) \tag{14.45}$$

式中，无阻尼自振频率 ω_n 和阻尼比 ξ 分别为

$$\omega_n = \sqrt{\omega_o\left(\omega_o + \frac{K\cos\alpha}{h_B}\right)},\quad \xi = \frac{K\sin\alpha}{2h_B\omega_n}$$

显然，反馈控制使长周期运动提高了自振频率，增加了阻尼，缩短了过渡过程的调节时间，并使系统运动稳定。对于形式为式(14.16)的干扰力矩，则常值项 T_{ox}，T_{oz} 引起的滚动角、偏航角的稳态值 φ_{ss} 和 ψ_{ss} 可由式(14.44)利用拉氏变换的终值定理给出即

$$\begin{cases}\varphi_{ss} = \dfrac{h_B\omega_o T_{ox}}{h_B^2\omega_o\left(\omega_o + \dfrac{K\cos\alpha}{h_B}\right)} = \dfrac{T_{ox}}{h_B\omega_o + K\cos\alpha} \approx \dfrac{T_{ox}}{K\cos\alpha} \\ \psi_{ss} = \dfrac{K\sin\alpha T_{ox} + K\cos\alpha T_{oz}}{h_B^2\omega_o\left(\omega_o + \dfrac{K\cos\alpha}{h_B}\right)} \approx \dfrac{\tan\alpha}{h_B\omega_o}T_{ox} + \dfrac{T_{oz}}{h_B\omega_o}\end{cases} \tag{14.46}$$

对于 T_{dx}，T_{dz} 中的周期函数输入作用时，滚动角和偏航角的稳态值 φ'_{ss} 和 ψ'_{ss} 不能使用拉氏变换的终值定理求得，只能通过拉氏反变换求得时域响应再取 $t\to\infty$ 的极限。则有

$$\begin{cases}\varphi'_{ss} \approx \dfrac{2T_s}{K}\cos(\omega_o t - \alpha) \\ \psi'_{ss} \approx -\dfrac{T_s}{h_B\omega_o}\sin(\omega_o t - 2\alpha)\end{cases} \tag{14.47}$$

式(14.46)和式(14.47)的近似关系是因利用了喷气控制时，K 可以取得很大，以至于 $K\cos\alpha \gg h_B\omega_o$ 的缘故。由这两式可以看出，为减少滚动角的稳态误差，必须使 K 很大。而偏航角的稳态误差与 K 无关，只能靠取较大的偏置角动量 h_B 才能减少，这就是无偏航角反馈的系统偏航稳态误差不能太小的原因。

(2) 短周期运动的控制。

短周期控制即为章动控制，其目的是消除星体的横向角速度，即 $\omega_x = \omega_z = 0$。在小角度情况下，ω_x 和 ω_z 可表示为

$$\begin{cases}\omega_x \approx \dot\varphi - \psi\omega_o \\ \omega_z \approx \dot\psi + \varphi\omega_o\end{cases} \tag{14.48}$$

考虑到在小角度情况下，$\psi\omega_o$ 和 $\varphi\omega_o$ 项在数值上很小，因此章动控制的目的等价于令 $\dot\varphi = \dot\psi = 0$。记 $\omega_\varphi = \dot\varphi$，$\omega_\psi = \dot\psi$，由式(14.11)可以得到短周期运动的频域方程为

$$\begin{bmatrix} I_x s & h_B \\ -h_B & I_z s\end{bmatrix}\begin{bmatrix}\omega_\varphi(s) \\ \omega_\psi(s)\end{bmatrix} = \begin{bmatrix} T_c(s)\cos\alpha \\ -T_c(s)\sin\alpha\end{bmatrix} + \begin{bmatrix}T_{dx}(s) \\ T_{dz}(s)\end{bmatrix} \tag{14.49}$$

解得

$$\begin{bmatrix}\omega_\varphi(s)\\ \omega_\psi(s)\end{bmatrix}=\frac{1}{G_{os}(s)}\left\{\begin{bmatrix}I_z\cos\alpha s+h_B\sin\alpha\\ h_B\cos\alpha-I_x\sin\alpha s\end{bmatrix}T_c(s)+\begin{bmatrix}I_zsT_{dx}(s)-h_BT_{dz}(s)\\ h_BT_{dx}(s)+I_xsT_{dz}(s)\end{bmatrix}\right\} \tag{14.50}$$

式中，$G_{os}(s)$ 为其开环特征方程式，有

$$G_{os}(s)=I_xI_z(s^2+\omega_n^2) \tag{14.51}$$

式中，ω_n 为滚动－偏航耦合运动的章动频率，$\omega_n=\dfrac{h_B}{\sqrt{I_xI_z}}$。由于阻尼章动必须引入姿态角速度反馈，但系统的测量值为滚动角，因此要采用超前校正。令控制规律为

$$T_c(s)=-K(\tau s+1)\varphi(s)=-\frac{K}{s}(\tau s+1)\omega_\varphi(s) \tag{14.52}$$

式中，K 为比例系数；τ 为微分常数。

短周期运动控制系统的闭环方框图如图 14.12(a) 所示。

若不考虑干扰力矩，则其控制系统等效框图如图 14.12(b) 所示。

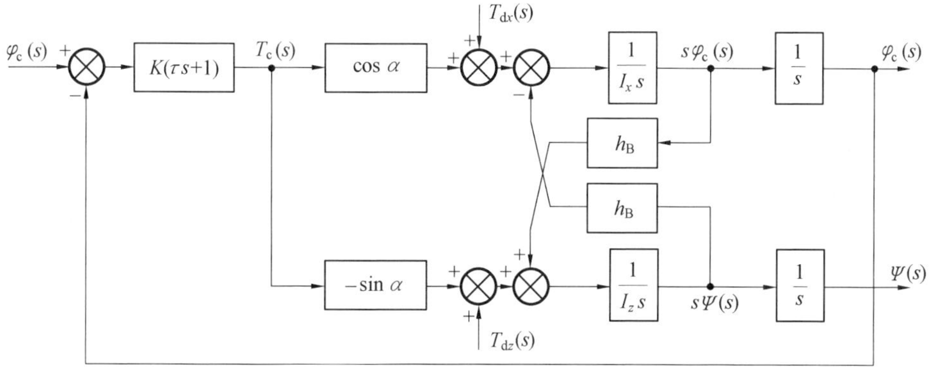

(a)

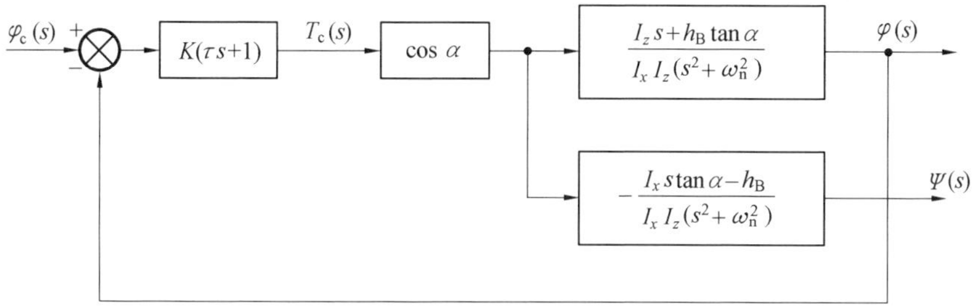

(b)

图 14.12　固定偏置动量控制短周期运动姿态稳定系统方框图及其等效图

根据该等效框图，可以得到滚动通道和偏航通道的开环传递函数，即

$$\begin{cases} G_{os}^{\varphi}(s)=\dfrac{K(\tau s+1)(I_z\cos\alpha s+h_B\sin\alpha)}{I_xI_zs(s^2+\omega_N^2)} \\ G_{os}^{\psi}(s)=\dfrac{K(\tau s+1)(h_B\cos\alpha-I_xs\sin\alpha)}{I_xI_zs(s^2+\omega_N^2)} \end{cases} \tag{14.53}$$

可见，该开环传递函数包含有 3 个极点：$s=0$，$\pm j\omega_N$ 和两个零点 $z=-\dfrac{1}{\tau}$，$-\dfrac{h_B}{I_z}\tan\alpha$。

由式(14.49)和式(14.52)可得到以 $\omega_\varphi(s)$ 和 ω_ψ 为变量的短周期控制系统的闭环方程式(不考虑 $\varphi_c(s)$)，即

$$\begin{bmatrix} I_xs+\dfrac{K(\tau s+1)\cos\alpha}{s} & h_B \\ -h_B-\dfrac{K(\tau s+1)\sin\alpha}{s} & I_zs \end{bmatrix}\begin{bmatrix}\omega_\varphi(s)\\ \omega_\psi(s)\end{bmatrix}=\begin{bmatrix}T_{dx}(s)\\ T_{dz}(s)\end{bmatrix} \tag{14.54}$$

其闭环特征方程式由 $\begin{bmatrix}\varphi(s)\\ \psi(s)\end{bmatrix}$ 的系数矩阵行列式得到，记为 $G_{cs}(s)$。其公式为

$$G_{cs}(s)=I_xI_zs^3+h_B^2s+K(I_z\cos\alpha s+h_B\sin\alpha)(\tau s+1)=0 \tag{14.55}$$

系统的根轨迹标准形式为

$$\frac{\left(s+\dfrac{h_B}{I_z}\tan\alpha\right)\left(s+\dfrac{1}{\tau}\right)}{s(s^2+\omega_n^2)}=-\frac{1}{K'} \tag{14.56}$$

式中，$K'=\dfrac{K\tau\cos\alpha}{I_x}$。根轨迹的起始点($K'=0$)为 $s=0$，$\pm j\omega_N$(开环极点)，终点($K'=\infty$)为 $s=-\dfrac{h_B}{I_z}\tan\alpha$，$-\dfrac{1}{\tau}$ 和负无穷远处。对比根轨迹标准式和式(14.53)中的滚动通道开环传递函数可以发现，系统的根轨迹的开环零、极点即为滚动通道的开环传递函数的零、极点。因此系统的根轨迹和滚动通道的根轨迹是相同的。

当 $\dfrac{1}{\tau}>\dfrac{h_B}{I_z}\tan\alpha$ 时，式(14.56)对应的根轨迹如图 14.13 所示。闭环系统由控制器引入零点 $-\dfrac{1}{\tau}$，起章动阻尼作用；偏置角动量和喷气斜置角引入另外一个零点 $-\dfrac{h_B}{I_z}\tan\alpha$，起着短周期章动的镇定作用。后者比前者更靠近虚轴，使控制力矩主要加在滚动轴上并适当向偏航轴的负方向倾斜。图 14.13 示出的 3 条根轨迹皆不会穿过虚轴进入右半 s 平面，因而闭环系统是渐进稳定的。

当然，我们可以绘出滚动通道和偏航通道的根轨迹，进行稳定性及其他性能分析。其中滚动通道的根轨迹与图 14.13 相同，不再赘述。根据偏航通道的开环

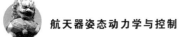

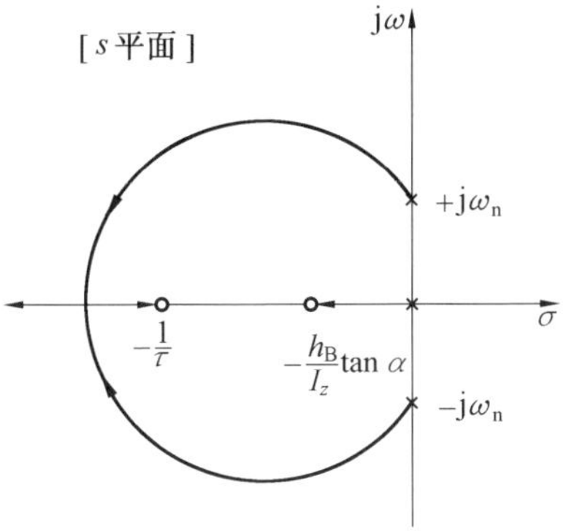

图 14.13　固定偏置动量控制短周期运动姿态稳定系统的根轨迹图

传递函数可知，偏航通道的根轨迹有一个开环零点在右半平面，是非最小相位系统，其根轨迹有一部分在 s 平面的右半平面。但实际上，若控制参数 τ 的选择满足 $\frac{1}{\tau} > \frac{h_B}{I_z}\tan\alpha$ 的要求时，在滚动通道和偏航通道根轨迹上对应的闭环极点一定在 s 平面的左半平面，保证该通道是稳定的。

由闭环特征方程式还可看到，为减少阻尼时间，K 值应取得大些，这对喷气控制不难做到。

(3) 滚动－偏航运动的控制。

以上分开讨论了滚动－偏航运动长、短周期反馈控制的作用，实际上，长、短周期运动是耦合的。可综合二者的控制方法得到滚动－偏航通道的姿态控制规律。

令式(14.6)中的 $h_x = h_z = 0$（固定偏置动量），并忽略 ω_o 与惯量的乘积项，则滚动－偏航通道的系统开环频域方程式为

$$\begin{bmatrix} I_x s^2 + h_B\omega_o & h_B s \\ -h_B s & I_z s^2 + h_B\omega_o \end{bmatrix}\begin{bmatrix} \varphi(s) \\ \psi(s) \end{bmatrix} = \begin{bmatrix} T_c(s)\cos\alpha \\ -T_c(s)\sin\alpha \end{bmatrix} + \begin{bmatrix} T_{dx}(s) \\ T_{dz}(s) \end{bmatrix} \tag{14.57}$$

求得

$$\begin{bmatrix} \varphi(s) \\ \psi(s) \end{bmatrix} = \frac{1}{G_o(s)}\left\{\begin{bmatrix} (I_z s^2 + h_B\omega_o)\cos\alpha + h_B\sin\alpha s \\ h_B\cos\alpha s - (I_x s^2 + h_B\omega_o)\sin\alpha \end{bmatrix} T_c(s) + \begin{bmatrix} I_z s^2 + h_B\omega_o & -h_B s \\ h_B s & I_x s^2 + h_B\omega_o \end{bmatrix}\begin{bmatrix} T_{dx}(s) \\ T_{dz}(s) \end{bmatrix}\right\} \tag{14.58}$$

式中，$G_o(s)$ 为其开环特征多项式，其表达式为

$$
\begin{cases}
G_o(s) = I_x I_z (s^2 + \omega_a^2)(s^2 + \omega_b^2) \\
\omega_a^2 = \dfrac{I_x + I_z}{2\sqrt{I_x I_z}} \omega_n \omega_o \\
\omega_b^2 = \omega_a^2 + \omega_n^2 \\
\omega_n^2 = \dfrac{h_B^2}{I_x I_z}
\end{cases}
\tag{14.59}
$$

仍取控制律为 $T_c(s) = K(\tau s + 1)[\varphi_c(s) - \varphi(s)]$，闭环系统的方框图如图 14.14(a) 所示，其等效图如图 14.14(b) 所示。

由式(14.58) 或图 14.14(b) 可以分别得到滚动通道和偏航通道的开环传递函数为

$$
G_o^{\varphi}(s) = K(\tau s + 1) \frac{(I_z s^2 + h_B \omega_o)\cos\alpha + h_B \sin\alpha s}{I_x I_z (s^2 + \omega_a^2)(s^2 + \omega_b^2)} \tag{14.60}
$$

和

$$
G_o^{\psi}(s) = K(\tau s + 1) \frac{h_B \cos\alpha s - (I_x s^2 + h_B \omega_o)\sin\alpha}{I_x I_z (s^2 + \omega_a^2)(s^2 + \omega_b^2)} \tag{14.61}
$$

由方框图不难求得闭环系统的频域方程式为

$$
\begin{bmatrix} I_x s^2 + h_B \omega_o + K(\tau s + 1)\cos\alpha & h_B s \\ -h_B s - K(\tau s + 1)\sin\alpha & I_z s^2 + h_B \omega_o \end{bmatrix} \begin{bmatrix} \varphi(s) \\ \psi(s) \end{bmatrix} =
$$

$$
\begin{bmatrix} T_{dx}(s) \\ T_{dz}(s) \end{bmatrix} + \begin{bmatrix} \varphi_c(s) K(\tau s + 1)\cos\alpha \\ -\varphi_c(s) K(\tau s + 1)\sin\alpha \end{bmatrix} \tag{14.62}
$$

求得

$$
\begin{bmatrix} \varphi(s) \\ \psi(s) \end{bmatrix} = \frac{1}{G_c(s)} \begin{bmatrix} I_z s^2 + h_B \omega_o & -h_B s \\ h_B s + K(\tau s + 1)\sin\alpha & I_x s^2 + h_B \omega_o + K(\tau s + 1)\cos\alpha \end{bmatrix} \cdot
$$

$$
\left\{ \begin{bmatrix} T_{dx}(s) \\ T_{dz}(s) \end{bmatrix} + \begin{bmatrix} \varphi_c(s) K(\tau s + 1)\cos\alpha \\ -\varphi_c(s) K(\tau s + 1)\sin\alpha \end{bmatrix} \right\} \tag{14.63}
$$

式中，$G_c(s)$ 为闭环特征多项式，即

$$
\begin{aligned}
G_c(s) = {} & I_x I_z s^4 + K\tau s^3 \cos\alpha + (I_x h_B \omega_o + I_z h_B \omega_o + K\cos\alpha I_z + K\tau h_B \sin\alpha + h_B^2) s^2 + \\
& (K\tau h_B \omega_o \cos\alpha + K h_B \sin\alpha) s + (h_B^2 \omega_o^2 + K h_B \omega_o \cos\alpha)
\end{aligned}
\tag{14.64}
$$

闭环系统的稳定性由式(14.64) 所示的闭环特征多项式的根决定。为分析其稳定性，可以采用根轨迹法。

对其闭环特征方程式 $G_c(s) = 0$ 进行适当处理，可得到滚动－偏航通道的系统根轨迹的标准形式方程，即

$$
\frac{\left(s + \dfrac{1}{\tau}\right)\left(s^2 + \dfrac{h_B}{I_z} s \tan\alpha + \dfrac{h_B \omega_o}{I_z}\right)}{(s^2 + \omega_a^2)(s^2 + \omega_b^2)} = -\frac{1}{K'} \tag{14.65}
$$

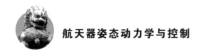

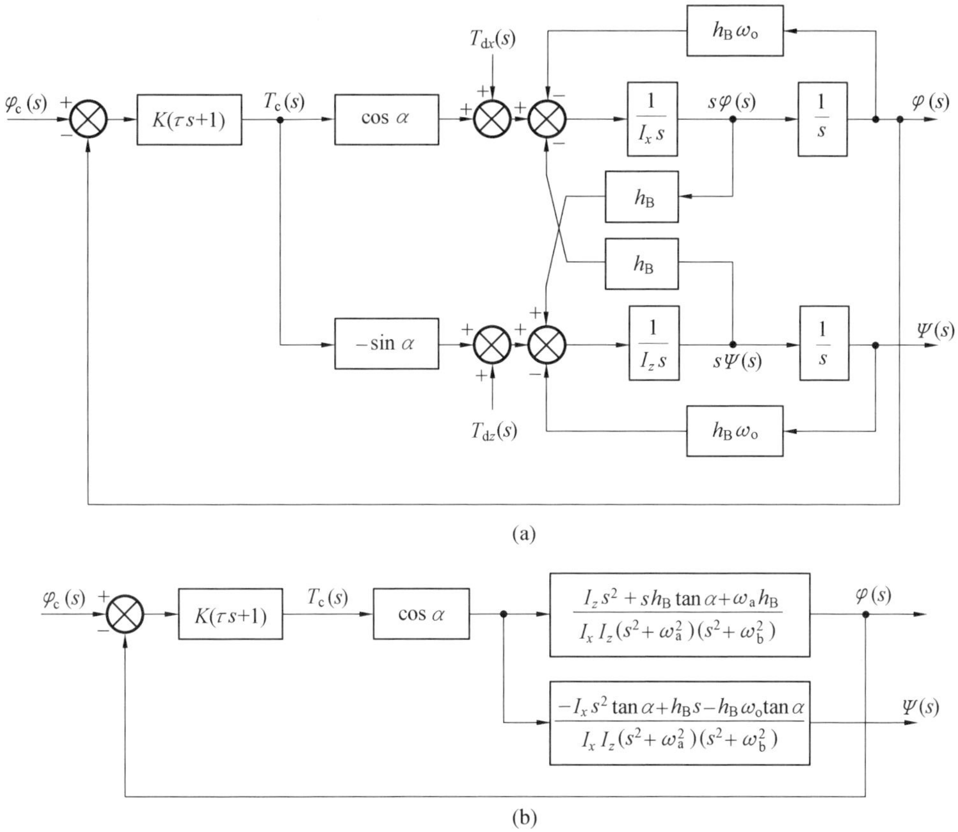

图 14.14　固定偏置动量控制系统姿态稳定系统方框图及其等效图

系统根轨迹有 4 个开环极点，分别为 $\pm j\omega_a$ 和 $\pm j\omega_b$；另外还有 3 个开环零点，包括控制器带来的零点 $-\frac{1}{\tau}$ 和动力学两个零点，即

$$z_{1,2}=\frac{-\frac{1}{I_z}h_B\tan\alpha\mp\sqrt{\Delta'}}{2} \tag{14.66}$$

对比根轨迹标准式(14.65)和式(14.60)中的滚动通道开环传递函数可以发现，系统的根轨迹的开环零、极点即为滚动通道的开环传递函数的零、极点。因此，系统根轨迹和滚动通道的根轨迹是相同的。

为减少喷气次数，设计时要保证系统为过阻尼特性，即要求

$$\Delta'=\frac{h_B^2}{I_z^2}\tan^2\alpha-4\frac{h_B\omega_o}{I_z}=\frac{h_B}{I_z^2}(h_B\tan^2\alpha-4I_z\omega_o)\geqslant 0 \tag{14.67}$$

此时斜置角 α 满足

$$\alpha \geqslant \arctan\left(2\sqrt{\frac{I_z\omega_o}{h_B}}\right) \tag{14.68}$$

式中，$K'=\dfrac{K\tau\cos\alpha}{I_x}$。此时开环零点 z_1，z_2 在负实轴上。

当取 $\dfrac{1}{\tau}>-z_1>-z_2$ 时，式(14.65)表示的根轨迹如图 14.15 所示。

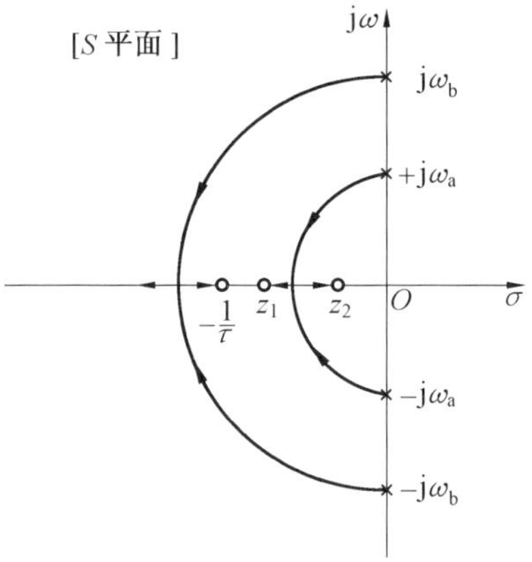

图 14.15　固定偏置动量控制姿态稳定系统的根轨迹图

可见根轨迹有 4 条，起始点在 $\pm j\omega_a$，$\pm j\omega_b$，终点为 $-\dfrac{1}{\tau}$，z_1，z_2 和负无穷远点。显然，闭环系统是渐近稳定的，因为根轨迹没有一条穿过虚轴进入右半 s 平面。

同样，我们可以绘出滚动通道和偏航通道的根轨迹，进行稳定性及其他性能分析。其中滚动通道的根轨迹与图 14.15 相同，不再赘述。而偏航通道的开环传递函数中带有正实部为 $\dfrac{h_B}{I_x\tan\alpha}$ 的零点，属于非最小相位系统。为加快其响应，应选择最小的偏置角 α。但即使如此，在校正初始偏航角时，其误差值在一开始朝着稳态值相反的方向变化，这是非最小相位系统的特点。

由式(14.63)可以得到在给定量 $\varphi_c(s)$ 和干扰力矩 T_{dx}，T_{dz} 的作用下，$\varphi(s)$ 和 $\psi(s)$ 的表达式。对于 $\varphi_c(s)$ 的作用，$\varphi(s)$ 和 $\psi(s)$ 分别为

$$\varphi(s)=\frac{1}{G_c(s)}\left[(I_zs^2+h_B\omega_o)\cos\alpha+h_B\sin\alpha s\right]K(\tau s+1)\varphi_c(s) \tag{14.69}$$

$$\psi(s)=-\frac{1}{G_c(s)}\{-\left[h_Bs+K(\tau s+1)\sin\alpha\right]\cos\alpha+\left[(I_xs^2+h_B\omega_o+K(\tau s+1)\cos\alpha)\right]\sin\alpha\}K(\tau s+1)\varphi_c(s) \tag{14.70}$$

令滚动角误差量为 $e_{\varphi}(s)$，其稳态值为 $e_{\varphi ss}$，对 $\varphi_c(s)=\dfrac{1}{s}$（单位阶跃函数）利用拉氏变换的终值定理可得

$$\begin{aligned}e_{\varphi ss}&=\lim_{t\to\infty}[\varphi_c(t)-\varphi(t)]=\lim_{s\to 0}s[\varphi_c(s)-\varphi(s)]\\&=1-\frac{K\tau I_z\dfrac{h_B\omega_o}{I_z}\dfrac{1}{\tau}\cos\alpha}{h_B^2\omega_o^2+Kh_B\omega_o\cos\alpha}=1-\frac{K\cos\alpha}{h_B\omega_o+K\cos\alpha}=\frac{h_B\omega_o}{h_B\omega_o+K\cos\alpha}\\&\approx\frac{h_B\omega_o}{K\cos\alpha}\end{aligned}\tag{14.71}$$

$\psi(s)$ 在同样 $\varphi_c(s)$ 作用下稳态值 $\psi_{ss}(s)$ 为

$$\psi_{ss}=-\frac{K\tau\dfrac{h_B\omega_o}{I_x}\dfrac{1}{\tau}\sin\alpha}{h_B^2\omega_o^2+Kh_B\omega_o\cos\alpha}=-\frac{K\sin\alpha}{h_B\omega_o+K\cos\alpha}\approx\tan\alpha\tag{14.72}$$

式(14.71)和式(14.72)的近似式利用了 $K\cos\alpha\gg h_B\omega_o$ 的条件。由此可以看到，在单位阶跃给定作用时，滚动角稳态误差很小，而偏航角稳态值随 α 的正切值变化，因此需要取较小的 α 值。

在干扰力矩 $T_{dx}(s)$ 和 $T_{dz}(s)$ 的作用下，由式(14.63)可以得到 $\varphi(s)$ 和 $\psi(s)$ 的表达式为

$$\begin{cases}\varphi(s)=\dfrac{1}{G_c(s)}[(I_xs^2+h_B\omega_o)T_{dx}(s)-h_BsT_{dz}(s)]\\ \psi(s)=\dfrac{1}{G_c(s)}\{[h_Bs+K(\tau s+1)\sin\alpha]T_{dx}(s)+\\ \qquad[(I_zs^2+h_B\omega_o+K(\tau s+1)\cos\alpha)]T_{dz}(s)\}\end{cases}\tag{14.73}$$

对于干扰力矩中的恒值输入，即 $T_{dx}(s)=\dfrac{1}{s}T_{ox}$，$T_{dz}(s)=\dfrac{1}{s}T_{oz}$，则滚动角和偏航角的稳态值 φ_{ss}，ψ_{ss} 可由式(14.73)利用终值定理求出，即

$$\varphi_{ss}=\frac{h_B\omega_oT_{ox}}{h_B^2\omega_o^2+Kh_B\omega_o\cos\alpha}\approx\frac{T_{ox}}{K\cos\alpha}$$

$$\psi_{ss}=\frac{K\sin\alpha T_{ox}+(h_B\omega_o+K\cos\alpha)T_{oz}}{h_B^2\omega_o\left(\omega_o+\dfrac{K\cos\alpha}{h_B}\right)}\approx\frac{\tan\alpha}{h_B\omega_o}T_{ox}+\frac{T_{oz}}{h_B\omega_o}\tag{14.74}$$

式(14.74)的形式与长周期运动分析得到的结果式是一致的。

可以看出，增大反馈系数 K 可减少滚动稳态误差，而偏航误差则与 K 无关，只能靠增大偏置动量 h_B 来减少。ψ_{ss} 表达式中 T_{dx} 是通过耦合系数 $\tan\alpha$ 叠加上的，从稳态误差考虑，偏置角也应取得小些。

上面介绍的斜置喷气系统的设计原理是按线性系统原理进行设计的，控制律采用了比例加微分环节进行校正，但实际上喷气推力器只能工作在脉冲状

态。因此需要对喷气推力器进行调制以近似满足要求的线性特性。回顾第11章讲述的伪速率控制器，其特性可近似为一个比例加微分校正环节，因此实际工程上采用伪速率控制器来取代比例微分环节。这样控制系统的实际框图如图14.16所示。

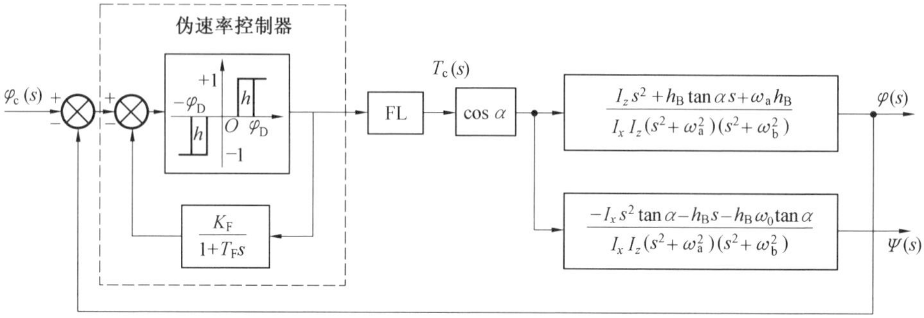

图 14.16　用伪速率控制器代替比例微分环节的控制系统框图

由第11章可知，伪速率控制器在一个脉冲周期内的平均力矩可写为

$$\bar{T}_c=\frac{t_N}{t_N+t_F}FL=-\frac{\varphi_1+\dot{\varphi}T_F+\varphi_D(1-h/2)}{K_F}FL \tag{14.75}$$

式中，F为推力器的推力；L为推力器的有效力臂。由于式中$-\frac{\varphi_D(1-h/2)}{K_F}$数值很小，因此伪速率控制器可近似为比例微分环节。由式(14.75)可知，伪速率控制器产生的平均力矩与输入信号的传递函数为

$$\frac{\bar{T}_c(s)}{\varphi(s)}\approx-\frac{FL}{K_F}(1+T_F s)=-K(1+\tau s) \tag{14.76}$$

根据式(14.76)就可得到比例微分环节参数K和τ与伪速率控制器的两个参数K_F和T_F之间的关系式，即

$$K_F=\frac{FL}{K},\quad T_F=\tau$$

以上即为带有斜置喷气推力器的固定偏置动量轮控系统的基本控制原理，但实际的工程还要考虑伪速率控制器死区对控制精度的影响、章动运动的衰减、姿态敏感器噪声的抑制以及各种参数不确定等因素，需要对上面的控制系统进行一定的改进。

2. 控制死区对姿态运动及控制精度的影响

在实际系统中，喷气推力器的最小开启时间受到限制，即在小偏差情况下系统是不可控的，同时为节省推进剂，应该设置一个滚动角的死区，在该死区内，系统处于无控状态。滚动角控制死区在控制框图中则表现为伪速率控制器的死区

阈值 φ_{D}。

下面给出有控制死区时，对姿态受控运动轨迹以及控制精度的影响。

(1) 有控制死区时的姿态受控运动。

设航天器滚动轴和偏航轴上所受的外界干扰力矩（体坐标系下的分量）如式(14.16)所示。若忽略章动运动的影响，在上述干扰力矩作用下，在控制死区范围内的滚动角和偏航角变化规律如式(14.22)所示。设 $t=t_1$ 时，航天器的滚动角、偏航角分别为 φ_1 和 ψ_1，则当 $t>t_1$ 时，由式(14.22)，滚动角和偏航角的表达式为

$$\begin{cases}\varphi(t)=\dfrac{T_{ox}}{\omega_o h_{\mathrm{B}}}+\left(\varphi_0-\dfrac{T_{ox}}{\omega_o h_{\mathrm{B}}}\right)\cos\omega_o(t-t_1)+\left(\psi_0-\dfrac{T_{oz}}{\omega_o h_{\mathrm{B}}}\right)\sin\omega_o(t-t_1)+\\ \qquad\dfrac{T_{\mathrm{s}}}{h_{\mathrm{B}}}(t-t_1)\sin[\omega_o(t-t_1)+\Omega_{\mathrm{s}}]\\ \psi(t)=\dfrac{T_{oz}}{\omega_o h_{\mathrm{B}}}+\left(\psi_0-\dfrac{T_{oz}}{\omega_o h_{\mathrm{B}}}\right)\cos\omega_o(t-t_1)+\left(\dfrac{T_{ox}}{\omega_o h_{\mathrm{B}}}-\varphi_0\right)\sin\omega_o(t-t_1)+\\ \qquad\dfrac{T_{\mathrm{s}}}{h_{\mathrm{B}}}(t-t_1)\cos[\omega_o(t-t_1)+\Omega_{\mathrm{s}}]\end{cases}\tag{14.77}$$

式(14.77)表示的姿态运动轨迹在 $\varphi-\psi$ 平面内是一条螺线。当滚动角到达死区边界时，若不施加喷气控制，则将超出死区边界，如图 14.17 中曲线 Ⅰ 的虚线部分(曲线 Ⅰ 从原点出发)。此时控制器将不断驱动偏置推力器发出喷气脉冲，将滚动角停留在边界内侧。喷气脉冲不断旋转航天器整体角动量方向(使偏航角发生变化)，直到不控时姿态自动地离开死区边界并向死区内部移动为止，并直至到达死区另一边界，如图 14.17 中曲线 Ⅱ 所示。因此在偏置动量和斜置喷气推力器的姿态控制系统中，姿态保持的方式是围绕死区的极限环。如果交变力矩 T_{s} 小于常值偏置力矩 T_o，则姿态轨迹的极限环有可能将是单边的，即姿态离开死区边界向内移动后不再碰到另一边界又回到原来的边界上，如图 14.18 所示。

姿态轨迹离开死区边界并向死区内部移动的条件(即控制器停止控制的条件)是

$$\begin{cases}\varphi_1=\pm\varphi_D\\ \left.\dfrac{\mathrm{d}\varphi}{\mathrm{d}t}\right|=0,\quad \left.\dfrac{\mathrm{d}^2\varphi}{\mathrm{d}t^2}\right|=0\end{cases}\tag{14.78}$$

由式(14.78)，可得

$$\left.\frac{\mathrm{d}^2\varphi}{\mathrm{d}t^2}\right|_{t=t_1}=0\quad\Rightarrow\quad\cos\Omega_{\mathrm{s}}=\frac{\omega_o h_{\mathrm{B}}\varphi_{\mathrm{D}}-T_{ox}}{2T_{\mathrm{s}}}\tag{14.79}$$

和

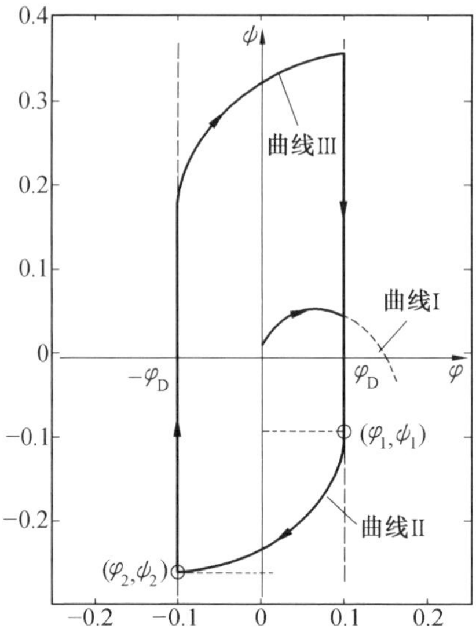

图 14.17　滚动－偏航姿态角的受控轨道极限环(双边)

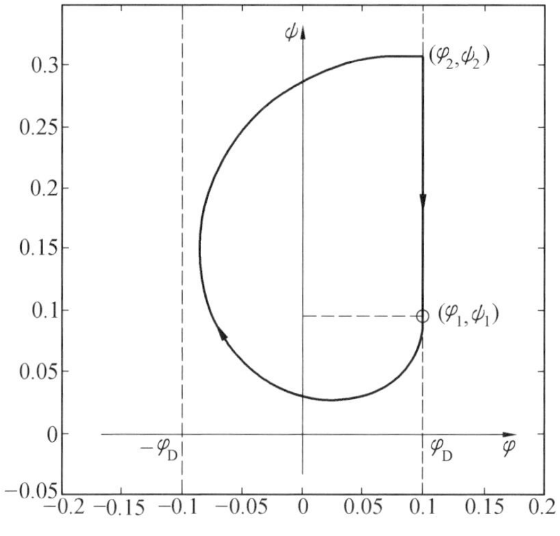

图 14.18　滚动－偏航姿态角的受控轨道极限环运动(单边)

$$\left.\frac{\mathrm{d}\varphi}{\mathrm{d}t}\right|_{t=t_1}=0\ \Rightarrow\ \psi_1=\frac{T_{oz}-T_s\sin\Omega_s}{\omega_o h_B}\tag{14.80}$$

由式(14.79)和式(14.80)得到Ω_s和ψ_1，就可确定姿态在死区内的运动轨迹，以及此轨迹到达另一边界时的状态点(φ_2，ψ_2)。显然，此极限环的周期就是轨道周期$T=2\pi/\omega_o$。

(2) 有控制死区时最大偏航角误差的计算。

式(14.46)和式(14.47)给出了固定偏置动量轮控系统在常值干扰力矩以及

周期性干扰力矩作用下的稳态误差的计算式，但实际上这只是一个理想情况，若控制系统存在滚动死区时，就达不到这样的控制精度了。这是因为，当系统的滚动姿态角处在死区内部时，系统处于无控状态，滚动角直接决定于死区的大小，而偏航角误差除取决于死区的大小外，还与外界干扰力矩的大小以及偏置角动量有关。因此，必须重新给出在控制死区存在的情况下，偏航姿态角的控制精度与死区、外界干扰力矩大小和偏置角动量之间的关系式。

根据 14.3.1 节，求得姿态控制系统稳态运行时死区内的姿态轨迹后，就可找到具有最大偏航角的点，由此可以确定在给定滚转角死区 φ_D、常值干扰力矩 T_{ox} 和 T_{oz}、交变干扰力矩 T_s 以及偏置角动量 h_B 时的偏航角最大误差（即偏航角控制精度）。在控制系统设计时偏置角动量的确定，偏航角的最大误差是一个很重要的因素。

由图 14.17 和图 14.18 可以看到，在系统稳态运行时，偏航角的最大值可能出现在死区内某个姿态轨迹的终点(φ_2, ψ_2)上，也可能出现在死区内某个姿态轨迹的中间位置上（即偏航角出现局部极值上）。下面介绍计算最大偏航角误差的方法。

首先分别求取死区内姿态轨迹的终点(φ_2, ψ_2)对应的时间 t_2 和偏航角 ψ_2。根据式(14.77)的第一式，当 $t=t_2$ 时，有

$$\mp\varphi_D=\frac{T_{ox}}{\omega_o h_B}+\left(\pm\varphi_D-\frac{T_{ox}}{\omega_o h_B}\right)\cos\omega_o(t_2-t_1)+\left(\psi_1-\frac{T_{oz}}{\omega_o h_B}\right)\sin\omega_o(t_2-t_1)+\frac{T_s}{h_B}(t_2-t_1)\sin[\omega_o(t_2-t_1)+\Omega_s] \tag{14.81}$$

式中，Ω_s 和 ψ_1 由式(14.79)和式(14.80)分别求得。

由于式(14.81)为非线性方程，需要根据适当的数值计算方法（如微分校正法或牛顿迭代法等）来求得时间 t_2。然后根据式(14.77)的第二式就可计算偏航角 ψ_2。对于图 14.17 的情况，则需要对死区内的两段姿态轨迹分别重复上述计算过程，从而确定具有最大绝对值的偏航角误差。

然后根据极值条件公式，计算出现偏航角极值的时间 t^*。极值条件如下：

$$\left.\frac{d\psi}{dt}\right|_{t=t^*}=0$$

若 $t^*>t_2$，则说明极值点在死区外，不予考虑。若 $t_1<t^*<t_2$，则再根据式(14.77)的第二式计算偏航角的极值 ψ^*。

最后，比较计算得到的各段轨迹的 ψ_2 和 ψ^*，就可得到偏航角的最大误差。

图 14.17 显示了在给定常值干扰力矩以及交变干扰力矩 T_s 的情况下，在不同滚转角死区情况下，偏航角最大值与偏置角动量 h_B 之间的关系图。其中计算参数是 $T_{ox}=0.7\times10^{-6}$ N·m，$T_{oz}=1.5\times10^{-6}$ N·m，$T_s=6\times10^{-6}$ N·m。曲线

Ⅰ 的滚转角死区 $\varphi_D = 0.05°$，曲线 Ⅱ 的滚转角死区 $\varphi_D = 0.1°$。

可以看到，在给定干扰力矩情况下，偏航角误差与偏置角动量密切相关 h_B，h_B 越大，偏航角误差越小；滚动角死区的大小对偏航角误差的影响则较弱。

3. 双脉冲控制方法

前面给出了固定偏置动量轮控系统在死区内的姿态轨迹，这是在忽略章动运动情况下得到的。实际上，当作用喷气脉冲时，由于喷气脉冲力矩相对较大，将会激发较大的章动运动。固定偏置动量系统控制的目标是把偏置动量控制到轨道角速度方向，同时把章动角衰减下来。但在进动控制中，由于进动和章动之间存在耦合，如果控制时刻相应的相位选得不合适，将造成章动圆半径增大。工程上常采用双脉冲控制法进行协调控制。双脉冲控制指的是选择相继的两次控制时刻（即选择合适的相位差），使章动运动得到有效的阻尼。

设在施加脉冲时刻前，滚动角和偏航角及其姿态角速率分别为 φ_0，ψ_0，$\dot{\varphi}_0$ 和 $\dot{\psi}_0$。当考虑时间间隔小于章动运动周期的姿态运动时，可以忽略长周期运动项，则航天器滚动－偏航姿态的运动方程可近似为短周期运动方程，参见式(14.13)，重写为

$$\begin{cases}\varphi = C_1 + C_3\cos\omega_n t + C_4\sin\omega_n t \\ \psi = C_2 + \sqrt{\dfrac{I_x}{I_z}}\,[C_3\sin\omega_n t - C_4\cos\omega_n t]\end{cases} \tag{14.82}$$

式中，C_1，C_2，C_3，C_4 的表达式参见式(14.14)。此时，航天器滚动－偏航姿态位于中心为 (C_1, C_2) 的章动椭圆上，记此中心为 O_1，姿态位置在 P_1 点处，如图14.19所示。

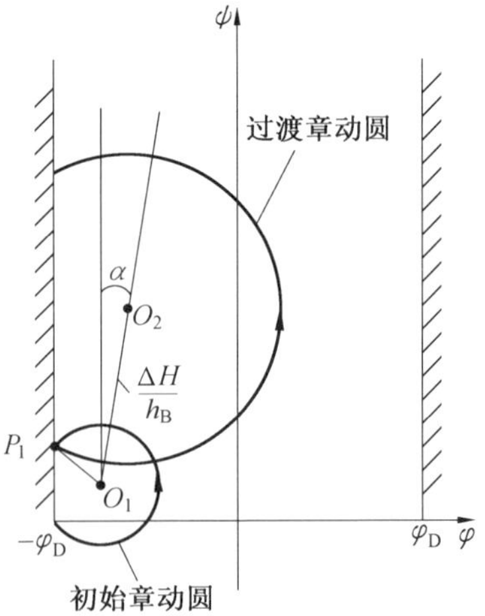

图 14.19　喷气脉冲作用后产生的章动运动变化

设在此时刻作用了一个喷气脉冲，脉冲产生的角动量冲量为 $\Delta \boldsymbol{H}$，则根据喷气推力器的斜置角，则在滚动轴和偏航轴上的分量分别为 $\Delta H\cos\alpha$ 和 $-\Delta H\sin\alpha$。当姿态角很小时，对于固定偏置动量航天器，航天器整体角动量 $\boldsymbol{H}$ 在滚动轴和偏航轴上的分量分别为

$$\begin{cases} H_x = I_x(\dot{\varphi} - \omega_o\psi) \\ H_z = I_z(\dot{\psi} + \omega_o\varphi) \end{cases} \tag{14.83}$$

当喷气脉冲作用后，使航天器整体角动量发生了变化。由于脉冲作用时间很短，可认为星体姿态在(φ,ψ)平面上的位置没有发生变化，由式(14.83)可知，当前星体姿态角速度发生了瞬变，导致星体姿态的章动椭圆中心和长、短半轴发生瞬间变化，即 C_1, C_2, C_3, C_4 发生了变化。根据式(14.83)可求得脉冲作用后，姿态角速度变为

$$\dot{\varphi}'_0 = \dot{\varphi}_0 + \Delta\dot{\varphi}_0 = \dot{\varphi}_0 + \frac{\Delta H\cos\alpha}{I_x}$$

$$\dot{\psi}'_0 = \dot{\psi}_0 + \Delta\dot{\psi}_0 = \dot{\psi}_0 - \frac{\Delta H\sin\alpha}{I_z}$$

加入脉冲后，章动椭圆的中心由 O_1 变为 O_2，中心坐标变为(C'_1, C'_2)，由上式和式(14.14)，可得

$$\begin{cases} C'_1 = \varphi_0 - \dfrac{I_z}{h_B}\dot{\psi}'_0 = C_1 + \dfrac{\Delta H\sin\alpha}{h_B} \\ C'_2 = \psi_0 + \dfrac{I_x}{h_B}\dot{\varphi}'_0 = C_2 + \dfrac{\Delta H\cos\alpha}{h_B} \end{cases} \tag{14.84}$$

即作用喷气脉冲后，章动椭圆的中心将沿着与偏航轴成 α 角的方向移动，移动量为 $\overline{O_1O_2} = \Delta H/h_B$，椭圆中心移动方向和移动量与初始姿态角的大小无关。同理可求得喷气脉冲作用后，章动椭圆的长、短半轴(设 $I_x > I_z$)变为

$$\begin{cases} a' = \sqrt{C'^2_3 + C'^2_4} = \sqrt{\dfrac{I_z^2}{h_B^2}\left(\dot{\psi}_0 - \dfrac{\Delta H\sin\alpha}{I_z}\right)^2 + \dfrac{1}{\omega_n^2}\left(\dot{\varphi}_0 + \dfrac{\Delta H\sin\alpha}{I_z}\right)^2} \\ b' = \sqrt{\dfrac{I_x}{I_z}}\sqrt{C'^2_3 + C'^2_4} \end{cases} \tag{14.85}$$

由式(14.85)可见，脉冲发生后，新的章动椭圆的大小除了与作用的喷气脉冲大小有关外，还与脉冲发生前的姿态角速度有关(确切地说，与脉冲发生时章动椭圆的相位有关)。

实际上，长周期运动(即轨道圆运动)仍然是存在的，因此综上所述，当作用喷气脉冲后，将导致脉冲时刻的章动椭圆中心和椭圆大小均发生变化，航天器的姿态轨迹将沿着新的章动椭圆和新的轨道圆进行复合运动。

由于喷气脉冲通常提供的角动量冲量较大，因而导致脉冲后章动椭圆相对脉冲作用前的章动椭圆更大，即喷气脉冲加剧了章动运动，甚至可能出现双边极限环的现象，如图14.20 所示的最后一个章动弧(图 14.20 中没有考虑轨道圆运动)。从燃料消耗和喷气推力器工作次数方面考虑，这种情况是不希望出现的，因此必须考虑如何能衰减脉冲作用后的章动运动的方法。

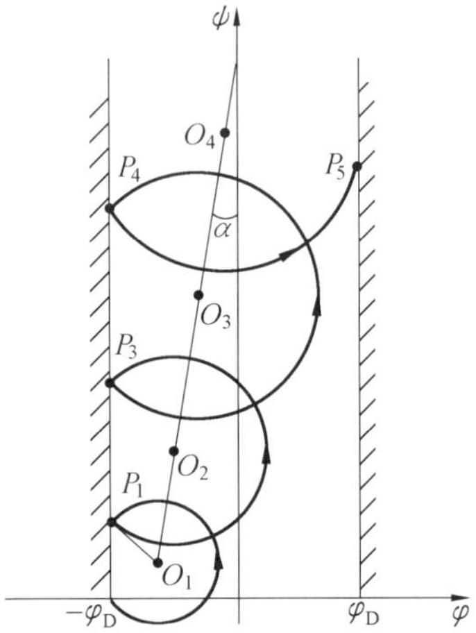

图 14.20　喷气脉冲加剧章动导致出现双边极限环

如图 14.21 所示，若经过半个章动周期，再作用一个相同的脉冲，则过渡章动圆心 O_2 将再沿着偏置力矩方向移到 O_3，显然$\overline{O_1O_2}=\overline{O_2O_3}$。此时姿态轨迹从 P_1 点运动到 P_2 点，最后章动圆半径为$\overline{O_3P_2}$，且有$\overline{O_3P_2}=\overline{O_1P_1}$，即章动半径不变。若经过大于半个章动周期才作用第二个脉冲，则 P_1 点移动到 P_3 点，最后的章动圆心仍为 O_3，但章动圆半径变为$\overline{O_3P_3}$。当 P_3 点位于 P_2 和 P_4 之间时，$\overline{O_3P_3}<\overline{O_3P_2}$，章动是衰减的。即当第二个脉冲作用时间略大于半个章动周期时，将使章动衰减。这就是双脉冲控制法。

由于实际航天器的偏置角动量 h_B 有 $\pm10\%$ 的变化范围，而且随着燃料的消耗航天器的惯量也是变化的，设计中还要考虑 $\pm10\%$ 的允许误差，故章动频率是变化的。在这种情况下，如何确定第二个脉冲的延迟时间使章动总是稳定的，是这类系统设计中要解决的一个重要问题。工程实践表明，脉冲延迟时间的最佳值是$\frac{5}{8}T_N$，T_N 是标称章动周期(即对应于 h_B 取偏置角动量偏值，I_x，I_z 取寿命中期航天器的转动惯量)。双脉冲控制法的具体工程实现是将伪速率控制器进行适当修改，将脉冲分成正负两边，通过增加计时器实现第二个脉冲的延时，如图 14.22 所示。

把双脉冲分为正负两边还能有效地消除双边极限环，简单原理如图 14.23 所示。

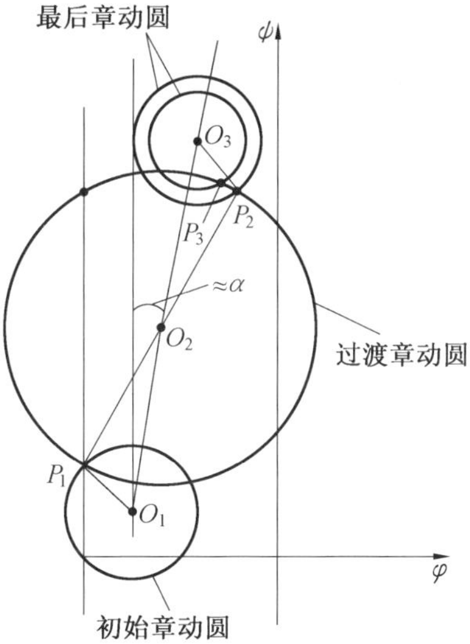

图 14.21　用双脉冲控制方法阻尼章动运动的工作原理

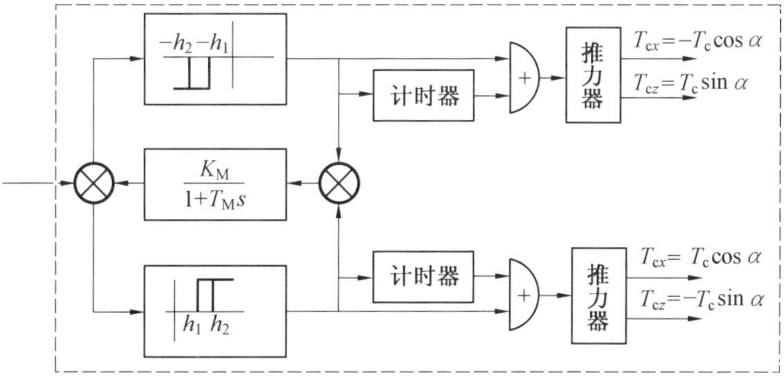

图 14.22　可实现双脉冲控制的伪速率控制器控制逻辑

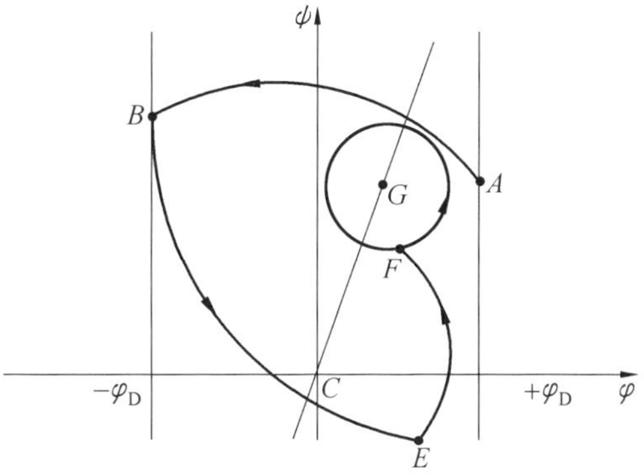

图 14.23　用正负双脉冲消除双边极限环的原理

在图 14.23 中，设初始极限环在 A 和 B 处与死区相交。在 A 点，因章动圆与 $\varphi=+\varphi_D$ 相交，作用一个负脉冲，其章动圆心为 C。当运动到 B 点时，章动圆 $\varphi=-\varphi_D$ 相交，又作用一个正脉冲，使章动圆心由 C 移到 G。在 E 点，负脉冲经过 5/8 章动周期后，作用第二个负脉冲，使章动圆心由 G 回到 C，初始章动圆第一次获得章动阻尼，章动圆变小。正脉冲经过 5/8 章动周期，在 F 点又作用第二个正脉冲，使章动再获得阻尼，从而消除极限环，使章动运动回到死区内。

14.4 单自由度偏置动量轮控系统设计

14.4.1 典型构型

在这类偏置动量轮控系统中，除了沿俯仰轴方向有一偏置角动量外，在平行于滚动－偏航平面上还有一个控制角动量 $\boldsymbol{h}$，但此控制角动量只能在此平面内的某一固定方向改变其数值。

单自由度偏置动量轮控系统有多种形式，如图 14.24 所示。

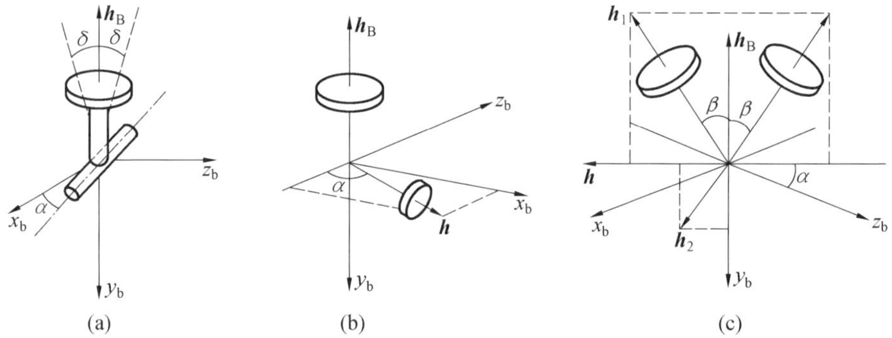

图 14.24　单自由度偏置动量轮控方案的构型

图 14.24(a) 是单框架动量轮的示意图，由一个动量轮和一个单轴框架组成，框架轴在星体的滚动－偏航平面内，与滚动轴的夹角为 α，动量轮的动量轴与框架轴垂直，框架轴上的电机能使飞轮的转轴绕框架轴转动，转角为 δ。当 $\delta=0$ 时，飞轮的角动量 $\boldsymbol{h}_B$ 沿俯仰轴的负方向，控制 δ 角就控制了角动量在滚动－偏航平面上的分量，即有 $h_x=h_B\delta\sin\alpha$，$h_z=-h_B\delta\cos\alpha$。

图 14.24(b) 中的动量装置由两个固定安装的动量轮组成：一个沿俯仰轴的负方向给出固定的动量偏置 h_B；另一个是游动的反作用轮，其旋转轴在滚动－偏航平面内与偏航轴的夹角为 α，该飞轮角动量 h 的数值连续可调(包括正、负值)，在滚动－偏航平面内的角动量分量分别是 $h_x=h_B\sin\alpha$，$h_z=-h_B\cos\alpha$。

图 14.24(c) 是 V 形动量轮结构，两个成 V 形交叉的动量轮的转轴组成的平面垂直于滚动－偏航平面，两个平面的交线与偏航轴的夹角为 α，合成角动量在俯仰轴上的分量为 $-h_B$，在滚动－偏航平面内的分量是 h，并有 $h_x = h_B \sin\alpha$，$h_z = -h_B \cos\alpha$。如果两个动量轮的角动量 h_1，h_2 与 $-y_b$ 轴的夹角为 β，为获得给定的动量偏置 $-h_B$ 和控制动量 h，则每个动量轮的角动量分配应为

$$\begin{bmatrix} h_1 \\ h_2 \end{bmatrix} = \begin{bmatrix} \dfrac{1}{2\cos\beta} & \dfrac{1}{2\sin\beta} \\ \dfrac{1}{2\cos\beta} & \dfrac{-1}{2\sin\beta} \end{bmatrix} \begin{bmatrix} h_B \\ h \end{bmatrix} \tag{14.86}$$

考虑到控制系统的可靠性和备份的配置，目前常用的典型构型是 V 形安装结构。采用 V 形构型轮控系统的共同点是：在俯仰轴上可以获得比固定偏置动量轮控系统更大的偏置角动量，同时可以对俯仰和滚动进行连续的控制。例如，20 世纪 80 年代以来发射的印度卫星(INSAT)、阿拉伯卫星(ARABSAT)、跟踪和数据中继卫星(TDRS) 以及国际通信卫星 VII 号等卫星，均采用了如图 14.25 所示的单自由度轮控系统构型，其偏置角 α 为零。

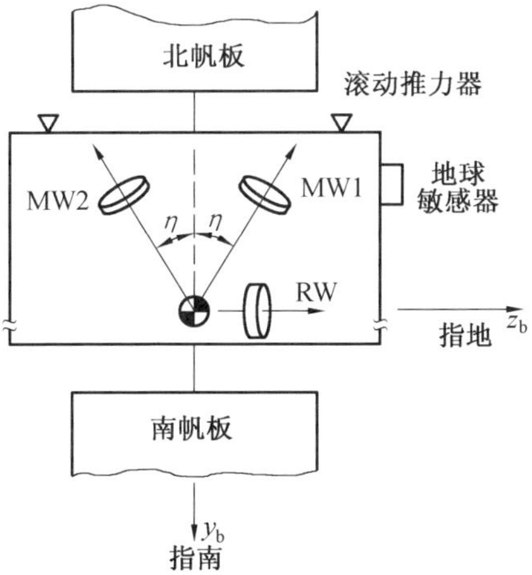

图 14.25　采用 V 形单自由度偏置动量轮控方案的构型

两个角动量相等的偏置动量轮在星体 $y_b - z_b$ 平面内成 V 形安装，角动量与 $-y_b$ 轴的夹角均为 η，另一个备份用的反作用轮 RW 则安装在 z_b 轴上。这种构型提供的偏置角动量有 3 种组合模式：① 主份工作模式，由动量轮 MW1 和 MW2 组成的 V 形轮构成；② +L 型备份工作模式，由动量轮 MW1 和 RW 组成；③ －L 型备份工作模式，由动量轮 MW2 和 RW 组成。当 MW1 或 MW2 失效时，可以切换到 +L 型或 －L 型备份模式工作，备份的方式是 3 取 2，故这种结构的可靠性比较高。

采用 V 形主份工作模式时，当有俯仰姿态误差时，可用地球敏感器测量，通

过由 MW1 和 MW2 在 $-y_b$ 轴上合成的标称角动量附近同时增加或减小 MW1 和 MW2 的角动量，实现俯仰姿态的连续控制。滚动误差则通过差动地连续改变 MW1 和 MW2 在 z_b 轴上的角动量 h_z 来修正。偏航误差的修正与固定偏置动量相同，通过偏置角动量与轨道运动的耦合，在 1/4 轨道周期内逐渐耦合为滚动误差来实现。应用分配矩阵，可以把所需的俯仰控制力矩和偏航控制力矩 $\dot{H}_y$ 和 $\dot{h}_z$ 分配到 MW1、MW2 或 RW 上。

1987 年，日本发射的海洋观测卫星 MOS－1 则采用了偏置角不为零的 V 形构型。其备份的反作用轮 RW，可以用安装在由 x_b-z_b 平面与 V 形轮构成的平面交线上的反作用轮实现，也可以分别在 x_b 轴和 z_b 轴上安装一个反作用轮来实现。

对于单自由度动量轮控系统，动量装置提供的控制动量的一般形式是

$$h_x=K_xh,\quad h_z=-K_zh \tag{14.87}$$

式中，h 为控制量；K_x，K_z 均为分配系数，$K_x^2+K_z^2=1$，K_x，$K_z>0$。

14.4.2 轮控系统的设计方法

由于俯仰通道的控制与零动量轮控系统相同，这里不再赘述。下面主要分析滚动－偏航控制回路的设计。

在姿态动力学方程式(14.4)中，令 $h_x=K_xh$，$h_z=K_zh$，并忽略 ω_o 与惯量的乘积项，可得到单自由度偏置动量轮控系统滚动－偏航通道的简化的姿态动力学方程为

$$\begin{cases}I_x\ddot{\varphi}+h_B\omega_o\varphi+h_B\dot{\psi}=-K_x\dot{h}-\omega_oK_zh+T_{dx}\\ I_z\ddot{\psi}+h_B\omega_o\psi-h_B\dot{\varphi}=K_z\dot{h}-\omega_oK_xh+T_{dz}\end{cases} \tag{14.88}$$

下面仿照固定偏置动量轮控系统的设计方法，分别讨论长周期运动和短周期运动的控制方法。

1. 长周期运动控制方法

由式(14.88)可以得到滚动－偏航通道长周期运动的方程为

$$\begin{cases}h_B\omega_o\varphi+h_B\dot{\psi}=-K_x\dot{h}+\omega_oK_zh+T_{dx}\\ h_B\omega_o\psi-h_B\dot{\varphi}=K_z\dot{h}-\omega_oK_xh+T_{dz}\end{cases} \tag{14.89}$$

在控制量 h 的作用下，长周期姿态运动的频域方程为

$$\begin{bmatrix}\varphi(s)\\ \psi(s)\end{bmatrix}=\frac{1}{h_B^2(s^2+\omega_o^2)}\begin{bmatrix}\omega_oh_B & -h_Bs\\ h_Bs & \omega_oh_B\end{bmatrix}\left\{\begin{bmatrix}s & -\omega_o\\ \omega_o & s\end{bmatrix}\begin{bmatrix}K_x\\ K_z\end{bmatrix}[-h(s)]+\begin{bmatrix}T_{dx}(s)\\ T_{dz}(s)\end{bmatrix}\right\}$$

$$= \frac{1}{h_B^2(s^2+\omega_o^2)}\left\{\begin{bmatrix} K_z h_B(s^2+\omega_o^2) \\ K_x h_B(s^2+\omega_o^2) \end{bmatrix}[-h(s)] + \begin{bmatrix} \omega_o h_B T_{dx}(s) - h_B s T_{dz}(s) \\ \omega_o h_B T_{dz}(s) + h_B s T_{dx}(s) \end{bmatrix}\right\} \tag{14.90}$$

由于控制角动量 h_x，h_z 之间的耦合作用，在开环传递函数中引入了一对复零点 $\pm j\omega_o$，与对象动力学特性中的复极点 $\pm j\omega_o$ 重合，根据线性系统控制理论，这种零极点相消导致此系统不完全可控。例如，令负反馈控制律为

$$T_c(s) = -h(s) = -K\varphi(s) \tag{14.91}$$

将上式代入式(14.89)中，可得到滚动－俯仰通道的闭环传递函数为

$$\begin{bmatrix} KK_x s + h_B\omega_o + \omega_o KK_z & h_B s \\ -h_B s - KK_z s + \omega_o KK_x & h_B\omega_o \end{bmatrix}\begin{bmatrix} \varphi(s) \\ \psi(s) \end{bmatrix} = \begin{bmatrix} T_{dx}(s) \\ T_{dz}(s) \end{bmatrix} \tag{14.92}$$

可求得其特征方程式为

$$(s^2+\omega_o^2)(h_B^2 + h_B K_z K) = 0$$

因此，这种单自由度动量控制的反馈系统中存在不衰减的振荡成分，必须附加外力矩控制才能消除初始的姿态偏差，消除外干扰力矩的影响，限制姿态振荡的幅值，因此对于单自由度偏置动量轮控系统的长周期运动控制，其方法与固定偏置动量轮控系统的控制方法是相同的，即采用斜置喷气推力器实现长周期运动的控制。

当不考虑章动时，由式(14.21)可得，航天器的滚动和偏航轴上的角动量分别为

$$\begin{cases} H_x = h_B\psi + h_x \\ H_z = -h_B\varphi + h_z \end{cases} \tag{14.93}$$

将方程(14.93)代入方程(14.89)，当 h_B 为常值时，可得 H_x，H_z 的表达式为

$$\begin{cases} \dot{H}_x - \omega_o H_z = T_{dx} \\ \dot{H}_z + \omega_o H_x = T_{dz} \end{cases} \tag{14.94}$$

若假设航天器所受的干扰力矩形式为

$$\begin{cases} T_{dx} = T_{ox} + T_s\cos(\omega_o t + \Omega_s) \\ T_{dz} = T_{oz} - T_s\sin(\omega_o t + \Omega_s) \end{cases} \tag{14.95}$$

代入式(14.94)，则扰动角动量为

$$\begin{cases} H_x = \dfrac{T_{ox}}{\omega_o}\sin\omega_o t + \dfrac{T_{oz}}{\omega_o}(1-\cos\omega_o t) + T_s t\cos(\omega_o t+\Omega_s) + \\ \qquad H_x(0)\cos\omega_o t + H_z(0)\sin\omega_o t \\ H_z = \dfrac{T_{ox}}{\omega_o}(\cos\omega_o t - 1) + \dfrac{T_{oz}}{\omega_o}\sin\omega_o t - T_s t\sin(\omega_o t+\Omega_s) - \\ \qquad H_x(0)\sin\omega_o t + H_z(0)\cos\omega_o t \end{cases} \tag{14.96}$$

式(14.96)中第三项表明，$-y_b$ 轴上的偏置角动量的端点以阿基米德螺线形式偏离轨道法线方向，并且向外发散，螺线的极点为$\left(\frac{T_{oz}}{\omega_o}, -\frac{T_{ox}}{\omega_o}\right)$。

在稳态情况下，根据式(14.87)和式(14.91)得到等式 $h_x = KK_x\varphi$，$h_z = -KK_z\varphi$，代入方程(14.93)，可得到稳态误差为

$$\begin{cases} \varphi_{ss} = \dfrac{-1}{h_B + KK_z} H_z \\ \psi_{ss} = \dfrac{1}{h_B}\left(H_x + \dfrac{KK_z}{h_B + KK_z} H_z\right) \end{cases} \tag{14.97}$$

将方程(14.96)代入方程(14.97)，就可计算出在干扰力矩作用下滚动角和偏航角的稳态值，一般情况下，$K_z \gg K_x$。控制系统不能直接限制偏航角的误差，它决定于偏置动量值 h_B 和在滚动轴上的扰动角动量的积累值 H_x。由式(14.93)可看出，由于没有偏航敏感器，滚动轴上的角动量 H_x 不可测，而用滚动地球敏感器和动量轮的测速装置，则可以近似测出偏航轴角动量 H_z，通过控制系统施加喷气外力矩，限制角动量 H_z 的积累，从而间接地限制 H_x，即间接地限制偏航误差。在 H_xH_z 平面内设置死区 $H_z \leqslant \pm H_d$，在死区内部角动量螺旋式发散，原点在$\left(\frac{T_{oz}}{\omega_o}, -\frac{T_{ox}}{\omega_o}\right)$处。当控制系统测出的偏航角动量 H_z 发散到死区边界时，控制系统不断地驱动姿控推力器，迫使角动量沿 $\pm H_d$ 边界内侧移动，直到轨道运动的耦合作用使角动量的轨迹自动地朝死区内部移动为止，接着角动量将螺旋式地发散到另一死区边界，形成极限环工作方式，如图 14.26 所示。

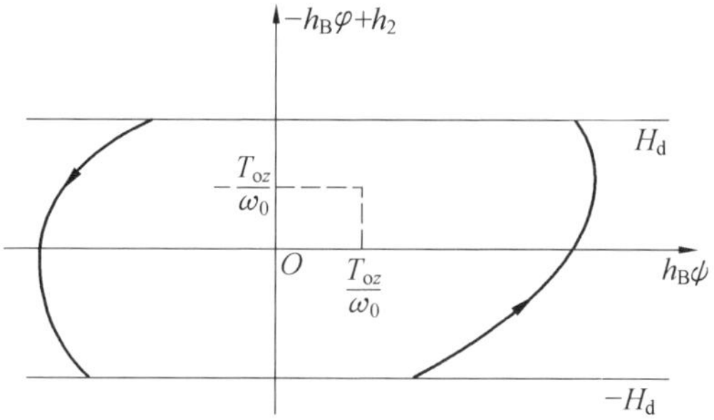

图 14.26 扰动角动量在 H_z 死区内的运动轨迹

应强调指出，在固定偏置动量轮控系统中，当姿态处在死区内部时，系统是不控的，滚动角误差、偏航角误差都决定于死区的大小，但对于单自由度动量轮控系统，当角动量处于死区内部时，控制系统继续吸收偏航轴上的角动量，修正滚动误差，而且动量控制是线性的、连续的，可以实现比固定偏置动量轮控系统更高精度的滚动控制。提高偏航精度的措施是缩小死区 $\pm H_d$，与固定偏置动量轮控系统相似，H_d 的最小值受脉冲喷气的最小当量的限制。

2. 短周期运动的控制

与分析固定动量轮控系统相同，在动力学方程(14.88)中，忽略轨道运动的耦合作用，就可得到单自由度偏置动量东轮控系统的短周期运动的动力学方程式，即

$$\begin{cases} I_x\ddot{\varphi} + h_B\dot{\psi} = -K_x\dot{h} + T_{dx} \\ I_z\ddot{\psi} - h_B\dot{\varphi} = K_z\dot{h} + T_{dz} \end{cases} \tag{14.98}$$

可以得到以星体角速率 ω_φ 和 ω_ψ 表示的章动控制频域方程为

$$\begin{bmatrix} \omega_\varphi(s) \\ \omega_\psi(s) \end{bmatrix} = \frac{1}{I_x I_z(s^2+\omega_n^2)} \begin{bmatrix} I_z K_x s + K_z h_B \\ K_x h_B - I_x K_z s \end{bmatrix} [-h(s)] \tag{14.99}$$

同样，引入超前校正环节后，则负反馈控制器的传递函数(包括飞轮本身的特性，假设为一阶惯性环节)为

$$-h(s) = \frac{K(\tau s+1)}{(\tau_w s+1)}[\varphi_c(s) - \varphi(s)] \tag{14.100}$$

式中，τ_w 为飞轮的时间常数。将此传递函数代入式(14.99)，就可得到章动控制的开环传递函数，以滚动通道为例，其开环传递函数为

$$G_{\varphi s}(s) = \frac{K_x K(\tau s+1)\left(s+\dfrac{K_z h_B}{I_z K_x}\right)}{I_x(s^2+\omega_n^2)(\tau_w s+1)}$$

该开环传递函数包含有 3 个极点：$s=-\dfrac{1}{\tau_w}$，$\pm j\omega_n$ 和两个零点 $z=-\dfrac{1}{\tau}$，$-\dfrac{K_z h_B}{I_z K_x}$，其根轨迹图如图 14.27 所示。

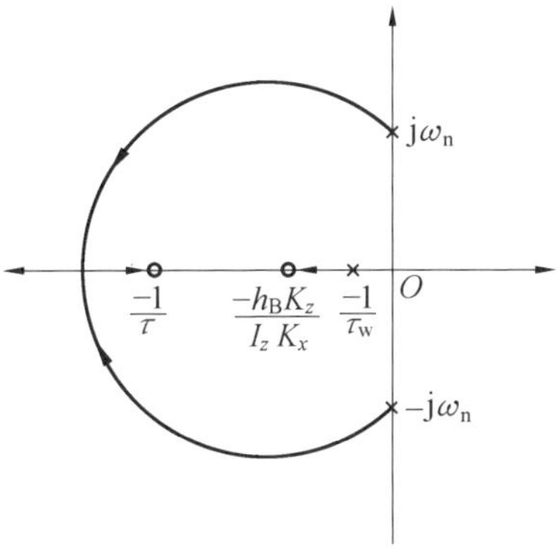

图 14.27　单自由度动量控制短周期运动姿态稳定系统的根轨迹图

若 $K_x=0$，即控制角动量沿偏航轴的负方向，开环系统只有一个零点，惯性轮的时间常数起不稳定作用；若 $K_x=0$，则控制角动量沿滚动轴方向，系统有一个零

点落在原点上，对章动阻尼不利。因此，单自由度控制动量偏置起镇定作用，因此通常要求偏置角 $\alpha \neq 0$。

14.4.3 非最小相位控制

如上所述，是否必须将控制动量方向偏置一个角度（即偏置角 $\alpha \neq 0°$）？控制角动量设置在偏航轴上有一个重要优点：可以调节航天器滚动姿态的偏置角，而偏航角不受影响。无扰动力矩作用时，航天器角动量应是 $H_x = H_z = 0$，$H_y = -h_B$。若偏航轴上的动量偏置 $h_z \neq 0$，$h_x = 0$，可使航天器的稳定姿态从 $\varphi_{ss} = \psi_{ss} = 0°$ 改为 $\varphi_{ss} = \dfrac{h_z}{h_B}$，$\psi_{ss} = 0$，对于地球静止轨道卫星，改变了其星上仪器对地指向的纬度。

1967 年，Terasaki 提出了一种非最小相位控制器，可以镇定无偏置（$K_x = 0$）的系统，并有良好的阻尼性质。由于其结构简单，阻尼章动运动的速度快，且鲁棒性好，在长寿命通信卫星的控制系统中获得广泛应用，例如，美国 Loral 公司研制的 FS—1300 系列，国际通信卫星Ⅶ号等。这种控制器连同动量轮的传递函数形式为

$$-h(s) = \frac{K(1 - \tau s)}{s(\tau_w s + 1)}[\varphi_c(s) - \varphi(s)] \tag{14.101}$$

式中，K 为回路增益，$K > 0$；τ 为非最小相位零点的时间常数。与常规的 PID 控制器相比，其对应关系为 $K_P = -K\tau$，$K_I = K$ 和 $K_D = 0$。

将此传递函数代入式(14.99)，并设偏置角 $\alpha = 0(K_x = 0)$，可得到章动控制的开环传递函数，以滚动通道为例，其开环传递函数为

$$G_{\varphi s}(s) = -\frac{K(\tau s - 1)h_B}{I_x I_z s(s^2 + \omega_n^2)(\tau_w s + 1)}$$

此开环传递函数包含了一个等于零的极点和一个在右半平面的零点 $s = -\dfrac{1}{\tau}$，当取动量轮的零点幅值 $\dfrac{1}{\tau_w}$ 大于 ω_n，而非最小相位的零点幅值 $\dfrac{1}{\tau}$ 小于 ω_n 时，则闭环系统的根轨迹如图 14.28 所示。

选择合适的 K 值，即可保证短周期运动具有良好的阻尼特性，并具有良好的稳定储备。

14.5 两自由度偏置动量轮控系统设计

14.5.1 典型构型

对于两自由度偏置动量轮控系统，除了在俯仰轴方向有偏置动量外，控制动

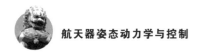

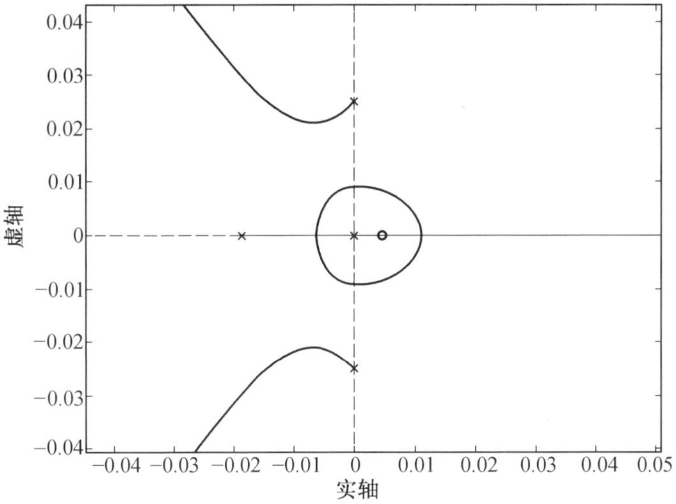

图 14.28　采用非最小相位控制器的短周期运动的根轨迹图

量 h_x,h_z 是两个相互独立的控制量。其典型的构型如下：

(1) 用 3 个独立的动量轮构成,即在俯仰轴的负方向安装一个偏置动量轮,在滚动轴和偏航轴各安装一个反作用轮,如图 14.29(a) 所示。

(2) 采用双框架动量轮,如图 14.29(b) 所示。其中外框架轴指向滚动轴,内框架轴指向偏航轴。偏置动量轮安装在内框架上,角动量指向俯仰轴负方向。

(3) 采用可以操纵的偏置动量轮,即把动量轮安装在一个基座上,角动量的方向指向俯仰轴的负方向,并于基座平面垂直,基座则用 3 个步进电机驱动的螺杆机构与航天器本体相连接,如图 14.29(c) 所示。通过调节 3 个或任意两个螺杆机构的位移,即可操纵角动量的方向,实现两自由度的动量控制,美国 Hughe 公司的 HS－601 卫星平台(20 世纪 90 年代发射) 就采用了这种轮控系统构型。

当略去框架的转动惯量和假定框架角很小时,上述 3 种轮控系统的动力学模型和控制在原理上没有差别。对于双框架动量轮构型,其偏置角动量在星体 x_b 轴和 z_b 轴上的分量分别为

$$\begin{cases} h_x \approx \gamma h_B \\ h_z \approx -\delta h_B \end{cases} \tag{14.102}$$

式中,γ 和 δ 分别为动量轮的两个框架角。

14.5.2　轮控系统的设计方法

将式(14.102) 代入式(14.4) 中,并略去二阶以上小量以及 ω_0 与惯量的乘积项,可以得到简化后的滚动－偏航通道的姿态动力学方程为

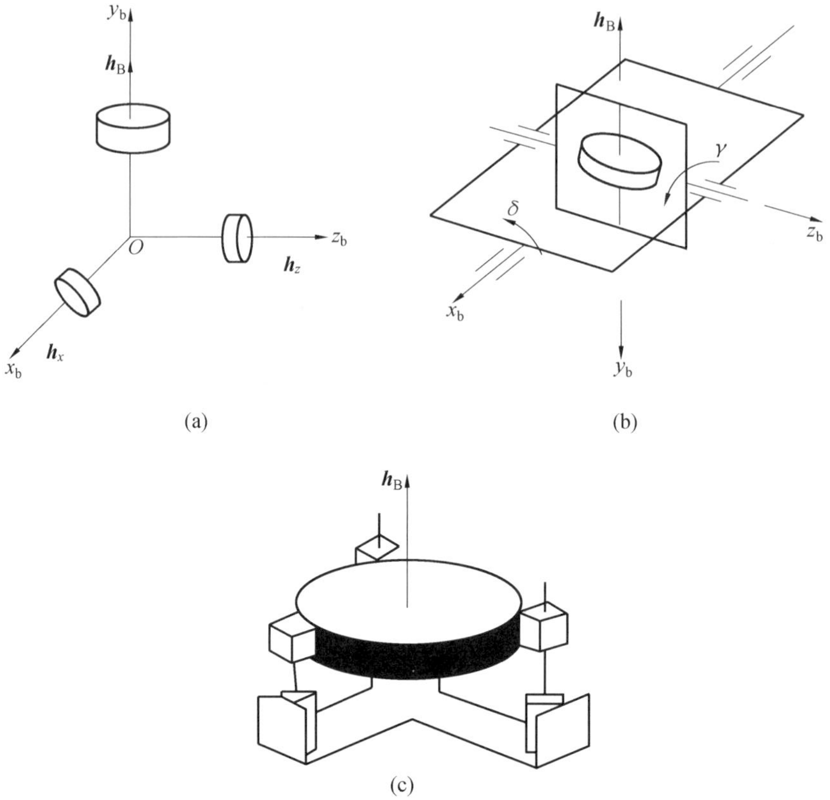

图 14.29　两自由度偏置动量轮控方案构型

$$\begin{cases} I_x\ddot{\varphi}+h_B\omega_o\varphi+h_B\dot{\psi}=-h_B\dot{\lambda}-\omega_o h_B\delta+T_{dx} \\ I_z\ddot{\psi}+h_B\omega_o\psi-h_B\dot{\varphi}=h_B\dot{\delta}-\omega_o h_B\lambda+T_{dz} \end{cases} \tag{14.103}$$

方程(14.103)中,框架角 γ 和 δ 的控制作用是相互耦合的。应用现代控制理论可以证明,把 γ,δ 作为独立控制量,则方程(14.103)不是完全可控的。若以

$$\begin{cases} U_x=-h_B\dot{\gamma}-\omega_o h_B\delta \\ U_z=h_B\dot{\delta}-\omega_o h_B\gamma \end{cases} \tag{14.104}$$

作为控制量,则系统是完全可控的,并且控制作用之间没有耦合作用。即使 U_x 和 U_z 不完全独立,而是呈比例关系,系统也完全能控。

1. 仅有滚动角信息时的控制律

当航天器使用红外地球敏感器,仅能测得滚动角信息时,对于式(14.103)的控制对象,最简单的反馈控制规律是

$$\begin{cases} U_x = -KK_x(\tau\dot{\varphi} + \varphi) \\ U_z = KK_z(\tau\dot{\varphi} + \varphi) \end{cases} \tag{14.105}$$

式中，K_x，K_z 均为力矩分配系数。此式和式(14.103)组成的姿态控制系统，与外力矩控制固定动量系统的情况相似。由于框架角连续可控，此系统能更有效地阻尼长、短周期运动。若设 $KK_x \gg \omega_o h_B$，在扰动力矩作用下，长、短周期运动阻尼后，此控制系统的姿态输出(稳态值)就是式(14.46)及式(14.47)。式(14.46)及式(14.47)中力矩偏置角 α 与式(14.105)中分配系数的关系是 $K_x = \cos\alpha$，$K_z = \sin\alpha$。

实际上，在采用喷气推力控制的固定偏置动量轮控系统中，在喷气冲量的死区范围内姿态自由漂移，滚动通道、偏航通道的控制精度是靠缩小滚动角的死区获得的，姿态误差达不到式(14.46)及式(14.47)给出的精度。在单自由度偏置动量轮控系统中，利用动量装置与星体之间的角动量交换和设置航天器角动量死区，实现滚动的直接控制和偏航的间接控制。在死区外内扰动力矩使航天器角动量螺旋式发散，动量装置主要吸收沿偏航轴上的扰动角动量，使滚动角连续可控。但沿滚动轴上的扰动角动量直接积累到偏航角的偏差中，只有将航天器沿偏航轴的角动量限制在较小的范围内，起到间接限制偏航角漂移的作用，偏航角的误差也达不到这两个公式给出的精度。在双框架偏置动量轮控系统中，偏置动量轮的转轴可以绕俯仰轴做圆锥运动。因此，沿滚动轴、偏航轴上的扰动角动量都可以转移到两个独立的框架角中，偏航角间接地被控制在小范围内交变，不会螺旋式地发散，因而能实现姿态高精度定向。

在式(14.105)所示的控制律中，滚动通道、偏航通道的控制规律相同，但分配系数不同，没有充分地利用两个控制量是相互独立的特点。这里给出另外一种控制方案，其控制律变为

$$\begin{cases} U_x = -K(\tau\dot{\varphi} + \varphi) + \omega_o h_B \varphi \\ U_z = KK_1(\tau\dot{\varphi} + \varphi) - h_B\dot{\varphi} \end{cases} \tag{14.106}$$

代入方程(14.103)，经拉氏变换后，得到闭环系统的方程为

$$\begin{bmatrix} I_x s^2 + K(\tau s + 1) & h_B s \\ -KK_1(\tau s + 1) & I_z s^2 + \omega_o h_B \end{bmatrix} \begin{bmatrix} \varphi(s) \\ \psi(s) \end{bmatrix} = \begin{bmatrix} T_{dx}(s) \\ T_{dz}(s) \end{bmatrix} \tag{14.107}$$

如果控制参数满足 $K_1 h_B I_x \ll K\tau I_z$，则式(14.107)的特征方程可近似分解为

$$G_c(s) = (s^2 + 2\zeta_1\omega_1 s + \omega_1^2)(s^2 + 2\zeta_2\omega_2 s + \omega_2^2) \tag{14.108}$$

式中

$$\omega_1 \approx \sqrt{K/I_x}, \quad \zeta_1 \approx \frac{\tau}{2}\sqrt{\frac{K}{I_x}}$$

$$\omega_2 \approx \sqrt{\omega_o h_B/I_z}, \quad \zeta_2 \approx \frac{K_1}{2}\sqrt{\frac{h_B}{\omega_o I_z}}$$

由于选取了高增益 K，使章动耦合减小，系统成为两个独立的二阶阻尼系统，类似阻尼两个单自由度转动的刚体。从式(14.107)的第一个方程可以看到滚动通道受到陀螺效应 $-h_B\dot{\psi}$ 的作用，因此在滚动被快速阻尼后，偏航扰动反应到滚动误差中，消除这剩余的误差将同时校正偏航误差，由于不直接测量偏航角，偏航阻尼的刚度($\omega_o h_B$)很小，稳态误差很大，这是没有偏航角测量信息的偏置动量系统的存在的共同问题。

2. 有偏航角测量信息的控制律

若能获得偏航角测量信息，则可以选取控制量

$$\begin{cases} U_x = -K_x(\tau_1 s + 1)\varphi(s) + h_B s\psi(s) \\ U_z = -K_z(\tau_2 s + 1)\psi(s) - h_B s\varphi(s) \end{cases} \tag{14.109}$$

从而实现解耦控制，这时系统方程为

$$\begin{cases} [I_x s^2 + K_x\tau_1 s + (K_x + \omega_o h_B)]\varphi(s) = T_{dx}(s) \\ [I_z s^2 + K_z\tau_2 s + (K_z + \omega_o h_B)]\psi(s) = T_{dz}(s) \end{cases} \tag{14.110}$$

通过适当选取 K_x，K_z，τ_1 和 τ_2，使其满足动静态性能指标。但当取式(14.109)的控制规律时，除了要获得偏航角信息以外，还需要滚动角速度和偏航角速度的信息。

在美国 Huges 公司的 HS－601 平台控制系统中，应用状态观测器，只用地球敏感器测得的滚动角，由星载计算可以估算出滚动角和偏航角及其角速度，求得控制量 U_x，U_z，再由式(14.104)求得修正滚动误差和偏航误差的框架角 γ、δ，最后在把 γ 和 δ 转换为操纵偏置角动量方向的3个螺杆机构上、下移动的距离，实现滚动－偏航的解耦控制。

第 15 章

三轴稳定航天器的姿态捕获和姿态机动控制

姿态捕获控制是指从未知的或不控的初始姿态达到飞行任务所期望的姿态的控制过程。例如，对地定向卫星从入轨分离后未知的姿态，建立对地定向姿态的过程一般称为对地捕获。空间航天器由于某种故障丢失了姿态基准，经过全姿态捕获后重新建立正常的姿态。

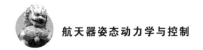

姿态机动控制则是指由一种姿态过渡到另一种要求姿态的控制过程。例如，远地点发动机在变轨时做姿态机动，过渡到合适的姿态等。

15.1 姿态捕获

现以对地定向卫星的全姿态捕获为例，讨论姿态捕获的原理和方法。

对地定向卫星姿态捕获的目的就是使卫星从未知姿态或不控姿态，按照一定的控制过程，最终形成对地定向的姿态。姿态捕获过程中姿态信息的获取（跟敏感器配置有关）、姿态确定的算法是重要的研究课题，与控制律的选择有着密切的关系。

根据卫星能源系统的供电情况可分为地球－太阳与太阳－地球两种姿态捕获方式。下面以某个典型对地观测卫星为例（图 15.1），分别讨论太阳－地球捕获模式和地球－太阳捕获模式的原理与方法。

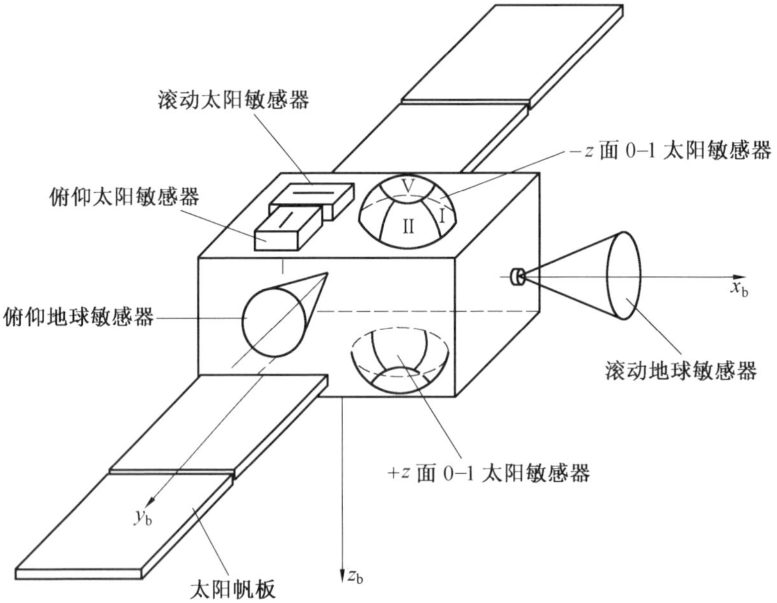

图 15.1　一种典型的对地观测卫星敏感器布局示意图

卫星姿态敏感器的配置和安装布局如下：

(1) 两个五眼式 0－1 太阳敏感器，分别安装在星体 $+z_b$ 面和 $-z_b$ 面。

(2) 两个数字式太阳敏感器，安装在星体 $-z_b$ 面上，基准轴指向 $-z_b$ 轴；光学狭缝分别平行于星体 $+x_b$ 和 $+y_b$ 轴。

(3) 两个圆锥扫描地球敏感器，其扫描轴分别平行于星体 $+x_b$ 和 $+y_b$ 轴。

(4) 三个速率陀螺，沿星体 3 个坐标轴正交安装。

15.1.1　太阳－地球捕获

如果卫星上的能源由太阳能供电，为确保能源供应，通常采取太阳－地球捕获模式。首先要使太阳帆板对准太阳，此时太阳帆板先要归零并锁定，当帆板回到零位（通常此时帆板法线方向与星体 $-z_b$ 轴一致），太阳捕获的目的是使帆板的法线对准太阳，以便获取太阳能；然后进行地球捕获并完成对地定向三轴稳定控制，最后帆板解锁并跟踪太阳。这种姿态捕获方式多用于故障情况下的全姿态捕获过程。

对于太阳－地球捕获模式，基本控制过程可分为如下几个步骤：

(1) 帆板归零并锁定，使帆板法线与星体偏航轴负向一致。

(2) 速率阻尼。将星体三轴姿态角速度降到给定范围内，使光学敏感器能正常工作。

(3) 进行太阳捕获和对日单轴定向控制，使星体 $-z_b$ 轴指向太阳。

(4) 地球捕获。星体绕偏航轴慢旋，当地球进入红外敏感器测量范围内时，借助太阳敏感器和地球敏感器测量信息进行双矢量定姿，然后进行姿态机动，使星体建立对地姿态。

(5) 帆板解锁，并跟踪太阳。

接下来对几个关键过程进行描述。

1. 速率阻尼过程

对于速率阻尼过程，通常采用速率陀螺进行测速，通过转速控制回路使航天器的角速度降到给定范围内。图 15.2 给出了一种采用推力器的星体转速控制示意框图。

当指令角速度 $\omega_c=0$ 时，即为速率阻尼控制。当 $\omega_c\neq 0$ 时，即为转速控制。

2. 太阳捕获和对日定向过程

太阳捕获和定向的目的是使太阳帆板的法线方向指向太阳（对于本例，即星体偏航轴负向指向太阳），就能保证能源供应，精度要求通常不高，指向误差小于 5° 就可满足要求。

可采用一个或两个 0－1 式太阳敏感器配合两个垂直安装的数字太阳敏感器

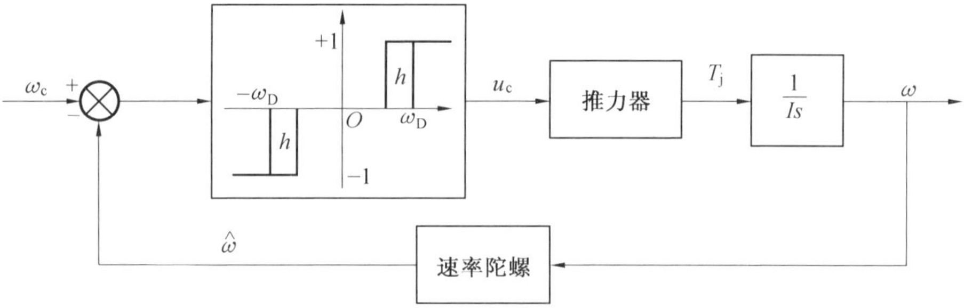

图 15.2 星体单轴转速控制框图

从实现太阳捕获和对日定向控制；或者直接采用两个垂直安装的数字太阳敏感器以实现太阳搜索及太阳捕获定向。我国的海洋一号就是采用了后者的方案。

首先给出使用0—1式太阳敏感器实现太阳捕获的工作原理和过程。对于图15.3中所示的敏感器配置，两个五眼 0-1 式太阳敏感器分别装在星体 $+z_b$ 面和 $-z_b$ 面上。

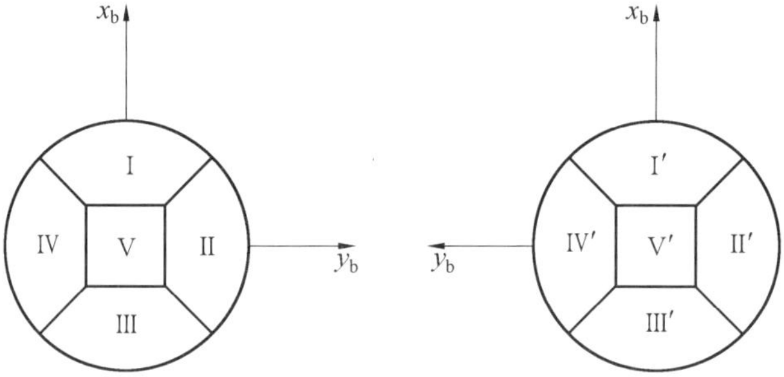

图 15.3 0-1 太阳敏感的配置和安装示意图

根据五眼式0—1太阳敏感器的捕获视场，这两个0—1太阳敏感器覆盖了整个天球，即在光照区，太阳矢量一定落在某个太阳敏感器的某个视场区中，太阳捕获的控制过程是通过星体按一定的转速(如 0.5(°)/s) 进行转动使太阳矢量落在 $-z_b$ 面的0—1太阳敏感区的中心视场(即第 V 区)，这样就使星体的 $-z_b$ 面朝向太阳。因此需要设计一定的控制逻辑，对于图15.3情况，一种可行的控制逻辑见表15.1。

表 15.1　使用 0-1 式太阳敏感器进行太阳捕获的控制逻辑

	太阳矢量所在视场	控制逻辑
太阳矢量落在 $+z$ 面 0－1 太阳敏感器的捕获范围内	Ⅰ′或Ⅰ′∩Ⅴ′	$\omega_x=0,\ \omega_y=-\omega_c$
	Ⅱ′或Ⅱ′∩Ⅴ′	$\omega_x=-\omega_c,\ \omega_y=0$
	Ⅲ′或Ⅲ′∩Ⅴ′	$\omega_x=0,\ \omega_y=\omega_c$
	Ⅳ′或Ⅳ′∩Ⅴ′	$\omega_x=\omega_c,\ \omega_y=0$
	Ⅴ′	$\omega_x=\omega_c,\ \omega_y=\omega_c$
	Ⅰ′∩Ⅱ′或Ⅰ′∩Ⅱ′∩Ⅴ′	$\omega_x=-\omega_c,\ \omega_y=-\omega_c$
	Ⅱ′∩Ⅲ′或Ⅱ′∩Ⅲ′∩Ⅴ′	$\omega_x=-\omega_c,\ \omega_y=\omega_c$
	Ⅲ′∩Ⅳ′或Ⅲ′∩Ⅳ′∩Ⅴ′	$\omega_x=\omega_c,\ \omega_y=\omega_c$
	Ⅰ′∩Ⅳ′或Ⅰ′∩Ⅳ′∩Ⅴ′	$\omega_x=\omega_c,\ \omega_y=-\omega_c$
太阳矢量落在 $-z$ 面 0－1 太阳敏感器的捕获范围内	Ⅰ或Ⅰ∩Ⅴ	$\omega_x=0,\ \omega_y=-\omega_c$
	Ⅱ或Ⅱ∩Ⅴ	$\omega_x=\omega_c,\ \omega_y=0$
	Ⅲ或Ⅲ∩Ⅴ	$\omega_x=0,\ \omega_y=\omega_c$
	Ⅳ或Ⅳ∩Ⅴ	$\omega_x=-\omega_c,\ \omega_y=0$
	Ⅴ	$\omega_x=0,\ \omega_y=0$
	Ⅰ∩Ⅱ或Ⅰ∩Ⅱ∩Ⅴ	$\omega_x=\omega_c,\ \omega_y=-\omega_c$
	Ⅱ∩Ⅲ或Ⅱ∩Ⅲ∩Ⅴ	$\omega_x=\omega_c,\ \omega_y=\omega_c$
	Ⅲ∩Ⅳ或Ⅲ∩Ⅳ∩Ⅴ	$\omega_x=-\omega_c,\ \omega_y=-\omega_c$
	Ⅰ∩Ⅳ或Ⅰ∩Ⅳ∩Ⅴ	$\omega_x=-\omega_c,\ \omega_y=-\omega_c$

表中，“∩”表示“与”，如Ⅰ∩Ⅴ，表示太阳矢量同时落在 $-z$ 面 0－1 太阳敏感器的Ⅰ和Ⅴ区内；ω_c 为给定的转速大小。

对于表 15.1 的控制逻辑，若在太阳捕获时，太阳矢量落在 $+z_b$ 面 0－1 太阳敏感器的视场内，则按表中的上半部控制逻辑进行控制，直到太阳矢量落在 $-z_b$ 面 0－1 太阳敏感器的视场内，这时就可按表的下半部控制逻辑进行控制，控制逻辑最终使太阳矢量落在 $-z_b$ 面0－1 太阳敏感器的Ⅴ区，这时就完成了太阳捕获过程，太阳矢量同时也落在两个数字式太阳敏感器的视场内，可直接进行下一步对日单轴定向控制过程。若在太阳捕获时，太阳矢量直接落在 $-z_b$ 面 0－1 太阳敏感器的视场内，此时可直接按表的下半部控制逻辑进行控制，太阳捕获所需时间比较短。

有些卫星为节省一个 0－1 式太阳敏感器，只在 $-z_b$ 面上安装了一个五眼式太阳敏感器。对于这种情况，若在光照区，0－1 式太阳敏感器没有敏感到太阳，则说明太阳矢量在星体的 $+z_b$ 半球，此时只需绕某个轴（x_b 或 y_b）或两个轴的组合按转动，就可使太阳矢量落在 $-z_b$ 面的 0－1 太阳敏感器视场范围内。然后就可按照表 15.1 的下半部分的控制逻辑进行控制，完成太阳捕获控制。

对于没有配置 0－1 式太阳敏感器的情况，则只能靠两个垂直安装的数字式太阳敏感器进行太阳搜索。由于每个数字式太阳敏感器的视场范围为128°×128°,例如,若先绕 x_b 轴旋转一周,则滚动轴数字式太阳敏感器的视场将形成一个球面角为128°的环带,再绕 y_b 轴旋转一周,则俯仰轴数字式太阳的视场也会形成一个球面角为128°的环带,两个环带覆盖了整个天球,即理论上两次圆周搜索就可搜索到太阳。当太阳矢量同时落在两个敏感器的视场内时,就完成了太阳捕获过程。

接下来给出对日定向控制的原理和方法。当太阳矢量进入两个数字式太阳敏感器的视场范围内时,敏感器将会提供太阳的角度信息 φ_s,θ_s,这时就可将测量信息引入控制回路,消除了 φ_s,θ_s 角,就可使星体的 $-z_b$ 轴指向太阳,即完成对日单轴定向控制。一种采用推力器的典型对日定向单轴姿态控制原理框图如图15.4所示。

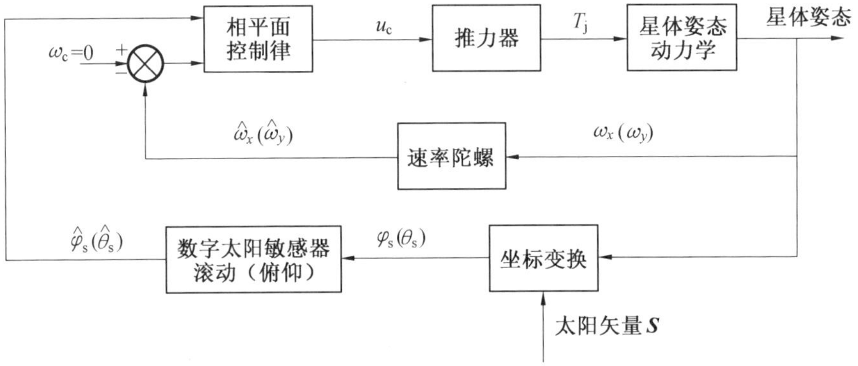

图 15.4　对日定向控制单轴姿态控制原理框图

对于偏航轴控制,则可采用速率阻尼控制,或按某指令角速度进行自旋,形成自旋状态。

3. 对地捕获过程

当航天器完成对日定向控制后,即星体 $-z_b$ 轴指向太阳后,引入转速控制回路,使航天器绕偏航轴慢速转动。在适当位置,红外地球敏感器总会扫到地球,若已知轨道参数,则由一个红外地球敏感器的测量数据就可得到地心矢量在体系下的分量,由太阳敏感器测量数据就可得到太阳矢量在体系下的分量,则可由双矢量定姿公式得到星体相对轨道坐标系的姿态角 φ,θ,ψ。

下一步就可进行姿态机动,使星体坐标系与轨道坐标系重合,完成对地捕获和定向控制。

15.1.2　地球－太阳捕获

如果卫星的能源由蓄电池供应时(如中国的返回式卫星),或者采用太阳能一蓄电池联合供电(蓄电池储存的电量比较充分时),可采用地球一太阳捕获模式,即先利用地球敏感器信息,使卫星偏航轴对准地垂线,然后由太阳敏感器提供偏航信息,控制偏航轴转动达到对地三轴稳定。对于带帆板的卫星,最后还要进行帆板解锁并实现太阳跟踪。我国的海洋一号、中巴资源一号卫星入轨分离后就是采用这样的捕获过程来实现初始姿态建立的。

地球一太阳捕获模式多用于航天器入轨分离后姿态建立的过程。其基本过程可分为以下步骤:

(1) 消初偏过程。

(2) 对地捕获和对地单轴定向控制。

(3) 建立三轴姿态信息,进行偏航轴姿态机动控制,实现三轴对地定向。

1. 消初偏过程

对于地球一太阳捕获模式,航天器入轨后,往往要求使地球敏感器能尽快扫描到地球,为此通常在星箭分离后先采用消初偏控制过程,不仅使姿态角速度阻尼到给定范围内,还要消除姿态偏差(通常以星箭分离时的姿态为零点),其目的是使速率阻尼后,地球能落在地球敏感器的扫描范围内。一种采用相平面控制律的消初偏控制框图如图 15.5 所示。

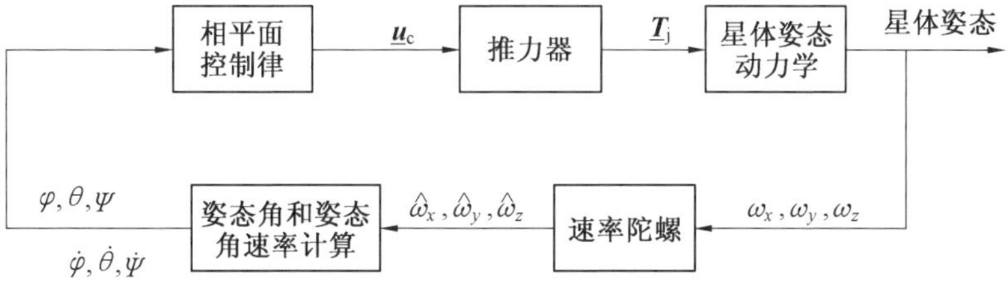

图 15.5　消初偏控制回路框

其中姿态和姿态角速度计算环节采用基于陀螺的姿态预估技术,姿态角的零点取为消除偏开始时的姿态。

2. 对地捕获和定向

当消初偏过程结束后,通常地球已在地球敏感器的捕获范围内,可直接进行地球捕获控制。若红外地球敏感器没有输出,可绕 x_b 或 y_b 慢旋,使俯仰地球敏感器或滚动地球敏感器扫到地球,并结合轨道高度信息可给出滚动角和俯仰角信息。此时将姿态角信息引入控制回路,进行对地捕获控制使航天器的偏航轴指向地球。

为完成对地捕获控制,往往需要滚动角速率和俯仰角速率的信息(作为阻尼反馈)。根据航天器姿态运动学方程,若已知三轴姿态角信息,可根据陀螺测量的角速率与姿态角速率之间的关系式(式(15.1))来获得三轴姿态角速率。

$$\begin{bmatrix}\dot{\varphi}\\\dot{\theta}\\\dot{\psi}\end{bmatrix}=\begin{bmatrix}1 & 0 & -\sin\theta\\0 & \cos\varphi & \cos\theta\sin\varphi\\0 & -\sin\varphi & \cos\theta\cos\varphi\end{bmatrix}^{-1}\begin{bmatrix}\omega_x\\\omega_y\\\omega_z\end{bmatrix}+\begin{bmatrix}\cos\theta\sin\psi\\\cos\varphi\cos\psi+\sin\varphi\sin\theta\sin\psi\\-\sin\varphi\cos\psi+\cos\varphi\sin\theta\sin\psi\end{bmatrix}\omega_o \tag{15.1}$$

但对于对地捕获控制，有时无法获得偏航角信息，无法直接根据式(15.1)并结合速率陀螺测量信息来计算俯仰和滚动角速率 $\dot{\varphi}$,$\dot{\theta}$，工程上通常采用姿态角测量数据的差分技术得到的 $\dot{\varphi}$,$\dot{\theta}$。

一种采用相平面控制律的地球捕获控制框图如图 15.6 所示。

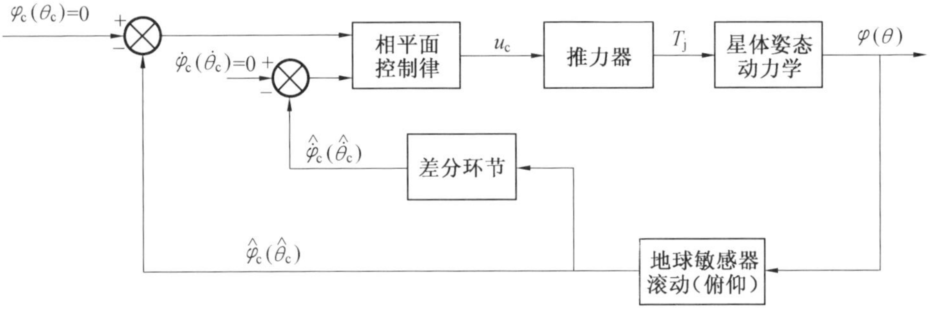

图 15.6　地球捕获回路控制框图

若初始时滚动姿态角或俯仰角偏大，可采用姿态机动控制方法。对于偏航轴的控制仍采用速率阻尼控制模式。

3. 建立三轴姿态并实现三轴对地定向。

当完成对地捕获后，此时偏航轴指向地心，但偏航角未知，要实现对地三轴定向，必须获得偏航角信息，并通过偏航机动控制，消除偏航角误差。可利用太阳敏感器或陀螺信息获得偏航角信息，建立三轴姿态信息实现偏航角控制。

对于采用太阳敏感器来获得偏航角信息的情况，在对地捕获后，进行偏航轴转速控制，使航天器绕其偏航轴慢旋。在合适的位置时，太阳矢量落到太阳敏感器的捕获范围内，利用 10.2.1 节的第二种方法，就可计算得到偏航角信息，然后就可进行偏航角机动控制，实现三轴对地定向。

采用太阳敏感器信息进行三轴姿态确定存在一些限制，首先航天器必须在日照区且太阳矢量在敏感器的视场范围内。利用速率陀螺与红外地球敏感器的测量信息进行三轴姿态测量就可不受上述条件的制约。

假设利用地球敏感器信息已经完成地垂线捕获，此时本体 z_b 轴与轨道坐标系 z_o 轴重合，余下的任务就是确定偏航姿态角并实现偏航机动。根据航天器姿态运动学方程，可得到陀螺测量的角速率与姿态角速率之间的关系式。

在理想控制情况下，设 $\varphi=\theta=0,\dot{\varphi}=\dot{\theta}=0$，而且陀螺的漂移已被补偿到忽略不计。如果航天器有偏航角误差 ψ(不是小量)，将假设条件代入式(15.1)，可得到滚动轴与俯仰轴上的速率陀螺测得的角速率为

$$\begin{cases}\omega_x=-\omega_o\cos\psi\\ \omega_y=-\omega_o\sin\psi\end{cases}\tag{15.2}$$

式中，ω_o 为轨道角速度。由此可得

$$\psi=\arctan\frac{\omega_y}{\omega_x}\tag{15.3}$$

但实际上滚动姿态角与俯仰姿态角及其姿态角速率并不为零，且陀螺也存在漂移。因而关键问题是如何消除滚动姿态角与俯仰姿态角速率的影响并对陀螺漂移进行误差分析。在捕获过程中，初始姿态偏差很大时对估计精度要求不需要过高，只要保证极性正确。当姿态偏差减少时，对估计精度的要求就越高。当 $\omega_o\approx1\times10^{-3}$ rad/s，若陀螺漂移为 1×10^{-3}(°)/s，则偏航角的估计误差略大于1°。姿态角速率随机测量误差则由对陀螺输出积分的平均值来消除，积分时间取极限环运行周期的若干倍。

15.2　姿态机动控制

姿态机动是指航天器从一种已知姿态控制到另一种要求姿态的过程。它主要用于变轨时姿态机动控制以及其他任务要求(如地球捕获或偏航捕获等)。

姿态机动控制时存在如下两个问题：

(1) 如果进行大角度的姿态机动，有可能造成机动过程中敏感器丢失基准的问题。工程上通常采用基于陀螺的姿态预估技术来解决这个问题。

(2) 在进行大角度的姿态机动时，有可能出现姿态参数奇异的问题。例如，当用 zyx 顺序的欧拉角描述航天器姿态时，当 θ 接近 90° 时，就会出现姿态参数奇异的问题。解决的方法是采用不会产生奇异的姿态参数，如姿态四元数等。

下面分别讨论基于欧拉角和姿态四元数为参数的姿态机动控制的原理和方法。

15.2.1　采用欧拉角参数的姿态机动控制方法

若姿态机动过程中角度变化不是很大，不会出现姿态角奇异的问题，则可采用姿态角作为姿态参数进行姿态机动控制。可按三轴分别进行控制，其原理和控制方法与姿态稳定控制近似相同，区别是指令姿态角信号不为零。

这种方法理论上是可行的，但实际情况下存在如下两个问题：

(1) 姿态动力学模型的线性化问题。按照姿态稳定控制的方法设计的控制器参数是在小角度姿态偏差情况下对姿态动力学模型进行线性化基础上得到，而姿态机动过程中不满足小角度姿态假设，可能会导致系统不稳定。

(2) 在机动初始时，指令姿态与实际姿态的偏差比较大，则可能导致控制器产生的控制指令过大，使航天器姿态机动过程姿态角速率过大，或者使反作用飞轮饱和，导致失控。

考虑第一个问题，控制器参数最好能根据当前姿态角进行自动调整，即在姿态机动过程中根据当前姿态角状态对姿态动力学模型进行线形化，然后设计控制器参数，使整个姿态机动过程中控制过程性能满足要求。但这种方法比较复杂，一种简单的方法是设计统一的控制器参数，要求其稳定裕度比较大，使控制器即使在大姿态角情况下也能稳定并满足一定的性能指标要求。

考虑第二个问题，通常采用轨迹跟踪的控制方法。其原理是对指令姿态角进行轨迹规划(即指令姿态角信息)，使其指令姿态角信号在姿态机动初始时刻与当前星体姿态角相同，而姿态机动末端时刻与所需机动姿态相同。控制过程中星体姿态角对指令姿态角信号进行轨迹跟踪，使控制过程中的星体姿态角与指令姿态角的偏差不至于过大，从而保证姿态控制指令力矩不至于过大。

例如，对于从对地定向姿态进行偏航姿态机动的过程，可规划偏航轴指令姿态角加速度和角速率的变化规律，如图 15.7 所示。

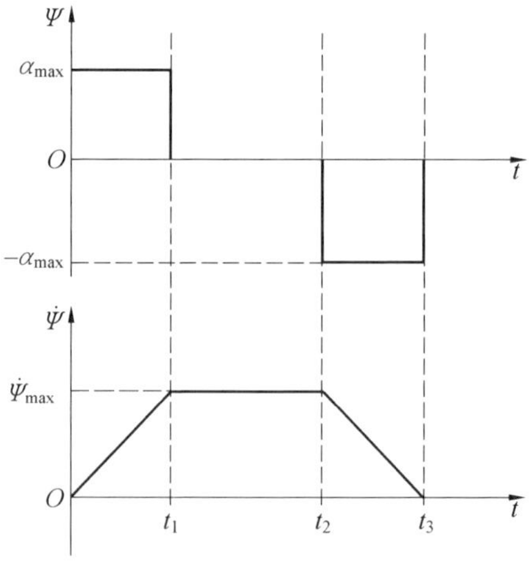

图 15.7　偏航姿态角加速度和角速度的一种参考轨迹

图 15.7 中 $t-\dot{\psi}$ 的曲线下的面积应等于要机动的偏航角，α_{max} 为机动过程中最大的偏航角加速度，由系统事先根据执行机构饱和或星体最大机动角速度的限制确定。

当控制过程中，星体姿态对指令姿态角信号能够实现跟踪控制，当时间 $t>$

t_3 时，即可完成姿态机动控制。

15.2.2　采用姿态四元数的姿态机动控制方法

若姿态机动角度过大，为避免奇异，可采用姿态四元数作为姿态参数，其优点是可避免奇异性，星上计算机占用内存少，而且还能实现某种意义上的最优机动。

当采用姿态四元数作为姿态参数时，姿态机动控制问题可描述如下：设姿态机动前，星体姿态相对参考系的姿态四元数为$\boldsymbol{Q}_{\mathrm{i}}$，目标姿态相对参考系的姿态四元数为$\boldsymbol{Q}_{\mathrm{f}}$，那么姿态机动控制过程就是选择一个合适的控制律，使星体姿态从$\boldsymbol{Q}_{\mathrm{i}}$连续变化至$\boldsymbol{Q}_{\mathrm{f}}$，同时姿态角速度也要满足给定的目标姿态要求。

下面以地球捕获过程的姿态机动控制为例，介绍两种常用的姿态机动控制方法。

1. 转速控制方法

根据欧拉有限转动定理，航天器可以从当前姿态 $\boldsymbol{Q}$ 通过绕欧拉轴$\boldsymbol{e}_{\mathrm{m}}$ 转动一个转角 Φ_{m} 到达目标姿态$\boldsymbol{Q}_{\mathrm{f}}$。称 $\underline{\boldsymbol{e}}_{\mathrm{m}}$，$\Phi_{\mathrm{m}}$ 对应的姿态四元数为机动四元数，记为$\boldsymbol{Q}_{\mathrm{m}}$，则有

$$\boldsymbol{Q} \times \boldsymbol{Q}_{\mathrm{m}} = \boldsymbol{Q}_{\mathrm{f}} \Rightarrow \boldsymbol{Q}_{\mathrm{m}} = \boldsymbol{Q}^{*} \times \boldsymbol{Q}_{\mathrm{f}} \tag{15.4}$$

由已知条件就可求得

$$\begin{cases} \Phi_{\mathrm{m}} = 2\arccos q_{\mathrm{m}0} \\ \underline{\boldsymbol{e}}_{\mathrm{m}} = \dfrac{1}{\sin \dfrac{\Phi_{\mathrm{m}}}{2}} \underline{\boldsymbol{q}}_{\mathrm{m}} \end{cases} \tag{15.5}$$

式中，$q_{\mathrm{m}0}$，$\underline{\boldsymbol{q}}_{\mathrm{m}}$ 分别为机动四元数$\boldsymbol{Q}_{m}$ 的标部和矢部。设在姿态机动过程中，航天器的瞬时欧拉转角为 $\Phi(t)$。

转速控制方法的基本原理是：根据航天器当前的机动四元数$\boldsymbol{Q}_{\mathrm{m}}$，可得到欧拉轴$\boldsymbol{e}_{\mathrm{m}}$ 和应实施的转角 Φ_{m}。设定绕欧拉轴的旋转角速度矢量为$\boldsymbol{\omega}_{\mathrm{m}} = \dot{\Phi}(t)\, \boldsymbol{e}_{\mathrm{m}}$，若将$\boldsymbol{\omega}_{\mathrm{m}}$ 分解到星体的 3 个轴上，通过转速控制回路使星体跟踪角速度$\boldsymbol{\omega}_{\mathrm{m}}$，并使欧拉转角 Φ 从 0 变化到 Φ_{m}，就可实现姿态机动的目的。

由于航天器通常采用速率陀螺来测量星体姿态角速度，为使姿态机动控制的实施更方便，可将星体的惯性姿态角速度矢量$\boldsymbol{\omega}_{\mathrm{b}}$ 在体系下的分量作为指令姿态角速度，直接将陀螺的测量信号引入转速控制回路。

假设绕欧拉轴的转速为定值 ω_{m}（通常 $0 < \omega_{\mathrm{m}} < 0.5(°)/\mathrm{s}$），则星体相对目标姿态的转动指令角速度矢量$\boldsymbol{\omega}_{\mathrm{bf}}^{\mathrm{c}}$ 为

$$\boldsymbol{\omega}_{\mathrm{bf}}^{\mathrm{c}} = -\omega_{\mathrm{m}}\, \boldsymbol{e}_{\mathrm{m}} \tag{15.6}$$

而星体相对惯性坐标系的转动指令角速度矢量为

$$\boldsymbol{\omega}_{\mathrm{b}}^{\mathrm{c}}=\boldsymbol{\omega}_{\mathrm{bf}}^{\mathrm{c}}+\boldsymbol{\omega}_{\mathrm{f}}=-\omega_{\mathrm{m}}\boldsymbol{e}_{\mathrm{m}}+\boldsymbol{\omega}_{\mathrm{f}} \tag{15.7}$$

式中，$\boldsymbol{\omega}_{\mathrm{f}}$ 为目标姿态坐标系相对惯性系的角速度矢量。将式(15.7)写成星本体坐标系下的分量形式为

$$\begin{aligned}\begin{bmatrix}\omega_{\mathrm{b}x}^{\mathrm{c}}\\ \omega_{\mathrm{b}y}^{\mathrm{c}}\\ \omega_{\mathrm{b}z}^{\mathrm{c}}\end{bmatrix}&=-\omega_{\mathrm{m}}\underline{\boldsymbol{e}}_{\mathrm{m}}+\underline{\boldsymbol{C}}_{\mathrm{bf}}(\boldsymbol{Q}_{\mathrm{bf}})\underline{\boldsymbol{\omega}}_{\mathrm{f}}\\ &=\begin{bmatrix}-Kq_{\mathrm{m1}}q_{\mathrm{m0}}\\ -Kq_{\mathrm{m2}}q_{\mathrm{m0}}\\ -Kq_{\mathrm{m3}}q_{\mathrm{m0}}\end{bmatrix}+\underline{\boldsymbol{C}}_{\mathrm{bf}}(\boldsymbol{Q}_{\mathrm{bf}})\underline{\boldsymbol{\omega}}_{\mathrm{f}}\end{aligned} \tag{15.8}$$

式中，$q_{\mathrm{m0}}, q_{\mathrm{m1}}, q_{\mathrm{m2}}, q_{\mathrm{m3}}$ 均为星体当前时刻姿态机动四元数$\boldsymbol{Q}_{\mathrm{m}}$ 的元素；$\underline{\boldsymbol{C}}_{\mathrm{bf}}(\boldsymbol{Q}_{\mathrm{bf}})$ 是与星体当前时刻相对目标姿态$\boldsymbol{Q}_{\mathrm{f}}$ 对应的方向余弦矩阵。其中系数 K 为

$$K=\frac{\omega_{\mathrm{m}}}{\sin\dfrac{\Phi_{\mathrm{m}}}{2}\cdot\cos\dfrac{\Phi_{\mathrm{m}}}{2}}=2\frac{\omega_{\mathrm{m}}}{\sin\Phi_{\mathrm{m}}} \tag{15.9}$$

实际控制时，K 是根据当前星体姿态 $\boldsymbol{Q}$ 和目标姿态$\boldsymbol{Q}_{\mathrm{f}}$ 实时计算得到的，随着星体姿态逐渐靠近目标姿态，Φ_{m} 也将逐渐接近于零值。这时在姿态机动接近完成时，K 将变得无穷大，导致角速度指令数据可能会出现奇异，因此通常在 Φ_{m} 小于给定值时(如 $\Phi_{\mathrm{m}}\leqslant 3°$)，切换为相对目标姿态的姿态稳定控制。

考虑对地捕获的姿态机动控制，目标姿态即为轨道坐标系的姿态，因此星体相对目标的姿态$\boldsymbol{Q}_{\mathrm{bf}}$ 即为星体相对轨道坐标系的姿态$\boldsymbol{Q}_{\mathrm{bo}}$，考虑到$\boldsymbol{Q}_{\mathrm{bo}}$ 与机动四元数互为共轭，则式(15.8)可改写为

$$\begin{bmatrix}\omega_{\mathrm{b}x}^{\mathrm{c}}\\ \omega_{\mathrm{b}y}^{\mathrm{c}}\\ \omega_{\mathrm{b}z}^{\mathrm{c}}\end{bmatrix}=\begin{bmatrix}Kq_1q_0\\ Kq_2q_0\\ Kq_3q_0\end{bmatrix}+\underline{\boldsymbol{C}}_{\mathrm{bo}}(\boldsymbol{Q}_{\mathrm{bo}})\begin{bmatrix}0\\ -\omega_{\mathrm{o}}\\ 0\end{bmatrix} \tag{15.10}$$

式中，q_0, q_1, q_2, q_3 分别为星体当前姿态相对目标系的姿态四元数$\boldsymbol{Q}_{\mathrm{bo}}$ 的元素。

在进行转速控制过程中，星体当前姿态四元数 $\boldsymbol{Q}$ 既可由姿态敏感器测得，也可由陀螺预估方法得到。对于陀螺预估的方法，星体当前姿态四元数$\boldsymbol{Q}_{\mathrm{bo}}$ 可通过对下式进行数值积分得到。

$$\begin{bmatrix}\dot{q}_1\\ \dot{q}_2\\ \dot{q}_3\\ \dot{q}_0\end{bmatrix}=\frac{1}{2}\begin{bmatrix}q_0 & -q_1 & -q_2 & -q_3\\ q_1 & q_0 & -q_3 & q_2\\ q_2 & q_3 & q_0 & -q_1\\ q_3 & -q_2 & q_1 & q_0\end{bmatrix}\begin{bmatrix}0\\ \omega_{\mathrm{o}x}\\ \omega_{\mathrm{o}y}\\ \omega_{\mathrm{o}z}\end{bmatrix} \tag{15.11}$$

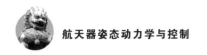

式中，ω_{ox}，ω_{oy}，ω_{oz} 是星体坐标系相对轨道坐标系的角速度矢量$\boldsymbol{\omega}_{bo}$在体坐标系下的分量，计算式为

$$\begin{bmatrix}\omega_{ox}\\ \omega_{oy}\\ \omega_{oz}\end{bmatrix}=\begin{bmatrix}\omega_{gx}\\ \omega_{gy}\\ \omega_{gz}\end{bmatrix}-\underline{\boldsymbol{C}}_{bo}(\boldsymbol{Q}_{bo})\begin{bmatrix}0\\ -\omega_o\\ 0\end{bmatrix} \tag{15.12}$$

式中，ω_{gx}，ω_{gy}，ω_{gz} 分别是陀螺测量的角速度。

2. 轨迹跟踪方法

在小角度姿态偏差情况下，姿态四元数同欧拉角之间关系表达式为

$$\begin{cases} q_1 \approx \dfrac{1}{2}\varphi, \quad q_2 \approx \dfrac{1}{2}\theta, \quad q_3 \approx \dfrac{1}{2}\psi \\ \omega_x \approx \dot{\varphi}, \quad \omega_y \approx \dot{\theta}, \quad \omega_z \approx \dot{\psi} \end{cases} \tag{15.13}$$

即在小角度偏差情况下，采用姿态四元数和姿态角作为姿态参数是等价的，且由欧拉角得到的姿态控制律及控制系数也可直接用于基于姿态四元数的控制律。

例如，基于欧拉角的比例微分控制律可写为

$$\underline{T}_c=-\underline{K}_{P1}\begin{bmatrix}\varphi\\ \theta\\ \psi\end{bmatrix}-\underline{K}_{D1}\begin{bmatrix}\dot{\varphi}\\ \dot{\theta}\\ \dot{\psi}\end{bmatrix} \tag{15.14}$$

为以后描述方便，设星体坐标系相对参考坐标系的姿态四元数称为误差四元数，记为$\boldsymbol{Q}_e$，其矢部记为 $\underline{\boldsymbol{q}}_e$；星体坐标系相对参考坐标系的姿态角速度矢量为$\boldsymbol{\omega}_e$，其在星体坐标系下的分量记为 $\underline{\boldsymbol{\omega}}_e$。采用这些符号，则与(15.14)对应的采用姿态四元数的姿态稳定控制律形式为

$$\underline{\boldsymbol{T}}_c=-\underline{\boldsymbol{K}}_{P2}\underline{\boldsymbol{q}}_e-\underline{\boldsymbol{K}}_{D2}\underline{\boldsymbol{\omega}}_e \tag{15.15}$$

显然有

$$\underline{\boldsymbol{K}}_{P2}=2\underline{\boldsymbol{K}}_{P1}, \quad \underline{\boldsymbol{K}}_{D2}=\underline{\boldsymbol{K}}_{D1}$$

基于姿态四元数的姿态稳定控制系统框图如图15.8 所示。

同样，如果把末端姿态四元数$\boldsymbol{Q}_f$ 作为参考姿态四元数直接引入姿态稳定控制回路，原理上可实现姿态机动过程，不过与采用姿态角的姿态机动控制一样，同样存在大角度偏差情况下控制指令力矩过大导致执行机构饱和问题，因此应采用轨迹跟踪控制方法。

基于姿态四元数的轨迹跟踪方法的基本思路是：对参考姿态四元数$\boldsymbol{Q}_r$ 和角速度$\boldsymbol{\omega}_r$ 进行轨迹规划，使参考轨迹姿态四元数在机动前与星体姿态四元数一致，而在机动结束后与目标姿态四元数一致，然后将此参考姿态四元数$\boldsymbol{Q}_r$ 和姿态角速度$\boldsymbol{\omega}_r$ 引入姿态稳定控制回路，即可完成姿态机动控制过程。

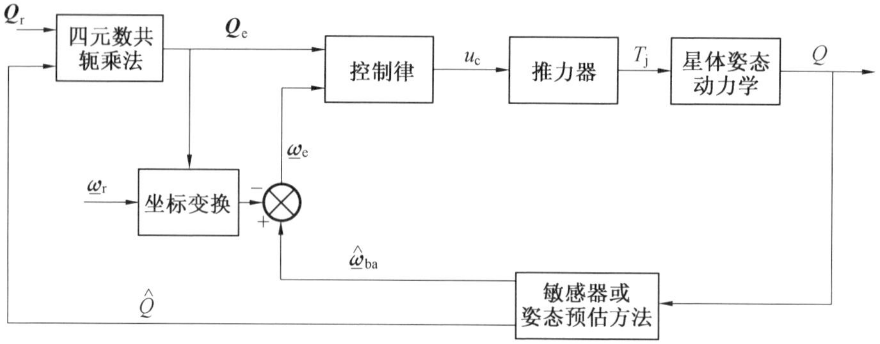

图 15.8　基于姿态四元数的姿态稳定控制框图

下面给出参考姿态四元数$\boldsymbol{Q}_r$ 和角速度$\boldsymbol{\omega}_r$ 的计算表达式。

设在姿态机动前，星体相对参考系的姿态四元数为$\boldsymbol{Q}_i$，若给定目标姿态$\boldsymbol{Q}_f$，则所需的机动四元数$\boldsymbol{Q}_m$ 为

$$\boldsymbol{Q}_m = \boldsymbol{Q}_i^* \otimes \boldsymbol{Q}_f \tag{15.16}$$

可以根据式(15.5)计算欧拉轴 $\underline{\boldsymbol{e}}_m$ 和所需转角 Φ_m。若固定欧拉轴 $\underline{\boldsymbol{e}}_m$，对转角 $\Phi(t)$ 进行轨迹规划，即给定 $\Phi(t)$ 和其角速率 $\dot{\Phi}(t)$ 的变化规律，并且满足 $\Phi(t_i)=0$，$\Phi(t_f)=\Phi_m$，记对应$(\underline{\boldsymbol{e}}_m,\Phi)$的姿态四元数为 $\Delta\boldsymbol{Q}$。则参考姿态四元数$\boldsymbol{Q}_r$ 可写为

$$\boldsymbol{Q}_r(t) = \boldsymbol{Q}_i \otimes \Delta\boldsymbol{Q}(\underline{\boldsymbol{e}}_m, \Phi(t)) \tag{15.17}$$

显然有

$$\boldsymbol{Q}_r(t_i) = \boldsymbol{Q}_i, \quad \boldsymbol{Q}_r(t_f) = \boldsymbol{Q}_f$$

在姿态机动过程中，星体相对目标姿态的指令姿态角速度矢量$\boldsymbol{\omega}_{bf}$ 为

$$\boldsymbol{\omega}_{bf}(t) = -\boldsymbol{e}_m\dot{\Phi}(t) \tag{15.18}$$

星体则相对参考坐标系的指令角速度$\boldsymbol{\omega}_r$ 为

$$\boldsymbol{\omega}_r = \boldsymbol{\omega}_{bf} + \boldsymbol{\omega}_f \tag{15.19}$$

式中，$\boldsymbol{\omega}_f$ 为目标姿态相对参考坐标系的姿态角速度。$\boldsymbol{\omega}_r$ 在期望星体坐标系下的分量列阵为

$$\underline{\boldsymbol{\omega}}_r = -\underline{\boldsymbol{e}}_m\dot{\Phi}(t) + \underline{\boldsymbol{C}}(\boldsymbol{Q}_r)\underline{\boldsymbol{\omega}}_f \tag{15.20}$$

式中，$\underline{\boldsymbol{\omega}}_f$ 为$\boldsymbol{\omega}_f$ 在参考坐标系中的分量列阵。

轨迹跟踪控制的目的是：使星体的姿态 $\boldsymbol{Q}(t)$ 与参考轨迹姿态$\boldsymbol{Q}_r(t)$ 重合，同时，星体相对参考坐标系的姿态角速度 $\boldsymbol{\omega}(t)$ 与参考轨迹的角速度$\boldsymbol{\omega}_r(t)$ 重合。

当计算出参考的姿态四元数$\boldsymbol{Q}_r$ 和姿态角速度 $\underline{\boldsymbol{\omega}}_r$ 后，就可按照下式计算误差姿态四元数和误差姿态角速度：

$$\boldsymbol{Q}_e = \boldsymbol{Q}_r^* \otimes \boldsymbol{Q}$$

$$\underline{\boldsymbol{\omega}}_{\mathrm{e}}=\underline{\boldsymbol{\omega}}-\underline{C}(\boldsymbol{Q}_{\mathrm{e}})\underline{\boldsymbol{\omega}}_{\mathrm{r}} \tag{15.21}$$

式中，$\boldsymbol{Q}$ 为姿态机动过程中当前时刻星体相对参考系的姿态四元数；$\underline{\boldsymbol{\omega}}$ 为当前时刻星体相对参考系的姿态角速度矢量在星体坐标系下的分量列阵。$\underline{\boldsymbol{C}}(\boldsymbol{Q}_{\mathrm{e}})$ 为对应于误差四元数$\boldsymbol{Q}_{\mathrm{e}}$ 的方向余弦矩阵。

一种比较简单的 $\Phi(t)$ 和 $\dot{\Phi}(t)$ 变化规律类似图 15.7，只不过用 $\Phi(t)$ 代替 $\psi(t)$，$\dot{\Phi}(t)$ 代替 $\dot{\psi}(t)$。根据 $\Phi(t)$ 和 $\dot{\Phi}(t)$ 随时间分段函数表达式，由式(15.17) 和式(15.20) 计算出参考轨迹姿态四元数$\boldsymbol{Q}_{\mathrm{r}}$ 和期望姿态角速度 $\underline{\boldsymbol{\omega}}_{\mathrm{r}}$，将其代入图 15.8 中的姿态稳定控制回路，即可完成姿态机动控制。

对于对地定向姿态机动控制的情况，则目标姿态为轨道坐标系，若取轨道坐标系为参考坐标系时，有$\boldsymbol{Q}_{\mathrm{bo}}=\boldsymbol{Q}_{\mathrm{m}}^{*}$(即互为共轭)，$\boldsymbol{\omega}_{\mathrm{f}}=0$，则$\boldsymbol{Q}_{\mathrm{r}}$ 和 $\underline{\boldsymbol{\omega}}_{\mathrm{r}}$ 的计算公式分别为

$$\boldsymbol{Q}_{\mathrm{r}}(t)=\boldsymbol{Q}_{\mathrm{bo}}\otimes\Delta Q(\boldsymbol{e}_{\mathrm{m}},\Phi(t)) \tag{15.22}$$

$$\underline{\boldsymbol{\omega}}_{\mathrm{r}}=-\underline{\boldsymbol{e}}_{\mathrm{m}}\dot{\Phi}(t) \tag{15.23}$$

将$\boldsymbol{Q}_{\mathrm{r}}$ 和 $\underline{\boldsymbol{\omega}}_{\mathrm{r}}$ 代入图 15.8 中的姿态稳定控制回路，即可完成姿态机动控制过程。

习　题

姿态运动学部分

1. 设矢量 $\boldsymbol{a}$ 和 $\boldsymbol{b}$ 在某坐标系中的分量列阵分别为 $\underline{\boldsymbol{a}}$ 和 $\underline{\boldsymbol{b}}$，试证明 $\underline{\boldsymbol{a}}^{\times}\ \underline{\boldsymbol{b}}\underline{\boldsymbol{a}}=\boldsymbol{0}$。

2. 设坐标系 B 的 3 个坐标轴在坐标系 A 中的方位角和仰角如下。

$\boldsymbol{i}_{\mathrm{b}}$：$\lambda=30°$，$\varphi=-45°$；

$\boldsymbol{j}_{\mathrm{b}}$：$\lambda=69.231\,5°$，$\varphi=37.761\,2°$；

$\boldsymbol{k}_{\mathrm{b}}$：$\lambda=-37.792\,3°$，$\varphi=20.704\,8°$。

(1) 根据坐标转换矩阵定义，写出 B 系相对 A 系的坐标变换矩阵。

(2) 设矢量 $\boldsymbol{u}$ 在 A 系中的分量列阵为 $[3\quad -2\quad 1]^{\mathrm{T}}$，求该矢量在 B 系中的叉乘矩阵 $\underline{\boldsymbol{u}}_{\mathrm{b}}^{\times}$。

3. 试用并矢的运算公式证明：

(1) $\underline{\boldsymbol{p}}^{\times}\ \underline{\boldsymbol{p}}\underline{\boldsymbol{p}}^{\mathrm{T}}=\underline{\boldsymbol{0}}$，其中 $\underline{\boldsymbol{p}}$ 为一个 3 维坐标列阵。

(2) $\underline{\boldsymbol{a}}^{\times}\ \underline{\boldsymbol{b}}^{\times}=\underline{\boldsymbol{b}}\underline{\boldsymbol{a}}^{\mathrm{T}}-\underline{\boldsymbol{b}}^{\mathrm{T}}\underline{\boldsymbol{a}}\underline{\boldsymbol{E}}_{3}$。

[提示：利用等式 $\boldsymbol{a}\times(\boldsymbol{b}\times\boldsymbol{c})=(\boldsymbol{a}\cdot\boldsymbol{c})\boldsymbol{b}-(\boldsymbol{b}\cdot\boldsymbol{a})\boldsymbol{c}$ 计算]

4. 设惯性坐标系 A 和动系 B 的原点重合，一个质点沿 B 系的 x_{b} 轴以恒速 $v_{\mathrm{b}}=10\ \mathrm{m/s}$ 的速度移动。设 B 系相对 A 系的角速度矢量为 $\boldsymbol{\omega}_{\mathrm{b}}=(2\,\boldsymbol{i}_{\mathrm{b}}+1.5\,\boldsymbol{j}_{\mathrm{b}}-3\,\boldsymbol{k}_{\mathrm{b}})\ \mathrm{rad/s}$，当该质点在 B 系中的坐标为 $[20\quad 0\quad 0]\ \mathrm{m}$ 时，利用矢量的相对导数公式计算该质点相对惯性系 A 的速度和加速度矢量（以 B 系矢量基表示）。

5. 设某航天器绕地球航天器，若已知其轨道参数（包括轨道倾角 i、升交点经度 Ω、近地点角距 ω 和真近点角 ϑ），试推导其轨道坐标系相对地心赤道惯性系的方向余弦矩阵表达式。

6. 一个物体本体轴（$\boldsymbol{i}_{\mathrm{b}}$，$\boldsymbol{j}_{\mathrm{b}}$，$\boldsymbol{k}_{\mathrm{b}}$）最初与参考坐标系的 3 个坐标轴（$\boldsymbol{i}_{\mathrm{a}}$，$\boldsymbol{j}_{\mathrm{a}}$，$\boldsymbol{k}_{\mathrm{a}}$）重合，该刚体经过一次转动后，其坐标轴（$\boldsymbol{i}_{\mathrm{b}}$，$\boldsymbol{j}_{\mathrm{b}}$，$\boldsymbol{k}_{\mathrm{b}}$）分别与（$-\boldsymbol{i}_{\mathrm{a}}$，$-\boldsymbol{j}_{\mathrm{a}}$，$\boldsymbol{k}_{\mathrm{a}}$）重合，计算此次旋转对应的欧拉轴各分量及欧拉转角。

7. 在参考系 A 中固定一组右手正交单位矢量，构成坐标基 $\underline{\boldsymbol{e}}_{\mathrm{a}}=$

$[\underset{-}{i}_a \quad j_a \quad k_a]^T$；在刚体 B 中固定一组类似的单位矢量，构成坐标基 $\underset{-}{e}_b = [i_b \quad j_b \quad k_b]^T$。开始时，$B$ 在 A 中的方位使得

$$\underset{-}{e}_b = \underset{-}{M}\,\underset{-}{e}_a$$

式中

$$\underset{-}{M} = \begin{bmatrix} 0.9363 & 0.3130 & -0.1593 \\ -0.2896 & 0.9447 & 0.1540 \\ 0.1987 & -0.0981 & 0.9751 \end{bmatrix}$$

然后刚体 B 相对 A 绕 $\boldsymbol{e}$ 轴做30°的转动，有

$$\boldsymbol{e} = \frac{2\,\boldsymbol{i}_a + 3\,\boldsymbol{j}_a + 6\,\boldsymbol{k}_a}{7}$$

求转动后的矩阵 $\underset{-}{N}$，使得

$$\underset{-}{e}_b = \underset{-}{N}\,\underset{-}{e}_a$$

8. 假设某星体的本体坐标系最初与参考坐标系重合。若该星体先绕其$\boldsymbol{k}_b$ 轴旋转90°，然后再绕已转过的$\boldsymbol{j}_b$ 轴旋转90°，试求：

(1) 每次旋转后的坐标变换矩阵 $\underset{-}{C}_1$ 和 $\underset{-}{C}_2$ 以及相应的四元数 $\underset{-}{Q}_1$ 和 $\underset{-}{Q}_2$。

(2) 最后的组合旋转矩阵 $\underset{-}{C}_{ba}$ 及相应的四元数 $\underset{-}{Q}_{ba}$。

9. 设某航天器对地定向飞行，且航天器上安装了一个星敏感器，其安装矩阵 $\underset{-}{C}_{sb}$(星敏感器测量坐标系相对星体坐标系的方向余弦矩阵）为

$$\underset{-}{C}_{sb} = \begin{bmatrix} 1 & 0 & 0 \\ 0 & -\frac{1}{2} & -\frac{\sqrt{3}}{2} \\ 0 & \frac{\sqrt{3}}{2} & -\frac{1}{2} \end{bmatrix}$$

(1) 已知某时刻航天器的轨道参数为：轨道倾角 $i = 120°$、升交点赤经 $\Omega = 90°$、近地点角距 $\omega = 30°$ 和真近点角 $\vartheta = 60°$，求此时轨道坐标系相对地心赤道惯性系的方向余弦矩阵 $\underset{-}{C}_{oi}$ 和姿态四元数 $\underset{-}{Q}_{oi}$。

(2) 若该时刻星敏感器的测量值(星敏感器测量坐标系相对惯性系的姿态四元数）为

$$\underset{-}{Q}_{si} = [0.4397 \quad 0.5320 \quad 0.0223 \quad -0.7233]^T$$

求该时刻星体坐标系相对惯性系的姿态四元数 $\underset{-}{Q}_{bi}$。

(3) 求此时星体坐标系相对轨道坐标系的姿态角(zyx 顺序)。

10. 利用角速度矢量叠加原理，试推导以欧拉角速度 $\dot{\psi}, \dot{\theta}, \dot{\varphi}$ 表示的本体角速度分量 $\omega_x, \omega_y, \omega_z$(按 zxy 或 zyx 顺序)。

11. 考虑如图所示的陀螺，假定欧拉角变化率为 $\dot{\psi}=2\ \text{rad/s}$，$\dot{\theta}=0\ \text{rad/s}$，$\dot{\varphi}=180\ \text{rad/s}$。

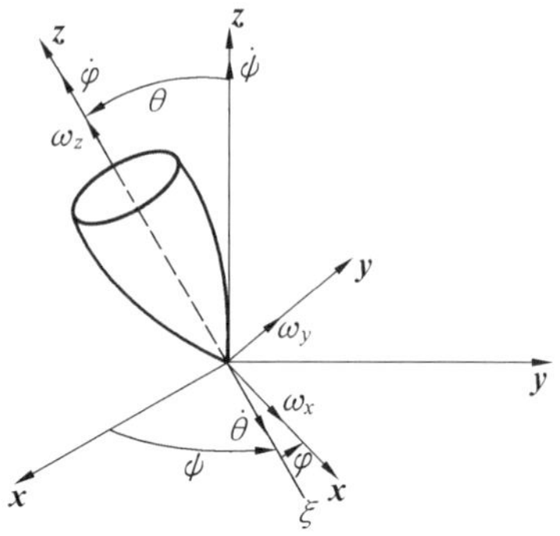

11 题图

(1) 当 $\psi=120°$，$\theta=30°$，$\varphi=90°$ 时，求角速度矢量$\boldsymbol{\omega}_{\text{ba}}$ 相应的分量 ω_x，ω_y，ω_z 的值。

(2) 当 θ 等于哪些值时，(1) 中的逆变换将不存在?

12. 考虑第 11 题中的陀螺。假定当 $\psi=60°$，$\theta=30°$，$\varphi=120°$ 时，角速度分量为 $\omega_x=0\ \text{rad/s}$，$\omega_y=2\ \text{rad/s}$，$\omega_z=20\ \text{rad/s}$。

(1) 求角速度矢量$\boldsymbol{\omega}_{\text{ba}}$ 在参考系下的分量 ω_x，ω_y，ω_z。

(2) 求 $\dot{\psi}$，$\dot{\theta}$，$\dot{\varphi}$。

13. 假设某航天器为对地定向卫星，当星体坐标系 S_{b} 相对轨道坐标系 S_{o} 的姿态误差很小(即满足无穷小角度假设时)。

(1) 计算航天器姿态矩阵的近似表达式 $\underline{\boldsymbol{C}}_{\text{bo}}$(用滚动角 φ、俯仰角 θ 和偏航角 ψ 表示，按 zxy 或 zyx 顺序)。

(2) 推导星体惯性角速度$\boldsymbol{\omega}_{\text{b}}$ 在体系下的分量列阵 $\underline{\boldsymbol{\omega}}_{\text{b}}$ 与姿态角速度 $\dot{\varphi}$，$\dot{\theta}$，$\dot{\psi}$ 之间的关系表达式。

姿态动力学部分

1. 试证明：若 I_x，I_y 和 I_z 是某物体的主惯量，则有 $I_x+I_y>I_z$。

2. 考虑一个以角速度 $\boldsymbol{\omega}$ 转动的刚体，已知其惯量特性为

$$\underline{\boldsymbol{I}}=\begin{bmatrix}20 & -10 & 0\\ -10 & 30 & 0\\ 0 & 0 & 40\end{bmatrix}$$

而

$$\boldsymbol{\omega}=10\boldsymbol{i}+20\boldsymbol{j}+30\boldsymbol{k}$$

试求：

(1) 此物体绕质心 O 点的角动量等于多少？

(2) 绕 O 的旋转动能等于多少？

(3) 求主转动惯量。

3. 设刚体绕其质心的旋转动能为

$$T_{\text{rot}}=\frac{1}{2}(25\omega_x^2+34\omega_y^2+41\omega_z^2-24\omega_y\omega_z)$$

其中 x,y,z 是一组指定的固联在物体上的坐标。

(1) 求主转动惯量。

(2) 计算坐标轴 $\boldsymbol{i},\boldsymbol{j},\boldsymbol{k}$ 与主轴 x,y,z 之间的夹角。

(3) 求角动量的数值。

4. 某刚体在给定瞬时绕其质心的角动量 $\boldsymbol{H}=15\,\boldsymbol{i}_{\text{b}}+10\,\boldsymbol{j}_{\text{b}}+12\,\boldsymbol{k}_{\text{b}}$，绕同一坐标系的转动惯量矩阵为

$$\underline{\boldsymbol{I}}=\begin{bmatrix}50 & 0 & 0\\ 0 & 40 & -20\\ 0 & -20 & 30\end{bmatrix}$$

试求：刚体在该时刻的角速度和动能。

5. 一质量为 m、长为 l 的细杆铰接于距坐标原点距离为 a 的轴上，并绕平行于 $\boldsymbol{i}$ 轴的 $\boldsymbol{i}'$ 轴以角速度 $\dot{\theta}$ 旋转，若 $\boldsymbol{i},\boldsymbol{j},\boldsymbol{k}$ 坐标系绕 $\boldsymbol{k}$ 轴以角速度 Ω 旋转，试求细杆角动量在 $\boldsymbol{i},\boldsymbol{j}$ 和 $\boldsymbol{k}$ 轴上的分量。

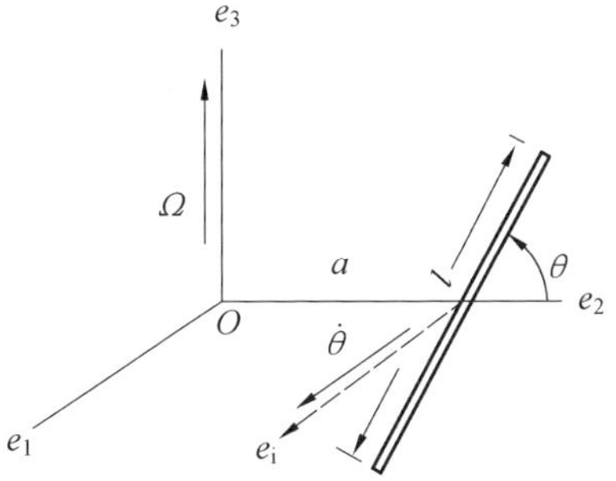

5 题图

6. 一个惯性矩分量为 $\boldsymbol{I}_{\text{t}},\boldsymbol{I}_{\text{t}},\boldsymbol{I}$ 的对称旋转体在本体固连轴的各力矩分量为 $T_x=-k\omega_x$，$T_y=-k\omega_y$，$T_z=-k\omega_z$ 的作用下被阻尼。试证明：自旋轴（$\boldsymbol{k}$ 轴）与角动量矢量之间的夹角为

$$\tan\theta=\frac{\omega_t(0)}{\omega(0)}\frac{I_t}{I}\exp\left[-\left(\frac{I}{I_t}-1\right)\frac{kt}{I}\right]$$

式中，$\omega_t(0)$ 为角速度的初始横向分量，$\omega_t(0)=\sqrt{\omega_x^2(0)+\omega_y^2(0)}$ 。

7. 考虑一个主惯量为 $I_x=I_y, I_z>I_x$ 的轴对称刚体。如果它受一个小的固定在物体上的横向力矩 $T_x=T, T_y=T_z=0$ 的作用，则

(1) 写出这种情况下的运动微分方程。

(2) 解释 ω_z 是否受 T_x 的影响？

(3) 角动量矢量 $\boldsymbol{H}$ 怎样受 T_x 的影响？

8. 某多刚体系统由一个刚性主体和一个高速转子（飞轮）组成，飞轮安装在这个主体的内部，如图所示。飞轮的转轴在刚性主体中固定，并与主体的 z 轴方向一致。

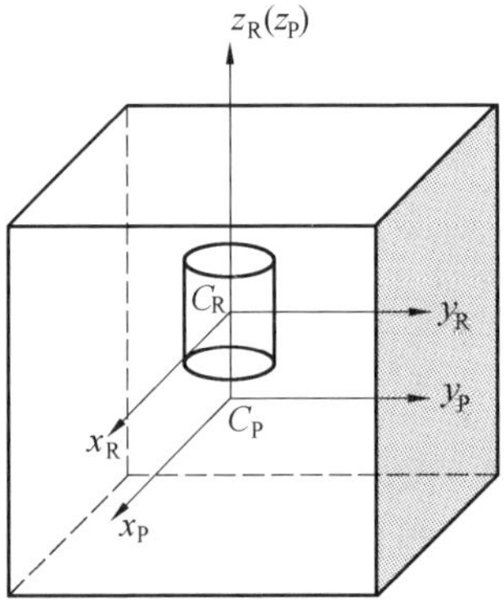

8 题图

设刚性主体为一个关于其 z 轴对称的刚体，质量为 m_P，其质心为 C_P，刚性主体相对其质心的惯性并矢为 $\mathbb{I}_P^C$；飞轮也为一个绕其转轴对称的均匀刚体，质量为 m_R，其质心为 C_R，飞轮绕自身质心的惯性并矢为 $\mathbb{I}_R^C$，飞轮绕自身转轴方向的转动惯量为 J_R。

试采用以复合质心为基准点的姿态动力学建模方法建立此系统的姿态动力学模型。

9. 某运载火箭的第四级火箭半径为 $R=\frac{1}{3}$ m，纵轴（自旋轴）的转动惯量 $I=30\ \text{kg}\cdot\text{m}^2$。若利用 4 台切向安装的固体火箭发动机使第四级火箭起旋，每台能提供冲量340 N · s，计算下列问题：

(1) 第四级火箭的最大旋转速率 ω_s 和自旋轴的角动量 H_s。

(2) 横向转动惯量 $I_t=8I$，横向角动量分量 $\Delta H=\frac{H_s}{160}$ 时的章动角 θ 和无力矩进动角速度 $\dot{\psi}$。

(3) 横向角速度 ω_t 和本体章动锥角 ζ。

10. 假设卫星角速度矢量在纵轴(自旋轴)上的分量为 60 r/min。试求初始章动角为10°,且当自旋轴转动惯量和横轴转动惯量分别为 700 kg·m² 和 2 000 kg·m² 时的下列值:

(1) 角速度的幅值 ω_s。

(2) 无力矩进动角速度 $\dot{\psi}$。

(3) 本体章动频率 Ω_b。

11. 地球轨道上的一个刚性卫星绕其对称轴自旋,并且具有主惯量 $I_x = I_y$, $I_z < I_x$。

(1) 如果一个微流星撞击了该卫星,产生轻微的绕横轴的运动,问产生的运动稳定吗?

(2) 如果 $I_x/I_z = 2$,章动角为 2°,用本体锥和空间锥画出这个卫星的运动,说明本体章动锥角 ζ 和卫星本身的情况。

(3) 本体章动频率 Ω_b。

12. 设某扁粗体轴对称卫星,转动惯量分别为 $I_x = I_y = 10\ \text{kg}\cdot\text{m}^2$,$I_z = 18\ \text{kg}\cdot\text{m}^2$。开始时该卫星以 $\omega_x(0) = 20$ rad/s 的速度绕 x_b 轴旋转。期望采用一个能量阻尼器使卫星最终能绕 z_b 轴旋转,假设能量耗损速率的关系式为

$$\dot{T} = -10\cos\theta$$

式中,θ 为章动角。

试用能沉法计算自旋轴从 x_b 变更到 z_b 轴的时间。

13. 发射一个主转动惯量为 $I_x = I_y = 40\ \text{kg}\cdot\text{m}^2$,$I_z = 20\ \text{kg}\cdot\text{m}^2$ 的对称卫星,开始时使其以 $\omega_x(0) = 10$ rad/s 绕 x_b 轴旋转。星体内有一个能量增加装置,能量增加的速率为

$$\dot{T} = +5\cos\theta$$

式中,θ 为章动角。

(1)θ 受摄动离开90°以后,自旋轴由 x_b 轴变更到 z_b 轴需要多长时间?

(2)ω_z 的最终值为多少?

14. 某双自旋航天器的球形贮箱内存放着一定量的推进剂,设当贮箱半充满时由于液体晃动造成的能量耗散的速率 $\dot{T} = -10^{-3}\omega_t^2$ (N·m/s)。式中,ω_t 为双自旋航天器由于章动所产生的横向加速度。设此时 $\omega_z = 0$,转子的自旋惯量 $I_r = 130\ \text{kg}\cdot\text{m}^2$,组合体的横向转动惯量 $I_t = 150\ \text{kg}\cdot\text{m}^2$,自旋体角速率 $\Omega = 60$ r/min。

假定平台无能量耗散($\dot{T}_1 = 0$)时,求初始章动角为 θ_0 时的发散时间常数。其

中发散时间常数 $\tau_d \triangleq \theta/\dot{\theta}$（$\theta$ 为章动角）

15. 忽略中心体质量的哑铃型卫星在沿当地垂线方向伸展一根 15 m 长杆，杆端上各装有 10 kg 的端质量。假设卫星在低高度圆轨道上运行，轨道角速度 $\omega_0 \approx 10^{-3}$ rad/s，试计算偏离稳态平衡位置单位角度（1°）时的重力梯度恢复力矩。

16. 一空间站在 500 km 圆轨道上运行，其主惯性矩如下：

$$I_x = 9 \times 10^6\ \text{kg} \cdot \text{m}^2$$

$$I_y = 10^7\ \text{kg} \cdot \text{m}^2$$

$$I_z = 10^6\ \text{kg} \cdot \text{m}^2$$

试求：

(1) 以重力梯度方式运行的稳态平衡位置。

(2) 偏离平衡位置单位角偏差时的重力梯度恢复力矩，假定 $\omega_0 = 1.16 \times 10^3$ rad/s。

(3) 以轨道角速度 ω_0 表示的天平动自然频率。

17. 3 个反作用飞轮分别绕平行于卫星主轴的一组坐标轴旋转，设 $\boldsymbol{H}_0$ 为飞轮在静止状态下的卫星角动量矢量。

(1) 写出飞轮角动量为 $\boldsymbol{h}_{wx}, \boldsymbol{h}_{wy}, \boldsymbol{h}_{wz}$（相对星体的角动量）时的系统角动量 $\boldsymbol{H}$ 的表达式。

(2) 若本体角速度和飞轮角速度分别为 ω_i 和 $\Omega_i (i = x, y, z)$，星体转动惯量分别为 I_i^o 和 I_i^w，试用本体分量和飞轮分量表示系统角动量 $\boldsymbol{H}$。

(3) 在星体坐标系中写出星体在外力矩 $T_i (i = x, y, z)$ 作用下系统的动力学方程。

姿态确定部分

1. 设某自旋航天器上安装了一个 V 形狭缝式太阳敏感器，两条光学狭缝的布置如图8.2 所示，其中间隔角 $\beta = 45°$，两条光学狭缝的夹角 $\sigma = 30°$。在某次测量中，得到如下数据：

$$\Delta t_1 = (t_1^{S_2} - t_1^{S_1}) = 0.205\ 5\ \text{s}$$

$$\Delta T = (t_2^{S_1} - t_1^{S_1}) = 1\ \text{s}$$

(1) 求航天器自旋轴转速（以 r/min 表示）。

(2) 求太阳角 θ_s。

2. 某自旋航天器工作在地球静止同步轨道上（$R = 42\ 164.5$ km），该航天器携带了一台自旋扫描红外地平仪，其安装角 $\gamma=88°$。在某一次测量中，测得地球穿出脉冲和穿入脉冲的时间差值为 $\Delta t_1=t_1^{E_o}-t_1^{E_i}=0.043\ 382$ s。若设航天器自旋速率为 60 r/min，二氧化碳层的厚度为 40 km，试求

(1) 求地球半张角 ρ。(设地球半径为 $R_E=6\ 378.145$ km)

(2) 求天底角 θ_E。

3. 设某航天器同样工作在地球静止同步轨道上，不同的是该航天器携带了两台自旋扫描红外地平仪，安装角分别为 $\gamma_N=88°$ 和 $\gamma_S=92°$。在某一次测量中，两台敏感器测得地球穿出脉冲和穿入脉冲的时间差值分别为 $\Delta t_1^N=0.043\ 382$ s 和 $\Delta t_1^S=0.019\ 793$ s。设航天器自旋速率仍为 60 r/min，试完成下列计算任务：

(1) 求天底角 θ_E。

(2) 分析相对自旋扫描红外地平仪，采用两台地平仪布局方式的优势。

(3) 求两台红外地平仪布局方式的工作范围？(即当天底角 θ_E 超出此范围时，两台红外地平仪无法同时获得测量数据。)

4. 设某自旋航天器工作在地球静止同步轨道上($R=42\ 164.5$ km)，航天器上安装了一个 V 形狭缝式太阳敏感器(两条光学狭缝的布置如图 8.2 所示，间隔角 $\beta=45°$，两条光学狭缝的夹角 $\sigma=30°$)，以及一台自旋扫描红外地平仪(安装角为 $\gamma=88°$)，并假定太阳敏感器的狭缝 S_1 与地球敏感器的光轴位于同一子午面上。假定航天器以 60 r/min 的速度自旋。

设某一次测量时得到如下测量数据：太阳敏感器两个狭缝脉冲时间差值 $\Delta t_1^S=(t_1^{S_2}-t_1^{S_1})=0.160\ 568$ s；红外地平仪的地球穿出脉冲和穿入脉冲的时间差值为 $\Delta t_1^E=t_1^{E_o}-t_1^{E_i}=0.043\ 382$ s；太阳 − 地中脉冲时间差值为 $\Delta t_1^{SE}=\frac{1}{2}(t_1^{E_i}+t_1^{E_o})-t_1^{S_1}=0.166\ 667$ s，试用上述测量数据计算天底角 θ_E。

5. 设某自旋卫星在进入同步轨道时需要进行远地点变轨，此时恰好为夏至(6 月 21 日)，太阳矢量在地心赤道惯性坐标系的赤经、赤纬分别为 $\alpha_s=90°$ 和 $\delta_s=23.5°$。为完成远地点变轨，需要提前测量自旋轴在惯性坐标系中的指向。设测量时，卫星的位置矢量在地心赤道惯性坐标系的赤经、赤纬分别为 $\alpha_R=28.63°$ 和 $\delta_R=0.74°$，测量得到太阳角 $\theta_s=27.378\ 6°$、天底角 $\theta_E=89.058\ 2°$，试求此时自旋轴在地心赤道惯性坐标系的赤经和赤纬。

6. 计算条件同习题 5，唯一不同之处在于：测量时同时获得了太阳 − 地心转角 $\lambda_{SE}=176.869°$，根据上述测量数据确定此时自旋轴在地心赤道惯性坐标系的赤经和赤纬。

7. 某卫星上安装了两个相同的单圆锥扫描地球敏感器，由于总体布局的要求，无法采用常用的垂直安装和共面安装方式，而采用了如图所示的布局方案。

若某时刻得到两个地球敏感器的测量值分别为 H_{D1}，H_{S1}，H_{D_2} 和 H_{S2}，试利

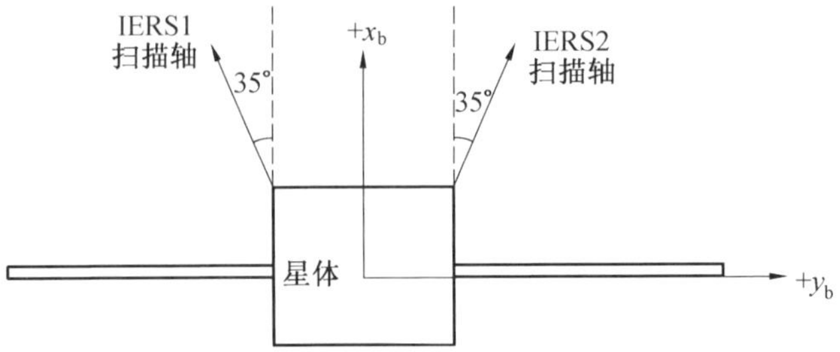

7 题图

用这些测量值推导此时星体的俯仰角和滚转角的测量值。

8. 设航天器安装了一个滚动圆锥扫描地球敏感器和两个数字太阳敏感器。两个太阳敏感器的测量轴(即敏感器测量坐标系的 x_s 轴)分别沿星体的滚动轴和偏航轴正向安装,即滚动数字太阳和偏航数字太阳。安装位置如下图所示。

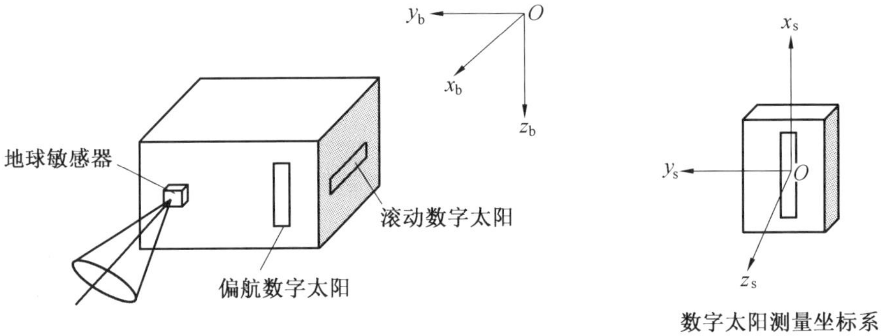

8 题图

设地球半径为 6 378.145 km,二氧化碳层高度为 40 km,航天器的轨道高度为600 km。在某时刻,太阳矢量和航天器的地心矢量恰好相互垂直。

(1) 若该时刻地球敏感器测量值为弦宽 $H_D = 2.026\ 0$ rad,前沿到基准的宽度 $H_s = 0.960\ 7$ rad,设地球敏感器半顶角 $\gamma = 55°$,计算地心矢量 $\boldsymbol{E}$ 在星体坐标系中的坐标列阵 $\underline{\boldsymbol{E}}_b$。

(2) 若此时,滚动数字太阳的测量输出为 $\alpha_1 = 0.151\ 7$ rad,偏航数字太阳的输出为 $\alpha_2 = 0.608\ 9$ rad。计算太阳矢量 $\boldsymbol{S}$ 在星体坐标系中的坐标列阵 $\underline{\boldsymbol{S}}_b$。

(3) 设此时太阳矢量 $\boldsymbol{S}$ 在轨道系下的分量列阵为 $\underline{\boldsymbol{S}}_o = \left[\sqrt{3}/2 \quad -1/2 \quad 0\right]^T$,试用双矢量定姿原理计算此时航天器体坐标系相对轨道系的姿态角(换成角度)。

9. 设航天器安装了两个圆锥扫描地球敏感器和一个数字太阳敏感器。地球敏感器采用垂直安装方式,即敏感器的测量轴分别沿星体的滚动轴和俯仰轴;而太阳敏感器安装在星体的 $-z_b$ 面上,其测量轴沿星体的滚动轴正向安装。若某次测量得到滚动轴地球敏感器的测量值为 $H_{D1}=2.196\ 844$ rad 和 $H_{S1}=1.046\ 062$ rad；俯仰轴地球敏感器的测量值为 $H_{D2}=2.056\ 094$ rad 和 $H_{S2}=1.063\ 002$ rad，太阳敏感器测量值 $\alpha=-20.039\ 562°$。

(1) 根据两个地球敏感器的测量值计算滚动角和俯仰角。

(2) 设此时太阳矢量在轨道坐标系中的方位角和仰角分别为 $\lambda_s=30°$ 和 $\varphi_s=-45°$，试采用 9.2 节中的方法确定星体的偏航角。

10. 设某三轴稳定通信卫星在进入同步轨道时需要进行远地点变轨，此时恰好为夏至(6 月 21 日)，太阳矢量在地心赤道惯性系下的赤经、赤纬分别为 $\alpha_s=90°$ 和 $\delta_s=23.5°$。设远地点变轨时，卫星处于赤道平面内，其赤经为 $\alpha_R=30°$。卫星上安装了摆动扫描式地球敏感器和数字式太阳敏感器，太阳敏感器的布局如图 10.10 所示。

在远地点变轨时，要求标准点火姿态与此时东－南－地坐标系的标称偏航角为24.4°。根据地球敏感器测量数据得到滚转角和俯仰角分别为 $\varphi=0.2°$ 和 $\theta=-0.15°$，太阳敏感器的测量值为 $\alpha=2.717\ 5°$。

计算此时星体相对标准点火姿态的偏航角偏差 $\Delta\psi$。

11. 某航天器上安装了两个窄视场星敏感器，星敏感器的光轴在星体坐标系中的分量列阵分别为

$$\underline{\boldsymbol{r}}_{1b}=\begin{bmatrix}0.707\ 106\ 78\\0.183\ 012\ 70\\-0.683\ 012\ 70\end{bmatrix},\quad \underline{\boldsymbol{r}}_{2b}=\begin{bmatrix}-0.707\ 106\ 78\\0.183\ 012\ 70\\-0.683\ 012\ 70\end{bmatrix}$$

在某时刻进行姿态测量，得到两个敏感器的光轴在地心赤道惯性系中的赤经、赤纬分别为

$$\alpha_1=-106.334\ 66°,\quad \delta_1=16.642\ 98°$$
$$\alpha_2=81.495\ 78°,\quad \delta_2=73.209\ 16°$$

试利用双矢量定姿原理确定此时星体相对地心赤道惯性系的姿态四元数 $\underline{\boldsymbol{Q}}_{BI}$。

姿态控制部分

1. 设某自旋航天器可在 ±30° 的旋转范围内用进动推力器使它本身定向。假定在这个范围内用常推力，问因为航天器旋转中的效率损耗所浪费的推进剂占百分之几？

2. 设某自旋卫星的角动量矢量必须进动 10°。假定其角动量 $h=1\ 000$ N·m·s，自旋角速度 $\omega=4$ rad/s，进动推力器的推力 $F=5$ N。进动推力

器位于自旋轴外 1 m 的地方，推力作用时间为 0.4 s。

(1) 为完成角动量矢量的进动过程，需要几次冲量？

(2) 完成这个操纵需要多长时间？

3. 设某自旋卫星从运载火箭上分离后，要完成起旋和自旋轴再定向操作。假设条件为：自旋惯量 $I_z=700\ \mathrm{kg\cdot m^2}$，切向及轴向推力器的推力均为 2.5 N，两者的力臂均为 1 m，轴向推力器点火角 $\Delta\varphi=90^\circ$(起旋后)，发动机比冲 $I_{sp}=200\ \mathrm{s}$。问

(1) 该卫星从运载火箭分离后(设转速为零)，起旋到 60 r/min，所需的推进剂量及所需的时间为多少？(设起旋过程中卫星的转动惯量不变)

(2) 起旋后需要使该卫星重新定向(即自旋轴机动) 45°，则所需的推进剂量及所需的时间为多少？

4. 设某自旋卫星的角动量矢量需要在惯性空间进行姿态机动控制，其初始时的取向 $\theta_s(0)=30^\circ$，$\psi(0)=30^\circ$，要求机动后的取向为 $\theta_s(f)=60^\circ$，$\psi(f)=90^\circ$。

(1) 若按照大圆弧法的控制律进行控制，则自旋轴沿大圆弧轨迹进动的角度是多少？

(2) 若按照等倾角线的控制律进行控制，则等倾角 β 和自旋轴沿等倾角线轨迹进动的角度分别是多少？

附录 1　运动的稳定性及其判据

运动的稳定性理论与动力学及数学的基本概念有关，当研究航天器姿态控制系统的稳定性时，稳定性概念讨论的是平衡状态（在无闭环控制系统时）及过渡过程或稳态运动的稳定性。

附 1.1　运动稳定性的概念

当讨论航天器姿态动力学或姿态控制系统的运动稳定性时，必须对稳定性的概念进行准确的定义。

附 1.1.1　两种稳定性的概念

目前有两种稳定性的概念，这两种概念与线性和非线性系统有关。

1. 拉格朗日(Lagrange) 稳定性的概念

拉格朗日稳定性通常用于能用线性微分方程描述的系统。如果偏离某一平衡点的小扰动运动保持有界，则该运动称为拉格朗日稳定或无穷小稳定。当扰动运动在将来的某一时刻趋于平衡条件时，系统的平衡状态（即方程的解）是稳定的或渐进稳定的。

2. 李雅普诺夫(Lyapunov) 稳定性的概念

李雅普诺夫稳定性的概念则要求系统微分方程的解从充分接近平衡状态出发，经过扰动以后还必须维持任意接近平衡状态，这种概念可同时应用于线性和非线性系统。

拉格朗日意义上的稳定性只要求系统运动状态（系统方程的解）维持在离平衡位置的有限距离内；而李雅普诺夫意义上的稳定则要求经过偏离平衡位置的扰动以后，系统的解与平衡位置之间的偏差仍要任意小。因此，李雅普诺夫稳定性意味着拉格朗日稳定性，反之则不成立。

拉格朗日稳定性和李雅普诺夫稳定性的概念可用附图 1.1 所示的单摆的相平面图来说明。例如，摆的最低点静止位置（一个平衡位置）受小位移或小速度扰动后，将在该点附近产生小振荡，在无阻尼时振荡将连续地永远进行下去，只要初始扰动为充分小，振荡就能做到任意小。因为它是有界的，故最低点的静止位置(平衡位置)既是李雅普诺夫稳定性,又是拉格朗日稳定性。增加阻尼将使解变为渐近稳定。

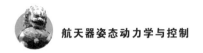

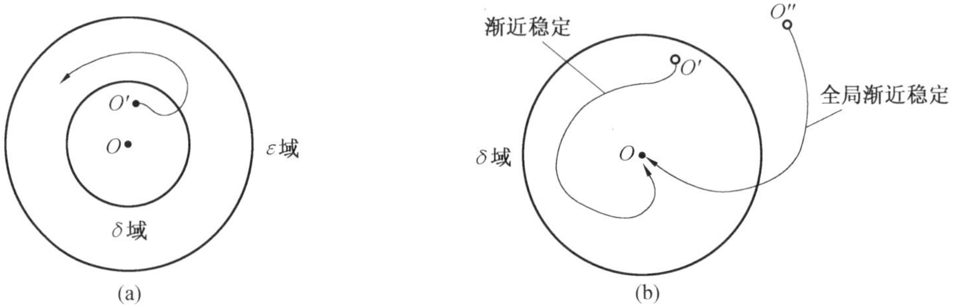

附图 1.1　李雅普诺夫意义下的稳定性

而最高点静止位置(另一个平衡位置)是李雅普诺夫不稳定的,因为不论初始扰动怎样小,单摆的转角 θ 或角速度 $\dot{\theta}$ 的非零偏差都将使转角产生极大变化。因为转角 θ 对于任意初始值 $\dot{\theta}$(相对于该平衡位置)是无界的,因此它也是拉格朗日不稳定的。

绕最低点静止位置的振动运动(不是平衡位置)是李雅普诺夫不稳定的,这是因为振动周期依赖于振幅,而且若振幅产生小扰动,则受扰动摆的位置和未受扰动的振动位置相比将有很大差异,但是,由附图 1.1 可以看出,受扰动振幅和未受振动振幅的变化不能超过 2 倍,因为它是有界的,故未受扰动的振动运动是拉格朗日稳定的。

附 1.1.2　李雅普诺夫意义上的稳定性定义

对于一个动力学系统或者控制系统,设能表征其运动状态的一组变量为 $x_i(i=1,2,3,\cdots)$ 称为状态变量。设该系统的动态特性可以用如下微分方程组描述:

$$\frac{\mathrm{d}x_i}{\mathrm{d}t}=\dot{x}_i=f_i(x_1,x_2,\cdots,x_n,t)\ ,i=1,2,\cdots,n \tag{附 1.1}$$

表示为一阶矩阵微分方程(称为状态方程),有

$$\underline{\dot{\boldsymbol{x}}}=f(\underline{\boldsymbol{x}},t) \tag{附 1.2}$$

式中,$\underline{\boldsymbol{x}}$ 为系统状态向量,$\underline{\boldsymbol{x}}=\begin{pmatrix}x_1\\x_2\\\vdots\\x_n\end{pmatrix}$;$f(\underline{\boldsymbol{x}},t)$ 为状态向量 $\underline{\boldsymbol{x}}$ 和时间 t 的函数向量,

$$f(\underline{x},t)=\begin{bmatrix}f_1(x_1,\cdots,x_n,t)\\f_2(x_1,\cdots,x_n,t)\\\vdots\\f_n(x_1,\cdots,x_n,t)\end{bmatrix}。$$

式(附 1.2) 描述的是一般的系统(可以是非线性、非定常的系统) 的一阶矩阵微分方程,若

$$f(\underline{x},t)=f(\underline{x}) \tag{附 1.3}$$

则状态方程与时间无关,称系统是定常的。若进一步,f 可表示为状态向量 $\underline{x}$ 的线性函数,即

$$f(\underline{x})=\underline{A}\underline{x} \tag{附 1.4}$$

式中,$\underline{A}$ 为一个常数矩阵,则称此系统为线性定常系统。

在由式(附 1.2) 描述的系统中,对所用的时间 t,若总存在

$$f(\underline{x}_e,t)=\dot{\underline{x}}_e=\underline{0}$$

则称 $\underline{x}_e$ 为平衡状态。对于一般的非线性、非定常系统,平衡状态可能不止一个。而对于线性定常系统,当式(附 1.4) 中的矩阵 $\underline{A}$ 为非奇异矩阵时,该系统只有一个平衡状态;当 $\underline{A}$ 为奇异矩阵时,该系统有无数个平衡状态。

任意一个平衡状态 $\underline{x}_e$ 都可以通过坐标变换转移到坐标原点(称为零平衡状态),即 $f(\underline{0},t)=\underline{0}$ 处。研究系统的稳定性,主要研究其平衡状态的稳定性,因此通常等价于研究和分析坐标原点所代表的状态的稳定性。

为描述两个状态向量之间的"距离",可以使用不同意义下的范数来描述。例如,常用的欧几里德范数定义

$$\|\underline{x}(t)\|=[x_1^2(t)+x_2^2(t)+\cdots+x_n^2(t)]^{1/2}$$

表示状态向量 $\underline{x}$ 的欧几里德范数。而 $\|\underline{x}(t)-\underline{x}^0(t)\|$ 则表示状态向量 $\underline{x}$ 相对 $\underline{x}^0(t)$ 的范数,这个范数越小,说明这两个状态向量越接近。

下面研究平衡状态的稳定性。

(1) 李雅普诺夫意义下的稳定性定义。

如附图 1.1(a) 所示,其中 O 点为平衡点,其状态向量为 $\underline{x}^0$,若系统受到小扰动,处于 O'。若对于任意选定的 $\varepsilon>0$,都存在一个正实数 δ,当 $\|\underline{x}(0)-\underline{x}^0\|<\delta$ 时,对于一切 $t\geqslant 0$ 都有 $\|\underline{x}(t)-\underline{x}^0\|<\varepsilon$,则称系统是李雅普诺夫稳定的。附图 1.1(a) 中表示的系统状态从 δ 域出发一直都不超过 ε 域。

若 δ 不依赖于起始时间 $t_0=0$,即 δ 仅为 ε 的函数,则称系统是一致稳定的。

(2) 渐进稳定。

当 $\|\underline{x}(0)-\underline{x}^0\|<\delta$ 时，对于一切 $t\geqslant 0$ 都有 $\|\underline{x}(t)-\underline{x}^0\|\to 0$，即状态向量 $\underline{x}(t)$ 趋近于平衡状态 $\underline{x}^0$，如附图 1.1(b) 所示。与附图 1.1(a) 的区别是，从 δ 域任一点出发的状态的轨迹最终趋近于平衡点。

(3) 全局渐进稳定。

当 $\|\underline{x}(0)-\underline{x}^0\|$ 为任意值时，对于一切 $t\geqslant 0$ 都有 $\|\underline{x}(t)-\underline{x}^0\|\to 0$，即任意的状态向量 $\underline{x}(t)$ 趋近于平衡状态 $\underline{x}^0$，如附图 1.1(b) 所示。

对于非线性系统，有时不止存在一个平衡点，所以全局渐进稳定特性尤为重要，因为可以保证无论从哪个初始点出发，都将到达同一个平衡点。

对于线性系统，渐进稳定和全局渐进稳定是一致的。

附 1.2 线性系统的稳定性判据

附 1.2.1 劳斯－霍尔维兹(Routh－Hurwitz) 稳定性判据

如果某一线性系统的特征方程式为

$$a_n s^n + a_{n-1} s^{n-1} + \cdots + a_1 s + a_0 = 0 \tag{附 1.5}$$

则系统渐进稳定的必要条件是：

(1) $a_i\,(i=0,1,2,\cdots,n)$ 的符号相同，本书约定为正号。

(2) $a_i\,(i=0,1,2,\cdots,n)$ 均不为零。

不满足这两个条件的系统必不稳定。

系统渐进稳定的充分且必要条件可通过下述条件判断。

第一步，将系统特征方程系数按如下方式排成两行

$$\begin{matrix} a_n & a_{n-2} & a_{n-4} & a_{n-6} & \cdots \\ a_{n-1} & a_{n-3} & a_{n-5} & a_{n-7} & \cdots \end{matrix}$$

第二步，根据上面的系数排列，通过规定的运算求取如下所示的劳斯计算表。

$$\begin{array}{c|ccccc} s^n & a_n & a_{n-2} & a_{n-4} & a_{n-6} & \cdots \\ s^{n-1} & a_{n-1} & a_{n-3} & a_{n-5} & a_{n-7} & \cdots \\ s^{n-2} & b_1 & b_2 & b_3 & \cdots & \cdots \\ s^{n-3} & c_1 & c_2 & \cdots & \cdots & \cdots \end{array}$$

其中

$$b_1 = \frac{a_{n-1}a_{n-2} - a_n a_{n-3}}{a_{n-1}}$$

$$b_2 = \frac{a_{n-1}a_{n-4} - a_n a_{n-5}}{a_{n-1}}$$

$$b_3 = \frac{a_{n-1}a_{n-6} - a_n a_{n-7}}{a_{n-1}}$$

$$c_1 = \frac{b_1 a_{n-3} - a_{n-1} b_2}{b_1}$$

$$c_2 = \frac{b_1 a_{n-5} - a_{n-1} b_3}{b_1}$$

注意,在排特征方程系数时,空位置需以零来填补。凡在运算过程中出现的空位,也必须置零,从而构成一个完整矩阵形式的计算表。

第三步,根据劳斯计算表第一列各元符号的改变次数确定特征根中具有正实部根的个数。其关系是,若上表中第一列各元素均为正,则系统稳定(特征方程的根都在 s 平面的左半部);如果其中有负值,则特征根中具有正实部根的个数与第一列各元符号的改变次数相等。

附 1.2.2 霍尔维兹(Hurwitz)稳定性判断准则

如果某一线性系统的特征方程式可表示为

$$a_n s^n + a_{n-1} s^{n-1} + \cdots + a_1 s + a_0 = 0, \quad a_n > 0$$

则其渐进稳定的充分和必要条件,是从下列 $n \times n$ 维系数排列表格

$$\begin{bmatrix} a_{n-1} & a_{n-3} & a_{n-5} & \cdots & \cdots \\ a_n & a_{n-2} & a_{n-4} & \cdots & \cdots \\ 0 & a_{n-1} & a_{n-3} & \cdots & \cdots \\ 0 & a_n & a_{n-2} & \cdots & \cdots \\ \vdots & \vdots & \vdots & & \vdots \\ 0 & 0 & 0 & \cdots & a_0 \end{bmatrix} = \underline{\boldsymbol{D}}$$

中取出的各阶 Hurwitz 行列式 $\Delta_i\ (i=1,2,\cdots,n)$ 均为正。其中

$$\Delta_1 = a_{n-1}$$

$$\Delta_2 = \begin{vmatrix} a_{n-1} & a_{n-3} \\ a_n & a_{n-2} \end{vmatrix}$$

$$\Delta_3 = \begin{vmatrix} a_{n-1} & a_{n-3} & a_{n-5} \\ a_n & a_{n-2} & a_{n-4} \\ 0 & a_{n-1} & a_{n-3} \end{vmatrix}$$

$$\vdots$$

$$\Delta_n = \det(\underline{\boldsymbol{D}})$$

即是以主对角线为基础，在矩阵 $\underline{D}$ 中取第一行一列，前两行两列，前三行三列，…，全部 n 行 n 列构成方阵的元素，所形成的行列式。

假如把 a_n 变换为 1(以 a_n 遍除式(附 1.5) 各项)，并考虑到 $a_i > 0(i=0,1,2,\cdots,n)$，Hurwitz 准则还可总结为附表 1.1。

附表 1.1　Hurwitz 准则

系统阶数	稳定准则
$n=2$	$a_1, a_0 > 0$
$n=3$	$a_2, a_0 > 0, \Delta_2 > 0$ 或 $a_1, a_0 > 0, \Delta_2 > 0$
$n=4$	$a_3, a_2, a_0 > 0, \Delta_3 > 0$ 或 $a_3, a_1, a_0 > 0, \Delta_3 > 0$
$n=5$	$a_4, a_2, a_0 > 0, \Delta_2, \Delta_4 > 0$ 或 $a_3, a_1, a_0 > 0, \Delta_2, \Delta_4 > 0$
$n=6$	$a_5, a_4, a_2, a_0 > 0, \Delta_3, \Delta_5 > 0$ 或 $a_5, a_3, a_1, a_0 > 0, \Delta_3, \Delta_5 > 0$
$n=7$	$a_6, a_4, a_2, a_0 > 0, \Delta_2, \Delta_4, \Delta_6 > 0$ 或 $a_5, a_3, a_1, a_0 > 0, \Delta_2, \Delta_4, \Delta_6 > 0$
$n=8$	$a_7, a_6, a_4, a_2, a_0 > 0, \Delta_3, \Delta_5, \Delta_7 > 0$ 或 $a_7, a_5, a_3, a_1, a_0 > 0, \Delta_3, \Delta_5, \Delta_7 > 0$

附 1.3　李雅普诺夫直接法理论

非线性系统通常用非线性微分方程表示，分析非线性微分方程的解可以判断该系统的稳定性。但实际上，除极个别情况外，非线性方程没有解析解。为此李雅普诺夫第二方法即直接法给出了研究非线性系统平衡点稳定性的一般方法。这个方法不要求用非线性微分方程的解来确定李雅普诺夫稳定性或平衡状态的不稳定，而是构造一个二次型函数(李雅普诺夫函数 V)，通过分析其性质就可确定运动的稳分方程解稳定性或不稳定性。另外，由于非线性系统的动态响应一般与初始条件有关，故也可用来确定稳定区域的大小。

李雅普诺夫直接法的基本概念可以用以下物理推理来解释：若一个孤立的物理系统其能量 $E(x)$ 的变化率 $\frac{\mathrm{d}E(x)}{\mathrm{d}t}$，除了对某一个平衡状态 x_e 外，对每个可能的状态 x 均为负，则这个能量将连续地衰减，直至到达最小值 $E(x_e)$ 为止。例如，一个在平衡位置受扰动的耗散系统将回到其原来的位置。这在数学上就可描述为：当且仅当存在一个李雅普诺夫函数，若 $x \neq x_e, V_x < 0$，且其时间导数 $\dot{V} < 0$，而当 $x = x_e$ 时，$V(x) = \dot{V}(x) = 0$，则系统是稳定的。通常(并不总是)$V(x) = E(x)$，其中 $E(x)$ 是系统的能量。

附 1.3.1　标量函数的正定性定义

对任一动态系统(包括非线性和线性系统)，并假定运动可以表示为

$$\dot{x} = f(x, t)$$

下面讨论该系统在零平衡状态(坐标原点)邻域内定义的一个标量函数 $V(x)$。

若对于充分小正数 Ω,当系统状态满足 $\|x\| \leqslant \Omega$ 时,函数 $V(x) > 0$,且仅当 $x = 0$ 时有 $V(0) = 0$,则称标量函数 $V(x)$ 在域 Ω 内为正定。

如果标量函数 $V(x)$ 除在状态空间原点以及某些状态处等于零外,对于域 Ω 内所有状态均为正定,则称 $V(x)$ 在域 Ω 内为正半定。

若 $-V(x)$ 为正定,则称标量函数 $V(x)$ 为负定。如果 $-V(x)$ 为正半定,则称标量函数 $V(x)$ 为负半定。

若不论域 Ω 取多么小,$V(x)$ 既可为正,也可为负,则称标量函数 $V(x)$ 为不定。

判断一般形式的标量函数是否为上述情况是比较复杂的。但对于标量函数 $V(x)$ 可表示为二次型函数,则可用塞尔维斯特(Silvester)准则来判断。

若标量函数 $V(x)$ 可表示为

$$V(x) = x^{\mathrm{T}} P x = [x_1 \quad x_2 \quad \cdots \quad x_n] \begin{bmatrix} p_{11} & p_{12} & \cdots & p_{1n} \\ p_{21} & p_{22} & \cdots & p_{2n} \\ \vdots & \vdots & & \vdots \\ p_{n1} & p_{n2} & \cdots & p_{nn} \end{bmatrix} \begin{bmatrix} x_1 \\ x_2 \\ \vdots \\ x_n \end{bmatrix}$$

若其中的 P 为实对称阵,即有 $p_{ij} = p_{ji}$,则使二次型函数 $V(x)$ 为正定的充分和必要条件是矩阵 P 的所有主子行列时均为正,即

$$p_{11} > 0, \quad \begin{vmatrix} p_{11} & p_{12} \\ p_{21} & p_{22} \end{vmatrix} > 0, \cdots, \begin{vmatrix} p_{11} & p_{12} & \cdots & p_{1n} \\ p_{21} & p_{22} & \cdots & p_{2n} \\ \vdots & \vdots & & \vdots \\ p_{n1} & p_{n2} & \cdots & p_{nn} \end{vmatrix} > 0$$

这就是判别具有二次型的标量函数正定性的塞尔维斯特准则。当矩阵 P 的所有主子行列式为非负时,则 $V(x)$ 为半正定的。

附 1.3.2　李雅普诺夫直接法

定理 1　设系统的状态方程为

$$\dot{x} = f(x, t)$$

其中 $f(0, t) = 0 (t \geqslant t_0)$。如果存在具有连续一阶偏导数的标量函数 $V(x)$,并

且满足：

(1)$V(\underline{x})$ 为正定。

(2)$\dot{V}(\underline{x})$ 为负定。

则在状态空间原点处的平衡状态是一致渐进稳定的。如果随 $\|\underline{x}\| \to \infty$，有 $V(\underline{x}) \to \infty$，则在原点处的平衡状态是全局（或大范围）一致渐进稳定的。

定理 2 设系统的状态方程为

$$\dot{\underline{x}} = f(\underline{x}, t)$$

其中 $f(\underline{\mathbf{0}}, t) = 0 (t \geqslant t_0)$。如果存在具有连续一阶偏导数的标量函数 $V(\underline{x})$，并且满足：

(1)$V(\underline{x})$ 为正定。

(2)$\dot{V}(\underline{x})$ 为负定。

(3)$\dot{V}[\Phi(t, \underline{x}_0, t_0), t]$ 对任意 t_0 及 $\underline{x}_0 \neq \underline{\mathbf{0}}$，在 $t \geqslant t_0$ 时不恒等于零。

其中，$\Phi(t, \underline{x}_0, t_0)$ 表示 $t \geqslant t_0$ 时从初始状态 $\underline{x}_0$ 出发的系统状态方程的解。则在状态空间原点处的平衡状态是全局（或大范围）一致渐进稳定的。

定理 3 设系统的状态方程为

$$\dot{\underline{x}} = f(\underline{x}, t)$$

其中 $f(\underline{\mathbf{0}}, t) = 0 (t \geqslant t_0)$。如果存在具有连续一阶偏导数的标量函数 $V(\underline{x})$，并且满足

(1)$V(\underline{x})$ 为正定。

(2)$\dot{V}(\underline{x})$ 为负半定，但在原点外的某一 $\underline{x}$ 处恒为零。

则系统在状态空间原点处的平衡状态是在李雅普诺夫意义下稳定的，但不是渐进稳定。在这种情况下，系统保持在一个稳定的等幅振荡状态下。

定理 4 设系统的状态方程为

$$\dot{\underline{x}} = f(\underline{x}, t)$$

其中 $f(\underline{\mathbf{0}}, t) = 0 (t \geqslant t_0)$。如果存在具有连续一阶偏导数的标量函数 $V(\underline{x})$，并且满足：

(1)$V(\underline{x})$ 在原点附近的邻域内为正定；

(2)$\dot{V}(\underline{x})$ 在同一邻域内也是正定的。

则系统在状态空间原点处的平衡状态是不稳定的。

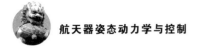

附录 2　四元数的定义和性质

附 2.1　四元数的定义和性质

四元数定义为一种超复数，与复数定义类似，都由实部和虚部组成。所不同的是，四元数的虚部由 3 部分组成。四元数定义为

$$\boldsymbol{Q}=q_0+q_1\boldsymbol{i}+q_2\boldsymbol{j}+q_3\boldsymbol{k} \tag{附 2.1}$$

式中，$\boldsymbol{i},\boldsymbol{j},\boldsymbol{k}$ 遵循下列的四元数乘法规则（以 $\otimes$ 表示四元数乘法）

$$\boldsymbol{i}\otimes\boldsymbol{i}=-1,\quad \boldsymbol{j}\otimes\boldsymbol{j}=-1,\quad \boldsymbol{k}\otimes\boldsymbol{k}=-1 \tag{附 2.2}$$

$$\begin{cases}\boldsymbol{i}\otimes\boldsymbol{j}=-\boldsymbol{j}\otimes\boldsymbol{i}=\boldsymbol{k}\\ \boldsymbol{j}\otimes\boldsymbol{k}=-\boldsymbol{k}\otimes\boldsymbol{j}=\boldsymbol{i}\\ \boldsymbol{k}\otimes\boldsymbol{i}=-\boldsymbol{i}\otimes\boldsymbol{k}=\boldsymbol{j}\end{cases} \tag{附 2.3}$$

式(附 2.2) 表示类似于虚单位的性质，式(附 2.3) 类似于单位矢量的性质。所以四元数具有两重性。

四元数 $\boldsymbol{Q}$ 可以分解为标量 q_0 和矢量 $\boldsymbol{q}$，即

$$\boldsymbol{Q}=q_0+\boldsymbol{q}=\mathrm{scal}(\boldsymbol{Q})+\mathrm{vect}(\boldsymbol{Q}) \tag{附 2.4}$$

式中 $\boldsymbol{q}=q_1\boldsymbol{i}+q_2\boldsymbol{j}+q_3\boldsymbol{k}$

定义四元数 $\boldsymbol{Q}$ 的共轭四元数为

$$\boldsymbol{Q}^*=q_0-q_1\boldsymbol{i}-q_2\boldsymbol{j}-q_3\boldsymbol{k}=q_0-\boldsymbol{q} \tag{附 2.5}$$

根据规则式(附 2.2) 和式(附 2.3)，可推导出如下四元数乘法的性质。

(1) 矢量 $\boldsymbol{p}$ 和矢量 $\boldsymbol{q}$ 的乘积。

$$\boldsymbol{p}\otimes\boldsymbol{q}=-\boldsymbol{p}\cdot\boldsymbol{q}+\boldsymbol{p}\times\boldsymbol{q} \tag{附 2.6}$$

式中，点积和叉积的含义都是常规的，即

$$\begin{aligned}&\boldsymbol{p}\cdot\boldsymbol{q}=p_1q_1+p_2q_2+p_3q_3\\ &\boldsymbol{p}\times\boldsymbol{q}=(p_2q_3-p_3q_2)\boldsymbol{i}+(p_3q_1-p_1q_3)\boldsymbol{j}+(p_1q_2-p_2q_1)\boldsymbol{k}\end{aligned} \tag{附 2.7}$$

(2) 四元数 $\boldsymbol{P}$ 和 $\boldsymbol{Q}$ 的乘积。

$$\boldsymbol{R}=\boldsymbol{P}\otimes\boldsymbol{Q} \tag{附 2.8}$$

式中

$$\boldsymbol{P}=p_0+p_1\boldsymbol{i}+p_2\boldsymbol{j}+p_3\boldsymbol{k}=p_0+\boldsymbol{p}$$

$$\boldsymbol{Q}=q_0+q_1\boldsymbol{i}+q_2\boldsymbol{j}+q_3\boldsymbol{k}=q_0+\boldsymbol{q}$$

则四元数 $\boldsymbol{R}$ 的矢量表达式为

$$\boldsymbol{R}=r_0+\boldsymbol{r}=p_0q_0-\boldsymbol{p}\cdot\boldsymbol{q}+p_0\boldsymbol{q}+q_0\boldsymbol{p}+\boldsymbol{p}\times\boldsymbol{q} \tag{附 2.9}$$

即

$$\begin{cases}\mathrm{scal}(\boldsymbol{R})=\mathrm{scal}(\boldsymbol{P}\otimes\boldsymbol{Q})=p_0q_0-\boldsymbol{p}\cdot\boldsymbol{q}\\ \mathrm{vect}(\boldsymbol{R})=\mathrm{vect}(\boldsymbol{P}\otimes\boldsymbol{Q})=p_0\boldsymbol{q}+q_0\boldsymbol{p}+\boldsymbol{p}\times\boldsymbol{q}\end{cases} \tag{附 2.10}$$

式(附 2.9)的矩阵表达式是

$$\mathrm{col}(\boldsymbol{R})=\mathrm{mat}(\boldsymbol{P})\,\mathrm{col}(\boldsymbol{Q}) \tag{附 2.11}$$

式中

$$\mathrm{col}(\boldsymbol{R})=[r_0\quad r_1\quad r_2\quad r_3]^{\mathrm{T}}$$

$$\mathrm{col}(\boldsymbol{Q})=[q_0\quad q_1\quad q_2\quad q_3]^{\mathrm{T}}$$

$$\mathrm{mat}(\boldsymbol{P})=\begin{bmatrix}p_0 & -p_1 & -p_2 & -p_3\\ p_1 & p_0 & -p_3 & p_2\\ p_2 & p_3 & p_0 & -p_1\\ p_3 & -p_2 & p_1 & p_0\end{bmatrix}$$

另一个矩阵形式是

$$\mathrm{col}(\boldsymbol{R})=\mathrm{mati}(\boldsymbol{Q})\,\mathrm{col}(\boldsymbol{P}) \tag{附 2.12}$$

式中

$$\mathrm{mati}(\boldsymbol{Q})=\begin{bmatrix}q_0 & -q_1 & -q_2 & -q_3\\ q_1 & q_0 & q_3 & -q_2\\ q_2 & -q_3 & q_0 & q_1\\ q_3 & q_2 & -q_1 & q_0\end{bmatrix}$$

按照式(附 2.9),有

$$\boldsymbol{Q}\otimes\boldsymbol{Q}^*=\boldsymbol{Q}^*\otimes\boldsymbol{Q}=q_0^2+q_1^2+q_2^2+q_3^2 \tag{附 2.13}$$

(3) 四元数 $\boldsymbol{Q}$ 和矢量 $\boldsymbol{v}$ 的乘积。

$$\boldsymbol{Q}\otimes\boldsymbol{v}=(q_0+\boldsymbol{q})\otimes\boldsymbol{v}=-\boldsymbol{q}\cdot\boldsymbol{v}+(q_0\boldsymbol{v}+\boldsymbol{q}\times\boldsymbol{v}) \tag{附 2.14}$$

它仍然是四元数。类似地

$$\boldsymbol{v}\otimes\boldsymbol{Q}=-\boldsymbol{q}\cdot\boldsymbol{v}+(q_0\boldsymbol{v}-\boldsymbol{q}\times\boldsymbol{v}) \tag{附 2.15}$$

(4) 混合乘积。

$$\begin{aligned}\boldsymbol{Q}\otimes\boldsymbol{v}\otimes\boldsymbol{Q}^*&=(-\boldsymbol{q}\cdot\boldsymbol{v}+q_0\boldsymbol{v}+\boldsymbol{q}\times\boldsymbol{v})\otimes(q_0-\boldsymbol{q})\\&=(1-2\boldsymbol{q}\cdot\boldsymbol{q})\boldsymbol{v}+2q_0(\boldsymbol{q}\times\boldsymbol{v})+2(\boldsymbol{q}\cdot\boldsymbol{v})\boldsymbol{q}\end{aligned} \tag{附 2.16}$$

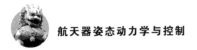

附 2.2　姿态四元数的定义及刚体有限转动的姿态四元数表示方法

附 2.2.1　姿态四元数的定义

对欧拉轴 / 角参数进行演化，可得到姿态旋转的四元数表达形式，即姿态四元数或称为欧拉参数。根据欧拉有限转动定理，坐标系 S_a 绕欧拉轴 $\boldsymbol{e}$ 转动角度 Φ 就可实现与任意坐标系 S_b 重合。欧拉轴 $\boldsymbol{e}$ 在 S_a 系中的分量分别为 e_x, e_y, e_z（与 S_b 系中的分量相同），因而 S_b 相对于 S_a 的取向（或姿态）可以用 e_x, e_y, e_z, Φ 完全确定，也就是用姿态四元数完全的确定，即

$$\boldsymbol{Q} = q_0 + q_1\boldsymbol{i} + q_2\boldsymbol{j} + q_3\boldsymbol{k}$$

式中

$$\underline{\boldsymbol{q}} = \begin{bmatrix} q_1 \\ q_2 \\ q_3 \end{bmatrix} \triangleq \underline{\boldsymbol{e}}\sin\frac{\Phi}{2} = \begin{bmatrix} e_x\sin\dfrac{\Phi}{2} \\ e_y\sin\dfrac{\Phi}{2} \\ e_z\sin\dfrac{\Phi}{2} \end{bmatrix} \tag{附 2.17}$$

$$q_0 \triangleq \cos\frac{\Phi}{2}$$

姿态四元数的 4 个元素并不是独立的，满足如下约束条件：

$$q_0^2 + q_1^2 + q_2^2 + q_3^2 = 1 \tag{附 2.18}$$

姿态四元数 $\boldsymbol{Q}$ 又可以表示为

$$\boldsymbol{Q} = \cos\frac{\Phi}{2} + \sin\frac{\Phi}{2}\mathrm{e}$$

式中

$$\boldsymbol{e} = q_1\boldsymbol{i}_a + q_2\boldsymbol{j}_a + q_3\boldsymbol{k}_a = q_1\boldsymbol{i}_b + q_2\boldsymbol{j}_b + q_3\boldsymbol{k}_b$$

为了更明确起见，从 S_a 到 S_b 的姿态四元数以 $\boldsymbol{Q}_{ba}$ 表示。

附 2.2.2　以姿态四元数表示的刚体有限转动

设矢量 $\boldsymbol{a}$ 与是固定在坐标系 S_a 的一个矢量，矢量 $\boldsymbol{b}$ 是固定于坐标系 S_b 中的一个矢量。在绕欧拉轴 $\boldsymbol{e}$ 旋转前，坐标系 S_a 和 S_b 重合，矢量 $\boldsymbol{a}=\boldsymbol{b}$。则根据欧拉轴 / 角相关公式，可得到一次绕欧拉轴转动后矢量 $\boldsymbol{b}$ 的表达式，重写如下：

$$\boldsymbol{b} = \cos\Phi\boldsymbol{a} + (1-\cos\Phi)(\boldsymbol{e}\cdot\boldsymbol{a})\boldsymbol{e} + \sin\Phi(\boldsymbol{e}\times\boldsymbol{a}) \tag{附 2.19}$$

设该次坐标系转动对应的姿态四元数为

$$Q = q_0 + \boldsymbol{q} = \cos\frac{\Phi}{2} + \boldsymbol{e}\sin\frac{\Phi}{2}$$

根据式(附 2.16)，有

$$\begin{aligned} Q \otimes \boldsymbol{a} \otimes Q^* &= (1 - 2\boldsymbol{q}\cdot\boldsymbol{q})\boldsymbol{a} + 2q_0(\boldsymbol{q}\times\boldsymbol{a}) + 2(\boldsymbol{q}\cdot\boldsymbol{a})\boldsymbol{q} \\ &= \cos\Phi\boldsymbol{a} + \sin\Phi(\boldsymbol{e}\times\boldsymbol{a}) + (1-\cos\Phi)(\boldsymbol{e}\cdot\boldsymbol{a})\boldsymbol{e} \end{aligned} \tag{附 2.20}$$

对比式(附 2.19)和式(附 2.20)，有

$$\boldsymbol{b} = Q \otimes \boldsymbol{a} \otimes Q^* \tag{附 2.21}$$

其逆向关系式为

$$\boldsymbol{a} = Q^* \otimes \boldsymbol{b} \otimes Q \tag{附 2.22}$$

附 2.3　由姿态四元数构成坐标变换矩阵

当坐标系 S_a 绕欧拉轴 $\boldsymbol{e}$ 转动 Φ 而成为 S_b 时，单位矢量 $\boldsymbol{i}_a,\boldsymbol{j}_a,\boldsymbol{k}_a$ 变为 $\boldsymbol{i}_b,\boldsymbol{j}_b,\boldsymbol{k}_b$，根据式(附 2.21)有

$$\begin{cases} \boldsymbol{i}_b = Q \otimes \boldsymbol{i}_a \otimes Q^* \\ \boldsymbol{j}_b = Q \otimes \boldsymbol{j}_a \otimes Q^* \\ \boldsymbol{k}_b = Q \otimes \boldsymbol{k}_a \otimes Q^* \end{cases} \tag{附 2.23}$$

对于矢量

$$\boldsymbol{r} = x_a\boldsymbol{i}_a + y_a\boldsymbol{j}_a + z_a\boldsymbol{k}_a = x_b\boldsymbol{i}_b + y_b\boldsymbol{j}_b + z_b\boldsymbol{k}_b$$

有

$$\begin{aligned} \boldsymbol{r} &= x_b Q \otimes \boldsymbol{i}_a \otimes Q^* + y_b Q \otimes \boldsymbol{j}_a \otimes Q^* + z_b Q \otimes \boldsymbol{k}_a \otimes Q^* \\ &= Q \otimes (x_b\boldsymbol{i}_a + y_b\boldsymbol{j}_a + z_b\boldsymbol{k}_a) \otimes Q^* \end{aligned} \tag{附 2.24}$$

现定义两个零标量的四元数

$$\begin{cases} \boldsymbol{R}_a = 0 + x_a\boldsymbol{i}_a + y_a\boldsymbol{j}_a + z_a\boldsymbol{k}_a = 0 + \boldsymbol{r} \\ \boldsymbol{R}_{b/a} = 0 + x_b\boldsymbol{i}_a + y_b\boldsymbol{j}_a + z_b\boldsymbol{k}_a \end{cases} \tag{附 2.25}$$

后者是由 $\boldsymbol{r}$ 在 S_b 中的分量和 S_a 的坐标基矢量构成的，没有什么物理意义。于是式(附 2.24)成为

$$\boldsymbol{R}_a = Q \otimes \boldsymbol{R}_{b/a} \otimes Q^* \tag{附 2.26}$$

或

$$\boldsymbol{R}_{b/a} = Q^* \otimes \boldsymbol{R}_a \otimes Q \tag{附 2.27}$$

利用式(附 2.11)和式(附 2.12)，得

$$\mathrm{col}(\boldsymbol{R}_{b/a}) = \mathrm{mati}(Q)\,\mathrm{mat}(Q^*)\,\mathrm{col}(\boldsymbol{R}_a)$$

即

$$\begin{bmatrix}0\\x_b\\y_b\\z_b\end{bmatrix}=\begin{bmatrix}q_0 & -q_1 & -q_2 & -q_3\\q_1 & q_0 & q_3 & -p_2\\q_2 & -q_3 & q_0 & q_1\\p_3 & q_2 & -q_1 & q_0\end{bmatrix}\begin{bmatrix}q_0 & q_1 & q_2 & q_3\\-q_1 & q_0 & p_3 & -q_2\\-q_2 & -q_3 & q_0 & q_1\\-q_3 & q_2 & -q_1 & q_0\end{bmatrix}\begin{bmatrix}0\\x_a\\y_a\\z_a\end{bmatrix}$$

因此

$$\begin{bmatrix}x_b\\y_b\\z_b\end{bmatrix}=\left\{\begin{bmatrix}q_1 & q_2 & q_3\end{bmatrix}\begin{bmatrix}q_1\\q_2\\q_3\end{bmatrix}+\begin{bmatrix}q_0 & q_3 & -q_2\\-q_3 & q_0 & q_1\\q_2 & -q_1 & q_0\end{bmatrix}^2\right\}\begin{bmatrix}x_a\\y_a\\z_a\end{bmatrix} \tag{附 2.28}$$

等号右边大括弧内的表达式正是坐标变换矩阵 $\underline{\boldsymbol{C}}_{ba}$，可以写成

$$\underline{\boldsymbol{C}}_{ba}=(q_0^2-\underline{\boldsymbol{q}}^{T}\underline{\boldsymbol{q}})\underline{E}_3+2\underline{\boldsymbol{q}}\underline{\boldsymbol{q}}^{T}-2q_0\underline{\boldsymbol{q}}^{\times} \tag{附 2.29}$$

其展开式为

$$\underline{\boldsymbol{C}}_{ba}=\begin{bmatrix}q_0^2+q_1^2-q_2^2-q_3^2 & 2(q_1q_2+q_3q_0) & 2(q_1q_3-q_2q_0)\\2(q_1q_2-q_3q_0) & q_0^2-q_1^2+q_2^2-q_3^2 & 2(q_2q_3+q_1q_0)\\2(q_1q_3+q_2q_0) & 2(q_2q_3-q_1q_0) & q_0^2-q_1^2-q_2^2+q_3^2\end{bmatrix} \tag{附 2.30}$$

当方向余弦矩阵的各元素已知时，可以按下列 4 组方程的任意一组来计算姿态四元数的元素。

$$\begin{cases}q_0=\pm\dfrac{1}{2}\sqrt{1+C_{11}+C_{22}+C_{33}}\\q_1=\dfrac{1}{4q_0}(C_{23}-C_{32})\\q_2=\dfrac{1}{4q_0}(C_{31}-C_{13})\\q_3=\dfrac{1}{4q_0}(C_{12}-C_{21})\end{cases} \tag{附 2.31}$$

$$\begin{cases}q_1=\pm\dfrac{1}{2}\sqrt{1+C_{11}-C_{22}-C_{33}}\\q_2=\dfrac{1}{4q_1}(C_{12}+C_{21})\\q_3=\dfrac{1}{4q_1}(C_{13}+C_{31})\\q_0=\dfrac{1}{4q_1}(C_{23}-C_{32})\end{cases} \tag{附 2.32}$$

$$\begin{cases} q_2 = \pm \dfrac{1}{2}\sqrt{1 - C_{11} + C_{22} - C_{33}} \\ q_3 = \dfrac{1}{4q_2}(C_{23} + C_{32}) \\ q_0 = \dfrac{1}{4q_2}(C_{31} - C_{13}) \\ q_1 = \dfrac{1}{4q_2}(C_{12} + C_{21}) \end{cases} \tag{附 2.33}$$

$$\begin{cases} q_3 = \pm \dfrac{1}{2}\sqrt{1 - C_{11} - C_{22} + C_{33}} \\ q_0 = \dfrac{1}{4q_3}(C_{12} - C_{21}) \\ q_1 = \dfrac{1}{4q_3}(C_{13} + C_{31}) \\ q_2 = \dfrac{1}{4q_3}(C_{23} + C_{32}) \end{cases} \tag{附 2.34}$$

首先利用每组公式的第一行计算 q_0, q_1, q_2, q_3，选择绝对值最大的一组作为计算公式。例如，若 q_2 的绝对值最大，则选择式(附 2.33) 进行计算。

根据定义，有如下关系：

$$\boldsymbol{Q}_{ab} = (\boldsymbol{Q}_{ba})^* \tag{附 2.35}$$

附 2.4　坐标系相继转动的姿态四元数表示

设从坐标系 S_a 到 S_b 对应的姿态四元数为 $\boldsymbol{Q}_{ba}$，即

$$\boldsymbol{Q}_{ba} = q_0^{ba} + q_1^{ba}\boldsymbol{i}_a + q_2^{ba}\boldsymbol{j}_a + q_3^{ba}\boldsymbol{k}_a = q_0^{ba} + \underline{\boldsymbol{q}}_{ba}^{T}\underline{\boldsymbol{e}}_a \tag{附 2.36}$$

将式(附 2.23) 改写为

$$\underline{\boldsymbol{f}}_b = \boldsymbol{Q}_{ba} \otimes \underline{\boldsymbol{e}}_a \otimes \boldsymbol{Q}_{ba}^* \tag{附 2.37}$$

从 S_b 到 S_c 对应的姿态四元数为 $\boldsymbol{Q}_{bc}$，有

$$\boldsymbol{Q}_{cb} = q_0^{cb} + q_1^{cb}\boldsymbol{i}_b + q_2^{cb}\boldsymbol{j}_b + q_3^{cb}\boldsymbol{k}_b = q_0^{cb} + \underline{\boldsymbol{q}}_{cb}^{T}\underline{\boldsymbol{e}}_b \tag{附 2.38}$$

且

$$\underline{\boldsymbol{f}}_c = \boldsymbol{Q}_{cb} \otimes \underline{\boldsymbol{e}}_b \otimes \boldsymbol{Q}_{cb}^* \tag{附 2.39}$$

假设从 S_a 到 S_c 对应的姿态四元数为 $\boldsymbol{Q}_{ca}$，有

$$\boldsymbol{Q}_{ca} = q_0^{ca} + q_1^{ca}\boldsymbol{i}_a + q_2^{ca}\boldsymbol{j}_a + q_3^{ca}\boldsymbol{k}_a = q_0^{ca} + \underline{\boldsymbol{q}}_{ca}^{T}\underline{\boldsymbol{e}}_a \tag{附 2.40}$$

且

$$\underline{\boldsymbol{f}}_c = \boldsymbol{Q}_{ca} \otimes \underline{\boldsymbol{e}}_a \otimes \boldsymbol{Q}_{ca}^* \tag{附 2.41}$$

把式(附 2.37)、式(附 2.39) 和式(附 2.41) 结合起来，得

$$\boldsymbol{Q}_{\mathrm{ca}} = \boldsymbol{Q}_{\mathrm{cb}} \otimes \boldsymbol{Q}_{\mathrm{ba}} \tag{附 2.42}$$

但要注意，$\boldsymbol{Q}_{\mathrm{cb}}$ 和 $\boldsymbol{Q}_{\mathrm{ba}}$ 有不同的基底，式(附 2.42) 不能直接应用式(附 2.11) 或式(附2.12) 表示，所以式(附 2.42) 不能直接应用。

把式(附 2.42) 改写成

$$q_0^{\mathrm{ca}} + \underline{\boldsymbol{q}}_{\mathrm{ca}}^{\mathrm{T}}\,\underline{\boldsymbol{f}}_{\mathrm{a}} = [q_0^{\mathrm{cb}} + \underline{\boldsymbol{q}}_{\mathrm{cb}}^{\mathrm{T}}\,\underline{\boldsymbol{f}}_{\mathrm{b}}] \otimes [q_0^{\mathrm{ba}} + \underline{\boldsymbol{q}}_{\mathrm{ba}}^{\mathrm{T}}\,\underline{\boldsymbol{f}}_{\mathrm{a}}] \tag{附 2.43}$$

由于

$$\begin{cases} \underline{\boldsymbol{f}}_{\mathrm{b}} = \boldsymbol{Q}_{\mathrm{ba}} \otimes \underline{\boldsymbol{f}}_{\mathrm{a}} \otimes \boldsymbol{Q}_{\mathrm{ba}}^{*} \\ q_0^{\mathrm{cb}} = q_0^{\mathrm{cb}} \otimes \boldsymbol{Q}_{\mathrm{ba}} \otimes \boldsymbol{Q}_{\mathrm{ba}}^{*} = \boldsymbol{Q}_{\mathrm{ba}} \otimes q_0^{\mathrm{cb}} \otimes \boldsymbol{Q}_{\mathrm{ba}}^{*} \end{cases} \tag{附 2.44}$$

式(附 2.43) 被变换成

$$\begin{aligned} q_0^{\mathrm{ca}} + \underline{\boldsymbol{q}}_{\mathrm{ca}}^{\mathrm{T}}\,\underline{\boldsymbol{e}}_{\mathrm{a}} &= \boldsymbol{Q}_{\mathrm{ba}} \otimes [q_0^{\mathrm{cb}} + \underline{\boldsymbol{q}}_{\mathrm{cb}}^{\mathrm{T}}\,\underline{\boldsymbol{e}}_{\mathrm{a}}] \otimes \boldsymbol{Q}_{\mathrm{ba}}^{*} \otimes \boldsymbol{Q}_{\mathrm{ba}} \\ &= \boldsymbol{Q}_{\mathrm{ba}} \otimes [q_0^{\mathrm{cb}} + \underline{\boldsymbol{q}}_{\mathrm{cb}}^{\mathrm{T}}\,\underline{\boldsymbol{e}}_{\mathrm{a}}] \end{aligned} \tag{附 2.45}$$

利用符号

$$\boldsymbol{Q}_{\mathrm{cb/a}} = q_0^{\mathrm{cb}} + \underline{\boldsymbol{q}}_{\mathrm{cb}}^{\mathrm{T}}\,\underline{\boldsymbol{e}}_{\mathrm{a}} \tag{附 2.46}$$

则式(附 2.45) 成为

$$\boldsymbol{Q}_{\mathrm{ca}} = \boldsymbol{Q}_{\mathrm{ba}} \otimes \boldsymbol{Q}_{\mathrm{cb/a}} \tag{附 2.47}$$

这里 $\boldsymbol{Q}_{\mathrm{ba}}$ 和 $\boldsymbol{Q}_{\mathrm{cb/a}}$ 具有同样的基底 $\underline{\boldsymbol{e}}_{\mathrm{a}}$，因此可以按四元数乘法公式展开，得到四元数元素之间的关系。所以式(附 2.47) 是非常有用的。

更一般的定义，从坐标系 S_{p} 到 S_{q} 的姿态四元数为

$$Q_{\mathrm{pq\#}} = q_0^{\mathrm{pq}} + q_1^{\mathrm{pq}}\boldsymbol{i} + q_2^{\mathrm{pq}}\boldsymbol{j} + q_3^{\mathrm{pq}}\boldsymbol{k}$$

式中，$q_0^{\mathrm{pq}}, q_1^{\mathrm{pq}}, q_2^{\mathrm{pq}}, q_3^{\mathrm{pq}}$ 是由式(附 2.17) 确定的，决定于欧拉轴的方向余弦及旋转的角度；$\boldsymbol{i}, \boldsymbol{j}, \boldsymbol{k}$ 是虚单位或虚拟坐标系的单位矢量，但与当时的坐标系无关。因此把 $\boldsymbol{Q}_{\mathrm{pq\#}}$ 称为通用基底的四元数或虚拟四元数。于是式(附 2.47) 写成

$$\boldsymbol{Q}_{\mathrm{ca\#}} = \boldsymbol{Q}_{\mathrm{ba\#}} \otimes \boldsymbol{Q}_{\mathrm{cb\#}} \tag{附 2.48}$$

对于这个四元数方程可以使用式(附 2.11) 或式(附 2.12)，即

$$\mathrm{col}(\boldsymbol{Q}_{\mathrm{ca\#}}) = \mathrm{mat}(\boldsymbol{Q}_{\mathrm{ba\#}})\,\mathrm{col}(\boldsymbol{Q}_{\mathrm{cb\#}}) \tag{附 2.49}$$

附 2.5　以姿态四元数表示的运动学方程

引理　令 $\boldsymbol{Q}$ 是姿态四元数，$\boldsymbol{v}$ 是矢量，则有

$$\boldsymbol{Q} \otimes \boldsymbol{v} - \boldsymbol{v} \otimes \boldsymbol{Q} = -\boldsymbol{q} \cdot \boldsymbol{v} + q_0\boldsymbol{v} + \boldsymbol{q} \times \boldsymbol{v} + \boldsymbol{q} \cdot \boldsymbol{v} - q_0\boldsymbol{v} + \boldsymbol{q} \times \boldsymbol{v} = 2\boldsymbol{q} \times \boldsymbol{v} \tag{附 2.50}$$

设 S_b 为刚体固联坐标系，其相对于参考坐标系 S_a 的角速度矢量为 $\boldsymbol{\omega}_{ba}$。设矢量 $\boldsymbol{r}_b$ 为固定在坐标系 S_b 中的任意矢量，则 $\boldsymbol{r}_b$ 在参考系 S_a 中的导数为

$$\frac{\mathrm{d}\,\boldsymbol{r}_b}{\mathrm{d}t}=\boldsymbol{\omega}_{ba}\times\boldsymbol{r}_b \tag{附 2.51}$$

令 Q 为坐标系 S_b 相对参考系 S_a 的姿态四元数；$\boldsymbol{r}_a$ 为与 S_b 中 $\boldsymbol{r}_b$ 对应的 S_a 中的矢量（即坐标系未转动前，$\boldsymbol{r}_a$ 和 $\boldsymbol{r}_b$ 重合），根据式（附 2.21）和式（附 2.22），有

$$\boldsymbol{r}_b=\boldsymbol{Q}\otimes\boldsymbol{r}_a\otimes\boldsymbol{Q}^*,\quad \boldsymbol{r}_a=\boldsymbol{Q}^*\otimes\boldsymbol{r}_b\otimes\boldsymbol{Q} \tag{附 2.52}$$

则矢量 $\boldsymbol{r}_b$ 的变化率为

$$\begin{aligned}\frac{\mathrm{d}\,\boldsymbol{r}_b}{\mathrm{d}t}&=\left(\frac{\mathrm{d}\boldsymbol{Q}}{\mathrm{d}t}\right)\otimes\boldsymbol{r}_a\otimes\boldsymbol{Q}^*+\boldsymbol{Q}\otimes\boldsymbol{r}_a\otimes\left(\frac{\mathrm{d}\,\boldsymbol{Q}^*}{\mathrm{d}t}\right)\\&=\left(\frac{\mathrm{d}\boldsymbol{Q}}{\mathrm{d}t}\right)\otimes\boldsymbol{Q}^*\otimes\boldsymbol{r}\otimes\boldsymbol{Q}\otimes\boldsymbol{Q}^*+\boldsymbol{Q}\otimes\boldsymbol{Q}^*\otimes\boldsymbol{r}\otimes\boldsymbol{Q}\otimes\left(\frac{\mathrm{d}\,\boldsymbol{Q}^*}{\mathrm{d}t}\right)\\&=\left[\left(\frac{\mathrm{d}\boldsymbol{Q}}{\mathrm{d}t}\right)\otimes\boldsymbol{Q}^*\right]\otimes\boldsymbol{r}-\boldsymbol{r}\otimes\left(\frac{\mathrm{d}\boldsymbol{Q}}{\mathrm{d}t}\otimes\boldsymbol{Q}^*\right)\end{aligned} \tag{附 2.53}$$

其中利用了关系式

$$\boldsymbol{Q}\otimes\boldsymbol{Q}^*=1$$

$$\frac{\mathrm{d}\boldsymbol{Q}}{\mathrm{d}t}\otimes\boldsymbol{Q}^*+\boldsymbol{Q}\otimes\frac{\mathrm{d}\,\boldsymbol{Q}^*}{\mathrm{d}t}=0$$

根据式（附 2.50），可以把式（附 2.53）改写为

$$\frac{\mathrm{d}\,\boldsymbol{r}_b}{\mathrm{d}t}=2\mathrm{vect}\left(\frac{\mathrm{d}\boldsymbol{Q}}{\mathrm{d}t}\otimes\boldsymbol{Q}^*\right)\times\boldsymbol{r}_b \tag{附 2.54}$$

其中“vect(•)”表示四元数的矢部。比较式（附 2.51）和式（附 2.54），得到角速度矢量的表达式

$$\boldsymbol{\omega}_{ba}=2\mathrm{vect}\left(\frac{\mathrm{d}\boldsymbol{Q}}{\mathrm{d}t}\otimes\boldsymbol{Q}^*\right) \tag{附 2.55}$$

根据四元数乘法运算法则以及姿态四元数归一化条件，则有

$$\mathrm{scal}\left(\frac{\mathrm{d}\boldsymbol{Q}}{\mathrm{d}t}\otimes\boldsymbol{Q}^*\right)=\dot{q}_0q_0+\dot{q}_1q_1+\dot{q}_2q_2+\dot{q}_3q_3=0 \tag{附 2.56}$$

其中“scal(•)”表示四元数的标部。则结合以上两式，得

$$\boldsymbol{\omega}_{ba}=2\,\frac{\mathrm{d}\boldsymbol{Q}}{\mathrm{d}t}\otimes\boldsymbol{Q}^* \tag{附 2.57}$$

定义一个零标量的四元数为

$$\boldsymbol{\Omega}_a=0+\omega_{xa}\,\boldsymbol{i}_a+\omega_{ya}\,\boldsymbol{j}_a+\omega_{za}\,\boldsymbol{k}_a=0+\boldsymbol{\omega}_{ba} \tag{附 2.58}$$

则式（附 2.57）变为

$$\boldsymbol{\Omega}_0=2\,\frac{\mathrm{d}\boldsymbol{Q}}{\mathrm{d}t}\otimes\boldsymbol{Q}^* \tag{附 2.59}$$

这样就可得到

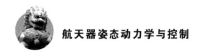

$$\frac{\mathrm{d}\boldsymbol{Q}}{\mathrm{d}t}=\frac{1}{2}\boldsymbol{\Omega}_{\mathrm{a}}\otimes\boldsymbol{Q} \tag{附 2.60}$$

但这个方程不便于使用，因为$\boldsymbol{\Omega}_{\mathrm{a}}$包含角速度$\boldsymbol{\omega}_{\mathrm{ba}}$在参考系 S_{a} 中的分量，而不是在坐标系 S_{b} 中的分量（通常 S_{b} 设为星体固联坐标系）。现定义另一个四元数，它包含航天器角速度$\boldsymbol{\omega}_{\mathrm{ba}}$在 S_{b} 中的分量，即

$$\boldsymbol{\Omega}_{\mathrm{b/a}}=\omega_{x\mathrm{b}}\boldsymbol{i}_{\mathrm{a}}+\omega_{y\mathrm{b}}\boldsymbol{j}_{\mathrm{a}}+\omega_{z\mathrm{b}}\boldsymbol{k}_{\mathrm{a}} \tag{附 2.61}$$

其中，$\underline{\boldsymbol{\omega}}_{\mathrm{ba}}$为$\boldsymbol{\omega}_{\mathrm{ba}}$在系 S_{b} 中的分量列阵，$\underline{\boldsymbol{\omega}}_{\mathrm{ba}}=[\omega_{x\mathrm{b}}\quad\omega_{y\mathrm{b}}\quad\omega_{z\mathrm{b}}]^{\mathrm{T}}$，。

利用式(附 2.26)有

$$\boldsymbol{\Omega}_{\mathrm{a}}=\boldsymbol{Q}\otimes\boldsymbol{\Omega}_{\mathrm{b/a}}\otimes\boldsymbol{Q}^{*} \tag{附 2.62}$$

就可得到更有用的运动学方程，即

$$\frac{\mathrm{d}\boldsymbol{Q}}{\mathrm{d}t}=\frac{1}{2}\boldsymbol{Q}\otimes\boldsymbol{\Omega}_{\mathrm{b/a}} \tag{附 2.63}$$

利用式(附 2.11)写成矩阵形式为

$$\mathrm{col}\left(\frac{\mathrm{d}\boldsymbol{Q}}{\mathrm{d}t}\right)=\frac{1}{2}\mathrm{mat}(\boldsymbol{Q})\,\mathrm{col}(\boldsymbol{\Omega}_{\mathrm{b/a}}) \tag{附 2.64}$$

即

$$\begin{bmatrix}\dot{q}_0\\\dot{q}_1\\\dot{q}_2\\\dot{q}_3\end{bmatrix}=\frac{1}{2}\begin{bmatrix}q_0 & -q_1 & -q_2 & -q_3\\q_1 & q_0 & -q_3 & q_2\\q_2 & q_3 & q_0 & -q_1\\q_3 & -q_2 & q_1 & q_0\end{bmatrix}\begin{bmatrix}0\\\omega_x\\\omega_y\\\omega_z\end{bmatrix} \tag{附 2.65}$$

或

$$\begin{cases}\dot{\underline{q}}=\dfrac{1}{2}(\underline{\boldsymbol{q}}^{\times}+q_0\underline{\boldsymbol{E}}_3)\underline{\boldsymbol{\omega}}_{\mathrm{ba}}\\\dot{q}_0=-\dfrac{1}{2}\underline{\boldsymbol{q}}^{\mathrm{T}}\underline{\boldsymbol{\omega}}_{\mathrm{ba}}\end{cases} \tag{附 2.66}$$

附录 3　矢量、并矢及坐标变换

附 3.1　矢量及矢量运算的矩阵表示

附 3.1.1　与矢量相关的定义

1. 矢量(Vector)

矢量是由大小和方向来表征的物理量,如位移、速度、角动量、角速度和力矩等。矢量本身是与坐标系无关的。在本书中,物理矢量以加黑的斜体字母表示,如 $\boldsymbol{r}$,$\boldsymbol{v}$,$\boldsymbol{H}$ 等。

2. 标量(Scalar)

标量是只有数值大小的量,如质量、速率、温度、时间、矢量的长度等。本书中的标量用带正、负号的实数或非黑体的斜体字母来表示,如 a,v,H 等。

3. 单位矢量

单位矢量是长度为一个单位的矢量。单位矢量通常用于表示某矢量的方向,或者由 3 个单位矢量成组表示直角坐标系中的基矢量,如($\boldsymbol{i}$,$\boldsymbol{j}$,$\boldsymbol{k}$)或($\boldsymbol{e}_1$,$\boldsymbol{e}_2$,$\boldsymbol{e}_3$)。

4. 矢阵(Vectrix)

将标量矩阵的定义拓展,定义以单个矢量为元素的矩阵为矢阵。如矢量矩阵 $\underline{\boldsymbol{A}}$ 与矢量列阵 $\underline{\boldsymbol{a}}$ 分别定义为

$$\underline{\boldsymbol{A}} \triangleq (\boldsymbol{A}_{ij})_{m\times n} = \begin{bmatrix} \boldsymbol{A}_{11} & \boldsymbol{A}_{12} & \cdots & \boldsymbol{A}_{1n} \\ \boldsymbol{A}_{21} & \boldsymbol{A}_{22} & \cdots & \boldsymbol{A}_{2n} \\ \vdots & \vdots & & \vdots \\ \boldsymbol{A}_{m1} & \boldsymbol{A}_{m2} & \cdots & \boldsymbol{A}_{mn} \end{bmatrix}, \quad \underline{\boldsymbol{a}} \triangleq \begin{bmatrix} \boldsymbol{a}_1 \\ \boldsymbol{a}_2 \\ \vdots \\ \boldsymbol{a}_n \end{bmatrix} = [\boldsymbol{a}_1 \quad \boldsymbol{a}_2 \quad \cdots \quad \boldsymbol{a}_n]^{\mathrm{T}}$$

为与矢量及字母变量相区别,本书中矢阵用带下横线的加黑斜体字母表示。

矢阵同时具有矢量和矩阵的性质。矢阵运算的定义在形式上与一般的矩阵运算定义一致。例如,有矢阵 $\underline{\boldsymbol{e}} = [\boldsymbol{e}_1 \quad \boldsymbol{e}_2 \quad \boldsymbol{e}_3]^{\mathrm{T}}$ 与矢量 $\boldsymbol{a}$,则以下算式成立:

$$\boldsymbol{a}\cdot\underline{\boldsymbol{e}}=\boldsymbol{a}\cdot\begin{bmatrix}\boldsymbol{e}_1\\ \boldsymbol{e}_2\\ \boldsymbol{e}_3\end{bmatrix}=\begin{bmatrix}\boldsymbol{a}\cdot\boldsymbol{e}_1\\ \boldsymbol{a}\cdot\boldsymbol{e}_2\\ \boldsymbol{a}\cdot\boldsymbol{e}_3\end{bmatrix}\tag{附 3.1}$$

$$\underline{\boldsymbol{e}}\cdot\underline{\boldsymbol{e}}^{\mathrm{T}}=\begin{bmatrix}\boldsymbol{e}_1\\ \boldsymbol{e}_2\\ \boldsymbol{e}_3\end{bmatrix}\begin{bmatrix}\boldsymbol{e}_1 & \boldsymbol{e}_2 & \boldsymbol{e}_3\end{bmatrix}=\begin{bmatrix}\boldsymbol{e}_1\cdot\boldsymbol{e}_1 & \boldsymbol{e}_1\cdot\boldsymbol{e}_2 & \boldsymbol{e}_1\cdot\boldsymbol{e}_3\\ \boldsymbol{e}_2\cdot\boldsymbol{e}_1 & \boldsymbol{e}_2\cdot\boldsymbol{e}_2 & \boldsymbol{e}_2\cdot\boldsymbol{e}_3\\ \boldsymbol{e}_3\cdot\boldsymbol{e}_1 & \boldsymbol{e}_3\cdot\boldsymbol{e}_2 & \boldsymbol{e}_3\cdot\boldsymbol{e}_3\end{bmatrix}\tag{附 3.2}$$

$$\underline{\boldsymbol{e}}\times\underline{\boldsymbol{e}}^{\mathrm{T}}=\begin{bmatrix}\boldsymbol{e}_1\\ \boldsymbol{e}_2\\ \boldsymbol{e}_3\end{bmatrix}\times\begin{bmatrix}\boldsymbol{e}_1 & \boldsymbol{e}_2 & \boldsymbol{e}_3\end{bmatrix}=\begin{bmatrix}\boldsymbol{e}_1\times\boldsymbol{e}_1 & \boldsymbol{e}_1\times\boldsymbol{e}_2 & \boldsymbol{e}_1\times\boldsymbol{e}_3\\ \boldsymbol{e}_2\times\boldsymbol{e}_1 & \boldsymbol{e}_2\times\boldsymbol{e}_2 & \boldsymbol{e}_2\times\boldsymbol{e}_3\\ \boldsymbol{e}_3\times\boldsymbol{e}_1 & \boldsymbol{e}_3\times\boldsymbol{e}_2 & \boldsymbol{e}_3\times\boldsymbol{e}_3\end{bmatrix}\tag{附 3.3}$$

5. 矢量基

定义 3 个汇交于 O 点的正交单位矢量($\boldsymbol{i},\boldsymbol{j},\boldsymbol{k}$)或($\boldsymbol{e}_1,\boldsymbol{e}_2,\boldsymbol{e}_3$)所组成的右手正交参考系,称为矢量基(简称基)。$O$ 点称为基点,这 3 个正交单位矢量称为这个基的基矢量。

同一基的各基矢量(以$\boldsymbol{e}_1,\boldsymbol{e}_2,\boldsymbol{e}_3$ 为例)之间满足以下正交条件:

$$\boldsymbol{e}_i\cdot\boldsymbol{e}_j=\begin{cases}1, & i=j,\quad i,j=1,2,3\\ 0, & i\neq j,\quad i,j=1,2,3\end{cases}$$

$$\boldsymbol{e}_1\times\boldsymbol{e}_2=\boldsymbol{e}_3,\boldsymbol{e}_2\times\boldsymbol{e}_3=\boldsymbol{e}_1,\boldsymbol{e}_3\times\boldsymbol{e}_1=\boldsymbol{e}_2$$

定义基矢量($\boldsymbol{e}_1,\boldsymbol{e}_2,\boldsymbol{e}_3$)构成的矢阵 $\underline{\boldsymbol{e}}=[\boldsymbol{e}_1\quad\boldsymbol{e}_2\quad\boldsymbol{e}_3]^{\mathrm{T}}$ 表示这个矢量基。对于不同的基,在 $\underline{\boldsymbol{e}}$ 的右下脚加下标予以区分,例如,$\underline{\boldsymbol{e}}_{\mathrm{a}}$ 和$\underline{\boldsymbol{e}}_{\mathrm{b}}$ 分别表示两个不同的基。对于矢量基 $\underline{\boldsymbol{e}}$,式(附 3.2)和式(附 3.3)可分别化简为

$$\underline{\boldsymbol{e}}\cdot\underline{\boldsymbol{e}}^{\mathrm{T}}=\underline{\boldsymbol{E}}_3\tag{附 3.4}$$

$$\underline{\boldsymbol{e}}\times\underline{\boldsymbol{e}}^{\mathrm{T}}=\begin{bmatrix}\boldsymbol{0} & \boldsymbol{e}_3 & -\boldsymbol{e}_2\\ -\boldsymbol{e}_3 & \boldsymbol{0} & \boldsymbol{e}_1\\ \boldsymbol{e}_2 & -\boldsymbol{e}_1 & \boldsymbol{0}\end{bmatrix}\tag{附 3.5}$$

式(附 3.4)中 $\underline{\boldsymbol{E}}_3$ 表示维数为 3 的单位矩阵。

附 3.1.2　矢量的描述及矢量运算的矩阵表示

矢量的几何描述很难处理复杂运算问题,通常采用矢量的代数表达方法。对于任意一个矢量 $\boldsymbol{u}$,均可表示为某个矢量基 $\underline{\boldsymbol{e}}$ 的基矢量的线性组合,即

$$\boldsymbol{u}=u_x\boldsymbol{i}+u_y\boldsymbol{j}+u_z\boldsymbol{k}\tag{附 3.6}$$

式中,$u_x\boldsymbol{i},u_y\boldsymbol{j}$ 和 $u_z\boldsymbol{k}$ 分别称为矢量 $\boldsymbol{u}$ 在基矢量上的 3 个分矢量。3 个标量系数 u_x,u_y,u_z 分别称为此矢量在 3 个基矢量上的坐标。这 3 个坐标构成一个标量列阵,称为矢量 $\boldsymbol{u}$ 在该矢量基上的坐标阵(或分量列阵),记为

$$\underline{u}=[u_x \quad u_y \quad u_z]^{\mathrm{T}}$$

利用矩阵运算的形式，矢量 $\boldsymbol{u}$ 可写成矩阵乘积的形式，即

$$\boldsymbol{u}=\underline{\boldsymbol{u}}^{\mathrm{T}}\underline{\boldsymbol{e}}=\underline{\boldsymbol{e}}^{\mathrm{T}}\underline{\boldsymbol{u}} \tag{附 3.7}$$

考虑到基矢量的性质，不难验证矢量 $\boldsymbol{u}$ 的坐标列阵有如下表达式：

$$\underline{\boldsymbol{u}}=\begin{bmatrix}\boldsymbol{u}\cdot\boldsymbol{i}\\ \boldsymbol{u}\cdot\boldsymbol{j}\\ \boldsymbol{u}\cdot\boldsymbol{k}\end{bmatrix}=\boldsymbol{u}\cdot\underline{\boldsymbol{e}}=\underline{\boldsymbol{e}}\cdot\boldsymbol{u} \tag{附 3.8}$$

3 个坐标还可以写为一个反对称方阵，记为

$$\underline{\boldsymbol{u}}^{\times}=\begin{bmatrix}0 & -u_z & u_y\\ u_z & 0 & -u_x\\ -u_y & u_x & 0\end{bmatrix} \tag{附 3.9}$$

称此方阵为矢量 $\boldsymbol{u}$ 在该基上的坐标方阵，有些书中也称为叉乘矩阵。该矩阵为反对称阵，即

$$(\underline{\boldsymbol{u}}^{\times})^{\mathrm{T}}=-\underline{\boldsymbol{u}}^{\times} \tag{附 3.10}$$

应当指出，矢量在几何上为一客观存在的量，与矢量基(或坐标系)的选取无关。而矢量的坐标列阵则与矢量基有关。例如，有两个不同的矢量基 $\underline{\boldsymbol{e}}_{\mathrm{a}}$ 和 $\underline{\boldsymbol{e}}_{\mathrm{b}}$，矢量 $\boldsymbol{u}$ 在这个基上的坐标阵分别记为 $\underline{\boldsymbol{u}}_{\mathrm{a}}$ 和 $\underline{\boldsymbol{u}}_{\mathrm{b}}$，则由式(附 3.7)，有

$$\boldsymbol{u}=\underline{\boldsymbol{u}}_{\mathrm{a}}^{\mathrm{T}}\,\underline{\boldsymbol{e}}_{\mathrm{a}}=\underline{\boldsymbol{u}}_{\mathrm{b}}^{\mathrm{T}}\,\underline{\boldsymbol{e}}_{\mathrm{b}} \tag{附 3.11}$$

很显然，$\underline{\boldsymbol{u}}_{\mathrm{a}}\neq\underline{\boldsymbol{u}}_{\mathrm{b}}$，即分量列阵与坐标系有关，而矢量则与坐标系无关。有些书中把列阵也称为矢量，或者将两者混为一谈。在本书中，将矢量 $\boldsymbol{u}$ 与矢量在坐标系 S_{a} 中的分量列阵 $\underline{\boldsymbol{u}}_{\mathrm{a}}$ 严格地加以区分。

为表达得更清楚，在本书中有时将坐标列阵 $\underline{\boldsymbol{u}}_{\mathrm{a}}$ 写为 $(\boldsymbol{u})_{\mathrm{a}}$，将坐标方阵 $\underline{\boldsymbol{u}}_{\mathrm{a}}^{\times}$ 写为 $(\boldsymbol{u})_{\mathrm{a}}^{\times}$。

在仅使用唯一坐标系的情况下，某个矢量与其在该坐标系中的分量列阵有着一一对应关系，此时将分量列阵称为矢量也未尝不可。但在像类似姿态动力学这样的学科中，经常使用许多不同的坐标系，这时矢量与分量列阵的严格区别就是完全必要的。

下面讨论矢量的运算与在同一个基上的坐标阵运算间的关系。为简略起见，列写如下：

$$\alpha\boldsymbol{a}=\alpha\,\underline{\boldsymbol{e}}^{\mathrm{T}}\underline{\boldsymbol{a}}=\underline{\boldsymbol{e}}^{\mathrm{T}}\alpha\underline{\boldsymbol{a}}$$

$$\boldsymbol{a}+\boldsymbol{b}=\underline{\boldsymbol{e}}^{\mathrm{T}}\underline{\boldsymbol{a}}+\underline{\boldsymbol{e}}^{\mathrm{T}}\underline{\boldsymbol{b}}=\underline{\boldsymbol{e}}^{\mathrm{T}}(\underline{\boldsymbol{a}}+\underline{\boldsymbol{b}})$$

$$\boldsymbol{a}\cdot\boldsymbol{b}=\underline{\boldsymbol{a}}^{\mathrm{T}}\underline{\boldsymbol{e}}\cdot\underline{\boldsymbol{e}}^{\mathrm{T}}\underline{\boldsymbol{b}}=\underline{\boldsymbol{a}}^{\mathrm{T}}\underline{\boldsymbol{E}}_3\underline{\boldsymbol{b}}=\underline{\boldsymbol{a}}^{\mathrm{T}}\underline{\boldsymbol{b}}$$

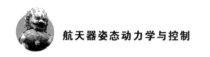

$$\boldsymbol{a}\times\boldsymbol{b}=\underline{\boldsymbol{a}}^{\mathrm{T}}\underline{\boldsymbol{e}}\times\underline{\boldsymbol{e}}^{\mathrm{T}}\underline{\boldsymbol{b}}=(a_yb_z-a_zb_y)\boldsymbol{i}+(a_zb_x-a_xb_z)\boldsymbol{j}+(a_xb_y-a_yb_x)\boldsymbol{k}=\underline{\boldsymbol{e}}^{\mathrm{T}}\underline{\boldsymbol{a}}^{\times}\underline{\boldsymbol{b}}$$

矢量运算与同一基下的坐标阵运算的对应关系见附表 3.1。

附表 3.1 矢量运算与同一基下的坐标阵运算的对应关系

矢量运算式	坐标阵运算式
$\boldsymbol{a}=\boldsymbol{b}$	$\underline{\boldsymbol{a}}=\underline{\boldsymbol{b}}$
$\boldsymbol{c}=\alpha\boldsymbol{a}$	$\underline{\boldsymbol{c}}=\alpha\underline{\boldsymbol{a}}$
$\boldsymbol{c}=\boldsymbol{a}+\boldsymbol{b}$	$\underline{\boldsymbol{c}}=\underline{\boldsymbol{a}}+\underline{\boldsymbol{b}}$
$\alpha=\boldsymbol{a}\cdot\boldsymbol{b}=\boldsymbol{b}\cdot\boldsymbol{a}$	$\alpha=\underline{\boldsymbol{a}}^{\mathrm{T}}\underline{\boldsymbol{b}}=\underline{\boldsymbol{b}}^{\mathrm{T}}\underline{\boldsymbol{a}}$
$\boldsymbol{c}=\boldsymbol{a}\times\boldsymbol{b}=-\boldsymbol{b}\times\boldsymbol{a}$	$\underline{\boldsymbol{c}}=\underline{\boldsymbol{a}}^{\times}\underline{\boldsymbol{b}}=-\underline{\boldsymbol{b}}^{\times}\underline{\boldsymbol{a}}$

附 3.2 坐标变换

附 3.2.1 坐标变换矩阵

对于坐标系原点重合的两个不同的坐标系 S_{a} 和 S_{b}，坐标基分别为$\underline{\boldsymbol{e}}_{\mathrm{a}}$ 和$\underline{\boldsymbol{e}}_{\mathrm{b}}$。对于矢量 $\boldsymbol{u}$，有

$$\boldsymbol{u}=\underline{\boldsymbol{e}}_{\mathrm{a}}^{\mathrm{T}}\underline{\boldsymbol{u}}_{\mathrm{a}}=\underline{\boldsymbol{e}}_{\mathrm{b}}^{\mathrm{T}}\underline{\boldsymbol{u}}_{\mathrm{b}} \tag{附 3.12}$$

其中，$\underline{\boldsymbol{u}}_{\mathrm{a}}$ 和 $\underline{\boldsymbol{u}}_{\mathrm{b}}$ 分别为矢量 $\boldsymbol{u}$ 在坐标基$\underline{\boldsymbol{e}}_{\mathrm{a}}$ 和$\underline{\boldsymbol{e}}_{\mathrm{b}}$ 中的分量列阵。将附式(3.12) 两端与$\underline{\boldsymbol{e}}_{\mathrm{b}}$ 作点乘运算，即

$$\underline{\boldsymbol{e}}_{\mathrm{b}}\cdot\underline{\boldsymbol{e}}_{\mathrm{b}}^{\mathrm{T}}\underline{\boldsymbol{u}}_{\mathrm{b}}=\underline{\boldsymbol{e}}_{\mathrm{b}}\cdot\underline{\boldsymbol{e}}_{\mathrm{a}}^{\mathrm{T}}\underline{\boldsymbol{u}}_{\mathrm{a}}$$

由于$\underline{\boldsymbol{e}}_{\mathrm{b}}\cdot\underline{\boldsymbol{e}}_{\mathrm{b}}^{\mathrm{T}}=\underline{\boldsymbol{E}}_3$(单位矩阵)，故有

$$\underline{\boldsymbol{u}}_{\mathrm{b}}=\underline{\boldsymbol{e}}_{\mathrm{b}}\cdot\underline{\boldsymbol{e}}_{\mathrm{a}}^{\mathrm{T}}\underline{\boldsymbol{u}}_{\mathrm{a}}$$

定义

$$\underline{\boldsymbol{C}}_{\mathrm{ba}}=\underline{\boldsymbol{e}}_{\mathrm{b}}\cdot\underline{\boldsymbol{e}}_{\mathrm{a}}^{\mathrm{T}} \tag{附 3.13}$$

并将其称为坐标基$\underline{\boldsymbol{e}}_{\mathrm{a}}$ 到$\underline{\boldsymbol{e}}_{\mathrm{b}}$ 的坐标变换矩阵(或坐标系 S_{a} 到 S_{b} 的坐标变换矩阵)，则有

$$\underline{\boldsymbol{u}}_{\mathrm{b}}=\underline{\boldsymbol{C}}_{\mathrm{ba}}\underline{\boldsymbol{u}}_{\mathrm{a}} \tag{附 3.14}$$

式(附 3.13) 的展开式为

$$\underline{\boldsymbol{C}}_{\mathrm{ba}}=\underline{\boldsymbol{e}}_{\mathrm{b}}\cdot\underline{\boldsymbol{e}}_{\mathrm{a}}^{\mathrm{T}}=\begin{bmatrix}\boldsymbol{i}_{\mathrm{b}}\cdot\boldsymbol{i}_{\mathrm{a}} & \boldsymbol{i}_{\mathrm{b}}\cdot\boldsymbol{j}_{\mathrm{a}} & \boldsymbol{i}_{\mathrm{b}}\cdot\boldsymbol{k}_{\mathrm{a}}\\ \boldsymbol{j}_{\mathrm{b}}\cdot\boldsymbol{i}_{\mathrm{a}} & \boldsymbol{j}_{\mathrm{b}}\cdot\boldsymbol{j}_{\mathrm{a}} & \boldsymbol{j}_{\mathrm{b}}\cdot\boldsymbol{k}_{\mathrm{a}}\\ \boldsymbol{k}_{\mathrm{b}}\cdot\boldsymbol{i}_{\mathrm{a}} & \boldsymbol{k}_{\mathrm{b}}\cdot\boldsymbol{j}_{\mathrm{a}} & \boldsymbol{k}_{\mathrm{b}}\cdot\boldsymbol{k}_{\mathrm{a}}\end{bmatrix}=\begin{bmatrix}C_{11} & C_{12} & C_{13}\\ C_{21} & C_{22} & C_{23}\\ C_{31} & C_{32} & C_{33}\end{bmatrix}$$

（附 3.15）

这个矩阵的元素是相应坐标轴之间的方向余弦，或者说是 S_{b} 坐标系的 3 个单位基矢量在 S_{a} 坐标系中的分量列阵。因此这个矩阵称为坐标系 S_{a} 到坐标系 S_{b} 的方向余弦矩阵。

根据坐标基中各矢量的定义，有

$$\underline{\boldsymbol{e}}_{\mathrm{b}}=\underline{\boldsymbol{C}}_{\mathrm{ba}}\,\underline{\boldsymbol{e}}_{\mathrm{a}}\quad\text{或}\quad\underline{\boldsymbol{e}}_{\mathrm{b}}^{\mathrm{T}}=\underline{\boldsymbol{e}}_{\mathrm{a}}^{\mathrm{T}}\underline{\boldsymbol{C}}_{\mathrm{ba}}^{\mathrm{T}}\tag{附 3.16}$$

坐标变换矩阵具有如下性质：

(1) 坐标变换矩阵只有 3 个独立参数。

由单位矢量的模为 1，则可得到 3 个约束方程：

$$\begin{cases}|\boldsymbol{i}_{\mathrm{b}}|^2=C_{11}^2+C_{12}^2+C_{13}^2=1\\ |\boldsymbol{j}_{\mathrm{b}}|^2=C_{21}^2+C_{22}^2+C_{23}^2=1\\ |\boldsymbol{k}_{\mathrm{b}}|^2=C_{31}^2+C_{32}^2+C_{33}^2=1\end{cases}\tag{附 3.17}$$

由单位矢量的正交性，还可得到 3 个约束方程：

$$\begin{cases}\boldsymbol{i}_{\mathrm{b}}\cdot\boldsymbol{j}_{\mathrm{b}}=C_{11}C_{21}+C_{12}C_{22}+C_{13}C_{23}=0\\ \boldsymbol{i}_{\mathrm{b}}\cdot\boldsymbol{k}_{\mathrm{b}}=C_{11}C_{31}+C_{12}C_{32}+C_{13}C_{33}=0\\ \boldsymbol{j}_{\mathrm{b}}\cdot\boldsymbol{k}_{\mathrm{b}}=C_{21}C_{31}+C_{22}C_{32}+C_{23}C_{33}=0\end{cases}\tag{附 3.18}$$

以上两式说明，坐标变换矩阵 $\underline{\boldsymbol{C}}_{\mathrm{ba}}$ 的 9 个元素只有 3 个是独立的。

(2) 坐标变换矩阵是正交矩阵。

由 $\underline{\boldsymbol{e}}_{\mathrm{b}}\cdot\underline{\boldsymbol{e}}_{\mathrm{b}}^{\mathrm{T}}=\underline{\boldsymbol{e}}_{\mathrm{a}}\cdot\underline{\boldsymbol{e}}_{\mathrm{a}}^{\mathrm{T}}=\underline{\boldsymbol{E}}_3$，利用附式(3.16)有

$$\underline{\boldsymbol{E}}_3=\underline{\boldsymbol{e}}_{\mathrm{b}}\cdot\underline{\boldsymbol{e}}_{\mathrm{b}}^{\mathrm{T}}=\underline{\boldsymbol{C}}_{\mathrm{ba}}\,\underline{\boldsymbol{e}}_{\mathrm{a}}\cdot\underline{\boldsymbol{e}}_{\mathrm{a}}^{\mathrm{T}}\underline{\boldsymbol{C}}_{\mathrm{ba}}^{\mathrm{T}}=\underline{\boldsymbol{C}}_{\mathrm{ba}}\underline{\boldsymbol{C}}_{\mathrm{ba}}^{\mathrm{T}}\tag{附 3.19}$$

由此可得

$$\underline{\boldsymbol{C}}_{\mathrm{ba}}^{\mathrm{T}}=\underline{\boldsymbol{C}}_{\mathrm{ba}}^{-1}\tag{附 3.20}$$

说明方向余弦矩阵 $\underline{\boldsymbol{C}}_{\mathrm{ba}}$ 是正交矩阵。

类似式(附 3.13)，还可定义从 S_{b} 坐标系到 S_{a} 坐标系的方向余弦矩阵 $\underline{\boldsymbol{C}}_{\mathrm{ab}}$，即

$$\underline{\boldsymbol{C}}_{\mathrm{ab}}=\underline{\boldsymbol{e}}_{\mathrm{a}}\cdot\underline{\boldsymbol{e}}_{\mathrm{b}}^{\mathrm{T}}$$

利用式(附 3.16)和式(附 3.20)，有

$$\underline{\boldsymbol{C}}_{\mathrm{ab}}=\underline{\boldsymbol{e}}_{\mathrm{a}}\cdot\underline{\boldsymbol{e}}_{\mathrm{a}}^{\mathrm{T}}\underline{\boldsymbol{C}}_{\mathrm{ba}}^{\mathrm{T}}=\underline{\boldsymbol{C}}_{\mathrm{ba}}^{-1}\tag{附 3.21}$$

说明从 S_{b} 坐标系到 S_{a} 坐标系的方向余弦矩阵等于从 S_{a} 坐标系到 S_{b} 坐标系的方向余弦矩阵转置或求逆。

(3) 坐标变换矩阵的行列式值为 +1。

取式(附 3.19) 的行列式运算得

$$\det(\underline{\boldsymbol{C}}_{ba})\det(\underline{\boldsymbol{C}}_{ba}^{T}) = [\det(\underline{\boldsymbol{C}}_{ba})]^{2} = 1 \qquad (附\ 3.22)$$

即

$$\det(\underline{\boldsymbol{C}}_{ba}) = \pm 1$$

由于 S_a 和 S_b 均为右旋正交坐标系,满足如下公式:

$$\begin{cases} \boldsymbol{i}_a \times \boldsymbol{j}_a = \boldsymbol{k}_a, \quad \boldsymbol{j}_a \times \boldsymbol{k}_a = \boldsymbol{i}_a, \quad \boldsymbol{k}_a \times \boldsymbol{i}_a = \boldsymbol{j}_a \\ \boldsymbol{i}_b \times \boldsymbol{j}_b = \boldsymbol{k}_b, \quad \boldsymbol{j}_b \times \boldsymbol{k}_b = \boldsymbol{i}_b, \quad \boldsymbol{k}_b \times \boldsymbol{i}_b = \boldsymbol{j}_b \end{cases} \qquad (附\ 3.23)$$

将式(附 3.16) 代入式(附 3.23) 的后 3 个公式得到方向余弦矩阵 $\underline{\boldsymbol{C}}_{ba}$ 的元素,满足

$$\begin{cases} C_{11} = C_{22}C_{33} - C_{23}C_{32}, \quad C_{21} = C_{32}C_{13} - C_{33}C_{12}, \quad C_{31} = C_{12}C_{23} - C_{13}C_{22} \\ C_{12} = C_{23}C_{31} - C_{21}C_{33}, \quad C_{22} = C_{33}C_{11} - C_{31}C_{13}, \quad C_{32} = C_{13}C_{21} - C_{11}C_{23} \\ C_{13} = C_{21}C_{32} - C_{22}C_{31}, \quad C_{23} = C_{31}C_{12} - C_{32}C_{11}, \quad C_{33} = C_{11}C_{22} - C_{12}C_{21} \end{cases}$$

(附 3.24)

仔细分析式(附 3.22) 可以发现,其各方程左侧构成矩阵 $\underline{\boldsymbol{C}}_{ba}$ 的转置矩阵 $\underline{\boldsymbol{C}}_{ba}^{T}$,而方程右侧则构成 $\underline{\boldsymbol{C}}_{ba}$ 的伴随矩阵,即

$$\underline{\boldsymbol{C}}_{ba}^{T} = \mathrm{adj}(\underline{\boldsymbol{C}}_{ba}) \qquad (附\ 3.25)$$

由矩阵求逆的一般关系式,有

$$\underline{\boldsymbol{C}}_{ba}^{-1} = \frac{\mathrm{adj}(\underline{\boldsymbol{C}}_{ba})}{\det(\underline{\boldsymbol{C}}_{ba})} \qquad (附\ 3.26)$$

结合式(附 3.20),于是得

$$\det(\underline{\boldsymbol{C}}_{ba}) = 1 \qquad (附\ 3.27)$$

附 3.3　并矢与并矢矩阵的坐标变换

附 3.3.1　并矢及并矢运算的矩阵表示

1. 并矢的定义

两个矢量 $\boldsymbol{a}$ 和 $\boldsymbol{b}$ 之间的乘积运算除了点积和叉积外,还有不定乘积。所谓不定乘积是指两个矢量的并列排序,两者的模可以相乘,而表示方向的单位矢量位置则不能颠倒。两个矢量的不定乘积又称为并矢或二阶张量。

不定乘积或并矢是一类特殊的量,通常是某个物理对象的固有属性。其性

质与矢量类似，既有方向又有大小，而本身与坐标系的选择无关。令矢量 $\boldsymbol{a}$ 和 $\boldsymbol{b}$ 的不定乘积为$\mathbb{D}$，写为

$$\mathbb{D}=\boldsymbol{ab} \tag{附 3.28}$$

颠倒并矢$\mathbb{D}$中两矢量的顺序，得到新的并矢$\mathbb{D}^*$，称为$\mathbb{D}$的共轭并矢，即

$$\mathbb{D}^*=\boldsymbol{ba} \tag{附 3.29}$$

2. 并矢的运算法则

(1) 两个并矢的和与差。

两个并矢的和与差仍为并矢，可表示为

$$\mathbb{C}=\mathbb{D}+\mathbb{G} \quad 或 \quad \mathbb{C}=\mathbb{D}-\mathbb{G}$$

(2) 并矢与矢量的点积运算。

并矢与矢量的点积为一个矢量。在运算时并矢中两个并列的矢量顺序不变，但可与相邻的矢量进行点积运算。

设$\mathbb{D}=\boldsymbol{ab}$，则$\mathbb{D}\cdot\boldsymbol{v}$为平行于 $\boldsymbol{a}$ 的矢量，表示为

$$\boldsymbol{u}=\mathbb{D}\cdot\boldsymbol{v}=\boldsymbol{a}(\boldsymbol{b}\cdot\boldsymbol{v}) \tag{附 3.30}$$

而 $\boldsymbol{v}\cdot\mathbb{D}$ 则为平行于 $\boldsymbol{b}$ 的矢量，表示为

$$\boldsymbol{u}=\boldsymbol{v}\cdot\mathbb{D}=(\boldsymbol{v}\cdot\boldsymbol{a})\boldsymbol{b} \tag{附 3.31}$$

由此可知，$\mathbb{D}\cdot\boldsymbol{v}\neq\boldsymbol{v}\cdot\mathbb{D}$，即并矢与矢量的点积运算不满足交换律。

并矢与矢量的点积运算满足分配律，即

$$\boldsymbol{ab}_1\cdot\boldsymbol{v}+\boldsymbol{ab}_2\cdot\boldsymbol{v}=\boldsymbol{a}(\boldsymbol{b}_1+\boldsymbol{b}_2)\cdot\boldsymbol{v}$$

$$\boldsymbol{a}_1\boldsymbol{b}\cdot\boldsymbol{v}+\boldsymbol{a}_2\boldsymbol{b}\cdot\boldsymbol{v}=(\boldsymbol{a}_1+\boldsymbol{a}_2)\boldsymbol{b}\cdot\boldsymbol{v}$$

(3) 并矢与矢量的叉积运算。

并矢与矢量的叉积仍然为并矢，运算法则与并矢和矢量的点积运算相似。设$\mathbb{D}=\boldsymbol{ab}$，则$\mathbb{D}\times\boldsymbol{v}$可表示为

$$\mathbb{C}=\mathbb{D}\times\boldsymbol{v}=\boldsymbol{a}(\boldsymbol{b}\times\boldsymbol{v}) \tag{附 3.32}$$

而 $\boldsymbol{v}\times\mathbb{D}$ 可表示为

$$\mathbb{C}=\boldsymbol{v}\times\mathbb{D}=(\boldsymbol{v}\times\boldsymbol{a})\boldsymbol{b} \tag{附 3.33}$$

由以上两式可知，并矢与矢量的叉积运算也不满足交换律。

并矢与矢量的叉积运算满足分配律，即

$$\boldsymbol{ab}_1\times\boldsymbol{v}+\boldsymbol{ab}_2\times\boldsymbol{v}=\boldsymbol{a}[(\boldsymbol{b}_1+\boldsymbol{b}_2)\times\boldsymbol{v}]$$

$$\boldsymbol{a}_1\boldsymbol{b}\times\boldsymbol{v}+\boldsymbol{a}_2\boldsymbol{b}\times\boldsymbol{v}=(\boldsymbol{a}_1+\boldsymbol{a}_2)(\boldsymbol{b}\times\boldsymbol{v})$$

(4) 并矢与并矢的点积运算。

并矢与并矢的点积仍为一个并矢。设$\mathbb{D}=\boldsymbol{ab}$，$\mathbb{G}=\boldsymbol{cd}$，则

$$\mathbb{C}=\mathbb{D}\cdot\mathbb{G}=\boldsymbol{a}(\boldsymbol{b}\cdot\boldsymbol{c})\boldsymbol{d}=(\boldsymbol{b}\cdot\boldsymbol{c})\boldsymbol{ad} \tag{附 3.34}$$

可以验证，并矢与并矢的点积运算不满足交换律。

(5) 并矢的坐标阵。

设在坐标基 $\underline{e}$ 中的两矢量 $\boldsymbol{a}=a_1\boldsymbol{e}_1+a_2\boldsymbol{e}_2+a_3\boldsymbol{e}_3$ 和 $\boldsymbol{b}=b_1\boldsymbol{e}_1+b_2\boldsymbol{e}_2+b_3\boldsymbol{e}_3$ 构成的并矢为

$$\mathbb{D}=\boldsymbol{ab}=\sum_{i=1}^{3}\sum_{j=1}^{3}a_ib_j\boldsymbol{e}_i\boldsymbol{e}_j=\sum_{i=1}^{3}\sum_{j=1}^{3}D_{ij}\boldsymbol{e}_i\boldsymbol{e}_j \tag{附 3.35}$$

式中 $D_{ij}=a_ib_j\,(i,j=1,2,3)$，称为$\mathbb{D}$ 在 $\underline{e}$ 中的坐标或分量，排成矩阵为

$$\underline{\boldsymbol{D}}=\begin{bmatrix}\boldsymbol{D}_{11}&\boldsymbol{D}_{12}&\boldsymbol{D}_{13}\\\boldsymbol{D}_{21}&\boldsymbol{D}_{22}&\boldsymbol{D}_{23}\\\boldsymbol{D}_{31}&\boldsymbol{D}_{32}&\boldsymbol{D}_{33}\end{bmatrix}=\begin{bmatrix}a_1b_1&a_1b_2&a_1b_3\\a_2b_1&a_2b_2&a_2b_3\\a_3b_1&a_3b_2&a_3b_3\end{bmatrix}=\underline{a}\,\underline{b}^{\mathrm{T}} \tag{附 3.36}$$

式(附 3.35) 可写成

$$\mathbb{D}=\underline{e}^{\mathrm{T}}\underline{\boldsymbol{D}}\,\underline{e} \tag{附 3.37}$$

矩阵 $\underline{\boldsymbol{D}}$ 称为并矢$\mathbb{D}$ 在坐标基 $\underline{e}$ 中的坐标阵(或分量矩阵)。注意，并矢的坐标阵与坐标系有关。有时为书写清楚起见，也用$(\mathbb{D})_a$ 表示并矢$\mathbb{D}$ 在坐标基$\underline{e}_a$ 中的分量列阵。

若$\mathbb{D}$ 由若干矢量对组成，即$\mathbb{D}=\boldsymbol{a}_1\boldsymbol{b}_1+\boldsymbol{a}_2\boldsymbol{b}_2+\cdots$，则

$$\mathbb{D}=\underline{e}^{\mathrm{T}}(\underline{a}_1\underline{b}_1^{\mathrm{T}}+\underline{a}_2\underline{b}_2^{\mathrm{T}}+\cdots)\underline{e}=\underline{e}^{\mathrm{T}}\underline{\boldsymbol{D}}\,\underline{e} \tag{附 3.38}$$

其中

$$\underline{\boldsymbol{D}}=\underline{a}_1\underline{b}_1^{\mathrm{T}}+\underline{a}_2\underline{b}_2^{\mathrm{T}}+\cdots$$

由式(附 3.36)，还可求得

$$\underline{\boldsymbol{D}}^{*}=\underline{\boldsymbol{D}}^{\mathrm{T}} \tag{附 3.39}$$

即相互共轭的并矢，其坐标阵是相互转置的。

坐标阵为单位阵 $\underline{\boldsymbol{E}}_3$ 的并矢称为单位并矢，记为$\mathbb{E}$。

由式(附 3.37) 展开，可知

$$\mathbb{E}=\boldsymbol{e}_1\boldsymbol{e}_1+\boldsymbol{e}_2\boldsymbol{e}_2+\boldsymbol{e}_3\boldsymbol{e}_3=\underline{e}^{\mathrm{T}}\underline{e} \tag{附 3.40}$$

则将式(附 3.30) 中的并矢$\mathbb{D}$ 换成单位并矢$\mathbb{E}$，有

$$\mathbb{E}\cdot\boldsymbol{v}=\boldsymbol{e}_1(\boldsymbol{e}_1\cdot\boldsymbol{v})+\boldsymbol{e}_2(\boldsymbol{e}_2\cdot\boldsymbol{v})+\boldsymbol{e}_3(\boldsymbol{e}_3\cdot\boldsymbol{v})=\boldsymbol{v} \tag{附 3.41}$$

同理

$$\boldsymbol{v}\cdot\mathbb{E}=(\boldsymbol{v}\cdot\boldsymbol{e}_1)\boldsymbol{e}_1+(\boldsymbol{v}\cdot\boldsymbol{e}_2)\boldsymbol{e}_2+(\boldsymbol{v}\cdot\boldsymbol{e}_3)\boldsymbol{e}_3=\boldsymbol{v} \tag{附 3.42}$$

即某矢量与单位并矢进行点乘运算，其结果仍为该矢量。

3. 并矢运算的矩阵表示

下面讨论矢量的运算与在同一个基上的坐标阵运算间的关系。为简略起见，列写如下：

$$\mathbb{D}+\mathbb{G}=\underline{\boldsymbol{e}}^{\mathrm{T}}\underline{\boldsymbol{D}}\,\underline{\boldsymbol{e}}+\underline{\boldsymbol{e}}_1^{\mathrm{T}}\underline{\boldsymbol{G}}\,\underline{\boldsymbol{e}}=\underline{\boldsymbol{e}}^{\mathrm{T}}(\underline{\boldsymbol{D}}+\underline{\boldsymbol{G}})\,\underline{\boldsymbol{e}}$$

$$\mathbb{D}\cdot\boldsymbol{d}=\underline{\boldsymbol{e}}^{\mathrm{T}}\underline{\boldsymbol{D}}\,\underline{\boldsymbol{e}}\cdot\underline{\boldsymbol{e}}^{\mathrm{T}}\underline{\boldsymbol{d}}=\underline{\boldsymbol{e}}^{\mathrm{T}}\underline{\boldsymbol{D}}\,\underline{\boldsymbol{d}}$$

$$\boldsymbol{d}\cdot\mathbb{D}=\underline{\boldsymbol{d}}^{\mathrm{T}}\underline{\boldsymbol{e}}\cdot\underline{\boldsymbol{e}}^{\mathrm{T}}\underline{\boldsymbol{D}}\,\underline{\boldsymbol{e}}=\underline{\boldsymbol{d}}^{\mathrm{T}}\underline{\boldsymbol{D}}\,\underline{\boldsymbol{e}}=\underline{\boldsymbol{e}}^{\mathrm{T}}\underline{\boldsymbol{D}}^{\mathrm{T}}\underline{\boldsymbol{d}}=\underline{\boldsymbol{e}}^{\mathrm{T}}\underline{\boldsymbol{D}}^{*}\underline{\boldsymbol{d}}$$

$$\mathbb{D}\times\boldsymbol{d}=\underline{\boldsymbol{e}}^{\mathrm{T}}\underline{\boldsymbol{D}}\,\underline{\boldsymbol{e}}\times\underline{\boldsymbol{e}}^{\mathrm{T}}\underline{\boldsymbol{d}}=\underline{\boldsymbol{e}}^{\mathrm{T}}\underline{\boldsymbol{D}}\,\underline{\boldsymbol{d}}^{\times}\underline{\boldsymbol{e}}$$

$$\boldsymbol{d}\times\mathbb{D}=\underline{\boldsymbol{d}}^{\mathrm{T}}\underline{\boldsymbol{e}}\times\underline{\boldsymbol{e}}^{\mathrm{T}}\underline{\boldsymbol{D}}\,\underline{\boldsymbol{e}}=\underline{\boldsymbol{e}}^{\mathrm{T}}\underline{\boldsymbol{d}}^{\times}\underline{\boldsymbol{D}}\,\underline{\boldsymbol{e}}$$

$$\mathbb{D}\cdot\mathbb{G}=\underline{\boldsymbol{e}}^{\mathrm{T}}\underline{\boldsymbol{D}}\,\underline{\boldsymbol{e}}\cdot\underline{\boldsymbol{e}}^{\mathrm{T}}\underline{\boldsymbol{G}}\,\underline{\boldsymbol{e}}=\underline{\boldsymbol{e}}^{\mathrm{T}}(\underline{\boldsymbol{D}}\,\underline{\boldsymbol{G}})\,\underline{\boldsymbol{e}}$$

并矢运算与同一基下的坐标阵运算的对应关系见附表 3.2。

附表 3.2 并矢运算与同一基下的坐标阵运算的对应关系

并矢运算式	坐标阵运算式
$\mathbb{D}=\mathbb{G}$	$\underline{\boldsymbol{D}}=\underline{\boldsymbol{G}}$
$\mathbb{C}=\mathbb{D}+\mathbb{G}$	$\underline{\boldsymbol{C}}=\underline{\boldsymbol{D}}\pm\underline{\boldsymbol{G}}$
$\boldsymbol{c}=\mathbb{D}\cdot\boldsymbol{d}$	$\underline{\boldsymbol{c}}=\underline{\boldsymbol{D}}\,\underline{\boldsymbol{d}}$
$\boldsymbol{c}=\boldsymbol{d}\cdot\mathbb{D}=\mathbb{D}^{*}\cdot\boldsymbol{d}$	$\underline{\boldsymbol{c}}=\underline{\boldsymbol{D}}^{\mathrm{T}}\underline{\boldsymbol{d}}=\underline{\boldsymbol{D}}^{*}\underline{\boldsymbol{d}}$
$\mathbb{C}=\mathbb{D}\times\boldsymbol{d}$	$\underline{\boldsymbol{C}}=\underline{\boldsymbol{D}}\,\underline{\boldsymbol{d}}^{\times}$
$\mathbb{C}=\boldsymbol{d}\times\mathbb{D}$	$\underline{\boldsymbol{C}}=\underline{\boldsymbol{d}}^{\times}\underline{\boldsymbol{D}}$
$\mathbb{C}=\mathbb{D}\cdot\mathbb{G}$	$\underline{\boldsymbol{C}}=\underline{\boldsymbol{D}}\,\underline{\boldsymbol{G}}$

附 3.3.2 并矢矩阵的坐标变换

对于并矢$\mathbb{D}$，根据式(附 3.38)，其在矢量基$\underline{\boldsymbol{e}}_{\mathrm{a}}$ 和$\underline{\boldsymbol{e}}_{\mathrm{b}}$ 下分别表示为

$$\mathbb{D}=\underline{\boldsymbol{e}}_{\mathrm{a}}^{\mathrm{T}}\underline{\boldsymbol{D}}_{\mathrm{a}}\underline{\boldsymbol{e}}_{\mathrm{a}}=\underline{\boldsymbol{e}}_{\mathrm{b}}^{\mathrm{T}}\underline{\boldsymbol{D}}_{\mathrm{b}}\underline{\boldsymbol{e}}_{\mathrm{b}} \tag{附 3.43}$$

将式附(3.43) 后一个等式的左边各点乘$\underline{\boldsymbol{e}}_{\mathrm{b}}$，然后将等式的右边各点乘$\underline{\boldsymbol{e}}_{\mathrm{b}}^{\mathrm{T}}$，则有

$$\underline{\boldsymbol{e}}_{\mathrm{b}}\cdot\underline{\boldsymbol{e}}_{\mathrm{b}}^{\mathrm{T}}\underline{\boldsymbol{D}}_{\mathrm{b}}\underline{\boldsymbol{e}}_{\mathrm{b}}\cdot\underline{\boldsymbol{e}}_{\mathrm{b}}^{\mathrm{T}}=\underline{\boldsymbol{e}}_{\mathrm{b}}\cdot\underline{\boldsymbol{e}}_{\mathrm{a}}^{\mathrm{T}}\underline{\boldsymbol{D}}_{\mathrm{a}}\underline{\boldsymbol{e}}_{\mathrm{a}}\cdot\underline{\boldsymbol{e}}_{\mathrm{b}}^{\mathrm{T}} \tag{附 3.44}$$

由于$\underline{\boldsymbol{e}}_{\mathrm{b}}\cdot\underline{\boldsymbol{e}}_{\mathrm{b}}^{\mathrm{T}}=\underline{\boldsymbol{E}}_3$，由式(附 3.13) 可知$\underline{\boldsymbol{e}}_{\mathrm{b}}\cdot\underline{\boldsymbol{e}}_{\mathrm{a}}^{\mathrm{T}}=\underline{\boldsymbol{C}}_{\mathrm{ba}}$ $\underline{\boldsymbol{e}}_{\mathrm{a}}\cdot\underline{\boldsymbol{e}}_{\mathrm{b}}^{\mathrm{T}}=\underline{\boldsymbol{C}}_{\mathrm{ab}}$，则由式(附 3.44) 可得

$$\underline{\boldsymbol{D}}_{\mathrm{b}}=\underline{\boldsymbol{C}}_{\mathrm{ba}}\underline{\boldsymbol{D}}_{\mathrm{a}}\underline{\boldsymbol{C}}_{\mathrm{ab}} \tag{附 3.45}$$

式(附 3.45) 即为并矢分量矩阵从 S_{a} 到 S_{b} 的坐标变换矩阵。

附 3.3.3 矢量叉乘矩阵的坐标变换

对于矢量叉乘运算 $\boldsymbol{w}=\boldsymbol{u}\times\boldsymbol{v}$，在坐标系 S_{a} 和 S_{b} 中的矩阵形式是

$$\underline{\boldsymbol{w}}_{\mathrm{a}}=\underline{\boldsymbol{u}}_{\mathrm{a}}^{\times}\underline{\boldsymbol{v}}_{\mathrm{a}},\quad \underline{\boldsymbol{w}}_{\mathrm{b}}=\underline{\boldsymbol{u}}_{\mathrm{b}}^{\times}\underline{\boldsymbol{v}}_{\mathrm{b}} \tag{附 3.46}$$

把第一个等式重写为

$$\underline{\boldsymbol{C}}_{\mathrm{ab}}\underline{\boldsymbol{w}}_{\mathrm{b}}=\underline{\boldsymbol{u}}_{\mathrm{a}}^{\times}\underline{\boldsymbol{C}}_{\mathrm{ab}}\underline{\boldsymbol{v}}_{\mathrm{b}}$$

或

$$\underline{w}_{\mathrm{b}} = \underline{\boldsymbol{C}}_{\mathrm{ba}} \underline{u}_{\mathrm{a}}^{\times} \underline{\boldsymbol{C}}_{\mathrm{ab}} \underline{v}_{\mathrm{b}} \tag{附 3.47}$$

将其与式(附 3.46)的第二个等式比较，得到矢量叉乘矩阵的坐标变换式为

$$\underline{u}_{\mathrm{b}}^{\times} = \underline{\boldsymbol{C}}_{\mathrm{ba}} \underline{u}_{\mathrm{a}}^{\times} \underline{\boldsymbol{C}}_{\mathrm{ab}} \tag{附 3.48}$$

注意这个式子与式(附 3.45)的相似性。

附 3.3.4　矢量双重积与并矢

对于矢量双重积$(\boldsymbol{a} \times \boldsymbol{b}) \times \boldsymbol{c}$，根据矢量分析关系式，有

$$(\boldsymbol{a} \times \boldsymbol{b}) \times \boldsymbol{c} = \boldsymbol{b}(\boldsymbol{a} \cdot \boldsymbol{c}) - \boldsymbol{a}(\boldsymbol{b} \cdot \boldsymbol{c})$$

若应用并矢的定义，上式等号右边还可写为

$$\boldsymbol{b}(\boldsymbol{a} \cdot \boldsymbol{c}) - \boldsymbol{a}(\boldsymbol{b} \cdot \boldsymbol{c}) = (\boldsymbol{ba} - \boldsymbol{ab}) \cdot \boldsymbol{c}$$

若将 $\boldsymbol{ba} - \boldsymbol{ab}$ 视为一个并矢，则其在矢量基 $\underline{\boldsymbol{e}}$ 下的坐标阵为 $\underline{b}\,\underline{a}^{\mathrm{T}} - \underline{a}\,\underline{b}^{\mathrm{T}}$。根据式(附 3.37)，则并矢 $\boldsymbol{ba} - \boldsymbol{ab}$ 可写为

$$\boldsymbol{ba} - \boldsymbol{ab} = \underline{\boldsymbol{e}}^{\mathrm{T}} (\underline{b}\,\underline{a}^{\mathrm{T}} - \underline{a}\,\underline{b}^{\mathrm{T}}) \underline{\boldsymbol{e}}$$

考虑到 $\boldsymbol{c} = \underline{\boldsymbol{e}}^{\mathrm{T}} \underline{c}$，有

$$(\boldsymbol{a} \times \boldsymbol{b}) \times \boldsymbol{c} = \underline{\boldsymbol{e}}^{\mathrm{T}} (\underline{b}\,\underline{a}^{\mathrm{T}} - \underline{a}\,\underline{b}^{\mathrm{T}}) \underline{c} \tag{附 3.49}$$

根据矢量叉积运算的矩阵式，还可直接求得

$$(\boldsymbol{a} \times \boldsymbol{b}) \times \boldsymbol{c} = \underline{\boldsymbol{e}}^{\mathrm{T}} (\underline{a}^{\times} \underline{b})^{\times} \underline{c} \tag{附 3.50}$$

比较以上两式，显然有

$$(\underline{a}^{\times} \underline{b})^{\times} = \underline{b}\,\underline{a}^{\mathrm{T}} - \underline{a}\,\underline{b}^{\mathrm{T}} \tag{附 3.51}$$

对于另外一种顺序的矢量积 $\boldsymbol{a} \times (\boldsymbol{b} \times \boldsymbol{c})$，同样应用并矢的概念，有

$$\boldsymbol{a} \times (\boldsymbol{b} \times \boldsymbol{c}) = (\boldsymbol{c} \cdot \boldsymbol{a})\boldsymbol{b} - \boldsymbol{c}(\boldsymbol{a} \cdot \boldsymbol{b}) = [(\boldsymbol{c} \cdot \boldsymbol{a})\mathbb{E} - \boldsymbol{ca}] \cdot \boldsymbol{b} \tag{附 3.52}$$

同样将$(\boldsymbol{c} \cdot \boldsymbol{a})\mathbb{E} - \boldsymbol{ca}$视为一个并矢，利用式(附 3.37)，可得

$$\boldsymbol{a} \times (\boldsymbol{b} \times \boldsymbol{c}) = \underline{\boldsymbol{e}}^{\mathrm{T}} (\underline{c}^{\mathrm{T}} \underline{a}\,\underline{\boldsymbol{E}}_3 - \underline{c}\,\underline{a}^{\mathrm{T}}) \underline{b} \tag{附 3.53}$$

而根据矢量叉积运算的矩阵式，还可直接求得

$$\boldsymbol{a} \times (\boldsymbol{b} \times \boldsymbol{c}) = \underline{\boldsymbol{e}}^{\mathrm{T}} \underline{a}^{\times} (\underline{c}^{\times})^{\mathrm{T}} \underline{b} \tag{附 3.54}$$

比较以上两式，显然有

$$\underline{a}^{\times} (\underline{c}^{\times})^{\mathrm{T}} = \underline{c}^{\mathrm{T}} \underline{a}\,\underline{\boldsymbol{E}}_3 - \underline{c}\,\underline{a}^{\mathrm{T}} \tag{附 3.55}$$

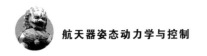

附 3.4　矢量和并矢的时间导数

附 3.4.1　矢量的时间导数

设坐标系 S_a 以角速度

$$\boldsymbol{\omega}_a = \boldsymbol{\omega}_{xa}\boldsymbol{i}_a + \boldsymbol{\omega}_{ya}\boldsymbol{j}_a + \boldsymbol{\omega}_{za}\boldsymbol{k}_a \tag{附 3.56}$$

相对惯性空间旋转；$\boldsymbol{u}$ 为一个变化的矢量

$$\boldsymbol{u} = \boldsymbol{u}_{xa}\boldsymbol{i}_a + \boldsymbol{u}_{ya}\boldsymbol{j}_a + \boldsymbol{u}_{za}\boldsymbol{k}_a$$

则矢量 $\boldsymbol{u}$ 在惯性空间相对时间 t 的导数为

$$\frac{\mathrm{d_I}\boldsymbol{u}}{\mathrm{d}t} = \left(\frac{\mathrm{d}\boldsymbol{u}_{xa}}{\mathrm{d}t}\boldsymbol{i}_a + \frac{\mathrm{d}\boldsymbol{u}_{ya}}{\mathrm{d}t}\boldsymbol{j}_a + \frac{\mathrm{d}\boldsymbol{u}_{za}}{\mathrm{d}t}\boldsymbol{k}_a\right) + \left(\boldsymbol{u}_{xa}\frac{\mathrm{d}\,\boldsymbol{i}_a}{\mathrm{d}t} + \boldsymbol{u}_{ya}\frac{\mathrm{d}\,\boldsymbol{j}_a}{\mathrm{d}t} + \boldsymbol{u}_{za}\frac{\mathrm{d}\,\boldsymbol{k}_a}{\mathrm{d}t}\right) \tag{附 3.57}$$

其中等号右侧前 3 项表示每一分量对时间的导数，再按基矢方向求矢量和，它表示 $\boldsymbol{u}$ 矢量相对于矢量基 $\underline{\boldsymbol{e}}_a$ 的时间变化率，可写为 $\frac{\mathrm{d_a}\boldsymbol{u}}{\mathrm{d}t}$，以便与 $\frac{\mathrm{d_I}\boldsymbol{u}}{\mathrm{d}t}$ 相区别。等号右侧后 3 项都是单位基矢量对时间的导数，可参考附图 3.1 求导。

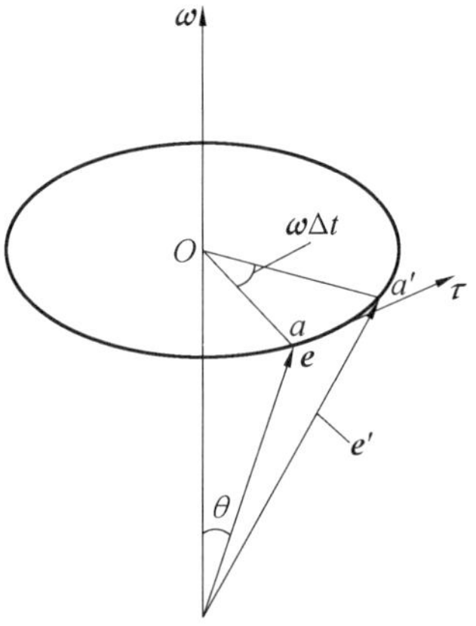

附图 3.1　基矢的转动

设 $\boldsymbol{e}$ 为固联在坐标系 S_a 中的单位基矢，$\boldsymbol{\omega}$ 是基矢绕其转动的角速度。在 $t=t_0$ 时刻，$\boldsymbol{e}$ 的矢端位于 a 点，经过 Δt 时间后，$\boldsymbol{e}$ 转至 $\boldsymbol{e}'$，其矢端画出一绕 $\boldsymbol{\omega}$ 的圆弧到达 a' 点。如果 O 是 aa' 的圆心，则 $\angle aOa' = \boldsymbol{\omega}\Delta t$。若 $\boldsymbol{e}$ 和 $\boldsymbol{\omega}$ 之间的夹角为 θ，则由附图 3.1 知，$aa' = \boldsymbol{\omega}\Delta t\,|\boldsymbol{e}|\sin\theta$。当 Δt 趋近于零时，弧段 $\overset{\frown}{aa'}$ 逼近弦长 aa'，其方向趋近于圆在 a 点的切线 $\boldsymbol{\tau}$。换言之，当 $\Delta t \to 0$ 时，$\overset{\frown}{aa'} = aa' = \boldsymbol{\omega}\times\boldsymbol{e}\Delta t$。根据矢量导数的定义，有

$$\frac{\mathrm{d}\boldsymbol{e}}{\mathrm{d}t} = \lim_{\Delta t\to 0}\frac{\overset{\frown}{aa'}}{\Delta t} = \lim_{\Delta t\to 0}\frac{\boldsymbol{\omega}\times\boldsymbol{e}\Delta t}{\Delta t} = \boldsymbol{\omega}\times\boldsymbol{e}$$

把这个关系式代入式(附 3.57)，有

$$\frac{\mathrm{d_I}\boldsymbol{u}}{\mathrm{d}t} = \left(\frac{\mathrm{d}\boldsymbol{u}_{xa}}{\mathrm{d}t}\boldsymbol{i}_a + \frac{\mathrm{d}\boldsymbol{u}_{ya}}{\mathrm{d}t}\boldsymbol{j}_a + \frac{\mathrm{d}\boldsymbol{u}_{za}}{\mathrm{d}t}\boldsymbol{k}_a\right) + \boldsymbol{\omega}_a \times (\boldsymbol{u}_{xa}\boldsymbol{i}_a + \boldsymbol{u}_{ya}\boldsymbol{j}_a + \boldsymbol{u}_{za}\boldsymbol{k}_a) \tag{附 3.58}$$

或简单地写为

$$\frac{\mathrm{d}_{\mathrm{I}}\boldsymbol{u}}{\mathrm{d}t}=\frac{\mathrm{d}_{\mathrm{a}}\boldsymbol{u}}{\mathrm{d}t}+\boldsymbol{\omega}_{\mathrm{a}}\times\boldsymbol{u} \tag{附 3.59}$$

在坐标系 S_{a} 中，式(附 3.59)的矩阵(分量)形式为

$$\left(\frac{\mathrm{d}\boldsymbol{u}}{\mathrm{d}t}\right)_{\mathrm{a}}=\frac{\mathrm{d}\,(\boldsymbol{u})_{\mathrm{a}}}{\mathrm{d}t}+(\boldsymbol{\omega}_{\mathrm{a}})_{\mathrm{a}}^{\times}\,(\boldsymbol{u})_{\mathrm{a}} \tag{附 3.60}$$

注意，$(\mathrm{d}\boldsymbol{u}/\mathrm{d}t)_{\mathrm{a}}$ 是矢量 $\boldsymbol{u}$ 的导数 $\mathrm{d}\boldsymbol{u}/\mathrm{d}t$ 在坐标系 S_{a} 的分量列阵，而 $\mathrm{d}\,(\boldsymbol{u})_{\mathrm{a}}/\mathrm{d}t$ 则是矢量 $\boldsymbol{u}$ 的分量列阵的导数。

可以把这个性质推广到两个活动坐标系的情况。设坐标系 S_{a} 相对惯性空间具有角速度 $\boldsymbol{\omega}_{\mathrm{a}}$，坐标系 S_{b} 相对惯性空间具有角速度 $\boldsymbol{\omega}_{\mathrm{b}}$。按照式(附 3.59)，对于变化的矢量 $\boldsymbol{u}$，有

$$\frac{\mathrm{d}_{\mathrm{I}}\boldsymbol{u}}{\mathrm{d}t}=\frac{\mathrm{d}_{\mathrm{a}}\boldsymbol{u}}{\mathrm{d}t}+\boldsymbol{\omega}_{\mathrm{a}}\times\boldsymbol{u}\ \text{和}\ \frac{\mathrm{d}_{\mathrm{I}}\boldsymbol{u}}{\mathrm{d}t}=\frac{\mathrm{d}_{\mathrm{b}}\boldsymbol{u}}{\mathrm{d}t}+\boldsymbol{\omega}_{\mathrm{b}}\times\boldsymbol{u}$$

由此得到

$$\frac{\mathrm{d}_{\mathrm{b}}\boldsymbol{u}}{\mathrm{d}t}=\frac{\mathrm{d}_{\mathrm{a}}\boldsymbol{u}}{\mathrm{d}t}+(\boldsymbol{\omega}_{\mathrm{a}}-\boldsymbol{\omega}_{\mathrm{b}})\times\boldsymbol{u} \tag{附 3.61}$$

式(附 3.61)还可以叙述为：矢量 $\boldsymbol{u}$ 相对于坐标系 S_{b} 的时间导数 $\mathrm{d}_{\mathrm{b}}\boldsymbol{u}/\mathrm{d}t$，等于 $\boldsymbol{u}$ 相对于坐标系 S_{a} 的导数 $\mathrm{d}_{\mathrm{a}}\boldsymbol{u}/\mathrm{d}t$ 再加上坐标系 S_{a} 相对于坐标系 S_{b} 的旋转角速度 $\boldsymbol{\omega}_{\mathrm{ab}}$ 叉乘 $\boldsymbol{u}$。

附 3.4.2　并矢的时间导数

仿照上面求矢量时间导数的过程，可以求得并矢对时间的导数。例如，对于并矢

$$\mathbb{D}=\underline{\boldsymbol{e}}^{\mathrm{T}}\underline{\boldsymbol{D}}\,\underline{\boldsymbol{e}} \tag{附 3.62}$$

其相对于惯性系的时间导数为

$$\dot{\mathbb{D}}=\dot{\underline{\boldsymbol{e}}}^{\mathrm{T}}\underline{\boldsymbol{D}}\,\underline{\boldsymbol{e}}+\underline{\boldsymbol{e}}^{\mathrm{T}}\dot{\underline{\boldsymbol{D}}}\,\underline{\boldsymbol{e}}+\underline{\boldsymbol{e}}^{\mathrm{T}}\underline{\boldsymbol{D}}\,\dot{\underline{\boldsymbol{e}}} \tag{附 3.63}$$

由于 $\dot{\underline{\boldsymbol{e}}}=\boldsymbol{\omega}\times\underline{\boldsymbol{e}}$，代入式(附 3.63)并考虑式(附 3.62)，有

$$\dot{\mathbb{D}}=\overset{\circ}{\mathbb{D}}+\boldsymbol{\omega}\times\mathbb{D}-\mathbb{D}\times\boldsymbol{\omega} \tag{附 3.64}$$

式中，等号右侧第一项是 $\underline{\boldsymbol{e}}^{\mathrm{T}}\dot{\underline{\boldsymbol{D}}}\,\underline{\boldsymbol{e}}$ 的缩写，表示并矢 $\mathbb{D}$ 在动坐标系 $\underline{\boldsymbol{e}}$ 中的时间变化率。

同样可将式(附 3.64)扩展，得到两个任意坐标系之间的时间导数关系式，即

$$\frac{\mathrm{d}_{\mathrm{a}}}{\mathrm{d}t}\mathbb{D}=\frac{\mathrm{d}_{\mathrm{b}}}{\mathrm{d}t}\mathbb{D}+\boldsymbol{\omega}_{\mathrm{ba}}\times\mathbb{D}-\mathbb{D}\times\boldsymbol{\omega}_{\mathrm{ba}} \tag{附 3.65}$$

将分量表达式代入式(附 3.65)，对于任意 $\mathbb{D}$ 和矢量 $\boldsymbol{a}$，不难证明下面两式成立

$$(\mathbb{D}\times\boldsymbol{a})\cdot\boldsymbol{a}=\boldsymbol{0},\quad \boldsymbol{a}\cdot(\boldsymbol{a}\times\mathbb{D})=\boldsymbol{0} \tag{附 3.66}$$

$$(\boldsymbol{a}\times\mathbb{D})\cdot\boldsymbol{a}\neq\boldsymbol{0},\quad \boldsymbol{a}\times(\mathbb{D}\cdot\boldsymbol{a})=(\boldsymbol{a}\times\mathbb{D})\cdot\boldsymbol{a} \tag{附 3.67}$$

所以,以 $\boldsymbol{\omega}$ 左右点乘式(附 3.64),得

$$\dot{\mathbb{D}}\cdot\boldsymbol{\omega}=\mathring{\mathbb{D}}\cdot\boldsymbol{\omega}+(\boldsymbol{\omega}\times\mathbb{D})\cdot\boldsymbol{\omega} \tag{附 3.68}$$

$$\boldsymbol{\omega}\cdot\dot{\mathbb{D}}=\boldsymbol{\omega}\cdot\mathring{\mathbb{D}}-\boldsymbol{\omega}\cdot(\mathbb{D}\times\boldsymbol{\omega}) \tag{附 3.69}$$

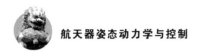

参考文献

[1] 肖业伦. 航空航天器运动的建模:飞行动力学的理论基础[M]. 北京:北京航空航天大学出版社,2002.

[2] 屠善澄. 卫星姿态动力学与控制[M]. 北京:宇航出版社, 2001.

[3] 杨大明. 空间飞行器姿态控制系统[M]. 哈尔滨:哈尔滨工业大学出版社, 2002.

[4] 刘暾,赵均. 空间飞行器动力学[M]. 哈尔滨:哈尔滨工业大学出版社, 2003.

[5] 耿长福. 航天器动力学[M]. 北京:中国科学技术出版社,2008.

[6] 余旭东. 飞行器结构动力学[M]. 西安:西北工业大学出版社,2012.

[7] 刘延柱. 航天器姿态动力学[M]. 北京:国防工业出版社, 1995.

[8] 凯恩 T R. 航天飞行器动力学[M]. 黄克累,等译. 北京:科学出版社, 1988.

[9] 雷穆禄, 郁永熙. 卫星转动动力学[M]. 上海:上海交通大学出版社, 1996.

[10] 林来兴. 空间控制技术[M]. 北京:宇航出版社, 1992.

[11] 章仁为. 静止轨道卫星的轨道和姿态控制[M]. 北京:科学出版社, 1987.

[12] 章仁为. 卫星轨道姿态动力学与控制[M]. 北京:北京航空航天大学出版社,1998.

[13] 林来兴,潘科炎. 空间飞行器控制设计准则:上,下册[M]. 北京:科学出版社, 1981.

[14] 卡普兰 M H. 空间飞行器动力学与控制[M]. 凌福根,等译. 北京:科学出版社, 1981.

[15] 黄圳圭. 航天器姿态动力学[M]. 长沙:国防科技大学出版社, 1997.

[16] Chobotov V A. 航天器姿态动力学与控制[M]. 刘良栋,等译. 北京:航空工业出版社.

[17] WERTZ J R. Spacecraft attitude determination and control[M]. Reidel Publishing Company,1978.

[18] WEI B. Space vehicle dynamics and control[C]. AIAA,1998.

[19] SIDI M J. Spacecraft dynamics and control — a practical engineering approach[M]. Cambrige:Cambrige University Press, 1997.

[20] GRUBIN C. Dynamics of vehicle containing moving parts[J]. Transactions of the ASME: Journal of Applied Mechanics,1962,9(29): 486-488.

[21] IWENS R P, FLEMING A W, SPECTOR V A. Precision attitude

control with a single body－fixed momentum wheel[C]. AIAA:74-894.

[22] 刘良栋. 卫星控制系统仿真技术[M]. 北京:宇航出版社, 2003.

[23] 郑克隆. 太阳敏感器[J]. 控制工程,2004(4):1-52.

[24] SHUSTER M D, OH S D. Three-axis attitude determinition from vector observations[J]. Journal of Guidance, Control and Dynamics, 1981, 4(1): 70-77.

[25] FRANK L L, VASSILIS L S. Optimal control[M]. 2ed. New York: John Wiley & Sons, 1995.

[26] KANO H, NISHIMURA T. Periodic solutions of matrix riccati equations with detectability and stabilizability[J]. International Journal of Control, 1979, 29(3): 417-487.

[27] 盖尔布 A. 应用最优估计[M]. 胡寿松, 伍立明, 译. 北京:国防出版社, 1989.

[28] 陈士橹. 航天器姿态动力学与控制[M]. 北京:宇航出版社, 1998.

名词索引

T

W

X

Z

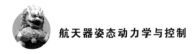